生态环境保护工作实务

劳新祥　潘向忠　蔡博峰　龙　涛　等 编著

中国环境出版集团·北京

图书在版编目（CIP）数据

生态环境保护工作实务 / 劳新祥等编著. -- 北京：
中国环境出版集团，2023.12（2025.3 重印）
ISBN 978-7-5111-5723-2

Ⅰ. ①生… Ⅱ. ①劳… Ⅲ. ①生态环境保护—研究—
中国 Ⅳ. ①X321.2

中国国家版本馆 CIP 数据核字（2023）第 246953 号

责任编辑　曹　玮
封面设计　彭　杉

出版发行　中国环境出版集团
　　　　　（100062　北京市东城区广渠门内大街 16 号）
　　　　　网　　　址：http://www.cesp.com.cn
　　　　　电子邮箱：bjgl@cesp.com.cn
　　　　　联系电话：010-67112765（编辑管理部）
　　　　　　　　　　010-67113412（第二分社）
　　　　　发行热线：010-67125803，010-67113405（传真）
印　　刷　北京鑫益晖印刷有限公司
经　　销　各地新华书店
版　　次　2023 年 12 月第 1 版
印　　次　2025 年 3 月第 2 次印刷
开　　本　787×1092　1/16
印　　张　36.75
字　　数　880 千字
定　　价　180.00 元

中国环境出版集团郑重承诺：
中国环境出版集团合作的印刷单位、材料单位均具有中国环境标志产品认证。

序

党的十八大以来，根据党中央、国务院的统一部署，全国各地生态环境保护工作有力推进，环境质量显著改善，生态系统不断得到修复、保护，美丽中国建设迈出重大步伐。浙江省作为习近平生态文明思想的重要萌发地、绿水青山就是金山银山理念的发源地和率先实践地，在美丽中国建设中一直走在全国前列。浙江率先建成全国首个生态省，先后实施 5 轮"811"行动，高标准打好污染防治攻坚战，2022 年全省 $PM_{2.5}$ 平均浓度下降到 24 μg/m³，省控断面Ⅲ类以上水质比例上升到 97.6%，实现国家污染防治攻坚战成效考核、生态环境满意度评价两个"全国第一"，走出了一条生产发展、生活富裕、生态良好的高质量发展道路。按照联合国可持续发展目标（SDG）衡量，浙江省可持续发展总体上达到了西班牙水平。

作为省会城市的杭州市，始终牢记习近平总书记赋予的"生态文明之都"城市定位和"努力使杭州成为美丽中国建设的样本"的殷殷嘱托，统筹推进经济高质量发展和生态环境高水平保护，一任接着一任干，奋力书写美丽中国样本建设的生动实践，取得显著成效。2022 年，杭州以占全省 10.7%的大气污染物排放（不含机动车）和 11.0%的水污染物排放，贡献了全省 24.2%的 GDP 和 30.5%的一般公共预算收入。杭州在全国省会城市中率先建成"国家生态市"，荣获"国家生态园林城市""全国美丽山水城市"等称号；连续 8 年获美丽浙江考核优秀，连续 7 年获得省"五水共治"大禹鼎；出色完成 G20 杭州峰会、杭州亚（残）运会环境质量保障任务，成功举办联合国世界环境日全球主场活动，美丽杭州建设和绿色亚运成果得到国内外高度赞誉。在新时代美丽中国建设新征程上，杭州市一直走在前列。《生态环境保护工作实务》（以下简称本书）一书正是立足于浙江和杭州生态文明建设的实践撰写而成。

　　本书的作者为劳新祥、潘向忠、蔡博峰、龙涛等同志，他们都具有丰富的生态环境保护工作实践经验和专业素养。劳新祥在余姚市、杭州市生态环境局工作36年，先后任余姚市环境保护局副局长、杭州市生态环境局局长，而且在杭州市政府担任副秘书长期间，联系生态环境保护和经济工作，具有丰富的生态环境管理工作经验；蔡博峰研究员是生态环境部环境规划院碳达峰碳中和研究中心执行主任，他和王丽娟副研究员都是"双碳"领域的专家，一直致力于碳中和政策和减污降碳研究；龙涛研究员是生态环境部南京环境科学研究所土壤污染防治研究中心主任，他和祝欣副研究员都是土壤污染防治领域的专家，长期致力于我国土壤污染防治技术和政策研究。其他同志基本上都是浙江省、杭州市生态环境系统某一领域的专业人士，具有精深的理论功底和丰富的实际工作经验。

　　本书内容丰富、紧扣实际、通俗易懂。此书共有九章，内容涵盖了生态环境保护工作的重点领域。每一章中既有理论的阐述，又包含具体的实践工作，无论是章节的编排，还是具体内容的编写，都是按照生态环境保护工作实际操作的要求进行的，书中还列举了许多实际应用的案例，可以更加直观地为读者提供借鉴。此外，本书语言平实，介绍专业性知识深入浅出，通俗易懂，适宜自学。

　　总之，本书对地方政府、职能部门分管生态环保工作的同志以及生态环境保护系统的人员来说，是一部专业的实务指南和实践参考书。通过学习本书，能帮助大家更好地了解和掌握生态环境保护工作的基本知识、重点工作及实践操作方法，帮助做好地方生态环境保护工作，全面推进生态文明和美丽中国建设。

中国工程院院士

全国政协人口资源环境委员会副主任

生态环境部环境规划院名誉院长

中国环境科学学会理事长

2023 年 12 月 30 日

前　言

　　生态环境保护工作涉及面广、政策性强、专业要求较高，从业人员不仅要全面系统地掌握各项法规政策要求、工作推进的方法模式，也要熟悉污染防治和生态保护的技术路线、碳达峰碳中和以及美丽中国建设的实现路径等。当前生态环境保护工作正在全方位、全领域向纵深推进，在工作实践中，许多从业人士急需一本内容覆盖面广、通俗易懂、实操性强的专业书籍，以供参考。正是基于以上考虑，我们编撰了此书。

　　本书共有九章。第一章~第四章是各环境要素（水、大气、固体废物、土壤和地下水）的污染防治，分类别介绍各类污染物防治的政策法规要求、方式方法以及各地的实际做法等。第五章是环境影响评价和"三同时"验收，介绍各类建设项目和规划环境影响评价的政策法规要求和主要内容。同时，考虑到噪声、电磁辐射没有专章介绍，因此在本章中，对噪声、电磁辐射的基本概念、法规、标准等作了补充介绍。第六章是突发环境事件应急处置，介绍突发环境事件应急处置的原则、职责分工、组织指挥体系、预警和应急响应流程及响应措施、善后处置以及常见突发环境事件现场处置措施等。第七章是碳达峰碳中和，主要介绍碳达峰碳中和的背景及国际动态，我国面临的挑战和机遇，我国碳达峰碳中和的总体部署、重点领域及其实施路径。第八章是生态环境保护的制度机制和能力建设，主要介绍我国生态环境保护工作的制度体系、工作推进机制和治理能力建设。第九章是区域美丽建设的谋划和实践，主要介绍区域美丽建设的重点内容、技术路线，同时以杭州建设"美丽中国样本"为例，展示区域美丽建设的谋划和实践过程。

　　本书在内容广度上覆盖了生态环境保护工作的各主要领域，在内容深度上力求通俗易懂，深入浅出，同时，配有一定数量的案例作更加直观的展示，以为借鉴。

本书可供地方政府及其相关职能部门分管生态环境保护工作的领导和社会各界人士自学之用，也可作为培训教材，还可供生态环境系统从业人员在实际工作中参考。

　　本书由劳新祥、潘向忠、蔡博峰、龙涛、刘鸿诗、王丽娟、祝欣、吴建、钟重、陆树立、郑小龙、陈天力、陈东海、陈伟斌、叶敏、井宝莉、陈竹、鲁丰乐、包贞、翁仕龙、余世清、唐伟、凌锦鹏等共同撰写。本书撰写过程中参考了大量生态环境保护类的其他书目，这些书目多已在本书最后部分列出，在此对这些书的作者表示感谢。由于本书编写过程较长，可能会有一部分参考书目遗漏，在此深表歉意。撰写此书花了三年多时间，但仍感时间仓促，书中难免会有不足之处，恳请读者批评指正。

　　本书编写、出版过程中，得到了浙江省生态环境厅、杭州市生态环境局的全力支持，深表谢意。本书编写中得到了中国科学院水生生物研究所谢平研究员，中国科学院南京地理与湖泊研究所朱广伟研究员，同济大学戴晓虎教授、杨东海博士，浙江大学郑成航教授，清华大学环境学院陈超副研究员，浙江省生态环境应急监控中心主任张国军，浙江省环境工程技术评估中心原副主任沈涤清，浙江省环科院大气环境研究所所长顾震宇、水生态环境研究所所长谭映宇等许多专家的帮助、指导，北京城市排水集团有限责任公司、上海城投水务（集团）有限公司、光大环保（中国）有限公司等许多单位提供了实际工程案例资料，在此一并致谢。

目　录

第一章

水污染防治

水是生命之源，生活之基，生产之要，生态之素。人类社会的发展一刻也离不开水。

第一节　水污染防治概述

水污染是指进入水体的污染物超过了水体环境容量或水体的自净能力，使水体理化特性或生物特性、组成等发生改变，造成水质退化，从而影响水的使用价值，乃至危害人体健康或破坏生态环境的现象。

一、水污染的主要类型

影响水体的污染物种类繁多，造成的危害各异，按照不同的分类方法可将污染分为以下不同类型。

1. 按污染成因

水污染按污染成因可分为自然污染和人为污染。自然污染主要由自然因素造成，如特殊地质条件使某些化学元素在水体中大量富集、自然植物腐烂后进入水体和大气污染物沉降等，都会造成不同程度的水体污染。人为污染是指因人类活动导致水体受到污染，包括日常生活、工业生产、农业生产和矿山开采等。此外，废渣或垃圾不规范贮存、处置，或随意丢弃、倾倒，在降雨时，其中的污染物质淋溶后进入水体，也会造成水污染。当前，人类活动是造成水体污染的主要原因。

2. 按污染物属性

水污染按污染物属性可分为物理性污染、化学性污染和生物性污染。物理性污染可细分为热污染、放射性污染和表观污染；化学性污染可细分为酸碱污染、重金属污染、非金属污染、耗氧有机物污染、有毒化学品污染和油类污染；生物性污染可细分为病原菌污染、霉菌污染和藻类污染。

3. 按污染物空间分布方式

水污染按污染物空间分布方式可分为点源污染和非点源污染。点源污染是指有固定排放口（点）的污染源，主要包括工矿企业污染和城镇生活污染。非点源污染是指污染物以广域的、分散的、微量的形式进入地表及地下水体，主要包括农村生活污染、畜禽养殖污染染、水产养殖污染、农业面源污染和船舶港口污染。

4. 按产生污染物的行业性质

水污染按产生污染物的行业性质可分为工业污染、生活污染、农业污染，其中工业污染种类繁多、性质差异大，包含了几乎所有种类的水体污染物，不同工业行业排放的污染物不同，食品、造纸行业主要排放耗氧有机物，冶炼、电镀行业主要排放重金属，农药、化工行业主要排放有毒化学污染物。生活污染主要排放耗氧有机物及氮、磷等营养盐。农业污染主要排放氮、磷等营养盐，农药及其他有机物。

5．按污染源排放特征

水污染按污染源排放特征可分为连续排放源污染、间接排放源污染和瞬时排放源污染等。

二、水污染的危害

水污染会对水体产生物理性危害、化学性危害、生物性危害。

1．物理性危害

物理性危害是指水污染影响人体感官，减弱浮游植物的光合作用以及热污染、放射性污染带来的一系列不良影响。

2．化学性危害

化学性危害是指水中的化学物质降低水体自净能力、毒害动植物、破坏生态系统平衡、引发某些疾病和遗传变异、腐蚀工程设施等不良影响。

（1）耗氧有机污染物

耗氧有机污染物〔常以化学需氧量（COD）、高锰酸盐指数（COD_{Mn}）、生化需氧量（BOD_5）等表示〕在微生物作用下发生氧化反应会不断消耗水中的溶解氧，造成水体缺氧，严重时会造成鱼类等水生生物窒息死亡。当水体中的氧耗尽时，有机物将在厌氧微生物作用下分解，产生甲烷（CH_4）、氨、硫化氢等有毒物质，使水体发黑发臭。

（2）酸性、碱性物质

受酸性、碱性物质污染的水（如酸雨等），可直接损害各类植物的叶面蜡质层，使植物逐渐枯萎而死亡。此外，还可使水体呈酸性或碱性，影响水生动植物生长和水体功能。

（3）重金属污染物

一些工厂和矿山废水中常含有某些重金属，如汞、镉、铅等，这些物质极难降解，虽然在水中的浓度很低，但会在食物链的传递中不断富集，最终传导到人体。

（4）有毒化学品污染物

有毒化学品污染物即使在很低的浓度下，对鱼类和水中微生物也有很强的毒性。例如，农药中的滴滴涕、六六六等不易降解消失，可长期残留在土壤和作物上，在雨水冲刷下进入水体，危害水生生物。

（5）油类污染物

油类污染物进入水体后，先形成浮油，后形成油膜和乳化油。油膜在水面上扩展和漂浮，阻碍水分蒸发和氧气进入水体，危及鱼类和鸟类生命。

3．生物性危害

生物性危害是指病原微生物随水传播造成疾病蔓延，以及水体富营养化（由氮、磷等营养盐输入引起）造成藻类异常增殖、水体缺氧、鱼虾大量死亡等不良影响。

三、水污染的防治

（一）相关法规及标准

1．相关法规

涉及水污染防治的法律法规有很多，但最主要的是《中华人民共和国水污染防治法》（以下简称《水污染防治法》）和一些地方性法规。《水污染防治法》的重点内容概要介绍如下。

1）地方各级人民政府对本行政区域的水环境质量负责。省、市、县政府应当按照《水污染防治法》第十六条的规定，制定流域、区域水污染防治规划；有关市、县人民政府应当按照水污染防治规划确立的目标要求，制订限期达标规划，采取措施按期达标。

2）国家实行水环境保护目标责任制和考核评价制度。

3）建设直接或间接向水体排放污染物的建设项目和其他水上设施，应依法进行环境影响评价并落实"三同时"制度。

4）对重点水污染物排放实施总量控制。国家—省—设区市—县分级下达重点水污染物排放总量控制指标。对超过重点水污染物排放总量控制指标或者未完成水环境质量改善目标的地区，省级以上人民政府环境保护主管部门应当会同有关部门约谈该地区人民政府的主要负责人，并暂停审批新增重点水污染物排放总量的建设项目的环境影响评价文件。

排放水污染物，不得超过国家或者地方规定的水污染物排放标准和重点水污染物排放总量控制指标。

5）对工业废水、城镇污水、农业农村污水、船舶污水等 4 个领域的水污染防治提出了针对性的具体要求。

①工业水污染防治。

含有毒有害水污染物的工业废水应当分类收集和处理。

向污水集中处理设施排放工业废水的，应当按国家规定进行预处理，达到集中处理设施处理工艺要求后方可排放。

国家对严重污染水环境的落后工艺和设备实行淘汰制度。

企业应当采用原材料利用效率高、污染物排放少的清洁工艺。

②城镇水污染防治。

城镇污水应当集中处理，县级以上政府组织建设等部门编制辖区城镇污水建设规划，建设主管部门组织建设城镇污水集中处理设施及配套管网。

③农业和农村水污染防治。

地方各级政府应当统筹规划建设农村污水、垃圾处理设施，并保障其正常运行。

县级农业主管部门应当指导农业生产者科学、合理地施用化肥和农药，推广测土配方施肥技术和高效低毒低残留农药，控制化肥和农药的过量使用。

畜禽养殖场、养殖小区应当保障其畜禽粪便、废水的综合利用或者无害化处理设施正常运转，保证污水达标排放。

④船舶水污染防治。

船舶排放含油污水、生活污水应当符合排放标准。船舶的残油、废油应当回收，禁止排入水体，禁止向水体倾倒船舶垃圾。

6）国家建立饮用水水源保护区制度。饮用水水源保护区分为一级和二级保护区，必要时其外围一定区域划为准保护区。

禁止在饮用水水源一级保护区内建设与保护水源和供水设施无关的项目，已经建成的由县级以上政府责令拆除或关闭。禁止在饮用水水源二级保护区内新建、改建、扩建排放污染物的建设项目，已建成的由县级以上政府责令拆除或关闭。

单一水源供水城市的人民政府应当建设应急水源或者备用水源，有条件的地区可以开展区域联网供水。

7）各级政府及其有关部门、可能发生水污染事故的企事业单位，应当依照《中华人民共和国突发事件应对法》的规定，做好突发水污染事故的应急准备、应急处置和事后恢复等工作。

市、县级政府应当组织编制饮用水安全突发事件应急预案。

8）对各类违法行为的处罚作了具体规定。

2．标准

常用的水环境标准有水环境质量标准和水污染物排放标准。

（1）水环境质量标准

水环境质量标准是指为保护人体健康和水的正常使用而对水体中污染物或其他物质的最高允许浓度所作的规定。按照水体类型、水资源用途，目前已制定《地表水环境质量标准》（GB 3838—2002）、《海水水质标准》（GB 3097—1997）、《地下水质量标准》（GB/T 14848—2017）、《生活饮用水卫生标准》（GB 5749—2022）、《渔业水质标准》（GB 11607—1989）、《农田灌溉水质标准》（GB 5084—2021）。

《地表水环境质量标准》（GB 3838—2002）依据水域环境功能和保护目标，按功能从高到低划分为五类：Ⅰ类适用于源头水、国家自然保护区；Ⅱ类适用于集中式饮用水水源一级保护区、珍稀水生生物栖息地、鱼虾类产卵场、仔稚幼鱼的索饵场等；Ⅲ类适用于集中式饮用水水源二级保护区、鱼虾类越冬场、洄游通道、水产养殖区等渔业水域及游泳区；Ⅳ类适用于一般工业用水区及人体非直接接触的娱乐用水区；Ⅴ类适用于农业用水区及一般景观要求水域。各地对辖区内重要水体按功能要求划定相应的水环境功能区。水环境保护的目标，就是通过控制流域或区域内水体中的各类污染物的排放量，使流域或区域各项水质指标达到其对应的水环境功能区的要求。需要注意的是，该标准在水质类别划分时，总磷、总氮两项指标对水库、湖泊类水体有特别高的要求[①]，具体可见 GB 3838—2002 表 1。

水环境质量标准是衡量水体是否受到污染的主要依据。当水体中某一类或某几类污染物的指标超过了该水域对应的水环境功能区要求的水质指标时，一般认为水体受到了污染。

---

① 因水库、湖泊的水文特性，同样水质情况下，其相较于江、河更易发生藻类繁殖、溶解氧下降等富营养化现象，所以，对易致富营养化的总氮、总磷有更高要求，其中总氮仅对水库、湖泊要求。

（2）水污染物排放标准

水污染物排放标准是为了实现水环境质量目标，对污染源排放水污染物的浓度（或数量）所作的限制规定。各类排污主体必须严格按照相应的水污染物排放标准要求排放。我国已发布的水污染物排放标准有综合排放标准和行业排放标准。

1）综合排放标准。

《污水综合排放标准》（GB 8978—1996）。

2）行业排放标准。

行业排放标准有许多，如《船舶水污染物排放控制标准》（GB 3552—2018）等，可详见第五章第五节。

各地根据环境管理需要还制定了许多地方排放标准。

环境标准

环境标准是指为了实现经济社会发展目标，保护人群健康，建设良好的生态环境，根据国家的环境法规和政策，在综合考虑自然环境特征、经济社会条件和科技水平的基础上制定的环境中污染物的允许含量和污染源排放污染物的浓度、数量、速率以及其他有关技术规范。

（1）环境标准的作用

①环境标准是国家环境保护法规的重要组成部分。这是我国环境保护法律所赋予的。在《中华人民共和国环境保护法》（以下简称《环境保护法》）、《水污染防治法》、《中华人民共和国大气污染防治法》（以下简称《大气污染防治法》）、《中华人民共和国噪声污染防治法》（以下简称《噪声污染防治法》）等法律中，对环境质量和污染物排放标准的制定、发布和实施作出了明确规定，使环境标准成为环境保护法律体系的重要组成部分。

②环境标准是环境监督管理的执法依据。例如，在执行建设项目环境影响评价、"三同时"、排污许可、污染物排放总量控制等监督管理制度中，依据的主要就是污染物排放标准和环境质量标准。

③环境标准是环境保护规划编制和实施的依据。

④环境标准可推动环境科学技术的进步。

⑤环境标准是环境工程咨询、设计、施工的技术依据。

（2）环境标准体系

在环境标准体系中，主要由国家环境标准、地方环境标准和环境保护行业标准三部分组成，地方环境标准和环境保护行业标准是对国家环境标准的补充。国家环境标准体系按类型可分为国家环境质量标准、国家污染物排放标准、国家环境监测方法标准、国家环境样品标准、国家环境基础标准等（图1-1）。

在环境保护行业标准方面，主要包括清洁生产标准，环境影响评价技术导则，环境工程技术规范，环境保护验收技术规范，环境监测技术规范和方法，环境监测仪器、环保产品和环境标志产品技术要求等标准。

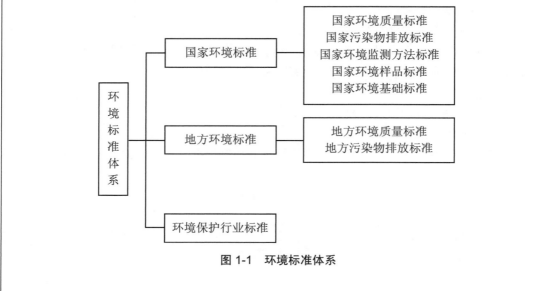

图 1-1　环境标准体系

（3）各类环境标准间的关系

地方环境标准作为国家环境标准的补充，在制定时必须严于国家环境标准；执行时，地方环境标准则优先于国家环境标准[①]。

国家污染物排放标准分为跨行业综合性排放标准和行业性排放标准，如综合性排放标准《污水综合排放标准》《大气污染物综合排放标准》，行业性排放标准《火电厂大气污染物排放标准》《合成氨工业水污染物排放标准》等。综合性排放标准与行业性排放标准不交叉执行，有行业性排放标准的执行行业排放标准，没有行业排放标准的执行综合排放标准。

（二）国家对水污染防治的总体部署

1．全国范围的部署

2015 年 4 月，国务院印发《水污染防治行动计划》（以下简称"水十条"），明确了总体要求和到 2020 年、2030 年的工作目标，部署了"全面控制污染物排放"等十条共 35 项措施。

2022 年 1 月，《国务院办公厅关于加强入河入海排污口监督管理工作的实施意见》发布，要求到 2023 年年底前，完成长江、黄河、淮河、海河、珠江、松辽、太湖流域（以下简称七个流域）干流及重要支流、重点湖泊、重点海湾排污口排查，推进长江、黄河干流及重要支流和渤海海域排污口整治。到 2025 年年底，完成七个流域、近岸海域所有排污口排查，基本完成七个流域干流及重要支流、重点湖泊、重点海湾排污口整治；建成法规体系比较完备、技术体系比较科学、管理体系比较高效的排污口监督管理制度体系。

2023 年 4 月，生态环境部等 5 部门印发《重点流域水生态环境保护规划》，从水环境、水资源、水生态 3 个方面分别明确了 2025 年的目标，如地表水达到或好于Ⅲ类水体比例从

[①] 这里指省级人民政府制定的地方性标准，其具有强制性。设区市人民政府制定的地方标准，只是推荐性标准，不适用于此条。

2020 年的 83.5%提高至 2025 年的 85%；对长江流域、黄河流域、珠江流域、松花江流域、淮河流域、海河流域、辽河流域、东南诸河（包括钱塘江、闽江等）、西北诸河、西南诸河等的水生态环境保护工作提出了针对性的要求；同时，对"十四五"期间为人民群众提供良好生态产品、巩固深化水环境治理、推动水生态保护、保障河湖基本生态用水、防范水环境风险等作了全面部署。

2. 长江流域部署

根据习近平总书记关于长江经济带发展重要讲话精神，2018 年 12 月，生态环境部、国家发展改革委联合印发《长江保护修复攻坚战行动计划》，明确了指导思想、基本原则、工作目标（到 2020 年，长江流域水质优良比例达到 85%以上）、重点区域，提出了强化生态空间管控、排查整治排污口等 8 项任务。

2022 年 8 月，生态环境部等 17 部门联合印发《深入打好长江保护修复攻坚战行动方案》，进一步明确了指导思想、工作原则、主要目标（到 2025 年年底，长江流域总体水质保持优良，干流水质保持 II 类），部署了持续深化水环境综合治理、深入推进水生态系统修复、着力提升水资源保障程度、加快形成绿色发展管控格局等 4 项重点任务，并就强化实施保障提出了明确要求。

国家发展改革委等部门自 2013 年开始多次对太湖流域治理作出部署，如 2022 年 6 月，国家发展改革委等 6 部门联合印发《太湖流域水环境综合治理总体方案》。

3. 黄河流域部署

2022 年 8 月，生态环境部等 12 部门联合印发《黄河生态保护治理攻坚战行动方案》，部署了河湖生态保护治理行动、减污降碳协同增效行动、城镇环境治理设施补短板行动、农业农村环境治理行动、生态保护修复行动等 5 项重点任务。明确了到 2025 年的主要目标：森林覆盖率达到 21.58%，水土保持率 67.74%，地表水 I ～III 类水比例达到 81.9%。

（三）地方水污染防治及其规划

地方各级党委、政府要根据有关法律法规和国家统一部署，抓好辖区内水污染防治工作，切实改善水环境质量。要改善区域、流域水环境质量，首先要制定水污染防治的规划（以下简称"规划"），这是基础；其次要组织实施好"规划"，"规划"组织实施的过程即水环境质量改善的过程。

1. 有关法律规定

《水污染防治法》第十六条规定，防治水污染应当按流域或者按区域进行统一规划。国家确定的重要江河、湖泊的流域水污染防治规划，由国务院环境保护主管部门会同国务院经济综合宏观调控、水行政等部门和有关省、自治区、直辖市人民政府编制，报国务院批准。

前款规定外的其他跨省、自治区、直辖市江河、湖泊的流域水污染防治规划，根据国家确定的重要江河、湖泊的流域水污染防治规划和本地实际情况，由有关省、自治区、直辖市人民政府环境保护主管部门会同同级水行政等部门和有关市、县人民政府编制，经有关省、自治区、直辖市人民政府审核，报国务院批准。

各省、自治区、直辖市内跨县江河、湖泊的流域水污染防治规划，根据国家确定的重要江河、湖泊的流域水污染防治规划和本地实际情况，由省、自治区、直辖市人民政府环境保护主管部门会同同级水行政等部门编制，报省、自治区、直辖市人民政府批准，并报国务院备案。

县级以上地方人民政府应当根据依法批准的江河、湖泊的流域水污染防治规划，组织制定本行政区域的水污染防治规划。

第十七条规定，有关市、县级人民政府应当按照水污染防治规划确定的水环境质量改善目标的要求，制定限期达标规划，采取措施按期达标。

有关市、县级人民政府应当将限期达标规划报上一级人民政府备案，并向社会公开。

2．水污染防治规划的编制

编制"规划"首先要通过大量调查和资料收集，对区域或流域水环境问题进行分析诊断，包括今后一段时期经济社会发展带来的压力及其对水环境质量的影响；其次，要结合当前形势和上一级水环境保护规划要求设定水污染防治目标及其指标体系；最后，在上述两点基础上明确水污染防治的重点任务和措施，具体包括以下内容：

1）工业源治理。一般按照"集中一批、提升一批、关停一批"的原则，提出采取原址治理提升、优化布局、关停并转等措施，其中治理包括一般性的达标治理和要求较高的深度治理——在达标基础上部分废水循环回用或进一步提高出水标准。

2）城镇生活源治理。按照"饮用水水源地优先、人口密集区优先、配套管网优先、污泥处置设施同步建设、缺水地区再生利用"等原则，提出优化城镇污水处理设施布局的措施，主要包括：①城镇污水处理厂建设；②配套管网建设；③城镇污水处理及再生利用工程；④城镇污泥处理处置；⑤城镇污水处理厂"提标改造"等。

3）重点水体综合整治。对人口密集区或对区域有重大影响的水体生态系统进行保护（或景观保护）和综合整治，主要包括：①沿水体周边截污项目；②与污水处理厂结合的人工湿地或稳定塘项目；③湖滨带建设或生态修复项目；④工业企业搬迁项目；⑤重点水体的水生态修复工程；⑥河道或湖库的清淤项目；⑦生态隔离带项目等。

4）饮用水水源保护区综合整治。主要包括：①工业企业或工业园区的淘汰关停和搬迁；②垃圾清运处理；③农村环境污染综合整治；④已有环保设施（如垃圾填埋场、城镇污水/污泥处理、处置设施）导致的风险防范工程等；⑤水源的涵养林建设项目等。

5）非点源污染治理。主要包括：①畜禽养殖污染控制项目；②水产养殖尾水治理项目；③农村生活污水治理项目；④农田径流污染防治项目，包括农药减施、农田径流氮磷流失的生态拦截等。

6）水资源保障。根据经济社会发展以及生态环境保护的目标与要求，按照经济社会发展水平，制定流域和区域水资源开发利用与治理保护措施，主要包括：①节水工程，包括农业节水项目和工业、城镇生活、建筑业和商业、餐饮业、服务业节水项目；②水资源优化配置工程（如增加供水类项目）；③排污口调整与治理项目。

7）近岸海域水环境保护。

8）区域性有毒有害物质风险防范。

最后提出规划实施的保障机制。

3．水污染防治规划的组织实施

上述"规划"经地方党委、政府或部门审查批准后颁布实施。在"规划"实施过程中，应将"规划"要求的各项具体任务分解落实到下一级政府和本级政府相关职能部门，并对任务完成情况进行考核。

第二节　工业污水防治

工业污水因其成分复杂、危害大，一直是水污染防治工作的重点。工业污水防治主要有两个方面：一是源头预防；二是既有工业污染治理。

一、源头预防

首先，从结构上把好关。严格禁止、限制建设水污染较重的项目。所有新建、扩建、改建项目均应落实总量控制要求，实行主要水污染物排放的等量或减量替代，水环境质量较差的区域应实施更高比例的排污总量减量替代。

其次，从优化布局上把好关。根据区域环境容量，合理布局有水污染的产业项目。禁止在饮用水水源上游及无环境容量区域建设水污染较重的项目，避免造成重大环境风险或水体严重污染。

二、既有工业污染治理

既有工业污染的防治措施主要有以下几类。

1．淘汰落后产能，关停散乱污企业

国家不定期发布限期淘汰的落后生产技术、工艺、设备和产品的名录，名录内产能必须依法限期淘汰。对于经济比较发达的区域，落后产能的界定应该比国家名录更严格。这些区域的省级经信部门可根据本省实际，定期组织制定严于国家的省级落后产能清单。各市、县也应根据当地实际对一些污染较重的区域性块状经济开展整合提升，淘汰散乱污，扶大扶优扶强，节约集约，促进块状特色产业健康、可持续发展。

案例 1-1：浙江省浦江县水晶行业整治

浦江县水晶行业发达，2013 年整治前达 2.2 万家。由于粗放经营，废水、废渣乱排乱堆（日排废水 1.3 万 t、废渣 600 多 t），致使全县 85%以上的水体受到污染。2013 年浦江县开展水晶行业全面整治，关停、拆除了一大批工艺落后、污染严重的企业、设备，投资 19.3 亿元建立水晶产业园，引进机器人打磨等提升工艺水平，废水、废渣实行集中治理。通过整治，全县水晶企业从 2.2 万家缩减至 400 多家，行业产值从 50 亿元提升至 90 亿元，税收从 0.3 亿元增至 2.76 亿元，浦阳江及 4 000 多条支流河道水质从劣 V 类恢复至 III 类。

2．达标治理

企业根据国家、地方明确的排放标准进行治理并达标排放，这是最基本的要求。达标

治理可以是一家企业单独治理，也可以是多家企业或一个园区内企业集中治理（有特殊排放要求的除外）。集中治理又可分为两种情形：①同一行业的企业，如电镀、印染等企业，通过管道排放至同一套污水处理系统集中处理；②建设区域性集中式工业污水处理厂。区域内各类工业企业污水经预处理达到纳管要求后，排入工业污水处理厂集中处理。对于污水综合排放标准或行业排放标准中规定有"间接排放标准"的，企业污水在纳管前必须达到该标准。

3．清洁生产

清洁生产是指从事生产和服务活动的单位（主要是工业企业）对其生产工艺进行清洁化改造，包括对所用原辅料的清洁化替代，减少或避免污染物排放，减轻或消除对人类健康和环境的危害。例如，电镀生产中镀铜、镀镍、镀铬产生的漂洗废水采用离子交换法处理后回用于电镀漂洗，避免了排放；印染工艺中用气流染色机代替传统染色机，大幅降低浴比，减少废水排放和染料消耗。

国家一般采取鼓励的方式推进清洁生产，但根据《中华人民共和国清洁生产促进法》第二十七条规定，污染物排放超标或超过排放总量控制指标；超过单位产品能源消耗限额标准构成高能耗的；使用或者排放有毒有害物质的，应实施强制性清洁生产审核。列入强制性清洁生产审核范围的企业应当依法在规定期限内完成。

以上是较为常用的工业污水防治措施。对于工业污染占比较大而径流量较小的流域，假如在采取上述措施后仍然难以使区域水环境质量达标的，则应采取下述更加严格的治理措施。

4．提高排放标准

通过制定更加严格的地方排放标准，减少单位产量的污染物排放量或降低某类水污染排放浓度限值来达到进一步减排的目的。目前只有省级人民政府才有权制定地方排放标准。

5．限制重点行业、重点源的排污量

地方政府通过实施总量控制、排污许可等行政、法律手段，进一步限制（削减）重点行业、重点源的排放量。企业可以通过深度治理、中水回用等措施达到地方政府进一步削减排污量的要求。对企业来说，虽需要投入一定成本用于深度治理实现中水回用等，但同时也降低了企业新鲜水（自来水）使用量，节约了生产成本。在自来水价格比较高的地方，企业实施这些措施后，不一定会增加生产成本。如用反渗透膜处理已经达到排放标准的印染污水，使其达到回用于生产的要求，一般这样的处理费用约 4.5 元/m³，许多区域的工业用水价格也达到了这一水平。

6．结构调整

综合考虑水污染物排放、治理情况及亩均效益等因素，对部分重污染工段、重污染企业实施关停或搬迁。

浙江省及杭州市在多轮"811"（8 是指浙江省内 8 大流域，11 是指全省 11 个设区市）环境污染整治和"五水共治"①等专项行动中，综合运用上述六类措施并取得了明显成效。

---

① "五水共治"指治污水、防洪水、排涝水、保供水、抓节水，其中治污水是重点。

案例 1-2：浙江省重污染行业整治

1．工作背景

经过"十一五"时期"811"环境污染整治行动和"811"环境保护新三年行动，浙江省的环境保护工作取得了明显成效，节能减排任务全面完成，生态环境质量总体保持稳中趋好。但与此同时，生态环保工作的任务依然十分艰巨，特别是铅蓄电池、电镀、印染、造纸、制革、化工六大重点行业污染总体上仍然较重（六大行业废水排放占全部工业排放量的 3/4）、能耗仍然较大，而且布局分散，部分企业工艺装备水平低下，局部区域厂居矛盾突出。

为促进六大行业转型升级、优化产业布局、削减污染物排放量、改善生态环境质量，浙江省生态环境厅会同经信等部门报省政府同意后开展了全省范围的六大重点行业环境污染集中整治。

2．整治过程及措施

2011 年，浙江省政府印发《关于"十二五"期间重污染高耗能行业深化整治促进提升的指导意见》，并召开整治工作现场会，浙江省生态环境厅会同省经信委等颁发了六大重点行业整治具体行动方案。以"关停淘汰一批、整合入园一批、规范提升一批"为基本思路，综合运用法律、经济、科技和必要的行政手段，全面推进铅蓄电池、电镀、印染、造纸、制革、化工六大重点行业整治提升工作，努力实现六大重点行业产业结构合理化、区域布局集聚化、企业生产清洁化、环保管理规范化、执法监管常态化。

工作目标：经过 4 年努力，从根本上解决铅蓄电池、电镀、印染、造纸、制革、化工六大重点行业存在的突出环境问题，基本完成落后产能淘汰，使这六大重点行业产业结构和区域布局明显优化，工艺装备、污染防治、清洁生产和环保管理水平明显提高，污染物排放总量和单位产值能耗大幅下降，步入健康、规范和可持续发展的轨道。

主要任务：

①优化产业布局。通过关停、搬迁等措施集聚入园。

②淘汰落后产能。

③提高工艺装备水平。对各行业、主要生产工段的工艺、设备提出了具体要求。

④强化污染治理。废水、废气、固体废物得到规范化治理，且要求排放量大幅下降。如印染行业整治中要求提高企业重复用水率至 ≥35%。

⑤规范环保管理。建立健全企业内部监管机制，提高应急防范能力。

保障措施：

①强化组织领导。各市、县级人民政府作为整治工作的实施主体和责任主体。

②严格考核问责。整治工作纳入生态建设考核体系，并实行"一票否决"。对整治不力的采取挂牌督办、区域限批、撤销荣誉并约谈有关负责人。

③加大投入。要求各级财政对整治工作给予支持，对关停、搬迁、污染治理等分别给予必要的补贴和税收优惠政策；对搬迁企业在项目用地、审批上优先安排、优先办理。

3．整治工作成效

截至 2015 年 12 月，六大行业纳入整治范围内的 5 740 家企业，关停 2 250 家，搬迁入园 1 067 家，整治提升 2 423 家，完成率 100%，累计投入整治资金 745 亿元，整治工作全面完成。

（1）环境效益

废水、重金属排放量大幅削减。相较于整治前，六大重点行业共削减废水量 40 078 万 t，削减率为 31.3%；削减 COD 47 182 t，削减率为 39.3%；削减氨氮 4 330 t，削减率为 46.7%；总铬、总铅分别较 2007 年（考核基数）削减 54.7 t、2.6 t，削减率分别为 43.7%和 64.3%。

铅蓄电池、电镀、印染、造纸行业重复用水率分别达到 70%、35%、35%、60%以上。

（2）产业转型升级健康发展

①重污染企业数量减少 39%，但平均规模扩大。

②产业布局优化。铅蓄电池、电镀、制革、印染、造纸、化工企业入园率分别提升至 100%、91%、63%、81%、79%、86%，较整治前分别提升 72 个百分点、46 个百分点、46 个百分点、29 个百分点、34 个百分点、37 个百分点。整治后，电镀、制革、印染、造纸、化工集中供热率分别提升至 76%、47%、68%、62%、52%，较整治前分别提升 41 个百分点、35 个百分点、21 个百分点、24 个百分点、16 个百分点。

③淘汰了一大批落后产能和工艺，产业档次整体提升。

④工艺装备大幅提升，产业自动化水平提高。铅酸蓄电池行业 100%完成自动化、机械化改造；电镀行业自动化率达到 90%以上。

六大重点行业整治累计投入 745 亿元，平均每家企业整治资金投入约 2 000 万元。行业整治期间，经济运转平稳，产值、利税保持增长。真正实现了环境与经济"双赢"。

案例 1-3：杭州市富阳区造纸行业结构调整

杭州市富阳区（原富阳市）素有"造纸之乡"之称。自 20 世纪 90 年代开始，富阳区造纸行业不断扩张，其白板纸产量一度占到全国的 36%，被誉为"中国白板纸基地"。造纸企业最多时达 300 余家，产能达到 800 万 t/a，从业人员 10 万余人，造纸工业产值占全区的 1/4，财政贡献达全区的 1/3。与此同时，带来大量的废水污染，占全区造纸产能 80%的春江、大源、灵桥 3 个镇街的河道水质普遍发黑发臭。流经这些镇街的支流汇入钱塘江后，对钱塘江水质造成较大影响，钱塘江富阳段出境断面 COD_{Mn}、DO 明显差于入境断面，并威胁下游杭州市饮用水水源安全。

为解决造纸废水污染问题，原富阳市政府先后组织开展了六轮整治。至 2016 年，造纸企业个数压缩至 118 家，建成了 5 座集中式污水处理厂，总处理能力 70 万 t/d，还有相应的污泥处置、废塑料及残渣处置等一系列配套设施。经过六轮整治，虽然做到了全面达标排放，治理设施规范运行，但由于产业规模大，其废水、各类固体废物和用煤量仍均较大，对钱塘江水质和当地大气环境等仍然产生较大影响。多年来，杭州市生态环境局与原富阳市委、市政府多次会商，拟推动造纸产业整体转型，彻底解决造纸污染问题。随着杭州市经济社会的快速发展和城市化的不断推进，原富阳市于 2015 年撤市设区，与杭州市主城区更加紧密相连，富阳也亟须从县城经济向城市经济转型。2017 年，在杭州市委、市政府支持下，富阳区委、区政府痛下决心，全面启动造纸产业的转型，对全区所有造纸企业实施"腾笼换鸟"，按拆迁补偿政策对全部造纸厂实施腾退。

截至 2020 年年底，110 家企业已全部完成拆除（保留 8 家文化用纸企业），支付拆迁补偿款 200 亿元。上述造纸产业关停后，削减 COD 6 300 t、NH₃-N 280 t，减少用煤 220 万 t/a，钱塘江富阳下游段水质明显改善，稳定达到 II 类水，同时腾出土地空间 12 000 亩①。造纸产业腾退后，富阳区与相邻的滨江区（高新技术产业区）合作，开始规模化引入安防、电子、通信等高新技术产业，同时也为富阳区江南新城（与江北老城隔江相对）发展创造了条件。

2018—2020 年，富阳造纸产业腾退过程中给当地工业产值（地区生产总值考核等）带来一定影响，但从 2021 年上半年开始，影响已逐步消除，新引进项目势头良好，真正实现了经济和环境"双赢"。

第三节　城镇生活污水治理

城镇人口密度大、污染物排放强度高，城镇生活污水应采取集中收集、集中处理和集中排放的模式。城镇生活污水的收集、治理、排放形成一个独立的系统——排水系统。排水系统由污水收集系统和治理排放系统（污水处理厂）组成。如果两个系统都建设完善、运行到位，理论上可彻底解决生活污水污染排放问题，但国内尚无城市能完全实现。据住建部统计，工作开展较好的上海市 2021 年污水收集率也仅为 95% 左右。

一、污水收集系统建设

（一）城镇污水收集系统的类型及其发展过程

城镇生活污水的不同排放方式称为排水体制。排水体制一般分为分流制和合流制两种。

1. 分流制污水收集系统

分流制污水收集系统即生活污水、雨水分别在两个独立的管渠系统内排除。根据雨水管渠系统的完整性，分流制污水收集系统又可分为完全分流制和不完全分流制两种。在完全分流制污水收集系统中，雨水和污水有独立的排水管道系统；在不完全分流制污水收集系统中，只设污水排水管道，不设或设置不完整的雨水排水管道，雨水沿地面或街道边沟渠排放。图 1-2 为完全分流制污水收集系统，图 1-3 为不完全分流制污水收集系统。

2. 合流制污水收集系统

合流制污水收集系统即用一套管渠系统将雨水、污水合并收集。在早期市政建设时基本采用简单的直流式合流系统。随着城市建设的发展和生态环境保护要求的提高，直流式合流系统逐渐被截流式合流制污水收集系统替代，如图 1-4 所示。

随着城市管理的加强和水环境工作要求的提高，除在降水量较少的干旱地区（其适合采用截流式合流系统）外，污水收集系统逐渐从合流制向分流制转型，从不完全分流制向完全分流制转型。污水收集系统建设、改造宜结合实际，因地制宜开展。新建区域的污水收集系统应尽量采用完全分流制。已建区域的非完全分流的污水收集系统改造，宜视情

---

① 1 亩≈666.7 m²，下同。

逐步推进，如对于直流式合流制系统，第一步可先改成截流式合流制系统，这样可在短期内以较少的投入，实现对污水的截流（对于降水量少的干旱地区，改造后不需要再进一步改成分流制），第二步再结合老旧小区改造等逐步改成雨污分流系统。一些经济比较发达、治水工作推进力度大的地区，已在全域推进雨污分流改造。

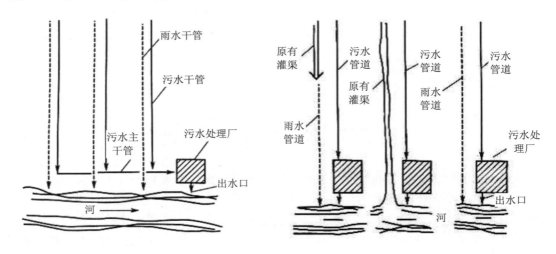

图 1-2   完全分流制污水收集系统   图 1-3   不完全分流制污水收集系统

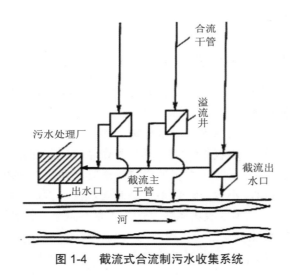

图 1-4   截流式合流制污水收集系统

案例 1-4：浙江省城镇生活小区和工业园区污水收集系统改造提升

　　浙江省属于南方降水较多的省。2013 年，浙江省启动"五水共治"工作，推进城镇污水收集系统的改造，改造工作总体上分两个阶段实施。

第一阶段：全域截流改造。首先从杭州市拱墅区开始探索，对全区生活小区、工业园区所有污水管实行截流。主要做法是在所有沿河污水排放口设置截流管（已实行雨污分流的区域除外），如图1-5所示。

图 1-5　1.0 版污水截流

污水全部纳管后集中输送至污水处理厂处理。这一做法很快在杭州全市、浙江全省得以推广。由于不涉及原有排水系统的深度改造，这一工程实施进展较快，投入也不是很大。工程实施后，晴天和小雨天不再有污水入河，在短期内较大幅度地改善了河道水质。经过4年多"污水零直排区"建设，杭州市区河道水质有了明显改善，8个市控以上监测断面水质定类指标氨氮、总磷年均值分别从2014年的1.93 mg/L、0.24 mg/L降至2017年的0.59 mg/L、0.09 mg/L。其弊端是在降水量比较大的时候，会有大量雨水进入污水系统，最终使污水处理厂承受较大压力，超负荷运行，甚至只能通过直排口溢流。这一阶段所采取的使污水不再直接排放的工程基本于2017年完成，称之为1.0版"污水零直排"。

第二阶段：2018年开始实施雨污分流基础上的"污水零直排区"建设（简称2.0版"污水零直排"）。从生活小区（工业园区）支管开始到污水干管、主干管全部进行雨污分流，对整个排水管网系统进行改造，工程量大、投入大、改造时间长。至2021年年底，杭州市总计112个工业园区全面完成2.0版"污水零直排"；至2022年年底完成全市所有168个镇街3 360个生活小区2.0版"污水零直排区"建设，2023年对其中57个镇街实施了"提质增效"。浙江全省至2023年基本完成所有工业园区、生活小区2.0版"污水零直排区"建设（或改造）。

（二）城市污水收集系统的组成

城市污水收集系统由室内污水管道系统、室外排水管道系统、污水泵站组成。

1．室内污水管道系统

主要包括接入卫生间、厨房、阳台的污水管、检查井、化粪池等。

2．室外排水管道系统

主要由住宅小区污水管道系统（也称庭院或街坊污水管网）和市政污水管道系统（市政污水管网）以及相关附属构筑物组成。市政污水管道系统是指敷设在地面下，连接居住小区污水管道系统，并将其生活污水排往污水处理厂的管网系统。它由排水支管、干管和主干管等组成。管道系统上的附属构筑物有各种检查井、跌水井、倒虹管等。

3．污水泵站

污水泵站是指排水系统中用以提升和输送污水的设备。污水泵站分为两种：一种是中途泵站，设置于污水管道沿途中，作用是提升污水高程，强化污水远程输送能力；另一种是终端泵站（或称总泵站），在污水收集系统终端将污水提升并送至污水处理厂。

城市污水收集系统与污水处理厂、（处理后）尾水出水及事故排出口共同组成城市排水系统。城市排水系统总平面图如图 1-6 所示。

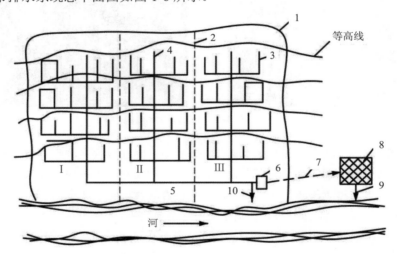

1—城市边界；2—排水流域分界线；3—支管；4—干管；5—主干管；6—总泵站；
7—压力管道；8—污水处理厂；9—出水口；10—事故排出口

图 1-6　城市排水系统总平面图

（三）分流制的污水收集系统建设运行中需注意的事项

1．阳台污水问题

早年建造的住宅楼其阳台仅设一根通往屋顶的雨水管而不设污水管，《住宅设计规范》（GB 50096—2011）第 8.2.9 条仅要求，洗衣机设置在阳台上时，其排水不应排入雨水管，没有明确要求阳台配置雨、污两根排水管。实际生活中，许多居民会在阳台摆设洗衣机或洗刷用水斗，其产生的污水则排入阳台雨水管，使污水通过雨水管直接排入周边水体造成污染。要解决这一问题，一是要修订设计规范，避免新建小区再产生同样问题；二是对已建成的住宅小区的阳台加接污水管。杭州市率先开展这项工作。2011 年杭州市建委发文，明确新建住宅楼阳台同时设置雨、污两根排管。此后新建的所有住宅、商业地产项目均按此规范设计、施工。2017 年 5 月浙江省住房和城乡建设厅颁发的地方性标准——《住宅设计标准》（DB 33/1006—2017）中也明确了类似要求。自 2017 年开始，杭州市在对老旧小区实施雨污分流工程的同时，一并在阳台加装污水收集管，以彻底解决阳台污水问题。此后，浙江省在全省推广了这一做法（图 1-7）。

图 1-7　小区阳台雨污分流

2．业态调整过程中可能出现的新的水污染问题

一个经营场所由于经营业态变化，从过去不排放污水变成有污水排放时，经营场所内部的排水系统应作相应调整并与外部污水收集系统做好对接，否则会导致新业态产生的污水进入雨水系统而带来污染。新开设的洗车、餐饮等行业如不加以引导、管理，很容易出现这样的问题。解决这一问题的措施：一是事前承诺，即在经营者办理营业执照时，出具污水纳管承诺书并抄送给城管部门；二是加强事中、事后抽查监管。

3．加强巡查与整改

建设一个完善的雨污分流的污水收集系统并非一朝一夕之功。检验一个区域是否真正实现雨污分流，可以在晴天检查各个雨水排放口是否有水排出来，如果有水排出则说明尚未完全实现雨污分流，需进一步排查和整改。通过这样不断地检查、发现、整改，反复一段时间后才能逐步实现真正的雨污分流。

二、污水处理厂的建设和运行

（一）污水处理厂的选址

污水处理厂的选址首先应符合城镇总体规划和排水专项规划的要求，并根据下列因素综合确定：

1）在城镇主要水体的下游；

2）便于处理后出水回用和安全排放；

3）便于污泥集中处理和处置；

4）在城镇夏季主导风向的下风侧；

5）有良好的工程地质条件；

6）少拆迁、少占地，与居民区等环境敏感建筑物有一定的防护距离；

7）有扩建的可能；

8）厂区地形不应受洪涝灾害影响，防洪标准不应低于城镇防洪标准，有良好的排水条件；

9）有方便的交通、运输和水电条件。

污水处理厂的厂区面积应按远期规模确定，并作出分期建设的安排。

上述选址要求主要针对单个地面污水处理厂。一个城市或区域内的污水处理厂，是多点分散布局还是相对集中布局，要综合考虑以下因素：①区域水环境状况。如果区域内河流分布多、径流量大，有设置多个污水处理厂排放口的条件，则宜多点布局；反之则宜相对集中布局。②城市区域面积大小。面积大宜多点布局，以减轻污水收集运输系统的输送成本和输送事故风险压力；反之则宜集中布点。③地形地貌。地势平坦规整的可相对集中；反之宜多点布局。

从最大限度发挥区域内各污水处理厂的处理功能、提高整个区域抗事故风险能力考虑，在规划、设计、建设排水系统时，应尽可能使分散的污水处理厂之间实现联网调度运行。浙江省义乌市这方面作了比较成功的探索。

案例 1-5：义乌打造全市域"一网九厂"互联互通新格局

1. 基本情况

义乌市共建有 9 座污水处理厂，处理能力 54 万 t/d，覆盖了全市域除 70 个终端村以外的主城区、各集镇、开发区、工业区、纳管农村等所有区块。近年来，随着义乌社会经济不断发展，市域范围内人口流动性增强，原先按流域分布的 9 座污水处理厂运行中存在的问题日益突出，一是"饥饱不均"现象，在用水高峰期时，部分污水处理厂区域纳管水量超出污水处理厂处理能力；二是 9 座污水处理厂配套主次干管 2 200 多 km，均采用重力流模式，污水流向通道单一，在污水处理厂检修、管网抢修时对污水处理能力造成极大压力。

2. 主要做法

义乌市以"一网九厂、精准调度"为目标，通过精心策划，建设各污水处理厂之间连接管，逐步实现污水处理厂的互联互通，并通过智慧排水系统科学调度，保持污水处理厂进水水质水量稳定，确保污水处理厂正常运行。

一是管网联通，构建"一网九厂"。2016—2019 年分步实施，共投资近 3 亿元统筹实施了 7 个管网连接项目和 9 座加压泵站，实现 7 座污水处理厂联网，部分重要区域还实现了双向互联互通。二是科学调度，建设"智慧排水"。建设"智慧排水"综合管理平台，具备综合展示、水量调度、人员管理、任务管理、水力模型等功能。同时在污水主次管网的重要节点设置了 64 个在线监测装置，对纳管的水质、水量进行实时监测，并利用水力模型计算出管道的充满度，为水量调度提供基础数据，实现精准化水量调度。

3. 取得的成效

一是挖潜增容，避免污水直排。针对污水处理厂检修、管网抢修间、用水高峰时段污水处理厂来不及处理等情况，通过污水处理厂连接管网的调度，充分利用其他污水处理厂富余处理能力，实现"削峰填谷"，有效缓解运行压力，避免污水直接外排，达到保护环境的目的。

二是科学调度，实现污水合理分配。针对各污水处理厂"饥饱不均"现象，通过"智慧排水"综合管理平台科学调度，改变原先粗放式的水量调度，实现污水合理分配，充分挖掘现有污水处理厂潜能，提高现有设施的运行效率，将各污水处理厂空余容量"集零为整"，等效提升了污水处理能力。

义乌市智慧排水管控系统见图1-8。

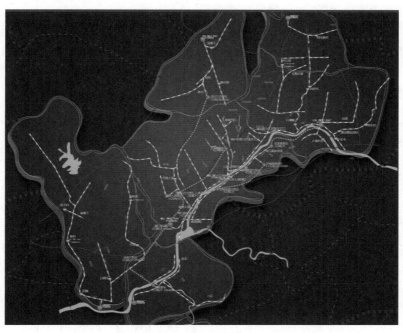

图1-8　义乌市智慧排水管控系统

（注：图中绿色虚线为互联压力管，蓝白相间线为重力流管）

（二）污水处理工艺及其选择

污水处理厂工艺选择应综合考虑以下因素：

（1）尾水执行标准

污水处理厂的尾水执行标准除要达到国家规定的排放标准（有地方排放标准的优先执行地方排放标准）外，还应根据排放口附近水域的水质、水文情况，通过环境影响评价最终确定。污水处理工艺与尾水执行标准密切相关，尾水标准要求越严，则处理工艺要求越高。对于出水要求达到《城镇污水处理厂污染物排放标准》（GB 18918—2002）一级B的污水处理厂，其通常采用的处理工艺是厌氧好氧（AO）工艺，对于出水要求达到 GB 18918—2002 一级 A 的污水处理厂，其通常采用厌氧-缺氧-好氧（Anaerobic-Anoxic-Oxic，A^2O）工艺。近年来，随着对流域氮、磷控制要求的日益严格及污水处理厂尾水开始回用等，许多污水处理厂尾水还会经人工湿地等作用进一步净化。

（2）污水量与水质变化

水量大的污水处理厂，生化工段多采用活性污泥法（生物膜法适用于中小规模污水处理厂）；水量、水质变化大时，应设置较大的调节池或事故贮水池，选用承受冲击负荷能力较强的处理工艺。

（3）工程造价与运行费用

以处理后尾水达到目标要求为前提，以处理系统最低造价、最低运行费用为目标，选择技术可靠、经济合理的处理工艺流程。

（4）当地的地形、气候、地质等自然条件

如寒冷地区应采用适合于低温季节运行的或在采取适当的技术措施后，也能在低温季节运行的处理工艺。地下水位高、地质条件差的地区，不宜采用深度大、施工难度高的处理建筑物。

城镇污水处理的典型工艺流程见图 1-9。

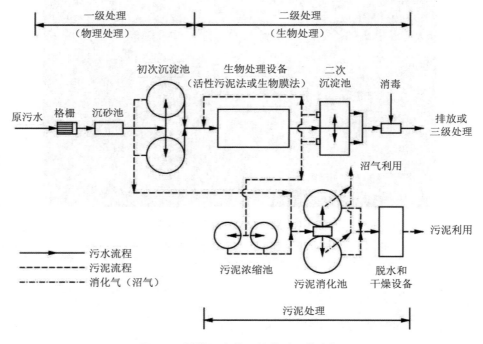

图 1-9　城镇污水处理的典型工艺流程

上述处理工艺中，初次沉淀池、污泥消化池等设施是否设置需根据实际情况确定，目前大多数城镇污水处理厂均未予设置。

主要构筑物或工艺说明如下：

1）格栅。其主要作用是将污水中的大块污物拦截，以免对后续处理单元的水泵或工艺管线造成损害。

2）沉砂池。其主要作用是从污水中分离出密度较大的无机颗粒，防止水泵及管道受损，提高污泥有机质含量。

3）初次沉淀池。对污水中以无机物为主的密度较大的固体悬浮物进行沉淀分离，是否配置视污水处理厂实际处理工艺而定。

4）生物处理。污水生物处理分为好氧生物处理和厌氧生物处理两大类。常用的好氧生物处理法有活性污泥法和生物膜法两种，实际应用中，这两种方法又发展出各种形式的设施。城镇污水处理中，通常厌氧和好氧两种工艺结合使用。相对于活性污泥法，生物膜法适用于中小规模污水的生物处理。典型的 A^2O 工艺见图 1-10。

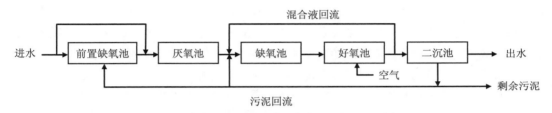

图 1-10　同时生物脱氮、除磷 A^2O 法变形工艺

该工艺具有较好的脱氮、除磷效果，能使污水处理厂出厂水质达到 GB 18918—2002 一级 A 标准。

5）二沉池。其作用是对污水中以微生物为主体的生物固体悬浮物进行沉淀分离。

6）污泥浓缩池。其作用是使污泥含水率降低（污泥在浓缩池中自然沉降、浓缩）。当污泥含水率从 97.5% 降至 95% 时，其体积可减少一半，便于后续处理。

7）污泥消化（非必需工段，大多数污水处理厂无此工序）。污泥稳定采用的工艺为消化工艺，其又分为好氧消化和厌氧消化。从节能和资源再利用两方面考虑，通常采用厌氧消化。在厌氧条件下，污泥中的有机物被兼性菌和专性厌氧菌降解，生成 CH_4、CO_2、H_2O，使污泥得到稳定。污泥消化工艺详见第三章内容。

8）污泥机械脱水。污泥经浓缩后含水率仍在 92% 以上，应进行机械脱水，使含水率降低至 60%～80%，以便于运输和进一步处置。常见的污泥脱水机械有自动板框压滤机、辊压带式压滤机、离心脱水机等。根据需要，也可通过加热脱水、加入固化剂等方式，使污泥含水率进一步降低至 50% 以下。

（三）污水处理厂的恶臭防治及邻避效应应对

污水处理厂在其运行过程中，产生大量含硫化氢、氨、甲硫醇等的恶臭气体，如收集、处理不到位，会对周边环境产生较大的影响，极易引发污染纠纷，甚至群体性事件。因此，污水处理厂建设选址易引发邻避效应。防止邻避效应和污染纠纷的发生，关键是要解决好废气的收集和处理，而这与建设模式和处理工艺密切相关。杭州市近年来在污水处理厂建设运行中，对解决臭气扰民问题进行了卓有成效的探索，变邻避为邻利，可详见以下两个案例。

案例 1-6：位于杭州市钱塘区的 30 万 t/d 七格污水处理厂四期项目

随着杭州城市化的不断推进和市区居住人口日益增加，2014 年开始，杭州市开始谋划七格污水处理厂 30 万 t/d 规模的扩建项目（以下简称七格四期）。扩建项目 100 m 外即居民区——七格社区。七格社区居民对已建七格污水处理厂一、二、三期工程本就有较大的意见，并曾发生过多次纠纷，信访不断。虽然后期对一、二、三期工程采取了进一步的污染防治措施，缓解了矛盾，但七格四期项目遭到了居民的强烈反对。他们担心项目建成后将带来更严重的臭气影响（七格四期相对于一、二、三期离居民区更近），也担忧项目建成后"视觉污染"更加严重，恶化小区环境，拉低小区房价。在项目环评阶段的 9 次座谈会上，居民的反对意见都非常强烈。针对这一状况，杭州市生态环境、建设、规划部门及项目所在地政府（时为开发区管委会）等通过多次专题会商，一致要求建设单位改变传统污水处理厂建设思路，解决周边居民的后顾之忧。建设单位经过多方调研、咨询，对污水处理厂重新进行了设计，最终形成了半地埋式全封闭的建设方案。新方案把所有污水处理设施建在地下，地面全面进行绿化，建成一个休闲生态公园，污水处理过程中产生的尾气则被全封闭收集（因曝气建在地下，废气可实现 100% 的收集），通过多级高效生物滤床处理后，向远离居民区的项目西侧排放。经多次交流、沟通，新方案得到了周边群众的认可。项目于 2016 年 2 月顺利开工，2019 年 9 月正常投运，运行良好，其尾水设计标准为 GB 18918—2002 一级 A 排放标准，实际达到了浙江省地方排放标准 DB 33/2169—2018 的要求。七格社区居民不仅没有闻到臭气，其旁边又多了一个休闲生态公园，有了散步、游玩的好去处。项目投运后几乎没有接到环境信访投诉。图 1-11、图 1-12 是七格四期投运后的现场照片，图 1-13 是七格四期工艺流程。

七格四期经济、环境、社会效益分析：七格四期项目处理能力 30 万 t/d，项目总投资 11.5 亿元，折合单位建设成本约 3 800 元/m³，同期类似体量、工艺的地上式污水处理厂单位建设成本为 2 500～3 000 元/m³。七格四期的吨污水处理投资相较于传统的处理工艺，大约多了 50%；运行费用（不计折旧）约 0.80 元/t（不含税），如改成地面上建设，运行费用约 0.72 元/t，差别主要在于前者增加了提升泵的动力费、通风系统和照明等成本。项目投资、运行费用均有所增加，但其换来的环境效益、社会效益是巨大的。

图 1-11　七格四期鸟瞰图（污水处理厂在公园地下）

图 1-12 七格四期地下空间

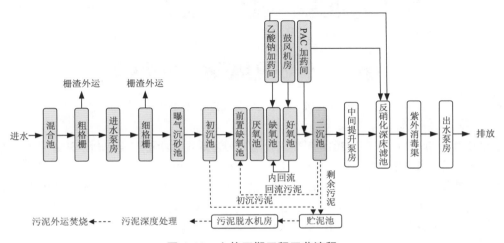

图 1-13 七格四期工程工艺流程

案例 1-7：杭州市临平区 20 万 t/d 污水处理厂项目

项目选址在南苑街道某社区，原计划采用普通的地上式 A²O 工艺，征地 256 亩，并征迁污水处理厂周边 150 m 内的几十户居民，预算投资 7 亿元。在项目推进过程中，由于周边居民担心污水处理厂建成后带来臭气等污染，要求将附近住户全部整体搬迁。因整体搬迁导致投资大幅增加，项目一度被迫中止。为化解邻避效应，余杭区（现临平区）在对项目选址重新微调后，对污水处理厂建设模式和处理工艺也进行了重大调整，把"地上式"改为全地下式，将曝气池等尾气全封闭收集后采用多级生物除臭滤床处理。为节省土地，处理工艺上用（微滤）膜处理取代二沉池，使整体构筑物显得更加紧凑。该项目处理工艺流程见图 1-14。

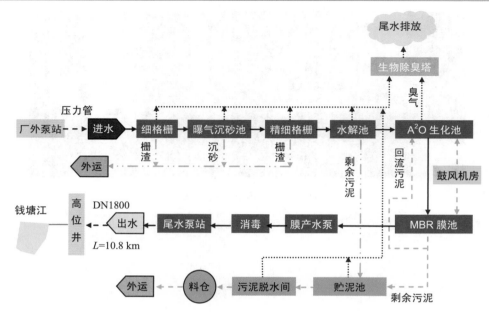

图 1-14   临平污水处理厂工艺流程

该项目自 2015 年动工至 2018 年建成投运，处理后尾水指标完全达到浙江省地方标准要求。该项目最终征地仅 74.2 亩，比原地上式方案减少超 180 亩，这在寸土寸金的城市里弥足珍贵。项目投资约 9.6 亿元（含污水处理厂上面的公园建设费用）。据测算，采用全地下式和膜处理工艺相较于传统地上式工艺，增加工程建设费用约 30%。运行后其直接运行成本约 0.90 元/t，相较于传统工艺的 0.75～0.80 元/t 略有提高（表 1-1）。

表 1-1   临平污水处理厂项目成本比较表

模式	位置	土地/亩	征迁成本/亿元	建设成本/亿元	运行成本/（元/t）	
					综合成本	直接生产成本
地面污水处理厂（原本）	南苑街道钱塘社区	256	3.8	7	2.57	0.75～0.80
地埋污水处理厂（现有）	沪杭高速与东湖路互通区域内	74.2	1.1	9.6	2.67	0.90

污水处理厂建成投运以来，从未接到周边群众投诉（距污水处理厂约 150 m 为居民区）。污水处理厂上面是一个生态公园，成为周边居民的散步休闲场所，图 1-15 为建成后的临平污水处理厂现状。

七格四期和临平污水处理厂两个项目的建成投运，为破解城市污水处理厂建设中的邻避问题起到了示范作用。2020 年，浙江省政府组织 11 个市政府在临平污水处理厂召开现场会，在全省推广临平污水处理厂模式。生态环境部多位领导到临平污水处理厂考察、调研并给予充分肯定。

图 1-15　临平污水处理厂现状

第四节　农村生活污水治理

相对于城镇，农村地域广阔，生活污水分散。由于经济方面的原因，农村生活污水治理投入和运行的成本不能太高，否则难以持续。

与城镇污水治理系统（排水系统）一样，农村生活污水治理系统（排水系统）也由收集系统和处理（排放）系统两部分组成。但收集系统相对更加分散，处理设施相对简便。

一、农村污水收集系统建设

农村污水收集系统以往不被重视，厨房及洗刷废水基本直接排放，卫生间废水进入化粪池简单处理后排放，对附近河道、池塘等水体造成严重污染。建设污水收集系统，要把每家每户的厨房、卫生间、屋前屋后的洗刷水斗中的污水均接入污水管，最终排入污水处理设施中。农村污水收集系统建设经历了从简单到精准、从合流到分流的过程。

由于农村地区地广人稀，一个行政村需建多套污水收集-处理系统，每套系统对应的污水收集范围应大小适宜。如单套系统的收集范围过小，接入的户数少、水量小，意味着需建更多的污水处理设施。如单套系统的收集范围过大，会使污水主干管、支管和提升泵等管网系统成本大幅增加。实际建设中，各地应从自身财力、物力等实际出发统筹考虑，并根据地形、地貌及村庄布局因地制宜。从当前各地农村污水治理的发展趋势来看，单套污水治理设施收集覆盖的范围在不断扩大，污水处理的集中程度在不断提高，这样有利于污水处理设施的长效管理。

由于各地经济发展水平、政府动员组织力度等不同，污水收集系统的建设进度、水平也不一样。浙江省于 2003 年启动农村生活污水治理，其收集系统一直在不断完善，集中度不断提高，覆盖面不断扩大。

二、农村污水处理（排放）系统建设

农村污水处理（排放）系统的建设经历了一个由低级向中、高级，由简易化向规范化转变的过程。如浙江省 2003 年农村环境治理刚起步时，采用的多是无动力的简易处理设施，处理工艺比较简单。这些设施对污水中的 COD 降解相对较好，但对氮、磷的去除效果较差。随着治水工作的不断深入，尤其是"五水共治"工作启动后，农村污水治理设施的建设、改造逐步深化，从"无动力"向"有动力"更新迭代，工艺和设备进一步规范化，处理效果也进一步提升，各区、县都建立了农村生活污水数字化监管平台，部分区、县还探索了紫外线消毒、在线监测监控等试点。下面简要介绍几种近期在浙江省农村生活污水治理中应用较多的治理工艺。

案例 1-8：A^2O 工艺处理农村生活污水技术及案例

1. 基本原理

首段厌氧池，原污水与从沉淀池排出的含磷回流污泥同步进入，主要功能是释放磷，使污水中的磷含量升高，溶解性有机物被微生物细胞吸收而使污水中的 BOD 浓度下降；另外，氨氮因细胞的合成而被去除一部分，使污水中的氨氮浓度下降，但硝态氮含量没有变化。

在缺氧池中，反硝化菌利用污水中的有机物作为碳源，将回流混合液中带入的硝态氮和亚硝态氮还原为氮气释放至空气，因此 BOD 浓度下降，硝态氮浓度大幅下降，磷的变化很小。

在好氧池中，有机物被微生物生化降解而继续下降，氨氮浓度显著下降，但通过硝化过程，硝态氮的浓度增加，随着聚磷菌的过量摄取，磷也以较快的速度下降。

在沉淀池中，实现泥水分离，污泥一部分回流至厌氧反应器，上清液作为处理水排放。

2. 工艺流程

A^2O 工艺如图 1-16 所示。

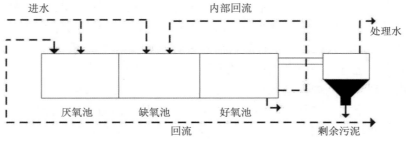

图 1-16 A^2O 工艺

3. 适用范围及主要技术参数

适用于处理 10～500 t/d 的农村污水处理工程。

吨水建设投资：5 000～8 000 元；

运行成本：约 0.6 元/t；

主要工艺设计参数：停留时间，18 h；

溶解氧控制：厌氧段＜0.2 mg/L，好氧段 2～4 mg/L。

4. 示范案例

金华长山一村北农村生活污水提升改造项目，外观见图 1-17。

图 1-17 金华长山一村北农村生活污水处理项目

项目地点：金华市婺城区。

项目规模：处理量 75 t/d，受益人口 747 人。

该项目采用"格栅+调节池+A²O 工艺地上式一体化污水处理设备+消毒+生态湿地"组合工艺，出水稳定达到《农村生活污水集中处理设施水污染物排放标准》（DB 33/973—2021）中的一级标准。

案例 1-9：多级滤床工艺处理农村生活污水技术及案例

1. 基本原理

多级滤床工艺技术通常采用厌氧生物膜法作为一级生化处理工艺，多级滤床作为主体工艺。

多级滤床结构分为上、下两层，内部配备独特的自然通风充氧设备和污水收布水装置，形成丰富的好氧、兼氧、厌氧型微生物种群，通过各类微生物的协调作用将污染物降解，此外，通过二级回流、填料吸附、植物生长等方式进一步去除污染物。多级滤床通过科学的填料选择与粒径级配，解决了传统人工湿地容易堵塞和效率低下的问题。

通过自然通风方式为滤床内部提供足够的溶解氧，有效地提高了污水生态处理工艺的处理效率，也降低了污水处理设备运行成本和后期的维护管理成本。在设施周边景观环境的布置方面，结合平原、田地环境特点，对污水处理设施进行景观融合设计、施工。

2. 工艺流程

多级滤床结构及工艺流程如图 1-18、图 1-19 所示，主要工艺段功能说明见表 1-2。

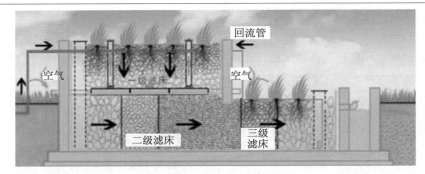

图 1-18　滤床结构

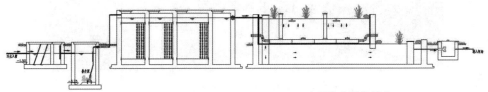

格栅井　隔油沉砂调节池　厌氧生物膜池　　　　　　　MFB 多级生态植物滤床　　　　组合出水井
　　　　　　　　　　　　　　　　　　　　（一级好氧滤床+二级协同滤床+
　　　　　　　　　　　　　　　　　　　　　三级锁磷单元）

图 1-19　工艺流程

表 1-2　多级滤床工艺段功能说明

工艺段名称	功能说明
格栅井	格栅井内安装 SUS304 不锈钢格栅，并按迎水流方向设置粗细两道格栅，有效拦截污水中杂物，防止调节池提升泵堵塞
隔油沉砂调节池	隔油沉淀池能够有效地降低动植物油浓度，减轻后续生物处理和生态处理的压力，避免因油污导致的湿地填料堵塞、处理效率下降等问题。在进入厌氧生物膜池前调节水质水量，避免水质水量波动对后续生态处理工艺段造成负荷冲击，影响后续处理效果
厌氧生物膜池	厌氧生物膜池应保证微生物膜与污水充分接触，其水力停留时间取 2 d 以上，结构上可采用分格折流式，填料填装高度不小于池深的 2/3，采用悬挂填料。定期抽吸排泥，排泥间隔时间为 6～12 个月
多级滤床	多级滤床结构分为上、下两层，内部配备独特的自然通风充氧设备和污水收布水装置，形成了极为丰富的好氧、兼氧、厌氧型微生物种群，通过填料选择、粒径级配、回流循环、强化除磷（添加贝壳、石灰石、氯化镧等）等手段，解决了传统人工湿地容易堵塞和处理效率低下问题
预留消毒池	预留池体，为今后配备紫外灭菌消毒仪、达到更高的出水标准做准备
流量计井	安装管道式电磁流量计，实时掌握设施流量情况，反映在运维后台上
出水取样井	出水井设置满足排水通畅、标志明显、采样方便、可运维管理的要求

3. 适用范围

多级滤床工艺技术适用于中心村、偏远村庄等各类农村生活污水或农家乐经营活动污水的处理，特别适用于山区，运维人员专业力量不足及其他需要低能耗、"傻瓜化"运维管理的场景。

多级滤床工艺一般适用于 200 t/d 处理规模以内的污水处理，接入终端的污水应满足《农村生活污水处理设施污水排入标准》（DB 33/T1196—2020）的基本要求。

4. 技术经济参数

一般农村生活污水处理条件下，多级滤床的技术经济指标可参考表 1-3。

表 1-3　多级滤床的技术经济参数参考表

产品型号	处理规模/ （t/d）	占地面积/ m²	直接投资/ 万元	直接运行成本*/ ［元/（t·d）］	运维管理费/ ［元/（t·d）］
MFB-5	5	10～15	5～5.5	0.5	1.43
MFB-10	10	20～30	9～10	0.25	0.84
MFB-15	15	30～45	13.5～15	0.17	0.64
MFB-20	20	40～60	16～18	0.13	0.54
MFB-40	40	80～120	32～36	0.1	0.37
MFB-60	60	120～180	48～54	0.07	0.28
MFB-80	80	160～240	60～68	0.05	0.24
MFB-100	100	200～300	60～80	0.04	0.22
MFB-150	150	300～450	75～105	0.04	0.18
MFB-200	200	400～600	100～140	0.03	0.17

*：如布水方式为重力自流，则直接运行成本可降低为 0 元。

5. 示范案例——衢州市龙游县浦山村生活污水治理

处理规模：30 t/d。

本工程采用多级滤床工艺技术的基本流程：

受益户数：65 户及村内 5 家农家乐。

占地面积：156 m²，其中构筑物占地 50 m²，多级滤床占地 106 m²，设施总体单位占地面积约 5.2 m²/t。

治理效果：该设施投入使用后，出水可稳定达到 DB 33/973—2021 二级标准，日常也可达一级标准。本项目 COD$_{Cr}$ 平均去除率达 92%，氨氮平均去除率达 89%，总磷平均去除率达 73%，SS 平均去除率达 85%。

案例 1-10：MABR 膜法处理农村生活污水技术及案例

1. MABR 膜法原理及工艺

膜曝气生物膜反应器（MABR）膜法是以色列富朗世（Fluence）水务公司研发的一种兼具曝气和微生物载体功能的新型污水处理技术。其一改传统的压力式曝气为自由扩散式曝气，曝气效果提高，从而降低了曝气能耗，并实现了同步硝化反硝化作用机理。

MABR 膜经卷制成膜组件后浸入污水中，与污水充分接触。氧气从空气通路中透过 MABR 膜扩散到污水中，膜表面形成高溶解氧区域，好氧自养型微生物——硝化菌在膜表面繁殖形成优势菌群并将污水中的氨氮（NH_3-N）降解为硝氮（NO_3-N），而在远离膜表面的低溶解氧区域，厌氧异养型微生物——反硝化菌在悬浮污泥中形成优势菌群，利用原水中的 BOD 将 NO_3-N 降解为氮气（N_2）脱离污水体系（图 1-20）。

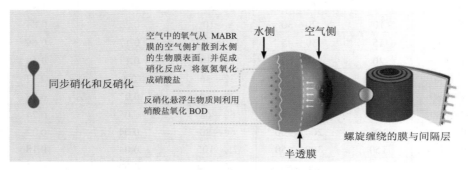

图 1-20　MABR 膜反应原理

MABR 膜法工艺流程如图 1-21 所示。

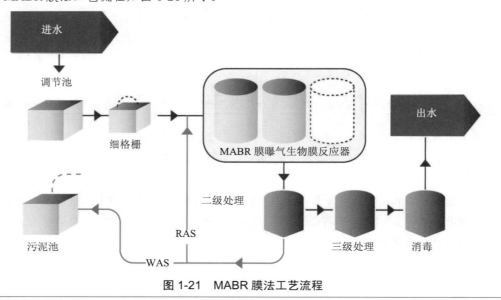

图 1-21　MABR 膜法工艺流程

2．案例——杭州临安区清凉峰镇白果村污水处理终端

该新建终端设计处理规模为 600 m³/d，采用先进 MABR 膜农村污水处理技术，运用"调节池+格栅+MABR+二沉池+砂滤器"工艺，将附近旅游接待的农家乐等废水一并纳入，最大受益人数可达 7 000 人，出水水质达到《城镇污水处理厂污染物排放标准》（GB 18918—2002）一级 A 标准（图 1-22）。

图 1-22　临安区清凉峰镇白果村污水处理终端

以上 3 种处理工艺（案例 1-8～案例 1-10）各有其特点。A²O 工艺目前应用较多，其出水水质能达到 DB 33/973—2021 一级标准，缺点是处理成本和运行维护费都较高；MABR 膜工艺能耗相对于 A²O 等工艺较低，占地少，但膜的维护要求较高，否则膜更换周期缩短；多级滤床工艺处理成本低，运行维护方便，出水水质能达到 DB 33/973—2021 二级标准，相对于前两者出水水质稍差。

从全国范围来看，各地选用的污水处理模式不尽相同。中共中央办公厅、国务院办公厅印发的《农村人居环境整治提升五年行动方案（2021—2025 年）》指出，应选择符合农村实际的生活污水治理技术，优先推广运行费用低、管护简便的治理技术，鼓励居民分散地区探索采用人工湿地、土壤渗滤等生态处理技术；积极推进农村生活污水资源化利用。因此，各地应因地制宜选择不同治理模式和技术，经济发达地区宜选用处理效率高、投入和运行要求相对高的处理技术，欠发达地区则宜选择投入少、运行方便的模式。

三、农村生活污水治理工作保障机制

相较于城镇，农村生活污水治理及设施持续稳定运行的难度更大，需要有力的工作机制加以保障，否则难以持续。

1．加强施工质量管理

由于缺少较强的施工力量以及相对较低的建设费用，建设中容易出现质量问题，甚至影响系统正常运行。从最近几年实际建设情况来看，一个比较突出的问题是管道漏损严重。主要原因是施工质量和管材质量差，如有的管材铺设深度不足，不能承受路面重压；有的因地面沉降而致管道及其接口破裂漏水，污水处理设施长期没有污水进入。因此，加强对农村污水收集系统建设的质量监管非常必要，应聘请专业人员现场监管，并在建设合同中明确污水漏损率及保障年限等指标。

2．加强运行维护监管

农村生活污水治理系统建成后如何确保其正常运行是一个难度很大又必须解决的课题。在 2016 年以前，杭州市相当一部分农村污水处理设施建成后，由于缺乏规范、有序的管理，建成的处理设施未能得到有效维护，影响了设施的正常运行和处理效果。此后经过几年的探索，杭州市、县两级由建设系统牵头普遍推广第三方运维模式，农村污水治理设施的正常运行率有了较大幅的提高。

3．农村生活污水治理财政保障机制

农村生活污水治理设施的建设、运维需要大量资金投入。如杭州市 2018—2020 年提升改造行动中就投入了 21 亿元。这些投入仅靠农户、村集体是无法解决的。浙江省主要依靠区县和乡镇财政分担，省、市财政适当奖励补助来解决。在杭州市 2018—2020 年投入的 21 亿元资金中，市级财政奖励补助 4.2 亿元，其余部分的 80%由区县财政承担、20%由乡镇财政承担。各地应结合实际，建立健全农村生活污水治理投入机制，确保设施建得起、用得好。

四、浙江和杭州的农村生活污水治理

浙江自 2003 年开展"千村示范万村整治"以来，由当时的农办和环境保护部门牵头，开展农村生活污水治理。治理设施逐步从无到有，从分散治理到相对集中，从无动力到微动力（太阳能驱动）再到有动力（指鼓风曝气等动力设施，不包括污水通过泵提升方面的动力），处理效果也不断提升。农村生活污水治理工作一直走在全国前列。2018 年联合国环境规划署原执行主任索尔海姆先生在考察浙江省诸多农村以污水和垃圾治理为主要内容的农村环境综合整治后盛赞："浙江的水环境治理可以为全球提供先进经验""浙江乡村环境的改善让人惊叹，可以作为示范和样本在其他国家和地区推广"。

作为省会城市的杭州，农村生活污水治理一直走在全省前列，2016—2021 年连续 6 年获得优秀，其中 2018—2021 年考核位列浙江省第一。桐庐县、西湖区先后被住建部授予全国农村生活污水治理示范县。浙江农村生活污水治理总体上可分为两大阶段。第一阶段：2003—2016 年，全面启动、持续推进阶段，污染治理设施从无到有并逐步覆盖至所有行政村（一个行政村至少有一套生活污水处理设施）。截至 2016 年年底，杭州市 1 662 个行政村建成污水处理终端设施 8 969 个，其中无动力设施 4 955 个，占总数的 55.2%。第二阶段：2017—2021 年，改造提升和扩面阶段。经过第一阶段 10 多年的努力，建成了一大批治理设施，但由于设计、建设、维护等方面不够规范，部分收集系统渗漏严重，设施缺少运维保养，治理效果不尽如人意。同时总体上规模偏小、数量偏多，覆盖面不够广。2018年开始，浙江省开展以"水清、无味、岸绿、景美"为目标的农村生活污水治理设施改造提升行动，下面以杭州市的具体做法为例进行介绍。

1．建立机制，加强统筹

杭州市政府成立农村生活污水处理设施提升改造领导小组，由分管副市长任组长，市建委牵头会同市农业农村局、市财政局和市生态环境局等部门负责推进，各区、县（市）政府建立相应工作机制。市级财政专项安排补助资金 4.2 亿元用于支持农村污水处理设施提升改造三年行动（2018—2020 年）。

2．制订方案，统一行动

通过现场调查、农户访谈、资料查阅、水质抽检等多种方式，完成对全市所有设施的全面调查评估。针对规划选址是否周全、设计参数是否合理、收集系统是否规范、终端施工是否到位、设施设备是否完备等方面，建立了全市农村污水处理设施的问题清单，形成了"一县一册"的评估报告。同时，编制全国首个《农村生活污水处理设施提升改造技术指南》并下发试行。

3．规划引领，指导提升

按照《浙江省县域农村生活污水治理专项规划编制导则（试行）》，全面完成农村污水治理专项规划的编制，因地制宜明确排放标准和改造目标，编制行动计划，推进提升改造工作，确保"有规可依""有章可循""一张蓝图绘到底、一任接着一任干"。

4．培训指导，强化服务

委托有资质、有经验的专业队伍设计提升改造项目。按照"成熟一批、审批一批"的原则，组织专家组对每个提升改造项目进行"一端一策一方案"市级会审，确保在源头上把好技术关、经济关。

组建农村污水治理专家服务团，开展"三到、三送、三提"活动，即"到区县、到乡镇、到现场"开展"送知识、送技术、送服务"，从而"提高从业人员理论水平、提高一线人员实操能力、提高农村污水治理成效"。

5．试点先行，积极探索

在临安区和桐庐县选取 5 个试点乡镇，并根据村庄不同的区域位置、地势地貌、土壤植被、受纳水体及原有设施条件，"因村制宜"选择治理工艺，为全市提升改造工作提供经验。

6．因地制宜，分类施策

结合各地实际，分别采取"纳厂一批、提升改造一批、整合（新建）一批"等措施。

（1）纳厂一批

对符合以下条件的纳入城镇污水处理厂：

1）距离市政污水管网较近；

2）污水处理厂有接纳能力；

3）具备管网施工条件，对人口规模较大、聚集程度较高、经济条件较好的村镇，优化城镇污水处理厂的规划布局，创造条件，争取尽早纳厂处理。

（2）提升改造一批

提升改造的主要内容是：

1）对湿地进行翻新；

2）更换供电方式；

3）更换或完善设施设备（流量计、填料、曝气设施）；

4）建设进水井、调节池等；

　　5）通过池体改造、设备添置等，优化强化生物、生态处理工艺；

　　6）增设终端监测和传输设备，加强平台建设，提高管理的精细化、信息化和智能化水平；

　　7）增加人工湿地或污泥池等工艺处理建（构）筑物。

（3）整合（新建）一批

　　根据县域农村污水治理规划要求，对一些过度分散、工艺落后的设施进行整合，改建管网系统，新建、扩建集中治理设施，使整个区域内的污水处理系统设施规模、布点更加科学合理。

　　截至 2023 年年底，全市 10 个区（县）1 940 个行政村（社区）建成农村污水处理设施 9 605 个（其中终端 8 326 个，纳厂设施 1 100 个，户用处理设施 179 个），设计总处理能力 30 万 t/d，农村生活污水治理行政村覆盖率为 96.6%（已覆盖的行政村：指污水接户率达到 70%以上的行政村，此与前述 2016 年的覆盖率不同），水质达标率为 93.37%。图 1-23、图 1-24 为改造后的污水处理设施。

图 1-23　萧山区河上镇凤凰坞村　　　　　图 1-24　淳安县瑶山乡何家村集镇
　　　 2 号污水处理终端　　　　　　　　　　 1 号污水处理终端

　　杭州农村生活污水治理工作持续走在全省、全国前列，多次被《人民日报》、中央电视台等主流媒体报道。

　　为了进一步提高农村生活污水治理水平，补齐农村生活污水治理短板，浙江省从 2021 年开始启动了新一轮农村生活污水治理提升行动，并印发了《浙江省农村生活污水治理"强基增效双提标"行动方案（2021—2025 年）》，其主要目标是：到 2022 年，既有农村生活污水处理设施标准化运维达到 100%，创建 100 个省级农村"污水零直排村"和 100 个省级"绿色处理设施"试点；到 2025 年，未达标处理设施提升改造基本完成，应建新建处理设施基本建成，农村生活污水处理设施行政村覆盖率达到 100%、出水达标率力争达到 95%，创建 500 个"污水零直排村"和 500 个"绿色处理设施"，各项工作继续走在全国前列。

　　为保障这次行动，省有关部门还组织编制了《关于进一步加强农村生活污水治理工作的指导意见》《浙江省农村生活污水治理近期建设规划编制导则》《农村生活污水管控治理导则》《浙江省农村生活污水处理设施全过程管理导则》《农村生活污水治理工作考核办法》，浙江 11 个设区市制订了农村生活污水治理"强基增效双提标"行动实施方案。

为了使农村生活污水治理工作有法可依、有章可循。浙江省专门制定实施了《浙江省农村生活污水处理设施管理条例》，规定了各级政府及其相关部门、村民委员会、村民个人等的职责和行为规范。条例明确，乡（镇）人民政府负责污水处理设施的建设改造和日常管理；各级政府应当将污水处理设施管理工作经费纳入本级财政预算；村民及其他排放生活污水的单位和个人应当将产生的污水排入处理设施，违反此规定的由县级以上污水处理设施主管部门责令限期改正，逾期不改正的，处以一千元以上一万元以下罚款。

第五节　农业水污染防治

农业水污染既包括农业、林业种植中的化肥、农药污染及其水土流失，也包括畜禽养殖、水产养殖产生的污染。根据第二次全国污染源普查结果（以 2017 年为普查年），包括种植业、畜禽养殖业、水产养殖业在内的农业水污染物排放量为：化学需氧量 1 067.13 万 t/a，氨氮 21.62 万 t/a，总氮 141.94 万 t/a，总磷 21.20 万 t/a，分别占全部排污总量的 49.8%、22.4%、13.6%、67.2%，其中以农业种植业和畜禽养殖业为主，大大超过了工业排污量。农业排放量相较于工业，化学需氧量是其 11.7 倍，氨氮是其 4.9 倍，总氮是其 9.1 倍，总磷是其 26.8 倍。由此可见，农业已成为水污染防治的重点领域。

一、农、林种植业污染及其防治

农、林种植业的污染主要来自大量施用的化肥、农药的流失，还有陡坡地上的水土流失问题。化肥、农药的施用、流失量与种植结构、种植方式、治理状况相关。

1. 优化种植结构

种植结构包括种植品种结构和空间结构（种植区域与周边水体的空间关系）。

不同品种的农作物所需要施用的化肥、农药的种类、数量不同，农业农村部和各地都制定有对不同农作物的化肥施用标准，表 1-4 是浙江省 2019 年制定的主要农作物化肥定额制施用标准参考指标。对于一些需要特别保护的区域（如饮用水水源保护区），选择农药、化肥使用量少的品种并辅之以必要的生态补偿，是防止农、林业面源污染的一个重要举措。

表 1-4　主要农作物化肥定额制施用标准参考指标（试行）

作物	近几年单位面积平均施肥量/（kg/亩）		农业农村部推荐施肥量/（kg/亩）	最高限量值/（kg/亩）	
	化肥总量	氮肥	化肥总量	化肥总量	氮肥
早稻	25	15	21～27	22	13
晚稻	28	16	21～27	23	14
单季稻	35	22	23～32	26	17
超级稻	40	25	—	30	20
小麦	24	15	14～20	18	10
油菜	24	14	21～24	21	12
薯类	28	15	25～27	25	13
茄果类	89	45	70～90	70	35

作物	近几年单位面积平均施肥量/（kg/亩）		农业农村部推荐施肥量/（kg/亩）	最高限量值/（kg/亩）	
	化肥总量	氮肥	化肥总量	化肥总量	氮肥
西（甜）瓜	80	31	66～80	66	25
茶树	41	27	28～44	28	25
柑橘	59	23	45～56	45	20
梨树	50	19	40～55	40	16
桃树	55	20	40～50	40	16
葡萄	50	20	40～50	40	15
单季茭/夏茭	73	35	63～71	60	32
秋茭	55	25	48～55	48	22
甘蔗	60	29	50～54	50	25

种植业的空间结构。主要是指种植区域与周边水体之间的空间关系。水库等饮用水水源截雨区内应避免或尽量减少种植化肥农药施用量大、水土流失严重的农、林作物。同一流域内，种植区与下游水体之间的距离越长，流失的氮、磷会在其流向下游水体的过程中不断得到降解、沉降，相应的影响也就越小。因此，需要优先控制、优化与水体距离较近区域的种植业。

2．推行生态化种植方式

从种植方式上防治污染包括两个方面，一是尽可能减少化肥、农药的施用量；二是对已经施用的化肥、农药尽可能通过拦截、转化等减少排放。从减少化肥、农药施用的方面看，应大力推广测土配方（施肥）、（病虫害）统防统治、深层施肥（把肥料施入土壤层下）、水肥一体化等方式和技术；研发推广高效缓释肥料、高效低毒低残留农药、生物肥料、生物农药等新型产品；协同推进果蔬茶有机肥替代和果蔬茶病虫害全程绿色防控。根据华南农业大学相关研究，采用水肥一体化技术比常规施肥可节约肥料 50%～70%，大大降低了对水体的污染；杭州市农技推广站通过对主要农作物示范方的测试统计，通过测土配方（施肥）平均能减少 8%～10% 的化肥用量，通过病虫害统防统治能减少农药使用量 20%以上。国家要求到 2020 年，全国主要农作物化肥、农药施用量实现负增长，化肥、农药利用率均达到 40%以上，测土配方覆盖率达到 90%以上，全国主要农作物绿色防控覆盖率达到 30%以上、主要农作物病虫害专业化统防统治覆盖率达到 40%以上。

对已经施用的化肥、农药，应尽可能通过拦截、治理、转化，减少最终排入河流的量。拦截、治理、转化的方法主要有：①坡改梯和植被镶嵌；②植被缓冲带；③生态排水沟（渠）；④湿地；⑤多水塘和前置库，具体详见本章第七节。

3．防治水土流失

水土流失是造成水体污染的重要原因之一。水土流失主要发生在坡地上。《中华人民共和国水土保持法》明确规定，超过 25°的坡地不得开垦种植农作物，种植经济林的，应当科学选择树种，合理确定规模，采取水土保持措施，防止水土流失。但现实中，由于一些地方地理状况特殊，人们生活的周边严重缺少平地，甚至也缺少 25°以下坡地，因此，有不少 25°以上坡地被开垦种植。如杭州淳安千岛湖上游的安徽省黄山市歙县，在新安江两岸生活的居民多在两岸高坡山地开垦菜园、果园等，杭州市淳安县境内也有少部分区域存在同样情况。对于这些区域应逐步采取退耕、退果、退茶、还林、还草等措施，同时给予必要的生态补偿。为保护千岛湖，杭州市淳安县已制订了农业、林业污染防治方案，包括：对高坡度种植地实施退耕还林、还草，防止25°以内坡地水土流失；在控制并逐步减少流域总体开发强度的前提下，优化调整种植结构，减少山核桃等易致严重水土流失的种植品种；严格控制近水、邻水区域，尤其是第一照面山（面朝水面一侧山体）的开发；强化面源拦截，实施坡改梯、植物镶嵌、植被缓冲带、生态拦截沟和湿地、多水塘等，减少污染物排入水体。

防治水土流失还有一个需高度重视的问题：坡地上大量使用草甘膦等除草剂导致植被严重破坏引发水土流失，如山核桃基地在山核桃采摘时大量使用草甘膦除草剂，严重破坏植被，形成大片光秃裸露的地表（以便于山核桃采摘），导致严重的水土流失。杭州市临安区岛石镇2019年8月发生严重的山体滑坡，许多房屋被毁，多人伤亡。发生这一事故，除地质地貌方面的原因（坡陡）外，过度使用草甘膦导致地面植被严重破坏也是重要原因之一。为此，临安区已全面禁止使用草甘膦并通过实施农药购买实名制等措施加以预防和落实。

二、畜禽养殖污染防治

畜禽养殖污染的主要原因是畜禽粪便及尿液未经处理或处理不到位随意排放。畜禽养殖一度成为水污染的重要因素，部分养殖业发达的地区水体受到严重污染。浙江省在"五水共治"工作中，对畜禽养殖业采取了规范养殖、污染综合治理等措施，并取得了较为显著的成效，规模以上养殖场都得到了有效治理。

1. 规范养殖

规范养殖包含两方面内容，一是指养殖区域选址的规范。畜禽养殖并非适合每个区域。一些环境敏感区如饮用水水源保护区、风景名胜区及集镇、村庄等人口稠密区域以及其他一些环境脆弱的区域应禁止养殖。2014年，浙江省在全省范围内划定了禁养区。二是指养殖方式的规范。养殖畜禽必须对其产生的粪便、尿液等进行规范化处理，不能做到规范处理的实施关停。通过上述规范化整治，至2021年浙江省共关停、搬迁养殖场40余万个，建设省级美丽牧场1 200余家。

2. 污染综合治理

污染治理分粪便处理、尿液处理两部分。

（1）畜禽粪便综合利用

把猪粪、鸡粪单独或与其他有机物（如城市污水处理厂的污泥、养蚯蚓后的蚯蚓粪等）混合发酵后制成有机肥，发酵、制肥过程中要注意做好除臭工作。从浙江省畜禽养殖实际治理经验来看，养殖规模越大，粪便综合利用效率越高，治理工作越规范。

（2）因地制宜处理畜禽养殖废水

对于周边农田、山地较多的养殖场，其尿液等高浓度废液经厌氧发酵（产沼气）处理后，沼渣还田，沼液直接作为液态肥料施用于农田、山林中。考虑农肥利用的季节性，可在田间建造一定数量的沼液贮存池，平时将沼液运至贮存池，利用时再把池中沼液抽出。对于周边农田、山地少而规模又较大的养殖场，其尿液等高浓度废液须实施工业化处理——经生化处理后纳管排入城市污水处理系统或直接处理至达标排放。但这样的处理方式运行成本相对较高。据对一个年出栏量14万头（猪）的养殖场的调查，其用于废液处理的成本约为40元/头（猪）。

图1-25为杭州大观山规模化养殖场猪粪、尿液（废水）处理系统：

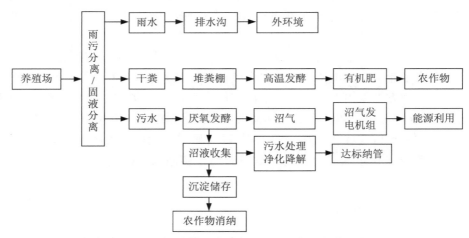

图1-25　杭州大观山规模化养殖场猪粪、尿液（废水）处理系统

三、水产养殖业污染防治[①]

我国水产养殖的主要形式有池塘养殖、工厂化养殖、大水面增养殖、稻鱼综合种养、网箱养殖、浅海滩涂养殖等，其中池塘养殖是最主要的养殖方式，也是养殖水环境污染较重、尾水处理紧迫性最强的养殖方式。据统计，截至2020年年底，全国有海淡水养殖池塘303.69万 hm^2，养殖产量2 537.14万 t，分别占全世界和全国水产养殖总量的40%和49%。在保障水产品有效供给的同时，池塘养殖基础设施薄弱、水处理设施普遍缺乏的短板也逐步暴露出来，一些尾水未经处理直接外排。以大宗淡水鱼养殖为例，投放的饲料中有10%～20%未能被摄食，摄食的饲料中仅有20%～25%的氮和25%～40%的磷用于养殖对象生长，75%～80%的氮和60%～75%的磷排入周边水体。《第二次全国污染源普查公报》显示，在2017年全国水污染物排放量中，水产养殖业的水污染物排放量为化学需氧量66.60万 t、氨氮2.23万 t、总氮9.91万 t、总磷1.61万 t，分别占水污染物排放总量的3.11%、2.31%、3.26%、5.1%；与整个工业源排放量相比，分别为工业源排放量的73%、50%、64%和203%；单位水产品养殖产量的排污强度分别为化学需氧量13.6 kg/t、氨氮0.45 kg/t、总氮2.02 kg/t、总磷0.33 kg/t。

为解决水产养殖业的水环境污染问题，实现水产养殖业的可持续发展，农业农村部等牵头先后制定和完善了一批行业和地方标准。2018年，农业农村部渔业渔政管理局提出并组织专家对《淡水池塘养殖水排放要求》进行了修订，组织制定了《水产养殖设施名词术语》《淡水养殖池塘设施要求》《淡水池塘养殖小区建设通用要求》《淡水池塘养殖清洁生产技术规范》《水产养殖场建设规范》等系列标准和规范。2022 年，《生态环境部 农业农村部关于加强海水养殖生态环境监管的意见》发布，要求地方根据相关工作部署，因地制宜组织编制地方水产养殖业水污染物排放控制标准。2023 年，生态环境部门还制定了《地方水产养殖业水污染物排放控制标准制订技术导则》（HJ 2717—2023），用于指导和规范各地因地制宜出台地方排放控制标准，精准开展地方水产养殖业污染防治工作。在完善系列标准的同时，制定颁发了绿色发展的相关政策，如 2019 年，农业农村部等 10 部门联合发布了《关于加快推进水产养殖业绿色发展的若干意见》；2021 年，农业农村部决定实施水产绿色健康养殖技术推广"五大行动"，即生态健康养殖技术模式示范推广、养殖尾水治理、水产养殖用药减量、配合饲料代替幼杂鱼、水产种业质量提升。通过上述一系列措施，各地先后涌现出一批绿色养殖技术和示范工程。根据对浙江省及杭州市部分养殖场的现场调研，结合全国水产技术推广总站的梳理总结，以下对当前几种主要水产养殖尾水治理模式作介绍。

（一）连片池塘工程化养殖尾水处理技术模式

该技术采用生态沟渠（或暗管）→沉淀池→过滤坝 1→曝气池→过滤坝 2→生态池的工艺流程（简称三池两坝模式）（图 1-26）。该处理工艺在较低投入的情况下可实现养殖尾水的达标排放或循环利用，但该工艺对低温地区池塘养殖尾水处理效果有限。截至 2020 年，该技术已在浙江省大面积推广应用，并推广到江苏、江西、广东等省的养殖区域，处理后水质均能达到《淡水池塘养殖水排放要求》（SC/T 9101—2007）排放标准。

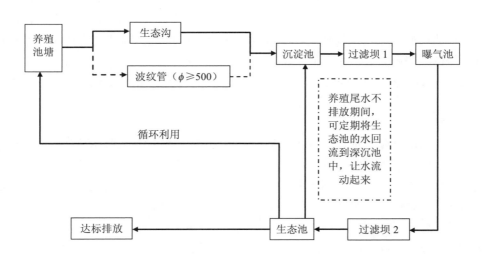

图 1-26 三池两坝模式示意图

1. 尾水处理区配比面积

整个养殖小区尾水处理区域配比面积视养殖品种情况而不同，虾蟹类低污染养殖品种不低于养殖面积的 6%；中污染养殖品种（如翘嘴鲌、高密度凡纳滨对虾、罗氏沼虾等）不低于养殖面积的 8%；乌鳢或其他亩产 1 500 kg 以上的高污染养殖品种（如黄颡鱼、大口黑鲈、泥鳅、龟鳖等）不低于 10%。

2．生态沟渠

利用养殖场原有的沟渠构建尾水收集渠道，即生态沟渠。生态沟渠上端宽度不低于 3 m，深度 1 m 以上，驳岸最好保持土质，不要硬化，驳岸两侧种植美人蕉等挺水植物，在浅水区内种植苦草、轮叶黑藻等沉水植物，深水区培育大藻等漂浮植物，也可采用生态浮床种植景观植物或水生蔬菜。另外，生态沟渠内可适量放养螺蛳、河蚌等净水生物，但养殖四大家鱼及黄颡鱼品种的切勿放置河蚌，以免其产卵孵化的钩介幼虫寄生在鱼鳃上引发疾病。若无建生态沟的条件，则可下埋直径为 50 mm 及以上的波纹管为排水管道。

3．沉淀池

低、中、高污染养殖品种沉淀池分别占总尾水处理面积的 30%、40%、50%，沉淀池水深 2 m 及以上。在靠近排水口水流垂直方向悬挂生物毛刷，毛刷长度为 1.5 m 左右。在沉淀池两端分别平行固定若干个木桩，岸边木桩间隔 50 cm，在木桩的顶部和底部分别固定 1 根尼龙绳，然后将生物毛刷垂直悬挂在尼龙绳上，每 5 cm 悬挂 1 束，生物毛刷悬挂面积占沉淀池的 50% 左右。生物毛刷悬挂处后端放置适当数量的（铜钱草、狐尾藻）生态浮床，一个生态浮床面积推荐为 2～4 m²。

如果沉淀池面积较大，可把沉淀池分割成 2～3 个区域，生物毛刷应从最前端的沉淀池开始悬挂，悬挂面积占比同样为 50%。

4．过滤坝

不同养殖品种对过滤坝建设的要求存在较大差异。污染越多，过滤坝宽度和长度越大，个数越多。低污染养殖品种过滤坝内径要求宽 1.5 m 及以上，长度 6 m 及以上，建议建 1 条及以上；高污染养殖品种过滤坝内径要求宽 2.0 m 及以上，长度 10 m 及以上，建议建 2 条及以上。过滤坝底部采用水泥硬化，主体结构为空心砖堆砌，内部填料建议用多孔质轻的火山石、陶粒、珊瑚石等，由下而上填料的直径逐渐减小，最上层 0～60 cm 高度内填料，直径建议 3～5 cm；61～120 cm 高度的填料，直径建议 5～8 cm；120 cm 高度以上填料，直径建议 8～10 cm。

5．曝气池

低污染养殖品种曝气池占总尾水处理面积的 20%，而中污染和高污染养殖品种曝气池均占总尾水处理面积的 10%～20%，同时适当增加爆气强度（功率）。在距池塘底部 30 cm 处铺设纳米曝气盘，每 2～3 m² 铺设 1 个，必要时曝气池池底须铺设土工膜，以防止底泥上泛堵塞曝气孔。岸边配设鼓风机，每亩配备功率不低于 2.5 kW。

6．生态池

低、中污染养殖品种养殖尾水生态池占总尾水处理面积的 50%，而高污染养殖品种养殖尾水生态池占总尾水处理面积的 40%。在岸边种植挺水植物和在浅水区种植沉水植物。放养鲢、鳙、螺蛳、河蚌等净水生物，其中鲢、鳙放养密度均为 50 尾/亩，螺蛳、河蚌等 5 kg/亩。岸边种植菖蒲、鸢尾等挺水植物，浅水区种植马来眼子菜、苦草等沉水植物，深水区可以放置生态浮岛。

典型示范点信息见表 1-5。

表 1-5　养殖尾水生态化治理示范点信息

污染类型	示范点位置	养殖面积/亩	主养品种	配套尾水处理面积/亩
低污染养殖品种	南浔区菱湖镇杨港村	约 300	青虾	约 20
中污染养殖品种	德清县钟管镇东舍墩村	约 120	翘嘴鲌	约 10
高污染养殖品种	南浔区菱湖镇卢家庄村	约 670	大口黑鲈	约 68

（二）池塘流水槽养殖尾水处理模式

将池塘分为流水养殖区和循环水净化处理区，配套建设养鱼水槽和沉淀收集槽等设施，配置气提式推水增氧机、底部增氧机、吸污泵等设备，通过推水形成池塘内部水体的循环流动，在水槽中高密度养殖鱼类、水槽外水体作为水质净化区。

1. 生产工艺及污染净化原理

池塘流水槽养殖尾水处理示意图如图 1-27 所示。

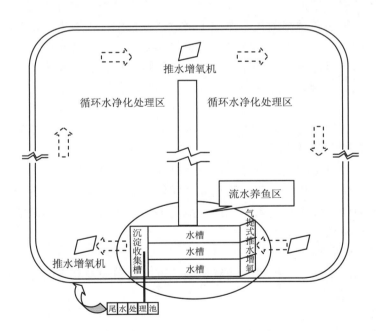

图 1-27　池塘流水槽养殖尾水处理示意图

污染净化原理简介如下：

在流水槽内高密度养鱼，每日多次投喂高质量颗粒饲料至流水槽内。通过气提式推水增氧装置为养殖水槽提供高溶氧水流并为整个系统大循环提供保障。流水槽末端设有沉淀收集槽，流水养殖槽中产生的部分固体粪污在沉淀收集槽底部沉淀，通过吸污泵吸出进入尾水处理池。除流水槽区域外的池塘其他部分区域，都是养殖水净化区，用于净化未能收集的固体粪污和已溶于水体中的污染物。该模式对养殖尾水的处理由两部分组成：固体粪污部分从沉淀收集槽中抽出进入尾水处理池处理，其余部分均进入池塘循环水净水区处理。净化过程分述如下：

①尾水处理池处理。固体粪污从沉淀收集槽抽出后首先进入沉淀池，沉淀下来的固体物可作为肥料用于周边蔬菜种植等，沉淀池上清液进入生态处理池（一般为土池，面积为养殖池塘总面积的 10%～15%）净化，池内种植水生植物，并投放适量的螺蛳、河蚌等，形成一个小型净水生态系统。经生态处理池净化后的水再循环进入大池塘循环水处理区循环。把部分粪污从沉淀收集槽中抽出来，极大地减轻了池塘净水系统的处理负荷，从而使池塘净水系统能匹配更高产量的养鱼流水槽，进而提高单位面积的鱼产量。

②池塘循环水净水区处理。此区域水深多在 2.0～2.5 m（最深可达 4.0 m），池岸边、浅水区种植挺水、沉水植物如美人蕉、菖蒲、再力花、茭白、苦草、伊乐藻等，深水区可放置生态浮岛。一些养殖场如杭州恒泽生态农业科技有限公司还在池塘底部铺设生物床，床面积占池塘面积的 10%～15%，下层铺砂子、上层铺陶粒，利用其巨大的比表面积，使降解水体污染物的微生物菌更好地生长繁殖。池塘中还投放适量的鲢、鳙、螺蛳、蚌等，以形成一个比较完整的净化水体的生态系统。池塘中不同水深的区域，分别形成好氧区（浅水层）、缺氧区（中水层）、厌氧区（深水层），为各种细菌进行不同的生物过程创造了条件。粪污类有机物在各种细菌代谢作用下降解，并使细菌得以繁殖增长；浮游植物在光照下通过吸收营养盐生长；浮游动物以浮游植物为食而生长；蚌主要通过滤食藻类及浮游动物生长；鲢、鳙同时滤食藻类和浮游动物；螺蛳主要以池底淤泥中的微生物、腐殖质及水中浮游植物为食；池塘中的各类挺水、沉水植物通过光合作用吸收水体中各类营养物而生长。

综上所述，在适当的管理、调控下，池塘水循环净化区内形成一个复杂的生态系统，系统的稳定运行支撑了对养殖尾水的净化。

在气提推水增氧设施的连续运行下，流水槽和池塘水体保持持续的水体流动和混合，这使得水体各种微生物、植物、鱼类等相互之间接触混合更加充分，各种反应和食物链传递更加迅速，进而使水体净化的效率更高。池塘中用于水质净化而养殖的鲢、鳙可使鱼产量额外增加 22%～25%。

2．主要设施及功能简介

主要设施包括流水槽、气提推水增氧设施、沉淀收集槽及其吸污泵、辅助增氧设施、循环水养殖区、导流坎等。

（1）流水槽

单个流水槽的规格一般为 25 m×5 m×（2.0～2.5）m（长×宽×深）。实际养殖中可由多个流水槽组成流水槽组，流水槽组的总面积占池塘总面积的 1.5%～2.0%。通过气提推水增氧装置，流水槽中形成高溶氧水流，因此才能高密度养鱼。

（2）气提推水增氧设施

气提推水增氧设施结构见图 1-28。

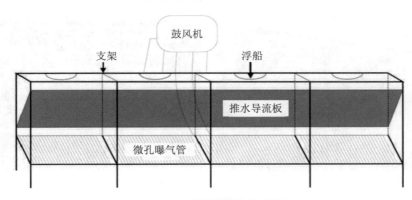

图 1-28　结构和平台布置图

该设施由鼓风机、微孔曝气管、导流板组成。罗茨鼓风机或旋涡鼓风机提供的压缩空气通过风管进入微孔曝气管（设置在靠近底部位置）曝气，大量上升的微气泡遇到 35°倾斜的导流挡板后变成水平方向移动，并进而带动水体一起向前流动，形成增氧水流并进入流水槽。设置在流水槽前端的气提增氧推水设施与池塘内其他位置的辅助气提增氧推水设施，共同维持了池塘整体的微流水循环系统。

（3）沉淀收集槽

沉淀收集槽设在流水槽末端，宽 3.0～4.0 m，其进出水端均由不锈钢网片与流水槽和池塘相隔，出水端底部设有高 60～70 cm 的挡板，以便把部分固体粪污拦截在沉淀槽内。沉淀粪污由配设在收集槽上部的吸污泵定期抽走进入尾水处理池，每天抽吸粪池 2～4 次，在每次投饵后 3 h 左右进行。

（4）导流坎

导流坎（也称循环水挡墙）设置在池塘中间，一端与流水槽外墙体相连，另一端延伸向池塘对岸但不与对岸相连，导流坎延伸端与池塘对岸间的宽度应不小于流水槽组的总宽度。导流坎的作用是引导水流绕着整个池塘循环流动而防止出现短流，这样才能真正发挥整个池塘的净水效果。

3．应用范围及案例

池塘流水槽养殖尾水处理技术模式适用于海淡水养殖，也适用于池塘、水库、湖泊等不同水体，这一模式已在全国 18 个省（区、市）广泛推广应用，是全国水产绿色健康养殖"五大行动"中养殖尾水治理的主推技术之一。

应用示范案例：安徽金桥湾农业科技有限公司；浙江杭州恒泽农业科技有限公司（图 1-29）。

图 1-29   恒泽流水槽养殖

（三）工厂化循环水处理技术模式

工厂化循环水养殖又称封闭系统养殖，主要特征是养殖池排出的水经回收处理再循环利用。工厂化循环水养殖模式占地面积小，养殖密度高，节水、节能、高效，能对养殖生产各个环节进行调控，可实现无药物生产，是可持续的健康养殖模式。该养殖模式可以实现水产养殖从农业生产转为工业生产，是我国渔业现代化的必由之路。但是，工厂化循环水养殖模式建场投资大、运行费用较高、养殖技术与生产管理要求严格。截至 2021 年，国内工厂化循环水养殖规模达 200 万 m^2，涉及鱼、虾、参、贝等主要养殖品种，发展潜力巨大。

1. 工艺流程

工厂化循环水养殖的工艺流程：养殖池→自动控制微滤机→高效过滤器→生化池→水温调节池→紫外线消毒池→高效溶氧罐→水质监测系统→养殖池（图 1-30）。

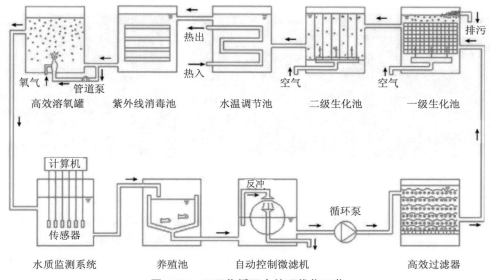

图 1-30　工厂化循环水处理优化工艺

从养殖池排出的水通过地下管道自流到自动控制微滤机，去除部分悬浮物和固体杂质；自动控制微滤机安装在低位蓄水池上部，水流经自动控制微滤机后产生跌滤并充分曝气；由循环泵将低位蓄水池中的水输送到高效过滤器中，进一步去除微米级和纳米级悬浮物和胶质颗粒，减少后续生物净化工序的负荷（实际养殖中，用高效过滤器的不多，更多使用的是蛋白质分离器，并在蛋白质分离器中加臭氧）；高效过滤器的出水直接被输送到生物净化池，生物净化池设有 2～3 级，多为生物滤池和生物接触氧化工艺，生物净化的主要目的是去除氨氮（每个净化池深约 3.5 m，曝气管设在离池底 1 m 处，其上部为好氧区，下部靠近底部为兼氧区，因而使得净化池具有硝化、反硝化的脱氮功能）；根据需要向水温调节池中加入地下水，进行水温调节；调温后的水经过模块式紫外线消毒池，进行杀菌、消毒；消毒后的水经管道自流到高效溶氧罐中，同来自制氧机的纯氧充分混合，使出水的溶解氧达到饱和或过饱和状态；连接在出水管路中的水质监测系统实时在线监测水质状态；处理后的达标水，沿封闭管道再输送到养殖池。根据养殖品种和水质条件等，可对该工艺流程进行适当调整。

2. **应用范围及案例**

由于此工艺投资大、运行费用高、管理要求严等，目前主要应用于高价值海产品养殖中，辽宁、河北、天津、山东、江苏、浙江、福建、海南、安徽等省（市）已有广泛应用。其应用案例有大连天正实业有限公司、浙江杭州恒泽农业科技有限公司（图 1-31）。

图 1-31   恒泽鱼工厂养殖区

除上述模式外，各地实际养殖尾水处理中，池塘+人工湿地模式应用较多，且形式多种多样，简单的就是池塘+生态塘（也称湿地）。实际上养鱼的池塘本身也起着水质净化的作用，只要构建起一个比较完善的生态系统即可。同生态塘一样，养殖池内同样可种植沉水植物、挺水植物，并适度放养鲢、鳙、蚌、螺蛳等滤食性鱼类。杭州恒泽农业科技有限公司 800 亩养殖池塘底部还建有占池塘面积 10%～15% 的生物床，以利于细菌等微生物着床生长。经过在运行中不断地优化调整，养殖池本身就构建起了一个完善的生态系统，池塘中排入的各类有机污染物在细菌、藻类、浮游动物、贝类、鱼类等生态系统的循环中不断得到净化。在此基础上，再辅之以池塘外生态塘（湿地）的作用，就能保障养殖尾水得到足够的净化。杭州恒泽农业科技有限公司自 2011 年开始不断进行这方面的探索，养殖池生态系统功能日益完善，其 800 亩养殖池尾水净化基本上都能在养殖池内完成自我净化，较少依靠池塘外湿地净化，养殖池内水质也比一般池塘好，而且其亩产还高于一般鱼塘，如加州鲈鱼亩产 1 750～2 000 kg，而一般养殖场亩产为 1 250～1 500 kg。

第六节   河道的生态治理及美丽河湖建设

对于一个流域（区域）、河道（湖、库）的保护，最重要的是对其集雨区范围内的工业、生活、农业污染进行综合治理，大幅度降低各类污染物入河（湖）污染负荷（减排）。但在采取上述减排措施后，河道、湖（库）水体中仍会有一定量的污染物进入，如初期雨水、（达标治理后）尾水中符合排放标准值的各类污染物等。这些污染物如不能得到进一步净化，仍会使河道尤其是一些径流量较小的河道水体受到污染，甚至在一定的水文气象条件下发黑、发臭。要净化这些污染物，就要发挥、挖掘河道本身的生态系统所具有的净化潜能——环境容量。而河道环境容量的大小取决于以下几个方面：①生态系统健全与否；②水体的大小及径流量；③内源性污染是否及时消除。因此，增加河道的环境容量就要从以下三方面入手：采取生物措施强化、适当的水文干预、河道定期清淤等。此外，随着治水工作的深入和人们对美好生活的向往，河道两岸日益成为人们休闲游憩的好去处，水清、岸绿、景美的美丽河道建设成为公众的期盼。

一、河道的生态治理

（一）生物治理

河道的生物治理就是要在河道内构建一个功能健全的生态系统，并通过这个生态系统来降解水中的污染物，使水体得以净化。常用的主要措施如下。

1. 种植水生植物

根据水深分别种植挺水植物（如菖蒲、鸢尾等）、沉水植物（如马来眼子菜、轮叶黑藻、伊乐藻及苦草等）、浮水植物（如睡莲、菱角等），放置生态浮床（多为水葫芦、菖蒲、水葱、美人蕉、千屈菜等）。水生植物通过吸收水体中的氮、磷等营养物而净化水质。

2. 曝气增氧

通过曝气提高水体溶解氧浓度，利于构建一个比较健康的微生物系统，常用的曝气设备有微孔曝气（用鼓风机使压缩空气通过铺设在河道底部的微孔管释放出来）、叶轮表面曝气等。曝气增氧可促进好氧菌、浮游动物的生长，避免厌氧菌过度生长，使水体形成一个良性循环的微生物生态系统，便于在水体内进行好氧、缺氧、厌氧等不同氧环境下的各类生物反应，如硝化、反硝化、氧化等。河道曝气还能在一定程度上使水中的硫化氢等恶臭气体逸出，减轻水体异味。

3. 生物操控

向水体中放养滤食性鱼类（鲢鱼、鳙鱼）、贝类（蚌、螺蛳）、刮食性鱼类（青鱼等），使水体形成一个完整的生物链系统：污染物、细菌、浮游植物、浮游动物、贝类和滤食性鱼类——刮食性鱼类。通过对系统的适当维护，形成良性循环的稳定系统，使所在水体得到更好的净化。在一些河道治理中，为了尽快形成一个良好的生态系统，往往会在短期内投放一定量的高效微生物菌剂，以尽快调整优化菌群结构，但由于成本因素，仅适用于小型封闭水体（图 1-32～图 1-34）。

图 1-32　杭州某河道种植的沉水植物

图 1-33   杭州某河道生态浮岛

图 1-34   杭州某河道生物治理

在实际河道治理中，宜综合运用上述三类生物治理措施，在河道内构建一个稳定、健康、良性循环的生态系统，增加河道的自我净化能力。每条河道的排污、水文等情况各不相同，适用的生态系统也有所不同，需要逐步探索，不断完善，这也是当前治水工作中的一个重点，尤其是对于浙江等治水工作走在前列的地方，需从过去主要实施工程治水（截污纳管、建污水处理厂等，这是必须进行的过程）逐步向后期的生态治水过渡。

（二）适当的水文干预

水文干预主要用于以下两方面：

一是对一些径流量小的小流域、河道采取增加引配水的办法。对一些水体流动性差，容量又较小的（特殊）水体，仅靠常规的治理措施可能难以稳定改善水体水质。在具备条件的情况下，适当开展引配水，增加流动性和环境容量是比较行之有效的办法，引长江水入太湖（以下简称引江济太）是这一方法的典型案例。引配水量的大小应根据当地区域的水资源状况、工程实施的难易程度、所治理的河道的重要性等综合确定。需要注意的是，引配水仅是一项辅助性措施，不能因此放松减污、治污工作。

二是对原本先天禀赋较好的流域河道，因人为干预（建水电站、水库等）导致水文情况严重恶化，进而影响下游水质、水生态系统的问题进行必要的正向干预。在南方山区水资源比较丰富的地区，这样的情况比较普遍。国家从 2018 年开始的小水电清理工作也源于此。无论是水库还是水电站建设都不能以牺牲下游水生态系统为代价。正向干预的基本做法：对下游必须保持一个足够的生态流量，以维持下游水生态系统不因水库、水电站建设而遭严重破坏。在每个水电站、水库项目的环境影响评价中，都会提出最小生态流量的要求，关键在于监督落实到位。

（三）清淤和保洁

河道中的各种污染物日积月累，最终会以底泥形式沉淀在河床底部。底泥中含有大量的有机物、氮磷营养盐、硫化物、微量有毒有害有机污染物、重金属等。这些底泥如得不到及时清除，不仅会使河床抬高河道变浅，而且在一定条件下，又会以一定形式释放氮、磷等污染物质至水体中，形成内源性污染。因此，对一些流动性小尤其是日常水质不佳的水体（如城市内河）应开展定期淤积监测并动态实施清淤，城市内河一般 3～5 年清淤 1 次。

河道清淤以往常需将两边筑坝断流后再实施，作业方式包括机械清淤（挖掘）和水力清淤（泵抽吸）两类。但这两类作业方式不仅影响河道通航通水，而且清出来的淤泥（尤其是泵抽出来的泥浆）含水率高，需要很大的场地堆存、干化，作业效率低下。近年来，发展出一批生态清淤作业模式，清淤时河道不断流，清淤船配备水下作业的绞吸式或推吸式疏浚设备，河底淤泥被疏浚设备吸入后通过管道输送至机械脱水设备（常用真空过滤、压滤、离心式）脱水，脱水设备可安装于清淤河道边的岸上，也可安装于专用船舶上。脱水后污泥含水率降至 60%以下，并可根据污泥中重金属含量等监测情况用于还林还田或作为绿化用肥，压滤尾水比较清澈可直接回流于河道。

在杭州市 2022 年清淤的 15 条城区河道中，10 条河道采用了生态清淤方式，清除淤泥 12 万 m³，图 1-35 为生态清淤作业现场。与传统清淤方式相比，生态清淤具有以下优点：一是对河道生态环境影响小，其作业期间对水体的扰动不超过上下游 10 m，且不破坏原有河床；二是淤泥运输减量化，传统清淤产生的淤泥含水率高，泥量大，运输、堆放压力大，生态清淤脱水干化后淤泥体积大幅压缩，运输量仅为传统的 1/3 左右；三是实施淤泥资源化利用。生态清淤后脱水干泥可直接作为城市绿化用肥。

除定期清淤外，河面各类漂浮物的及时打捞也是防治污染的重要内容，浙江省内每条河道基本都有专业的保洁队伍实施保洁。

图 1-35 生态清淤作业现场

二、美丽河湖建设

无论是工业、生活、农业污染防治还是河道的生态治理，均围绕河道水质改善展开。随着生活水平的提高，人们已不仅要求河道水清，还希望岸绿、景美，希望沿河两岸能成为生态休闲场所。杭州市从 2017 年开始，在治理改善河道水质的同时，进行两岸绿化、美化，建设亲水且沿河全线贯通的游步道（绿道），打造美丽河湖。浙江省于 2018 年开始建设美丽河湖，制订了《浙江省美丽河湖建设行动方案（2019—2022 年）》《浙江省水利厅关于加强美丽河湖的建设指导意见》《浙江省"美丽河湖"评价指南（试行）》等，重点围绕"安全流畅、生态健康、水清景美、人文彰显、管护高效、人水和谐"目标建设和管理。截至 2023 年年底，浙江全省已建设 702 条 6 300 多 km 的美丽河道，其中杭州市 247 条，图 1-36、图 1-37 为美丽河湖片段。美丽河湖建设得到了社会各界的普遍赞誉，使群众对治水的获得感进一步增强。

图 1-36　杭州新塘河

图 1-37　台州东官河

第七节　饮用水水源及其保护

饮用水水源水质事关群众的身体健康和安全，保护饮用水水源是生态环境保护工作的重中之重，是水环境保护的底线、红线、高压线。

一、饮用水水源地的选址

饮用水水源地的选址，应根据当地区域内的水文水资源状况、水质状况、风险的可防范性并综合考虑经济成本等因素确定。一个好的饮用水水源地，应当符合水资源充沛、水质优良、环境风险可控、可以保障群众饮用水安全等条件。目前绝大多数有条件的地区，均选择有较大径流量、库容的水库、湖泊作为饮用水水源。一些本地没有条件或条件不足的地区，寻求向相邻的地区购买水资源使用权，或以共同投资建设水库的方式解决饮用水水源的问题。

案例 1-11：饮用水水源水权交易或水源共享

1. 义乌——东阳水权交易

2001 年，浙江省义乌市出资 2 亿元向与其相邻的东阳市购买横锦水库 5 000 万 m^3/a 的永久使用权。

2. 宁波——新昌水权交易

2008 年，宁波市政府出资 7.5 亿元（占 49%）与绍兴市新昌县政府共同在新昌县境内建设钦寸水库（钦寸水库距宁波桃源水厂 60 km），宁波取得 1.26 亿 m^3/a 用水权，该项目已于 2020 年建成并供水。

3. 杭州——嘉兴饮用水水源共享

杭州市水资源相对比较丰富，境内有库容 178 亿 m^3 的千岛湖、年径流量达 300 多亿 m^3 的钱塘江、年径流量 15.4 亿 m^3 的苕溪等。由于水资源相对丰富，过去杭州市在饮用水水源地的选择上，没有直接选择离杭州 110 多 km 的千岛湖。杭州市主城区及其他各区、县（市）

饮用水水源均取自钱塘江、苕溪等地表水。但在经历了多次污染事故（2011—2019 年，钱塘江、苕溪发生因危险化学品运输、贮存、泄漏等造成的污染事故 5 次）和长达几个月断续出现的水体异味（杭州境外钱塘江上游地区的化工企业泄漏邻叔丁基苯酚——一种嗅阈值特别低的污染物影响所致）后，杭州市痛定思痛，启动了第二水源——千岛湖引水工程，2019 年 9 月 30 日，千岛湖引水工程正式向主城区供水。考虑到相邻的嘉兴市平原河网水资源不足、水质（相对于水库）较差，在浙江省委、省政府的协调下，杭州市于 2021 年 7 月对嘉兴市供应千岛湖优质水。

但许多地区由于自然禀赋所限，可供选择的饮用水水源地只有江、河等地表水或地下水。下面分别对河流型和水库（湖泊）型水源地的保护作简要阐述。

二、河流型饮用水水源地的保护

相对水库、湖泊类水源，河流型水源流域（河道）长、集水面积大，水质控制和改善难度高，环境风险隐患和保护工作压力较大。要保护好河流型饮用水水源地，重点要采取以下保护措施。

1. 控制上游地区高环境风险、高排放量产业发展

控制上游地区高环境风险、高排放产业的目的是控制、减少有毒有害污染物及大量有机污染物向水体排放，减少、避免环境污染事故的发生。化工、医药、电镀等排放有毒有害污染物行业及造纸、印染等排放大量有机污染物的行业是控制的重点。理论上，只要生态环境部门在环评审批时把好关，就能控制上述产业的发展。但实际工作中仅靠一个部门审核把关很难达到控制目标。要切实控制或限制上述行业在上游地区发展，应由发展改革、规划、自然资源、经信、生态环境等部门共同把关，并需要有一个各部门共同遵循的政府规章或规范性文件。各地政府定期发布的产业（发展）导向目录恰好能起到这样的作用。过去 10 多年，杭州市依靠这一措施较好地控制了钱塘江和苕溪两大流域（同时也是两大水源地）上游的高环境风险、高排放量产业发展。杭州市每 3～5 年由市政府发布一个产业导向目录，目录制定的牵头部门是市发展改革委。市生态环境局作为参与部门，积极主动作为，协同市发展改革委在对钱塘江、苕溪上游地区的所有开发区、工业功能区的产业现状、环境基础设施、事故风险影响等系统调查评估的基础上，从保障饮用水水源安全角度提出具体的意见、建议，对上游地区所有工业集聚区单元都提出了禁止、限制污染风险产业发展的具体要求。这个产业导向目录经市政府发布后，市、区（县）两级各个部门都要执行，从规划选址到立项、供地层层把关，挡住了大批化工等风险产业项目在上游落地。同时，对已有的化工项目，通过在环评时严格把关遏制其过度发展，对其技改项目审批时应遵循以下原则：严格控制其新增化工产品种类，鼓励企业使用毒性低的产品（原辅材料）替换毒性高的产品（原辅材料）进行技术改造，反之则严格禁止；严格实行污染物排放总量控制，建设项目新增单位排污量必须由 1.2 倍的现有排污量来替换（主要通过淘汰原有产品减污而实现），以逐步减少化工行业的排污量及高毒性原辅料产品的使用和生产。通过上述措施，遏制、减少了上游地区高环境风险产业，如钱塘江上游的建德市，21 世纪初化工企业曾达到 60 多家，至 2020 年已减至 15 家。

得益于辖区内上游地区化工等重污染行业的严格控制，在杭州市 2011 年以来发生的 5 次水环境污染事故中，没有 1 次是由于杭州市本地化工等重污染企业造成的，钱塘江和苕溪水质也不断得到改善。

2．强化执法监管

对饮用水水源上游地区的污染源应实行更高频次、更大力度的现场执法。除常规的执法检查外，还应特别加强对一些重点企业风险事故防范及应急处置设施、物资、制度落实情况的专项检查。杭州市每年委托化工行业专家（第三方专业团队）对上游所有化工企业进行 1 次以上的环境风险诊断，发现问题及时整改，消除隐患。化工企业内部液体原辅料、产品、污水等输送均要求改为明管输送。同时加强对化工残液、残渣等危险废物的监管，所有企业产生、转移、接收、处置危险废物过程要全流程记录监控，严防危险废物倾倒造成污染。由于加强了上述执法监管，近 10 年，钱塘江、苕溪两大水源地上游杭州境内未发生一起工业企业污染事故。

3．开展流域治理

流域治理涉及的内容很多，包括流域内工业、生活、农业的污染治理，已在本章前述第二～第五节作了详细阐述，在此不再赘述。杭州市境内钱塘江、苕溪两大流域经过近十年治理，水质从Ⅲ类（钱塘江偶尔出现Ⅳ类）提高到Ⅱ类。

4．优化自来水厂制水工艺和应急处理

河流流域内污染源众多，除排入的微量有毒有害物质种类较多外，河水中自然生长的生物（如藻类、细菌等），也能产生异味物质，使原水带有一定的土腥味。为了更好地保障人体健康，除采取前述预防污染、改善河流水质等措施外，在自来水厂制水工艺中，采用适当的强化处理工艺进一步改善自来水质量也非常重要。自 2011 年开始，杭州市在主城区 4 个自来水厂中，陆续增加了强化工艺。其制水流程如图 1-38 所示。

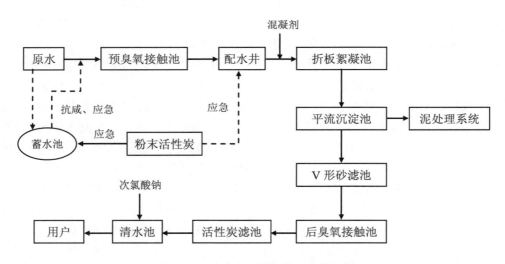

图 1-38　自来水厂深度处理工艺流程

与常规制水工艺相比，增加了两级臭氧接触池和一级活性炭滤池。通过这一工艺，能使水中有机污染物、异味物质及细小悬浮颗粒杂质及其附着在上面的细菌、病毒得到有效去除。根据监测，出厂水浊度整体能稳定地控制在 0.1 NTU 以内，氨氮从工艺改造前的 0.15～0.25 mg/L（原水氨氮 0.3 mg/L 左右）降至 0.02～0.03 mg/L，COD_{Mn} 从原来的 1.5～2.0 mg/L 降至 1.1～1.2 mg/L，且出厂余氯水平从原来的 0.9～1.4 mg/L 降至 0.6～0.9 mg/L 后，仍可以保证管网余氯≥0.05 mg/L。

为预防水源地上游发生事故后可能产生的对自来水水质的影响，在制水的最前端，增加了一道粉末活性炭混合吸附工艺，以便在水源水质出现异常时能立即启用（图 1-38 中虚线表示部分）。从钱塘江、苕溪抽上来的水先进入活性炭预处理池（由原应急贮水池改造。钱塘江在大潮汛时，由于海水上涌，每年会有几天时间出现水厂取水口附近氯离子超标，为此需在咸潮上涌前临时储备可供半天以上的原水至蓄水池贮存，池容积约 100 万 m³），在此池中原水与粉末活性炭充分混合，以吸附污染事故中可能带来的有毒有害物质。这一设施在 2011 年以来钱塘江 5 次大的污染事故（4 次是由装载苯酚、四氯乙烷、三氯甲烷、18 号燃料油的运输车侧翻引起的，1 次是钱塘江上游杭州以外地区某化工厂产生的邻叔丁基苯酚污染物排放所致的异味事件）应急处置中发挥了重要作用。这也是目前全国许多自来水厂通用的应急处理方法。

三、水库（湖泊）型饮用水水源地的保护

水库是人工筑坝形成的水体，我国是世界上水库数量最多的国家，至 2002 年年底已建成 85 288 座，其中大型水库（>10^8 m³）487 座，中型水库（>10^7 m³，<10^8 m³）2 955 座，总库容 5 594×10^8 m³，为自然湖泊水量的 2 倍多。由于河流易受到污染或发生污染事故，水库逐渐成为许多城市的主要水源地。浙江省 11 个设区市的主城区目前全部以水库作为主要水源（没有大、中型水库的嘉兴市 2021 年 7 月也已从杭州市千岛湖引水）。由此，水库的功能也从最初的发电、防洪转向以供水为主。但近年来，水库水质富营养化导致的藻类暴发屡见不鲜，作为重要水源地的水库水质保护日益引起社会各界的重视。

（一）水库（湖泊）水源地的基本特征

1. 水库生态系统的特点

水库由水库入口处到大坝可分为 3 个具有不同水体物理及生态特征的区域（图 1-39、图 1-40），分别为河流区、过渡区和湖泊区。水库越大，其湖泊特性越明显。河流区水浅流速快，并挟带大量泥沙（泥沙中携带营养盐、无机和有机颗粒），颗粒大的泥沙在此区域沉淀，水体透明度低，热分层不稳定；过渡区因水面显著变宽、深度加大，流速缓慢，粒径小的淤泥、黏土和细颗粒有机物大量沉积，使过渡区透明度明显升高，夏季出现热分层；湖泊区是水库中最深、最宽的区域，夏季水温垂直分层稳定，水流速度最慢，粒径更小的颗粒物在此沉降，水体透明度高。

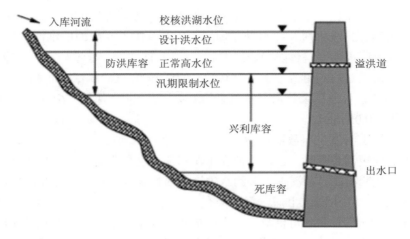

图 1-39 水库水位与库容利用

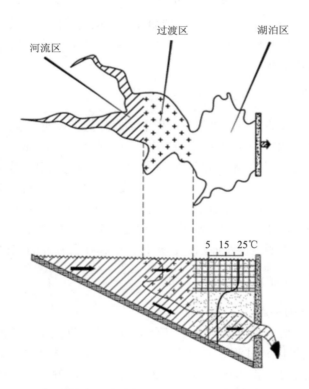

图 1-40 水库分区（河流区、过渡和湖泊区）与剖面

消落带是水库特有的形态结构，水库水位主要受到工程调度的影响，汛期时调度至低水位，汛期过后慢慢调高，最低水位与最高水位可达 10 m 甚至更多，多年高水位与低水位之间的非稳定淹没区即为消落带。由于水库多建于山区，库区周边耕地少，低水位期季节性出露的消落带土地被无序利用现象比较普遍。由于消落带自然植被差，农业耕作活动破坏土层结构，增加水土流失，化肥、农药的施用也不可避免地产生面源污染。

总体来看，与河流相比，作为饮用水水源地的水库（湖泊）水源地有以下特点：

1）水流缓慢，局部区域（湾区）几近静止，与系统外的交换（水体及污染物、营养盐）缓慢。

2）从有机物、氮、磷等的理化指标来看，污染程度相对较轻，但营养盐在水底淤泥中逐步沉积积累。

3）水体透明度相对较好，因此光线能较好地透入表层以下水体。

4）水位季节性涨落。

正因为上述特点，水库（湖泊）水源地相对于河流水源地，更多面临富营养化、库滨屏障功能不足的问题。夏季高温时，其更易使藻类得以繁殖甚至暴发水华，对水质产生影响。

藻类生长及其影响

藻类生长的主要条件是：

①营养盐基础。国际上一般认为总磷、总氮分别超过 0.02 mg/L、0.2 mg/L 时就具备暴发藻类水华的养分基础。

②一定的光照。光线能透过一定深度进入水体，这是光合作用的基础，藻类主要在大于水面光强 1% 以上的水层大量生长。

③缓慢的流速。藻类是浮游生物，流动性大就不能使其细胞稳定聚积、增大，形成规模，这是藻类生物学本质决定的，也正因此，同样水质条件下，湖泊、水库比河流更易致藻类生物量累积。

④合适的温度。一般来说，水温较高时更利于藻类生物量的大量增长。

藻类大规模增长、暴发水华后，将使供水安全受到严重影响。2007 年太湖蓝藻暴发、局部堆积腐烂时对水体产生严重异味，无锡市沿湖水厂被迫停止取水。据统计，2018 年长江流域 365 座水库中，处于中营养状态的水库有 237 座，占 64.9%；处于中、轻度富营养状态的水库 128 座，占 35.1%。因此相对于河流型水源地，对水库（湖泊）水源地要更加严格地控制水体中营养盐的浓度。对于总氮和总磷两种营养元素，更主要的是控制总磷，总磷浓度往往是一个水库（湖泊）藻类生长的决定性因素。

---

2. 富营养化及其评价方法

富营养化是指水体中氮、磷等营养元素大量增加，使得水体生态系统的生产力（或者光合作用）速率增加，引起藻类及其他浮游生物迅速繁殖，水体溶解氧下降，水质恶化，鱼类及其他生物大量死亡的现象。

评价富营养化的方法，我国采用综合营养状态指数法，即将叶绿素 a（Chl-a）作为主导评价参数，选择与叶绿素 a 有显著相关性的总氮（TN）、总磷（TP）、高锰酸盐指数（COD_{Mn}）、透明度（SD）4 个指标作为水体富营养化评价的基本因子。计算公式为

$$\mathrm{TLI}\,(\Sigma) = \sum_{j=1}^{m} W_j \times \mathrm{TLI}\,(j) \tag{1-1}$$

式中：$\mathrm{TLI}\,(\Sigma)$ —— 综合营养状态指数；

W_j —— 第 j 种参数的营养状态指数的相关权重；

TLI（j）—— 第 j 种参数的营养状态指数。

以 Chl-a 为参考参数，计算第 j 种参数的归一化相关权重为

$$W_j = \frac{R_{ij}^2}{\sum\limits_{j=1}^{m} R_{ij}^2} \qquad (1\text{-}2)$$

式中：R_{ij} —— Chl-a 与参数 j 之间的相关系数；

m —— 参数的个数。

我国湖泊（水库）的 Chl-a 与其他参数的相关系数和权重如表 1-6 所示。

表 1-6　Chl-a 与其他参数的相关系数和权重

参数	Chl-a	TP	TN	SD	COD$_{Mn}$
R_{ij}	1	0.84	0.82	−0.83	0.83
R_{ij}^2	1	0.705 6	0.672 4	0.688 9	0.688 9
W_j	0.266 3	0.187 9	0.179 0	0.183 4	0.183 4

根据不同库区 Chl-a、TN、TP、SD、COD$_{Mn}$ 营养状态评价标准值，分别计算单一营养状态指数：

$$\text{TLI（Chl-a）} = 10（2.5 + 1.086\ln\text{Chl-a}）$$
$$\text{TLI（TP）} = 10（9.436 + 1.624\ln\text{TP}）$$
$$\text{TLI（TN）} = 10（5.453 + 1.694\ln\text{TN}） \qquad (1\text{-}3)$$
$$\text{TLI（SD）} = 10（5.118 - 1.94\ln\text{SD}）$$
$$\text{TLI（COD}_{Mn}） = 10（0.109 + 2.66\ln\text{COD}_{Mn}）$$

式中：TLI（Chl-a）—— 叶绿素 a 营养指数，μg/L；

　　　TLI（SD）—— 透明度营养指数，m；

　　　TLI（TP）—— 总磷营养指数，mg/L；

　　　TLI（TN）—— 总氮营养指数，mg/L；

　　　TLI（COD$_{Mn}$）—— 高锰酸盐指数，mg/L。

湖泊（水库）的营养状态分级及水质定性评价如表 1-7 所示。在相同的营养状态下，综合营养状态指数值越高，富营养化程度越严重，越易致藻类生长、繁殖。

表 1-7　湖泊（水库）的营养状态分级及水质定性评价

营养状态分级	TLI（Σ）的范围	定性评价
贫营养	TLI（Σ）＜30	优
中营养	30≤TLI（Σ）≤50	良
富营养	TLI（Σ）＞50	污染
轻度富营养	50≤TLI（Σ）≤60	轻度污染
中度富营养	60＜TLI（Σ）≤70	中度污染
重度富营养	TLI（Σ）＞70	重度污染

防治水库（湖泊）富营养化是当前水库（湖泊）水质保护工作的重中之重。在《2022中国生态环境状况公报》开展营养状态监测的 204 个重要水库（湖泊）中，贫营养状态的占 9.8%，同比下降 0.7 个百分点；中营养状态的占 60.3%，同比下降 1.9 个百分点；轻度富营养状态的占 24.0%，同比上升 1.0 个百分点；中度富营养状态的占 5.9%，同比上升 1.6 个百分点。

3. 流域生态环境的特征

水库（湖泊）型饮用水水源地一般位于山区，流域范围内多为农村，污染类型以面源为主，如农业种植、畜禽、水产养殖、农村生活污水和垃圾、水土流失等，也有少部分水库上游存在一定的工业污染。山区农村地少人多，农田耕种强度大，化肥过量施用和流失的问题比较突出。不同耕作方式对污染物流失影响强烈，其中坡耕地流失量最大。农村地区生活污水散排现象比较普遍。很多水库型饮用水水源地作为水利风景区，流域内旅游人口的生活污水排放更为突出，研究显示，旅游村的人均生活污水排放系数是普通村的 4～5 倍。很多村落的生活垃圾没有规范化收集处理，随意堆放，污染水体。畜禽、水产养殖也是一大污染源，近年来随着水源地管理和保护力度的加强，规模化养殖的问题逐步解决，但还是存在分散畜禽和水产养殖污染问题。

水源涵养林在流域生态系统中地位突出。由于库区周围耕地少，水库周围林地砍伐、开垦现象较多，林地被开垦成菜园、果园、茶园，水土流失问题突出。水源保护意味着对产业发展的限制。许多水库上游或集水区内还有城镇和大量的农民，其发展生产的愿望与饮用水水源的保护形成冲突。

保护水库（湖泊）型饮用水水源水质，必须针对上述问题、特征展开。

（二）流域内点源、面源的污染控制

1. 强化点源治理

流域内点源主要是指工业污染源、集中式规模化畜禽和水产养殖场，农村生活污水通过截污纳管后，面源也转变为点源。上述这些点源的污染防治措施，应像本章第二～第五节所阐述的那样予以落实，而且治理的力度应该更大。对一些排放量大的工业、畜禽养殖等应予关闭或迁出库区，以大幅削减入库排污量。近几年来，杭州千岛湖、大理洱海等保护中不同程度地采取了上述措施并取得了明显成效。

2. 控制开发强度

当前，大多数水库（湖泊）保护中面临的最普遍的问题是，集雨区内农业生产、林地开发及旅游开发等的强度过大（如在山坡上开垦种植茶园、果园，滨岸带建设旅游设施等），致使水土流失和氮、磷等营养盐大量入湖（库），加剧水库（湖泊）富营养化。大多数作为饮用水水源地的水库（湖泊），其集雨区内工业污染源相对较少，最主要的污染来自农业、林业及村庄生活面源。根据中国科学院南京地理与湖泊研究所对新安江—千岛湖面源污染的特征研究，在排入千岛湖的总氮、氨氮、总磷、高锰酸盐指数四类污染物中，农业、林业面源排入的量占排放总量的比重分别达到 85%、45%、69%、58%。为防治农业、林业面源污染，除采取前述测土配方、统防统治等常规措施外，更要从控制、减轻集雨区内开发强度着手，尤其要控制邻近水面区域及高坡度区域的开发。云南大理、浙江杭州在控制洱海流域、千岛湖流域开发强度上做了积极探索。

案例 1-12：洱海保护

云南大理州在洱海保护中把洱海流域开发强度控制作为一项重中之重的工作来抓。为控制洱海流域开发强度，将大理市城乡开发边界面积从 188 km² 调减到 128 km²，规划人口总数从 105 万人调减到 86 万人。坚决停止海东开发建设，把海东规划开发面积从 140 km² 压减至 9.6 km²，规划人口从 25 万人调减到 8 万人。正式启动流域外的大理（巍山）新区建设，推动流域内的产业和人口不断向流域外转移。2017 年以来，流域内共拆除违章建筑 44 万 m²。加快种植和养殖业结构调整，实施绿色生态种植 30 万亩，奶牛存栏从 10 万头减少到 3 万头。加快流域内产业转移发展，关停搬迁洱海周边的 3 家水泥厂，积极引导畜禽规模养殖场全部向流域外转移。制定"三线"划定方案（"三线"指蓝线、绿线和红线，蓝线即洱海湖区界线；绿线即洱海湖滨带保护线，是以蓝线为基准线外延 15 m 划定，该区域实施生态保育、生态修复；红线即洱海生态保护区核心区界线，是以洱海海西、海北蓝线外延 100 m，洱海东北片区环海道路外延 30 m。绿线与红线之间的范围是洱海生态保护核心区域，该区域内实施污染控制，构建生态净化系统），对绿线范围内的 1 806 户实施生态搬迁，腾退近岸土地 1 029 亩，用于建设环湖生态廊道和湖滨缓冲带，实现了"人退湖进"的历史转变，为洱海构筑起一道绿色生态屏障。目前，129 km 生态廊道已经全线贯通。

千岛湖保护详见本章案例 1-13。

3. 库滨带生态屏障构建

库滨带是指水库四周的岸边陆域地带。水源地库滨带具有重要生态屏障功能，良好的库滨带能有效防止水土流失，阻滞携带营养物的颗粒物进入水体，并通过库滨带内的植物吸收流向库区水流中的氮、磷等营养物。库滨带生态屏障构建中的重中之重是消落带植被系统的建设。消落带是水库四周由于季节性水位涨落而周期性被淹没或出露于水面的区域，是库滨带的重要组成部分，其植被系统的稳定性和缓冲能力对库滨生态屏障功能起到决定性作用。为了保障库滨带（消落带）真正发挥其有效的生态缓冲作用，应着重做好以下工作。

首先要做到避免生产、种植需要大量施用化肥、农药的季节性经济作物（如粮食作物、蔬菜等），以免带来严重的面源污染。消落带内土地应全面征收用于林草等植被恢复。但实际上，当前在一些大中型水库的消落带上，周围群众的无序耕种较多。因此建立健全消落带管理机制十分迫切，要加强对消落带保护的立法，使保护工作有法可依；运用卫星遥感等大数据，及时、高效开展督查；加大对库区周边农村经济社会发展和就业方面的扶持和生态补偿，缓解并逐步解决保护与发展之间的冲突。对此，在洱海、丹江口水库、千岛湖等的保护工作中，都做了不少探索，如洱海保护中划定"三线"，保障海边一定区域范围的生态屏障功能；千岛湖保护中颁布了《淳安特别生态功能区条例》，建立了淳安特别生态功能区，开展了适当的生态补偿等（详见案例 1-13）。

其次，在控制、避免消落带无序耕种的基础上，开展消落带的植被恢复。如何选用植被以建设具有良好生态功能的库滨带，在丹江口水库建设中对此做了许多探索。丹江口水库在大坝加高后，调度运行方式改变，高程160～170 m成为新的消落带。如何在这岸线长达4 600 km的消落带建设高效的植被缓冲带，丹江口水库相关科研项目组和当地政府进行了卓有成效的探索，为我国其他水库库滨带建设提供了借鉴和参考。项目组开展了库滨带植物种质资源调查，并在此基础上开展了库滨带适生植物种质资源筛选，既要适应丹江口水库的气候条件，又要适应库滨带的水文节律。根据库滨带植被调查及植物种质资源筛选的结果，结合库滨带植被与环境的关系，对所筛选的植物种类进行合理搭配，形成了适合于不同立地条件控制因子的稳定人工植物群落配置模式[①]。经筛选，丹江口水库的消落带植被恢复模式主要有：

160.0～163.5 m高程配置模式为一年生耐淹草本植物；

163.5～165.0 m高程配置多年生草本植物，有一定的耐淹耐旱能力的植物；

165.0～171.0 m高程配置模式为乔灌结合，较为耐旱的植物。

丹江口库滨带示范工程见图1-41。

（a）建设前　　　　　　　　　　　　　（b）建设后

图1-41　丹江口库滨带示范工程建设前和建设后植被变化情况

资料来源：尹炜等编《水库型饮用水水源地保护理论与技术——以丹江口水库为例》。

云南大理洱海保护中也十分注重库滨带建设，系统实施海东面山绿化、湖滨缓冲带建设、退耕还林、陡坡地生态治理、湿地库塘建设及提质增效等一批生态修复项目，累计完成海东面山绿化10万亩，建成环湖湿地3.72万亩、各类库塘307座，流域生态系统得到有效修复。

4. 面源污染的生态阻控

据统计，我国化肥年施用量达到350 kg/hm[2]，而肥料利用率仅为30%～50%，未被植物吸收的氮、磷成分残留于土壤中，随降雨、径流和灌溉退水进入水体；农田使用的农药一般只有10%～20%附着在作物上，80%～90%都流失到土壤、空气和水体中。

① 尹炜等编《水库型饮用水水源地保护理论与技术——以丹江口水库为例》。

　　针对这些农田耕地（包括山上的坡耕地）化肥、农药产生的污染，除库滨带生态屏障构建外，还需要通过一些生态阻控措施来防止、减少其影响，如通过农田坡改梯、植物护坎、植被缓冲带等从源头阻截面源负荷输出；通过建设生态排水沟（渠）、近自然湿地、水塘、前置库等在面源污染输移过程中起到逐级阻滞和净化的效果。

　　（1）农田（林地）坡改梯和植被护坎

　　与坡耕地相比，梯田可明显提高土壤含水量和土层贮水量，改善保水效果。另外，坡耕地改造成梯田后，土壤入渗性能改善，土壤抗蚀性增强，可有效提高土地抗旱能力和土壤肥力。

　　植物护坎是在坡面一定距离沿等高线修筑土埂，在土埂外侧种植固土植物。在坡耕地实施生物护坎，可降低径流流速，延长地表径流的下渗时间，将水和肥料控制在一定范围内流动，维持梯田台面稳定，防止泥沙冲刷，增强土壤入渗。

　　（2）植被缓冲带

　　植被缓冲带是指河、湖、溪边由林草植被组成，防止地表径流或地下径流带来的养分、泥沙、有机质等进入水体的缓冲区域。有研究发现，在农田与沟道之间设置植被缓冲带，能减少73%的颗粒物进入沟道，农田排水中的沉积物的聚集率也明显减少。早在1991年，美国农业部林务局（United States Department of Agriculture-Forest Service，USDA-FS）就制定了"河岸植被缓冲带区划标准"，如规定的植被缓冲区净化水质的效应标准：移除50%以上的氨和农药、60%的磷及75%的泥沙。由于植被缓冲带对面源污染的有效作用，其在美国已被推荐为最佳管理措施。前述洱海海滨带即典型的植被缓冲带（图1-42）。

图 1-42   洱海湖滨生态保护带

　　（3）生态排水沟（渠）

　　在农田排水渠道内植草，增大渠道糙率，能够使泥沙沉淀，滞流和降解水流中的有机污染物，有效去除农田退水和雨水径流中的悬浮颗粒氮、磷负荷，减少泥沙及氮、磷流失。图1-43为丹江口张沟小流域生态阻控措施建设效果（生态沟道）[①]。

①　尹炜等编《水库型饮用水水源地保护理论与技术——以丹江口水库为例》。

图 1-43　丹江口张沟小流域生态阻控措施建设效果（生态沟道）

（4）湿地

湿地的生态功能包括维持生物多样性、净化水质、调蓄水流等。通过对自然湿地的适当改造，可达到强化水质净化的效果。常用的改造措施包括：建设导流设施，以增加水力停留时间；改善植被系统，如优化湿地植物群落结构，提高生物量密度等，以提升植被净化效果（图 1-44）。

图 1-44　淳安千岛湖汾口湿地

（5）多水塘和前置库

多水塘系统是指在农田板块中镶嵌的小型湖泊或堰塘，在降雨径流过程中借助其蓄水容量，有效截留降雨径流，通过沉降、氧化还原、植物吸收、微生物分解等作用削减营养盐，避免初期农田径流污水直接汇入河道或水库型饮用水水源地。多水塘系统具有调节旱涝、拦截暴雨径流、净化水质、保护生物多样性等多种生态功能（图 1-45）。

图 1-45　丹江口（水库）张沟生态塘

资料来源：尹炜等编《水库型饮用水水源地保护理论与技术——以丹江口水库为例》。

前置库的作用与池塘和湿地类似。前置库通过减缓入库水流速度，使径流污水中的泥沙沉降，并吸收去除水体和底泥中的污染物和营养物质。在欧洲，尤其是德国，前置库被广泛用来保护下游的水库免受营养盐和淤泥的污染。前置库也可以保护水源地免受突发事件或者有毒物质和放射性物质的污染。多数前置库有几天的水滞留时间。

（三）"生物操纵"与湖（库）富营养化控制

这里的"生物操纵"是指通过鱼类调节控制湖（库）生态系统，并进而起到控制水体富营养化的方法。20 世纪 60 年代初，捷克学者 Hrbacek、美国学者 Brooks 和 Dodson 根据实验提出，鱼类结构的变化能够显著地改变浮游动物种类和个体大小的组成，从而进一步影响浮游动物对浮游植物的滤食能力，改变水体中浮游植物结构和生物量，进而可影响水体的富营养化过程。这种由食物链上层变化产生的对下层浮游植物的影响称"下行影响（效应）"。根据下行效应的原理，Shapiro 等提出了"生物操纵"（biomanipulation）概念，并系统分析了生物操纵用于富营养化控制中的技术要素。生物操纵又称"食物网操纵"（food web manipulation），最初主要是指通过增加凶猛性鱼类来调节控制食浮游动物的鱼类，从而促进浮游动物，特别是大型浮游动物（枝角类和桡足类）的种群数量，以达到将藻类生物量控制在合理范围的目的。这一概念后来推广到所有最终能够控制藻类的生物调控，从而加速水质的恢复，起到控制水体富营养化的作用。

生物操纵在我国可分为经典生物操纵和非经典生物操纵，两者分别适用于不同营养程度的湖泊。经典生物操纵是指通过调控生物链，增加肉食性鱼类并减少滤食性鱼类来调节浮游动物的结构和种群数量，促进滤食效率高的草食性大型浮游动物快速发展，进而降低藻类生物量，提高水体透明度，改善水质。这一方法适用于富营养化程度较轻的水库、湖泊。经典生物操纵技术在水体富营养化防治中获得了广泛的应用，其中 60%取得了明显的水质改善效果，如英国的 Cockshoot 湖、美国的 Christina 湖、Mendota 湖和德国的 Bautzen 水库，但也有少数不成功的应用。非经典生物操纵（由我国学者提出）是指通过控制肉食性鱼类并放养食浮游生物的滤食性鱼类来直接控制藻类的生物操纵方法。由于鲢、鳙等滤食性鱼类同时将水体浮游动物和浮游植物一并吃掉，会影响浮游动物、浮游植物之间的生态平衡，这一方法主要适用于富营养化较重的水库、湖泊。目前研究应用较多的是通过养殖鲢、鳙鱼类控制藻类。刘建康院士等通过对东湖的长期调查和实验证实，鲢、鳙可以作为富营养化水体蓝藻控制的方法。山东的东周水库和浙江的桥墩水库通过放养鲢、鳙，较成功地控制了水库蓝藻水华，水库水质也取得了明显的改善[1]。由于人们偏好食用鳙，鲢、鳙的价格相差较大，我国不少水库存在鲢、鳙放养比例不合理的情况。鳙放养过多，会导致大型浮游动物种群过少（鳙比鲢更多地捕食大型浮游动物，鲢比鳙更多地捕食藻类），进而削弱浮游动物对浮游植物的控制能力。

除上述生物操纵方法外，还可利用大型底栖动物控制藻类，防止发生水华。如蚌也是滤食性动物，主要以浮游植物为食，具有较强的从水中过滤获取浮游植物和悬浮物的能力。因此通过人工养殖河蚌可实现对水体浮游植物的控制。河蚌的过水量很大，每千克河蚌过滤量高达 100 L/d。在合理安排放养水层的前提下，养殖河蚌是水库藻类控制的重要手段。该技术能够明显提高水体透明度，增加水体下层溶解氧含量，降低水库水华的发生风险。河蚌对低溶解氧和高水温的富营养化水体有较好的适应能力，因此非常适合我国南方的富营养化水体。通过采取悬挂养殖的方法，可以明显提高河蚌成活率和生态效果；当营养程度下降、底层的溶解氧水平改善后，可以进行自然放养。

案例 1-13：千岛湖饮用水水源地保护及淳安特别生态功能区建设

1. 千岛湖概况

千岛湖又名新安江水库，位于杭州市淳安县，始建于 1955 年，1960 年建成，流域面积 10 442 km²，水域面积 583 km²（设计水位 108 m），库容 178 亿 m³，平均水深 34 m，千岛湖总入库水量多年平均为 93.83 亿 m³，其中上游安徽来水为 56.03 亿 m³，占入库水量的 60.1%，换水周期约 2 年，是华东地区最大的水库，是浙江省和杭州市最为重要的饮用水水源地，2011 年年底被国家发展改革委定位为长江三角洲战略水源地。千岛湖原以发电（装机约 90 万 kW）、抗洪为主，现正在逐步转变为以饮用水水源、抗洪、生态调蓄为主，兼顾发电的功能。2014 年始，杭州市启动千岛湖引水工程建设，通过逾 100 km 的管道把千岛湖湖水引至主城区等各水厂。2019 年 9 月底，千岛湖正式对杭州市供水；2021 年 7 月，又对嘉兴市供水。

千岛湖整体水质为优，水质达湖库Ⅰ～Ⅱ类，营养水平处在贫营养和中营养之间的临界位置，在全国纳入国家监测的大型水库中，水质名列前茅，但富营养化水平有上升趋势。千

---

[1] 摘自彭亮、韩博平：《水库蓝藻水华监测与管理》。

岛湖流域淳安县境内共生活有 43 万城镇、农村人口，上游地区安徽省黄山市约有 133.2 万常住人口，且农业人口占大多数。

2．保护工作情况

近年来，千岛湖所在的淳安县坚持"保护第一，生态优先"的工作理念，在千岛湖水质保护方面做了大量工作：

（1）严格产业准入，坚持绿色发展

坚持生态产业导向，对重污染类项目一律禁止准入，重点发展旅游、健康、水饮料等深绿产业，并先后关停了 20 世纪 90 年代建设的 40 多家化工、化肥、印染、电镀厂和 3 家铅锌矿，关停采砂制砂场 81 个。

（2）积极开展污染防治

①强化工业污水防治。逐步关停了千岛湖截雨区内原有的化工、采矿（铅锌矿）、印染、电镀等重污染企业，剩下的啤酒、饮料等企业 4 000 多 t/d 污水全部截污纳管。②强化城镇污水治理。全县 23 个乡镇均建成了污水治理设施，污水收集处理率达到 95%以上，达标率 100%。有生产性废水排放的 5 家工业污染源全部统一纳入城镇污水处理厂处理。③加强农村生活污水治理。实现农村生活污水治理全覆盖，建成污水处理设施 2 064 套，全部委托第三方运维，处理出水达标率 93%以上（达到浙江省农村生活污水排放标准）。④强化农业、畜禽、水产养殖业污染治理，推进肥药双控、（病虫害）统防统治。近 3 年，全县减少化肥、农药施用量 10%以上；将 1 053 户、2 728 亩投饵养殖网箱全部拆除，关停 248 家规模化畜禽养殖企业，保留的 30 多家养殖场污水全部得到有效治理；畜禽粪便有机物、废水因地制宜分类处理，部分企业污水预处理后，纳管进入城镇污水处理厂处理达标排放；部分企业畜禽粪尿（液肥）由县政府统一组织专业运输公司运至散布各处的贮存池（建在农田中），用于农田施用。⑤加强生活垃圾分类处理。全县集镇、农村生活垃圾统一实行村收集、镇中转、县统一处理的模式，400 多 t/d 生活垃圾集中在一个垃圾焚烧发电厂焚烧处理。⑥加强船舶污染防治。湖区 265 艘各类船舶污水全部集中收集上岸统一处理（纳入城镇污水管网）。

（3）加强生态建设

开展湿地建设和生态拦截沟等试点，建成武强溪湿地等入湖湿地（面积 300 亩），同时规划建设一批湖边、溪边的生态沟、生态缓冲带等。

推进小城镇环境综合整治，建成省级美丽城镇 3 个、市级美丽城镇 5 个；通过多年创建，2020 年，淳安县被生态环境部命名为全国"绿水青山就是金山银山"实践创新基地。

3．加强流域共保

千岛湖 60%的水资源来自安徽黄山，因此加强与安徽省黄山市的流域共保尤为重要。早在 2011 年，浙皖两省就开展了全国首个流域共保和生态补偿试点。在国家发展改革委、财政部、环境保护部等牵头指导下，浙皖两省建立了全国第一个跨省流域生态补偿机制，并自 2012 年开始，先后开展了 3 轮生态补偿，该补偿机制以两省交界断面——街口的前 3 年水质为基础，根据水质变化情况，安徽、浙江两省相互之间进行补偿（建立由高锰酸盐指数、氨氮、总磷、总氮四项污染物指标和水质稳定系数、指标权重系数构成的 P 值计算及补偿体系。当 $P \leq 1$ 时，浙江对安徽补偿，反之安徽对浙江补偿）。同时，财政部每年安排 3 亿元给安徽省，用于其对新安江上游地区的水生态保护工程的补助。第一轮生态补偿时间确定为 2012—2014 年，后又分别进行了第二轮（2014—2017 年）、第三轮（2018—2020 年）生态补偿，但财政部从第 3 轮开始退出——不再进行国家层面的补偿，各轮生态补偿机制及补偿结果见表 1-8。

表 1-8 新安江流域上下游生态补偿基本情况表

轮次年份	各方出资情况/亿元	考核指标及指标权重	水质稳定系数（K_0）	资金分配办法	资金分配结果
第一轮（2012—2014 年）	3 年共 15 亿元，国家年出资 3 亿元，浙江、安徽各年出资 1 亿元	高锰酸盐指数、氨氮、总磷、总氮，各指标仅重均为 0.25	0.85	当补偿指数 $P \leqslant 1$ 时，浙江省 1 亿元资金拨付给安徽省；补偿指数 $P > 1$ 或者新安江流域安徽省界内出现重大污染事故，安徽省 1 亿元资金拨付给浙江省。不论何种情况，中央财政 3 亿元全部拨付给安徽省。经测算，3 年 P 值分别为 0.833、0.828、0.825，小于 1；均符合《实施方案》的补偿要求	3 年 15 亿元均补偿给安徽省
第二轮（2015—2017 年）	共 21 亿元，国家年出资 3 亿元，浙江、安徽各年出资 2 亿元	高锰酸盐指数、氨氮、总磷、总氮，各指标权重均为 0.25	0.89	当补偿指数 $0.95 < P \leqslant 1$ 时，浙江省拨付 1 亿元资金给安徽省；若 $P \leqslant 0.95$，浙江省再拨付 1 亿元补偿资金给安徽省。若 $P > 1$ 或新安江流域安徽省界内出现重大污染事故（以环境保护部定为准），安徽省拨付 1 亿元资金给浙江省。不论何种情况，中央财政 3 亿元全部拨付给安徽省。2015—2017 年 P 值分别为 0.886、0.852、0.892，均小于，浙江省资金拨付给安徽省	3 年共 21 亿元资金均补偿给安徽省
第三轮（2018—2020 年）	国家不出资，浙江、安徽各年出资 2 亿元	高锰酸盐指数、氨氮、总磷、总氮，指标权重分别为 0.22、0.22、0.28、0.28	0.90	当补偿指数 $0.95 < P \leqslant 1$ 时，浙江省拨付 1 亿元资金给安徽省；若 $P \leqslant 0.95$，浙江省再拨付 1 亿元补偿资金给安徽省。若 $P > 1$ 或新安江流域安徽省界内出现重大污染事故（以环境保护部界定为准），安徽省拨付 1 亿元资金给浙江省。2018 年 P 值有两个计算结果：①按国家采测分离值计算为 1.01；②按联合监测值计算为 0.86。2019 年 1—11 月 P 值也有两个计算结果：①按国家采测分离监测结果计算 P 值为 0.95；②按联合监测值计算为 0.91	3 年共 12 亿元资金均补偿给安徽省
计算公式	$$P = K_0 \times \sum_{i=1}^{4} k_i \frac{C_i}{C_{i0}}$$	P——街口断面的补偿指数； K_0——水质稳定系数（考虑降雨径流等自然条件变化因素）； k_i——4 个指标权重系数，4 项指标分别是高锰酸盐指数、氨氮、总氮、总磷； C_i——某项指标的年均浓度值； C_{i0}——某项指标的基本限值，由浙皖两省商定，多取本轮补偿前 3 年的平均值			

通过实施生态补偿，进一步促进了上下游水质共保工作。黄山市自生态补偿工作开展以来，关闭禁养区内 124 家规模化畜禽养殖场，对 292 家规模化养殖配套了粪污处理设施；城乡生活垃圾无害化处理率达到 100%；拆除沿江 5 993 只网箱（涉 3 000 多户渔民），基本实

现客货船污水零排放；关停污染企业220多家；加强农药管理，实施统一采购、统一管理、统一回收（废包装瓶）等"七统一"模式；完成新安江上游16条主要河道治理，建成总投资30亿元的重大水利工程——月潭湖水库；深入推进滨江区域湿地建设；森林覆盖率由77.4%提高到82.9%。

2019年以来，黄山市还加入了杭州都市圈，两市签订了包括生态环境共保、人才培训、对口协作、产业转移、旅游合作在内的"1+9"协议。为把新安江—千岛湖流域保护工作推向深入，2020年经两市政府协商，共同委托生态环境部环境规划院编制了《新安江流域水生态环境共同保护规划》。在此基础上，两市还签订协议，每年共同委托第三方对上一年度水环境保护工作进行独立评估，评估结果反馈给两市党委、政府，以此进一步促进上下游水环境共保工作。

2023年，国家层面已牵头印发《新安江—千岛湖生态环境共同保护合作区建设方案（2023—2027年）》，明确了目标：到2027年，生态环境稳定向好，跨省断面水质持续改善，国家地表水考核断面100%达标，化肥农药使用量实现零增长。提出了以水生态修复和全域生态保护为主要内容的八类24项具体任务。目前，两省正在商量新一轮生态环境共同保护专项资金筹集和使用办法，初步商议共同出资额将有较大幅提升。专项资金主要用于生态保护、环境治理、产业合作、公共服务等领域。

4．临湖整治和特别生态功能区建设

为推动旅游等经济发展，淳安县引进了不少域外资本进行项目开发。部分投资商在千岛湖临湖地带、饮用水水源保护区违规建设高尔夫球场、别墅等项目，被上级有关部门督办。2018年下半年开始，根据中央领导关于千岛湖临湖地带违建项目问题的重要指示精神，淳安县对临湖的所有项目进行了全方位的排查和综合整治，拆除了一批违法、违规建筑，收回已出让临湖土地4512亩；沿湖所有项目全部完成截污纳管；投资2.52亿元实施并完成47个湖岸线生态修复项目；依法、依规科学调整淳安县水环境功能区划，主湖区临湖陆域得到全面管控，多被划为饮用水水源二级保护区。调整后，全县饮用水水源保护区面积占土地总面积的87.72%。2019年12月底，临湖整治工作全面完成。

千岛湖保护中存在的问题。千岛湖流域最主要的污染来自流域内农业、林业等种植业，农药、化肥和水土流失是导致库区内总氮、总磷等营养盐偏高的主要原因；流域内生态拦截系统建设不足；湖区内养殖鲢、鳙对滤食藻类起到一定作用，但以鳙鱼为主的渔业结构不尽合理，湖区水域枝角类、桡足类浮游动物减少，使其滤食藻类能力同步下降；同时，湖区藻类有小型化趋势。

在完成临湖整治后，为解决千岛湖保护中存在的主要问题，探索淳安县生态保护与经济社会协调可持续发展的路子，杭州市委、市政府研究决定并报省政府批准，设立了淳安特别生态功能区。淳安特别生态功能区的目标定位：人与自然和谐共生的饮用水水源保护区；绿水青山就是金山银山理念的实践区；城乡融合、生态富民的示范区；生态文明制度改革创新的先行区。以高水平保护、高质量发展、高品质生活为路径，保护好千岛湖一湖秀水，进一步打开绿水青山向金山银山转化的通道，使淳安成为美丽浙江大花园样本地。其重点措施有：

（1）进一步加大生态保护力度

在积极做好前述污染防治措施的基础上，开展以下工作：

①调整临湖区域种植结构和种植方式，推广测土配方、统防统治等，控制、减少农药、化肥施用量；

②严格控制高坡度山地垦种茶园、果园，并采取措施防止水土流失，严格控制使用草甘膦；

③流域内逐步推广生态拦截沟，植被缓冲带、多水塘等生态拦截系统；

④控制渔业养殖规模，调整优化渔业结构，适当减少鳙鱼投放，增加土著鱼类，优化水体内生态结构，更好地控制藻类生长；

⑤谋划实施淳安县污水外排工程，流域内工业、生活污水处理达标后，再通过管网排向千岛湖集雨区外。项目实施后，将进一步减少入湖污染物量，并为淳安县适度的产业发展创造条件；

⑥临水区域逐步实施还草还湖。

（2）加大生态补偿的支持力度

在"共抓大保护，不搞大开发"的思想指导下，省、市各部门每年对淳安县在生态保护、经济和民生社会事业发展上给予资金、政策等方面的特别支持。淳安是杭州经济社会发展水平最低的一个县，属于浙江省26个加快发展县之一，年财政收入十分有限。为了支持淳安特别生态功能区建设，省、市两级财政在原有支持（每年国家、省、市通过财政转移补助等方式给予淳安约数十亿元）的基础上，再分别给予一定的生态补助，其中杭州市每年新增5亿元以上，用于生态保护和民生保障等。

（3）开展地方立法，使保护工作有法可依

2021年7月，经浙江省人大常委会审议通过并颁发实施了《杭州淳安特别生态功能区条例》，该条例对千岛湖生态保护、淳安经济社会发展、生态补偿等作了明确具体的规定。

（4）发展"飞地"经济

为减少对千岛湖的污染和生态破坏，必须控制千岛湖周边开发强度，但淳安境内尚有40多万名群众生活其中。为缓解控制与发展的矛盾，浙江省和杭州市协调在其他区域设立支持淳安县发展的"飞地"开发区域。对此，淳安特别生态功能区条例也作了特别规定，千岛湖引水工程受益地区，均应无偿为淳安特别生态功能区提供"飞地"（"飞地"由淳安县开发建设，收益归淳安县所有），并支持"飞地"周边配套设施建设。目前已落实的有钱塘区 2 km^2 工业用地、西湖区20亩商务用地，这些"飞地"由淳安县负责开发，收益全部归淳安。目前浙江省有关部门正协调在其他千岛湖引水工程受益地区设立淳安特别生态功能区"飞地"开发区。

第八节　常用污水处理技术简介

污水处理技术按其工作原理，一般可分为物理处理法、化学处理法和生物处理法。每一种处理法都有其特点和使用条件，实际应用中，根据不同的原水水质和处理后的水质要求，将几种污水处理方法组合使用，可达到最经济有效的处理效果。

一、物理化学处理技术

（一）沉淀

沉淀是水中悬浮颗粒在重力作用下下沉，从而与水分离，使水得到澄清的方法。沉淀是在沉淀池中进行的，常用沉淀池的特点和使用条件见表 1-9。

表 1-9   各种常用沉淀池的特点和使用条件

类型	主要优、缺点	适用条件
平流式沉淀池	沉淀效果好，对冲击负荷和温度变化的适应能力较强，施工简易，造价较低，但占地面积大，配水不易均匀，多斗排泥操作量大	大、中、小型污水处理厂
辐流式沉淀池	采用机械排泥，运行效果较好，管理较简单；排泥设备复杂，施工要求高	大、中型污水处理厂
竖流式沉淀池	占地面积小，管理简单，排泥方便。但池深，施工难，对冲击负荷和温度变化的适应能力较差，池径不能过大，否则布水不易均匀	小型污水处理厂（站）

1．平流式沉淀池

平流式沉淀池呈长方形，流入装置由设有侧向或槽底潜孔的配水槽、挡流板组成，起均匀布水和消能作用。流出装置由流出槽和挡板组成，如图 1-46 所示。

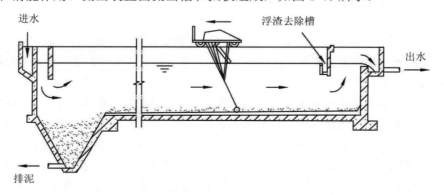

图 1-46   设有行车式刮泥机的平流式沉淀池

2．辐流式沉淀池

辐流式沉淀池呈圆形或正方形，可用作初次沉淀池或二次沉淀池。图 1-47 为中心进水、周边出水、中心转动排泥的辐流式沉淀池。在池中心处设中心管，污水从池底的进水管进入中心管，在中心管周围设穿孔挡板，使污水在沉淀池内得以均匀流动。

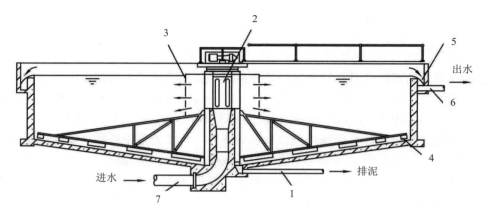

1—进水管；2—中心管；3—穿孔挡板；4—刮泥机；5—出水槽；6—出水管；7—排泥管

图 1-47　中心进水的辐射式沉淀池

3. 竖流式沉淀池

竖流式沉淀池呈圆形或正方形，污泥斗为截头倒锥体。常用于处理量小于 2 000 m³/d 的工业废水处理。图 1-48 为圆形竖流式沉淀池。污水从中心管自上而下，通过反射板折向上流，沉淀后的出水由设于池周的锯齿溢流堰溢入出水槽。

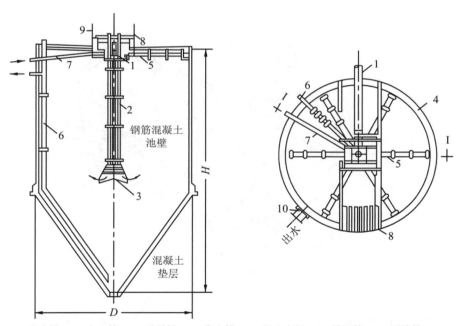

1—进水槽；2—中心管；3—反射板；4—集水槽；5—积水支架；6—排泥管；7—浮渣管；
8—木盖板；9—挡板；10—闸板

图 1-48　圆形竖流式沉淀池构造

此外，还有斜板（管）沉淀池，即在上述 3 种形式的沉淀池中架设斜板（管），以加速沉淀池工艺流程，常用于废水处理厂的扩容改建或用地特别受限的废水处理厂中。该工艺特点是沉淀效果好，占地面积小，但易堵塞。

（二）过滤

过滤一般是指通过具有孔隙的颗粒状滤料层（如石英砂等）截留水中悬浮物和胶体杂质，从而使水获得澄清的工艺过程。在污水处理中，过滤常用于污水的深度处理，去除二级处理出水中的生物絮体，进一步降低水中的悬浮物、有机物、磷、重金属、细菌等浓度，为后续处理装置稳定运行及提高处理效率创造条件。污水处理中进行过滤的设施叫滤池。滤池种类较多，按滤料组成可分为单层滤料、双层滤料、多层滤料和混合滤料滤池。按滤池的布置和构造可分为普通快滤池、无阀滤池、虹吸滤池。按过滤驱动力可分为重力式滤池和压力滤池。图 1-49 为普通快滤池的构造，过滤时，原水进入滤池，流经滤料层、承托层后，由配水系统汇集起来流往清水池。反冲洗时，冲洗水经配水系统水管上的孔眼流入，由下而上穿过承托层和滤料层，均匀地分布于整个滤池平面上。滤料层在由下而上的均匀水流中处于悬浮状态，使滤料得到冲洗。冲洗废水流入反冲洗排水槽排出，经处理净化后回用。滤料多采用石英砂、无烟煤、陶粒、纤维球、聚苯乙烯泡沫滤珠等。石英砂为滤料时，粒径一般为 0.5～2.0 mm，反冲洗强度可取 18～20 L/（m^2·s）。承托层一般采用卵石或砾石，按颗粒大小分层铺设。在滤池的运行过程中，过滤、反冲洗两种工作状态交替进行。

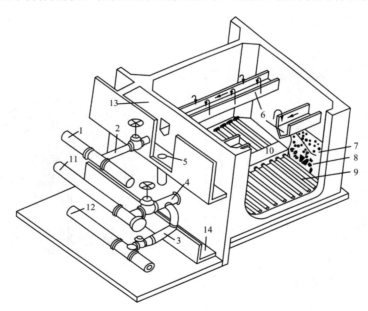

1—进水总管；2—进水支管；3—清水支管；4—冲洗水支管；5—排水阀；6—浑水渠；7—滤料层；8—承托层；9—配水支管；10—配水干管；11—冲洗水总管；12—清水总管；13—反冲洗排水槽；14—废水渠

图 1-49　普通快滤池的构造

（三）混凝

混凝是通过向水中投加混凝剂，使水中难以沉淀的胶体颗粒及细小悬浮颗粒互相聚集成较大的颗粒，而与水分离的过程。混凝可以去除水的浊度和色度，对水中的无机物和有机物也有一定的去除效果。

1. 胶体的双电层结构

废水中的微粒以胶体形式存在，而胶体表面具有双电层结构——吸附层和扩散层，见图 1-50。

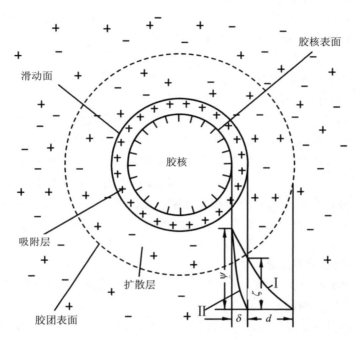

ζ—— 滑动面上的电位，称为动电位；ψ—— 胶核表面上的离子和反离子之间形成的电位，称为总电位

图 1-50　胶体粒子的双电层结构示意图

吸附层和扩散层中反离子（图中为正离子）的总电荷等于胶核表面电位形成离子的电荷，使得整个胶团为电中性。由于胶核表面离子对扩散层中反离子的吸引力较弱，所以当胶核与吸附层组成的微粒在溶液中做布朗运动时，扩散层中的大部分反离子未能随胶体微粒一起运动，这就导致运动中的胶粒会显示电性。运动中的胶体微粒与溶液的界面称滑动面，在胶体化学中常将吸附层表面当作滑动面。

2. 混凝的基本原理

废水中的胶体颗粒（粒径 1～100 nm）具有两个明显特征，一是胶体颗粒运动时，其表面（滑动面）带有电荷，如黏土、病毒、藻类、腐殖质等颗粒滑动面上的电位（ζ 电位）一般为-40～-15 mV，细菌的 ζ 电位为-70～-30 mV，由于同性电荷相斥，使胶体颗粒不凝聚；二是做布朗运动（由于液体的热运动，胶体颗粒受到来自各个方向不平衡的碰撞进而产生无规则的运动）。正是由于以上两个特性，使胶体颗粒能长期保持分散悬浮状态，这一现象称为胶体的稳定性。

当向废水中投加铝盐、铁盐等混凝剂后，会引起电性中和及沉淀物卷扫（网捕）。

（1）电性中和

电性中和又分为压缩双电层和吸附电中和两种。

1）压缩双电层。当向水中投加铝盐或铁盐混凝剂后，水中的离子浓度增加，由于浓差扩散和静电斥力使胶体颗粒的扩散层的厚度减小，ζ 电位降低，双电层被压缩，扩散层的厚度减小或 ζ 电位的降低，将使颗粒之间的斥力大为减小，高价离子压缩双电层的能力优于低价离子，就有可能使颗粒聚集即压缩双电层作用。

2）吸附电中和。铝盐、铁盐水解产生带正电荷的氢氧化铝、氢氧化铁胶体，这些胶体可与废水中带负电荷的胶体颗粒相互吸引凝聚即吸附电中和。

（2）沉淀物卷扫（网捕）

以铝盐或铁盐作为混凝剂时，所产生的氢氧化铝和氢氧化铁在沉淀过程中，能够以卷扫（网捕）形式，使水中的胶体颗粒随其一起下沉。

除以上两个作用外，当投加高分子混凝剂时，其还有吸附架桥作用。高分子混凝剂具有松散的网状长链式结构，当向水中投加高分子物质时，胶体颗粒与高分子物质之间产生强烈的吸附作用，当其中某一高分子基团与胶粒表面某一部位互相吸引后，该高分子的其余部位则伸展在水中，可以与另一表面有空位的胶粒吸附，这样就形成了一个"胶粒-高分子-胶粒"的连接体，高分子起到对胶粒进行架桥连接的作用，从而破坏胶体的稳定性。

上述混凝机理，在水处理过程中往往是同时存在的，只不过水混凝剂的不同投加量和水质条件的不同而发挥不同的作用，通常以某一种作用为主。

3. 常用混凝剂及混凝工艺

混凝剂分为无机和有机两类。常用的无机混凝剂有铝盐和铁盐类及其电解产物；有机混凝剂有聚丙烯酰胺（PAM）等。

混凝沉淀的处理工艺过程包括投药、混合、反应及沉淀分离几个部分，其工艺流程如图 1-51 所示。

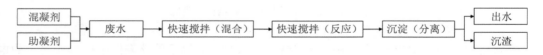

图 1-51　混凝沉淀处理工艺流程

（四）气浮

气浮是通过某种方法产生大量的微细气泡，使其与污水中密度接近于水的固体或液体污染物颗粒黏附，形成密度小于水的浮体，上浮至水面形成浮渣，进行固液或液液分离的一种方法。

1. 气浮法的分类与适用范围

按微气泡产生方式的不同，气浮法可分为电解气浮法、充气气浮法、溶气气浮法 3 种类型。溶气气浮法又分为加压溶气气浮和溶气真空气浮两种类型，加压溶气气浮是最常用的气浮法。

气浮法的适用范围：

①可分离含油废水中的悬浮油和乳化油；

②可代替活性污泥法的二沉池，对曝气池流出的混合液进行固液分离；

③可回收工业废水中的资源物质，如造纸废水中的纸浆等；

④可分离以分子或离子形态存在的物质，如金属离子、表面活性物质等。

2．基本流程（以部分加压溶气气浮为例）

加压溶气气浮工艺由溶气系统、空气释放装置和气浮池组成。

如图 1-52 为部分加压溶气流程，该流程是将部分待处理污水进行加压溶气，其余污水直接送入气浮池。因为只有部分污水加压溶气，故所需溶气罐的容积较小。

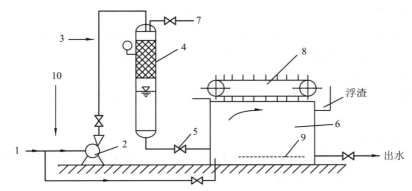

1—原水；2—加压泵；3—空气压缩机；4—压力溶气罐（内含填料）；5—减压阀；6—气浮池；
7—放气阀；8—刮渣机；9—集水系统；10—化学药剂

图 1-52　部分溶气加压溶气气浮流程示意图

（五）离子交换

离子交换法是一种借助离子交换剂上的可交换离子和水中的其他同性离子进行交换反应而使水质净化的方法。该方法最早用在水的软化和除盐中，随着离子交换树脂的生产和技术的发展，在回收和处理含重金属工业废水等方面逐步得到广泛应用。

1．离子交换树脂的结构

离子交换树脂外观上是一些有颜色的固体球形颗粒，其内部有四通八达的空隙，在空隙中有可提供交换离子的交换基团。也就是说，离子交换树脂主要由树脂母体（也称骨架）和交换基团两部分组成，如图 1-53 所示。

2．离子交换树脂的选择性

离子交换树脂对水中某种离子能优先交换的性能称离子交换树脂的选择性。离子交换法用于处理污水正是利用了这一特性，在常温低浓度下，各种树脂对离子的选择性顺序如下：

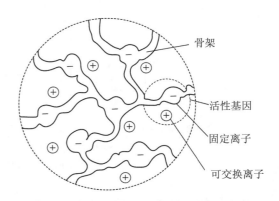

骨架

活性基因

固定离子

可交换离子

图 1-53　离子交换树脂结构示意图

（1）强酸性阳离子交换树脂

$Fe^{3+}>Cr^{3+}>Al^{3+}>Ca^{2+}>Mg^{2+}>K^{+}=NH_4^{+}>Na^{+}>H^{+}>Li^{+}$

（2）弱酸性阳离子交换树脂

$H^{+}>Fe^{3+}>Cr^{3+}>Al^{3+}>Ba^{2+}>Ca^{2+}>Mg^{2+}>K^{+}=NH_4^{+}>Na^{+}>Li^{+}$

（3）强碱性阴离子交换树脂

$Cr_2O_7^{2-}>SO_4^{2-}>Cr_2O_4^{2-}>NO_3^{-}>Cl^{-}>OH^{-}>F^{-}>HCO_3^{-}>HSiO_3^{-}$

（4）弱碱性阴离子交换树脂

$OH^{-}>Cr_2O_7^{2-}>SO_4^{2-}>Cr_2O_4^{2-}>NO_3^{-}>Cl^{-}>HCO_3^{-}>HSiO_3^{-}$

（5）螯合树脂的选择性顺序和树脂种类有关，亚氨基醋酸型螯合树脂的选择性顺序

$Hg^{2+}>Cu^{2+}>Ni^{2+}>Mn^{2+}>Ca^{2+}>Mg^{2+}\gg Na^{+}$

3．交换容量

交换容量是定量表示树脂交换能力大小的标度，可分为全交换容量和工作交换容量。此两值可用于工艺设计。

（1）全交换容量

单位体积或重量树脂所具有的活性基团或可交换离子的总重量，单位为 mmol/g。该数值由树脂生产厂商在产品出厂指标中标出。

（2）工作交换容量

单位体积或重量树脂在给定工作条件下实际上可利用的交换能力。单位为 mmol/g（湿树脂）。

4．应用案例：含镍废水处理

用于处理镀液成分以硫酸镍、氯化镍和镀光亮镍等为主要成分的清洗废水，Ni^{2+} 质量浓度不宜大于 200 mg/L，基本工艺流程如图 1-54 所示。

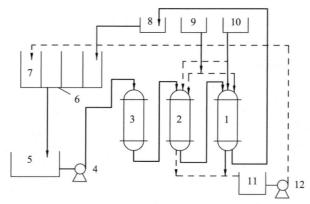

1、2—除镍阳柱；3—过滤柱；4—水泵；5—调节池；6—逆流漂洗槽；7—镀槽；8—循环水槽；
9—NaOH 槽；10—H_2SO_4 槽；11—$NiSO_4$ 槽；12—水泵

图 1-54　含镍废水处理工艺流程

除镍用的国产树脂主要有大孔弱酸阳树脂 DK110、116、111×222，Na^{+} 型对 Ni^{2+} 的工作容量为 30～42 g/L，凝胶型强酸阳树脂 732 为 30～35 g/L，凝胶型弱酸阳树脂 725 为 25～

30 g/L。处理后水能循环使用。

（六）膜分离

膜分离技术自 20 世纪 50 年代以来得到快速发展，并在海水及苦咸水淡化、纯水制备、污水处理及资源化和化工、医疗、轻工、生化等领域的分离过程中得到广泛应用。

根据溶质或溶剂透过膜的推动力的不同和膜的种类、功能不同，水处理中常用的膜分离法可分为以下四大类，见表 1-10。

表 1-10　水处理中常用膜分离法的分类

膜过程	推动力	膜类型	传质机理	透过物	分离对象	分离目的
微滤（MF）	压力差	对称膜	筛分及表面作用	溶液	微粒	分离悬浮物微粒、细菌小颗粒
超滤（UF）	压力差	非对称膜	筛分及表面作用	小分子溶液	大分子、微粒	截留大分子，去除油、色素、染料、微生物等
反渗透（RO）	压力差	非对称膜或复合膜	溶剂扩散	溶剂	小分子、离子	分离小分子溶质，用于去除无机离子或有机物、海水淡化
电渗析（ED）	电位差	离子交换膜	电解质离子选择性通过	小离子组分	离子	分离离子，用于回收酸、碱和苦咸水淡化

这里简要介绍常用的 3 种膜分离技术。

1．微滤

（1）微滤特性

微滤又称微孔滤膜过滤，膜的孔径为 0.1～70 μm，常用的工作压力为 0.05～0.1 MPa。

与石英砂、硅藻土、无纺布等深层过滤介质相比，微孔滤膜具有以下特点：①微孔滤膜多采用纤维素、工程塑料和无机氧化物制成，膜内孔径分布均匀，过滤精度高，能将液体中所有大于其孔径的微粒全部截留；②微孔滤膜孔隙率较高，一般微孔滤膜的孔密度为 10^7 孔/cm^2，占膜总面积的 70%～80%，膜厚度一般为 0.1～0.2 mm；由于膜很薄，流道短，对流体的阻力小，因此流体的过滤速度较常规过滤介质快几十倍；③过滤时没有纤维或碎屑脱落，无浓缩水排放，不易产生二次污染；④微孔滤膜近似于一种多层叠置的筛网，但易被与孔径近似的颗粒堵塞，使用时需设预处理装置，以延长膜寿命。

（2）微孔膜过滤器

微滤膜组件根据其结构形式可分为平板式、中空纤维式。根据膜排列方式，可分为板框式、卷式、管式等，同前述反渗透、超滤一样。

（3）微滤的应用

在废水处理中，微滤可设置在曝气池后直接替代二沉池用于分离活性污泥颗粒，杭州临平 20 万 t/d 污水处理厂应用微滤膜代替二沉池已连续稳定运行 4 年；在反渗透前作为前置过滤器用于去除微小的悬浮物；应用在医药卫生行业，可以经济方便地去除水中的细菌、微生物，分离病毒、细菌、胶体及悬浮颗粒，以得到无菌液体。

2．超滤

（1）超滤特性

超滤又称超过滤，与反渗透、微滤一样，都是在静压差推动作用下进行的膜分离过程。这3种膜分离过程去除的微粒从大到小依次为微滤、超滤和反渗透。超滤所分离的溶质组分为相应分子质量大于 500 Da（道尔顿）的大分子和胶体，操作压力较低，一般为 0.1～0.5 MPa，膜透水率为 0.5～5.0 m³/（m²·d）；而反渗透所分离溶质相对分子质量小于 500 Da，操作压力为 2～10 MPa，膜透水率为 0.1～2.5 m³/（m²·d）。

超滤膜具有与反渗透膜相似的不对称多孔结构，只是致密层的孔径比反渗透膜要大，一般为 5～100 nm，而反渗透膜为 0.8～1 nm。

（2）超滤装置

超滤装置的主要膜组件有板框式、管式、卷式和中空纤维式等，与反渗透装置相类似。

（3）超滤在废水处理中的应用

超滤已应用在汽车制造行业喷漆废水、金属加工废水以及食品工业废水的处理及有用物质的回收。在某些废水的"双膜法"深度处理中，超滤可作为反渗透的预处理单元。

3．反渗透

（1）反渗透特性

用膜法分离溶液时，使溶剂通过膜的方法称渗透。水通过膜由稀溶液进入浓溶液的过程称自然渗透。在浓溶液一侧施加压力，使浓溶液中的水通过膜进入稀溶液的过程称反渗透。

反渗透膜是一种只允许水分子通过的半透膜，厚度一般为 100～200 μm，孔径为 8～10 Å（1 Å=10^{-10} m）。

（2）反渗透装置

反渗透装置主要有板框式、管式、卷式、中空纤维式四大类，近年来又开发出盘式或碟式等装置。这里简要介绍一下管式和中空纤维式。

1）管式反渗透器。管式反渗透器有内压和外压两种形式。在管式反渗透器中，膜形是管状的。管状膜置于耐压微孔管套中，水在压力推动下从管内透过膜并由套管的微孔壁渗出管外，这种装配形式称内压式。如果将膜涂刮在耐压微孔管外部，水在压力推动下从管外透过膜并由套管的微孔壁渗入管内，这种装配形式称外压式。由于外压式反渗透器的进水流动状态较差，故多采用内压装置，图 1-55 为内压管式膜组件。

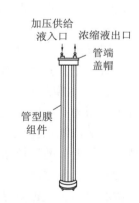

图 1-55　内压管式膜组件

2）中空纤维式反渗透器。中空纤维膜是一种很细的空心纤维管。管的外径一般为 70～100 μm，管的外径与内径比为 2∶1。将数十万根中空纤维弯成 U 形装入耐压圆筒容器中，纤维膜用环氧树脂黏合，形成管板，以 O 形环密封，即可形成中空纤维式反渗透器。

中空纤维式反渗透器的优点是在单位体积内的膜装载面积大，无须承压材料，结构紧凑。缺点是容易堵塞，清洗困难，对进水的预处理要求最严，污染指数要求不大于 3。

（3）反渗透在废水处理中的应用

反渗透已被用于处理电镀、印染废水等的深度处理、中水回用，也广泛应用于垃圾渗滤液的末端深度处理中。

近年来还发展出一种新型过滤方式——纳滤。纳滤是一种介于反渗透和超滤之间的压力驱动膜分离过程，纳滤膜的孔径范围在几个纳米左右，纳滤膜大多从反渗透膜衍化而来，但与反渗透相比，其操作压力更低，因此纳滤又被称为低压反渗透或疏松反渗透。

纳滤分离作为一项新型的膜分离技术，技术原理近似机械筛分。但是纳滤膜本体带有电荷性，它在很低压力下仍具有较高脱盐性能，并且能截留分子量为数百的分子并可脱除无机盐。

与超滤或反渗透相比，纳滤过程对单价离子和相对分子质量低于 200 Da 的有机物截留较差，而对二价或多价离子及相对分子质量为 200～500 Da 的有机物有较高脱除率，基于这一特性，纳滤主要应用于水的软化、净化以及相对分子质量在百级的物质的分离、分级和浓缩（如染料、抗生素、多肽、多糖等化工和生物工程产物的分级和浓缩）、脱色和去异味等。

（七）中和

中和法是利用酸碱中和反应使废水的 pH 达到适宜范围的处理过程。

中和法适用于废水处理中的以下几种情况：

1）工业企业对其排出的废水进行混凝沉淀等物化法处理时，需调整 pH，以达到最好的处理效果。

2）经工业企业预处理的废水，在排入城市排水管网前，为避免排水管道腐蚀，应对废水 pH 进行调整。

3）工业企业的废水处理站或接纳生活污水和工业废水的城市污水处理厂，采用生化处理工艺时，要将进水 pH 调至符合微生物的生存要求。

4）pH 不符合国家排放标准的废水，应调节 pH 为 6～9，才可排入受纳水体。

酸性废水中和处理常采用的中和剂有石灰、石灰石、白云石、氢氧化钠、碳酸钠等。碱性废水中和处理则常采用硫酸、盐酸等。

（八）化学氧化还原

通过氧化还原反应将废水中呈溶解状态的污染物质去除的方法称氧化还原法。

在化学反应中，失去电子的过程叫氧化，失去电子的物质称还原剂，在反应中被氧化；得到电子的过程叫还原，而得到电子的物质叫氧化剂，在反应中被还原。

废水氧化还原法可根据污染物质在化学反应中是被氧化还是被还原的区别，分为氧化法和还原法两大类。

1. 氧化法

氧化法就是向废水中投加氧化剂，将废水中的有毒、有害物质氧化成无毒害或毒害作用小的新物质的方法。

在废水处理中常用的氧化剂有空气中的氧、纯氧、臭氧、过氧化氢、液氯、次氯酸钠、漂白粉、二氧化氯、三氯化铁和电解槽的阳极等。

◆ 氯氧化法处理含氰废水

氰主要以游离氰和络合离子氰两种形态存在于电镀含氰废水中。

氯氧化氰化物的过程分两个阶段进行：首先是在碱性条件下氰化物被氧化成毒性和氰化氢相近的挥发性物质氯化氰；当 pH 为 10～11 时，在 10～15 min 内可将氯化氰转化为毒性很小的氰酸根离子。

$$CN^- + ClO^- + H_2O \longrightarrow CNCl + 2OH^-$$

$$CNCl + 2OH^- \longrightarrow CNO^- + Cl^- + H_2O$$

为防止处理水中含有剧毒物质氯化氰，其处理工艺条件应进行如下控制：①废水的 pH 宜大于 11；②对废水进行搅拌可以加速反应；③废水中除含游离氰外，还常含有络合氰，考虑到废水中同时还含有其他还原性物质存在，实际氧化剂的用量要比用公式计算的理论用量有所增加，以次氯酸钠计为含氰量的 5～8 倍。

第二阶段是进行完全氧化反应，即进一步投加氯氧化剂，破坏 CNO^- 的碳氮键，使其转化为二氧化碳和氮气。

$$2CNO^- + 3ClO^- + H_2O \longrightarrow N_2 + 3Cl^- + CO_2 + CO_3^{2-}$$

此阶段氧化剂的用量为局部氧化法的 1.1～1.2 倍，反应在 pH 为 8.0～8.5，反应时间为 1 h 以内。

2. 还原法

通过投加还原剂或利用电解槽阴极作用，使废水中有毒害的物质还原成无毒无害或低毒害的新物质的方法称还原法。污水中的 Cr（Ⅵ）、Hg（Ⅱ）等重金属离子均可通过还原法处理。常用的还原剂有硫酸亚铁、氯化亚铁、亚硫酸钠、亚硫酸氢钠、焦亚硫酸钠、二氧化硫、铁屑、铁粉、硼氢化钠等。

◆ 还原法处理含铬废水

处理含铬废水常用硫酸亚铁还原法和亚硫酸盐还原法，在酸性条件下，用还原剂将六价铬还原成三价铬，再用碱性药剂将 pH 调至 7～9，在碱性条件下形成 $Cr(OH)_3$ 沉淀。

（九）化学沉淀

化学沉淀法是指向废水中投加某种化学物质，使其和废水中溶解物质发生反应，并生成沉淀，从而去除废水中该溶解性物质的方法。多可以用于处理含金属离子和某些阴离子（如 SO_4^{2-}、S^{2-}）的工业废水。一般采用氢氧化物、硫化物和碳酸盐等作为沉淀剂。

1. 氢氧化物沉淀法

大多数金属的氢氧化物在水中的浓度积很小，因此可以向水中投加某种化学药剂，使水中金属阳离子生成氢氧化物沉淀而被去除。废水中 Cu^{2+}、Zn^{2+}、Ni^{2+}、Cr^{3+} 等重金属均可用此方法去除，只是适用的 pH 略有差异。

2. 碳酸盐沉淀法

锌和铅等金属离子的碳酸盐的溶度积较小，投加碳酸钠到含锌或含铅废水中形成锌或铅的碳酸盐沉淀而去除。

二、生物处理技术

自然界存在大量的以有机物为营养物质的微生物，它们能通过自身新陈代谢的生理功能，氧化分解一般的有机物并将其转化为稳定的无机物，而且还能转化某些有毒的有机物和无机物。污水的生物处理正是利用微生物分解氧化有机物这一功能，通过采取一定的人工强化措施，提高其分解氧化有机物效率的一种污水处理方法。鉴于生物处理的专业性较强，在介绍污水生物处理工艺前，先对微生物的特性、微生物对污染物的分解与转化等内容作简要介绍。

（一）微生物（细菌）及其生理特性

污水处理相关的微生物种类较多，包括古菌、原核生物和真核生物三大类，但其中起主要作用的是原核生物类中的细菌。

1. 细菌的结构及特性

细菌是一类单细胞、个体微小、结构简单、没有真正细胞核的原核生物，其大小一般只有几微米。细菌的形态大体可分为球状、杆状和螺旋状（弧菌及螺菌）3 种。自然界中，以杆菌最为常见，球菌次之，螺旋菌最少，细菌本身是无色半透明的。

细菌细胞的典型结构如图 1-56 所示。

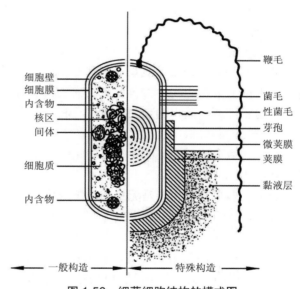

图 1-56　细菌细胞结构的模式图

（1）细胞壁

细胞壁的主要功能：保持细胞形状和提高细胞机械强度；阻拦大分子有害物质（如某些抗生素和水解酶）进入细胞。

（2）细胞膜

细胞膜具有选择性通过的半透性，能控制细胞内外物质（营养物质和代谢产物）的运送和交换。

（3）细胞质

细胞质是细胞膜包围的除核区以外的一切透明、胶状、颗粒状物质的总称，细胞质内具有各种酶系统，能不断地进行新陈代谢活动。

（4）核区

核区是原核生物所特有的无核膜结构、无固定形态的原始细胞核，含有原核细胞的基因组 DNA 和少量与原核 DNA 结合的蛋白。

（5）内含物

内含物是细菌新陈代谢的产物，或是贮备的营养物质。

2. 微生物的化学组成和营养物质

（1）微生物细胞的化学组成

微生物的化学组成如下。

$$
\text{细胞质量（湿重）}
\begin{cases}
70\%\sim90\%\text{水} \\
\\
10\%\sim30\%\text{干物质} \\
\text{（干重）}
\end{cases}
\begin{cases}
90\%\sim97\%\text{有机物}
\begin{cases}
\text{碳水化合物} \\
\text{蛋白质} \\
\text{脂肪} \\
\text{DNA} \\
\text{RNA 等}
\end{cases} \\
\\
3\%\sim10\%\text{无机盐（灰分）}
\end{cases}
$$

（2）微生物的营养物质

微生物的营养要求与摄食型的动物（包括人类）和光合自养型的绿色植物十分接近，在元素水平上都需要 20 种左右，且以碳、氢，氧、氮、硫、磷为主；在营养水平上则都在六大类的范围内，即碳源、氮源、能源、生长因子、无机盐和水。

1）碳源。

提供细胞组分或代谢产物中碳素来源的各种营养物质称为碳源。它们分为有机碳源和无机碳源两种。凡是必须利用有机碳作主要碳源的微生物，称异养微生物；凡是以无机碳源作主要碳源的微生物，称自养微生物。微生物可利用的有机碳源包括各类糖类、蛋白质、脂肪、有机酸等，其中的糖类是最广泛利用的碳源，无机碳源主要是 CO_2。

2）氮源和磷源、硫源。

氮源也可分为两类：有机氮源（如蛋白质、蛋白胨、氨基酸等）和无机氮源（如 NH_4Cl、NH_4NO_3 等）。

磷源比较单一，主要是无机磷酸盐或偏磷酸盐。硫源则比较广泛，从还原性的 S^{2-} 化合物、元素硫一直到最高氧化态的 SO_4^{2-} 化合物，都可以作为硫源。

3）能源。

微生物生命活动需要能量，提供这一能量的来源称能源。微生物能利用的最初能源有三类，即有机物、还原态无机物和光能。微生物通过呼吸作用[①]和光合作用的方式获取能量。各种异养生物的能源就是碳源。

4）生长因子。

狭义的生长因子一般指维生素；广义的生长因子包括维生素、碱基、卟啉及其衍生物、甾醇、胺类、$C_4\sim C_6$ 的分支或直链脂肪酸，有时还包括氨基酸。

5）无机盐。

无机盐或矿质元素主要为微生物提供碳、氮源以外的各种重要元素，如 P、S、K、Mg、Na 和 Fe 等。

---

① 呼吸作用是微生物在氧化分解基质（污水处理中的污染物）的过程中，基质释放电子，生成水或其他代谢产物，电子受体被还原，并释放能量的过程，是与分解代谢相关的氧化还原的统一过程。简单地说，呼吸作用是生物体在细胞内将有机物氧化分解并产生能量的过程。

3．微生物的新陈代谢

为了维持生命，生物体内一直在进行一系列有序的生物化学反应——新陈代谢。新陈代谢（简称代谢）分为合成代谢与分解代谢。合成代谢，又称同化作用或合成作用，是微生物通过从外界获取各类营养物质（如污水处理中的污染物）合成细胞组分的过程，在此过程中需要消耗能量，通过合成代谢微生物得以不断生长；分解代谢，又称异化作用或分解作用，是消耗体内的大分子物质（如糖类、蛋白质和脂类等）转化为小分子物质（如二氧化碳和水）并释放出能量的过程。污水生物处理过程实际上就是微生物不断进行代谢的过程——通过合成代谢和分解代谢，不断消耗污水中的污染物。

（二）微生物对污染物的分解

微生物通过代谢对污水中的有机污染物进行分解。微生物对有机物的分解作用（或降解作用）简称为"生物分解"或"生物降解"。有机物的生物分解是通过一系列的生化反应，最终将有机物分解成小分子有机物或简单无机物的过程。

根据是否存在氧气的条件，生物分解可分为好氧分解和厌氧分解两种类型。在有氧条件下进行的生物分解，叫作好氧生物分解（简称"好氧分解"），是好氧微生物（包括兼性微生物，主要是好氧细菌或兼性细菌）活动的结果。在无氧条件下进行的生物分解，叫作厌氧生物分解（简称"厌氧分解"），是厌氧微生物（包括兼性微生物，主要是厌氧细菌或兼性细菌）活动的结果。

相应地，根据微生物与氧气的关系，微生物可分为好氧微生物、厌氧微生物和兼性微生物。好氧微生物生活时需要氧气，没有氧气就无法生存，它们在有氧的条件下，可以将有机物分解成二氧化碳和水。厌氧微生物只有在没有氧气的环境中才能生长，甚至有了氧气对它还有毒害作用。厌氧微生物在无氧条件下，可以将复杂的有机物分解成简单的有机物和二氧化碳等。兼性微生物则既可在有氧环境生活，也可在无氧环境中生长，既能营好氧呼吸也能营厌氧呼吸。在自然界中，大部分细菌属于这一类。

污水处理中，污水中各种各样的有机污染物都能被微生物通过代谢得到处理吗？答案是肯定的。经过漫长的进化过程，地球上的微生物已经成为种类繁多、数量巨大、代谢多样、分布广泛的群体。地球上的每种天然有机物几乎都有相应的降解菌，因而都能被生物降解。对于人工合成的有机物，微生物一般也能逐渐适应它（使其能被降解，少部分持久性有机物除外）。

1．好氧生物降解

好氧生物降解是在有氧的条件下，由好氧微生物（包括兼性微生物）的合成代谢与分解代谢作用来进行的。图 1-57 简单地说明了这个过程。有机物经好氧生物降解的最终产物是二氧化碳、水、硝酸盐、硫酸盐、磷酸盐等稳定的小分子物质。

需要指出的是，在微生物的生长过程中，除吸收入体内的一部分有机物被氧化并释放能量外，还有一部分微生物的细胞物质也在同步进行氧化，同时释放能量。这种细胞物质的氧化称为自身氧化或内源呼吸。当有机物（养料）充足时，细胞质大量合成，内源呼吸过程不显著。但当有机物几乎耗尽时，内源呼吸就会成为供应能源的主要形式，最后细菌将因缺乏能源而死亡。

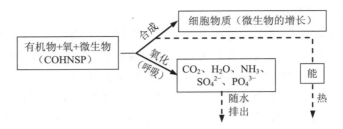

图 1-57　有机物的好氧降解

与厌氧生物分解相比，有机物的好氧分解具有分解速度快、分解程度彻底、能量利用率高、转化为细胞的比例大（细菌转化率高）等特点。

2. 厌氧生物降解

有机物被厌氧生物降解一般是指在无氧条件下，通过厌氧微生物（包括兼性微生物）发酵作用将大分子有机物分解为小分子有机物、无机物和能量的过程。最终产物主要是小分子酸、甲烷、氢气、氨、硫化氢等。由于散发氨、硫化氢等物质，厌氧生物降解一般是有较大臭味的。由于硫化氢与铁反应生成硫化铁，所以经过厌氧处理后的污水往往呈现黑色。

图 1-58 展示了有机物的厌氧生物降解过程的 3 个阶段。

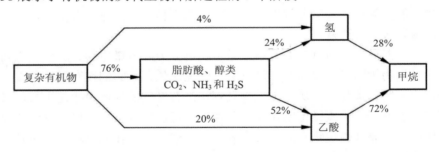

图 1-58　厌氧生物降解（以 COD 计）

第一阶段：水解酸化阶段。在水解和发酵细菌的作用下，复杂有机物，如碳水化合物、蛋白质、脂肪等，先被转化成糖类、氨基酸、脂肪酸、甘油等简单有机物；这些简单有机物继而转化成乙酸、丙酸、丁酸等和醇类等。这个阶段反应较快。

第二阶段：产氢产乙酸阶段。该阶段，产氢产乙酸菌把第一阶段产生的中间产物丙酸、丁酸等脂肪酸和醇类等转化成乙酸和 H_2，并有 CO_2 产生。

第三阶段：产甲烷阶段。H_2 和 CO_2 在某类产甲烷菌作用下转化为甲烷和水；而乙酸在另一类产甲烷菌作用下转化为甲烷和 CO_2。由乙酸形成的甲烷约占总量的 2/3，由 H_2 和 CO_2 形成的甲烷约占总量的 1/3。该阶段是整个厌氧消化的控制阶段。

需要指出的是，对于不溶性有机物，先通过胞外酶的作用，成为溶解性有机物后，才能被细胞吸收，进而发生上述降解，而胞外酶的水解作用比较缓慢。

（三）污水生物处理技术

根据氧气需求的不同，污水生物处理过程可分为好氧生物处理和厌氧生物处理（兼氧生物处理）两大类。

此外，根据微生物在污水处理过程中的作用形态，又可以分为悬浮生长型和附着生长型两类。以好氧过程为例，悬浮型以活性污泥法为代表，附着型以生物滤池为代表。

1. 好氧生物处理技术

好氧生物处理是在有氧的情况下，利用好氧微生物降解污水中的有机质、氧化氨态氮的过程。在好氧处理过程中，好氧微生物与悬浮物、胶体等团聚，形成好氧污泥，并通过曝气或机械搅拌等方式供氧维持污泥活性。污水中的可溶污染物透过细胞壁和细胞膜进入胞内参与后续反应，而不溶污染物先附着在胞外，被细菌所分泌的一些胞外降解酶分解为可溶性物质后，再进入细胞。胞内有机物进一步参与细胞的新陈代谢过程，一部分有机物在各种酶作用下参与分解代谢过程，最终被氧化成水和二氧化碳，同时释放出能量；另一部分有机物参与合成代谢过程，被用于合成新的细胞物质，同时吸收分解代谢中释放的能量。

当污水中有机物较充足时，合成代谢量增高，就会导致剩余污泥量增加；当污水中有机物不足时，分解代谢部分会占主导，微生物就会开始消耗细胞质并逐步死亡，消亡微生物会成为其他微生物的"食料"，该过程会导致污泥老化、污泥活性不佳。

好氧生物处理技术最终产物为二氧化碳和水，因此基本没有臭气，且处理效能较高，一般 BOD_5 去除率可达到 $80\% \sim 95\%$。

常见的好氧生物处理法有活性污泥法和生物膜法两种。

（1）活性污泥法

1）活性污泥法常见微生物。

活性污泥法是最基本的好氧生物处理技术，曝气池中的活性污泥絮体是由细菌细胞通过凝聚作用或丝状菌的促进作用聚集形成的，其主体是异养细菌。主要微生物有假单胞菌、无色杆菌、黄杆菌、硝化细菌等，还有一些原生动物，包括钟虫、盖纤虫、等枝虫、草履虫等，以及轮虫等后生动物。

2）活性污泥法的净化过程。

活性污泥法去除污水中污染物的过程一般分为以下 3 个阶段。

①初期的吸附去除阶段。如图 1-59 所示，该阶段主要是活性污泥物理与生物吸附作用为主导致的污染物浓度迅速下降的过程。在该作用下，污水和污泥在刚接触的 $5 \sim 10$ min 内就会立刻出现污染物浓度迅速下降的现象，水相 BOD 表观去除率可达到 50%以上。但此时污染物实际并没有被降解，而是因为被活性污泥吸附导致的，随着时间推移，部分被吸附有机物又会被释放到污水中导致水相中的污染物浓度提高。活性污泥能够快速吸附污染物是由于污泥胶团具

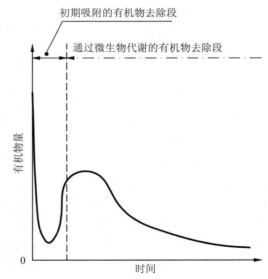

图 1-59　活性污泥法中有机物浓度随时间的变化

有巨大的比表面积和大量的多糖类黏质层。

②代谢阶段。非可溶有机物或大分子有机物被活性污泥吸附后，通过胞外降解酶作用转化为小分子有机物，与污水中可溶有机物一起进入微生物细胞内，通过细胞内各种酶的作用被降解和转化，一部分有机物质最终被氧化为二氧化碳和水，另一部分物质通过合成代谢形成新的细胞物质。但由于污水中的有机污染物种类非常复杂，单一微生物无法满足全范围的污染物降解，需要多种微生物对不同的污染物进行降解。此外，有些污染物降解途径复杂，需要多种微生物的共同代谢作用才能被降解。所以，活性污泥必然是一个多底物多菌种的混合体。

③活性污泥絮体的分离沉淀。污水经过好氧生物处理后，需要通过沉淀池分离污泥和污水。活性污泥部分回流至生化系统，部分作为剩余污泥外排，上清液则进入后续处置环节或直排。之所以会产生剩余污泥，就是因为微生物通过合成代谢产生了大量新微生物，进而增加了活性污泥总量。为保持生化体系中的污泥浓度，需要定量排放剩余污泥。

（2）生物膜法

生物膜法是通过附着在载体或介质表面上的细菌等微生物生长繁殖，形成膜状活性生物污泥——生物膜，利用生物膜降解污水中的有机物的生物处理方法。生物膜中的微生物以污水中的有机污染物为营养物质，在代谢过程中将有机物降解，同时微生物自身也得到增殖。

随着微生物的不断繁殖增长，生物膜的厚度不断增加，生物膜的结构发生变化，其结果是使生物膜总是在不断地生长、更新和脱落，脱落的生物膜在二次沉淀池中被截留下来，成为污泥。造成生物膜不断脱落的主要原因有：水力冲刷，由于膜增厚造成量的增大，原生动物的松动，厌氧层与介质的黏结力较弱等。

1）生物膜的结构及其净化污水的机理。

生物膜是蓬松的絮状结构，微孔多，表面积大，具有很强的吸附能力。如图1-60所示为载体上形成的生物膜和其净化污水示意图。生物膜的表面有很薄的附着水层。通过浓度梯度和水流的紊动扩散作用使有机物和溶解氧进入附着水层，并进一步扩散到生物膜中，有机物被生物膜吸附、吸收和降解。微生物在分解有机物的过程中，同时合成自身细胞物质，不断生长繁殖，使生物膜的厚度增加。进入生物膜的溶解氧会很快被生物膜表层的好氧微生物消耗完，结果使得生物膜内层形成以厌氧微生物为主的厌氧层。有机物的分解主要在好氧层中完成。微生物的代谢产物 H_2O、CO_2、氨等沿着与有机物相反的方向，从生物膜→附着水层→

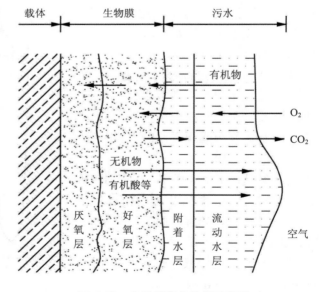

图1-60　生物膜净化作用示意图

流动水层，随后从污水处理装置排出。

2）生物膜法的类型。

生物膜法有多种分类，按照微生物附着的载体存在状态可分为固定床生物膜法和流动床生物膜法。固定床生物膜分为生物滤池和生物接触氧化法等，流动床生物膜法包括生物流化床和移动床等。

按照生物膜被污水浸没的程度，生物膜法又可分为浸没式生物膜法、半浸没式生物膜法和非浸没式生物膜法。常见的浸没式生物膜法包括生物接触氧化池（介于活性污泥法与生物滤池之间）、曝气生物滤池等；常见的半浸没式生物膜法有生物转盘；常见的非浸没式生物膜法有生物滤池，生物滤池又分为普通生物滤池、高负荷生物滤池（第二代生物滤池）和塔式生物滤池（第三代生物滤池）3 种类型。

2. 厌氧生物处理技术

厌氧生物处理技术是指在无氧条件下，通过厌氧微生物的厌氧发酵、反硝化、厌氧释磷等作用对污染物进行有效去除的技术。有机物的厌氧分解过程可详见本节"二、生物处理技术"第（二）点。

与好氧生物处理相比，厌氧生物处理具有以下优点：

①适用范围广。厌氧生物处理可适用于高浓度和中低浓度有机废水，而且能处理好氧微生物不能降解的一些有机物。这是因为参与厌氧生物处理的微生物种群多，功能各异，处理过程复杂，一些微生物可对难降解有机物进行断链处理，将复杂的大分子转化为简单的小分子，提高污水的可生化性。

②能源需求少且能产生大量能源。好氧处理需要消耗大量的能量供氧，而厌氧处理不需要充氧，且产生的沼气量巨大，可以作为能源。一般厌氧处理的动力消耗约为好氧处理工艺的 1/10。

③处理负荷高。好氧处理负荷为 0.5～3.2 kg COD/（m^3·d），而厌氧处理负荷一般为 3.2～32 kg COD/（m^3·d）。

④剩余污泥量少。厌氧处理产生的剩余污泥平均约为好氧污泥的 1/5。

⑤对营养物的需求量小。厌氧处理 BOD_5：N：P=200～400：5：1，好氧处理 BOD_5：N：P=100：5：1。

厌氧处理的缺点：

①厌氧微生物增长缓慢，因而其处理系统启动时间和运行时间长。

②厌氧处理出水水质往往难以达标。因此，一般需和好氧处理组合进行。

③运行过程中有臭味产生。

厌氧生物处理按微生物生长方式可划分为厌氧悬浮生长和厌氧接触生长工艺。

由于厌氧微生物生长缓慢，世代时间长，需要较长的停留时间，因此，早期的厌氧工艺体积大、负荷低，其代表是普通厌氧消化池；随着对厌氧发酵过程研究的深入，认识到在厌氧反应器内保持大量微生物和尽可能长的污泥龄是提高反应效率的关键，进而开发了厌氧滤池（AF）、上流式厌氧污泥床（UASB）反应器等第二代厌氧工艺；为了进一步提高反应效率，又在保持水和污泥的充分接触上进行了深入研究，开发出了厌氧流化床、厌氧膨胀床等工艺——第三代厌氧工艺。

本书主要对厌氧消化池、升流式厌氧污泥床（UASB）及水解（酸化）池作简要介绍。

（1）厌氧消化池

传统厌氧消化工艺的处理对象是含悬浮物高的废水——介于固体废物和液体废弃物之间的流动（或半流动）液体，如城市或工业污水厂的污泥、牲畜粪便、高浓度工业废水。

传统的完全混合厌氧反应器（CSTR）见图 1-61，废水或生污泥定期或连续加入消化池，经与池中原有的厌氧活性污泥混合和接触后，通过厌氧微生物的吸附、吸收和生物降解作用，使生污泥或废水中的有机污染物转化为以 CH_4 和 CO_2 为主的气体（称沼气）。经消化的污泥和废水分别由消化池底和上部排出，所产的沼气则从顶部排出。

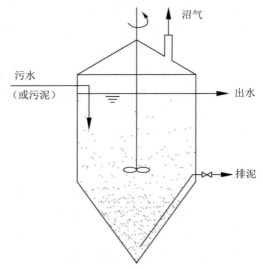

厌氧工艺中一般污泥龄应该是甲烷菌世代的 2～3 倍，才足以保证厌氧微生物在反应器内得以生长。这也是一般消化工艺在中温（30～35℃）条件下污泥停留时间需要 20～30 d 的原因之一。

为了增加消化池中的污泥龄，后又在上述普通厌氧消化池的基础上外加了一个沉淀池来收集污泥，并使其回流至消化池（图 1-62）。

图 1-61　普通厌氧消化池

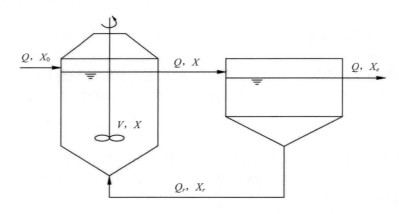

图 1-62　传统厌氧接触工艺示意图

与普通消化池相比，它的水力停留时间可以大大缩短。其有效处理的关键在于污泥沉降性能和污泥分离效率，但由于厌氧污泥在沉淀池内会继续产气，其沉淀效果不佳。该工艺和消化工艺一样属于中低负荷工艺。

（2）升流式厌氧污泥床（UASB）

UASB 工艺是厌氧工艺的一次重要突破，解决了污泥停留时间与水力停留时间的矛盾。

图 1-63 是 UASB 反应器结构示意图。

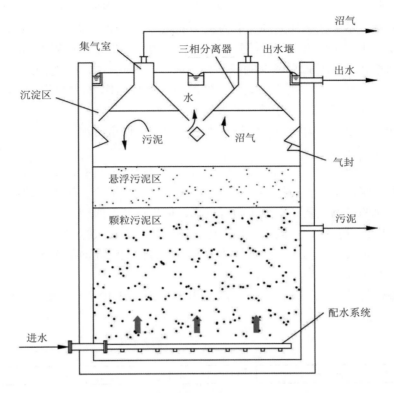

图 1-63 UASB 反应器示意图

　　废水被均匀地引入反应器底部,废水上升过程中与污泥床中污泥接触发生厌氧反应。产生的气体(主要为 CH_4、CO_2)在上升过程中起到搅动作用并引起内部循环。污泥层形成的部分气体附着在污泥絮体上,附着和没有附着的气体向顶部上升,上升到三相分离器时污泥絮体碰撞气体反射板的底部,引起附着气泡的污泥絮体脱气。脱气后的污泥絮体沉淀至污泥床表面。气体被收集到顶部的集气室。

　　因分离器斜壁过流面积在接近水面时增加,因此上升流速在此处降低,使污泥絮体在沉淀区可以凝聚并沉淀到三相分离器表面。污泥絮体在三相分离器上累积到一定程度后,其重力将超过其保持在斜壁上的摩擦力,因此将滑回到反应区,这部分污泥又可与进水有机物发生反应。

　　形成和保持沉淀性能良好的污泥(其可以是絮状污泥或颗粒形污泥)是 UASB 系统良好运行的关键。

　　UASB 反应器的主要特点:①实现了较长的固体停留时间,同时保持了较短的水力停留时间;②污泥形态是决定其效率的主要因素,而污泥形态的变化与其反应器的结构密不可分;③UASB 的应用范围广泛,在中、高浓度的废水处理中,可以在能耗和一次性投资间取得良好的平衡。

（3）水解（酸化）池及其与好氧生物处理工艺的结合

水解（酸化）池为一种升流式生物反应器，其结构上类似于不安装三相分离器的升流式污泥床反应器。水解（酸化）池一般为圆形或矩形，有效水深多为 4～6 m。

如上所述，工程上厌氧发酵产沼气的过程可分为水解酸化、产氢产乙酸、产甲烷 3 个阶段。水解（酸化）池是把反应控制在第一阶段末。因此，水解（酸化）工艺是一种不彻底的有机物厌氧转化过程，利用厌氧或兼性菌的水解酸化作用，把结构复杂的不溶性或溶解性的大分子转化为简单的小分子有机物。

水解（酸化）池的水力停留时间视污水水质而定，城市污水一般为 2.5～5.0 h；一些难降解的有机工业废水可达 8～10 h。

水解（酸化）池相较于完成全过程的厌氧池（消化池）具有以下特点：

①不需要密闭，不需要搅拌器、三相分离器，降低了造价并便于维护；

②水解酸化的产物主要是小分子的有机物，可生化性一般较好；

③由于反应控制在第一阶段末，出水无厌氧发酵的不良气味；

④由于第一阶段反应迅速，故水解池体积小，与初次沉淀池基本相当；

⑤工艺仅产生很少的剩余活性污泥。

水解（酸化）池与好氧工艺结合，广泛用于工业、城市污水处理中，其典型工艺流程如图 1-64 所示。

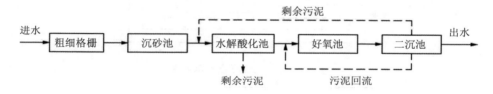

图 1-64   城市污水水解酸化-好氧生物处理典型工艺流程

水解（酸化）与好氧工艺结合具有以下优势：

①污水可生化性提高；

②耐冲击负荷能力增强；

③可大幅去除污水中悬浮物或难降解有机物。

3. 生物脱氮除磷

（1）生物脱氮

氮素污染主要来源于人类活动，包括农业、工业和城市生活等各个领域。过量的氮素进入水体后会导致水体富营养化，破坏生态平衡。因此污水脱氮是非常重要的工作。

1）生物脱氮的基本原理。

氮素的转化去除过程主要为：有机氮经微生物氨化作用转化为无机的氨态氮，在好氧条件下氨态氮通过硝化作用被转化成硝酸盐，而后在缺氧环境下通过反硝化作用被还原为氮气。

①氨化反应。

有机氮化合物和氨氮是市政污水中氮的主要存在形式。有机氮在氨化菌（氨化菌种类较多，涵盖有好氧菌、兼性菌和厌氧菌）作用下，有机氮化合物被分解转化为氨态氮，这一过程称为氨化过程。例如，氨基酸的氨氧化反应如下所示。

$$RCHNH_2COOH \xrightarrow{\text{氨化菌}} RCOOH + CO_2 + NH_3$$

在城市污水处理中，氨化过程在城市污水管网系统及厌氧池中发生。

②硝化反应。

硝化反应是在有氧条件下，氨氮被氧化为硝酸盐的过程。该过程包括两个反应阶段，第一阶段通过亚硝化菌将氨氮转化为亚硝态氮，第二阶段由硝化菌进一步将亚硝酸盐转化为硝态氮。整个硝化反应的反应式为

$$NH_4^+ + 1.86O_2 + 1.98HCO_3^- \longrightarrow 0.98NO_3^- + 0.021C_5H_7NO_2 + 1.88H_2CO_3 + 1.04H_2O$$

由上述反应式可知，大部分氨氮被转化为 NO_3^-，仅有 2.1%的氨氮合成为生物质。同时硝化反应会使 pH 快速下降，因此硝化反应过程中应补充充足的碱度来保持适宜的 pH 环境。

③反硝化反应。

反硝化反应是在缺氧状态下，硝态氮或亚硝态氮被反硝化菌还原成氮气的过程。反硝化菌是异养型微生物，多属于兼性细菌。在缺氧状态时，硝酸盐作为电子受体，有机质作为碳源及电子供体被氧化并提供能量。其反应式为

$$2NO_2^- + 6[H]（电子供体）\xrightarrow{\text{反硝化菌}} N_2 \uparrow + 2H_2O + 2OH^-$$

$$2NO_3^- + 10[H]（电子供体）\xrightarrow{\text{反硝化菌}} N_2 \uparrow + 4H_2O + 2OH^-$$

还原 1 g 硝态氮为氮气时，理论上需要有机物（BOD_5）2.86 g，实际过程中由于其他有机物降解反应的参与，往往 C/N 在 5：1 以上时才能达到最佳反硝化效果。

2）生物脱氮的典型工艺。

生物脱氮的典型工艺是缺氧/好氧（AO）工艺，工艺流程如图 1-65 所示。

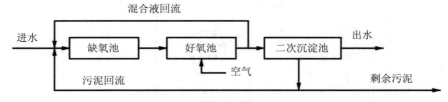

图 1-65　AO 法生物脱氮工艺流程

污水先进入缺氧池，通过缺氧微生物水解作用将有机氮转化为氨氮；而后污水进入好氧池，进行硝化反应，将大部分氨态氮转化为硝态氮；好氧池的混合液与部分二沉池污泥一起回流到缺氧池，在确保缺氧池和好氧池污泥浓度的同时，同步利用进水中存在的大量有机碳源，将回流的硝态氮还原为氮气。该步骤同步实现了硝化和反硝化过程，实现了氮的高效去除。

AO 法生物脱氮工艺具有以下特点：

①工艺流程简单，基建投资低；

②污水中的有机污染物可用作反硝化碳源，不需外加碳源；

③前置缺氧池具有生物选择功能，避免污泥膨胀，改善污泥性状；

④缺氧池中的反硝化过程可以恢复部分碱度，调节系统的 pH。

在脱氮过程中，因硝化菌是自养菌，世代时间长，生长速率慢，因此往往硝化菌数量是限制生物脱氮速率的关键因素。为提升脱氮效率，除了需要给予适宜的硝化菌生长环境条件外，还通过调整排泥时间增加污泥龄，保证污泥停留时间达到 20~30 天。

（2）生物除磷

1）生物除磷原理及影响因素。

20 世纪 70 年代末发现多种具有除磷能力的微生物，被统称为聚磷菌。聚磷菌在有氧环境中拥有超量摄取磷元素的能力，可摄取超正常所需 10 倍以上的磷元素，而一般细菌的细胞中磷仅占 2.3%。

图 1-66 展示了厌氧与好氧条件下聚磷菌的功能形态。通过聚磷菌实现生物除磷需要两个步骤：一是厌氧释磷，二是好氧聚磷。首先在厌氧环境中，聚磷菌分解胞内的聚磷酸盐产生磷酸盐并释放能量，再利用这部分能量将污水中的脂肪酸等有机物摄入胞内，并将其合成为 PHB（聚-β羟基丁酸盐）及糖原等以有机颗粒的形式贮存于细胞内。聚磷酸盐分解所产生的磷酸则被排出胞外。

聚磷菌进入好氧环境后，迅速氧化分解 PHB 并释放出大量能量，并利用该能量摄取污水中的磷，将其再次聚合成聚磷酸盐而贮存于细胞内，从而达到聚磷的目的。聚磷菌在好氧环境中所摄取的磷比在厌氧环境中所释放的磷多，聚磷菌中多出来的磷的量等于污水中磷的减少量。聚磷菌在二沉池中以污泥形式沉淀，通过把剩余污泥排走的形式，最终达到生物除磷的目的。

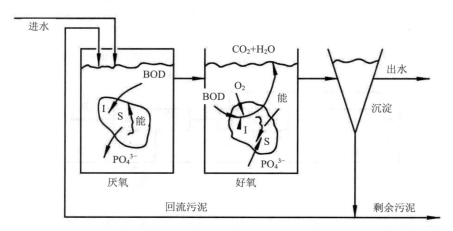

Ⅰ—贮存的食料（以 PHB 等有机颗粒形式存在于细胞内）；S—贮存的磷（聚磷酸盐）

图 1-66　厌氧与好氧系统生物除磷过程图

聚磷菌生长速率较慢，但能通过聚合和分解聚磷酸盐和 PHB 两个过程适应厌氧和好氧交替环境，从而成为 AO 工艺中的优势菌种。

在生物除磷工艺中，发酵产酸菌和异养好氧菌等也对除磷有巨大贡献。一般聚磷菌只能利用小分子有机质为能量来源，难以直接分解或利用大分子有机质。发酵产酸菌则可以将难降解或大分子有机物降解为小分子有机物，从而供聚磷菌消耗。倘若该系统中没有发酵产酸菌等降解菌，聚磷菌会因可用有机质不足导致释磷和聚磷效率缓慢。因此，在生物除磷工艺中，聚磷菌和发酵产酸菌具有密切的互生关系。

2）生物除磷的典型工艺。

工艺流程：

厌氧/好氧工艺（简称 AO 法）是最典型的生物除磷工艺。

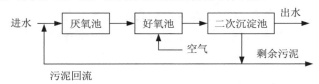

图 1-67　AO 法生物除磷工艺流程

AO 除磷工艺与 AO 脱氮工艺相似，分为厌氧区和好氧区。污水进入厌氧池后，聚磷菌充分利用废水中的有机物储备 PHB（聚-β羟基丁酸盐）及糖原等有机颗粒，并释放出大量的磷，而后进入好氧池中，聚磷菌迅速氧化分解 PHB 并释放大量能量，利用能量摄取污水中的磷并再次聚合成聚磷酸盐而贮存于细胞内，实现了好氧聚磷过程。富磷污泥以剩余污泥的形式排出处理系统，实现磷的去除。

生物除磷工艺的特点：

①与化学除磷工艺相比，AO 法工艺简单，运行费用较低；

②前置厌氧池具有生物选择功能，可避免污泥膨胀；

（3）生物同步脱氮除磷工艺

由于 A/O 除磷工艺同 A/O 脱氮工艺存在对碳源的竞争，该工艺难以同步高效脱氮除磷。因此，通过多年发展又形成了具有同步脱氮除磷能力的厌氧/缺氧/好氧工艺（A/A/O 法，又称 A^2O 法），工艺流程如图 1-68 所示。这是目前市政污水、养殖废水等高氮磷废水处理中最常用的污水处理工艺。

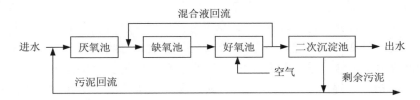

图 1-68　典型 A/A/O 法工艺流程

A/A/O 生化系统由厌氧池、缺氧池和好氧池 3 个生化单元组成。污水首先进入厌氧池，回流污泥中的聚磷菌释放磷并富集 PHB，同时将难降解的大分子有机物转化为小分子有机物，及将有机氮转化为氮态氮。污水进入缺氧池后，该环节中反硝化细菌充分利用进水碳源作为电子供体，将混合液回流中带来的硝态氮转化为氮气。最后污水进入好氧池，污水中残留的可降解有机物进一步被吸收降解，氨氮则通过硝化作用转化为硝酸盐氮，而后通过混合液回流至缺氧池进行反硝化脱氮，聚磷菌过量摄取磷后通过剩余污泥形式排放。因此，该工艺具有同步脱氮除磷的功能。

在实际工程中，由于对尾水水质要求不同，处理工艺上会有一些微调，具体工程案例可参见案例 1-6、案例 1-7。

第九节　浙江的"五水共治"

浙江省是国内开展大规模治水工作最早，取得的成效最显著，也是当前地表水环境质量最好的省之一。浙江省"五水共治"工作得到了上至国家各部门下至普通老百姓的普遍赞誉。

一、"五水共治"工作背景

浙江是江南水乡，省域内河流众多、水系发达，境内有钱塘江（含曹娥江）、瓯江、椒江、甬江、苕溪、运河、飞云江、鳌江八大水系，8 万多条河流，可以说因水而名、因水而生、因水而兴。

长期以来，浙江历届省委、省政府认真践行绿水青山就是金山银山的理念，持续抓好生态省建设和治水工作，坚持一张蓝图绘到底，把生态文明建设纳入经济社会发展全局，在经济持续较快增长的背景下，环境质量总体上持续改善。

但在发展过程中，浙江也遇到了"成长的烦恼"。2013 年年初，浙江多地发生环保局长被邀请下河游泳事件，引起舆论媒体广泛关注。嘉兴等地平原水网地带因污染造成水质性缺水，社会各界普遍意识到，虽然通过过去几年的治理，大江大河水质明显改善了，但老百姓身边的水体仍然存在许多问题，获得感仍然较低。2013 年 3 月，平原水乡畜禽养殖超负荷的警报频频拉响，黄浦江死猪漂浮事件引起社会广泛关注。这些问题的根源在于过去粗放的生产方式和生活方式。2023 年 10 月，"菲特"强台风正面袭击浙江，引发余姚等地严重洪涝灾害，防洪排涝等基础设施能力不足的短板凸显出来。

为解决这些问题，2013 年年底，浙江省委、省政府作出了治污水、防洪水、排涝水、保供水、抓节水的"五水共治"决策部署。在全省经济工作会议上，浙江省委主要领导提出宁可作局部暂时的舍弃，每年以牺牲 1 个百分点的经济增速为代价，也要以治水为突破口，倒逼产业转型升级，决不把污泥浊水带入全面小康。自此，浙江全面吹响了实施"五水共治"的冲锋号。省委、省政府把"五水"的治理比喻为五个手指各有分工，其中"治污水"是"大拇指"，提出了"三五七"时间表和"五水共治、治污先行"路线图。即用三年时间（2014—2016 年）解决突出问题，明显见效；用五年时间（2014—2018 年）基本解决问题，全面改观；用七年时间（2014—2020 年）基本不出问题，实现质变。从老百姓感观最差的黑臭河、垃圾河入手，率先在金华浦江打响水环境综合整治攻坚战，并迅速向全省铺开，有序推进。

二、"五水共治"主要做法

（一）建立强有力的组织领导体系

1. 建立"党委政府领导、人大政协监督、部门合力推进"的组织保障体系

浙江省委、省政府成立"五水共治"领导小组，省委书记、省长任双组长，省委副书记、省人大常委会副主任、副省长、省政协副主席任副组长，成员单位包括省委组织部、宣传部，发展改革、经信、财政、生态环境、建设、水利、农业农村等31个部门。领导小组下设"五水共治"办公室，抽调省生态环境厅、住建厅、水利厅、农业农村厅等40多名同志集中办公，实体运作，对全省治水工作进行综合协调、督查通报、考核评价。分管副省长任省治水办主任，生态环境厅厅长任常务副主任，省政府办公厅、省发展改革委、省经信厅、省财政厅、省生态环境厅、省住建厅、省交通运输厅、省水利厅、省农业农村厅9个部门主要领导或分管领导任副主任，其中省生态环境厅、省住建厅、省水利厅、省农业农村厅4个部门为双副主任单位。省生态环境厅主要牵头抓好"治污水"工作；省住建厅主要牵头抓好"排涝水""抓节水"工作，并牵头城镇污水处理设施工程建设与运行管理、城区内黑臭河治理的截污纳管、城市内河建设与管理、供水能力提升等工作；省水利厅主要牵头抓好"防洪水""保供水"工作，牵头全省各地河道的清淤、疏浚、配水和保洁工作；省农业农村厅主要负责农业面源和畜禽养殖污染防治，推进农业废弃物综合利用，加强畜禽养殖环节病死动物无害化处理监督。

按照省里模式，各市、县（市、区）也全部建立了相应的工作机构，形成了横向到边、纵向到底的工作格局。

为进一步压实责任，省委、省政府还设置了30个省级督查组，每年开展1~2次实地督查，明察暗访。

2. 强化河长制工作落实

2013年，浙江省委、省政府印发《关于全面实施"河长制"进一步加强水环境治理工作的意见》，率先在全国全面建立了省、市、县、乡、村五级河长体系，从省委书记到村干部，全省共有各级河长5.2万余名，并配套"河道警长"。省委、省政府主要负责同志担任全省总河长，所有河流水系分级分段设立市、县、乡、村级河长，落实河长包干责任制。其中，钱塘江、瓯江、曹娥江、苕溪、飞云江、运河等跨设区市的水系由省领导担任河长，省直有关部门负责具体联系，有关市、县（市、区）政府为责任主体。两位总河长定期召开治水工作专题会，会议以视频方式直接开至乡镇一级，同时把治水工作作为一项重要内容，纳入每季度一次的县委书记工作交流会交流。省委、省政府出台全面深化河长制工作方案、长效机制考评细则、信息化建设导则等，并在全国率先颁布实施河长制地方性法规和标准。此外，还以此为基础建立了"湖长制""滩（湾）长制"，管理体系逐步延伸到湖库、海湾。

（二）实施层层推进的工作路径

根据"三五七"时间表要求，制定完整的战略设计和配套措施，步步为营、逐步深入。

实施了"清三河"、剿灭劣Ⅴ类水、碧水行动3个阶段一系列治水举措。

1. 抓好"清三河""两覆盖""两转型"

此阶段主要于2014—2016年实施,从解决感官上的突出问题入手,全面清理垃圾河、黑河、臭河。到2015年,完成1.1万km"三河"清理,进一步深化沿河100 m水污染治理,全省河道"黑、臭、脏"等感官污染全面消除,城乡环境面貌得到显著改观。与此同时,启动"两覆盖""两转型"。"两覆盖",即实现城镇截污纳管基本覆盖,农村污水处理、生活垃圾集中处理基本全覆盖。"两转型",即抓工业转型,加快铅蓄电池、电镀、制革、造纸、印染、化工六大重污染高耗能行业的淘汰落后和整治提升;抓农业转型,坚持生态化、集约化方向,推进种植养殖业的集聚化、规模化经营和污物排放的集中化、无害化处理。

2. "剿灭劣Ⅴ类水"

在"清三河"成果的基础上,于2017年全力打好剿灭劣Ⅴ类水攻坚战。对全省共58个县控以上劣Ⅴ类水质断面及排查出的1.6万个劣Ⅴ类小微水体,实行挂图作战和销号管理,明确各级河长为剿劣工作第一责任人,特别是对存在劣Ⅴ类水质断面的河道,要求所在地的市、县党政主要负责同志亲自担任河长,逐一制定"五张清单":"劣Ⅴ类水体清单、主要成因清单、治理项目清单、销号报账清单和提标深化清单";制订"一河一策"工作方案,明确整改时间、整治项目、责任人,并向社会公示;继续深化"两覆盖""两转型",实施六大工程:"截污纳管、河道清淤、工业整治、农业农村面源治理、排污口整治、生态配水与修复"。经过一年攻坚,劣Ⅴ类水质断面全部完成销号,提前实现了"三五七"时间表中第二阶段目标,提前3年完成国家"水十条"中下达的任务。

3. "碧水行动"

在全面剿劣的基础上,2018年实施了以美丽河湖和"污水零直排区"建设为引领的十大提升行动,即"污水零直排区"建设、污水处理厂清洁排放、农业农村环境治理提升、水环境质量提升、饮用水水源达标、近岸海域污染防治、防洪排涝、河湖生态修复、河长制标准化、全民节水护水行动。

4. 突出数字赋能

以浙江省数字化改革为牵引,重点水系断面、交接断面、县级以上饮用水水源地水质基本实现自动监测,排污许可重点管理单位全部实现"互联网监控"。

(三)建立一套严格科学的监督考核机制

1. 建立"四个一"督查机制

一月一提醒,即省治水办每月将水质未达到考核要求和反弹断面,向所在设区市书面提醒,并要求限期整改反馈,问题较严重的向当地市委、市政府主要领导书面函告提醒。一月一督查,即组织省级督查组每月赴相关县(市、区)进行实地督查。一月一通报,即对水质未达到国家考核要求、水质类别下降的断面及县级责任河长,各项重点工作任务进展情况进行通报。一月一考评,即将提醒、督查、通报、水质反弹等情况纳入年度考核,变年终结果考核为平时过程考核。出台浙江省"五水共治"重点管理县试行办法,对治水重视程度不够、重点任务进展缓慢、工作推进力度较弱的县(市、区)实行重点管理,挂牌督办。

2. 完善问题发现机制

总结推广涉水问题发现"十大招法"，在全省范围内组织开展"找短板、寻盲区、查漏洞、挖死角"专项行动；形成重点督办问题整改销号闭环管理机制，建立重点督办问题库，分类实施问题整改销号闭环管理，确保涉水问题能够真正整改、落实落地。

3. 健全督导帮扶机制

平时以"三服务"（服务企业、服务群众、服务基层）结对帮扶为主，按照每组联系"两市一县"，深入基层开展调研，针对各地治水需求及问题短板，开展精准帮扶。针对中央生态环境保护督察发现问题、中央巡视涉及生态环境保护问题、长江经济带生态环境警示片披露问题及重点断面水质问题整改等，组织专家技术团队成立督导帮扶组深入问题一线开展蹲点督导帮扶。

4. 设立考核评优机制

每年根据年度工作要点，编制年度"五水共治"工作考核实施办法及评分细则，各市以此落实细化对所属各县（市、区）的考核办法。每年年底由省治水办牵头，会同各成员单位对 11 个市重点工作任务完成情况进行考核评分。依据省、市两级考核结果，由省委、省政府对工作优秀的市、县（市、区）授予"五水共治"大禹铜鼎，从授予铜鼎起累计 3 次及以上授予银鼎，累计 6 次及以上授予金鼎。

（四）形成一套多元共治的共建共享模式

大力推动全民治水，构建群策群力、共建共享的行动体系，形成"全民参与、共治共保"大局。

一是强化舆论宣传，营造治水舆论氛围。通过浙江卫视《今日聚焦》栏目、在《浙江日报》开设涉水专栏等方式，聚焦水环境治理，对治水中的突出问题进行公开曝光，形成强大舆论攻势。浙江省委、省政府主要领导对曝光问题都及时作出批示，各市、县及时落实整改，对问题严重、工作不力的还要追责问责。平均每年在省级以上媒体刊登治水新闻信息 600 篇以上，其中《人民日报》、新华网等国家主流媒体 150 篇以上。每年组织 1～2 次全省"五水共治"工作群众幸福感调查，作为考核评定和工作成效的一个重要参考。

二是强化公众参与。出台《关于开展全省"五水共治"志愿服务活动的指导意见》。依托工青妇和社会组织，建设治水志愿者队伍，广泛开展多种形式的公益活动。各市、县先后开发了河长 App 平台，平台对全社会开放，群众发现某条河道治理中的问题，可通过 App 及时反映，责任河长须对反映问题及时检查、限期整改，整改结果及时在 App 上反馈、公示，各县（市、区）治水办对发现问题的整改落实情况全程监督。大力推广公众护水"绿水币"（对参与治水护水的市民发放绿水币，累计一定数量的积分后，可在 App 兑换奖品），截至 2021 年 8 月底全省注册人数突破 200 万，参与巡河 15.2 万多次。实现从"要我治水"到"我要治水"、从"看你治水"到"我在治水"、从"政府治水"到"全民治水"的转变。至 2020 年年底，浙江"五水共治"累计投入资金约 5 718 亿元。

三、取得的主要成效

（一）治出环境改善、水清岸美的新成效

按照"三五七"时间表，2016 年全省基本完成"清三河"目标，共清理垃圾黑臭河 1.1 万余 km。2017 年全省 58 个县控以上劣Ⅴ类水质断面和 1.6 万个劣Ⅴ类小微水体全部销号。2018 年开始创建"美丽河湖"，至 2021 年已建成省、市级美丽河湖 438 条，贯通滨水绿道 4 000 余 km，昔日的垃圾河、黑臭河变成了景观河、风景带。国家"水十条"考核以来，浙江省水生态环境质量持续保持全国领先、城市黑臭水体消除率 100%、消劣任务提前 3 年完成。2020 年，全省 103 个国家地表水考核断面中Ⅲ类以上水质断面比例较 2013 年上升 31.1 个百分点（67.0%→98.1%），221 个省控断面中Ⅲ类以上水质断面比例较 2013 年提升 29.5 个百分点（65.1%→94.6%），均达历史新高。

（二）治出转型升级、腾笼换鸟的新局面

治水的倒逼重塑了经济结构，通过"关停淘汰一批、整治提升一批、搬迁入园一批"，加快淘汰落后产能，推进"腾笼换鸟、凤凰涅槃"，为新兴产业的发展腾出空间。几年来，累计整治脏乱差、低散乱企业 13.5 万家，淘汰落后产能企业 1.4 万家，关停搬迁养殖户 40 余万个，建设省级美丽牧场 1 200 余家，实现污染物排放在线全覆盖。目前，以新产业、新业态、新模式为特征的"三新"经济已占全省地区生产总值的近 1/4，正向形态更高级、结构更合理、质量效益更好的方向转变。

（三）治出各方点赞、百姓满意的好口碑

群众对治水的满意度不断提升，从 2013 年的 57.65% 提高至 2020 年的 89.84%。2015 年以来，全省公众对治水的支持度均达到 96% 以上，涉水投诉量大幅下降。2019 年，浙江"五水共治"工作入选中组部组织编选的《贯彻落实习近平新时代中国特色社会主义思想在改革发展稳定中攻坚克难案例·生态文明建设》，联合国世界环境日主场活动暨中国环境与发展国际合作委员会年会在杭州举行，时任联合国副秘书长、环境规划署执行主任埃里克·索尔海姆在浙江考察后坦言，"浙江的水环境治理可以为全球提供先进经验"。河湖长制工作连续 2 年获国务院激励。

四、治水工作展望

2021 年，浙江省委、省政府印发了《浙江省深化"五水共治"碧水行动计划（2021—2025 年）》，开启治水下一个五年征程，明确了"十四五""五水共治""四个五"的总体思路举措：坚持系统治水、精准治水、科学治水、依法治水、全民治水"五个方法"，聚焦水生态、水环境、水资源、水安全、水文化"五向发力"，实施控源、截污、扩容、修复、连通"五措并举"，以数字化改革和整体智治理念推动"五水共智"，加快推进治水体系和治水能力现代化。此外，还印发了《浙江省城镇"污水零直排区"建设攻坚行动方案（2021—2025 年）》《浙江省八大水系和近岸海域生态修复与生物多样性保护行动方

案（2021—2025 年）》等治水相关文件。

"十四五"期间，深化"五水共治"碧水行动的总体目标是：实现"三个领先"，即继续保持水环境质量、水环境综合治理工作全国领先，力争水生态修复工作全国领先。做到"五个全"，即管网全覆盖、污水全收集、处理全达标、饮水全保障、河湖全美丽。构建"五张网"，即高效能水质感知网、高质量处理设施网、高标准防洪排涝网、高水平水资源配置网、高品质幸福河湖网，呈现水清岸美、生机盎然、人水和谐、惠民宜居的美丽河湖幸福画卷。

具体举措为实施八大行动：①水文化传承弘扬行动，树立现代治水理念与价值观，提炼宣扬治水精神，打造水文化引领精品工程，加强治水遗产遗迹保护，健全全民治水机制。②水环境控源提质行动，全面强化源头治理、入河（湖、海）污染物管控，推进水质"优Ⅲ灭Ⅴ"。③水处理截污增效行动，进一步深化城镇"污水零直排区"建设，污水处理提质增效，农业面源污染治理和船舶港口水污染防治。④水资源集约扩容行动，推进全域节水，实施水资源优化联调，提升城乡供水品质。⑤水生态保护修复行动，严格河湖生态空间管控，全面开展河湖生态修复，深化美丽河湖建设，开展美丽海湾建设。⑥防洪排涝水系连通行动，构建高标准防洪保安网。⑦河长制提档升级行动，完善"河湖湾滩长制"，推进河（湖）长社会化。⑧智慧化治水提升行动，建设"治水大脑"，实施智慧治污、防洪、排水、供水、节水。

第二章

大气污染防治

纯净的空气是人类和一切生物赖以生存的基础，它不仅能为人类和其他生物的呼吸过程提供氧源，为绿色植物的光合作用提供碳源，而且为整个生物界同无机环境之间的物质和能量交流与平衡提供必要的条件。一个成年人在静止状态下每一次呼吸的空气量是 300～800 mL，每分钟平均呼吸 16 次，每分钟呼吸的空气量约为 8 L。一旦空气遭到破坏，人类和整个生物界的生存就要受到威胁。

第一节 大气污染防治概述

一、大气及大气污染

按照国际标准化组织（ISO）的定义：大气是指环绕地球的全部空气的总和。大气污染防治侧重于与人类关系最密切的近地层空气。

大气是由多种气体混合而成的，其组成可分为 3 个部分：干燥清洁的空气、水蒸气和各种杂质。干洁空气的主要成分是氮、氧、氩和二氧化碳气体，其体积分数占全部干洁空气的 99.996%（其中氮气占 78.1%，氧气占 20.9%），氖、氦、甲烷、氪等次要成分仅占 0.004%。大气中的水蒸气含量平均不到 0.5%，而且随着时间、地点和气象条件等不同而有较大变化，其变化为 0.01%～4%。大气中的各种杂质是由自然过程和人类活动排放到大气中的各种悬浮微粒和气态物质形成的。

大气污染是指由于人类活动或自然过程引起某些物质进入大气中，达到一定浓度，持续足够长的时间，并因此而危害了人们的舒适、健康和福利或危害了生态环境。一般来说，自然环境所具有的物理、化学和生物功能（自然环境的自净作用）会使自然过程造成的大气污染经过一定时间后消除，使生态平衡自动恢复。因此，可以认为大气污染主要是由人类活动造成的。这里所谓的"福利"，是指与人类协调并共存的生物、自然资源以及财产、器物等。

按照影响范围，大气污染大致可分为以下四类：

①局部地区污染。局限于小范围的大气污染，如受到某些烟囱排气的直接影响。

②地区性污染。涉及一个地区的大气污染，如工业区及其附近地区或整个城市大气受到污染。

③广域污染。涉及比一个地区或大城市更广泛地区的大气污染，如京津冀区域大气污染。

④全球性污染。涉及全球范围的大气污染，全球性大气污染问题包括温室效应、臭氧层破坏和酸雨等。

本章主要讨论前三类问题。

按照污染形成原因，可将大气污染分为以下四类：

①煤烟型污染。指因煤炭燃烧产生的大气污染，主要污染物包括烟尘、二氧化硫（SO_2）、氮氧化物（NO_x）和重金属等。

②机动车尾气污染。指因机动车燃用汽油、柴油、天然气和液化石油气等化石燃料造成的低空大气污染，主要污染物包括氮氧化物（NO_x）、一氧化碳（CO）和碳氢化合物（HC），柴油机车还会排放黑烟。

③工业生产污染。指特定工业企业生产引起的大气污染，如金属冶炼、建材生产、石油化工等造成的大气污染，其污染物类型取决于生产原料和生产工艺条件。

④面源污染。指因道路扬尘、裸露土壤、餐饮油烟、秸秆和垃圾焚烧等形成的污染，面源污染的特点是大多以无组织方式排放，释放面积大，或数量多但单一污染源强度不大。

二、大气污染物及其来源

大气污染物的种类很多，根据其存在状态（相态），可将其分为气溶胶状态污染物和气体状态污染物；根据其形成过程，又可分为一次污染物和二次污染物。

1. 气溶胶状态污染物

气溶胶状态污染物也称颗粒物，是指在一定时间内能够悬浮于空气中的微小固体粒子或液体粒子。根据其来源和物理性质，可分为以下几种：

①粉尘。是指微小固体颗粒，如黏土粉尘、石英粉尘、粉煤、水泥粉尘、各种金属粉尘等。通常产生于固体物质的破碎、研磨、筛分和输送等机械过程，或土壤和岩石的风化过程。尺寸为 1～200 μm。

②烟。通常是指高温冶炼过程产生的固体颗粒，是由熔融物质挥发后再冷凝形成的颗粒物。如有色金属冶炼产生的氧化铅烟、氧化锌烟，烟的尺寸一般为 0.01～1 μm。

③飞灰。是指随燃料（主要是煤炭）燃烧产生的烟气排出的灰分，其粒径一般为 1～100 μm。

④黑烟。是指由燃料燃烧产生的能见气溶胶，是燃料不完全燃烧的产物，除炭粒外，还有碳、氢、氧和硫等组成的化合物。

污染治理工程中，烟、飞灰和黑烟使用比较混乱，一般将高温冶金和化学过程形成的固体气溶胶称烟尘，将燃料燃烧产生的固体气溶胶称飞灰和黑烟，不仔细区分时，也统称烟尘。

⑤雾。是空气中液滴悬浮体的总称，在气象学上是指造成能见度小于 1 km 的小水滴悬浮体。在工程中，雾一般泛指小液体粒子悬浮体，它可能是由液体蒸汽的凝结、液体的雾化及化学反应等过程形成的，如水雾、酸雾、碱雾、油雾等。

在《环境空气质量标准》（GB 3095—2012）中，将气溶胶状态污染物分为总悬浮颗粒物（TSP）、可吸入颗粒物（PM_{10}）和细颗粒物（$PM_{2.5}$），其分别是指悬浮在空气中，空气动力学当量直径≤100 μm、≤10 μm、≤2.5 μm 的颗粒物。上述 3 种颗粒物中，$PM_{2.5}$ 由于其具有以下特性因而其危害最大：①不易沉降，长时间飘浮在大气中容易被吸入人体，深入肺腔，甚至进入血液系统。②比表面积大，自身活性高，而且依托其巨大的比表面，还会吸附更多的有害气体及其他污染物，如强致癌物质苯并[a]芘及细菌等，因而会加剧生理效应的发生与发展。③部分细粒子本身就是毒害性强的物质，如凝结性重金属和有机化合物等。

2．气体状态污染物

气体状态污染物是指以分子状态存在的污染物（以下简称气态污染物）。气态污染物的种类很多，大致可分为含硫污染物（如 SO_2、H_2S）、含氮污染物（如 NO、NO_2 和 NH_3）、挥发性有机物（VOCs）、含碳氧化物（如 CO、CO_2）和卤素化合物（如 HF、HCl）五大类。几种主要气态污染物的特征及来源介绍如下：

①硫氧化物（SO_x）。硫氧化物包括二氧化硫（SO_2）和三氧化硫（SO_3），主要是 SO_2。大气中 SO_2 主要来源于化石燃料燃烧，其次是硫化物矿石焙烧、冶炼等热过程。火力发电厂、有色金属冶炼厂、硫酸厂、炼油厂以及所有燃煤或燃油的工业炉窑等都排放含 SO_2 的烟气。

②氮氧化物（NO_x）。氮氧化物包括一氧化氮（NO）、二氧化氮（NO_2）、氧化亚氮（N_2O）、三氧化二氮（N_2O_3）、四氧化二氮（N_2O_4）和五氧化二氮（N_2O_5），主要是 NO、NO_2。燃料高温燃烧主要生成 NO，进入大气后，NO 可以缓慢地氧化成 NO_2，NO_x 主要来自火力发电厂、各种窑炉和机动车排气，其次是硝酸生产、硝化过程、炸药生产及金属表面处理等过程。

③挥发性有机物。按照世界卫生组织（WHO）的定义，是指沸点为 50～250℃，室温下饱和蒸气压超过 133.32 kPa，在常温下以蒸气形式存在空气中的一类有机化合物。近年来，在我国发布的相关标准中，把 VOCs 定义为参与大气光化学反应的有机化合物，或者根据有关规定确定的有机化合物。根据其化学结构，VOCs 可以进一步分为烷类、芳烃类、烯类、卤烃类、酯类、醛类、酮类等类型。挥发性有机化合物主要来源于石油冶炼、有机化工、油品储运和燃料燃烧等生产和交通运输过程，以及涂料、油墨、胶黏剂和其他有机产品所含有机溶剂的挥发。

④碳氧化物（CO_x）。碳氧化物包括一氧化碳（CO）和二氧化碳（CO_2），是各种大气污染物中产生量最大的污染物，主要来自燃料燃烧和机动车排气。

⑤氨（NH_3）。氨是大气硫酸铵和硝酸铵的前体物质，而硫酸铵和硝酸铵又是 $PM_{2.5}$ 的重要组分，因此大气氨污染越来越受重视。大气中的氨主要来源于农业生产大量施用氮肥和禽畜养殖业。此外，工业氨排放也是大气氨来源之一。

3．一次污染物与二次污染物

一次污染物是指直接从污染源排放到大气的污染物质，包括上述气溶胶状态污染物和气体状态污染物；二次污染物是指由一次污染物与大气中已有组分，或几种一次污染物之间经历一系列化学或光化学反应生成的新污染物质。会导致二次污染物形成的一次污染物称前体物，主要包括 SO_x、NO_x、CO、CO_2、VOCs 和 NH_3 等。大气中的二次污染物包括光化学烟雾和二次颗粒物等。

①光化学烟雾：光化学烟雾是在阳光照射下，大气中的 NO_x、VOCs 之间发生一系列光

化学反应而生成的蓝色烟雾，主要成分有臭氧（O_3）、过氧乙酰硝酸酯（PAN）、酮类和醛类等，O_3 是其代表性产物。

②二次颗粒物：二次颗粒物是大气中气态污染物（如 SO_2、NO_x、有机气体等）经过一系列物理、化学或光化学过程而形成的颗粒物，包括硫酸盐、硝酸盐、有机物气溶胶等。大气中的氧化性组分（包括光化学反应产物）和金属氧化物通常会促进二次颗粒物的形成。相对于二次颗粒物，煤烟尘、扬尘、机动车尾气中的细颗粒物等直接以细颗粒物形式排放的物质称一次颗粒物。各地 $PM_{2.5}$ 源解析研究表明，$PM_{2.5}$ 中二次颗粒物占比多在 50% 以上，如北京 $PM_{2.5}$ 中有 60%～70% 为二次颗粒物。

三、大气污染的影响

大气污染物对人体健康，植物、材料以及大气能见度和气候均有较大影响。

（一）对人体健康的影响

大气污染物侵入人体主要有三条途径：表面接触，食入含污染物的食物和水，吸入被污染的空气，其中以第三条途径最为重要。大气污染对人体健康的危害主要表现为引起呼吸道疾病。

1）颗粒物。颗粒物浓度与上呼吸道感染、支气管炎、肺气肿等有关。颗粒物的粒径越细，危害越大。10 μm 以上的颗粒物会滞留在呼吸道中；5～10 μm 的颗粒物大部分可以在呼吸道沉积，被分泌的黏液吸附并随痰排出；小于 5 μm 的颗粒物能深入肺部。其中，小于 2.5 μm 的颗粒物（称为细颗粒物），对人体健康的影响远大于非细颗粒物。细颗粒物对人体健康的危害主要在于以下三方面的原因。一是细颗粒物容易被吸入体内，深入肺部，甚至进入血液系统。二是细颗粒物比表面积大，自身活性高，还会吸附空气中的有害气体及其他污染物，而成为它们的载体，如可以承载强致癌物质苯并[a]芘及细菌等，从而加剧生理效应的发生与发展。三是部分细颗粒物本身就是毒害性强的物质，如凝结性重金属和有机化合物。

2）二氧化硫（SO_2）。SO_2 会引起人的支气管收缩。

3）一氧化碳（CO）。CO 是能夺去人体组织所需氧的有毒吸入物。

4）二氧化氮（NO_2）。NO_2 对呼吸器官有强烈刺激作用，它会迅速破坏肺细胞。

5）臭氧（O_3）。光化学氧化剂（包含 O_3）会严重刺激眼睛、鼻腔、喉，引起胸腔收缩，还会促进 SO_2 和 NO 等的氧化，形成危害更深更广的二次颗粒物。

（二）对植物、材料的影响

大气污染对植物的伤害，通常发生在叶结构中。最常遇到的毒害植物的气体是：二氧化硫、臭氧、PAN、氟化氢、乙烯、氯化氢、氯、硫化氢和氨。

大气污染对金属制品、涂料、皮革纺织品、建筑物等的损害也较严重。其损害包括沾污性损害和化学性损害。沾污性损害主要是粉尘、烟等颗粒物落在器物上面造成的，有的可以清扫冲洗除去，有的很难除去，如焦油等。化学性损害是由于污染物的化学作用，使材料受到腐蚀或损坏。

（三）对大气能见度和气候的影响

大气污染物能使大气能见度降低，对大气能见度有影响的污染物是气溶胶粒子和有色气体，包括能够通过大气反应生成的二次气溶胶粒子和有色气体的气态污染物。因此，对能见度有潜在影响的污染物包括颗粒物、SO_2 及其他气态含硫化合物、NO_x、挥发性有机物，以及光化学反应产物等。

大气污染对气候的影响主要是 CO_2 等温室气体引起的温室效应及 SO_2、NO_x 引起的酸雨。

四、大气污染的防治

（一）大气污染防治的法律法规和标准

1. 法律法规

涉及大气污染防治的法律法规有许多，但主要是《大气污染防治法》以及一些地方性法规，如《浙江省大气污染防治条例》等，这里概要介绍《大气污染防治法》的一些重要规定。

1）地方各级政府对当地大气环境质量负责，制定规划，控制或逐步削减大气污染物排放量，使大气质量达到规定标准并逐步改善。大气质量未达标的城市人民政府应编制限期达标规划，并采取措施限期达标。

2）国家和地方各级政府建立大气污染防治的考核制度。

3）建设对大气环境有影响的项目，应当依法进行环境影响评价，向大气排放的污染物应符合大气污染物排放标准和总量控制要求。

4）对重点大气污染物实行总量控制制度。国家→省（→设区市→县分级）下达重点大气污染物排放总量控制指标。

对超过国家重点大气污染物排放总量控制指标或者未完成国家下达的大气环境质量改善目标的地区，省级以上生态环境主管部门会同有关部门约谈该地区政府主要负责人，并暂停审批该地区新增大气重点污染物排放总量的建设项目"环评"文件。

5）对排放工业废气、有毒有害污染物的企事业单位、集中供热设施的燃煤热源单位等实行排污许可制度，排污单位要按照许可证规定的排放方式、排放浓度、排放数量排放。

6）重点领域大气污染防治措施。

①燃煤和其他能源污染防治。

国家禁止进口、销售和燃用不符合质量标准的煤炭。大气污染防治重点区域内新、改、扩建用煤项目的，应当实行煤炭的等量或者减量替代。

城市人民政府可以划定并公布高污染燃料①禁燃区。禁燃区内禁止销售、燃用高污染燃料。

②工业污染防治。

钢铁、建材、有色金属、石油、化工等企业生产过程中排放粉尘、硫化物和氮氧化物

---

① 高污染燃料指煤等在燃烧过程中会产生较大污染的燃料，其目录由生态环境部确定并公布。

的，应当采用清洁生产工艺，配套建设除尘、脱硫、脱硝等装置，或者采取技术改造等其他控制大气污染物排放的措施。

生产、进口、销售和使用含挥发性有机物的原材料和产品的，其挥发性有机物含量应当符合质量标准或者要求。

产生含挥发性有机物废气的生产和服务活动，应当在密闭空间或者设备中进行，并按照规定安装、使用污染防治设施。

③机动车船等污染防治。

机动车船、非道路移动机械不得超过标准排放大气污染物。

城市人民政府可以根据大气环境质量状况，划定并公布禁止使用高排放非道路移动机械的区域。

市、县人民政府可以根据大气环境质量状况和机动车排气污染程度，采取划定限制或者禁止通行区域、限制停车等措施，减少机动车出行量①。

禁止生产、进口、销售不符合标准的机动车船、非道路移动机械用燃料。

④扬尘污染防治。

施工单位应当在施工工地设置硬质围挡，并采取覆盖、分段作业、择时施工、洒水抑尘、冲洗地面和车辆等有效防尘降尘措施。

运输煤炭、垃圾、渣土、砂石、土方、灰浆等散装、流体物料的车辆应当采取密闭或者其他措施防止物料遗撒造成扬尘污染。

贮存煤炭、煤矸石、煤渣、煤灰、水泥、石灰、石膏、砂土等易产生扬尘的物料应当密闭；不能密闭的，应当设置不低于堆放物高度的严密围挡，并采取有效覆盖措施防治扬尘污染。

⑤农业和其他污染防治。

省级政府应当划定区域，禁止露天焚烧秸秆、落叶等产生烟尘污染的物质②。

禁止在居民住宅楼、未配套设立专用烟道的商住综合楼以及商住综合楼内与居住层相邻的商业楼层内新建、改建、扩建产生油烟、异味、废气的餐饮服务项目。

任何单位和个人不得在当地人民政府禁止的区域内露天烧烤食品或者为露天烧烤食品提供场地。

7）根据区域大气环境质量等情况，划定国家大气污染防治重点区域③。重点区域内有关省、市按统一规划、统一标准、统一监测、统一防治措施的要求开展联合防治。

8）重污染天气应对。

县级以上政府应当将重污染天气应对纳入突发事件应急管理体系。

可能发生重污染天气的县级以上政府应制定重污染天气应急预案，并按照预警分级，及时启动。

9）规定了对各类违法行为的处罚措施。

---

① 此条款为地方性法规《浙江省机动车排气污染防治条例》的规定。
② 国务院《空气质量持续改善行动计划》明确，重点区域禁止露天焚烧秸秆。
③ 2018年《蓝天保卫战三年行动计划》明确京津冀、长三角（江苏、浙江、上海、安徽）、汾渭平原共80个重点城市；2023年11月印发的《空气质量持续改善行动计划》明确京津冀、长三角、汾渭平原的82个重点城市。

2．标准

大气环境标准主要有环境空气质量标准、大气污染物排放标准。

（1）环境空气质量标准

环境空气质量标准是以保护生态环境和人群健康的基本要求为目标而对各种污染物在环境空气中的允许浓度所作的限制规定。它是进行环境空气质量管理、大气环境质量评价及制订大气污染防治规划和大气污染物排放标准的依据。

我国的《环境空气质量标准》首次发布于 1982 年，先后进行了三次修订，《环境空气质量标准》（GB 3095—2012）发布于 2012 年 2 月 29 日，2016 年 1 月 1 日起在全国实施。2018 年 7 月 31 日生态环境部批准《环境空气质量标准》（GB 3095—2012）修改单。详见表 2-1。

表 2-1　《环境空气质量标准》

序号			平均时间	一级浓度限值	二级浓度限值
1	6 种基本项目污染物	PM$_{2.5}$ 质量浓度/（μg/m^3）	年平均	15	35
			24 h 平均	35	75
2		PM$_{10}$ 质量浓度/（μg/m^3）	年平均	40	70
			24 h 平均	50	150
3		O$_3$ 质量浓度/（μg/m^3）	高峰季节	—	—
			日最大 8 h 平均	100	160
			1 h 平均	160	200
4		NO$_2$ 质量浓度/（μg/m^3）	年平均	40	40
			24 h 平均	80	80
			1 h 平均	200	200
5		SO$_2$ 质量浓度/（μg/m^3）	年平均	20	60
			24 h 平均	50	150
			1 h 平均	150	500
6		CO 质量浓度/（mg/m^3）	24 h 平均	4	4
			1 h 平均	10	10
7	4 种其他项目污染物	TSP 浓度/（μg/m^3）	年平均	80	200
			24 h 平均	120	300
8		NO$_x$（以 NO$_2$ 计）浓度/（μg/m^3）	年平均	50	50
			24 h 平均	100	100
			1 h 平均	250	250
9		铅（Pb）浓度/（μg/m^3）	年平均	0.5	0.5
			季平均	1.0	1.0
10		苯并[a]芘（BaP）浓度/（μg/m^3）	年平均	0.001	0.001
			24 h 平均	0.0025	0.0025

该标准将环境空气功能区分为两类：一类区为自然保护区、风景名胜区和其他需要特殊保护的区域；二类区为居住区、商业交通居民混合区、文化区、工业区和农村地区。一类区适用一级浓度限值；二类区适用二级浓度限值。

为便于向公众提供通俗易懂的健康指引，根据《环境空气质量标准》，国家还制定了《环境空气质量指数（AQI）技术规定（试行）》（HJ 633—2012），国家或地方生态环境监测部门据此以日报或实时报形式向社会发布各地空气质量指数。

空气质量指数及空气质量分级

空气质量的好坏用空气质量指数来描述。

1. 相关定义

空气质量指数（AQI）是定量描述空气质量状况的量纲一指数。

空气质量分指数（IAQI）是单项污染物的空气质量指数。

首要污染物：AQI 大于 50 时 IAQI 最大的空气污染物。

超标污染物：浓度超过国家环境空气质量二级标准的污染物，即 IAQI 大于 100 的污染物。

2. 空气质量指数计算方法

（1）空气质量分指数分级方案

空气质量分指数级别及对应的污染物项目浓度限值见表 2-2。

表 2-2　空气质量分指数及对应的污染物项目浓度限值

空气质量分指数（IAQI）	污染物项目浓度限值									
	二氧化硫（SO₂）24 h 平均/（μg/m³）	二氧化硫（SO₂）1 h 平均/（μg/m³）[1]	二氧化氮（NO₂）24 h 平均/（μg/m³）	二氧化氮（NO₂）1 h 平均/（μg/m³）[1]	颗粒物（粒径≤10 μm）24 h 平均/（μg/m³）	一氧化碳（CO）24 h 平均/（mg/m³）	一氧化碳（CO）1 h 平均/（mg/m³）[1]	臭氧（O₃）1 h 平均/（μg/m³）	臭氧（O₃）8 h 滑动平均/（μg/m³）	颗粒物（粒径≤25 μm）24 h 平均/（μg/m³）
0	0	0	0	0	0	0	0	0	0	0
50	50	150	40	100	50	2	5	160	100	35
100	150	500	80	200	150	4	10	200	160	75
150	475	650	180	700	250	14	35	300	215	115
200	800	800	280	1 200	350	24	60	400	265	150
300	1 600	(2)	565	2 340	420	36	90	800	800	250
400	2 100	(2)	750	3 090	500	48	120	1 000	(3)	350
500	2 620	(2)	940	3 840	600	60	150	1 200	(3)	500

说明：
（1）二氧化硫（SO₂）、二氧化氮（NO₂）和一氧化碳（CO）的 1 h 平均浓度限值仅用于实时报，在日报中需使用相应污染物的 24 h 平均浓度限值。

（2）二氧化硫（SO₂）1 h 平均浓度值高于 800 μg/m³ 的，不再进行其空气质量分指数计算，二氧化硫（SO₂）空气质量分指数按 24 h 平均浓度计算的分指数报告。

（3）臭氧（O₃）8 h 平均浓度值高于 800 μg/m³ 的，不再进行其空气质量分指数计算，臭氧（O₃）空气质量分指数按 1 h 平均浓度计算的分指数报告。

（2）空气质量分指数计算方法

污染物项目 P 的空气质量分指数按下式计算：

$$IAQI_P = \frac{IAQI_{Hi} - IAQI_{Lo}}{BP_{Hi} - BP_{Lo}}(C_P - BP_{Lo}) + IAQI_{Lo}$$

式中：$IAQI_P$——污染物项目 P 的空气质量分指数；

C_P——污染物项目 P 的质量浓度值；

BP_{Hi}——表中与 C_P 相近的污染物浓度限值的高位值；

BP_{Lo}——表中与 C_P 相近的污染物浓度限值的低位值；

$IAQI_{Hi}$——表中与 BP_{Hi} 对应的空气质量分指数；

$IAQI_{Lo}$——表中与 BP_{Lo} 对应的空气质量分指数。

（3）空气质量指数计算方法

空气质量指数按下式计算：

$$AQI=\max\{IAQI_1，IAQI_2，IAQI_3，\cdots，IAQI_n\}$$

式中：IAQI——空气质量分指数；

n——污染物项目。

即空气质量指数是取各空气质量分指数中的最大值。

（4）空气质量指数级别

空气质量指数级别根据表 2-3 规定进行划分。

表 2-3　空气质量指数及相关信息

空气质量指数	空气质量指数级别	空气质量指数类别及表示颜色		对健康影响情况	建议采取的措施
0~50	一级	优	绿色	空气质量令人满意，基本无空气污染	各类人群可正常活动
51~100	二级	良	黄色	空气质量可接受，但某些污染物可能对极少数异常敏感人群健康有较弱影响	极少数异常敏感人群应减少户外活动
101~150	三级	轻度污染	橙色	易感人群症状有轻度加剧，健康人群出现刺激症状	儿童、老年人及心脏病、呼吸系统疾病患者应减少长时间、高强度的户外锻炼
151~200	四级	中度污染	红色	进一步加剧易感人群症状，可能对健康人群心脏、呼吸系统有影响	儿童、老年人及心脏病、呼吸系统疾病患者避免长时间、高强度的户外锻炼，一般人群适量减少户外活动
201~300	五级	重度污染	紫色	心脏病和肺病患者症状显著加剧，运动耐受力降低，健康人群普遍出现症状	儿童、老年人和心脏病、肺病患者应停留在室内，停止户外运动，一般人群减少户外运动
>300	六级	严重污染	褐红色	健康人群运动耐受力降低，有明显强烈症状，提前出现某些疾病	儿童、老年人和病人应当留在室内，避免体力消耗，一般人群应避免户外活动

除《环境空气质量标准》外，我国还颁布了《室内空气质量标准》（GB/T 18883—2022）、《工业企业设计卫生标准》（GBZ 1—2010）等适用于生活和工作环境的标准。

（2）大气污染物排放标准

大气污染物排放标准是以实现环境空气质量标准为目标，对从污染源排入大气的污染物浓度（或数量）所作的限制规定。它是控制大气污染物的排放量和进行净化装置设计的依据。

我国已发布的大气污染物排放标准有：《大气污染物综合排放标准》（GB 16297—1996），规定了 33 种常见大气污染物排放限值；其他还有许多行业排放标准，如《水泥行业大气污染物排放标准》（GB 4915—2013）等，可详见第五章第五节。各地根据环境管理需要，还制定了许多地方排放标准。

（二）国家对大气污染防治的总体部署

党的十八大以来，党中央、国务院高度重视大气污染防治工作。2013 年 9 月，国务院印发《大气污染防治行动计划》（以下简称"大气十条"），主要规划部署了 2013—2017 年的治理目标和工作措施，明确了"加大综合治理力度，减少多污染物排放"等十条措施。

2018 年 6 月，国务院印发《打赢蓝天保卫战三年行动计划》（以下简称"三年行动计划"），主要规划部署 2018—2020 年的治理目标和工作措施，明确了总体要求和调整优化产业结构、能源结构、运输结构等十条措施。

2022 年 11 月，生态环境部等 15 部门印发《深入打好重污染天气消除、臭氧污染防治和柴油货车污染治理攻坚战行动方案》（以下简称"三大行动方案"），分别对消除重污染天气、臭氧污染防治、柴油货车污染治理提出了具体措施和目标要求。

2023 年 11 月底，国务院印发《空气质量持续改善行动计划》，详见本章第九节。

（三）地方大气污染防治及其规划

各级地方党委、政府要根据有关法律、法规要求和国家统一部署，抓好辖区内大气污染防治工作，切实改善大气环境质量。要抓好地方大气污染防治工作，首先要制定大气污染防治的规划（以下简称"规划"），这是基础，其次，要组织实施好"规划"，"规划"组织实施的过程，即大气环境质量改善的过程。

1．有关法律规定

《大气污染防治法》第三条规定，地方各级人民政府应当对本行政区域的大气环境质量负责，制订规划，采取措施，控制或者逐步削减大气污染物的排放量，使大气环境质量达到规定标准并逐步改善。第十四条规定，未达到国家大气环境质量标准城市的人民政府应当及时编制大气环境质量限期达标规划，采取措施，按照国务院或省政府规定的期限达到大气环境质量标准。限期达标规划应向社会公开。城市人民政府每年应向本级人民代表大会或其常务委员会报告限期达标规划执行情况，并向社会公开。

2．大气污染防治规划编制

要统筹抓好地方大气污染防治工作，应编制区域大气污染防治规划或限期达标规划。

编制大气污染防治规划或大气环境质量限期达标规划，首先，要通过大量调查和资料收集，对区域内大气环境问题进行分析诊断，弄清大气环境质量的现状、污染的主要来源、存在的主要问题、差距及其原因；其次，通过对区域经济社会发展和能源需求分析，开展今后一段时期大气环境保护面临的压力及对大气环境质量的影响预测；再次，结合当前形势和上级大气环境保护规划要求（国家或省级有关大气环境保护的规划、部署），提出区域大气污染防治规划目标及其相应的指标体系；最后，在完成上述三点工作的基础上，提出大气污染防治的重点任务和措施，一般主要包括以下内容：

1）优化调整产业结构。淘汰电力、钢铁、有色金属、建材、石化、化工等重污染、高耗能产业的落后产能，对位于城市市区等布局不合理的重点污染企业实施关停转迁；严格控制高耗能重污染产业发展。

2）优化调整能源结构。大力发展风能、光伏等清洁能源；控制并逐步削减煤炭总量，现有化石燃料实施清洁化利用（降低单位发电量煤耗，发展煤炭清洁化的煤化工、火电超低排放改造等）。

3）优化交通运输结构。大力发展铁路、水路运输，大宗物资实施公转铁、公转水和多式联运；提高机动车清洁化水平，大力发展新能源车、船，淘汰国Ⅲ、国Ⅳ柴油车及老旧船舶；开展非道路移动机械清洁化。

4）加强末端治理。全方位加强对颗粒物、挥发性有机污染物、有毒有害气体的污染治理，削减各类污染物排放总量。

5）全面加强对建筑施工、道路扬尘、秸秆焚烧、餐饮油烟等的控制。

此外，由于大气污染的流动性，还要加强同周边区域的协同控制（详见本节第五部分）。

最后，提出"规划"实施的保障机制。

3．规划实施

上述"规划"经地方党委、政府审查批准后颁布实施。在规划实施过程中，应把规划要求的各项任务分解落实到各地政府和相关职能部门，并对任务完成情况进行考核。

（四）PM$_{2.5}$、O$_3$及其治理途径

PM$_{2.5}$、O$_3$是《环境空气质量标准》（GB 3095—2012）中新增的两个指标，也是当前大气环境污染中超标最多的两种污染物。2021年，全国地级以上城市的PM$_{2.5}$、O$_3$、PM$_{10}$为首要污染物的超标天数分别占总超标天数的39.7%、34.7%、25.2%，2022年分别是36.9%、47.9%、15.2%。相较于其他污染物，PM$_{2.5}$和O$_3$的形成机制更复杂，治理的难度也更大。

1．PM$_{2.5}$源解析及其治理

PM$_{2.5}$最早由美国于1997年提出，主要是为了有效监测随着工业化日益发达而出现的在旧标准中被忽视的对人体有害的细小颗粒物，后来美国和欧盟一些国家逐步将细颗粒物纳入国家标准进行强制性限制。2005年，世界卫生组织（WHO）发布了全球空气质量指导值（AQG），并特别针对PM$_{2.5}$设置了3个阶段的目标，倡导各国围绕这个目标设定治理路线和环境质量标准。2012年我国新修订《环境空气质量标准》（GB 3095—2012），其中增加的PM$_{2.5}$和O$_3$浓度标准参考了WHO发布的2005年版《全球空气质量标准指南》中的第一阶段目标[1]（见表2-1）。

PM$_{2.5}$与气象上的霾（人们日常所说的雾霾、灰霾）密切相关。所谓霾就是大量粒径为几微米以下的大气气溶胶粒子使水平能见度小于10.0 km，空气普遍浑浊的现象。

为了弄清PM$_{2.5}$的具体来源，各地先后开展了多轮PM$_{2.5}$源解析（通过扩散模型或受体

---

[1] 世界卫生组织（WHO）2021年发布新的空气质量指南，对包括PM$_{2.5}$在内的空气质量指导值进行了修正，PM$_{2.5}$年均值、24 h平均值的最终标准由2005年版的10 μg/m³、25 μg/m³调整至5 μg/m³、15 μg/m³。

模型），图 2-1 为北京、上海、杭州的源解析结果。

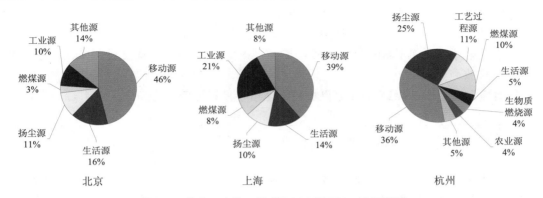

图 2-1　北京、上海、杭州 2020 年 PM$_{2.5}$ 来源解析

由图 2-1 可知，PM$_{2.5}$ 主要来源于机动车（尾气）、工业生产、燃煤、扬尘（包括道路、工地和其他地面扬尘）和其他污染（餐饮油烟、秸秆焚烧等）。不同地区由于经济社会发展状况、产业结构、能源结构、交通运输结构不同，PM$_{2.5}$ 来源不同。总体来看，3 个超大/特大城市机动车尾气污染占比较高。为迎接 2022 年（后延期至 2023 年）亚运会，杭州实施了大规模的工程建设，因此扬尘占比较北京、上海等高得多。对比这 3 个城市 2013 年的源解析结果可知，随着近几年工业污染治理的深入、能源结构调整和大型燃煤锅炉实施超低排放改造等，工业源、燃煤源的占比正逐步降低。

PM$_{2.5}$ 源解析的进一步研究表明，PM$_{2.5}$ 中一部分为一次颗粒物，另一部分为二次颗粒物。根据相关研究，在全国大多数地区的 PM$_{2.5}$ 中，二次颗粒物占比要高于一次颗粒物。

PM$_{2.5}$ 的治理需要针对其不同的来源分别进行。从上面的分析可见，治理 PM$_{2.5}$ 既要治理移动源、工业源、扬尘源、燃烧源、生活源等方面的一次性颗粒物，又要治理上述所有源中排放后最终会生成二次颗粒物的各类前体物——SO$_2$、NO$_x$、VOCs 等，即对一次颗粒物和二次颗粒物的前体物协同治理。

2．O$_3$ 的来源探讨及其治理

O$_3$ 的形成机制较为复杂，空气放电、水电解以及静电复印等都会产生 O$_3$，但近地面大气中的 O$_3$ 最主要的是释放到空气中的 VOCs 和 NO$_x$ 在光照下发生光化学反应后产生。

$$NO_2 + hv \longrightarrow NO + O$$
$$O + O_2 \longrightarrow O_3$$
$$O_3 + NO \longrightarrow NO_2 + O_2$$

大气中的 O$_3$、NO 和 NO$_2$ 存在一个基本光化学循环。NO$_2$ 会光解产生氧和 NO，再生成 O$_3$，而 NO 又会与 O$_3$ 反应生成 NO$_2$。在这个循环中，一分子的 O$_3$ 被消耗，另一分子的 O$_3$ 被生成，并没有 O$_3$ 的积累，如果只存在这一个循环是不会导致臭氧污染发生的。

但在实际环境中，由于空气中 VOCs 的存在，这种平衡状态会被打破。VOCs 被空气中的 OH、O 和 O$_3$ 氧化，产生醛、酮等产物以及 RO$_2$、HO$_2$ 等重要的自由基，RO$_2$ 等参与到 NO 的氧化过程中（先于 O$_3$ 与 NO 反应），并生成 NO$_2$，最后导致的结果是：NO 和 O$_3$ 的反应被抑制，O$_3$ 消耗量小于生成量，臭氧积累，臭氧污染发生。

$$VOCs+OH \longrightarrow RO_2$$
$$RO_2+NO \longrightarrow NO_2$$
$$RCHO+h\nu \longrightarrow RO_2+HO_2+CO$$

由此可见，O_3 的前体物是 VOCs 和 NO_x。要治理臭氧污染，就要减少其前体物 VOCs 和 NO_x 的排放。

各地通常会制作 EKMA 曲线来更加科学地指导臭氧污染防治工作。

臭氧防治的 EKMA 曲线

根据相关研究，不同区域由于排放到大气中的 VOCs 种类、组成及其与空气中 NO_x 相对浓度不同，削减 VOCs 或 NO_x 浓度对减少大气中 O_3 浓度所起的作用不同。可通过绘制某一区域的 EKMA（empirical kinetics modeling approach）曲线来指导臭氧防治工作。图 2-2 为某一特定区域的 EKMA 曲线。

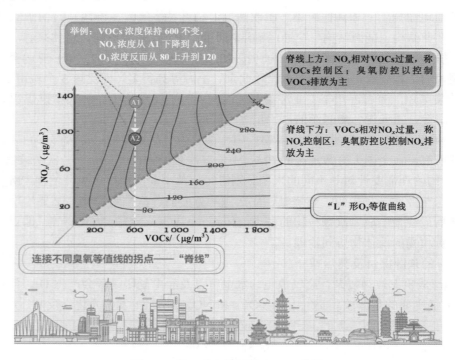

图 2-2 某一特定区域的 EKMA 曲线

图 2-2 中斜脊线上方区域，NO_x 相对于 VOCs 过量，此区域称为 VOCs 控制区，该区域的 O_3 防控以控制、削减 VOCs 为主；斜脊线下方区域 VOCs 相对于 NO_x 过量，此区域称为 NO_x 控制区，此区域内 O_3 防控以控制、削减 NO_x 为主。近期研究表明，我国大部分区域多为 VOCs 控制区，因此，降低 O_3 浓度的着力点应放在控制 VOCs 排放上。图 2-3 为杭州市 2017 年某一时段的 EKMA 曲线。

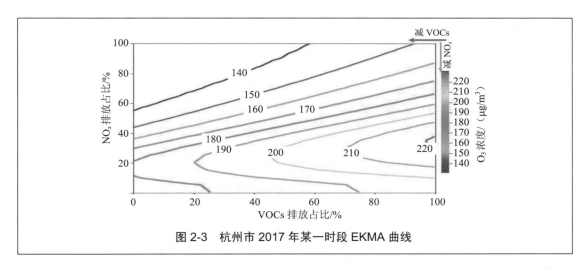

图 2-3　杭州市 2017 年某一时段 EKMA 曲线

综上，对于大多数地区来说，控制大气中 O_3 浓度，应重点抓好区域内 VOCs 的减排。而从目前全国大气治理的形势看，VOCs 治理已成为大气治理领域最明显的短板。2022 年 11 月 4 日召开的第十一届 VOCs 减排与控制会议认为，当前我国 VOCs 治理存在 4 个"不到位"。一是源头控制不到位。低 VOCs 含量涂料、油墨、胶黏剂、清洗剂等原辅材料源头替代措施不足。二是污染治理不到位。无组织排放触目惊心；简易低效设施泛滥成灾，治理领域充斥着大量低温等离子、光催化、光氧化等简易低效设施；收集不彻底。三是（企业）规范管理不到位。管理制度不完善，操作规程不健全，责任意识淡薄。四是监管能力不到位。一些重点企业和基层生态环境执法部门监测监控能力不足。

（五）大气治理的区域差异及区域合作

从区域来看，由于区域发展水平、产业结构、能源结构、污染源强度、自然条件（大气扩散能力）等不同，城市 $PM_{2.5}$ 浓度高于农村；内陆城市高于沿海城市；大城市高于小城市；一般情况下，经济活动强度大的地区高于经济活动强度小的地区。如一个城市经济活动水平高，人口数量多，拥有的机动车多，假如其大气扩散条件又不是很好，则这样的城市，其大气治理的难度就很大，要削减同样浓度的 $PM_{2.5}$ 浓度值，其需要付出比其他城市更多的努力。北京、南京、杭州等经济发达、人口密集的内陆型省会城市在大气治理上，面临着比其他城市更大的压力和考验，要采取比其他城市更多更有力的减排措施才能取得与其他城市相同的成效。好在从 2013—2020 年的实践看，他们均取得了不俗的成绩，至 2020 年，$PM_{2.5}$ 浓度均比 2013 年下降了 57% 以上，成为大气环境质量改善最明显的城市之一。

相对于水来说，大气具有更强的流动性，大气环流使相邻区域间具有更大的相互影响。因此，大气治理工作还应加强与相邻区域间的合作，京津冀、长三角、珠三角等区域联防联控十分重要。大气联防联控的主要措施有：统一有关标准，如重点行业 VOCs 排放标准，溶剂类涂料准入标准；统一有关行动，如实行对老旧车辆的信息共享，统一淘汰国Ⅲ柴油车时限等。

综上所述，大气中的污染物，无论是一次污染物还是二次污染物，不外乎以下两大来源：一类是人为源，主要包括：①燃煤（和其他燃料）废气；②移动源尾气；③工业废气；

④扬尘源；⑤生活（餐饮等）和其他源。另一类是自然源，如某些植物也能产生 VOCs。大气治理主要是对人为源的排放削减。

根据上述大气污染来源、成因分析，"大气十条""三年行动计划""三大行动方案"，结合各地大气治理的实际，本书分别从燃煤废气治理、移动源尾气污染防治、工业废气污染防治、扬尘污染防治、餐饮油烟及农业废气污染防治、城市规划与大气污染防治、减污降碳协同增效等七个方面阐述大气治理工作。最后，对《空气质量持续改善行动计划》作一简介。

第二节　燃煤废气治理

全国各地因产业结构、气候条件不同，耗煤情况也不同。近年来国家正大力发展清洁能源，但总体上我国以煤为主的能源结构在相当长一段时间内不会改变。2021 年全国总能耗中，煤炭占 56%、石油占 18.5%、天然气占 8.9%。2021 年原煤产量达 41.3 亿 t 的历史最高水平。煤炭除少部分作为原料煤（作为生产过程中的原材料使用的煤，如合成氨厂制气用煤等）外，绝大部分作为燃料煤，用于燃烧，从小锅炉到大型火电机组的大锅炉，多使用煤作燃料。燃料煤在燃烧过程中会产生大量烟尘、SO_2、NO_x 等废气，其中 SO_2 和 NO_x 会形成 $PM_{2.5}$ 的二次颗粒物。全国各地的 $PM_{2.5}$ 源解析中，燃煤形成的 $PM_{2.5}$ 比重均较大。为了防治燃煤废气污染，主要应采取以下措施。

一、淘汰小型煤锅炉

为什么要淘汰而不是治理小型煤锅炉呢？主要是基于当前能源供应结构下从治理效能最大化考虑的。大型火电厂、热电厂使用的大型锅炉燃烧效率高，运行工况十分稳定，尾气脱硫、脱硝等的效率高，甚至可以达到超低排放要求（详见后面第二点）；而小型锅炉燃煤热效率低，同样治理工艺下，由于其工况极不稳定，治理效果差，单位煤耗下的治理投入和运行成本也较高，治理后尾气也难以稳定达标（如由于锅炉运行出力不稳定会使锅炉尾气中温度忽高忽低，严重影响锅炉废气处理装置 SCR 的脱硝效率）。在现有能源供应结构下，一个区域乃至全国如何更加高效清洁地利用煤炭资源、使占比不足的天然气最大限度发挥其清洁能源作用呢？正确的做法应是把煤用到尾气处理效率高的电厂大型锅炉中去，而把清洁能源天然气用到尾气治理效率低的小型锅炉上来，这样可以实现环境效益的最大化。正是基于以上考虑，国务院 2013 年发布的"大气十条"和 2018 年发布的"三年行动计划"分别要求在地级、县级以上城市建成区全面淘汰 10 蒸吨/h 以下小煤锅炉，《浙江省大气污染防治行动计划（2013—2017 年）》中提出了更高要求——到 2017 年全省淘汰 10 蒸吨/h 及以下煤锅炉。淘汰小煤锅炉的具体措施，不外乎法律手段、经济手段和行政手段。

1. 法律手段

主要是通过划定禁燃区的手段强制淘汰。根据《大气污染防治法》第三十八条规定，城市人民政府可以划定并公布高污染燃料禁燃区。违反规定，在禁燃区内新建、扩建燃用高污染燃料的设施，或者未按照规定停止燃用高污染燃料的，则可根据第一百零七条规定没收或组织拆除相关设施，并处罚款。"大气十条"发布后，各地都结合当地实际情况先后划定了一定范围的禁燃区。

2．经济手段

为了促使燃煤锅炉尽早淘汰，对淘汰锅炉可给予不同程度的经济补助。杭州市的政策是：0.5 蒸吨/h 以下锅炉淘汰补 1 万元/台；0.5～1 蒸吨/h 锅炉淘汰补 2 万元/台；1 蒸吨/h 以上（含）锅炉淘汰补 10 万元/台。同时，按淘汰时间先后，实行差别化支持政策，淘汰越早，补助比例越高，越迟则越低。

3．行政手段

把小锅炉淘汰任务分解落实至属地政府和相关职能部门，并进行考核，促使地方政府和职能部门积极做好相关企业工作，推进此项任务落地。

燃煤锅炉淘汰后，分别采取了以下几种替代措施：①扩大集中供热范围。随着新型保温材料等的应用，集中供热半径从过去的 8～10 km 扩展至 20 km 以上；②煤改电；③煤改气（CNG[①]或 LNG[②]）；④煤改生物质（部分农村地区）。经过几年努力，至 2017 年年底，浙江省全面完成了目标任务，仅杭州市淘汰小锅炉达 3 970 台，市级财政补助 13 755 万元。全省至 2017 年年底共淘汰小锅炉 45 276 台。

二、火电和热电锅炉超低排放改造

10 蒸吨/h 及以下小锅炉最先实施了全面淘汰，这些小锅炉虽然数量多，但从用煤量来看，其用煤总量占比不大，用煤量大的主要是火电厂及热电厂等大型锅炉。对上述锅炉的废气治理是燃煤烟气治理的重中之重。

（一）火电厂超低排放治理

大型锅炉的尾气治理经历了多个阶段。"大气十条"出台前，主要是通过除尘、脱硫、脱硝，使尾气排放达到《火电厂大气污染物排放标准》（GB 13223—2011）规定的排放值，排放尾气中各类污染物浓度分别为 $SO_2 \leqslant 200$ mg/m^3、$NO_x \leqslant 100$ mg/m^3、烟尘$\leqslant 30$ mg/m^3，但由于其排气量大，各类污染物排放的绝对量仍很大。为进一步削减火电厂尾气中 SO_2 等污染物，就要对其排放尾气实施进一步的深度治理——超低排放改造，浙江省首先进行了第一台火电锅炉尾气超低排放改造并取得成功，改造后尾气排放中 SO_2 从 200 mg/m^3 降至 35 mg/m^3 以下，NO_x 从 100 mg/m^3 降至 50 mg/m^3 以下，烟尘从 30 mg/m^3 降至 5 mg/m^3 以下，完全达到了《火电厂大气污染物排放标准》（GB 13223—2011）中天然气燃气轮机组的排放限值。火电厂（锅炉）超低排放工艺流程如图 2-4 所示。

从图 2-4 来看，锅炉尾气先后经过脱硝、静电除尘、湿法脱硫、湿式电除尘等尾气处理工序后再排放。

---

① CNG，即 Compressed Natural Gas，压缩天然气。
② LNG，即 Liquefied Natural Gas，液化天然气。

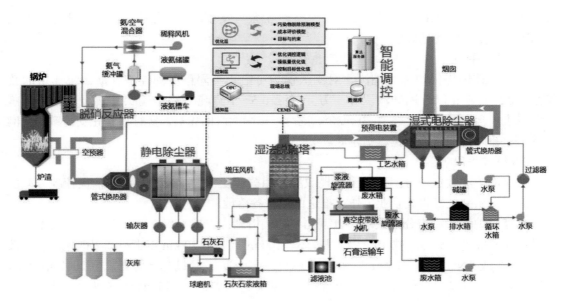

图 2-4　火电厂（锅炉）超低排放工艺流程

脱硝是利用氨气与尾气中的 NO_x 反应并最终脱除。脱硝又分为选择性催化还原（SCR）和选择性非催化还原（SNCR）两种，催化剂多用矾系列催化剂。催化剂存在下，降低了反应的活化能，因此，可使脱硝在更低的温度下进行（SNCR 反应温度 800～1 100℃，SCR 反应温度 280～400℃），但催化剂成本较高。目前大部分火电厂直接用 SCR 脱硝，脱硝反应式如下：

$$4NO+4NH_3+O_2 \longrightarrow 4N_2+6H_2O（最主要反应）$$
$$6NO_2+8NH_3 \longrightarrow 7N_2+12H_2O$$
$$2NO_2+4NH_3+O_2 \longrightarrow 3N_2+6H_2O$$
$$NO_2+NO+2NH_3 \longrightarrow 2N_2+3H_2O$$

除尘方面，在前端布袋除尘或静电除尘基础上，末端再加一级湿法静电除尘，确保尾气中烟尘≤5 mg/m³。

湿法脱硫是利用石灰石与尾气中 SO_2 反应并最终脱除。石灰石-石膏湿法脱硫化学反应经过多步反应完成。

其总体反应式为

$$CaCO_3+1/2H_2O+SO_2 \longrightarrow CaSO_3 \cdot 1/2H_2O+CO_2$$
$$CaCO_3+1/2O_2+2H_2O+SO_2 \longrightarrow CaSO_4 \cdot 2H_2O+CO_2$$

浙江省在第一台火电厂锅炉尾气超低排放改造试点成功后，逐步向全省和全国火电行业推广。

（二）热电厂超低排放改造

除火电厂外，还有数量更多的热电厂，也是用煤大户，尤其是东部沿海经济发达地区，热电厂数量更多，如杭州市无大型火电厂，但有近百台热电锅炉，总耗煤量约 700 万 t/a，占全市耗煤总量的 54%。相较于火电厂而言，由于热电厂供热用户生产的不稳定性，导致热电锅炉的负荷变动较大，进而导致锅炉尾气的排放量、尾气温度的波动，而这一波动会对后续的尾气处理带来一定影响，因脱硝处理的效果与尾气温度直接相关。因此，热电锅炉虽然体量较小，但其尾气的治理难度却更大。为了攻克这一难题，杭州市组织浙江大学等科研机构和相关企业在全国率先开展治理试点并取得成功。其处理工艺流程总体上与火电厂超低排放改造基本相同，但相对火电厂来说，热电厂尾气处理在以下几个方面作了进一步改进完善：①选择脱硝温度窗口更宽的催化剂；②脱硝控制系统中增设能调整喷氨浓度的装置；③适当增加脱硫系统中喷淋级数。

杭州试点成功后马上在全市作了推广，而后浙江全省、全国其他地区也陆续推行。热电厂超低排放采用的主要工艺流程如图 2-5 所示。

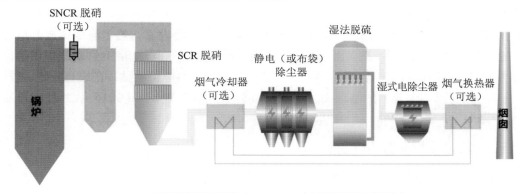

SCR—选择性催化还原脱硝；SNCR—选择性非催化还原脱硝

图 2-5　热电厂超低排放工艺流程

在试点完成 35 蒸吨/h 以上热电锅炉超低排放改造的同时，杭州市又积极探索在 10 蒸吨/h 以上 35 蒸吨/h 以下锅炉（以下简称中型锅炉）进行清洁化改造，使之达到天然气锅炉排放标准，并同时给予了类似超低排放一样的财政补助；全市近 100 台中型锅炉 2017 年全面完成清洁化改造。后根据国务院"三年行动计划"要求——至 2020 年，重点区域 35 蒸吨/h 以下燃煤锅炉要基本淘汰，杭州市也认真贯彻执行这一要求，把已经完成了清洁化改造的 35 蒸吨/h 及以下的锅炉逐步予以淘汰。

为使超低排放工作持续稳定地运行下去，必须注意同步配套出台以下几项措施：加强监测能力；制定实施地方排放标准；实施必要的经济激励政策。

1．加强监测能力

在实施超低排放治理工作的同时，应同步开展与超低排放相适应的监测能力建设。不同于一般污染源中的烟尘、NO_x、SO_2 监测，超低排放完成后，由于排放的烟尘等浓度很低，不能对锅炉尾气采用常规的监测设备采样和分析，如烟尘需用《固定污染源废气　低浓度颗粒物的测定　重量法》（HJ 836—2017），SO_2、NO_x 需用傅里叶红外仪法。杭州市在超低排放工作实施的同时，加强了对下属市环境监测中心站和社会中介机构监测能力的建设。市环境监测中心站和 5 家环境监测中介机构均配备了与之相配套的烟尘、SO_2、NO_x 等的监测设备，对所有热电锅炉按相应的国家监测技术规范进行验收和开展日常监测、管理。同时，更换了在线监测设施，以适应超低浓度的排放。一些地方没有及时配套完善监测能力，仍用常规方法监测，既测不准，测了也无法律效力，不能作为监管执法依据，难以保证超低排放技术稳定运行。

2．制定实施地方排放标准

因国家没有制定热电锅炉超低排放标准，为了促使企业对超低排放设施的长期、规范运行，必须有强制性的规定来促使企业持续稳定地运行其治理设施，为此，杭州市和浙江省先后制定了地方标准——《锅炉大气污染物排放标准》（DB 3301/T 0250—2018）和《燃煤电厂大气污染物排放标准》（DB 33/2147—2018）并发布实施。如无地方排放标准，则应在核发的排污许可证中载明允许排放的各类污染物浓度达到"超低排放"要求。

3．经济激励政策

热电厂锅炉超低排放改造一次性投入巨大，且长期运行费用较高，为了鼓励热电企业超低排放的稳定运行，杭州市生态环境局会同市财政局联合发文，给予超低排放改造治理设施投入额 60%～70%的补助（由市和区、县两级财政共同分担），并允许对集中供热价格作适当上调。后浙江省又出台了对热电锅炉超低排放的上网电价补贴：在原有脱硫、脱硝、除尘补贴 2.7 分/（kW·h）的基础上，再增加 0.5～1 分/（kW·h）［2016 年 1 月 1 日前已并网现役机组 1 分/（kW·h），余 0.5 分］。

三、煤的总量和质量控制

煤炭作为重污染燃料，控制其使用总量是改善区域大气环境质量的重要手段。2013 年的"大气十条"、2018 年的"三年行动计划"以及 2021 年 11 月的《中共中央　国务院关于深入打好污染防治攻坚战的意见》均对煤炭总量控制提出了明确要求。"十四五"时期，京津冀及周边地区、长三角地区煤炭消费量分别下降 10%、5%，汾渭平原实现负增长。

煤总量控制的具体措施主要有：

1）新建项目实行煤炭等量或减量替代。

2）按照煤炭集中使用、清洁利用的原则，重点削减非电力用煤，提高电力用煤比例。这是因为在我国以煤为主的能源结构短期内难以改变的情况下，煤炭使用向污染治理水平高的电力用煤集中（如火电厂基本已完成了超低排放改造），削减污染治理水平相对较低的非电力用煤，有利于降低区域乃至全国整体的燃煤引起的大气污染物排放。

3）持续推进用电、燃气替代煤和燃油（主要适用于工业生产和小锅炉）。

4）重点区域基本淘汰每小时 35 蒸吨及以下燃煤锅炉[①]。

5）扩大热电联产项目供热半径。重点区域 30 万 kW 及以上热电联产厂供热半径 30 km[②]范围内的燃煤锅炉和落后燃煤小热电进行关停或整合。使用新型保温材料，集中供热半径最大可达 20 km。

6）大气污染重点区域，应逐步提高接受外输电和天然气的比例。

[①] 2018 年《蓝天保卫战三年行动计划》明确，基本淘汰 35 蒸吨/h 以下燃煤锅炉；《空气质量持续改善行动计划》明确，基本淘汰 35 蒸吨/h 及以下燃煤锅炉。

[②] 2018 年《蓝天保卫战三年行动计划》明确，2020 年底前，重点区域 30 万 kW 及以上热电联产电厂供热半径 15 km 范围内的燃煤锅炉和落后燃煤小热电全部关停整合；2023 年《空气质量持续改善行动计划》明确，30 万 kW 及以上热电联产电厂 30 km 范围内的燃煤锅炉和落后燃煤小热电机组（含自备电厂）进行关停或整合。

以上只是面上所能采取的措施，真正要实现煤炭的总量控制，需要地方党委、政府真正树立起绿色发展、高质量发展的理念，实实在在地在调整优化区域产业结构、能源结构上下功夫，坚决遏制高耗能项目，以环境保护倒逼产业转型升级。否则，政策制定时讲原则，具体实施时讲灵活，只会流于做表面文章。

煤质的控制主要是限制燃煤中硫和灰分的含量，这项工作由属地能源主管部门和市场监管部门分别进行抽样监督。实施超低排放后，企业从后续尾气治理成本角度考虑，一般也会选用低硫低灰分煤。

案例 2-1：杭州市煤炭大幅减量

"十三五"时期以来，杭州市采取了以下控煤措施：一是严格控制新建用煤项目，对确需新建的，在"固定资产节能评估"审批中严格落实减量替代，不能落实的一票否决。二是在项目环评审批中对 SO_2、NO_x、烟尘排放均实行 1：2 的减量替代。三是积极推进产业转型升级，关停了包括杭钢（350 万 t 钢产能，年耗煤 110 万 t）、两个小火电（总共 4 台燃煤机组，年耗煤 140 万 t）、富阳 100 多家造纸企业（年耗煤约 250 t）在内的一批高耗能重污染企业。四是不断扩大集中供热范围，削减工业锅炉，提高能源效率。五是加强对重点用煤企业的煤质监管，市场监管部门定期/不定期开展煤质抽查。由于在全国、全省最早实行了对热电锅炉等的清洁化改造，企业从成本最小化角度考虑，一般也会自愿选择低硫低灰分的优质煤，因为其如选用了高硫高灰分煤，其在尾气治理部分增加的费用要高于因煤质量下降引起的售价差。经过几年努力，杭州市全市耗煤量不断下降，至 2020 年，全市规模以上工业耗原煤 928.83 万 t，较 2013 年的 1 342.73 万 t 下降 30.83%。

四、其他重污染燃料的淘汰和工业炉窑的治理

除煤以外，还有其他重污染燃料（如石油焦、重油、焦炭等）用于各种工业炉窑中。这些燃料燃烧过程中同样会产生大量烟尘、NO_x、SO_2、$VOCs$ 等。工业窑炉的废气防治主要方法有末端治理、生产工艺清洁化、燃料结构调整等。末端治理的方法基本上类似于煤燃烧的末端治理；工艺清洁化的方法因窑炉种类不同而有不同的工艺方法，一些工艺清洁化的方法与燃料结构调整是一同进行的，即用电、天然气等清洁燃料替代重污染燃料。如2016 年开始，杭州逐步淘汰用煤、焦炭的铸造炉而全部改用电炉；浮法玻璃生产中过去有许多企业使用污染严重的石油焦，后逐步用煤制气、天然气替换；还有部分企业使用天然气加纯氧燃烧技术，从源头控制了氮氧化物产生。

2018 年国务院关于印发《打赢蓝天保卫战三年行动计划》的通知，对燃气锅炉提出低氮改造要求：2020 年基本完成燃气锅炉低氮改造。浙江省进一步明确，改造后氮氧化物排放浓度稳定在 50 mg/m^3 以下，其中新建或整体更换的锅炉，鼓励 NO_x 排放浓度稳定在30 mg/m^3 以下。此项工作浙江省至 2020 年年底基本完成。

除以上 4 条主要措施外，北方地区还有一项清洁取暖的措施。生活和冬季取暖散煤的淘汰既要遵循先立后破，保障民生的原则，又要加大力度推进用电、气和集中供热的替代步伐。

第三节 移动源尾气污染防治

移动源可分为道路移动源和非道路移动源，道路移动源主要为机动车（汽车、摩托车和三轮汽车），非道路移动源包括船舶、非道路移动机械、铁路内燃机车和飞机。

近年来，随着产业发展和人们生活水平的提高，我国机动车、船等移动源拥有量持续增加，大气污染构成中移动源尾气的占比也日益提高，尤其在大城市、特大城市和超大城市更为突出。从前面各地 PM$_{2.5}$ 源解析的情况可以看出，北京、上海、杭州等特大、超大城市移动源尾气对当地 PM$_{2.5}$ 的贡献已达到 36%～46%。除对 PM$_{2.5}$ 的贡献外，移动源尾气中的 NO$_x$ 和碳氢化合物（HC）还是大气中 O$_3$ 的前体物。因此，治理移动源尾气具有很强的综合协同效应。移动源尾气污染防治的措施主要有以下 3 个方面：油品的改善和提升；车、船等移动源质量的提升（主要指车、船等尾气排放能达到更高标准或油改电）；改善交通运输结构，减少甚至避免使用机动车（公转铁、公转水）。

一、不断提升油品质量，加强油气回收

油品质量与移动源尾气排放密切相关，如燃油中的硫含量高，不仅会产生硫氧化物，还会使尾气净化装置中的催化剂中毒，严重影响净化效果；燃油中烯烃含量高，燃烧过程中易在发动机缸内和进气系统中造成积炭，影响发动机性能和尾气排放；多环芳烃（PAH）含量越高，十六烷值（衡量柴油发火性能的指标）越低，发动机的燃烧和排放性能越差，燃烧过程中易产生碳烟颗粒排放，同时易导致较高的一氧化碳和未燃碳氢化合物排放。

由于过去社会大众对空气质量关注度较低，对油品问题也不太关注。加上国内油品市场的垄断，缺少竞争，对油品质量缺少升级的压力和动力，致使我国车用油品质量一直处于较低水平。至 2013 年"大气十条"颁布时，供应的国Ⅲ标准汽、柴油中，硫、烯烃、芳烃、PAH 等各项指标都大大低于欧洲于 2009 年实施的欧 V 标准，见表 2-4。如国Ⅲ汽油硫含量为 150 ppm[①]，而欧 V 汽油硫含量仅 10 ppm。"大气十条"颁布后，社会各界在普遍关注 PM$_{2.5}$ 的同时，开始质疑我国的车用油标准及油品质量问题，提升油品质量的呼声日益提高。

（一）提升油品质量

"大气十条"的实施促进了油品标准不断提升，从 2013 年时的国Ⅲ标准逐步提升到 2019 年的国Ⅵ标准，国Ⅵ汽柴油基本达到了 2020 年实施的欧Ⅵ标准，部分指标甚至实现了反超，如汽油苯含量、柴油 PAH（多环芳烃）含量比欧Ⅵ更低（表 2-4）。

---

① 1 ppm=10^{-6}，下同。

表 2-4 国内外汽、柴油油品表

主要技术指标比较		国Ⅲ	国Ⅳ	国Ⅴ	国Ⅵ	欧Ⅴ	欧Ⅵ	美国加州
汽油								
RON	不小于	90/93/97	90/93/97	82/92/95	82/92/95		95	92
硫含量/（mg/kg）	不大于	150	50	10	10	10	10	30
苯含量/%	不大于	1	1	1	0.8	1	1	1
烯烃含量/%	不大于	30	25	24	18/15	24	18	15
芳烃含量/%	不大于	40	35	40	35	40	35	35
$T50$/℃	不高于	120	120	120	110		46~71（E100）	77~121
柴油								
十六烷值			49/46/45	51/49/47	51/49/47	51	51/49/47	40
硫/（mg/kg）	不大于	350	50	10	10	10	10	15
PAH 含量/%	不大于			11	7	8	8	
闪点/℃	不低于	55/50/45	55	55/50/45	60/50/45		55	52
$T90$/℃	不高于	355	355	350	350		>85（E350）	282~338
总污染物/（mg/kg）	不大于				24		24	120

随着车辆的不断增加，全社会车用油品消耗量也不断增加，如杭州市 2013 年用汽油消耗量为 165.5 万 t；2021 年达到 247.6 万 t，8 年增长了 49.6%，假如油品质量没有得到提升，空气质量也不可能有这样大的改善。

除机动车用油品外，船舶和非道路移动机械也是使用柴油的两大重点行业，相对于车用油品，国家对船舶和非道路移动机械用油的监管要求有所滞后。一些城市对此项工作比较重视，如杭州市早在 2016 年 7 月发布实施的地方性法规《杭州市大气污染防治管理规定》中明确规定，在本市使用的船舶和非道路移动机械使用的燃料应当执行与机动车同等的标准，违反规定的处一万元以上十万元以下的罚款。国家层面是在 2018 年 "三年行动计划" 中明确：2019 年 1 月 1 日起，实现车用柴油、普通柴油、部分船舶（主要指内河航运船舶）用油 "三油并轨"。

虽然已有相关文件出台，但各地在实际执行中还不同程度地存在一些差距，国内部分省份存在的小炼油厂生产的不合格油、劣质调和油、走私油仍在不少地方销售；部分地方交通部门片面理解 "三油并轨" 要求，放松执法监管，对发现的违规行为擅自降低处罚要求，严重影响了船用柴油提质工作。要真正实现 "三油并轨"，交通、公安、海关等部门应各司其职，加大执法监督力度。杭州市 2020 年抽查内河航运船舶用油 822 艘次，对其中的硫含量等严重超标的 31 起案件进行了立案处罚；对非道路移动机械油品抽查 92 批次，对其中 8 批次不合格的使用单位立案查处。2020 年，杭州市公安局环食药支队经过 2 个多月的侦查，查处了 1 起以低价购进劣质柴油后，添加化学物质掺假或直接加价卖出的重大案件，案件涉及湖州、宁波等地，一举抓获 83 名涉案人员，捣毁制售劣质油品窝点 14 个、非法运输油罐车 18 辆、非法加油站 3 个，后采取刑事强制措施 71 人、移送起诉 24 人，查处涉案金额逾亿元。这次行动有力震慑了不法分子，区域内成品油市场得以净化。

（二）推进油气回收

加油站、储油库、油罐车在运行过程中都会有油气逸出，既污染环境又浪费资源。开展加油站、储油库、油罐车的油气回收，既减少污染物排放，又有较高的回收价值。国家从 2011 年开始部署油气回收并逐步推行至全国范围。杭州市 2010 年即开展油气回收工作，2014 年全面完成，2020 年全市回收汽油约 2 300 t，占全市汽油消费总量的 0.92%。这项工作真正达到了环境效益、经济效益"双赢"。

二、加快机动车结构升级

机动车结构升级是指车辆排放尾气能达到更高要求的排放标准。加快机动车结构升级，就要促使车辆更新换代，逐步淘汰老旧车辆，推广清洁排放车、新能源车。

过去由于受油品、车辆制造技术、过度的产业保护等影响，我国各类汽车尾气排放普遍比较严重。被称为黄标车的国 0 汽油车和国 Ⅱ 及以下柴油车均无任何尾气处理设施，国 Ⅲ 柴油车虽在发动机技术上比国 Ⅱ 柴油车有了较大改进，但其也无尾气处理设施。

2013 年，"大气十条"出台后，大大加速了国内汽车市场的质量变革，汽车尾气出厂标准不断升级，最新的已升级到国 Ⅵ。表 2-5 为国内汽、柴油车国 Ⅵ 排放阶段实施时间。

按照《打赢蓝天保卫战三年行动计划》要求，2019 年 7 月 1 日起，重点区域、珠三角地区、成渝地区提前实施国 Ⅵ 排放标准。

表 2-5　国内汽、柴油车国 Ⅵ 排放阶段实施时间表

车辆类型	全国	浙江省
轻型汽油车	6a 阶段 2020 年 7 月 1 日	6a 阶段 2019 年 7 月 1 日
轻型柴油车	6b 阶段 2023 年 7 月 1 日	
重型燃气车	6a 阶段 2019 年 7 月 1 日	6a 阶段 2019 年 7 月 1 日
	6b 阶段 2021 年 1 月 1 日	6b 阶段 2021 年 1 月 1 日
重型柴油车	6a 阶段 城市车辆 2020 年 7 月 1 日	6a 阶段 城市车辆 2020 年 7 月 1 日
	6a 阶段 所有车辆 2021 年 7 月 1 日	6a 阶段 所有车辆 2021 年 7 月 1 日
	6b 阶段 所有车辆 2023 年 7 月 1 日	

汽油车从国 Ⅰ 开始安装三元催化尾气净化装置，且尾气排放要求逐步收紧；国 Ⅳ、国 Ⅴ 柴油车均要求安装尿素催化还原装置，国 Ⅵ 车同时安装颗粒物捕捉器；天然气汽车生产较迟，国 Ⅳ、国 Ⅴ 的燃气车均安装有 NO_x 催化还原装置，国 Ⅵ 车同时配置等当量比的发动机[①]，各类车辆尾气排放情况见表 2-6、表 2-7。

---

① 理论上，发动机内天然气与氧气等当量燃烧，没有剩余氧气再与氮气发生氧化反应而产生氮氧化物。

表 2-6 轻型汽车各阶段排放限值

排放物	发动机类型	国Ⅰ	国Ⅱ	国Ⅲ	国Ⅳ	国Ⅴ	国Ⅵa	国Ⅵb
CO/[g/(kW·h)]	点燃式发动机	2.72	2.30	1.00	1.00	1.00	0.70	0.50
	压燃式发动机	2.72	0.64	0.50	0.50	0.50	0.70	0.50
HC+NO_x/[g/(kW·h)]	点燃式发动机	0.97	0.50	—	—	—	—	—
	非直喷压燃式发动机	0.97	0.70	0.56	0.30	—	—	—
	直喷压燃式发动机	1.36	0.90	0.56	0.30	—	—	—
NO_x/[g/(kW·h)]	点燃式发动机	—	—	0.15	0.08	0.06	0.06	0.035
	压燃式发动机	—	—	0.50	0.25	0.18	0.06	0.035
HC/[g/(kW·h)]	点燃式发动机	—	—	0.20	0.10	—	—	—
THC/[mg/(kW·h)]	点燃式发动机	—	—	—	—	0.10	0.100	0.050
	压燃式发动机	—	—	—	—	—	0.100	0.050
THC+NO_x/[mg/(kW·h)]	压燃式发动机	—	—	—	—	0.230	—	—
NMHC/[mg/(kW·h)]	点燃式发动机	—	—	—	—	0.068	0.068	0.035
	压燃式发动机	—	—	—	—	—	0.068	0.035
N_2O/[g/(kW·h)]	点燃式发动机	—	—	—	—	—	0.020	0.020
	压燃式发动机	—	—	—	—	—	0.020	0.020
颗粒物（PM）/[g/(kW·h)]	点燃式发动机	—	—	—	—	0.004 5	0.004 5	0.003 0
	非直喷压燃式发动机	0.14	0.08	0.05	0.025	0.004 5	0.004 5	0.003 0
	直喷压燃式发动机	0.20	0.10	0.05	0.025	0.004 5	0.004 5	0.003 0
PN/[个/(kW·h)]	点燃式发动机	—	—	—	—	—	6.0×10^{11}	6.0×10^{11}
	压燃式发动机	—	—	—	—	6.0×10^{11}	6.0×10^{11}	6.0×10^{11}

表2-7　重型汽车各阶段排放限值

排放物	国I	国II	国III 稳态工况(ESC)和瞬态工况(ELR)试验限值	国III 瞬态工况(ETC)试验限值	国IV 稳态工况(ESC)和瞬态工况(ELR)试验限值	国IV 瞬态工况(ETC)试验限值	国V 稳态工况(ESC)试验和瞬态工况(ELR)试验限值	国V 瞬态工况(ETC)试验限值	国VI 稳态循环(WHSC)压燃式发动机	国VI 瞬态循环(WHTC)压燃式发动机	国VI 瞬态循环(WHTC)点燃式发动机	国VI 发动机台架非标准循环(WNTE)	国VI 整车试验压燃式发动机	国VI 整车试验点燃式发动机	国VI 整车试验双燃料
一氧化碳 CO/[g/(kW·h)]	4.50	4.00	2.10	5.45	1.50	4.00	1.50	4.00	1.50	4.00	4.00	2.00	6.00	6.00	6.00
HC/[g/(kW·h)]	1.10	1.10	0.66		0.46		0.46								
NOx/[g/(kW·h)]	8.00	7.00	5.00	5.00	3.50	3.50	2.00	2.00	0.40	0.46	0.46	0.60	0.69	0.69	0.69
[g/(kW·h)]	≤85 kW 0.61 / >85 kW 0.36	0.15	0.10 / 0.13	0.16 / 0.21	0.02	0.03	0.02	0.03	0.01	0.01	0.01	0.016			
烟度/m^{-1}			0.80		0.50		0.50								
NMHC/[mg/(kW·h)]				0.78		0.55		0.55			0.16				
CH_4/[mg/(kW·h)]				1.60		1.10		1.10			0.50				
THC/[mg/(kW·h)]									0.13	0.16		0.22		240(LPG) 750(NG)	
NH_3/10^{-6}									10	10	10				
PN/[个/(kW·h)]									$8.0×10^{11}$	$6.0×10^{11}$	$6.0×10^{11}$		$1.2×10^{12}$	1.5×WHTC限值	$1.2×10^{12}$

注：柴油车使用压燃式发动机；天然气车使用点燃式发动机。

（一）淘汰重污染车辆

2017 年在全国范围内全面淘汰黄标车后，淘汰国Ⅲ柴油货车、采用稀薄燃烧技术和"油改气"的老旧燃气车辆成为重点。具体淘汰工作中应"软硬兼施"、稳步推进。

"软"的方面，是指给予淘汰车辆一定的补助，适当减轻车主的经济压力；同时要加强宣传引导，营造良好的社会氛围。

"硬"的方面，主要是依据一些地方性法规，通过采取"限行"等措施倒逼淘汰，如浙江省及杭州市机动车污染防治条例均明确：城市人民政府，可以根据大气环境质量状况和机动车污染程度，采取划定限制或者禁止通行区域等措施。实施这项措施需要政府的有力协调和属地交警部门的密切配合，包括标志、标牌、智能探头配设及违规行为的及时查处等，否则"限行"难以达到预期效果。实施"限行"前应做好必要的宣传引导工作，并应有一定的缓冲期，否则极易引发群众上访等不稳定问题，这方面国内一些城市有深刻教训。由于各地重视程度、经济社会发展水平、立法情况不同，各地老旧车淘汰工作进度和效果差异较大。杭州市在国Ⅲ柴油车淘汰中做了大量工作，从补助到"限行"稳步推进，并取得了显著成效。

案例 2-2：杭州淘汰国Ⅲ柴油车

2017 年，杭州市拥有国Ⅲ柴油车 10.4 万辆，其数量虽只占全市机动车总量（264.4 万辆）的 3.93%，但其 NO_x、HC、PM 排放量分别占机动车尾气排放总量的 52.85%、17.53%、70.15%。在筹办 2022 年亚运会期间，杭州市地铁、城市快速路网、亚运村等工地大面积开工（全市建筑工地 5 000 多个），大量国Ⅲ柴油车在城区各大工地运行污染大气环境。为了尽早解决这一污染问题，经过广泛听取包括车主在内的社会各方面意见，拟订了分"两步走"的策略：第一步先出台补助政策，鼓励自觉淘汰；第二步实施限行。2018 年 7 月杭州在全国率先颁布实施了《国Ⅲ柴油车淘汰补助政策》，无论是营运的还是非营运的柴油车无差别进行淘汰补助，针对不同车型、不同的提前淘汰年限，由市、区（县）两级财政给予 1.05 万～4 万元的补助。在实施补助一年多后，2019 年 5 月 1 日开始对国Ⅲ柴油车实施第一阶段（主城区 139 km^2 核心区范围）的区域限行，限行时间：每天 4：00—24：00。在平稳限行 5 个月后，2019 年 10 月 8 日起实施第二阶段限行，进一步扩大限行范围至绕城高速以内（限行区域面积约 921 km^2）且全天 24 h 限行。其他各区、县也分别于 2019—2020 年制定实施了国Ⅲ柴油车限行措施。

为使限行工作顺利实施，避免出现群众上访等不稳定问题，杭州市早在 2017 年年初制定淘汰补助政策时，就开始了对下步限行工作的调查研究，召开国Ⅲ车主、重点行业协会、行业主管部门参加的多种形式的座谈交流会，同时在媒体上宣传政府对淘汰国Ⅲ柴油车分步淘汰的整体考虑（这实际上是一种舆论预热和政策预告）。2018 年委托第三方（浙江大学）对拟定实施的"限行"措施进行评估。同时，再次与行业主管部门（主要是营运车辆主管部门——交通运输局、混凝土车主管部门——建委、渣土环卫车主管部门——城管局等）及工程建设主管部门（地铁集团、亚组委、交通局、建委等）、行业协会等沟通交流。通过广泛交流，一方面，及时把信息传递给车主，使车主提前做好相关准备；另一方面，便于政府准确把握限行措施出台的节奏。2018 年 12 月，第三方评估报告得出结论："通过综合研判，出台国Ⅲ柴油货车限行管理措施，符合当前杭州市大气环境治理和城市管理需要，也是落实国家有关政策的必要措施，相关管理基础基本完备，绝大部分车辆可通过提前淘汰更新，调整运输区域等方法自行解决，方案整体可行。目前方案实施条件已成熟，建议择期推出。"而后由市生态环境局向市政府提交了要求对国Ⅲ车实施限行的报告，经市政府审议同意后于2019年3月29日由杭州市人民政府向社会发布了《关于加强国Ⅲ及以下载货柴油车通行管理的通告》（两个阶段限行措施由同一"通告"一并发布）。由于事前工作做得充分，两次限行工作都比较顺利，没有引发任何负面舆情，也未对工程建设产生影响。此后，各区、县也先后实施了限行措施，至2020年年底基本实现了全区域限行。通过前述补助、限行措施，杭州市国Ⅲ柴油车淘汰进展顺利，截至2021年12月底，累计淘汰国Ⅲ柴油车7.67万辆（至2023年11月基本淘汰完成），占同期全省国Ⅲ柴油车淘汰量的60%以上，全国领先。

2023年4月开始，杭州又出台了对国Ⅳ柴油车的补助政策，平均每辆车补助约2.4万元。截至11月底共补助4.037 8亿元，共淘汰国Ⅳ车4.3万辆（含部分未申领补助而淘汰的车辆），占全市国Ⅳ车总数8.9万辆的48%。

（二）推广新能源车、清洁能源车

根据《打赢蓝天保卫战三年行动计划》的要求，至2020年年底，省会城市、计划单列市建成区公交车应全部更换为新能源车，大气污染重点区域、国家生态文明试验区内新增的公交、出租、环卫、物流配送等车辆中新能源汽车比例不低于80%。《空气质量持续改善行动计划》明确了类似要求，同时提出山西、内蒙古、陕西打造清洁运输先行引领区；在火电、钢铁、煤炭、焦化、有色、水泥等行业的物流园区推广新能源中重型货车。

新能源车是指纯电动汽车、插电式混合动力（含增程式）汽车、燃料电池汽车。这些新能源车污染排放为零或近零。

清洁能源汽车是以清洁燃料取代传统汽柴油的环保型汽车的统称，实际应用中主要以天然气汽车为主。天然气燃烧后生成二氧化碳和水：

$$CH_4+2O_2 \longrightarrow CO_2+2H_2O$$

但在甲烷气燃烧的同时，空气中的 N_2 也会与 O_2 在高温下发生反应生成 NO_x：

$$N_2+O_2 \longrightarrow NO_x$$

过去几年中推出的油改气车辆（国Ⅳ、国Ⅴ）由于采用稀薄燃烧技术，参与燃烧的空气过量，致使有大量的 NO_x 产生，一些燃气车尾气中的 NO_x 浓度甚至超过了使用汽油、柴油的车。为了改变这种状况，新推出的国Ⅵ天然气汽车采用等当量比燃烧技术。等当量比是指空气和天然气按照既保证完全燃烧又不过量的原则匹配空气和天然气的量。等当量燃烧下，空气：天然气=17.2：1，即17.2 kg空气可以将1 kg天然气完全燃烧掉。理论上，等当量下燃烧时，空气中的氧气全部与甲烷气一起燃烧掉了，因此也就不能再与氮气反应生成 NO_x 了，但实际燃烧中，由于在汽缸内空气与天然气不可能完全均匀混合，必然会有部分区域空气过剩，部分区域空气不足。空气过剩部分仍然会有 NO_x 产生，而空气不足部分则会产生后燃（发动机汽缸内未燃烧完全而在后面的排气行程中还在燃烧）问题。正是因为以上两方面的原因，国Ⅵ天然气汽车尾气处理中配备了三元催化技术和EGR（废气再循环）技术。采用等当量燃烧的国Ⅵ天然气汽车尾气污染物排放相较国Ⅴ要减少许多。与同为国Ⅵ的柴油车相比，国Ⅵ LNG 车没有颗粒物排放，国Ⅵ燃气车排放标准详见表 2-6 点燃式发动机系列（国Ⅵ燃气车即为点燃式重型汽车）。

推广新能源车和清洁能源车方式方法很多，但概括起来主要有以下几类。

1. 经济激励

为加快新能源汽车的推广应用，能有效缓解能源和环境压力，促进汽车产业转型升级，自 2009 年开始，国家和地方陆续出台了许多经济补助、税收优惠等经济政策。

国家层面主要政策措施：

2014 年 7 月，国务院办公厅印发《关于加快新能源汽车推广应用的指导意见》（国办发〔2014〕35 号）（以下简称 35 号文），明确对消费者购买新能源汽车给予补贴，免征车辆购置税等。

财政部、工业和信息化部等 4 部门根据 35 号文于 2015 年 4 月出台了《关于 2016—2020年新能源汽车推广应用财政政策的通知》（财建〔2015〕134 号），对消费者购买纳入"新能源汽车推广应用工程推荐车型目录"的纯电动汽车、插电式混合动力汽车和燃料电池汽车，根据各种新能源车节能减排效果中央财政给予不同标准的补贴，但逐年退坡，2017—2018 年补助标准较 2016 年减少 20%，2019—2020 年较 2016 年减少 40%。

后随着形势的发展并针对新能源车推广中存在的一些问题，又先后出台了一些调整、完善的政策，2016 年 12 月出台《关于调整新能源汽车推广应用财政补贴政策的通知》（财建〔2016〕958 号），主要是提高推荐车型目录门槛，调整补贴标准（设置中央和地方补贴上限，2019—2020 年中央及地方补贴标准和上限在原标准基础上退坡 20%）；强化地方政府实施配套政策、组织推广的主体责任；对骗补等行为建立惩戒机制。

针对新能源车快速增长（2018 年全国销售新能源汽车 125.6 万辆），新能源车产业已由起步期进入成长期，而长期补贴导致一些企业形成 "补贴依赖症"，产业竞争力不强等现状，2019 年 3 月，出台《关于进一步完善新能源汽车推广应用财政补贴政策的通知》（财建〔2019〕138 号），主要是提高新能源汽车技术指标门槛；加大（补贴）退坡力度，2019年补贴标准在 2018 年基础上退坡 50%，至 2020 年年底退坡到位，同时优化清算制度，缓解企业资金压力（运行车辆上牌后，先预拨一部分补贴资金，满足 2 万 km 后再予清算）；要求地方在过渡期（2019 年 3 月 26 日—6 月 25 日）结束后，不再给予新能源汽车（公交车和燃料电池车除外）购置补贴，将购置补贴集中用于支持充电（加氢）等基础设施建设。

按照上述政策，对新能源汽车的补贴截至 2020 年年底应退坡到位，但后由于受疫情影响，国家对新能源汽车的补贴延续至 2022 年年底，但 2021 的补贴较 2020 年退坡 10%～20%，2022 较 2021 年退坡 20%～30%（公交、出租、环卫等车辆退坡 20%，其余车辆 30%）。同时明确新能源车购置税减免也延续至 2022 年年底。

各地也陆续出台了地方补贴政策、措施，促使出租车等城市重点营运车辆更换为新能源车。深圳、太原等城市通过补贴等措施把出租车全部更换为新能源车；杭州、成都、北京、郑州等其他许多城市均先后出台了出租车更换为新能源车的补贴政策，新能源车所占比重不断增大。此外深圳、北京等市对垃圾运输车等载重类车辆推广新能源车并进行了较大力度的补贴。

2．行政和法制支持

主要是在车辆限购、限行、政府采购、工程招投标、（城市内）特许通行等方面对新能源、清洁能源车给予倾斜、支持。①购置上牌上倾斜。北京、上海、杭州等特大、超大城市都对小汽车实施了总量限购，但除北京外，大多数城市对新能源车购置上牌不予限制。②限行上倾斜。各大城市对小汽车出行实施了分号段、分时段、分区域的限行，而对新能源小汽车则给予更多的倾斜，对其不限行或少限行。除小汽车外，成都、深圳、合肥、郑州等许多城市对新能源轻型货车道路通行（路权）给予了特别倾斜支持，一些柴油货车不能行驶的区域对新能源车全面开放。成都、深圳、南京等城市在入城特许通行上也向新能源物流车倾斜，深圳还专门划定了"绿色物流区"，禁止柴油车在绿色物流区内通行。

3．完善配套基础设施

充电桩、换电站、加气站及维修点等基础设施能否保障到位是影响新能源、清洁能源车推广应用的一个重要因素。国家为鼓励新能源车充电基础设施建设，出台了多个相关政策文件，如《国务院办公厅关于加快电动汽车充电基础设施建设的指导意见》（国办发〔2015〕73 号）、《关于"十三五"新能源汽车充电基础设施奖励政策及加强新能源汽车推广应用的通知》（财建〔2016〕7 号），对加快充电设施建设、完善服务体系，强化支撑保障包括财政补贴等作出了明确部署，各地也出台了相应的配套政策和补贴措施，有力地促进了充电设施的建设和运行服务，近年来，各地公共充电桩建设大幅加速。但随着新能源汽车销量的大幅增加，总体上充电设施的建设还滞后于车辆增长的需要。现在只要有固定车位，一般 4S 店在售后都能帮助车主安装好充电桩。现阶段的主要问题还是公共场所的充电桩配套不足，尤其是适用于轻型货车等功率较大车辆的充电设施配套不足。加气站配套建设同样是影响清洁能源车推广的主要因素。

通过国家、地方的补贴和其他政策措施的支持，我国新能源车生产销售大幅增长。2022 年全国新能源车销售 688.7 万辆，同比增长 93.4%，连续八年位居全球第一。

案例 2-3：杭州市推广新能源、清洁能源车的主要做法

杭州是国家第一批节能和新能源车推广试点城市，在 2013 年全面完成试点任务的基础上，近年来，进一步加大了新能源车推广力度，主要采取了以下措施。

1．购置上牌和限行上向新能源车倾斜

杭州市 2013 年实施小汽车限购，但对新能源车不限购；杭州主城区中心城区在工作日早、晚高峰时段，每天对两个尾号的机动车实施限行（相当于每辆车每周有 1 个工作日的早晚高峰限行），但对新能源车全时段无限行要求。

2．公交车推广新能源车

至 2020 年年底，主城区 4 612 辆公交车 100%更换为新能源车，萧山区、余杭区、富阳区、临安区 4 个区建成区内营运车辆也均更换为新能源车，截至 2022 年 6 月，全市现有新能源公交车 7 747 辆，全国领先。

3．网约车及巡游出租车推广新能源车

相对于其他小汽车，出租车（含巡游出租车和网约车）推广新能源车的意义和作用更大。首先，一辆出租车行驶里程 13 万～15 万 km，是家用小汽车的 10 倍以上，相应地其汽油消耗、尾气排放也在 10 倍以上；其次，小汽车尾气净化装置中的三元催化剂的使用寿命也就在 13 万～15 万 km，因此，出租车行驶 1 年后，其尾气净化效率已大大降低，排放量就会大幅上升。理论上，出租车应该每 1～2 年换 1 次催化剂，但实际上很少有主动更换的。因此，一辆出租车更换为新能源车，其环境效益是家用小汽车的 15 倍以上。

网约车推行新能源车。在原有对燃油小汽车限购、限行的基础上，2023 年新修订了《杭州市网约车两技术标准》，要求新增网约车必须是新能源车。上述政策的实施，使杭州市网约车辆中新能源车占比不断提升，至 2023 年 10 月底，杭州全市有登记的网约车约 14.614 万辆，其中新能源车 13.117 6 万辆，占比 89.76%。

巡游出租车推广新能源车。2021 年下半年开始正式启动巡游出租车全面推广新能源车。2022 年 1 月印发《关于杭州市巡游出租车领域车辆电动化推广应用的实施意见》和《杭州市巡游出租汽车车辆技术标准》（以下简称"技术标准"），对现有巡游出租车更换为符合"技术标准"要求的新能源车给予 3 万元/辆补助（用作巡游出租车的新能源车市场售价 11 万～12 万元/辆）；同时在"技术标准"中明确要求，今后新增或更换的出租车必须全部是新能源车。上述政策实施后，加速了巡游出租车的新能源车替换。截至 2023 年 10 月底，全市 14 000 巡游出租车已有 6 177 辆新能源车，预计 2～3 年内将全面完成替换。

4．充电桩建设

杭州市把新能源车充电桩作为城市重大基础设施建设，先后出台了《杭州市推进新能源电动汽车充电基础设施实施办法》《杭州市新能源电动汽车自用和公用充电桩建设安装暂行规定》《关于进一步加强杭州市新能源电动汽车公用充电设施建设管理的实施细则》等多个规范性文件。截至 2023 年，累计投入各级财政补贴 2.5 亿元（另有 1.575 1 亿元奖补资金待分配）。鼓励社会资本投入充电设施建设，有 205 余家企业参与充电设施投资建设，截至 2023 年 10 月，累计建成各类充电桩 26 万个，其中公共领域充电桩约 3 万个，自用充电桩约 23 万个。总体上，杭州充电设施网络能满足新能源车（全市约 72 万辆）的充电需求。

5．开展重点领域机动车清洁化专项行动（以下简称清洁化行动）

清洁化行动的目标是，通过几年努力，力争使杭州城内重点领域机动车逐步实现清洁化——新能源化。清洁化行动的重点是混凝土（搅拌）车、渣土车、城市物流车的清洁化。目前已经开展了以下工作：一是对新能源车按其运行里程给予财政补贴，平均每辆车补助 2 000～3 000 元/a（此政策已于 2021 年发布实施）；二是 2023 年 8 月开始在城市核心区——西湖风景名胜区 60 km² 范围内试点禁止柴油货车通行；三是对新能源货车在城区通行时间方面给予适当倾斜；四是逐步开展混凝土车等新能源车试点。

案例 2-4：杭州混凝土车清洁化试点——以杭州隆欣公司 50 辆混凝土车清洁化试点为例

2021 年年底开始，杭州开展了混凝土搅拌车试点工作（图 2-6）。

图 2-6   杭州隆欣建材有限公司新能源混凝土车试点现场

1．车电分离的运营模式

根据该类车作业特点，考虑到纯电动混凝土搅拌车整车购置成本高（85 万元/辆，而国Ⅲ柴油车 40 万元/辆），且市场对电池使用寿命、衰减速度存在诸多疑虑，试点项目采用"车电分离"模式，业主单位隆欣公司只采购不含电池的新能源纯电动搅拌车（车价与同类柴油车相当），电池仍由汽车生产厂家吉利商用车公司所有并向隆欣公司出租，吉利商用车公司为车辆提供 8 年或 40 万 km 动力保障，且按照双方合约，当电池充电后运行里程不足电池寿命值的 80%时，吉利商用车公司必须无条件更换新电池。吉利商用车公司负责在隆欣公司内建设电池充换电站（充电设施面积约 250 m²）和车辆数字化运营管理平台，对电池集中循环充电。从实际运行情况来看，车辆每次更换电池时间约 5 min。

2．绩效情况

从隆欣公司试点项目 2021 年 11 月底至 2022 年 6 月的实际运行情况来看，总体绩效明显：

一是车辆运行和公司生产经营均正常，只是混凝土装载量从 12 m³/车减至 11 m³/车（根据国家标准，同类型电动混凝土车和柴油混凝土车总重量均为 31 t，但由于电动车的电池自重 2 t，导致电动车实际装载量较柴油车少 2 t）。

二是不需要一分钱财政补贴，且具有一定的经济效益。根据双方合同和试点情况测算，"车电分离"模式下，隆欣公司在 50 辆车全部改用纯电动车后，纯电动车的电池租赁费+车辆维修费比柴油车的柴油购置费+车辆维修费还略低，不但没有增加运营成本，反而略有盈余；吉利商用车公司通过电池租赁等综合服务，也可获毛利约 8%。

三是环境效益明显。50 辆纯电动车每年可减少 14.6 t 大气污染物排放；同时经监测，整车噪声大幅下降，混凝土厂界噪声也下降 10 dB 以上。

四是驾驶体验好。司机反映司乘感觉较柴油车更舒适、动力更足，电动车同时配有远程视频预警提示和盲区辅助刹车系统，行车也更安全，还可减少维修维护负担。

在上述试点成功后，杭州市已开始在主城区逐步推广这一模式，至 2023 年 10 月，已有 155 辆新能源车。

三、加强车辆销售、登记和运行环节的管理

包括对新车购置注册环节的审验、车载自动诊断（On-Board-Diagnostics，OBD）系统推广、车辆运行中尾气监督性监测、尾气净化系统监管等。

（一）新车购置注册环节环保查验

此项工作许多地方往往不重视，认为可有可无，实际上这项工作认真做到位后，能起到十分重要的作用。早在 2017 年 7 月，杭州市生态环境局和市公安局联合印发《关于进一步加强注册登记环节机动车环保检验工作的通知》，要求自 2017 年 7 月 15 日起，新购置机动车在杭州市注册登记时应进行环保检验，车辆检测站人员（以生态环境局人员为主）通过信息系统调取生态环境部车辆目录库数据，比对目录库与实车的车架号、发动机型号、发动机号，最终确认车辆能否达到的排放标准。经查验不合格的车辆坚决不准登记注册，并责令 4S 店退回。通过这一措施抑制了一大批不合格车辆入市。由于长期坚持严格把关，各汽车销售企业后续进车时也认真核验，逐步使车辆查验不合格率由最初的 43.75%下降到 2020 年的 1.24%，大大减少了不合格车辆注册登记。当然，从全国范围来看，这方面工作主要还是要靠国家层面加强对生产企业的源头监管。

（二）OBD 系统的开发和管理实施

车载自动诊断（OBD）系统可实时掌握车辆尾气处理设施运行情况、尾气达标情况。车辆（主要是柴油车）纳入 OBD 管理后，能大大提高监管的有效性、精准性，进而促使车主维护好尾气处理系统的正常运行。但此项工作全国各地实施情况差异较大，北京、杭州推进力度较大，全国其他城市推进相对较晚。杭州市早在 2016 年就开始了柴油货车纳入 OBD 系统试点，2018 年出台了全国首个 OBD 系统在线接入技术指南，并自 2019 年 1 月 1 日起对所有新购 3.5 t 及以上柴油车全部纳入 OBD 系统。至 2022 年 6 月底，接入 OBD 系统车辆已达 12.6 万辆。北京市在 2020 年 1 月的地方立法——《北京市机动车和非道路移动机械排放污染防治条例》中明确规定，在本市销售的重型柴油车、重型燃气车和非道路移动机械，应当按照环保标准安装远程排放管理车载终端，这一规定大大推动了重型柴油车 OBD 系统建设，至 2023 年 10 月，全市已有 15.2 万辆车纳入 OBD 系统。柴油货车纳入 OBD 系统并与生态环境部门联网后，生态环境部门可实时掌握货车运行（转速）和尿素添加情况（观察尿素喷射量及液位变化）；通过观察尾气吸附装置前后的压差变化等及时掌握该装置是否正常运行；尾气中 NO_x 排放的实时浓度也能及时掌握。实时监控中发现问题后，及时通知车主维修。从杭州的实践来看，OBD 系统的建设运行大大提高了对柴油货车的监管效能，同时大幅提高了尾气达标率。2020 年 4 月开始，杭州市对接入 OBD 系统上一检验周期内

OBD 联网正常且无超标排放、无逾期未治理记录的柴油车，免予上线排放检验。

（三）加强对在用车的尾气监督监测

做好尾气监督监测的关键在以下两点：

一是监测机构的严格监测，主要是要防止监测机构监测把控不严、走过场。为此，应对所有监测机构的每条监测线安装在线监控设施并与生态环境局联网，实时上传检验数据、视频等信息，便于实时监督。对发现监测机构弄虚作假的，应及时依法处罚。按照《大气污染防治法》的规定，对此类违法行为，应由县级以上生态环境主管部门没收违法所得，并处十万元以上五十万元以下的罚款，情节严重的，由市场监管部门取消其检验资格。北京市对机动车检验机构的违法及其他不符合规范的行为进行累计积分，其在一个记分周期内超过规定的积分值的，由市场监管部门暂停其检验业务并责令改正，整改期间停止其检验业务。近年来，各地曾先后对多家存在作假违规违法的机动车监测机构分别实行了大额罚款和责令停止检验等处罚，起到了有力的震慑作用。这里还需要特别说明的是，机动车尾气监测执行的是在用车排放限值，而不同于前述新车出厂销售时执行的排放限值。目前汽油车、柴油车分别执行《汽油车污染物排放限值及测量方法（双怠速法及简易工况法）》（GB 18285—2018）和《柴油车污染物排放限值及测量方法（自由加速法及加载减速法）》（GB 3847—2018）。

二是要对监测不合格车辆及时处置，主要是要落实强制维修制度。这需要公安交警部门及时配合协查，对年检尾气监测不合格的不能进行安检，不核发安全技术检验合格标志（这一点全国已形成统一做法）；对路检等抽检不合格的车辆，其在监测后一定期限应进行维修并复检，未重新检测合格的，不得上路行驶，违规行驶的，由公安交警部门处罚。但各地在如何处罚上有所不同，如北京市规定处三千元以上五千元以下罚款，可以暂扣机动车驾驶证；浙江省规定，对柴油车处五百元以上三千元以下罚款，对其他机动车处两百元罚款。

此外，北京等城市还规定了对出租车等营运车辆定期更换尾气净化装置，《北京市机动车和非道路移动机械排放污染防治条例》第十八条规定，出租车、租赁汽车、驾校教练车以及从事运输经营的轻型汽油车辆的行驶里程超过标准规定的环保耐久性里程的，应当更换尾气净化装置。交通部门对前款规定的不符合相关排放标准的机动车在复检合格前不予办理营运相关手续。

四、加强船舶管理和清洁化

船舶污染防治主要是控制其所用油品、靠岸后使用岸电、淘汰老旧运输船舶和单壳油轮以及执行相关国际公约、船舶大气污染物排放标准等。

（一）船舶使用油品管理

对使用油品的管理是当前船舶尾气污染的最主要措施。根据 2018 年 11 月 30 日交通运输部关于印发船舶大气污染物排放控制区（以下简称排放控制区）实施方案的通知，我国沿海近岸海域基本上均被划为排放控制区，2019 年 1 月 1 日起，海船进入排放控制区，应使用硫含量不大于 0.5%（每 100 g 物质中含有 0.5 g 硫）的船用燃油；大型内河船和江海直达船舶应使用符合新修订的船用燃料油国家标准要求的燃油［符合《船用燃料油》（GB 17411—2015）第 1 号修改单要求的燃油，该修改单增加了"内河船用燃料油要求和试验方法（见修改单表 3）"］；其他内河船应使用符合国家标准的柴油（这里实际上是指车用油标准，三油并轨后取消了普通柴油标准）；2020 年 1 月 1 日起，海船进入内河控制区，应使用硫含量不大于 0.1%（质量比质量）的船用燃油。

从实际情况来看，各地在船用油的执行标准上不同程度地存在不到位的问题，如对于内河船，有的地方在使用所谓轻质燃料油（无国标），有的地方在按《船用燃料油》标准执行，而不是按《车用燃油》标准执行。

（二）使用岸电的有关要求

国家海事局于 2018 年发布的《交通运输部关于印发船舶大气污染物排放控制区实施方案的通知》（交海发〔2018〕168 号）要求分阶段（2019 年 1 月 1 日和 2020 年 1 月 1 日后）对建造的各类船舶，规定要具备岸电系统船载装置（以下简称船载岸电）；2019 年 7 月 1 日起，具有船载岸电的船舶在沿海控制区内具备岸电供应能力的泊位停泊超过 3 h，或者在内河控制区内具备岸电供应能力的泊位停泊超过 2 h 的，应使用岸电。2022 年 1 月 1 日起，单台柴油发动机功率超过 130 kW，且不满足《国际防止船舶造成污染公约》（以下简称公约）第二阶段 NO_x 排放限制要求的中国籍公务船、内河船舶及国内沿海航行的集装箱船等应加装船载岸电。

交通运输部 2021 年修订发布的《港口和船舶岸电管理办法》（交通运输部令　2021 年第 31 号）第十条规定，在船舶大气污染排放控制区靠泊的中国籍船舶，需要满足大气污染排放要求加装船舶受电设施的，相应水路运输经营者应当制定船舶受电设施安装计划并组织实施。长江流域的水路运输经营者应当按照所在地人民政府制订的船舶受电设施建设和改造计划实施建设和改造。第十一条规定，具备受电设施的船舶（液货船除外），在沿海港口具备岸电供应能力的泊位靠泊超过 3 h，在内河港口具备岸电供应能力的泊位靠泊超过 2 h，且未使用有效替代措施的，应当使用岸电。对于在长江流域港口靠泊的船舶违反本办法第十一条第一款规定的，该办法第二十五条明确，由海事管理机构责令停止违法行为，给予警告，并视情节轻重处以罚款。

（三）淘汰老旧船舶

交通运输部于 2021 年 8 月第 4 次修订的《老旧运输船舶管理规定》，对各类船强制报废年限、何为老旧船等作了明确规定。我国直至 2016 年才发布《船舶发动机排气污染物排放限值及测量方法（中国第一、二阶段）》（GB 15097—2016），老旧船在设计、制造时对尾气排放控制无强制要求，其污染物排放较严重。因此，国家规定使用达到强制报废年限的船舶必须强制报废，鼓励老旧船舶提前淘汰。2013 年 8 月，财政部、交通运输部和 18 个省（区、市）联合发布《"十二五"时期推进全国内河船型标准化工作实施方案》，通过限制通行及财政补贴措施淘汰小吨位船舶和单壳化学品船、单壳油船；鼓励老旧运输船（达到一定年限但未达报废年限）提前淘汰并给予财政补贴。随后，交通运输部、财政部又陆续出台了一系列文件，如财政部关于印发《船舶报废拆解和船型标准化补助资金管理办法》的通知（财建〔2015〕977 号），对老旧海船、老旧内河运输船提前淘汰给予补助等政策作了进一步调整完善，补助时间延续至 2017 年年底。通过上述措施，促进了一批老旧船的淘汰，杭州市因此在"十二五"时期淘汰 578 艘老旧船，"十三五"时期淘汰 371 艘老旧船。

（四）严格执行相关排放要求

2018 年，海事局发布的《交通运输部关于印发船舶大气污染物排放控制区实施方案的通知》（交海发〔2018〕168 号）对船舶排放控制要求：

2000 年 1 月 1 日及以后建造或进行柴油发动机重大改装的国际航行船舶，单台发动机超过 130 kW 的，应满足《国际防止船舶造成污染公约》第一阶段 NO_x 排放限值要求。

2011 年 1 月 1 日及以后建造或进行柴油发动机重大改装的国际航行船舶，单台发动机超过 130 kW 的，应满足《国际防止船舶造成污染公约》第二阶段 NO_x 排放限值要求。

2015 年 3 月 1 日及以后建造或进行柴油发动机重大改装的中国籍国内航行船舶，单台发动机超过 130 kW 的，应满足《国际防止船舶造成污染公约》第二阶段 NO_x 排放限值要求。

2022 年 1 月 1 日及以后建造或进行柴油发动机重大改装的进入内河控制区的中国籍国内航行船舶，单缸排气量大于或等于 30 L 的船用柴油发动机应满足《国际防止船舶造成污染公约》第三阶段 NO_x 排放限值要求。

2016 年，国家发布了《船舶发动机排气污染物排放限值及测量方法（中国第一、二阶段）》（GB 15097—2016），此标准对船机型式检验分两个阶段（第一阶段为 2018 年 7 月 1 日始，第二阶段为 2021 年 7 月 1 日始）提出要求，并明确这两个时间段之后 12 个月起，所有销售、进口和投入使用的船机，其排气污染物排放限值应符合本标准对应的两个阶段的要求。凡不符合本标准要求的船机不得销售、进口和投入使用。

令人遗憾的是，国家至今没有制定发布针对在用船舶的排放限值及测量方法，致使在用船的尾气排放监管留下一块空白。

五、非道路移动机械污染防治

非道路移动机械污染防治主要采取三方面措施。

一是加强油品管理。按照《打赢蓝天保卫战三年行动计划》要求。2019 年 1 月 1 日起非道路移动机械应使用与机动车一样的柴油，但实际执行中各地仍不同程度地发现有使用不合格油品的情况，如杭州市在 2020 年抽查时发现多起使用硫含量 55～379 mg/kg 的违规柴油，均被依法处罚。

二是加强机械尾气排放问题监管，淘汰老旧设备。按照《打赢蓝天保卫战三年行动计划》要求，2019 年年底前各重点区域应划定一定区域的非道路移动机械低排放控制区，控制区内禁止使用高排放非道路移动机械，否则将被处罚。目前，许多城市已按规定划定了低排放控制区，其范围多在城市建成区或核心区，如上海为外环以内区域，南京为绕城高速以内区域，杭州为主城区内的 4 个区的全部区域和其他 4 个区的建成区。但各地对低排放区的监管要求有所不同，如南京把国 I 及以下的设为高排放机械，北京、杭州把排气烟度监测结果未达到《非道路移动柴油机械排气烟度限值及测量方法》（GB 36886—2018）

规定的III类限值标准的设为高排放非道路移动机械，相对要求更严一些。多数烟气超标的非道路移动机械通过安装 DPF 装置后基本均能达标，但从实际实施情况来看，大多数企业多选择通过更换或调剂非道路移动机械设备等手段解决。按照《空气质量持续改善行动计划》要求，到 2025 年，基本淘汰第一阶段及以下排放标准的非道路移动机械。

三是推广新能源或清洁能源机械设备。加快铁路货场、物流园区、港口、机场、工矿企业内部作业车辆和机械新能源更新改造。

六、完善提升运输结构

提升运输结构是解决交通运输领域大气污染的一项重中之重的工作。从单位货物（人员）运输的消耗及污染物排放来看，水路运输最小，铁路运输次之，公路运输最大。而从目前实际的情况来看，除了出口物资大多采用海运外，国内货物运输公路占比大，铁路、水路运输占比较小，与建设美丽中国、实施"双碳"目标等要求相距甚远。为扭转这一局面，国家和各省（区、市）先后作出了相关规划和部署，总体思路是：以推进大宗货物等运输"公转铁、公转水"为主攻方向，完善综合运输网络，不断提升铁路、水路、多式联运货运量。具体应开展以下工作。

（一）提升铁路运能

国家层面将统筹建设一批铁路干线项目，使大宗货物、集装箱等物流实现东西、南北间铁路快速直达。各地要加快大型工矿企业和物流园区铁路专用线建设，尤其是大宗货物年货运量 150 万 t 以上的大型工矿企业和新建物流园区，要尽早接入铁路专用线。

（二）实施水运系统升级

完善内河水运网络，推进西江干线、京杭运河等内河航道及长江、淮河、京杭运河重要支流航道扩能提级，提升对区域内集装箱、煤炭、矿石、原油、商品汽车等的水运能力和水平；推进集疏港铁路建设，加强港区集疏港铁路与干线铁路和码头堆场的衔接，集疏港铁路向堆场、码头延伸，打通铁路进港"最后一公里"，推动全国沿海和长江等重要内河港区全面接入集疏港铁路；推动大宗货物集疏港运输向铁路和水路转移，沿海主要港口的矿山、焦炭、煤炭等大宗货物原则上主要应改由铁路或水路运输；大力发展江海直达和江海联运，推动宁波舟山港、上海港、深圳港、广州港、连云港港以及长江干线港口等江海直达和江海联运配套码头等设施改造，推进干散货、集装箱直达运输。

除了提升上述长途水运能力和水平外，同时要注意区域内载重量大的货物的短途水运能力提升，如城市建设中混凝土所用的砂石料、开挖出的渣土等的运输。为此，要在混凝土搅拌站、渣土码头统筹规划时尽可能安排在便于水运的江河边。

（三）规范公路货运

强化公路货运车辆超限超载治理，落实"一超四罚"，加强信用治超，落实公路治超黑名单制度，大力推进货运车型标准化，加快淘汰不合规车辆；推动道路货运行业集约高效发展，促进"互联网+货运物流"新业态、新模式发展，培育一批无车承运人品牌企业。

"无车承运人"

"无车承运人"（又称网络货运平台），是指不拥有车辆而从事货物运输的单位或个人，其具有双重身份。对于真正的托运人来说，其是承运人；但对于实际承运人而言，其又是托运人。"无车承运人"一般不从事具体的运输业务，只从事运输组织、货物分拨、运输方式和运输线路的选择等工作。通过"无车承运人"对货物运输的组织、分拨、运输路线的优化等，可大大提高运输效能，减少运输成本，降低污染排放。

事实上，当前主要的几大物流公司（模式）都有各自高效运行的网络货运平台，只是物流组织的形式不同而已。

①菜鸟、京东的"仓配一体化"模式。消费者从天猫超市、京东网络购物后，所购货物从离消费者最近的货仓中提取（这种货仓分布于全国各地），通过分拨、运输，货物能快速、高效地到达消费者手中。

②一般快递模式。寄递货物→门店→集散中心 A→集散中心 B→门店→接收人。

③"传化"（浙江传化集团）公路港模式（主要承接零担、整车工业品业务）。

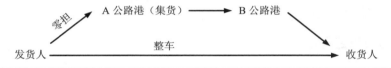

（四）加快发展多式联运

加强不同运输方式间的有效衔接，推进具有多式联运功能的物流园区、铁路物流基地、港口物流枢纽建设；加强多式联运公共信息交换共享，加快建设多式联运公共信息平台，实现部门之间、运输方式之间信息交换共享。

（五）推进城市绿色配送

推进城市绿色货运配送示范工程，创新统一配送、集中配送、共同配送（菜鸟驿站模式）等集约化运输组织方式；加大新能源城市配送车辆推广应用力度；推进城市生产生活物资公铁联运。

通过几年努力，运输结构优化工作取得了一定进展，如浙江省制订了《浙江省推进运输结构调整三年行动计划（2018—2020 年）》，利用宁波舟山港、嘉兴港、台州港优势，大力发展江海联运，提升京杭运河、钱塘江、杭甬运河等航道能力，计划至 2020 年，杭（州）、嘉（兴）、湖（州）、绍（兴）等浙北地区基本实现公路运煤转水路运输，矿石等大宗货物（原则上）改由水运或铁路运输；推进金（华）甬（宁波）、金台（州）等铁路干线项目，新建港口集疏运铁路 200 km 以上，确保至 2020 年，大宗货物年运输量 150 万 t 以上的工矿企业和物流园区的铁路线接入比例达 80%以上。谋划建设危险化学品铁路物流中心等。通过上述措施，使全省至 2020 年，铁路货运量增加 800 万 t/a，增长 20%；水路货运量增加 1.7 亿 t，增长 12%。上述目标在后来实施中有所变化，浙江省 2020 年全省实际完成铁路货运 4 473 万 t，较 2017 年增加 405 万 t，增长 10%；完成水路货运量 10.61 亿 t，较 2017 年增长 22.8%。

总体来看，当前公路运输占比仍然过大，铁路运输严重偏低。2020 年全国货物运输总量 4 729 579 万 t，其中公路运输 3 426 413 万 t，占总量的 72.4%，铁路运输 455 236 万 t，占总量的 9.6%（发达国家占比达 40%），水路运输 761 630 万 t，占总量的 16.1%。浙江省 2021 年全省完成综合运输货运量 32.7 亿 t，其中完成公路货运 21.34 亿 t，占比 65.27%；完成水路货运量 10.9 亿 t，占比 33.33%；完成铁路货运量 4 471 万 t，占比 1.37%；完成航空货运量 112.6 万 t，占比 0.03%。

第四节　工业废气污染防治

本书中工业废气主要是指工业企业在生产过程中产生的废气，包括 PM、VOCs 和其他有毒有害气体。工业废气的污染防治措施可分为源头预防、清洁生产、末端治理、结构调整（转型升级）等。

一、源头预防

源头预防主要是在项目准入上把好关。

1. 把好结构和选址关

首先，要严格禁止、限制废气排放量大的重污染项目建设，不断优化产业结构；其次，新建涉气重污染项目不能选址在城市上风向或周边有敏感建筑的区域，否则后患无穷。要比较好地做到这一点，最好的办法是在当地制定地方产业导向目录时对此予以明确（此部分内容可详见第九章第一节）。

2. 项目准入的总量控制

对不同敏感性区域、不同大气环境质量地区制定不同的大气污染物排污总量替代方案，越是敏感性强、环境质量差的区域，削减替代的比例应越高。

3. 新建项目的生产工艺、装备水平应该具有先进性

这一点往往在项目环评编制时不够重视。一些环评单位（人员）或由于缺乏足够的技术能力，或由于工作中不负责任的态度等原因，对同行业的生产工艺、装备水平不作详细了解、评价。经营者为了节约投资等，也会故意掩饰这方面的问题。而先进的生产工艺对于污染控制往往会起到十分重要的作用。为此，对一些废气排放量较大的项目，在环评编制、审批阶段，应邀请熟悉行业工艺水平的较高层次的业内专家评审把关，必要时应组织去行业内先进企业作现场考察。同时，国家层面有必要建立一个全国性的环评报告资料库，便于各地及时方便地查询各行业的先进工艺、装备、清洁生产技术及末端废气治理技术。

二、清洁生产

在企业生产全过程推行清洁生产是污染防治的重要手段之一。

1. 原辅材料清洁化替代

如用低挥发性涂料替代溶剂型涂料，就能大幅减少喷涂作业中的 VOCs 污染；或者控制减少涂料中的有机溶剂的含量、比重，如推广使用粉末涂料和高固分涂料、紫外光固化涂料。粉末涂料理论上不含 VOCs，采用静电喷涂法喷涂的技术在汽车金属部件制造中已

得到较多应用。高固分涂料中固体含量达到 65%～85%（溶剂型涂料的固体含量 30%～50%）。一般固体分提高 10%，则 VOCs 削减可达 20%～30%。为了实施原辅材料清洁化替代，国家和地方层面陆续发布、实施了一些产品质量标准，如国家在 2020 年发布实施了《油墨中可挥发性有机化合物（VOCs）含量的限值》（GB 38507—2020）、《胶粘剂挥发性有机化合物限量》（GB 33372—2020）、《低挥发性有机化合物含量涂料产品技术要求》（GB/T38597—2020）、《船舶涂料中有害物质限量》（GB 38469—2019）、《室内地坪涂料中有害物质限量》（GB 38468—2019）、《木器涂料中有害物质限量》（GB 18581—2020）、《车辆涂料中有害物质限量》（GB 24409—2020）、《工业防护涂料中有害物质限量》（GB 30981—2020）和《清洗剂挥发性有机化合物含量限值》（GB 38508—2020）。浙江省发布了《浙江省低挥发性有机物含量原辅材料源头替代技术指南　总则（试行）》《浙江省低挥发性有机物含量原辅材料源头替代技术指南　工程机械制造》和《浙江省低挥发性有机物含量原辅材料源头替代技术指南　木质家具制造》，上述指南规定了源头替代的原辅材料要求、替代要求、替代技术及管理要求、符合性评价和长效管理要求。

2．生产工艺、装备的清洁化

生产工艺清洁化，不用或少用有废气产生的工艺。用流化床粉剂喷涂或水溶性电泳涂装工艺替代挥发性有机溶剂涂装工艺；将紫外光技术工艺引入平板印刷；小汽车生产中的 3C2B、3C1B 工艺替代 4C3B 工艺（4C3B 工艺：底涂→底涂烘干→中涂→中涂烘干→色漆→清漆→面涂烘干；3C2B 工艺：中涂→中涂烘干→色漆→清漆→面涂烘干；3C1B 工艺：中涂→色漆→清漆→面涂烘干。3C1B 工艺较 4C3B 工艺减少 VOCs 排放 40%左右，降低能耗 15%左右）。

生产装备清洁化，主要是通过提高装备的自动化水平、装备的密闭性、工艺条件控制的精准性等来达到减轻废气污染的目的。比如对于一个化工企业来说，物料输送全自动化、全封闭的企业，其物流输送过程中排放的废气就很少。而一个手工、敞口的投料、出料过程则会有大量的废气挥发，产生大量无组织排放。减少、避免无组织排放是废气污染防治的一个关键点，也是一个难点。具体到每个行业，控制无组织排放的措施都不一样。例如，对于化工行业来说，重点注意以下几个环节：①进出料废气控制，挥发性有机液体物料应优先采用无泄漏泵或高位槽投加，避免真空抽料；高位槽投加物料时，应配置平衡管，使投料尾气形成闭路循环。②反应过程控制，常压带温反应釜上应配备冷凝或深冷装置回收，不凝性废气需有效收集至废气治理设施。③固液分离过程废气控制，应采用全自动密闭离心机等封闭性好的离心设备。④溶剂回收废气控制，溶剂在蒸馏/精馏过程中，应采用多级梯度冷凝方式。⑤控制呼吸损耗，储存挥发性有机化工原辅料储罐采用浮顶储罐或配设氮封装置，避免储罐液位变化时产生的呼吸损耗而污染环境。

各个不同行业，使用的原辅材料、生产工艺、装备水平等各不相同，其清洁生产的要求也不同。为指导各地、各企业抓好清洁生产，相关部门和地方会陆续发布一些技术规范、先进适用技术等，如针对 VOCs 排放的石油炼制、化工行业、工业涂装、其他溶剂使用行业（印刷等）、油品储运销等五大重点行业、21 个子行业，生态环境部门组织编制了重点行业与领域 VOCs 排放控制技术指南。

这些指南从清洁原辅材料的替代、生产过程的全过程控制到末端的高效治理等提出了全方位的要求。生态环境部 2019 年发布的《挥发性有机物无组织排放控制标准》（GB 37822—2019），对 VOCs 物料的储存、转移和输送，以及工艺过程 VOCs 无组织排放控制、设备与管线组件 VOCs 泄漏控制等提出了具体要求。浙江省先后于 2020 年、2021 年发布了工业涂装、印刷、石化、制药、精细化工等 20 多个重点行业的 VOCs 污染防治可行技术指南。

三、末端治理

废气的末端治理由废气的收集和废气的处理两部分组成。废气末端治理应符合相关排放、控制标准要求，如对于 VOCs，其收集净化系统应满足《大气污染物综合排放标准》（GB 16297—1996）和《挥发性有机物无组织排放控制标准》（GB 37822—2019）等的要求，有行业或地方排放标准的，则首先应满足行业或地方排放标准。

（一）废气的收集

废气的末端处理中，需要特别重视的问题是废气的有效收集。如不能有效收集废气，变成无组织排放或虽然收集了但风量很大，最后会使废气无法处理或处理效率低下。因此，不同于废水、固体废物处理，有效提高废气的收集率是废气处理成功的关键。废气收集的理想状态是"全封闭"，生产过程中产生废气的工段在封闭设施内运行，这样可使污染物几乎被 100% 地收集而废气量又最小化。但实际生产中，许多有废气产生的生产设施（工段）无法实现全封闭，为此需要通过设置各种类型的排风罩（也称集气罩，以下统一用排气罩）实现对废气的高效收集。

排风罩的设置可参见《排风罩的分类及技术条件》（GB/T 16758—2008）。其设计原则主要包括以下几方面：

1）排风罩应能将有害物源放散的有害物予以捕集，在使工作场所有害物浓度达到相应卫生标准要求的前提下，提高捕集效率，以较小的能耗捕集有害物。

2）对可以密闭的有害物源，应首先采用密闭的措施，尽可能将其密闭，用较小的排风量达到较好的控制效果。

3）当不能将有害物源全部密闭时可设置外部罩，外部罩的罩口应尽可能接近有害物源。

4）当排风罩不能设置在有害物源附近或罩口至有害物源距离较大时，可设置吹吸罩。对于有害物源上挂有遮挡吹吸气流的工件或隔断吹吸气流作用的物体时应慎用吹吸罩。

5）排风罩的罩口外气流组织宜有利于有害气流直接进入罩内，且排气线路不应通过作业人员的呼吸带。

6）外部罩、接受式排风罩（以下简称接受罩）应避免布置在存在干扰气流之处。排风罩的设置应方便作业人员操作和设备维修。

根据上述原则，并参照相关行业技术标准，2021 年生态环境部组织编制印发了《挥发性有机物治理实用手册》。该手册参照《排风罩的分类及技术条件》（GB/T 16758—2008），将收集罩分为密闭罩、半密闭罩（含排风柜）、外部排风罩、接受罩，以及具有同等收集功能的生产设备（如烘干隧道、涂布设备）和房间（如喷漆室、烘干室等）。同时，根据相关行业技术标准，对控制风速提出了要求。具体如下：

（1）密闭罩

密闭罩是将放散有害物的设备全部密闭的排风罩，密闭罩主要控制开口、缝隙处的断面风速，建议控制风速为 0.4～0.6 m/s（图 2-7，圆点处为风速监控点，下同）。

（2）半密闭罩（含排风柜）

半密闭罩是有较大操作孔，通过操作孔吸入大量气流以控制污染物外逸的集气罩，半密闭罩主要控制开口断面风速，开口无外部气流干扰时，建议风速为 0.4～0.6 m/s，开口有外部气流干扰时，建议风速为 1.2 m/s（图 2-8）。

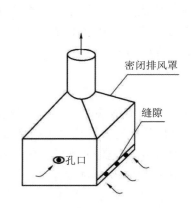

图 2-7　密闭罩及风速控制示意图　　　　　图 2-8　半密闭罩及风速控制示意图

（3）外部排风罩

外部排风罩是设置在有害物源近旁，依靠罩口的抽吸作用，在控制点处形成一定的风速排除有害物的排风罩，外部排风罩主要控制距排风罩开口面最远处的 VOCs 无组织排放位置的风速，建议为 0.3～0.5 m/s（图 2-9）。

（4）接受式排风罩

接受式排风罩是被动地接受生产过程（如热过程、机械运动过程等）产生或诱导的有害气流的排风罩，接受式排风罩主要控制罩口断面风速，建议风速大于 0.5 m/s，且大于 VOCs 的散逸速度（图 2-10）。

（5）套接管

对于安全、压力敏感度高的储罐或装置的排口，采用非直连的泄压套接管，套接管主要控制断面风速，建议风速为 ≥2.0 m/s（图 2-11）。

（6）整体通风

当 VOCs 发生源分散或不固定而无法采用局部排风，或者设置局部排风仍难以对 VOCs 有效收集时，需要设置整体通风。整体通风主要控制门、窗、外墙百叶、进出口、补风口等常用开口断面风速，开口处采用双重门+门斗时，建议风速为 0.4～0.6 m/s；有门朝向外界时，建议风速为 1.2 m/s（图 2-12）。

（7）喷漆室

喷漆室主要控制喷漆室开口断面风速，机器人喷漆和手工喷漆时，建议风速均为 0.4～0.6 m/s（图 2-13 和图 2-14）。

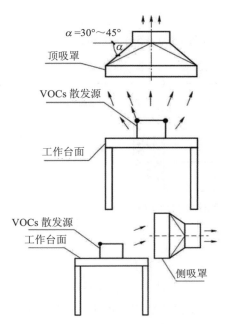

图 2-9　外部排风罩及风速控制示意图

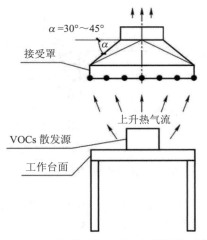

图 2-10　接受式排风罩及风速控制示意图

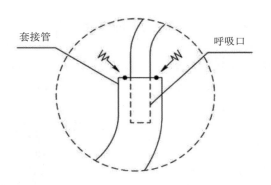

图 2-11　套接管及风速控制示意图

图 2-12　整体通风及风速控制示意图

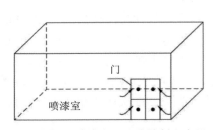

图 2-13　机器人喷漆室及风速控制示意图

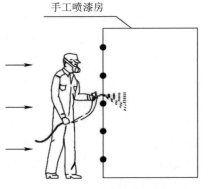

图 2-14　手工喷漆室及风速控制示意图

（8）通过式烘干室

通过式烘干室主要控制进出口断面风速，建议风速均为 0.5～1.0 m/s（图 2-15）。

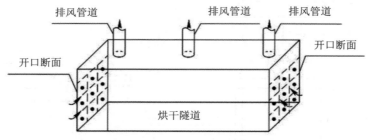

图 2-15　通过式烘干室及风速控制示意图

（二）废气的处理

因排放的废气成分、浓度、风量不同，末端治理的工艺、方法也不同。根据污染物的特性和来源不同，废气的末端治理可分成以下几类：颗粒物治理；VOCs 治理；（烟气）脱硫脱硝治理；其他有毒有害气体治理。

1．颗粒物治理

颗粒物治理的方法主要有旋风分离、布袋过滤、水膜除尘、静电除尘等方法。

（1）旋风分离除尘

利用旋转的含尘气流产生的离心力，将颗粒物从气体中分离出来的技术，其常用设备为旋风分离器（图 2-16），主要适用于比较大的颗粒物（粒径＞8 μm），其除尘效率为 70%～90%。

（2）布袋过滤除尘

利用纤维织物（布袋）的过滤作用对含尘气体进行过滤净化。其技术利用范围较广，适用于粒径＞1 μm 颗粒物的处理，其除尘效率可达 99% 以上。图 2-17 是气箱式脉冲袋式除尘器。

气箱式脉冲喷吹袋式除尘器的结构主要由上箱体、中箱体、下箱体、喷吹装置等几部分组成。上箱体为净气室，喷吹装置也安装在上箱体中。中箱体为尘气箱，

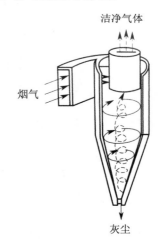

图 2-16　旋风分离器

内装有滤袋，在上箱体和中箱体之间用花板分隔，将含尘气体与净化后的气体分隔，且作为滤袋安装的支撑。下箱体为灰斗。含尘气体由进气管道进入尘气箱，过滤后的气体经上口到净气箱汇集后排出。粉尘附着于滤袋外表面。除尘器上箱体内，在每排滤袋的上方都装有一根喷吹管，各喷吹管经由脉冲阀与气包相连，定期喷吹以清除积于滤袋表面的灰尘。当一排滤袋清灰后，间隔一定时间对下一排滤袋进行清灰，依次逐排循环进行。落入灰斗的灰尘由卸灰阀排出。

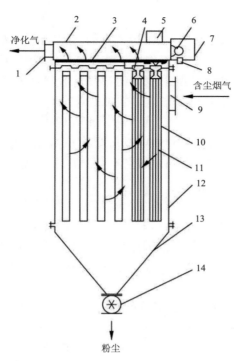

1—排气口；2—上部箱体；3—喷射管；4—文氏管；5—控制器；6—气包；7—控制阀；
8—脉冲阀；9—进气口；10—滤袋；11—框架；12—中部箱体；13—灰斗；14—卸灰阀

图 2-17　气箱式脉冲喷吹袋式除尘器

资料来源：张自杰等编《实用注册环保工程师手册》。

（3）水膜除尘

粉尘颗粒与水雾碰撞，凝聚成大颗粒后除掉，其除尘效率 70%～90%，适用于粒径＞5 μm 的粉尘治理。

（4）静电除尘

含尘气体经过高压静电场时被电分离，尘粒与负离子结合带上负电后，趋向阳极表面放电后沉积，静电除尘净化效率高，能捕集 0.01 μm 以上的细粒粉尘，其处理阻力小，处理（气体量）范围大。但静电除尘对粉尘的比电阻有一定要求，所以对粉尘有一定的选择性。

2．VOCs 治理

VOCs 末端治理技术众多，主要包括冷凝回收、吸附、液体吸收、燃烧及其组合治理技术，还有水喷淋、静电除油等预处理技术。不同技术的适用范围不一样，其对废气组分及浓度、温度、湿度、风量等因素有不同要求，因此在选用技术时，需从多方面综合考虑。

（1）冷凝回收法

冷凝回收法是利用物质在不同温度下饱和蒸汽压不同，通过降低温度或提高压力，使蒸汽状态的废气中目标物（有害成分）冷凝分离出来的技术。利用此技术可回收纯度高的物质，但处理效率不高。该技术常采用多级组合形式或作为燃烧吸附等净化方式的前处理。其处理有机废气时，常用于高浓度（≥10 000 mg/m³）、中低风量、具有回收价值的 VOCs 治理。

（2）吸附法

吸附法是利用多孔性固体吸附剂吸附废气中的有害物质，从而使废气得到净化。吸附剂可以是一次性的（不再生），也可以作再生处理，具体视 VOCs 的浓度和风量而定。

吸附剂再生处理方法：吸附剂饱和后通过热气流脱附再生，脱附后的有毒气体再通过其他方法处理（如冷凝回收、燃烧处理）。常见的吸附剂有活性炭、沸石（转轮）。

吸附法的处理效率可达 95%以上，但如吸附剂处理不当，会造成二次污染。吸附法处理有机废气时，适用于处理浓度＜5 000 mg/m^3、湿度较低的废气，不适用于含颗粒状废气，对废气预处理要求高。常用的吸附装置有固定床吸附器和近几年开始广泛采用的转轮吸附器。

1）固定床吸附器。如果只需要间歇性处理废气，那么通常只需一个吸附装置，当然这需要吸附周期之间有足够的时间间隔，以便进行吸附剂再生。如果需要连续处理废气时，必须采用多个装置，这些装置以一定的顺序进行吸附和再生操作，常用的有双床吸附系统或三床吸附系统，其中一个或两个吸附床分别进行吸附，另一个进行再生，典型双床吸附系统详见图 2-18。

2）转轮吸附器。适用于大风量、低浓度有机废气治理。目前所用的转轮大多是无机陶瓷纤维纸卷成蜂窝状的设备，在蜂窝结构的内部填充吸附材料。转轮被安装在分割成吸附、再生、冷却 3 个区的壳体内，通过调速马达带动转轮旋转。吸附、再生、冷却 3 个区分别与处理废气、再生热空气、冷却空气风管相连接。转轮吸附器常与冷凝回收或催化燃烧系统联合应用，经转轮吸附浓缩后的有机废气再通过冷凝回收或催化燃烧处理后达标排放。图 2-19 为沸石浓缩转轮系统。

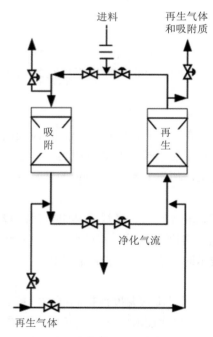

图 2-18 双床吸附系统

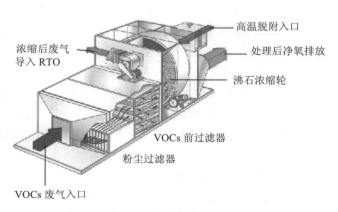

图 2-19 沸石浓缩转轮系统

目前常用吸附-冷凝回收的方法有两类：吸附-水蒸气脱附-冷凝回收、吸附-氮气脱附-冷凝吸收。

吸附-水蒸气脱附-冷凝回收工艺。该系统包括预处理、吸附、脱附再生、冷凝回收、自动控制、后处理等 6 个子系统。预处理是为了去除较高浓度的颗粒物（颗粒物含量超过 1 mg/m³ 时，应先用过滤等方法去除）、吸附后难以脱附或会造成吸附剂中毒的成分（常用洗涤的方法预先去除）。吸附剂常用颗粒活性炭、蜂窝活性炭、活性炭纤维毡或沸石分子筛。脱附用 100℃水蒸气（吸附剂的平衡吸附量随温度升高而降低，因此采用低温吸附、升温脱附）。其工艺流程示意图见图 2-20。

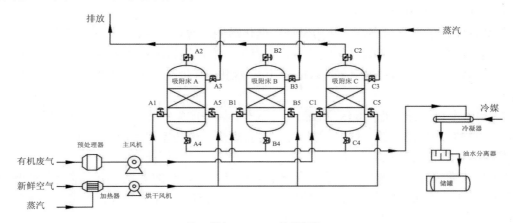

注：图中 A、B、C 均指阀门。

图 2-20 三床组成的 VOCs 自动回收系统工艺流程示意图

吸附-氮气脱附-冷凝吸收工艺。与上述吸附-水蒸气脱附-冷凝回收工艺相比，两者仅在于脱附系统不同，一个用水蒸气脱附，另一个用 99%以上的工业氮气脱附（为此需建一个制氮系统，再生时需对氮气加热至一定温度）。其工艺流程示意如图 2-21 所示。

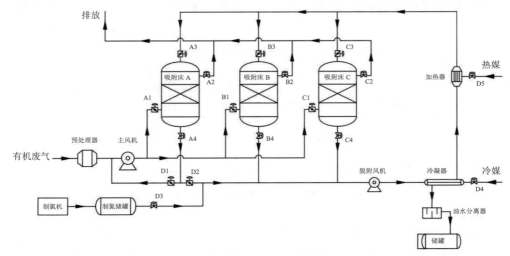

注：图中 A、B、C、D 均指阀门。

图 2-21 采用氮气脱附的三床层吸附回收系统工艺流程示意图

（3）液体吸收法

液体吸收法是指使用溶液、溶剂或水吸收废气中的目标物质，使其与废气分离的方法。吸收法处理废气的关键是要找到与目标物质相适应、匹配的吸收液，如酸性气体可用碱液吸收，碱性气体可用酸液吸收，水溶性、油溶性气体可分别用水或有机溶剂吸收。该技术适用范围广，对废气浓度限制较小，产生的吸收液需进一步回收或处理，避免造成二次污染。其常用的吸收设备有填料塔、湍球塔、板式塔。

（4）燃烧法

燃烧法是指将废气中的有机物作为燃料烧掉或将其在高温下进行氧化分解的方法。该方法在 VOCs 处理中应用较多。

燃烧法常用的有直接燃烧、热力燃烧、催化燃烧、蓄热燃烧、蓄热催化燃烧等。

1）直接燃烧。直接燃烧是将废气中可燃有机物当作燃料进行焚烧处理的方法，也称火焰燃烧。通常能够进行直接燃烧的 VOCs，其可燃组分含量高，或者是燃烧氧化反应放出的热量较高。

2）热力燃烧。当有机废气浓度较低，仅靠本身燃烧产生的热量不足以维持持续燃烧时，则需要向燃烧系统补充燃料（CH_4 等）才能维持燃烧，燃烧室温度应控制在 $680 \sim 820^{\circ}C$，此种燃烧技术称热力燃烧。

3）催化燃烧。催化燃烧是指在催化剂存在的情况下进行的燃烧。由于催化剂能够降低反应的活化能，因此可使有机废气在较低温度（$300 \sim 350^{\circ}C$）下发生无焰燃烧，分解为 CO_2 和 H_2O，同时放出大量的热。

$$C_nH_m + \left(n + \frac{m}{4}\right)O_2 \xrightarrow{\text{催化剂}} nCO_2 \uparrow + \frac{m}{2}H_2O \uparrow + \text{能量}$$

常用的催化剂为 Pt、Pd 等贵金属和稀土金属，Al_2O_3 等为载体。常用的催化燃烧系统有以下 3 种：

①预热式。当有机废气温度在 $100^{\circ}C$ 以下，浓度也较低时，燃烧热量不能自给，因此在进入反应器前需要在预热室加热升温（常用电或天然气加热）。其工艺流程示意图见图 2-22。

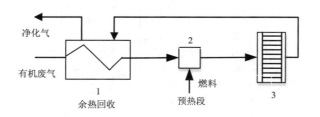

1—气/气热交换器；2—燃烧室；3—催化燃烧室

图 2-22 预热式催化燃烧工艺流程示意图

②自热式。有机废气温度高且有机物含量较高，通常只需在催化燃烧器之中设置电加热器供起燃时使用，通过热交换器回收净化气体所产生的热量，即可维护燃烧，不需补充热量，见图 2-23。

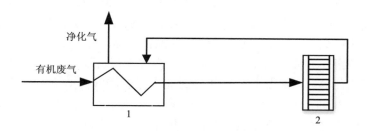

1—气/气热交换器；2—催化燃烧室

图 2-23　自热式催化燃烧工艺流程示意图

　　③吸附浓缩-催化燃烧。当有机废气流量大、浓度低、温度低，采用催化燃烧需消耗大量燃料时，可先采用吸附手段将有机废气吸附于吸附剂上进行浓缩，然后再通过热空气吹扫，使之脱附成为高浓度有机废气（可浓缩 10 倍以上）后再进行催化燃烧，不需要补充热源就可维持正常运行。其工艺流程示意图见图 2-24。

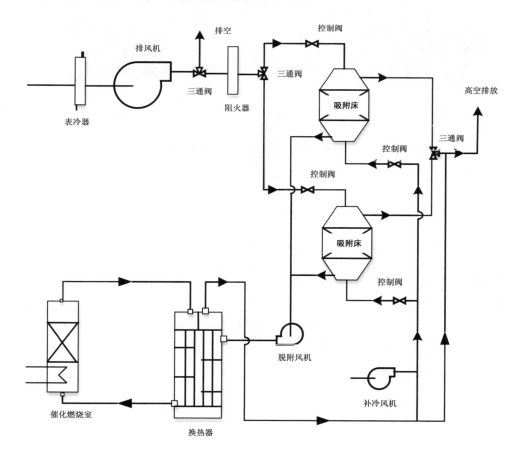

图 2-24　吸附浓缩-催化燃烧工艺流程示意图

4）蓄热燃烧（RTO）。RTO 的基本原理示意图如图 2-25 所示，让 VOCs 在高温低氧浓度（体积）气氛中燃烧，采用热回收率高的蓄热式换热装置，极大限度回收 VOCs 燃烧后产物中的显热，用于预热切换过来的含 VOCs 的混合气体，使之加热到 760℃以上进行燃烧。具体流程是：当含有机污染物废气由换向阀切换进入蓄热室 1 后，在经过蓄热室（陶瓷球或陶瓷蜂窝蓄热体等）时被加热，在极短时间内低温废气被加热到接近炉膛温度（一般比炉膛温度低 50～100℃）；与此同时，炉膛内燃烧后的烟气经过另一个蓄热室排入大气，炉膛内高温热烟气通过蓄热体时将显热储存在蓄热体内，然后以 150～200℃的低温烟气经过换向阀排出。工作温度不高的换向阀以一定的频率进行切换，使两个蓄热体（或者多个蓄热体）处于蓄热与放热交替工作状态，常用的切换周期为 30～200 s。

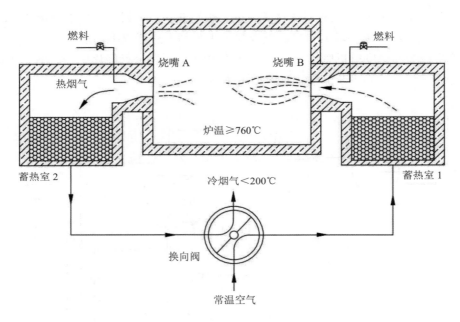

图 2-25　RTO 的基本原理示意图

5）蓄热催化燃烧（RCO）。RCO 技术出现在 20 世纪 90 年代。RCO 的运行温度宜为 300～500℃。与 RTO 相比，RCO 所需燃烧温度低，因此，一般情况下（除非 VOCs 浓度较高且能在不外加燃料下在 RTO 炉正常燃烧），RCO 的（加热）运行成本比 RTO 低。但从处理对象的适应性来看，RTO 优于 RCO。

RCO 工作原理示意图见图 2-26。

RCO 工艺流程示意图见图 2-27。

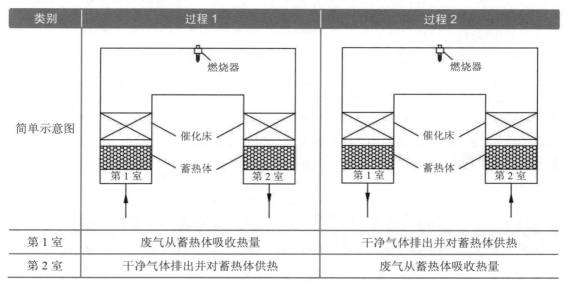

类别	过程 1	过程 2
简单示意图		
第 1 室	废气从蓄热体吸收热量	干净气体排出并对蓄热体供热
第 2 室	干净气体排出并对蓄热体供热	废气从蓄热体吸收热量

图 2-26 RCO 工作原理示意图

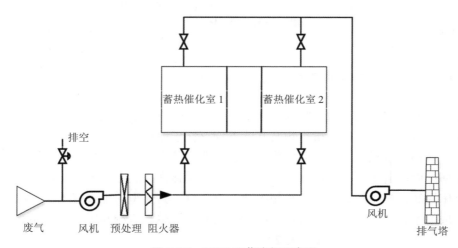

图 2-27 RCO 工艺流程示意图

　　燃烧装置由两个蓄热室构成，经预热后达到 280℃的废气在 PLC 程序的控制下循环执行以下操作流程：废气进入已蓄热的蓄热室后，进入催化床，净化后的废气经未蓄热的蓄热室放热后排放。

　　以上四大类处理方式（冷凝回收、吸附、液体吸收、燃烧法）在各类气态污染物治理中，都得到了较为广泛的应用，但近年来应用最多的领域是 VOCs 的治理。在实际工程应用中，因废气浓度、风量及回收价值等不同，宜分别采用不同的方法或各方法的组合方式。根据《挥发性有机物（VOCs）污染防治技术政策》（生态环境部公告　2013 年第 31 号），对于含高浓度 VOCs 的废气，宜优先采用冷凝回收、吸附回收技术进行回收利用，并辅助以其他治理技术实现达标排放；对于含中等浓度 VOCs 的废气，可采用吸附技术回收（价值较高时）或采用催化燃烧和热力焚烧技术净化后达标排放；对低浓度大风量的 VOCs 废气，宜采用吸附浓缩+燃烧（RTO、RCO）等技术净化后达标排放。

（5）生物法处理法

VOCs 生物净化过程是附着在滤料介质中的微生物在适宜的环境条件下，把废气中的有机污染物作为碳源和能源，进行分解代谢和合成代谢，并最终将有机物转化为 CO_2、H_2O 和细胞质的过程。其包括以下过程：VOCs 从气相传递到液相→VOCs 从液相扩散到生物膜表面→VOCs 在生物膜内部的扩散→生物膜内的降解反应→代谢产物排出生物膜。该方法针对水溶性好、生物降解能力强的 VOCs 具有较好的处理效果。表 2-8 给出了一些有机物被生物降解的难易程度。

表 2-8   不同废气成分的生物降解能力

生物滤床			生物洗涤反应器
处理效率＞80%	处理效率 50%～80%	处理效率＜50%	处理效率＞50%
• 芳香烃：甲苯、混合二甲苯 • 醇：甲醇、丁醇 • 醛：甲醛 • 羧酸：丁酸 • 胺：三甲基胺	• 酮：丙酮 • 芳香烃：苯乙烯、苯酰胺、吡啶 • 酯：乙酸乙酯 • 酚：苯酚、氯化苯酚 • 硫醚：二甲基硫醚、硫氰化物、硫酚 • 硫醇：甲硫醇	• 饱和烃：甲烷、戊烷 • 环烷：环己烷 • 醚：乙醚 • 卤化物：二氯甲烷、三氯乙烷、四氯乙烷	• 醇：甲醇、乙醇、异丙醇、乙二醇、苯酚、乙二醇醚 • 酯：乙酸甲酯 • 酮：丙酮 • 醛：甲醛

资料来源：生态环境部大气司等编《挥发性邮寄污染物治理实用手册》。

根据系统的运转情况和微生物的存在形式，可将生物处理工艺分为悬浮生长系统和附着生长系统。悬浮生长系统即微生物及其营养物存在于液体中，气相中的有机物通过与悬浮液接触后转移到液相，从而被微生物降解，其典型的形式有鼓泡塔、喷淋塔及穿孔塔等生物洗涤塔；而附着生长系统中微生物附着生长于固体介质表面，废气通过由滤料介质构成的固定床层时，被吸附、吸收，最终被微生物降解。其典型的形式有土壤、堆肥、填料等材料构成的生物过滤塔；生物滴滤塔则同时具有悬浮生长系统和附着生长系统的特性。上述 3 种生物法工艺的性能比较见表 2-9。

表 2-9   生物法工艺的性能比较

工艺	系统类别	适用条件	运行特性	备注
生物洗涤塔	悬浮生长系统	气量小、浓度高、易溶、生物代谢速率较低的 VOCs	系统压力损失较大、菌种易随连续相流失	对较难溶气体可采用鼓泡塔、多孔板式塔等气液接触时间长的吸收设备
生物滴滤塔	附着生长系统（兼具悬浮生长系统）	气量大、浓度低、有机负荷较高以及降解过程中产酸的 VOCs	处理能力强，工况易调节，不易堵塞，但操作要求较高，不适合处理入口浓度高和气量波动大的 VOCs	菌种易随流动相流失

工艺	系统类别	适用条件	运行特性	备注
生物过滤塔	附着生长系统	气量大、浓度低的VOCs	处理能力强，操作方便，工艺简单，能耗少，运行费用低，对混合型 VOCs 的去除率高，具有较强的缓冲能力，无二次污染	菌种繁殖代谢快，不会随流动相流失，从而大大提高去除率

资料来源：《注册环保工程师专业考试复习教材》。

3 种生物法工艺流程见图 2-28～图 2-30。

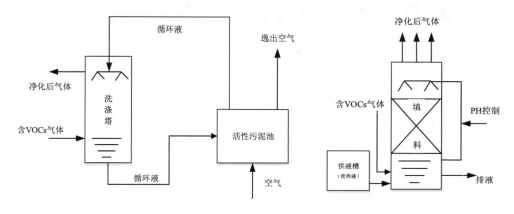

图 2-28　生物洗涤塔工艺流程　　　　图 2-29　生物滴滤塔工艺流程

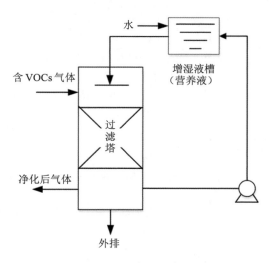

图 2-30　生物过滤塔工艺流程

除上述主要的治理技术外，最近几年又有一些新技术得到了开发，并逐步应用到实际处理中，如光解与光催化氧化处理技术、低温等离子体分解处理技术等。但从实际的处理效果来看，采用单一光解与光催化处理、低温等离子技术等设施普遍性地存在处理效率低下的问题。不少地方正逐步要求对这些治理设施进行升级改造。杭州市在刚开始 VOCs 治理时即发现了这一问题，为此，要求对占 VOCs 排放量 65% 以上的前 100 家企业均采用 RTO、

RCO 或吸附浓缩与燃烧联用等高效处理技术。2022 年 11 月生态环境部等部门印发的《深入打好重污染天气消除、臭氧污染防治和柴油货车污染治理攻坚战行动方案》（环大气〔2022〕68 号）中明确，对于采用单一低温等离子、光氧化、光催化以及非水溶性 VOCs 废气采取单一喷淋吸收等治理技术且无法稳定达标的加快升级改造。

上述各种治理技术的优、缺点比较可见表 2-10。

表 2-10　常见 VOCs 控制技术的优、缺点比较

控制技术装备		优点	缺点	适用范围与受限范围
吸附技术	固定床吸附系统	1. 初设成本低； 2. 能源需求低； 3. 适合多种污染物； 4. 臭味去除有很高的效率	1. 操作时间短，更换频繁； 2. 有火灾危险	适用于生产和使用溶剂型和水性涂料的企业，如生产卷钢、船舶、机械、汽车、家具、包装印刷、电子、涂料、油墨及胶黏剂的企业等低浓度（≤1 000 mg/m³）的废气处理；不适合高浓度、含颗粒物状、湿度大的废气，对废气预处理要求高；此外，对酮类、苯乙烯等气体吸附较差
	旋转式（转轮、转筒）吸附系统	1. 结构紧凑，占地面积小； 2. 操作简单、可连续操作、运行稳定； 3. 单位床层阻力小； 4. 脱附后废气浓度浮动范围小	1. 运行能耗高； 2. 对密封件要求高，设备制造难度大、成本高； 3. 无法独立完全处理废气，需要配备其他废气处理装置； 4. 吸附剂装填空隙小	适用于低浓度（≤5 000 mg/m³）、大风量（≤100 000 m³/h）的废气处理，如生产卷钢、船舶、机械、汽车、家具、包装印刷、电子、涂料、油墨及脱黏剂生产或使用溶剂型涂料和水性涂料的行业； 不适合含颗粒物状废气，对废气预处理要求高
燃烧技术	TO	1. 污染物适合范围广； 2. 处理效率高（可达 90% 以上）； 3. 设备简单	1. 对低浓度废气，燃料成本较高； 2. 操作温度及成本高； 3. 可能有 NO$_x$、CO 问题产生	适用于化工、工业涂装等行业中高浓度、不具有回收价值 VOCs 的治理，如涂料、油墨及脱黏剂制造业、汽车制造和集装箱制造等； 不适合含氮、硫、卤素等化合物的治理
	CO	1. 操作温度较直接燃烧低； 2. 相较于 TO，燃料消耗量少； 3. 处理效率高（90% 以上）	1. 催化剂易阻塞、烧结、中毒、破损及活性衰退； 2. 对某些污染物成分及浓度有所限制	适用于中浓度、无回收价值的 VOCs 治理，如包装印刷、家具制造等； 不适合含有硫、卤素等化合物
	RTO	1. 高热回收效率（>90%）； 2. 可处理较高进口温度； 3. 可处理含卤素碳氢化合物； 4. 高去除率	1. 陶瓷床压损大且易阻塞； 2. 低 VOCs 浓度时燃料费用高； 3. NO$_x$ 问题需注意； 4. 热机/冷却时间长（12～24 h）； 5. 需定期清除氧化室	适用于中高浓度、不具有回收价值 VOCs 的治理，如集装箱制造、汽车制造、家具制造等； 不适合易自聚化合物（苯乙烯等）、硅烷类化合物、含氮化合物等

控制技术装备		优点	缺点	适用范围与受限范围
燃烧技术	RCO	1. 操作成本较 RTO 低； 2. 设备体积较 RTO 小； 3. 高去除率（95%～99%）及高热回收率（>90%）	1. 催化剂成本高且有废弃催化剂处理问题； 2. 催化剂易阻塞、烧结、中毒、破损及活性衰退	适用于中高浓度废气治理，如化工、工业涂装、包装印刷等行业； 不适合处理易自聚、易反应等物质（苯乙烯），不适合处理硅烷类及含氮化合物
冷凝技术	管壳式冷凝器、板面式冷凝器	1. 设备及操作简单； 2. 回收的物质纯净； 3. 投资及运行费用低	1. 净化效率不高； 2. 设备较庞大； 3. 净化后不能达标，须设后处理工艺	适用于高浓度（≥10 000 mg/m³）、中低风量、具有回收价值的 VOCs 治理，主要应用于医药制药、炼油与石油化工类行业
其他组合技术	沸石浓缩转轮+TO/RTO	1. 去除效率高（300×10⁻⁶ 以下）； 2. 高浓缩比（5～30）； 3. 燃料费较省； 4. 高处理效益	1. 含高沸点物质时，转轮需定期水洗再生（废水处理问题），还会有蓄热材料堵塞问题； 2. 浓度较高及操作处理不当时，有潜在的着火危险，需加装保护措施（N₂ 及消防水自动喷洒）； 3. 转轮寿命 3～5 年（高沸点成分脱附困难）； 4. 系统压力变动大； 5. 燃料费用高	适用于如汽车制造行业企业等产生废气量大（≥100 000 mg/h）且浓度低的企业
	活性炭+CO	1. 一次性投资费用低； 2. 浓缩比可达 10∶1； 3. 能耗低； 4. 处理风量大； 5. 净化效率高（≥90%）	1. 活性炭和催化剂需定期更换； 2. 粉尘量（标态）大于 0.3 mg/m³ 时需要除尘； 3. 不适合处理有机物浓度（标态）高于 1 g/m³ 的废气	适用于低浓度（≤1 000 mg/m³）的废气处理； 不适合高浓度、含颗粒物状、湿度大的废气； 不适合处理含高沸点物质、硫化物、卤素、重金属、油雾、强酸或碱性的废气
	冷凝+吸附	1. 回收率高、回收物纯度高，经济效益高； 2. 低温下吸附处理 VOCs 气体，安全性高	1. 单一冷凝要达标需要到很低的温度，耗电量较大，日常维护需专业的人员； 2. 净化程度受冷凝温度限制、运行成本高； 3. 需要有附设的冷冻设备，投资大、能耗高、运行费用大； 4. 占地空间较大，吸附剂需定期更换	适用于高沸点、高浓度 VOCs 治理，如炼油、石油化工、其他化学工业行业及合成材料行业的企业

控制技术装备		优点	缺点	适用范围与受限范围
吸收技术	填料塔、湍球塔、板式塔	1. 运行温度，操作管理方便； 2. 流程简单，运行费用低； 3. 净化效率高	1. 吸收后处理费用大； 2. 选择性差； 3. 易产生二次污染； 4. 柴油、汽油等吸收剂存在安全隐患	适用于溶解性较高的 VOCs 治理，如石油化工、表面涂装、包装印刷、医药及电子行业类企业
喷淋技术	水喷淋、酸性喷淋、碱性喷淋、其他药剂喷淋	1. 结构简单、成本低； 2. 对特定气体去除效率高； 3. 不受高沸点物质影响； 4. 无须高温操作、危险性低； 5. 无废气耗材处理问题	1. 净化效率低，消耗吸收剂，易形成二次污染； 2. 需要及时补充喷淋液，运行费用和废水处理成本增加； 3. 易阻塞及腐蚀； 4. 去除对象单一，仅适用于特定的废气处理	适用于低浓度、水溶解性较高的 VOCs（如醇类化合物）治理，如电子工业、制药行业、医药及纸皮和塑胶印刷等
静电除油	高压静电除油模块	1. 高压电场可产生 O_3，具有除臭功能； 2. 能耗低，运行费用低； 3. 压降较小，噪声低； 4. 设备紧凑、占地面积小	1. 集尘极上油烟冷凝物黏度较高，阻碍电场放电，导致净化效率下降； 2. 安全性差，易着火； 3. 前期投资费用较高	主要应用于化纤、炼油、采油、炼化、油漆行业等一系列生产过程中产生含油废气企业
生物技术	生物滤床、生物滴滤塔、生物洗涤塔等	1. 设备及操作成本低； 2. 可脱除臭气	1. 不适合处理高浓度或含硫、氮、卤素化合物； 2. pH 不易控制在理想范围内； 3. 占地广大、滞留时间长、单位体积的去除率低	适用于水溶性高中等风量、较低浓度 VOCs 废气，对恶臭异味去除效果较好，如鞋材、印刷、包装、表面处理、家具、喷涂、油漆、制药等； 不适合处理高浓度废气

资料来源：生态环境部大气司等编《挥发性有机污染物治理实用手册》。

　　上面介绍了几种主要的 VOCs 治理技术，如前所述，各种技术的适用条件和范围各有不同，具体到每个项目的治理时，应从技术可行性和经济性多方面考虑。

　　对于高浓度的 VOCs（通常高于 1%，即 10 000 ppm），一般需要进行有机物的回收。通常首先采用冷凝技术将废气中大部分的有机物进行回收，降低浓度后的有机物再采用其他技术进行处理。如油气回收过程，自油气收集系统来的油气经油气凝液罐排除冷凝液后（可采用多级冷凝）进入油气回收装置，经冷凝回收的汽油进入回收汽油收集储罐，尾气通过活性炭吸附后达标排放，活性炭吸附饱和后的脱附油气经真空泵抽吸送入冷凝器入口进行循环冷凝。在有些情况下，虽然废气中 VOCs 的浓度很高，但并无回收价值或回收成本太高，直接燃烧法显得更加适用，如炼油厂尾气的处理等。

　　对于低浓度的 VOCs（通常为小于 1 000 ppm），目前有很多的治理技术可以选择，如吸附浓缩后处理技术、吸收技术、生物技术等，在大多数情况下需要采用组合技术进行深度净化。吸附浓缩技术（固定床或沸石转轮吸附）近年来在低浓度 VOCs 的治理中得到了广泛应用，视情况既可以对废气中价值较高的有机物进行冷凝回收，也可以采用催化燃烧或高温焚烧工艺进行销毁。在吸收技术中，采用有机溶剂为吸收剂的治理工艺由于存在安全性差和吸收液处理困难等缺点，目前已较少使用。采用水吸收目前主要用于废气的前处理，如去除漆雾和大分子高沸点的有机物及去除酸性、碱性气体等。另外，对于水溶性高的 VOCs，可采用生物滴滤法和生物洗涤法，水溶性稍低的可采用生物滤床。

　　对于中等浓度的 VOCs（数千 ppm 范围），当无回收价值时，一般采用催化燃烧（CO/RCO）和高温燃烧（TO/TNV/RTO）技术进行治理。在该浓度范围内，催化燃烧和高温燃烧技术的安全性和经济性是较为合理的，因此是目前应用最广泛的治理技术。蓄热式催化燃烧（RCO）和蓄热式高温燃烧技术（RTO）近年来得到了广泛的应用，提高了催化燃烧和高温燃烧技术的经济性，使得催化燃烧和高温燃烧技术可以在更低的浓度下使用。当废气中的有机物具有回收价值时，通常选用活性炭/活性炭纤维吸附+水蒸气/高温氮气再生+冷凝工艺对废气中的有机物进行回收，从技术经济上进行综合考虑，如果废气中有机物的价值较高，回收具有效益，吸附回收技术也常被用于废气中较低浓度有机物的回收。对于水溶性高的 VOCs（如醇类化合物），也可采用吸收法回收溶剂。

　　不同浓度 VOCs 的治理技术适用范围具体可见图 2-31。

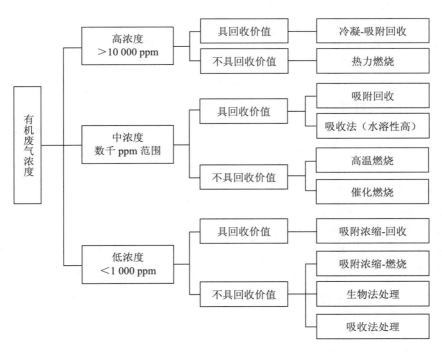

图 2-31　VOCs 治理技术适用范围（浓度）

综合考虑浓度和风量下，治理技术的选择可见图 2-32。

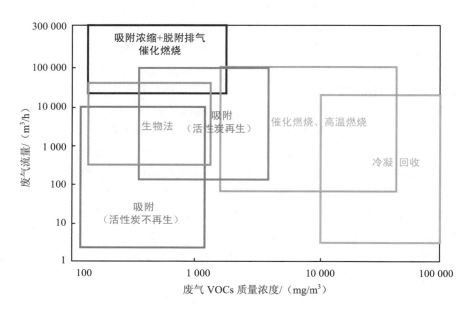

图 2-32　VOCs 治理技术适用范围（浓度、流量）

　　图 2-32 直观地给出了不同单元治理技术所适用的有机物浓度和废气流量的大致范围。对于废气流量，图中给出的是单套处理设备最大处理能力和比较经济的流量范围。当废气流量较大时，可以采用多套设备分开进行处理。由图 2-32 可知，吸附浓缩+脱附排气高温焚烧/催化燃烧组合技术适用于大风量低浓度 VOCs 废气的治理；生物法适用于中等风量较低浓度 VOCs 废气的治理；吸附法（更换活性炭）适用于小风量低浓度 VOCs 废气的治理；活性炭/活性炭纤维吸附溶剂回收适用于中大风量中低浓度 VOCs 废气的治理；催化燃烧法、高温燃烧治理技术适用于中小风量中高浓度 VOCs 废气的治理；冷凝回收法适用于中低风量高浓度 VOCs 废气的治理。高浓度的 VOCs 废气一般都不能只靠单一的技术来进行治理，一般都是利用组合技术来进行一个有效的治理，如采用冷凝回收+活性炭纤维吸附回收技术等。

　　废气温度也是考虑的因素之一，吸附法要求气体温度一般低于 40℃，如果废气温度比较高时，吸附效果会显著降低，因此应该首先对废气进行降温处理或不采用此技术。燃烧法中当气体温度比较高，接近或达到催化剂的起燃温度时，由于不再需要对废气进行加热，即使有机物浓度较低，采用催化燃烧技术是最为经济的（当废气温度达到或超过催化剂的起燃温度时，可以采用直接催化燃烧技术进行治理，如漆包线生产尾气的治理等）。

　　废气的湿度对某些技术的治理效果的影响非常大，如吸附回收技术，活性炭、沸石和活性炭纤维在高湿度条件下（如高于 70%）对有机物的吸附效果会明显降低，因此应该首先对废气进行除湿处理或不采用此技术。

案例 2-5：包装彩印行业 VOCs 治理

包装彩印行业是 VOCs 排放的一大重点行业。杭州某公司有多条包装彩印生产线，年使用无机溶剂类原材料 7 000 多 t，VOCs 年产生量约 6 000 t，基本上 24 h 生产。该企业 2018 年前曾用其他方法处理，处理效率较低、排放量大。2018 年和 2019 年，陆续上了 5 套转轮吸附-RTO 处理设施，经监测，VOCs 去除率达 98% 以上，VOCs 排放量大幅下降。图 2-33 为其处理工艺流程图，图 2-34 为外立面图。

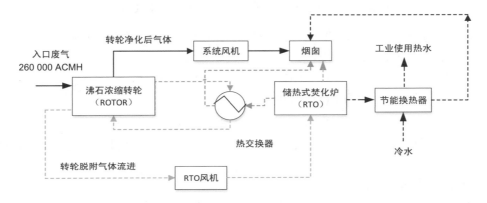

图 2-33　转轮 RTO 系统（虚线部分为选配）工艺流程

图 2-34　杭州某公司转轮吸附-RTO 处理外立面图

上述 5 套设施总处理风量达 490 000 m³/h，总投资 4 229 万元；设备年用电费用约 164 万元、年用气费用 510 万元。

3．（烟气）脱硫脱硝治理

燃煤尾气中含有大量 SO_2、NO_x 及烟尘，这些污染物浓度高，如不加处理直接排放，会严重污染周边环境。为此，需分别采取除尘、脱硫、脱硝措施，大幅削减烟尘、SO_2、NO_x 的排放，其中除尘已在本章第三节颗粒物治理中作了详细介绍。

脱硫常用的方法是用石灰石浆中和吸收生成石膏：

$$CaCO_3 + \frac{1}{2}H_2O + SO_2 \longrightarrow CaSO_3 \cdot \frac{1}{2}H_2O + CO_2 \uparrow$$

$$CaCO_3 + \frac{1}{2}O_2 + 2H_2O + SO_2 \longrightarrow CaSO_4 \cdot 2H_2O + CO_2 \uparrow$$

脱硝常用方法是在一定温度下，在 V_2O_5 等催化剂存在下，在尾气中喷入 NH_3 与 NO、NO_2 等发生反应生成 N_2 而去除 NO_x：

$$4NO + 4NH_3 + O_2 \longrightarrow 4N_2 + 6H_2O$$

$$6NO_2 + 8NH_3 \longrightarrow 7N_2 + 12H_2O$$

$$2NO_2 + 4NH_3 \longrightarrow 3N_2 + 6H_2O$$

具体内容可见本章前面燃煤废气治理中火电和热电锅炉超低排放改造部分，此处不再赘述。

4．其他有毒有害气体治理

其他有毒有害气体的种类很多，根据各种气体的物理、化学、生物特性不同，其治理方法也不同。常见的几种典型有毒有害气体有氯化氢、硫化氢、氯气等，其各自的处理方法如下：

（1）氯化氢废气处理

氯化氢气体是极易溶于水的气体，对浓度高、气量大的氯化氢废气，多用水进行吸收，可得副产品稀盐酸。吸收设备可采用波纹板填料塔、筛板塔、湍球塔等，吸收效率可达97%以上。

对于气量不大，排放装置又分散的场合，也可采用中和法，可以利用废碱液对氯化氢气体进行中和吸收。

（2）硫化氢废气处理

可用弱碱液吸收，广泛采用乙醇胺、二乙醇胺吸收：

$$2RNH_2 + H_2S \longrightarrow (RNH_2)_2S$$

$$(RNH_2)_2S + H_2S \longrightarrow 2RNH_2S$$

也可用强碱弱酸盐吸收硫化氢，如用 3.0%～5.0%碳酸钠溶液：

$$Na_2CO_3 + H_2S \longrightarrow NaHCO_3 + NaHS$$

还有一种吸收氧化法，在化学吸收法的基础上，在吸收液中加入氧化剂或催化剂，使吸收的硫化氢在再生塔中氧化成硫而回收。

（3）氯气尾气处理

可采用碱吸收或氯化亚铁等吸收处理：

$$2NaOH + Cl_2 \longrightarrow NaClO + H_2O + NaCl$$

$$2FeCl_2 + Cl_2 \longrightarrow 2FeCl_3$$

四、结构调整

当一个区域内污染源达标排放下仍经常出现区域性大气污染问题，或一个企业由于周边敏感建筑物较近（如老厂新居问题），难以通过达标治理甚至深度治理而消除其对周边环境（人群）的影响时，则必须考虑实施区域产业结构调整或关停、搬迁区域内重点污染源。

造成上述区域环境或老厂新居问题的主要原因是，城市化的不断演进以及局部区域城镇规划的调整、变迁。如随着城市化的不断推进，原处在郊区的工业区变成了城市中心区域，并逐步被周边居民区包围；一些原来的工业开发区由于规划调整变成了城市副中心、副城，在工业区周边不断建设大量商住楼及学校、医院等配套公共服务设施，进而演化成"老厂新居"的格局。工业区内众多工业企业集聚，存在较多的废气排放源，即使每个污染源做到达标排放，由于排放源与居民区之间没有足够的防护距离，排放废气扩散、稀释不足，污染叠加后仍将使周边居住区的大气环境受到较大影响，厂居矛盾会日益突出。出现这样区域性、大范围的大气污染问题，仅靠推动污染治理达标是难以解决问题的，切实可行的办法只能是对这些被居民区包围的老工业区实施"腾笼换鸟"。这样的例子在全国各地有很多，杭州市半山和北大桥地区环境综合整治工作具有典型性。

案例 2-6：杭州市半山和北大桥地区环境综合整治

半山和北大桥地区是杭州的老工业基地，其范围涵盖拱墅区 5 个街道和余杭区崇贤街道，总计约 81 km²。历史上，此地位于杭州城北市郊，是杭州重化产业集聚地，区域内有包括化工、冶金、炼油、制药、铅酸蓄电池、印染、造纸、火电、橡胶、化纤等众多重污染产业，其耗煤量、工业排水量、二氧化硫排放量均占杭州主城区的 80% 以上。而随着杭州经济社会的快速发展，城市化的推进，这一区域及其周边地区陆续规划建设了亲亲家园、万家花城等一批居住小区。原来的（重）工业区逐渐被居民区包围、穿插，老厂新居矛盾日益突出。因经常闻到异味、恶臭等，群众环境信访投诉不断，并引发了多次群体性事件。监测结果表明，2006 年这一区域大气环境质量全市最差，PM_{10} 为 120 μg/m³，TSP 值劣于三级标准，降尘达 19.8 t/（km²·月）（是杭州其他地区的 3 倍），地表河道水为劣 V 类。针对这一现状，杭州市委、市政府果断决策，立即着手启动这一地区的环境综合整治。由杭州市环保局牵头会同规划、国土、经信等部门编制了整治方案，并由市政府印发实施。为了顺利推进整治工作，市政府成立了由市长任组长的整治工作领导小组，领导小组下设办公室，办公室由市环保局、经信局、规划局、国土局、财政局及拱墅区政府、余杭区政府等市、区两级政府和部门派员共同组成，并实行实体化运行，集中办公人员约 30 人。2007—2016 年，半山、北大桥地区整治工作分 3 个阶段进行：第一阶段，2007—2009 年，半山地区整治主要集中在拱墅区半山、康桥、余杭区崇贤 3 个镇。第二阶段，2009—2012 年，半山、北大桥地区联合整治，整治范围在原地区 3 个镇的基础上，进一步扩大至拱墅区小河、和睦、祥符 3 个街道。第三阶段，2013—2016 年，深化巩固和攻坚，以 2016 年 4 月年产 400 万 t 钢的杭州钢铁厂半山基地关停为标志，给半山、北大桥地区历时 9 年的环境整治画上圆满句号。

9 年整治，先后三任书记、三任市长，一任接着一任干，三任市长都担任了整治工作领导小组组长，整治工作的步伐一刻也没有停过。通过整治，先后有529家企业实施了关、停、转、迁，区域内重污染企业清零。经过整治，累计削减工业废水4 000多万 t/a，化学需氧量4 500 t/a；削减煤炭250万 t/a，SO_2 5 541 t/a，NO_x 6 422 t/a，烟（粉）尘量22 775 t/a。半山、北大桥地区从过去的重化基地，老厂新居矛盾突出、功能不清的混杂区，逐步变成了环境秀美的杭州北部新城，区域环境质量得到明显改善，如2017年降尘为5.33 t/（km^2·月），较2006年下降73%，与杭州其他地区基本相当；2017年 $PM_{2.5}$ 为48 $\mu g/m^3$，接近全市平均水平 45 $\mu g/m^3$。区域河道水质由劣Ⅴ类改善至Ⅲ类。九年沧桑巨变，中央电视台以"杭州北部工业老区变身绿色家园"为题，对整治工作做了专题播报。

图 2-35　半山、北大桥地区整治前

图 2-36　半山、北大桥地区整治后

回顾半山、北大桥的九年环境整治工作。有以下几点值得总结：

1．系统谋划、系统推进是抓好整治工作的基础

半山、北大桥地区的环境问题不仅是当地企业排污（量大、面广）的问题，还有区域内基础设施（污水系统等）不完善、不配套、规划滞后、企业管理松散等一系列问题。因此，整治工作必须针对上述问题系统谋划和推进。为了使区域环境整治更具有系统性，在整治方案编制过程中，市环保局在广泛调查，摸清环境质量、排污情况、企业生产经营情况、区域内环境基础设施情况等的基础上，与市规划、国土、经信、建设、城管等部门以及两区政府反复沟通、协调，最终形成了包括"重污染企业关停转迁计划""企业环境整治计划""能源结构调整计划（煤改气、煤改油）""区域污水干管泵站建设计划""生活小区、公建单位、工业企业截污纳管计划""区域内河道整治计划"等详细内容的半山、北大桥地区环境综合整治方案，并明确了各项任务的责任单位、完成时间等。与此同时，市政府要求市规划局在城市总规框架下，启动编制新的区域控制性详规，实现整治与规划相互促进、相互衔接。

2．齐抓共管、专班运作是抓好整治工作的关键

如前所述，一个区域的环境综合整治是庞大的系统工程，仅靠一两个部门和当地一个区政府是解决不了的。为此，整治工作一开始就组建了领导小组，由市长任组长，分管环保、工业、城建的副市长为副组长。领导小组下设办公室，市环保局局长兼任办公室主任，办公室下设各专项工作组，由各成员单位分别牵头专项组的工作。如市经信局会同两个区政府负责工业企业关停和搬迁工作；市建委会同城管和两区政府负责牵头做好排水系统等环境基础设施建设工作。市委、市政府把整治工作完成情况纳入对各单位的年度综合考评中。领导小组成立后，组长每月召开一次例会，副组长每周召开一次例会，协调解决整治工作中的重大问题，日常工作主要由专班 30 位同志为主推进。

3. 政策及时到位是抓好整治工作的重要保障

无论是关停还是搬迁一个企业，都会涉及大量的政策处理。其中最主要的是对这些企业如何进行补偿及补偿资金从何而来、什么时候补的问题。为此，整治专班中专设了一个搬迁企业政策处理协调小组，由市经信局总牵头，市、区两级土地储备中心共同参与。关停、搬迁企业的补偿资金主要从区域规划调整（多调整为商住用地）产生的土地增值部分来统筹解决，并力求资金区域内平衡。在具体操作中，先对关停、搬迁企业的资产和拆迁等费用进行评估，根据评估结果，由土地储备中心与搬迁企业签订补偿协议。考虑到企业搬迁到新的地方需要大量投入，协议签订后，即由土地储备中心先期支付 30% 左右补偿款给企业，而后再分期按一定比例拨付，但到企业正式关停交地前，保留 15%～20% 的款项，以用于支付土壤修复等费用，交地工作全面完成后再结清。从半山、北大桥地区的最终实践来看，通过区域统筹，区域环境整治所花资金（包括关停、搬迁补偿费）与土地增值资金能基本平衡。9 年整治，关停搬迁了这么多企业，建设了那么多各类基础设施，半山、北大桥地区实现了整体转型，市、区两级财政没掏一分钱，真正实现了环境质量改善，经济社会发展和百姓安居乐业的多赢。

第五节　扬尘污染防治

扬尘是 PM_{10}、$PM_{2.5}$ 的重要来源，而扬尘主要来自建筑工地施工、道路、堆场、矿山开采等，尤其前两者点多面广，影响较大。

一、建筑工地扬尘污染防治

防治建筑施工扬尘污染的主要措施是：要做到工地周边围挡、物料堆放覆盖、土方开挖湿法作业、路面硬化、出入车辆清洗、渣土车辆密闭运输 6 个百分之百，但由于缺少详细、可量化、操作性强的法规支撑，且点多面广，要把 6 个百分之百真正落实起来比较难。因重视程度不同，各地工作的力度和成效差异较大。比较突出的问题是土方开挖不湿法作业（无喷雾设施）、场内路面硬化不足，地面扬尘多，施工车辆冲洗不干净，车辆渣土装载过满造成路上抛撒等。近年来，杭州市在建筑工地扬尘防治上作了一些有效探索。杭州市在筹办 2022 年亚运会期间，地铁、快速路、亚运场馆等大规模、高强度开工建设。2019—2021 年全市有 5 000 多个各类建筑工地，一度由于管理不到位等原因，造成较大的扬尘污染，群众、媒体等反响较大。为扭转这一局面，杭州市有关部门和区县政府打出了一系列组合拳，并取得明显成效。

1. 强化规范监管

制定并切实实施《杭州市建设工地扬尘防治细则》《杭州市道路施工扬尘污染防治细则》，从健全监管工作机制、落实资金保障、细化（扬尘）防治措施 3 个方面作了详细规定。市地铁集团还专门针对全市地铁施工工地制定实施了"地铁工程扬尘治理防控措施 13 条"。各区、县对施工扬尘实行网格化管理，以乡镇（街道）为一网格单元，纳入乡镇治理平台体系，并由四大监督员监管队伍（乡镇政府和区县的生态环境、住建、城管各派1名同志作为扬尘防治监督员）负责日常监管，每周开展2次以上的巡查，对发现的问题，及时督促整改。

在此基础上，主城区 7 个区（杭州区划调整前）还专门聘请第三方机构每天对辖区内建筑工地、道路扬尘防治开展巡查，发现问题立即发送上网，由四大监督员到现场监督落实整改，并要求当天问题当天整改完成。

2. 全面推行视频监控和扬尘在线监测

所有建筑工地都按要求安装视频监控探头，并与行业主管部门、市大气办联网。对1 500 多个建筑面积 5 000 m^2 以上的重点建筑工地安装了扬尘在线监测系统，市大气办为此专门制定实施了《杭州市扬尘在线监测设施管理细则》，对工地开展总悬浮颗粒物（TSP）监测，监测设备与行业主管部门联网。当 TSP 值超过某一浓度时自动预警，工地立即采取喷雾、覆盖等降尘措施；TSP 值超过一定值时就会向行业主管部门报警，行业主管部门据此立即对工地进行核查、处罚。

3. 加大处罚力度

对扬尘管理的违法行为一般多由建设、城管等行业主管部门处罚，但按照现行的一些处理规定，处罚的力度明显不足。扬尘防治工作不到位，一般也就罚款几万元，难以起到惩戒、震慑作用。为了改变这一现状，杭州市采取了两方面措施：一是市、区两级生态环境部门根据建设项目"三同时"管理等的相关规定，对扬尘防治工作不落实的业主单位按未落实"三同时"要求处罚：罚款 20 万元以上；二是市建委对因扬尘防治工作不到位而被相关部门处罚的施工单位根据《杭州市建筑市场信用管理办法》的规定，扣减其信用分，其信用分被扣减将直接影响其参加招投标的分值。通过对几个典型案例的处罚，起到了极大的震慑作用，严重违反施工扬尘防治规定的行为大幅减少，防治施工扬尘的自觉性有了较大提高。

4. 开展"赛场赛马"

市城管部门牵头开展了建筑工地、道路扬尘防治和市容市貌为主要内容的市区环境大整治，每周一通报、每月一排名，且这些排名结果纳入市委、市政府对各区、县的综合考评，有力促使各区（县、市）形成了比学赶超的良好氛围。图 2-37 为拱墅区核心地段某项目地下三层结构施工现场，为最大限度减少施工的扬尘、噪声等对周边居民和环境的影响，施工现场上方用 150 m 长的绿色"天幕"覆盖，实现了全封闭作业，该"天幕"实现智能化操作。

通过采取上述一系列措施，杭州市建筑施工扬尘污染问题得到了较好的控制，社会各界的评价逐步好转。

控制建筑施工扬尘的另一个根本性方法是要大力推广装配式建筑。装配式建筑是指把传统建造方式中大量现场作业的工作转移到工厂进行，在工厂加工制作好建筑用构件和配件（如楼板、墙板、楼梯等），运输到建筑施工现场，通过可靠的连接方式在现场装配安装而成的建筑。2016 年，国务院出台了《关于大力发展装配式建筑的指导意见》，力争用10 年左右时间使装配式建筑占新建建筑面积的比例达到 30%，《空气质量持续改善行动计划》明确，到 2025 年，装配式建筑占新建建筑面积比例达 30%。从目前实际情况来看，上海市这项工作做得最好、最领先。上海市规定 2016 年起外环线以内（除少部分特殊建筑外），新建民用建筑应全部采用装配式建筑，外环线以外不少于 50%。采用装配式建筑改变了现有建造方式粗放，钢材、水泥浪费严重，工地脏、乱、差，扬尘多，质量通病严重等问题，是一次建筑行业的绿色革命，但真正要大力推进这项工作，需要地方党委、政府的高度重视和坚定决心。

图 2-37　拱墅区某建筑工地

二、道路扬尘污染防治

道路扬尘控制主要是做好以下几项工作：

一是防滴漏、散落。要做到这一点，关键是渣土等运输车辆必须冲洗干净后出场并做到全密闭。目前，许多城市渣土运输车辆均已完成全封闭改造，重点是要监督落实好净车出场；

二是勤清扫。及时把道路上滴漏的泥土、垃圾、积尘等清扫干净，并应尽可能使用机扫。

三是勤洒水。尽可能保持路面有一定的湿润，防止起尘。

为了加强对道路扬尘的精准管理，2019 年开始，杭州市在市区内 80 多条最主要的交通干线上安装了 100 套扬尘在线监测设施，并与市、区两级城管局联网。一旦 TSP 超过了预警值，就采取加大洒水、清扫等措施控制道路扬尘污染，起到精准防控的作用。

三、堆场和其他扬尘污染防治

企业、码头等的煤、砂石料堆场的扬尘防治主要通过采取围挡、覆盖、水喷雾等措施防治。

城市扬尘防治中还有一块容易疏忽的工作是裸土防尘。大面积、长时间的裸土宜通过种植草坪等植物防止扬尘；大面积、短时间的裸土则宜用土工布等覆盖；小面积、长时间裸土，如道路两侧行道树周边裸土，可采用陶粒、木屑等覆盖，一些大中城市局部区域已在推行这一做法。

四、矿山开采扬尘污染防治

在矿山开采过程中，粉尘的来源主要是矿石破碎及运输过程。抓好矿山开采扬尘防治，应从以下几点着手：

1）集约开采。要减少开采点个数，做大单个矿的开采量，避免出现点多面广、无序开采的局面。从实践看，只有真正有实力的大型矿场，才有能力去建设现代化的、具有良好防尘条件的开采生产线、输送线。

2）各作业工段防尘落实要到位。重点是矿石破碎、输送过程要最大限度密闭，同时配齐布袋除尘、湿法喷淋等除尘设施。

3）尽可能采用水路、铁路运输，减少运输中的车辆尾气及扬尘污染。

案例 2-7：杭州富阳市矿山整治及绿色矿山建设

富阳市大部分区域为山区，石灰石、砂石等矿产资源丰富，并长期为杭州、上海的基本建设提供砂石材料，2013 年全市矿山开采点多达 53 个，造成严重的生态破坏和扬尘污染。为此，自 2013 年以来，富阳市开展了多轮矿山整治，关停了一大批开采点。在开采量逐年增加的情况下，至 2020 年，全市矿山开采点减少至 14 家。对保留的企业进行了全面的规范化整治，矿石开采、破碎等扬尘得到了有效治理；污水经处理后全部循环回用，实现零排放；剥离风化层和其他固体废物均得到资源化利用。

以富阳宏升材料有限公司生态环境保护情况为例介绍如下：

该公司开采矿种为砂岩，加工后成建筑用砂石，生产规模 300 万 t/a，由于公司生态环境保护工作做得好，被列入国家绿色矿山名录库。

1）公司生产从开采、破碎到输送各工段粉尘得到系统治理，加工后砂石用皮带转运（加封闭式防尘罩）至船上作业区，并安装了粉尘在线监测系统，厂界等颗粒物浓度均低于《大气污染物综合排放标准》规定的值。

2）建设了一个完整的污水处理站，处理后污水全部回用，实现零排放。

3）剥离风化层、污水处理产生的污泥滤饼等送至采场宕底进行采空区充填，充填完毕后用矿场剥离表层土回填后复垦种植农作物。

图 2-38　宏升建材矿区航拍图

第六节　餐饮油烟及农业废气污染防治

餐饮油烟和农业源大气污染防治是大气污染防治的重要组成部分。餐饮油烟是城市大气污染的重要来源之一，对居民生活和健康造成一定影响；而农业源大气污染主要来自农村和郊区的农业生产活动，包括秸秆焚烧、畜禽养殖、化肥和农药的使用等，这些活动会产生大量的烟尘和氨等大气污染物，对大气环境造成污染。

一、餐饮油烟污染防治

餐饮油烟是一个看似小而实难处理的问题。全国各地几乎都碰到以下几个问题：一是餐饮店开设不规范。一个城市一般有多达几万家餐饮店，其中相当一部分开在居民楼下，楼上住户投诉多。按照《大气污染防治法》的规定，这属于违法行为，但由于数量众多、执法行政成本大等原因，这一现象难以完全杜绝。二是部门间职责不清，尤其是城管和生态环境、市场监管部门之间。三是国家对餐饮行业的环境管理标准等失之于宽、失之于软。如何破解这些难题，结合杭州和其他城市开展的工作，梳理出以下几个要点。

（一）源头控制

杭州市在地方性法规《杭州市大气污染防治规定》中明确，城乡规划主管部门应当合理布局餐饮业；城市开发和改造应当规划和建设符合规定的一定比例的餐饮业专项配套用房，或设置相对集中的商业经营用房。市规划和自然资源局、市生态环境局、市建委 3 部门联合印发了《杭州市新建住宅小区设置餐饮用房管理规定（试行）》，按此要求，对新建小区配套餐饮用房作了具体规定。与此同时，上述地方性法规中还规定，对在居民住宅楼、未配套设立专用烟道的商住综合楼内，新建产生油烟的餐饮项目的，市场监管部门不得核发餐饮服务许可证和营业执照。2022 年通过市政府审议的《杭州市市场主体住所（经营场所）登记申报承诺制实施办法》，把居民住宅楼下开设餐饮店列入负面清单。这些规定促使市场监管部门把好了第一道关口。为了更好地落实这一规定，下一步杭州市还将利用城市大脑平台对各地有可能开设餐饮的沿街房屋，建立一个专门的地址数据库。一方面可通过该平台，及时提醒告知业主其所拥有的房屋可否出租用于餐饮经营；另一方面也方便窗口工作人员查询，及时判断申办位置是否属于禁开区，便于及时高效把好准入关。

（二）厘清职责

全国各省（区、市）对餐饮油烟执法监管的规定有所不同。有的比较明确，城管、生态环境、市场监管各自职责和边界比较清晰，这样避免了相互扯皮。但有的地方比较模糊，相互间扯皮较多，甚至严重影响工作的开展。浙江省在 2020 年综合行政执法改革中以《浙江省人民政府办公厅关于公布浙江省综合行政执法事项统一目录的通知》（浙政办发〔2020〕28 号）为依据，对违规建设餐饮项目及未安装油烟净化设施，不正常使用净化设施，超标排放油烟的由城管综合行政执法部门处罚。杭州市在对餐饮行业的实际整治工作中，由城管部门牵头，杭州市生态环境部门和市场监管部门都能积极主动参与，形成了比较好的合力。

（三）对现有餐饮企业要加强规范整治，最大限度减少对周边群众的影响

在第一批中央环保督察后，杭州市开展了对全市餐饮业的全面整治，提出了"三个一批"的整治思路：对选址符合要求，但油烟、污水治理不到位的，限期治理达标一批；对选址不符合要求，周边群众反映强烈的关停拆除一批；对选址虽不符合要求，但通过整治措施基本能消除油烟对周边群众影响的规范整治一批（安装高效油烟净化设施处理后，尾气多通过架设排气管在屋顶排放）。经过半年多集中整治，达到了预期目标。

（四）应抓紧发布新的餐饮油烟排放标准

现有国家标准《饮食业油烟排放标准》（GB 18483—2001）过于宽松，已不适应新的形势需要，应抓紧制定新的餐饮油烟排放标准，进一步收紧排污指标，降低油烟排放浓度值，增加非甲烷总烃等指标。2019 年 8 月，生态环境部发布了《关于征求〈餐饮业油烟污染物排放标准（征求意见稿）〉意见的函》，但此后一直未发布正式稿。目前，北京、重庆、河南、河北、海南等地都已制定发布了地方排放标准，并且都把油烟排放浓度从 2 mg/m^3 收紧至 1 mg/m^3，增加了非甲烷总烃指标。

二、秸秆焚烧污染防治

过去，秸秆焚烧一度是各地常见的处理方式，但是其对环境和人类健康造成了较大的负面影响。秸秆焚烧产生的 SO_2、CO 和烟尘等有害物质会严重污染空气，影响人体健康；同时秸秆焚烧还可能引发火灾等安全隐患，产生的烟雾还会影响交通和航空安全。根据《大气污染防治法》第七十七条"省、自治区、直辖市人民政府应当划定区域，禁止露天焚烧秸秆、落叶等产生烟尘污染的物质"。《空气质量持续改善行动计划》明确，重点区域禁止焚烧秸秆。为了防治秸秆焚烧污染，主要应采取下措施。

（一）加强秸秆综合利用

鼓励农民采取秸秆还田、秸秆饲料化、秸秆能源化等综合利用方式，减少秸秆的废弃和焚烧。考虑目前秸秆资源化利用时成本较高，尤其是秸秆的收储运体系运行费用高等因素，地方政府宜出台相关政策，对秸秆综合利用的农户和企业给予一定的财政补贴、税收减免等优惠措施，鼓励农户和企业秸秆利用的积极性。通过国家或地方设立专项基金等方式，鼓励企业加大技术研发和产业投入，开发高效、环保、低成本的秸秆综合利用技术，如通过生物技术手段将秸秆转化为乙醇燃料、生物柴油等能源产品；将秸秆破碎后作为原材料生产纸张、板材；将秸秆转化为生物质能，用于发电、供热等领域，提高秸秆的利用率。

（二）健全禁烧监管体系

加强秸秆焚烧的监管和执法力度，有效遏制秸秆焚烧行为。针对秸秆焚烧量大面广的特点，要创新监管手段，如利用高空瞭望台 AI 智能识别、卫星遥感技术、无人机巡查等技术，对秸秆焚烧行为进行实时监测和取证，提高监管和执法的效率和准确性。建立举报奖

励制度，鼓励公众积极参与秸秆焚烧的监督。

三、农业源大气氨污染防治

农业源大气氨污染主要来源于农业生产过程中过度使用氮肥、农药等农业投入品，以及畜禽养殖废弃物的排放，这些活动产生的氨气对大气环境造成污染。为了防治农业源大气氨造成的污染，主要应采取以下措施。

（一）推广农业环保技术

通过氮肥机械深施，减少肥料的挥发和流失；通过测土配方精准施肥，减少化肥和农药的使用量；增加有机肥施用量，降低氨挥发排放。

（二）优化饲料配方和养殖技术

大力推行低蛋白日粮技术和分阶段精确饲喂技术，合理搭配饲料中的营养成分，控制蛋白质的摄入量，以减少畜禽粪便中氮的排放；适当增加饲料中的纤维素含量、添加微生物制剂，促进畜禽的消化，降低粪便中含氮的浓度并减少氨挥发；合理控制养殖密度，保持养殖区域环境卫生，避免粪便堆积和发酵。

（三）提高畜禽粪污治理水平

加强畜禽养殖场的粪污处理，通过厌氧发酵、好氧处理等方法，将粪便和废水转化为有机肥料。对粪污输送、存储及处理区域尽可能实施封闭，过程中产生的含氨等废气应配备专门的处理设施处理后排放。

第七节　城市规划与大气污染防治

城市规划对大气污染防治有较大的影响。城市的产业结构和布局、城市能源规划、交通规划、城市建成区内的通风廊道等均对大气污染物排放和大气扩散有较大的影响。

一、优化产业结构和布局

这部分的内容已在本章第四节工业废气污染防治中作了专门的阐述，总体上要尽量减少大气污染严重的产业发展，城市上风向及城市建成区内禁止建设大气污染严重的建设项目，已经建成的项目应抓紧关停转迁。

二、优化能源规划

总体上应尽可能规划使用电（包括域外输入电及本地水、核、风、光电）、天然气等清洁能源，减少煤炭等重污染燃料的使用。实际规划中重点要从城市能源需求总量、经济发展潜力、自身的资源环境禀赋及周边区域能源供应条件等综合考虑。能通过外输电、天然气保障供应的，尽量规划使用外输电和天然气，必须用煤炭才能保障电、热供应的，则应规划建设集中的火电、热电设施，火电厂应远离市区，中、小锅炉禁止用煤。

三、优化交通规划

城市的交通运输结构、运输设施（车、船）、公共交通体系等均与大气污染密切相关。前两者已在本章第三节移动源尾气污染防治中作了阐述。公共交通主要是指地铁、公交车、出租车等，大城市、特大城市等应大力发展地铁系统，加密地铁网络，再辅之以足量的公交大巴、中巴，使公众日常出行自觉优先选用公共交通；其他城市则主要发展公共巴士、公共自行车等来解决。城市交通还与城市规划中是否能做到产城融合、基本公共服务是否均等布局等密切相关。产城融合就是要使一个区域内的产业（包括生产性、服务性产业）与居住、基本公共服务（学校、医院、各类市场等）相互协调、配套，相互间空间距离不宜过远。这与过去城市规划中产业区与居民区间隔较大距离的做法相比，可大大减少人流、物流的大范围流动，减少交通拥堵和大气污染。学校、医院、商场等基本公共服务设施均等布局，同样有利于减少人流的大范围流动。

四、留足城市通风廊道

随着城市化的不断推进，城市规模日益扩大，高楼大厦遍布。由此带来城市通风廊道减少，扩散能力减弱，加剧城市热岛效应和雾霾。国外对城市通风廊道的研究始于 20 世纪，已有比较成熟的理论，并已把城市通风廊道规划编制纳入建设指导规划。我国城市通风廊道研究还处于起步阶段，北京、上海、武汉、南京、杭州、成都等城市先后开展了这方面的研究。研究结果表明，城市化对城市年平均风速影响较大，如杭州市区通风廊道课题研究（2013—2014 年）表明，市区平均风速与 10 年前相比平均减少 1.1 m/s。要维持城市良好的通风，必须保留足够的通风廊道。一些城市结合各自的城市规划、建设现状和自然条件提出了针对性保留通风廊道的措施，如南京市提出了维持四横一纵通风廊道。通风廊道的规划要注意以下几点：一是尽量与城市主导风向一致；二是尽量有足够的宽度和密度；三是在今后的城市规划建设中要有足够的定力，不能去蚕食规划中的通风廊道。

第八节　减污降碳协同增效

当前大气治理中，既要减少各类污染物排放改善大气质量，又面临应对气候变化减轻温室气体排放的压力，为此，要统筹好这两方面的工作。《大气污染防治法》第二条明确，对 PM、SO_2、NO_x、VOCs、NH_3 等大气污染物和温室气体实施协同控制。2021 年 1 月，生态环境部发布《关于统筹加强应对气候变化与生态环境保护相关工作的指导意见》（环综合〔2021〕4 号），提出要突出协同增效，把降碳作为源头治理的"牛鼻子"，协同控制温室气体与污染物排放，协同推进适应气候变化与生态保护修复等工作，支持深入打好污染防治攻坚战和二氧化碳排放达峰行动。2022 年 6 月，生态环境部会同国家发展改革委等6 部门联合印发《减污降碳协同增效实施方案》（以下简称《协同方案》），《协同方案》锚定美丽中国建设和实现"双碳"目标，统筹大气、水、土壤、固体废物、温室气体等多领域减排要求，在科学把握污染防治和气候治理整体性的基础上，以碳达峰行动进一步深化环境治理，以环境治理助推高质量达峰，提升减污降碳综合效能，实现环境效益、气候效益、经济效益多赢。

一、减污降碳协同增效的必要性、可行性

一是当前面临的形势要求我们实施减污降碳协同增效。自党的十八大以来，我国生态文明建设取得历史性成就，生态环境质量持续改善，碳排放强度显著降低。但也要看到生态环境保护形势依然严峻，结构性、根源性、趋势性压力总体上尚未根本缓解，实现美丽中国建设和碳达峰碳中和目标愿景任重道远。与发达国家基本解决环境污染问题后转入强化碳排放控制阶段不同，当前我国生态文明建设同时面临实现生态环境根本好转和碳达峰碳中和两大战略任务，生态环境多目标治理要求进一步凸显，协同推进减污降碳已成为我国新发展阶段经济社会发展全面绿色转型的必然选择。

二是同根、同源、同过程的性质使得实现减污降碳协同增效具有可行性。二氧化碳等温室气体主要是煤炭、石油、天然气等化石能源的燃烧和加工利用中产生的，在上述化石能源燃烧和加工利用的过程中，除了产生二氧化碳等温室气体外，同时还产生 PM、VOCs、SO_2、NO_x、重金属、氨、酚等大气、水、土壤污染物。减少化石能源消耗、提高能源使用效率，在降低二氧化碳排放的同时，也减少了上述大气污染物的排放。优化能源结构、产业结构、交通运输结构，提倡绿色生活方式，提高资源利用率和各类产品（包括生产生活用品及住房等）生命周期等，都是减污和降碳所应采取的主要措施。过去我们在减污工作中形成的管控思路、管理方法以及价格、财政、税收等经济政策对下一步抓好减污降碳协同增效具有借鉴意义。与大气污染物减排相比，二氧化碳减排难度更大，其涉及的面更广，而且其主要依靠结构减排来实现，需要保持长期的战略定力，久久为功。

二、减污降碳协同增效的主要内容

实现减污降碳协同增效重点要抓好以下几点：

1. 强化源头防控，加快形成有利于减污降碳的产业结构、生产体系和消费模式

我国生态环境问题根本上是高碳能源结构和高耗能、高碳产业结构问题，以重化工为主的产业结构、以煤为主的能源结构、以柴油货车为主的交通运输结构是造成我国大气环境污染和碳排放强度较高的主要原因。《协同方案》把实施结构调整和绿色升级作为减污降碳的根本途径，要求大力支持电炉短流程工艺发展，水泥行业加快原燃料替代，石化行业加快推动减油增化，铝行业提高再生铝比例，加快再生有色金属产业发展。推动能源供给体系清洁化低碳化和终端能源消费电气化，严格合理控制煤炭消费增长，重点削减散煤等非电用煤。加快推进"公转铁""公转水"，提高铁路、水运在综合运输中的承运比例。加快形成绿色生活方式，扩大绿色低碳产品供给和消费，推进构建统一的绿色产品认证和标识体系。

2. 突出空间协同，更好发挥降碳行动对环境空气质量改善的综合效益

大气污染物与二氧化碳排放具有高度类似的空间聚集特征。空间分析结果表明，全国碳排放量排名前 5%的网格，合计贡献了全国二氧化碳排放总量的 68%，同时贡献了 NO_x排放总量的 60%、一次 $PM_{2.5}$排放总量的 46%和 VOCs 排放总量的 57%，大气污染严重区域与二氧化碳排放重点区域高度重叠。为此，在充分考虑碳排放气候影响均质性和污染排

放空间异质性的特征基础上，《协同方案》提出要强化生态环境分区管控，增强区域环境质量改善目标对能源和产业布局的引导作用，要求污染严重地区加大结构调整和布局优化力度，加快推动重点区域、重点流域落后和过剩产能退出；研究建立以区域环境质量改善和碳达峰目标为导向的产业准入及退出清单制度；到 2030 年，大气污染防治重点区域新能源汽车新车销售量达到汽车新车销售量的 50%左右。通过加强空间协同调控，在落实全国降碳任务的同时，有效提升区域减排效益和环境改善效果。

3．加强技术优化，增强污染防治与气候治理的协调性

统筹水、大气、土壤、固体废物等环境要素治理和温室气体减排要求，优化治理目标、治理工艺和技术路线，强化多污染物与温室气体协同控制。在大气污染防治方面，强调一体推进重点行业大气污染深度治理与节能降碳行动，探索开展大气污染物与温室气体排放协同控制改造提升工程试点。在水污染防治方面，大力推进污水资源化利用，构建区域再生水循环利用体系；推进污水处理厂节能降耗及热能利用技术。在土壤污染防治方面，优化土壤污染风险管控和修复技术路线，推动污染地块植树造林增汇，因地制宜规划建设新能源项目。在固体废物污染防治方面，强化资源循环利用，减少有机垃圾填埋，加强生活垃圾填埋场垃圾渗滤液、恶臭和温室气体协同控制。

4．注重政策创新，形成减污降碳激励约束机制

充分利用现有完善的生态环境制度体系优势，加强减污和降碳工作在法规标准、管理制度、市场机制等方面的统筹融合。推动将协同控制温室气体排放纳入生态环境相关法律法规，制（修）订相关排放标准，强化非二氧化碳温室气体管控，制定污染物与温室气体排放协同控制可行技术指南、监测技术指南。坚持政府和市场两手发力，研究探索统筹排污许可和碳排放管理，推动污染物和碳排放量大的企业开展环境信息依法披露，充分运用经济政策和市场化手段促进经济社会发展全面绿色转型。

5．开展多维度的减污降碳协同创新试点示范

充分考虑重点区域、城市、园区、企业的发展水平、资源禀赋、控排潜力，开展减污降碳协同创新，形成各具特色的典型做法和有效模式。区域层面加强结构调整、技术创新和体制机制创新，探索减污降碳协同增效的有效模式；城市层面探索不同类型城市减污降碳推进机制；产业园区层面探索资源能源集约节约高效循环利用的机制和方法，提高废物综合利用水平；企业层面探索实现多种污染物与温室气体协同减排的先进技术，并探索打造"双近零"排放标杆企业。通过定期开展跟踪评估，形成一批可推广、可复制的典型经验和案例。

6．提升减污降碳协同治理基础能力

《协同方案》提出要重点加强技术研发应用，强化经济政策，提升基础能力。科技创新是推动减污降碳协同增效的核心驱动力，围绕能源、电力、工业、交通、建筑以及生态碳汇等领域的减污降碳技术发展需要，加强科技落地和难点问题攻关。经济政策是落实《协同方案》的重要保障，推进气候投融资试点，推动实施有利于企业绿色低碳发展的价格、财税、金融政策，引导经济绿色低碳转型。基础能力是提升减污降碳的根本支撑，拓展完善天地一体监测网络，健全排放源统计调查、核算核查、监管制度，研究建立固定源污染物与碳排放核查协同管理制度，实行一体化监管执法。

在国家发布《协同方案》后，各省（区、市）都开始贯彻落实。浙江省在生态环境部等部门支持下成为全国首个减污降碳协同创新区，2022 年 12 月经省政府同意，浙江省生态环境厅等 9 部门联合发布《浙江省减污降碳协同创新区建设实施方案》，提出了 29 条具体措施，并把它细化为 32 项目标清单、47 条任务清单和 9 项政策清单，全部分解到各职能部门、11 个设区市政府具体实施。全省还遴选出 26 个项目作为减污降碳标杆示范项目。杭州市成为现代化国际大城市减污降碳协同创新试点市。

> **案例 2-8：台州湾经济技术开发区医化园区以环保整治为抓手 实现减污降碳协同增效新发展**
>
> 　　近年来，台州湾经济技术开发区医化园区围绕"世界级原料药绿色生产基地样板区"和"医化园区转型升级示范区"发展目标，深入打好污染防治攻坚战，持续探索减污降碳协同发展路径，2021 年，园区实现工业产值 253.4 亿元，较 2019 年增长 39%，单位产值废水排放量较 2019 年下降 10.6%，单位增加值二氧化碳排放量较 2019 年下降 14.8%。近两年来，该园区实施了一批减污降碳协同增效项目，见表 2-11。

表 2-11　头门港医化园区重点项目清单

类型	序号	项目名称	项目成效
结构降碳	1	医化企业车间推倒重建	完成 47 个医化车间停产、推倒，24 个医化车间重建，"三化一流"（密闭化、管道化、自动化、垂直流）车间占比达 72%，医化行业单位工业增加值碳排放量下降约 12%
新技术降碳	2	酶催化绿色工艺项目	以弈柯莱药业、宏元药业等为代表，园区积极推广酶催化等绿色工艺，与传统化学合成工艺相比，该工艺缩短了反应步骤，吨产品蒸汽消耗减少 30%，电力消耗量降低 17%，有机溶剂消耗量减少 40%，目前园区已有 23 个医化产品进行了应用
	3	本立科技建设喹诺酮原料药及关键中间体绿色工艺项目	创设了一氧化碳羰基化反应、四氯化碳傅克反应和喹诺酮原料药绿色合成等技术平台，实现 801 产品和 1201 产品等关键中间体产业化，新路线合成的关键中间体收率从 75% 提升到 95%，缩短反应步骤 3~4 步，减污降碳 30% 以上
	4	企业废气治理项目	完成源头密闭化改造提升和废气预处理，企业累计改造密闭进出料方式 555 套，全面淘汰平板式离心机，更换废气管道 22.6 km，8 家企业替代敏感物料 9 种，有效降低废气浓度，减少碳排放 150 万 t，实现 2021 年 VOCs 减排 2 000 t
资源综合利用降碳	5	联创环保废溶剂回收扩建项目	作为园区基础配套项目，实现年回收 24 750 t 废溶剂，废溶剂品种新增 13 类 12 000 t
	6	星河环境废盐资源化项目	完成 2 万 t/a 废盐资源化利用和 3 万 t/a 危险废物焚烧项目建设，通过采用余热锅炉对燃烧的热能进行回收，生产出蒸汽供厂内使用，每年减少二氧化碳排放量 20 435.184 t
	7	医化企业废溶剂回收项目	园区医化企业建设完成集中溶剂回收车间 18 个，企业废溶剂套用 30 万 t，节约成本 10.3 亿元，减少废水排放量 9.2 万 t
	8	废物综合利用项目	2021 年实施企业联产副产项目 16 个，产量达 65 840 t，实现"变废为宝"促进减污降碳

类型	序号	项目名称	项目成效
节能降碳	9	德长环保危险废物焚烧线节能和烟气达标改造项目	完成对焚烧线二期、三期进行提标改造，总投入 3 000 万元，建成后将形成最大 170 t/d 的单日焚烧能力，45 000 t 的年焚烧能力。采用国内先进工艺及控制系统，通过低碳化、产线蒸汽资源化和机电产品高效节能化等手段，预计共节能 3 095.15 t 标准煤，减少碳排放 8 418 t，增加外送蒸汽 22 848 t
	10	临港热电压缩空气集中供应项目	通过减少电力驱动生产压缩空气的能源转化环节，降低用户侧能耗强度与能耗总量，合计折节煤量约 1.93 万 t/a，减少碳排放 51 338 t
	11	企业重点用能设备能效提升项目	完成变压器改造升级，提高电网质量，降低无功损耗，预计电网改造节电量为 318 万 kW·h/a，减少碳排放 1 848 t/a，产生经济效益 222 万元/a
	12	医化企业余压余热资源化利用项目	完成建成废气处理 RTO 余热锅炉 5 台，实现每年回用蒸汽 10 万 t，减少碳排放 3.05 万 t
	13	医化企业冷冻系统改造项目	通过智能调控循环水温度，减少用电量 935 万 kW·h，节约经济成本 731 万元，减少二氧化碳排放量 5 432 t，目前已实施 12 家
	14	蒸汽疏水阀选型和维保整治项目	实现每家医化企业蒸汽用量下降约 2%，节约成本 175 万元，折算减少二氧化碳排放量 1 933 t/a
	15	化学原料药产业大脑项目	通过产业链上下游企业间、产业间、政企间、企社间的连接与协同，预计可实现单位增加值能耗、用水量分别下降 22% 和 20%，企业循环化水平达到 50%，医化产业销售收入、利润总额年均增长率分别达 15% 和 30% 以上
碳捕集利用	16	海畅气体二氧化碳捕集利用项目	实现制氢过程弛放气中回收提纯二氧化碳，生产的产品纯度达 99.999 8%，年增加收益 450 万元，与常规变压吸附二氧化碳回收技术相比，每年减少碳排放 3 万 t

三、"双碳"约束将大大助力大气环境质量改善

自 2013 年以来，我国大气治理取得了历史性成就，2022 年全国 339 个地级以上城市 $PM_{2.5}$ 29 $\mu g/m^3$，较 2013 年大幅下降。但从污染减排的角度来看，如果后续没有碳达峰碳中和的推动，以现有的政策措施，减污过程将会逐步减缓。而碳达峰碳中和的实施，将大大助力污染物减排。根据中国环境规划院王金南等的研究[①]，2020—2035 年，末端控制和低碳政策将分别贡献 90% 和 10% 的 $PM_{2.5}$ 浓度减少；2020—2060 年，末端控制和低碳政策将分别贡献 18% 和 82% 的 $PM_{2.5}$ 浓度减少。

第九节　空气质量持续改善行动

经过近 10 年的努力，大气治理取得显著成效，2013—2022 年，我国在国内生产总值增长 69% 的情况下，$PM_{2.5}$ 平均浓度下降了 57%，重污染天数减少了 92%，二氧化硫、一氧化碳、二氧化氮 100% 城市达标，我国成为全球大气环境质量改善最快的国家，"北京蓝"成为常态，被联合国环境规划署作为"北京奇迹"向世界各国推荐，成绩来之不易。但是，空气质量从量变到质变的拐点还没到来，2022 年全国 339 个地级以上城市 $PM_{2.5}$ 29 $\mu g/m^3$，

---

① 发表在 *Science of the Total Environment* 上的 "Air quality benefits of achieving carbon neutrality in China"。

①，是世界卫生组织标准的 5.8 倍，是发达国家的 2～4 倍。三大结构问题——产业结构偏重化工、能源结构偏煤炭、运输结构偏公路还没有得到根本改善。从治理的难度看，后续治理将进入深水区，真正到了负重前行、爬坡过坎的关键时期。

在这关键时期，2023 年 11 月底，国务院印发实施《空气质量持续改善行动计划》（以下简称《行动计划》）。这是继 2013 年"大气十条"、2018 年"三年行动计划"之后发布的第三个"大气十条"，明确提出了面向美丽中国建设的"十四五"空气质量改善目标和具体任务措施，为下一步空气质量持续改善擘画了时间表、路线图。其重点内容详见表 2-12。

表 2-12 《行动计划》主要内容

总项	子项	重点内容（要求）
一、总体要求	指导思想	以习近平新时代中国特色社会主义思想为指导，以改善空气质量为核心，以减少重污染天气和解决人民群众身边的突出环境问题为重点，以降低 PM$_{2.5}$ 浓度为主线，推动氮氧化物和 VOCs 减排；开展区域协同治理；提升污染防治能力；推进产业、能源、交通绿色低碳转型，加快形成绿色低碳生产生活方式
	重点区域	京津冀、长三角、汾渭平原的部分重点城市（82 个）
	目标指标	到 2025 年，地级及以上城市 PM$_{2.5}$ 浓度较 2020 年下降 10%，重度及以上污染天数比例控制在 1%以内；氮氧化物和 VOCs 排放总量较 2020 年分别下降 10%以上
二、优化产业结构，促进产业产品绿色升级	遏制"两高一低"项目	新（改、扩）建项目落实产能置换、污染物排放区域削减、碳达峰目标等各项要求；严禁新增钢铁产能
	退出重点行业落后产能	修订《产业结构调整指导目录》，研究将污染物或温室气体排放明显高出行业平均水平、能效和清洁生产水平低的工艺和装备纳入淘汰类和限制类名单；重点区域提高相关指标要求，逐步退出限制类涉气行业工艺和装备
	传统产业集群升级改造	对现有产业集群制定专项整治方案，依法淘汰关停一批、搬迁入园一批、就地改造一批、做优做强一批。建设集中供热中心、集中喷涂中心、有机溶剂集中回收处置中心、活性炭集中再生中心
	优化含 VOCs 原辅材料和产品结构	控制生产和使用高 VOCs 含量涂料、油墨、胶黏剂、清洗剂等建设项目，生产、销售、进口、使用等环节严格执行 VOCs 含量限值标准
	推动绿色环保产业健康发展	在低（无）VOCs 含量原辅材料生产和使用、VOCs 污染治理、超低排放、环境和大气成分监测等领域支持培育一批龙头企业，营造公平竞争环境
三、优化能源结构，加速能源清洁低碳高效发展	大力发展新能源和清洁能源	到 2025 年，非化石能源消费比重达 20%左右，电能占终端能源消费比重达 30%
	控制煤炭消费总量	到 2025 年，京津冀及周边地区、长三角地区煤炭消费量较 2020 年分别下降 10%和 5%左右。重点区域新（改、扩）建用煤项目，实行煤炭等量或减量替代，不再新增自备燃煤机组
	开展燃煤锅炉关停整合	淘汰供热管网覆盖范围内的燃煤锅炉和散煤。到 2025 年，PM$_{2.5}$ 未达标城市基本淘汰 10 蒸吨/h 及以下燃煤锅炉（重点区域基本淘汰 35 蒸吨/h 及以下燃煤锅炉）

---

① 2023 年全国地级及以上城市 PM$_{2.5}$ 平均浓度 30 μg/m³。

总项	子项	重点内容（要求）
三、优化能源结构，加速能源清洁低碳高效发展	工业炉窑清洁能源替代	有序推进以电代煤，积极稳妥推进以气代煤
	推进北方地区清洁取暖	通过集中供热、用电、用气等实施散煤替代
四、优化交通结构，发展绿色运输体系	优化货物运输结构	到2025年，铁路、水路货运量较2020年分别增长10%和12%左右；晋陕蒙新煤炭中长距离运输铁路运输比例力争达到90%；沿海主要港口铁矿石、焦炭等清洁运输比例力争达到80%。新建、迁建大宗货物年运量150万t以上的物流园区、企业，原则上接入铁路专用线或管道
	提升机动车清洁化水平	公共领域新增或更新公交、出租、城市物流配送、轻型环卫等车辆中，新能源汽车比例不低于80%；晋、蒙、陕打造清洁运输先行引领区。在火电、钢铁、水泥、有色等行业和物流园区推广新能源中重型货车
	非道路移动源综合治理	推进铁路货场、物流园区、港口、机场、工矿企业内部作业车辆和机械新能源更新改造；提高岸电、桥电使用率；到2025年，基本淘汰第一阶段及以下排放标准的非道路移动机械
	保障成品油质量	全面清理整顿自建油罐、流动加油车（船）和黑加油站点，打击将非标油品作为发动机燃料销售等行为
五、强化面源污染治理，提升精细化管理水平	深化扬尘污染综合治理	5 000 m^{2}及以上建筑工地安装视频监控并接入监管平台；将防治扬尘污染费用纳入工程造价；2025年，装配式建筑占新建建筑面积比例达30%
	矿山生态环境综合整治	新建矿山原则上要同步建设铁路专用线或采用其他清洁运输方式。对限期整改仍不达标的矿山依法关闭
	秸秆综合利用和禁烧	全国秸秆综合利用率稳定在86%以上，重点区域禁止露天焚烧秸秆
六、强化多污染物减排，切实降低排放强度	VOCs全流程、全环节综合治理	储罐使用低泄漏的呼吸阀，汽车罐车推广使用密封式快速接头。石化、化工行业集中的区域，2024年年底前建立统一的泄漏检测与修复信息管理平台
	重点行业污染深度治理	推进钢铁、水泥、焦化等重点行业及燃煤锅炉超低排放改造。推进玻璃、石灰、矿棉、有色等行业深度治理
	餐饮油烟、恶臭异味专项治理	严格居民楼附近餐饮服务单位布局管理。拟开设餐饮服务单位的建筑应设计建设专用烟道
	推进大气氨污染防控	开展京津冀及周边地区大气氨排放控制试点。推广氮肥机械深施和低蛋白日粮技术。加强氮肥、纯碱等行业大气氨排放治理
七、加强机制建设，完善大气环境管理体系	城市空气质量达标管理	空气质量未达标的直辖市和设区的市编制实施大气环境质量限期达标规划，并向社会公开。2020年PM$_{2.5}$浓度低于40 μg/m^{3}的未达标城市"十四五"期间实现达标；其他未达标城市明确"十四五"改善目标
	区域大气污染防治协作	统筹推进京津冀及周边地区联防联控工作，发挥长三角地区、汾渭平原协作机制作用。加强成渝地区、长江中游城市群、东北地区、天山北坡城市群等区域大气污染防治协作
	重污染天气应对机制	建立健全省、市、县三级重污染天气应急预案体系，明确责任分工，规范预警启动、响应、解除工作流程

总项	子项	重点内容（要求）
八、加强能力建设，严格执法监督	提升大气环境监测监控能力	完善城市空气质量监测网络；重点区域城市加强机场、港口、铁路货场、物流园区、工业园区、产业集群、公路等大气环境监测、光化学监测、颗粒物组分监测；地级及以上城市定期更新大气环境重点排污单位名录，推动企业安装工况监控、用电（用能）监控、视频监控等。重点区域建设重型柴油车和非道路移动机械远程在线监控平台
	强化大气环境监管执法	拓展非现场监管手段应用，加强污染源自动监测设备运行监管；提升各级生态环境部门执法监测能力；加强重点领域监督执法
	加强决策科技支撑	研究低浓度、大风量、中小型 VOCs 排放污染治理技术；研究分类型工业炉窑清洁能源替代和末端治理路径；研发多污染物系统治理、低温脱硝、氨逃逸精准调控等技术和装备；到 2025 年，地级及以上城市完成排放清单编制
九、健全法律法规标准体系	推动法律法规制修订	研究启动修订《大气污染防治法》；研究修订《清洁生产促进法》，明确企业使用低（无）VOCs 含量原辅材料的法律责任；研究制定移动源污染防治管理办法
	完善环境标准和技术规范体系	研究制定涂层剂、聚氨酯树脂等 VOCs 含量限值强制性国家标准，建立低（无）VOCs 含量产品标识制度；加快完善重点行业和领域大气污染物排放标准、能耗标准；研究制定下一阶段机动车排放标准
	完善价格税费激励约束机制	综合考虑能耗、环保绩效水平，完善高耗能行业阶梯电价制度；完善环境保护税征收体系，加快把 VOCs 纳入征收范围
	积极发挥财政金融引导作用	扩大中央财政支持北方地区清洁取暖范围，对减污降碳协同项目予以倾斜；加大传统产业及集群升级、工业污染治理、铁路专用线建设、新能源铁路装备推广等领域信贷融资支持力度，引导社会资本投入；积极支持符合条件的企业、金融机构发行绿色债券
十、落实各方责任，开展全民行动	加强组织领导	加强党对大气污染防治工作的全面领导。地方各级政府对本行政区域内空气质量负总责，组织制定本地实施方案
	严格监督考核	对未完成目标的地区，从资金分配、项目审批、荣誉表彰、责任追究等方面实施惩戒；对问题突出的地区，视情组织开展专项督察
	推进信息公开	加强环境空气质量信息公开力度。将排污单位和第三方治理、运维、检测机构弄虚作假行为纳入信用记录，定期依法向社会公布。重点排污单位及时公布自行监测和污染排放等信息
	加强宣传引导和国际合作	广泛宣传解读相关政策举措，提升公民大气环境保护意识与健康素养。加强国际合作，讲好中国生态环保故事
	实施全民行动	动员社会各界广泛参与大气环境保护；完善举报奖励机制，鼓励公众积极提供环境违法行为线索；推动形成简约适度、绿色低碳、文明健康的生活方式

《行动计划》与"大气十条""三年行动计划"相比，有以下特点：

一是突出以 $PM_{2.5}$ 改善为重点和主线，并对重点区域作了调整。当前我国空气污染还是以 $PM_{2.5}$ 为主要矛盾，$PM_{2.5}$ 在所有污染物中对人体健康损害最大，其改善与否对老百姓的"蓝天"获得感影响也最大。大气污染防治的重点区域从"三年行动计划"的 80 个增加至 82 个，剔除了长三角南部 $PM_{2.5}$ 基本稳定达标的部分城市，而增加了污染相对较重的苏、皖、鲁、豫四省交界地区城市。

二是结构性减排措施在大气污染防治中将发挥更重要作用。过去10年，通过燃煤电厂超低排放改造、非电行业深度治理、移动源排放管控、VOCs及扬尘综合治理等措施，使大气污染物排放大幅削减。但随着治理工作深入，传统大气治理手段的减排空间正在逐渐压缩。根据中国工程院的评估，与"大气十条"实施阶段（2013—2017年）相比，三年行动计划实施阶段（2017—2020年）大气污染物的减排幅度已明显收窄。为了进一步支撑空气质量持续改善，必须在实施传统手段的同时，从结构调整方面拓展更大的减排空间。在能源结构方面，尽管我国可再生能源装机已占全部装机的50%以上，但可再生能源的消纳能力还不够强，由于成本等因素，新能源配、储、调还需加快改善。在产业结构方面，粗钢、水泥等虽实现产量"双下降"，但仍处高位，且产能仍然过剩；电解铝、石化化工等产业面临类似问题。在交通运输结构方面，近年来结构调整虽有进展，但公路运输占比过大的局面未有根本改变。2019年、2020年铁路货运占总货运的比例不足10%，与发达国家40%左右的占比相比严重偏低。因此，实施结构性减排将是未来空气质量持续改善的关键，《行动计划》对此明确了十四条具体措施。

三是进一步明确了加强法律法规、政策的支撑保障。要研究启动修订《大气污染防治法》；研究修订清洁生产促进法；研究制定移动源污染防治管理办法。启动环境空气质量标准及相关技术规范修订；制定涂层剂等VOCs含量限值强制性国家标准。完善重点行业大气污染物排放标准；加快把VOCs纳入环境保护税征收范围等。上述法规、标准的制定实施必将有力促进下一步的大气污染防治工作。

各地要根据《行动计划》的统一部署，结合区域特点，统筹考虑区域碳达峰工作，制订本区域的贯彻实施计划并切实抓好落实。

需要特别指出的是，区域空气质量改善的根本措施在于降低各类污染物的排放量，各地要紧紧围绕"减排"开展工作部署，要有量化的"减排"考核。

第三章

固体废物污染防治

第一节　固体废物污染防治概述

一、固体废物及其分类

固体废物，是指在生产、生活和其他活动中产生的丧失原有利用价值或者虽未丧失利用价值但被抛弃或者放弃的固态、半固态和置于容器中的气态的物品、物质以及法律、行政法规规定纳入固体废物管理的物品、物质。经无害化加工处理，并且符合强制性国家产品质量标准，不会危害公众健康和生态安全，或者根据固体废物鉴别标准和鉴别程序认定为不属于固体废物的除外。

固体废物按其来源可分为生活固体废物（主要是生活垃圾）、工业固体废物（包括工业危险废物和一般工业固体废物）、农业固体废物、建筑垃圾、污水处理厂污泥等；按危害程度分可分为危险废物和一般固体废物。相关概念的定义如下：

生活垃圾，是指在日常生活中或者为日常生活提供服务的活动中产生的固体废物，以及法律、行政法规规定视为生活垃圾的固体废物。

工业固体废物，是指在工业生产活动中产生的固体废物。

建筑垃圾，是指建设单位、施工单位新建、改建、扩建和拆除各类建筑物、构筑物、管网等，以及居民装饰装修房屋过程中产生的弃土、弃料和其他固体废物。

农业固体废物，是指在农业生产活动中产生的固体废物。

污水处理厂污泥，是指城镇污水处理厂产生的初沉污泥和剩余污泥。

危险废物，是指列入国家危险废物名录或者根据国家规定的危险废物鉴别标准和鉴别方法认定的具有危险特性的固体废物。

本章主要对生活垃圾、危险废物、污水处理厂污泥、一般工业固体废物处置及"无废城市"建设逐一阐述。

二、固体废物的环境影响（危害）

固体废物对生态环境的影响主要表现在以下几个方面：

①对水环境质量的影响。固体废物弃置于水体，将使水质直接受到污染，严重危害生物的生存条件和水资源的利用。此外，堆积的固体废物经过雨水的浸渍和废物本身的分解，其渗滤液和有害化学物质的迁移和转化，将对河流及地下水系造成污染。

②对大气环境质量的影响。固体废物在堆存和处理处置过程中会产生有害气体，若不加以妥善处理，将对大气环境造成不同程度的影响。露天堆放的固体废物会因有机成分的分解产生有味的气体，形成恶臭；固体废物在焚烧过程中会产生粉尘、酸性气体和二噁英等污染大气；垃圾在填埋处置后会产生甲烷、硫化氢等有害气体等。

③对土壤环境质量的影响。固体废物及其渗滤液中所含有害物质会改变土壤的性质和结构，对农作物、植物生长产生不利影响。

④影响公共环境卫生和占用土地。垃圾、工业废物随意丢弃、长期堆放不仅会产生恶臭、扬尘，而且影响环境美观，传播病原体、引起疾病。同时，固体废物的堆放需要占用大量土地。

除了上述生态环境影响外，当某些不相容固体废物相混时，可能发生不良反应，包括热反应（燃烧或爆炸）、产生有毒气体（如砷化氢、氰化氢、氯气、硫化氢等）和产生可燃性气体（如氢气、乙炔等）；另外，若人体皮肤与废强酸或废强碱接触，将发生烧灼性腐蚀作用；若误吸收一定量有毒固体废物，能引起急性中毒，出现呕吐、头晕等症状。

三、固体废物污染防治

此部分内容主要包括法律法规规定、国家的总体部署以及地方固体废物污染防治工作。

（一）法律法规及标准

1. 法律法规

涉及固体废物污染防治的国家法律法规有许多，还有不少地方性法规，但最主要的是《中华人民共和国固体废物污染环境防治法》（以下简称《固废法》），这里主要对《固废法》中的一些重要制度和重点内容作一概述。

（1）固体废物污染防治坚持减量化、资源化和无害化原则（简称"三化"或"三R"原则）①。

（2）地方各级人民政府对本行政区域固体废物污染环境防治负责。国家实行固体废物污染环境防治目标责任制和考核评价制度，将固体废物污染环境防治目标完成情况纳入考核评价的内容。

（3）地方人民政府生态环境主管部门对本行政区域固体废物污染环境防治工作实施统一监督管理。地方人民政府发展改革、工业和信息化、自然资源、住房和城乡建设、交通运输、农业农村、商务、卫生健康等主管部门在各自职责范围内负责固体废物污染环境防治的监督管理工作。

（4）县级以上人民政府应当将固体废物污染环境防治工作纳入国民经济和社会发展规

---

① "三化"或"三R"原则。"减量化"不仅限于减少固体废物的数量和体积，还应当尽可能地减少其种类、降低危险废物中有害成分的浓度、减轻或清除其危险特性等。"资源化"包括3方面含义：①物质回收，即从处理的废弃物中回收部分能够资源化利用的物质如纸张、玻璃、金属等；②物质转换，即利用废弃物制取新形态的物质，如利用炉渣生产水泥和其他建筑材料；③能量转换，即从废物处理过程中回收能量，如通过有机废物的焚烧处理回收能量，进一步发电。"无害化"是对已产生又无法利用的固体废物，尽可能采用物理、化学或生物手段，加以无害化、低危害的安全处理、处置，达到消毒、解毒或稳定化，以防止或减少固体废物对环境的污染影响。

划、生态环境保护规划。

（5）国务院生态环境主管部门应当会同国务院有关部门建立全国危险废物等固体废物污染环境防治信息平台，推进固体废物收集、转移、处置等全过程监控和信息化追溯。

（6）建设产生、贮存、利用、处置固体废物的项目，应依法进行环境影响评价并落实"三同时"。

（7）转移固体废物出省贮存、处置的，需经申请、批准，未经批准的，不得转移；转移固体废物出省利用的，应报省级备案。

（8）县级以上人民政府应当将工业固体废物、生活垃圾、危险废物等固体废物污染环境防治情况纳入环境状况和环境保护目标完成情况年度报告，向本级人民代表大会或者人民代表大会常务委员会报告。

（9）对工业固体废物、生活垃圾、建筑垃圾及农业固体废物等、危险废物的污染防治分别以专章形式作了具体规定。

1）工业固体废物污染防治。

①县级以上政府应制定工业固体废物污染环境防治规划，组织建设工业固体废物集中处置等设施。

②产生工业固体废物的单位应当取得排污许可证。

2）生活垃圾污染防治。

县级以上政府应当加快建立分类投放、分类收集、分类运输、分类处理的生活垃圾管理系统。

3）建筑垃圾、农业固体废物等污染防治。

①县级以上政府应当制定包括源头减量、分类处理、消纳设施和场所布局及建设等在内的建筑垃圾污染防治规划。

②县级以上农业农村主管部门负责指导农业固体废物（秸秆、废弃农用薄膜、农药包装废弃物）回收利用体系建设。

③国家建立电器电子、铅蓄电池、车用动力电池等产品的生产者责任延伸制度。国家对废弃电器、电子产品实行多渠道回收和集中处理制度。禁止将废弃机动车船等交由不符合规定条件的企业或个人回收、拆解。

④国家依法禁止、限制生产、销售和使用不可降解塑料袋等一次性塑料制品。

⑤县级以上城镇排水主管部门应当将污泥处理设施纳入城镇排水与污水处理规划，并同步建设。

4）危险废物污染防治。

①省级政府应当组织有关部门编制危险废物集中处置设施、场所的建设规划。

②产生危险废物的单位已取得排污许可的，执行排污许可管理制度的规定。

③从事收集、贮存、利用、处置危险废物经营活动的单位，应当按照国家有关规定申请取得许可证。

④转移危险废物的，应按照国家有关规定填写运行危险废物电子或者纸质转移联单。

⑤代处置。产生危险废物的单位，必须按有关规定处置危险废物；不处置的，由生态环境部门责令限期处置；逾期不处置或处置不符合有关规定的，由生态环境部门指定单位

代为处置，代处置费用由产废单位承担。

（10）对固体废物转运、处置设施建设用地保障、固体废物污染防治的经济、技术、政策、资金、金融、税收等的支持保障等提出了要求。

（11）规定了对各类违法行为的处罚措施。

2. 标准

常用的固体废物标准包括以下三类：

第一类：固体废物污染控制标准，主要有《生活垃圾焚烧污染控制标准》《一般工业固体废物贮存和填埋污染控制标准》《危险废物贮存污染控制标准》等；

第二类：危险废物鉴别方法标准，主要有《危险废物鉴别标准通则》《危险废物鉴别技术规范》和《危险废物鉴别标准　毒性物质含量鉴别》等，详见本章第三节；

第三类：其他标准，主要有《报废机动车拆解企业污染控制技术规范》《废塑料污染控制技术规范》《工业固体废物采样制样技术规范》等。

（二）国家层面固体废物污染防治的总体部署

中共中央、国务院《关于全面加强生态环境保护坚决打好污染防治攻坚战的意见》对固体废物污染防治提出以下意见：2020 年前基本实现固体废物零进口（已实现）；开展"无废城市"试点，推动固体废物资源化利用。提升危险废物处理处置能力，实施全过程监管。

2018 年 12 月，国务院办公厅下发《关于印发"无废城市"建设试点工作方案的通知》，拟在全国范围内选择 10 个左右城市开展"无废城市"建设试点，后来实际有 11 个城市和 5 个特殊地区进行了试点。在完成第一批试点的基础上，生态环境部等 18 部门联合印发了《"十四五"时期"无废城市"建设工作方案》，推动 100 个左右城市开展"无废城市"建设，具体详细内容可见本章第六节。

2021 年 5 月，国务院办公厅印发《关于印发强化危险废物监管和利用处置能力改革实施方案的通知》（以下简称"方案"），提出了工作目标：到 2022 年年底，危险废物监管机制进一步完善，基本补齐医疗废物、危险废物收集处理设施短板，县级以上城市建成区医疗废物无害化处置率达到 99%以上，各省（区、市）危险废物处置能力基本满足本行政区域内的处置需求。到 2025 年年底，建立健全源头严防、过程严管、后果严惩的危险废物监管体系。危险废物利用处置能力充分保障，技术和运营水平进一步提升。"方案"同时提出了 8 项任务：①完善危险废物监管体制机制；②强化危险废物源头管控；③强化危险废物收集转运等过程监管；④强化废弃危险化学品监管；⑤提升危险废物集中处置基础保障能力；⑥促进危险废物利用处置产业高质量发展；⑦建立平战结合的医疗废物应急处置体系；⑧强化危险废物环境风险防控能力。

2023 年 12 月，中共中央、国务院印发的《关于全面推进美丽中国建设的意见》明确，到 2027 年，"无废城市"建设比例达到 60%；到 2035 年，"无废城市"建设实现全覆盖。

（三）地方层面固废污染防治及其规划

地方各级党委、政府要根据有关法律法规要求和国家统一部署，结合本地实际，抓好辖区内固体废物污染防治工作。要抓好辖区固体废物污染防治工作，首先要组织编制好固体废物污染防治的相关规划，这是基础。其次是要组织实施好这些规划。

固体废物污染防治规划分为综合防治规划和单项性防治规划——生活垃圾、工业固体废物、危险废物等专项防治规划。

编制固体废物污染防治规划，首先，要开展区域内固体废物现状调查与评价，弄清固体废物的来源、数量、处理处置状况及存在的问题和原因。其次，根据区域人口、经济社会发展状况，预测今后一段时期固体废物的产生量及防治工作面临的压力。再次，结合当前形势和上级部署，提出区域固体废物污染防治的目标及相应的指标体系。最后，提出固体废物污染防治的具体任务和措施，主要包括：

①源头减量。源头减量措施因废物种类不同而有所区别，如生活垃圾源头减量主要通过减少过度包装、促进垃圾分类实现；工业固体废物则主要通过结构调整、清洁生产等来实现。

②处理处置设施建设。包括生活垃圾、工业固体废物、危险废物、污泥、医疗废物等各类固体废物的综合利用和处理处置设施，总体上要求综合利用、处理处置能力与产生量相匹配。

③辅助设施建设和二次污染防控。辅助设施主要是收集转运设施，不同固体废物有不同的收集、转运要求，如医疗废物、危险废物需有专用车辆，设专用转运站，但生活垃圾中的可回收物、一般工业固体废物、商场及机关学校等可再生资源等应逐步向建立协同、统一的收集、转运体系转变。二次污染防控包括尾气和废气收集处理、污水收集处理、废渣固化/稳定化和终端填埋处置。

④规范、促进市场和产业发展。固体废物的资源化属性和固体废物处理的产业化运行模式决定了行业发展的市场特征。鉴于当前形势，既要提出扶持固体废物收集转运和处理处置行业市场化发展的措施，又要提出加强监测监管能力建设的具体要求。

⑤规划一批重点工程。结合当地实际，从处理处置能力与产生量相匹配的要求，规划一批近、中、远期结合的重点项目。

⑥提出规划实施的保障措施，包括组织、资金保障和考核、激励要求。

上述各类规划编制完成后，应报经地方党委、政府批准后颁布实施。规划实施过程中，应把规划包含的各项任务分解落实到相关职能部门和（下一级）地方政府，并对任务完成情况进行考核。

第二节　生活垃圾分类及其处置

一、生活垃圾分类

生活垃圾一般可分为四类：①可回收物，指适宜回收可资源化利用的废物，包括纸类、玻璃、金属、塑料等；②有害垃圾，指对人体健康或者自然环境具有直接或者潜在危害的生活垃圾，包括废旧灯管、过期药品、废日用化学品等；③易腐垃圾（包括厨余垃圾[①]和餐

---

① 厨余垃圾特指居民日常生活中产生的易腐垃圾。

厨垃圾①），指生产经营和居民日常生活中产生的容易腐烂的生活垃圾，包括废弃的蔬菜瓜果、肉类、水产类、米面食品、食用油脂、坚果炒货、剩余饭菜等；④其他垃圾，上述三类垃圾以外的生活垃圾，如餐巾纸、编织袋、污损塑料、大骨头、烟蒂等。

各地生活垃圾分类质量参差不齐，一些做法比较好的地方，大多采用定点、定时投放，每个小区早晚各 1～2 h 内才允许投放垃圾；投放期间，有小区保洁人员专人看管，对不按规定分类的不允许其投放；为每户居民发放具有特定二维码标识的专用垃圾袋，发现分类投放不当的行为，除前期几次以提醒教育为主外，对长期不改正的投放户依法处罚，并曝光，杭州市 2020 年共办理此类处罚件 24 095 件，并对部分违法行为给予了曝光，纳入个人不良信用记录。这样施行一段时间后，垃圾分类的质量有了较大的提高。

以上四类是人们在日常生活中每天都会产生的生活垃圾，除这四类外，还有两类虽不是每天产生，但一段时间内总会遇到的垃圾，分别是：①大件垃圾，即体积较大、需要拆分再处理的废弃物品，主要是沙发、床垫、床、桌子等家具；②电子废弃物，大型的如电冰箱、洗衣机、电视机、空调；小型的如手机、电饭煲、微电脑。

二、各类生活垃圾的处置

（一）可回收物的收集和处置

废纸、玻璃、金属等可回收物只要分类到位，均可直接回收利用。废纸可用于造纸；玻璃可重复利用或破碎后回炉利用、制作玻璃纤维、用作熔剂等；金属可作为冶金原料。各小区的可回收垃圾一般由小区保洁员送（或再生资源回收网点人员收集）至再生资源回收点，进入再生资源回收系统回收利用。为了进一步提高居民生活垃圾中可回收垃圾、有害垃圾的分类、回收质量和资源利用率，杭州余杭区推行的"虎哥"模式——余杭区政府委托本地"虎哥"公司上门回收居民家庭"干垃圾"并实行资源化利用，值得各地学习、借鉴，详见案例 3-1。

再生资源回收体系

为加强再生资源的回收利用，全国各地由商务部门牵头建立了再生资源回收利用体系。上述普通生活垃圾中可回收物的回收以及大件垃圾、电子废弃物的回收利用，都属于这一体系。

这一体系由散布各地的回收网点、回收企业、分拣中心组成，其回收业务不仅包括居民生活垃圾，还覆盖工业、商贸、建筑以及机关、学校、医院等公共机构。为进一步规范、完善这一体系，国家层面和各省、设区市政府先后制定实施了一系列政策、规范。商务部于 2010 年 5 月下发《关于进一步推进再生资源回收行业发展的指导意见》（商贸发〔2010〕187 号）；2015 年 1 月，商务部等五部门印发《再生资源回收体系建设中长期规划（2015—2020 年）》（商流通发〔2015〕21 号）；2016 年 5 月商务部等六部门下发《关于推进再生资源回收行业

---

① 餐厨垃圾特指宾馆、饭店、食堂等餐饮场所产生的易腐垃圾。

转型升级的意见》。各省（区、市）也先后作了部署，如浙江省政府办公厅发布《关于建立完整的先进的废旧商品回收利用体系的实施意见》（浙政办发〔2012〕154号），对再生资源回收网络建设提出了具体要求；2021年10月，浙江省商务厅等五部门联合印发《浙江省生活源再生资源分拣中心设施建设两年攻坚行动计划（2021—2022年）》，要求到2022年年底，全省所有县（市、区）建成一座以上标准化分拣中心，形成与本地再生资源产生量匹配的分拣能力。各市、县先后对废弃物资源化回收利用作了专门部署，并取得积极进展。

　　为了推进全市再生资源回收工作，2018年杭州市委办专门印发了《关于推进再生资源回收的实施意见》，城区每1 000户设置1个回收点，独立小区一般每个小区设1个，规模较小且相邻的老旧小区可几个小区共设1个，农村每个行政村设1个。对网点和分拣中心建设，市、区两级财政给予一定的补贴，每个网点每年补助2万～3万元，连续补助3年；每个分拣中心建设按其投入设施总投资额的30%给予补贴（最高不超过500万元）。据此，杭州市各区、县都在各社区、小区设置了再生资源回收网点，2020年有网点2 477个，基本实现了全覆盖，建成分拣中心46个。2020年回收再生资源达257万t，其中生活垃圾再生资源回收量94.14万t。

案例 3-1：杭州余杭区"虎哥"模式

1. 前端收集一站式

居民生活垃圾中的可回收物、有害垃圾及大件垃圾、电子垃圾由"虎哥"公司上门分类回收，易腐（厨余）垃圾和其他垃圾由居民自己投放到小区垃圾箱，并最终由环卫部门收集运输至专用垃圾处理设施处理。"虎哥"公司向每户居民发放可回收物支架和专用回收袋，将所有可回收物（纸张、玻璃、塑料、纺织物、电子废物及其他各类低价值物）兜底"应收尽收"。居民可通过App、微信服务号等呼叫"虎哥"上门回收，"虎哥"按重量给予居民一定的环保金，混合低价值物0.3元/kg，"四机一脑"等废旧家电按照市场价格计算，大件垃圾免费回收。居民可使用"环保金"到"虎哥"商城或"虎哥"便利店兑换商品。有害垃圾由居民投入专用垃圾袋，与可回收物协同收集。

2. 循环利用一条链

"虎哥"建立了一套完整的"收集、运输、分拣、利用"的再生资源循环利用体系。前端收集的可回收物运至"虎哥"分拣中心，精细分类成九大类：塑料、废纸、金属、玻璃、纺织物、旧家电、小电器、不可利用类（约占总量的25%）、有害垃圾类（约占总量的0.1%）。前七大类送下游再生企业再生回收利用，第8类送垃圾焚烧厂焚烧，第9类送危险废物处置单位处置。根据"虎哥"在余杭区和安吉县的实际运作经验，回收垃圾的资源化利用率达97%以上。分拣后少量剩余残渣（约2.3%）送入垃圾焚烧发电厂进行无害化处置。

3. 智慧监管一张网

"虎哥"公司构建了"虎哥"垃圾分类大数据平台，建立垃圾分类投放、分类收集、分类运输、分类处置全过程透明化台账，通过实时在线的数据监控垃圾的溯源信息、收运信息、处置利用信息，并对接"城市大脑"（杭州市数字化集成应用平台），做到全过程监管无遗漏。

4."虎哥"模式的效益

一是经济效益:2020 年"虎哥"在余杭区 40.2 万户城镇家庭实现了全覆盖,回收垃圾 10 万 t(低价值物 7 万 t,大件垃圾 3 万 t)。按目前每吨生活垃圾包括综合投放、收运、处理、监管和设施维护、生态补偿等的总成本约 800 元/t 计,节约支出 5 600 万元;大件垃圾综合处理成本约 1 350 元/t,3 万 t 大件垃圾可节约政府开支 4 050 万元;"虎哥"支付给居民"环保金"每年约 5 000 万元;"虎哥"公司上缴税收 2 000 万元/a。上述 4 项合计总经济效益为 1.665 亿元。而余杭区财政每年向"虎哥"购买服务费用约 1.25 元/(户·d),相当于全区 1.834 亿元(这部分费用会随着"虎哥"规模扩大而持续下降),两者大致相当。

二是环境效益和社会效益:从环境效益来看,首先是减少了 10 万 t/a 的垃圾量,其次是减少了 10 万 t 垃圾焚烧、填埋产生的二次污染物;从社会效益来看,"虎哥"公司吸纳了 1 500 名劳动力就业,其中 80%为当地人员。"虎哥"模式荣获 2018 年"长三角城市治理最佳实践案例",2018 年"浙江省改革开放四十周年民生获得感工程",2018 年余杭区十大民生实事群众满意度调查排名第一。

目前,"虎哥"模式已实现余杭区城镇居民全覆盖,在湖州市安吉县全域覆盖,开始在浙江衢州全域推开,目前已正式运行。"虎哥"并已开始走向省外城市。

(二)大件垃圾回收及处置

除前面介绍的普通生活垃圾回收外,对废弃沙发、床垫等大件垃圾一般可以通过建立专业公司回收处置。其回收的大件垃圾经拆解后再利用,详见案例 3-2。

案例 3-2:杭州拱墅区宸运环境工程有限公司回收处置大家垃圾

拱墅区 2018 年开始由国有宸运环境工程有限公司专业回收大件生活垃圾。居民把大件生活垃圾放置在小区某一特定位置后,由宸运公司上门回收清运,同时向小区物业或社区收取 200 元/t 的清运处置费,年均处置大件垃圾约 1 700 t。大件垃圾拆解后,木材用粉碎机粉碎后送至生物质发电厂发电,废旧海绵用打包机打包后送至海绵厂再利用,废旧金属送钢铁厂等熔融再造。与此同时,宸运公司还协调第三方回收人员,免费清运、回收全区域旧玻璃、泡沫塑料。全区按区域设置 10 条回收专线,回收人员实行区域负责,统一挂牌上门服务,覆盖区内所有小区及主要商业街区。月均可回收废旧玻璃 280 余 t,泡沫 60 余 t。玻璃运至玻璃厂熔融再利用,制成玻璃制品;泡沫用冷压机冷压后送至废塑料再生加工厂再利用。该公司基本上实现了市场化运行,区政府除提供了 1 400 m² 的一块场地外,无一分钱补贴,该公司目前有 300 余名从业人员。

（三）有害垃圾回收及其处置

一般实施垃圾分类的区域都会在每个小区设置 1～2 个有害垃圾回收箱（杭州市规定每 300 户配置不少于 1 个收集容器），公共机构也应配置相应的有害垃圾收集容器（杭州市规定每 500 人至少配置 1 个）。这些有害垃圾单独收运至有害垃圾中转点（一般各区、县设置 1～2 个有害垃圾中转点）后，再定期由专业公司专车收运至专业的危险废物处置厂（中心）处置，如杭州市全市有害垃圾分别由第一、第二、第三固体废物处置中心定期收集、处置。

（四）电子废弃物的回收处理

电子废弃物一般由再生资源回收网点作价回收后送定点的专业处理企业处理。每个设区市一般均设有 1～2 家专业的回收处理电子废弃物的企业。回收的电子废弃物经拆解后有 94%～96% 的部分（主要为金属、塑料、玻璃）可卖给其他企业作为原材料综合利用，4%～5% 的部分（主要为保温材料及少量边角料）送垃圾焚烧厂焚烧处理，还有不到 1% 的部分（主要为荧光粉等）送危险废物处置中心填埋处理。

（五）厨余垃圾和餐厨垃圾的回收和处置

1. 厨余垃圾回收处置

厨余垃圾是指居民日常生活中产生的易腐垃圾，厨余垃圾分类后应作资源化利用，但当前许多地方还存在垃圾处理能力尤其是厨余、餐厨垃圾处理能力不足的问题，这样的结果是使前段分类后的垃圾最终依然是混合处理的，使分类变得毫无意义，而这往往也是造成居民不愿认真进行垃圾分类的一个重要原因。杭州市最近两年大力加强了对易腐类垃圾（厨余垃圾和餐厨垃圾）处理设施的建设，截至 2022 年年底，全市建成易腐垃圾处理设施 13 座，处理能力为 2 450 t/d，另有 170 台一体化垃圾好氧堆肥设施[①]，处理能力为 450 t/d，满足全市易腐垃圾的处理需求。

厨余垃圾的处置方法比较多，有堆肥（制肥）、厌氧发酵、黑水虻养殖综合利用等，目前应用最多的是厌氧发酵法。过去一段时间曾有不少地方使用堆肥法处理，但由于处理过程中臭气问题以及垃圾成分不稳定，垃圾分类不彻底，垃圾中混杂着碎玻璃、重金属等，制成的肥料难以推广使用，致使堆肥技术未能得到大量推广。利用黑水虻养殖对厨余垃圾进行综合利用，还处于个别性的探索阶段。

2. 餐厨垃圾回收处置

餐厨垃圾是指宾馆、饭店等餐饮场所产生的垃圾，其也是一种易腐垃圾。相较于从居民区收集的厨余垃圾，餐厨垃圾含水率高，且含有较多的油脂。过去曾有一段时期，由于政府对餐厨垃圾疏于管理，一些违法分子利用在餐厅、宾馆收集的地沟油再制成成品油卖给餐饮店，引发全社会的强烈反响。餐厨垃圾一度也被违规作为生猪养殖的饲料，后被严格禁止。近年来，各地政府陆续开始组织对餐厨垃圾的规范化收集和处置。餐厨垃圾目前

---

① 垃圾好氧堆肥后用于绿化、果园等。

主要也采用厌氧发酵技术，其工艺路线包括："预处理+油脂回收提纯+湿式厌氧发酵+沼气净化发电+沼渣脱水处置+污水预处理。"

近年来，一些地方从集约、节约土地空间资源和提高污染防治设施的集约化程度考虑，对厨余垃圾，餐厨垃圾和其他垃圾（焚烧）处理设施实施集约化建设，收到较好效果，具体可见案例 3-3。

案例 3-3：浙江宁海县餐厨、厨余垃圾处理项目

1. 项目规模

75 t/d 餐厨垃圾+120 t/d 的厨余垃圾。

图 3-1　宁海餐厨垃圾处理项目预处理车间实景图

2. 工艺流程

宁海餐厨垃圾处理项目和厨余垃圾处理项目与 1 000 t/d 垃圾焚烧项目合建，两项目的预处理车间设置在生活垃圾焚烧项目卸料平台下方，采用"餐厨垃圾预处理+废水厌氧处理+固渣焚烧处理"的协同处理工艺，实现生活垃圾焚烧项目、餐厨垃圾处理项目、厨余垃圾处理项目的一体化协同处理。

（1）餐厨垃圾处理工艺流程

餐厨垃圾由收运车将物料直接卸入接料斗内，由设置在接料斗底部的无轴螺旋输送机输送至分拣机，物料在输送过程中同时沥出大部分游离水进入浆料池，浆料池里的污水最终进入生活垃圾焚烧项目渗滤液处理中心处置回用。分拣机对物料破袋打散同时进行大小筛分，拣出尺寸 50 mm 以上的粗大杂物，筛上杂物进入螺旋输送机（至垃圾仓），筛下细料落入细料输送泵（柱塞泵）后泵入破碎筛分机。破碎筛分机对粗浆液进行高速随机破碎进一步制浆（如浆料太干，则抽取后续浆料池中部分浆料至破碎筛机中），同时，筛分出不易打碎的、利用价值较小的细小杂物，如粗纤维、塑料片等。细杂物落入螺旋输送机（至垃圾仓），浆液由螺旋输送机输送至沉砂机。

沉砂机重力沉淀出比重较大物质，如骨头、贝壳、玻璃、陶瓷、金属等，沉淀物由底部螺旋输送机缓慢输送至垃圾仓，除砂后的物料溢流入浆料池。利用垃圾焚烧系统内的蒸汽对浆料池内浆料进行加热，提温至 50～60℃，目的是降低浆液黏稠度，便于提高后续压滤效果。浆料池的浆液泵入压滤机进行处理，压滤机压滤出尺寸大于 1 mm 的固杂物，滤渣落入螺旋

输送机（至垃圾仓），滤液自流入组合加热罐。物料在组合加热罐中被加热至 75℃以上后泵入餐厨三相离心机，经处理后分别得到粗油脂、贫油废水、有机固渣，固渣落入螺旋输送机（至垃圾仓），贫油废水去往垃圾渗滤液处理站厌氧系统处理（其渗滤液处理系统工艺同杭州光大九峰环境能源项目的渗滤液处理工艺相同，详见案例 3-4）。三相分离出来的粗油脂含有少量水与杂质，其进入沉降罐后经约 8 h 的沉降去除水和杂质，得到品质较好的毛油；沉降出的杂质回流至浆料池，清油泵入储油脂储罐。油脂最终出售给其他有资质的处理企业用于制造生物柴油、肥皂等。

相关工艺流程如图 3-2 所示。

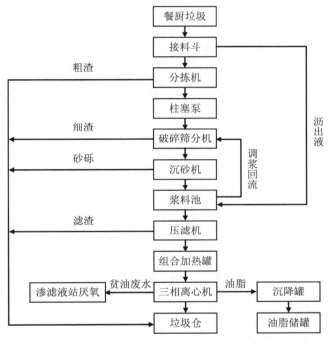

图 3-2 餐厨垃圾处理工艺流程

（2）厨余垃圾处理工艺流程

厨余垃圾的处理首先由收集车辆将物料卸入接料斗内，再经接料斗底部的双提升螺旋输送到破袋机内，物料经破袋机打碎进入粗分拣机中，物料在接料斗输送过程中沥下的渗滤液自流至餐厨垃圾处理中的浆料池，然后排污泵送到三相分离机。物料则被粗分拣机进行随机打散筛分，筛除其中大于 60 mm 的杂物，杂物经螺旋输送机并入餐厨系统固渣输送螺旋最终进入垃圾仓，细料则经螺旋输送机输入干湿分离机。干湿分离机对粗分选细料进行打碎分离，筛分出不易打碎的、利用价值低的细小杂物，如粗纤维、塑料片，杂物经螺旋输送机并入餐厨系统固渣输送螺旋最终进入垃圾仓。浆液由螺旋输送机送入螺旋压榨机。物料通过螺旋压榨机的强力挤压，并在筛壁和锥形体阻力的作用下，物料所含液体被挤压出。挤出的高浓度液体通过管道进入搅拌罐，挤压出的固渣通过螺旋输送机进入餐厨垃圾处理系统垃圾仓。

进入搅拌罐的物料经蒸汽加热至70℃（蒸汽加热的目的是降低浆液黏稠度，提高后续分离效果）后最终通过排污泵泵入厨余三相分离机。三相离心机进行粗油脂、贫油废水、有机固渣分离后，贫油废水至渗滤液站处理，有机固渣进入垃圾仓进行焚烧处置，粗油脂经沉降后进入油脂储罐。

相关工艺流程如图3-3所示。

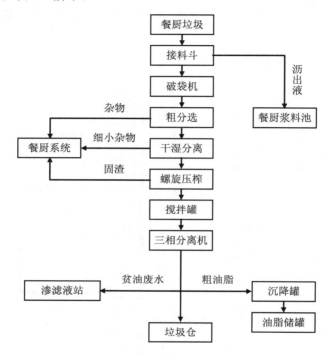

图3-3　厨余垃圾处理工艺流程

3. 除臭系统介绍

厨余和餐厨垃圾处理的每台主要设备上均设有废气吸风口，同时整个车间吸风抽负压。上述所有废气集中收集后，依次经过酸性（硫酸）喷淋塔、碱性（氢氧化钠与次氯酸钠）喷淋塔、光催化氧化装置和臭氧氧化装置进行处理后，再进入垃圾焚烧厂的垃圾（发酵）仓，最后进入焚烧炉。在垃圾焚烧炉检查期间，上述废气经前述处理后（已能达到排放标准）直接排放。

相关流程如图3-4所示。

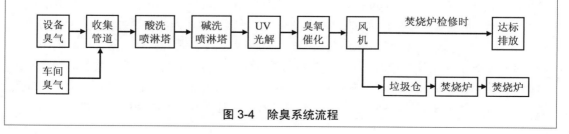

图3-4　除臭系统流程

与单独设立的厨余、餐厨垃圾处理项目相比，宁海县这种把厨余、餐厨垃圾与垃圾焚烧设施合建的模式，具有以下优点：①由于渗滤液、渣等的处理设施共用，大大节约项目建设投资；②运行费用更低；③空间集约化利用，减少邻避效应。

（六）其他垃圾的回收和处置

其他垃圾是指除了前述可回收垃圾、有害垃圾、大件垃圾、电子废弃物、厨余垃圾、餐厨垃圾外的生活垃圾。随着各地垃圾分类工作的不断推进，这部分垃圾的数量得到控制，并有逐步减少的趋势，分类后的质量也逐步得到提高，垃圾热值提升。这部分垃圾的处理方式可以用焚烧方法处理，也可以填埋处理。由于填埋场占地大、填埋作业恶臭难以避免等因素，目前对于这部分垃圾各地普遍性地推行焚烧处理，并逐步取消填埋作业。生活垃圾通过焚烧，可以起到以下作用：①大幅减容，焚烧后生活垃圾体积可减少80%～90%；②使毒性物质得以摧毁，高温过程使废物中的有害成分得到完全分解，并彻底杀灭病原菌；③回收能量用于发电。垃圾焚烧存在的主要问题是投资和运行费用相对较高，操作运行较复杂，存在一定的二次污染，尤其是焚烧尾气中二噁英等污染物，易引起周边居民担忧甚至强烈反对，引发邻避效应。

用于生活垃圾焚烧的炉型国内主要有两种：炉排炉和循环流化床。循环流化床过去一段时间在浙江使用比较多，相对来说，其一次性投资和运行成本均较低，但随着环保标准的不断收紧，过去建成的一些循环流化床的弊端也逐步凸显，由于循环流化床的燃烧特点（处于沸腾状态、燃烧时间短），使其对进入垃圾的颗粒度、热值、均匀性要求比较高，当遇到垃圾分类的质量不好等情况时，其工况就不易控制，如炉温控制不稳定，经常出现尾气在线监测中CO超标。过去一段时期，各地尾气采样监测中，采用循环流化床工艺的焚烧厂二噁英超标的比例相比采用炉排炉的焚烧厂的要高。近年来一些采用流化床的焚烧厂通过技术改造，使上述问题得到了改善。目前国内新建的垃圾焚烧发电厂几乎均采用了炉排炉技术。图3-5为3 000 t/d杭州光大九峰环境能源项目处置生活垃圾工艺流程。

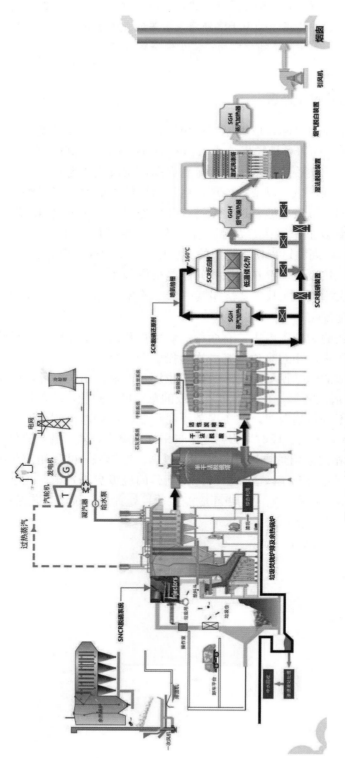

图 3-5 杭州光大九峰环境能源项目处置生活垃圾工艺流程

三、垃圾焚烧厂的建设和污染控制

垃圾焚烧厂的建设对当地政府来说是一件需要高度重视并精心谋划的事，因焚烧厂建设引发的群体性事件屡见不鲜。这里重点对垃圾焚烧厂建设有关法规标准、垃圾焚烧厂选址、污染控制、焚烧飞灰处置等作出简述。

（一）垃圾焚烧厂建设相关法规、标准及规范

涉及垃圾焚烧发电厂建设的主要法规、标准、规范有：

1）《关于加强生物质发电项目环境影响评价管理工作的通知》（环发〔2006〕82 号）。

2）《生活垃圾焚烧处理工程技术规范》（CJJ 90—2009）。

3）《生活垃圾焚烧处理工程项目建设标准》（建标 142—2010）。

4）《生活垃圾焚烧污染控制标准》（GB 18485—2014）。

5）住房和城乡建设部等《关于进一步加强城市生活垃圾焚烧处理工作的意见》（建城〔2016〕227 号）。

6）《关于进一步做好生活垃圾焚烧发电厂规划选址工作的通知》（发改环资规〔2017〕2166 号）。

7）关于印发《生活垃圾焚烧发电建设项目环境准入条件（试行）》的通知（环办环评〔2018〕20 号）。

8）《城市环境卫生设施规划标准》（GB/T 50337—2018）。

（二）垃圾焚烧厂厂址选择

根据相关标准、技术规范，垃圾焚烧厂选址要符合以下要求。

1）要符合当地的城乡总体规划、环境卫生专项规划、相关环境保护规划（"三线一单"等），符合当地的大气污染防治、水污染防治、自然生态保护等要求。这里最容易疏忽的是环境卫生专项规划，许多城市尤其是一些中小城市事先没有专门的环境卫生专项规划或者有专项规划但未明确垃圾焚烧厂的位置，往往是焚烧厂急着要建设了，才临时选一个地址，然后再补一个专项规划。而这恰恰是造成垃圾焚烧厂落地难、邻避效应突出的一个重要原因。周边群众事先不知道焚烧厂规划在哪里，没有一个心理预期。假如有一个早期明确的向社会公开的专项规划，拟在焚烧厂周边一定范围内购买住宅安置落户的居民会自己权衡后作出选择，一旦选择了，他们也就有了（今后与焚烧厂相邻的）心理预期，邻避效应也就不会那么强烈了。为了避免出现上述情形，《关于进一步做好生活垃圾焚烧发电厂规划选址工作的通知》（发改环资规〔2017〕2166 号）明确，各省（区、市）应于 2018 年底前编制完成本省（区、市）生活垃圾焚烧发电中长期专项规划（以下简称专项规划），2030 年前拟建项目应提出项目规模、建设地点（应明确到具体市县）。纳入专项规划，并拟于 2021—2030 年开工建设的项目，应至少提前 3 年完成项目选址工作。

2）厂址选择要综合考虑焚烧厂的服务区域、运输距离、垃圾运输车辆沿途经过区域的敏感性，周边供电（包括所发电力能接入电网）、供水、排水等配套条件，并应预留适当的发展空间。

3）满足工程建设的工程地质条件和水文地质条件。

4）防护距离。根据相关技术导则，为保护人群健康，减少正常排放条件下大气污染物对居住区等的环境影响，在项目厂界以外设置一定的大气环境防护距离，大气环境防护距离内不应有长期居住的人群。环境影响评价报告中建设项目的大气环境防护距离的测算与建设项目的污染物排放强度、所处区域的气象条件、周边自然条件等众多因素有关，并最终由模型计算得出。但生态环境部印发的《生活垃圾焚烧发电建设项目环境准入条件（试行）》（环办环评〔2018〕20号）明确规定，厂界外设置不小于300 m的环境防护距离。项目最终的防护距离取上述两者（环评模型测算值与上述文件规定的300 m）的最大值。防护距离范围内不应规划建设居民区、学校、医院等敏感目标，已有的居民区应予以拆除。

5）垃圾焚烧厂项目最终的选址应由经生态环境部门批准的项目环境影响评价报告书的结论来确认。垃圾焚烧项目环境影响评价报告的编制及其审批过程必须严格按国家规定的程序和要求进行。

（三）垃圾焚烧过程污染控制

垃圾焚烧中产生的污染物种类较多，如二噁英、颗粒物、重金属、氮氧化物、二氧化硫、氯化氢等，其中人们最关注的是"谈之色变"的二噁英，这也是生活垃圾焚烧项目污染控制的重中之重。2014年环境保护部发布《生活垃圾焚烧污染控制标准》（GB 18485—2014），此"标准"除规定了焚烧排放尾气中各类污染物浓度限值外，还对焚烧炉有关技术参数作了详细规定：为了保证垃圾能得到充分燃烧，炉膛内焚烧温度要求达到850℃以上；燃烧所产生的烟气处于高温段（≥850℃）的持续时间必须达到2 s以上。理论上，二噁英在750℃时便能分解，而850℃是二噁英完全分解的保证值。保证炉温850℃以上，烟气停留时间2 s以上就是为了确保二噁英彻底分解。与过去老的标准相比，2014年修订的标准新设了焚烧炉排放烟气中一氧化碳浓度限值要求：24 h均值80 mg/m³、1 h均值100 mg/m³。尾气中一氧化碳浓度与二噁英直接相关，一氧化碳浓度越高，说明垃圾燃烧越不充分，此时也越易使二噁英升高。实际监测结果也表明，一氧化碳超标频次的高低与排放尾气二噁英超标频次成较好的相关性。过去几年来，生态环境部正是根据对各地垃圾焚烧厂一氧化碳在线监测浓度超标情况，有重点地开展了对部分垃圾焚烧厂的二噁英监测，对二噁英超标的垃圾焚烧厂所在地市、县政府主要领导进行了约谈，并督促进行整改。通过几年努力，垃圾焚烧厂二噁英、一氧化碳超标现象得到明显改善。

总结这几年垃圾焚烧厂运行管理、技术改造以及建设新的垃圾焚烧厂的经验教训，要控制焚烧厂二噁英等尾气中各类污染物指标达标，应实施从垃圾分类到尾气处理的全过程管控。

1. 垃圾分类质量控制

假如垃圾不能较好地分类，垃圾中混杂许多低热值的废物甚至无热值的建筑垃圾，而后续又不能有效地均匀混合的话，垃圾进入炉膛后焚烧温度就难以稳定达到850℃以上或者难以得到充分燃烧而使一氧化碳和二噁英大量产生影响尾气达标，这种情况对于循环流化床的影响尤其大。

2．有效的前处理设备

主要是指破碎及发酵。循环流化床技术焚烧垃圾对颗粒度要求较高（颗粒大的吹不起来），因此其前端配有一个破碎系统，这个破碎系统的破碎效率越高，颗粒均匀性越好，后续燃烧就越均匀、充分。前几年被环境保护部门约谈的一些循环流化床焚烧企业对破碎系统作了进一步完善、改造。采用炉排炉技术的焚烧厂没有破碎系统。

垃圾发酵。垃圾进入库房后一般还需发酵堆存 7 d 左右。这个过程一是起到脱水减量（可减少入炉量 20%左右）提高热值使垃圾更容易燃烧的作用；二是发酵后垃圾再用抓斗反复翻动，起到疏松并把垃圾进一步混匀的作用。过去建的采用循环流化床技术的垃圾焚烧厂，这个系统相对不完备，发酵堆存的时间比较短，一定程度上影响了焚烧炉的焚烧效果。

3．炉内焚烧控制

如前所述，炉内控制主要是控制炉膛内温度 850℃以上，烟气在≥850℃的高温段的停留时间在 2 s 以上。相对来说，炉排炉在炉膛内的温度比较容易控制，垃圾在炉排炉内停留时间较长、燃烧面积大，其对垃圾的颗粒度及热值均匀性等没有像循环流化床那样敏感。采用炉排炉技术的城市生活垃圾焚烧时炉温可控制在 900～1 200℃。而循环流化床由于对颗粒度和垃圾均匀性的敏感性，炉温相对难控制，而且循环流化床从稳定运行的角度考虑，其控制炉内温度不宜过高，否则容易结焦（由于流化床烟气灰分多，高温烟气中的灰分易在管壁结焦）。

4．尾气处理

垃圾焚烧过程中产生的废气成分主要有颗粒物、氮氧化物、二氧化硫、氯化氢、一氧化碳、重金属、二噁英等，《生活垃圾焚烧污染控制标准》（GB 18485—2014）中对上述污染物排放都作了明确的规定，见表 3-1。

表 3-1　生活垃圾焚烧炉排放烟气中污染物限值

序号	污染物	限值	取值时间
1	PM/（mg/m^3）	30	1 h 均值
		20	24 h 均值
2	NO$_x$/（mg/m^3）	300	1 h 均值
		250	24 h 均值
3	SO$_2$/（mg/m^3）	100	1 h 均值
		80	24 h 均值
4	HCl/（mg/m^3）	60	1 h 均值
		50	24 h 均值
5	汞及其化合物（以 Hg 计）/（mg/m^3）	0.05	测定均值
6	镉、铊及其化合物（以 Cd+Tl 计）/（mg/m^3）	0.1	测定均值
7	锑、砷、铅、铬、钴、铜、锰、镍及其化合物（以 Sb+As+Pb+Cr+Co+Cu+Mn+Ni 计）/（mg/m^3）	1.0	测定均值
8	二噁英/（ngTEQ/m^3）	0.1	测定均值
9	一氧化碳（CO）/（mg/m^3）	100	1 h 均值
		80	24 h 均值

尾气中各类污染物的特性和标准要求不同，相应的处理方式也不同。

（1）颗粒物控制

常用布袋除尘器、静电除尘器及湿法除尘设备等，目前以布袋除尘器应用最为广泛。

（2）氮氧化物控制

控制尾气中 NO_x 的方法可分为炉内燃烧控制法、选择性非催化还原法和选择性催化还原法。

炉内燃烧控制法：通过调整垃圾焚烧炉内垃圾的燃烧条件，降低氮氧化物产生量。主要通过控制燃烧温度、空气分级燃烧、优化二次风管喷嘴布置设计、合理设计燃烧炉型等措施来达成此目的。

选择性非催化还原法（SNCR）：将尿素注入 $900\sim1\,000\,℃$ 高温废气中，将氮氧化物还原为氮气及水，去除率约为60%。

选择性催化还原法（SCR）：借助催化剂 V_2O_5/TiO_2 等作用，使氮氧化物与注入的氨气发生还原反应而变成氮气和水：

$$4NO + 4NH_3 + O_2 \xrightarrow{\ V_2O_5\ } 4N_2 + 6H_2O$$
$$NO + NO_2 + 2NH_3 \xrightarrow{\ V_2O_5\ } 2N_2 + 3H_2O$$

该法去除率可达80%以上。由于催化反应塔一般多设置于除尘及除酸性气体设备之后，催化反应温度多为 $200\sim450\,℃$，一般以 $300\sim400\,℃$ 为宜。

（3）酸性气体控制

主要是用碱性物吸收、中和酸性气体。具体分为以下几种：

湿式洗烟法：用 $15\%\sim20\%$ NaOH、$10\%\sim30\%$ $Ca(OH)_2$ 溶液在湿式洗烟塔内吸收处理。该法优点是对烟气中酸性物质、有机污染物及重金属去除率最高。其缺点是产生高浓度含重金属废水，须处理达标后排放，设备投资运行费用较高，故在经济发达国家应用较多。

干式洗烟法：用压缩空气将消石灰粉［$Ca(OH)_2$］直接喷入烟管或烟管上某段反应器内，从而达到中和去除酸性气体的目的。该法优点是工艺简单，投资和运行费用低，无废水产生，但净化效率相对较低。

半干式洗烟法：其与上述干式洗烟法的区别在于喷入的碱性药剂为乳泥状，而非干粉，一般采用生石灰（CaO）。半干法结合了干法与湿法的优点，较干式法的去除率高，亦免除了湿式法产生过多废水的困扰。其缺点是对操作水平和雾化效果的要求高，需有较高从业水准。

目前国内运行较好的焚烧厂多采用干法（消石灰）+湿法（氢氧化钠）的双级脱酸工艺（如上海老港、奉贤等焚烧项目）或者干法（消石灰或碳酸氢钠）+半干法［$Ca(OH)_2$ 溶液或 NaOH 溶液］的双级脱酸工艺（如北京、南京、苏州、宁波等焚烧项目）。而杭州九峰环境能源项目则采用了旋转喷嘴半干法+干法+湿法的组合脱酸工艺，其脱酸效率更高。国内大多数垃圾焚烧厂采用干法+半干法工艺。

（4）重金属污染控制

垃圾焚烧后的重金属一部分仍残留在灰渣中，另一部分因燃烧而挥发，并进一步反应而以元素态重金属、金属氧化物、金属氯化物形态存在。当废气经过热能回收设备及其他冷却设备后，上述重金属形态会凝结成粒状物。去除这些重金属粒状物的方法有：除尘器去除，用布袋与干式、半干式洗气塔并用效果最好，用静电除尘器效果相对较差；活性炭吸附法，可在布袋除尘器前喷入活性炭来吸附重金属，而后通过除尘器一并除去。此外，还有湿式洗气塔、化学药剂法（布袋除尘器前喷入 Na_2S 等药剂生成 HgS 颗粒，然后通过除尘器一并去除）等，但较少采用。

（5）二噁英和呋喃的控制

二噁英类物质是公众对垃圾焚烧项目最担心、最敏感的污染物。二噁英类物质是多氯代二苯并-对-二噁英和多氯代二苯并呋喃的总称。二噁英是一族多氯代二苯并-对-二噁英化合物（以下简称 PCDDs），其结构如图 3-6（a）所示；呋喃是一族多氯代二苯并呋喃化合物（以下简称 PCDFs），其结构如图 3-6（b）所示。

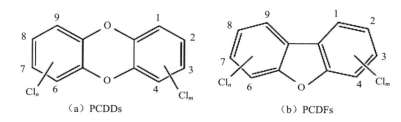

（a）PCDDs （b）PCDFs

图 3-6 二噁英和呋喃的化学结构

二噁英及呋喃可以有 1～8 个氯原子在取代位置上，其中 1～3 个氯者，不具有毒性，所以一般述及 PCDDs/PCDFs 时均指 4～8 个氯的 136 种衍生物。二噁英主要来自以下 3 个方面：①垃圾中本身含有。国外数据显示，家庭垃圾中 PCDDs/PCDFs 含量在 11～255 ng（I-TEQ）/kg。②炉内形成。炉内燃烧过程中，可能先形成部分不完全燃烧的烃类化合物 C_xH_y，当炉内燃烧状况不良时，如 O_2 不足等，少量 C_xH_y 能与废气中的氯化物结合形成 PCDDs/PCDFs、氯苯和氯酚等物质，而氯苯、氯酚可能成为炉外低温再合成 PCDDs/PCDFs 的前驱物质。③炉外低温再合成。当氯苯和氯酚等前驱物质随废气自燃烧室排出后，可能被废气中飞灰的碳元素所吸附，并在特定的温度范围（250～400℃，300℃时最显著），可被金属氯化物（$CuCl_2$ 及 $FeCl_2$）催化反应生成 PCDDs/PCDFs。

控制二噁英也主要从上述 3 个方面入手。①垃圾本身。垃圾来源广、成分控制困难，须通过加强垃圾分类来实现对垃圾本底二噁英的控制。垃圾分类中尤其要避免含氯成分高的物质（如 PVC 塑料）进入垃圾中，高氯成分会在垃圾焚烧中促进二噁英的生成。②减少炉内形成。主要采取以下预防措施：燃烧室设计中考虑适当的热负荷，炉床上二次空气量要充足，高温阶段的炉室体积能确保废气中足够的停留时间，启炉/停炉与炉温不足时启动助燃器等，以使炉内燃烧温度达到850℃以上，烟气在高温区停留时间达 2 s 以上。③避免炉外低温再合成。由于目前多数大型焚烧厂均设有锅炉回收热能系统，焚烧烟气在锅炉出口的温度为 220～250℃（低于 PCDDs/PCDFs 合成的温度），因此 PCDDs/PCDFs 炉外再合成现象多发生在锅炉内尤其在节热器部位，或在颗粒物控制设备前。如何去除这些烟气中的二噁英：在干式（或半干式）处理流程中，一般是通过喷入活性炭粉或焦炭粉以吸附烟气中的 PCDDs/PCDFs，当使用布袋除尘器时，因布袋能提供吸附物较长的停留时间，因此将活性炭粉或焦炭粉直接喷入除尘器前的烟道内即可；若使用静电除尘器，活性炭喷入点应提前至半干式或干式洗烟塔内，以争取更多吸附作用时间。目前常采用活性炭喷射吸附+袋式除尘器。在湿式处理流程中，因 PCDDs/PCDFs 的水溶性甚低，故湿式洗烟塔对 PCDDs/PCDFs 去除效果不大。若欲进一步将 PCDDs/PCDFs 去除，可在洗烟塔的低温段加入二噁英驱除剂，但此种方法仍有待进行进一步的研究。

案例 3-4：杭州光大九峰环境能源项目尾气处理

图 3-7 为杭州光大九峰环境能源项目尾气处理工艺流程。

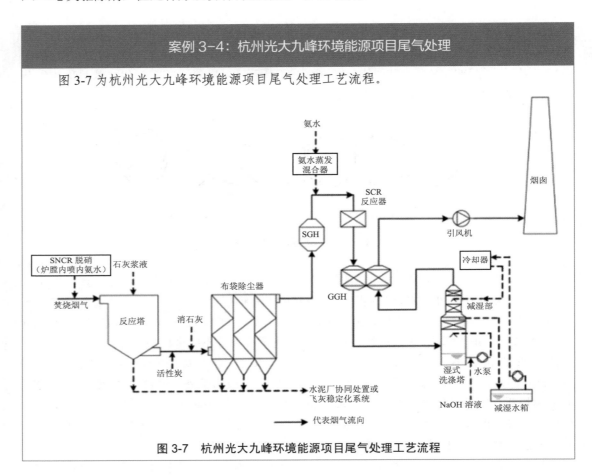

图 3-7　杭州光大九峰环境能源项目尾气处理工艺流程

（四）垃圾焚烧厂恶臭控制

恶臭也是一些垃圾焚烧厂周边居民担忧、诟病最多的因素之一。恶臭防治不仅限于焚烧厂内，还应包括垃圾运输过程。恶臭防治的主要措施如下：

1）运输车辆及运输路线的选择。垃圾运输必须选用全封闭车辆运输，确保沿途无撒落、无渗滤液滴漏，运输线路上应尽可能避开居住区。

2）建设全封闭垃圾卸料大厅和进厅廊道。垃圾运输车在进入全封闭、抽负压的卸料大厅前，宜先经过一段全封闭的廊道，这样既可控制垃圾车渗滤液滴漏等导致的恶臭扩散，也使得卸料大厅内的恶臭气体更加难以逸出而影响周边环境（大厅内恶臭气体要逸散出去必须通过较长距离的全封闭廊道，而这段全封闭廊道又一直处于负压状态，促使廊道外的空气通过廊道进入大厅再进入垃圾坑）。杭州九峰环境能源项目垃圾卸料大厅前廊道长约60 m，见图 3-8。

图 3-8　杭州九峰环境能源项目卸料大厅前廊道

3）垃圾贮坑及卸料大厅采用密闭、负压设计。垃圾贮坑内空气通过一次风机全部抽到炉膛作为助燃空气。正常情况下，贮坑内能建立约-40 Pa 的负压，确保空气只能从厂房外通过廊道、卸料大厅进入贮坑，再进入焚烧炉。负压监测数据在线显示并连锁控制。根据杭州九峰环境能源项目的设计和实际运行情况，其正常焚烧时有 4 台垃圾炉同时开启，贮坑负压<-40 Pa。当有 1～2 台垃圾炉停运检修时，仍能维持-20 Pa 的负压，不会造成臭气泄漏。当出现 3 台以上焚烧炉检修或因其他工况异常导致贮坑出现负压不够的情况（>-10 Pa），备用通风装置及辅助除臭系统启动，垃圾贮坑臭气经辅助除臭系统的活性炭吸附过滤后排至高空。辅助除臭装置的处理能力需保证能满足臭气不外泄。

杭州九峰环境能源项目垃圾贮坑设有 3 套备用通风及辅助除臭系统，每套系统由 1 台风机、1 套活性炭装填量 10 t 的吸附塔组成。

4）垃圾渗滤液收集池、泵房、消化池、污泥脱水间、膜处理车间等产生恶臭气体的区间均采用密封负压方式收集，通过风机抽入焚烧炉燃烧处理，同时配备应急活性炭恶臭气体吸附处理装置，以备焚烧炉检修时应急使用。

5）其他环节设除臭剂喷洒装置。在场内垃圾运输道路、垃圾卸料大厅、垃圾运输车洗车点、污水处理站等位置设除臭剂喷洒装置，并定期喷洒除臭。

杭州九峰环境能源项目几年来的运行表明，采用上述措施后，垃圾运输焚烧过程中的恶臭异味均能得到有效控制，自投运以来也从未有周边居民对恶臭投诉。

（五）飞灰及炉渣处置

1．飞灰处置

飞灰是指尾气处理系统所收集的细微颗粒物，一般是通过布袋等除尘设备收集的。飞灰中重金属含量较高，并还含有少量的二噁英等有机物，我国已明确将焚烧飞灰列为危险废物。飞灰的处理方式主要有以下几种：

1）稳定化、固化后填埋。这是目前比较普遍采用的处理方式，将收集的飞灰添加水泥、螯合剂进行稳定化处理后，使其满足《生活垃圾填埋场污染物控制标准》（GB 16889—2008）要求：含水率＜30%，二噁英含量低于 3 μgTEQ/kg，按照《固体废物　浸出毒性浸出方法　醋酸缓冲溶液法》（HJ/T 300）制备的浸出液中有关危害成分质量浓度低于该标准中表 1 规定限值。满足上述要求的飞灰可运至生活垃圾填埋场专区填埋。

目前，浙江省要求全省推广"趋零填埋"，对飞灰处置要求实行综合利用。

2）水泥窑协同处置。这是近年新发展起来的处置方法，可直接将飞灰送入水泥窑的窑尾后与其他水泥原料混合协同处理，但由于飞灰中含氯量较高（炉排炉飞灰中氯含量可高达 20%左右），如不经过预处理直接添加，则飞灰添加的比例非常有限。根据对浙江省几大水泥厂使用的原辅料含氯情况调查测算，飞灰添加率应控制在水泥熟料量的 0.45‰，否则易致水泥熟料氯含量超过 0.06%的标准而影响水泥质量，而且易致"起皮"，而使后续预热器下料口堵塞。为提高飞灰在水泥窑中的添加比例，需先对飞灰进行水洗预处理，使飞灰中氯含量降至 2%左右，经水洗后的飞灰在 5 000 t/d 回转窑中，每天可掺入飞灰（干灰计）约 270 t，并使水泥生料中整体氯含量控制在 0.03%～0.035%，这样可保证熟料中氯含量控制在 0.06%以内，燃烧过程中也不会产生"起皮"堵塞现象。

焚烧飞灰水洗工艺流程如图 3-9 所示。

飞灰通过气力输入制浆池后，按 1∶1 比例加水后将飞灰搅拌成浆料，制浆罐为封闭形式，灰料搅拌过程中无飞灰扬尘逸散。搅拌后的浆料通过渣浆泵输入至三级逆流水洗，在飞灰水洗罐中水灰比保持（2～3）∶1 [实际（2.3～2.5）∶1]。浆料在水洗罐中搅拌均匀，搅拌后待浆料充分沉淀，三级水洗产生的滤液回用于二级水洗罐，二级水洗产生的滤液回用于一级水洗罐，三级水洗罐所用水洗液为补充的自来水和蒸发冷凝回用水，一级水洗产生的水洗废水通过管道进入水洗废水处理系统。每一道清洗后的飞灰都通过板框压滤机脱水，脱水后脱氯飞灰含水率小于 35%。压滤脱水后的飞灰通过传送带送至脱氯飞灰暂存库，后续进入水泥窑尾分解炉或窑尾烟室。

水洗废水先后经过脱钙、脱重金属、多效蒸发（MVR），最后制成氯化物，此氯化物符合中国水泥协会团体标准（T/CCAS 010—2019）后可用作水泥厂助磨剂、皮革厂制革用盐等。脱钙污泥经过 7～10 d 自然干化后送水泥厂窑尾分解炉协同处置。全厂水洗工艺废水实现零排放。

水泥窑协同处置飞灰，相对于固化/稳定化后填埋处置，其一次性投资和运行成本均较大。水泥窑协同处置费 1 900～2 000 元/t，固化/稳定化填埋 465～750 元/t，但前者处理更彻底，尤其对于填埋区选择困难的区域更为实用。

目前，杭州市已在全市建立了 3 条飞灰水洗-水泥窑协同处理生产线，总处理能力约 600 t/d。

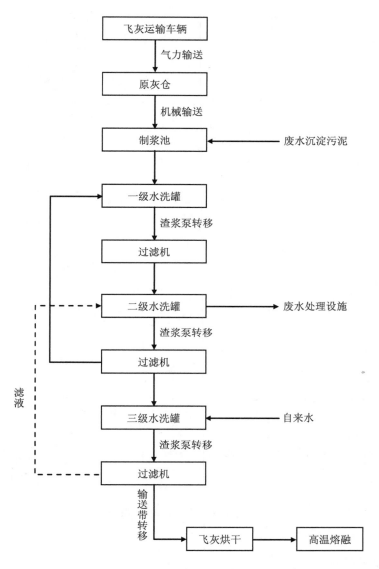

图 3-9 焚烧飞灰水洗工艺流程

3）高温熔融。天津、浙江嘉兴等地方还探索采用熔融固化技术处理飞灰，飞灰先经水洗脱氯后再熔融制成陶粒，用于作路基材料等，飞灰处理成本 1 500～1 600 元/t，目前应用得较少，其工艺流程见图 3-10。

2．炉渣处置

炉渣按批次经危险废物鉴别后不属于危险废物的，按照一般固体废物进行管理。目前主要用于作路基材料或制水泥砖等，其中部分金属分拣出来后回收利用。

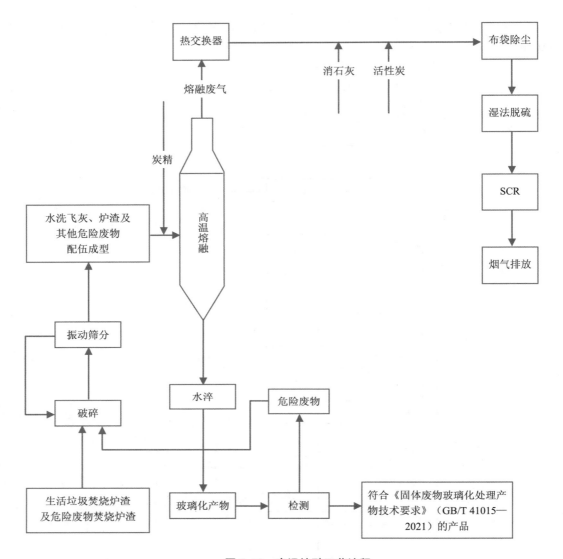

图 3-10   高温熔融工艺流程

（六）渗滤液处理

目前，渗滤液处理通常工艺均为预处理（沉淀）+生化+膜处理。但每家企业由于场地及其他条件不同，具体的处理工艺略有差异。

常用工艺：预处理（混凝沉淀）+UASB（升流式厌氧污泥床）+MBR 系统（A/O+超滤 UF）+NF 纳滤系统+反渗透 RO。

具体的工艺流程见图 3-11。

纳滤和反渗透系统产生的浓缩液作为石灰浆制备用水或回喷炉膛焚烧处理，系统中产生的污泥脱水至含水率＜80%后送至垃圾仓掺烧。

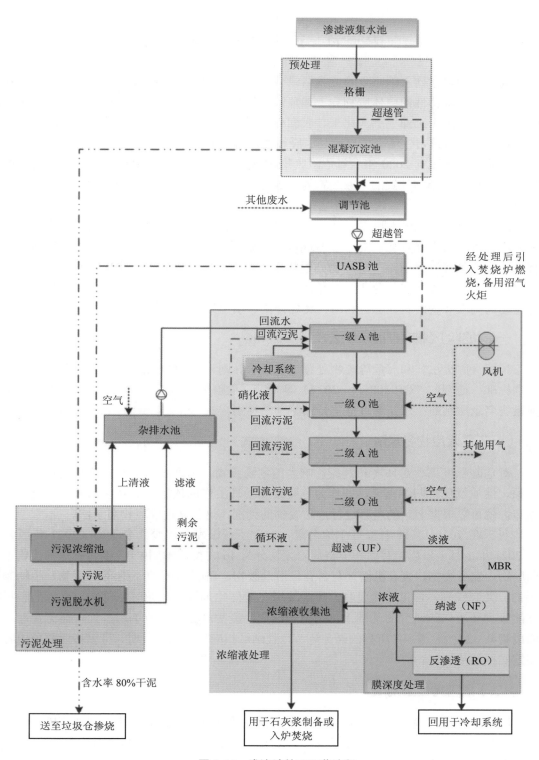

图 3-11　渗滤液处理工艺流程

第三节　危险废物及其处置

危险废物是指列入国家危险废物名录或根据国家规定的危险废物鉴别标准和鉴别方法认定的具有危险特性的固体废物。上述危险特性包括腐蚀性、毒性、易燃性、反应性。危险废物主要来源于工业生产（化工、表面处理类尤其多）、医疗、各类实验室以及其他非特定行业，还有日常生活（废弃药品、废日光灯管等）。

据统计，浙江省 2020 年全省危险废物产生量约为 510 万 t，其中需焚烧处置的工业废物约 55 万 t，需填埋处置的工业废物约 155 万 t，需综合利用的工业危险废物约 290 万 t，医疗废物约 10 万 t。

危险废物应采取源头减量，尽可能将其在产生的源头作为原料加以利用，或进行有效分离和去毒，实现无害化。对于那些确实无法资源化利用，或无法去毒的危险废物，应进行末端安全处置。目前，危险废物处置的主要技术包括焚烧处理、非焚烧处置、填埋处置等，但非焚烧处置（包括热脱附、熔融、电弧等离子技术）应用工程较少。本节主要就危险废物的判别（鉴别）、综合利用、焚烧处置、填埋处置、医疗废物处置等作一简介。

一、危险废物的判别方法及鉴别标准

根据《固废法》和《危险废物处置工程技术导则》（HJ 2042—2014）以及《危险废物鉴别标准　通则》（GB 5085.7—2019）等规定，危险废物的判别方法主要有两种：一是危险废物名录法判断；二是通过危害特性鉴别法鉴别。

（一）危险废物名录法

对危险程度高、对环境和健康影响大的危险废物，用列表的形式把这些废物的名称、来源、性质及危害归纳出来，并作为危险废物管理工作的依据。危险废物的名录一经正式颁布，就可以根据名录的内容进行危险废物的判别。这就是危险废物名录法。

我国在 2020 年 11 月修订了原名录，制定了《国家危险废物名录》（2021 年版），于 2021 年 1 月 1 日起施行。其中将危险废物分为 46 大类、467 种（主要包括医疗废物、医药废物、农药废物、废有机溶剂与含有机溶剂废物、精/蒸馏残渣、染/涂料废物、生物制药废物、焚烧残渣、含重金属废物、废酸废碱、废催化剂等）。同时在总结现有标准和特定危险废物环境风险研究的基础上，调整了《危险废物豁免管理清单》，列入豁免管理清单的废物共 32 个种/类。在所列的豁免环节，且满足相应的豁免条件时，可以按照豁免内容的规定实行豁免管理。

（二）危害特性鉴别法

所谓危害特性鉴别法，就是按照一定的标准通过测试废物的性质来判别该废物是否属于危险废物。由于危害特性种类较多，从实用的角度，通常主要鉴别废物的腐蚀性、毒性、易燃性、反应性 4 种性质。

《危险废物鉴别标准　腐蚀性鉴别》（GB 5085.1—2007）、《危险废物鉴别标准　急性毒性初筛》（GB 5085.2—2007）、《危险废物鉴别标准　浸出毒性鉴别》（GB 5085.3—2007）、《危险废物鉴别标准　易燃性鉴别》（GB 5085.4—2007）、《危险废物鉴别标准　反应性鉴别》（GB 5085.5—2007）、《危险废物鉴别标准　毒性物质含量鉴别》（GB 5085.6—2007）中分别规定了相关特性危险废物的鉴别标准，未列入《国家危险废物名录》，但不排除具有腐蚀性、毒性、易燃性、反应性的固体废物，依据以上鉴别标准以及《危险废物鉴别技术规范》（HJ 298—2019）进行鉴别。凡具有腐蚀性、毒性、易燃性、反应性中一种或一种以上危险特性的固体废物，属于危险废物。

1．腐蚀性鉴别标准

符合下列条件之一的固体废物，属于腐蚀性危险废物。

1）按照《固体废物　腐蚀性测定　玻璃电极法》（GB/T 15555.12—1995）制备的浸出液，pH≥12.5 或者 pH≤2.0。

2）在 55℃条件下，对《优质碳素结构钢》（GB/T 669—2015）中规定的 20 号钢材的腐蚀效率≥6.35 mm/a。

2．急性毒性初筛鉴别标准

符合下列条件之一的固体废物，属于危险废物。

1）经口摄取，固体半致死剂量（LD_{50}）≤200 mg/kg，液体 LD_{50}≤500 mg/kg。

2）经皮肤接触，LD_{50}≤1 000 mg/kg。

3）蒸汽、烟雾或粉尘吸入，LD_{50}≤10 mg/L。

3．浸出毒性鉴别标准

按照《固体废物　浸出毒性浸出方法　硫酸硝酸法》（HJ/T 299—2007）制备的固体废物浸出液中，若有任何一种危害成分含量超过《危险废物鉴别标准　浸出毒性鉴别》（GB 5058.3—2007）中表 1 所列 50 种污染物的浓度限值，则判定该固体废物是具有浸出毒性特征的危险废物。

4．易燃性鉴别标准

符合下列条件之一的固体废物，属于易燃性危险废物。

1）液态易燃性危险废物。闪点温度低于 60℃（闭杯试验）的液体、液体混合物或含有固体物质的液体。

2）固态易燃性危险废物。在标准温度和压力（25℃、101.3 kPa）下因摩擦或自发性燃烧而起火，经点燃后能剧烈而持续地燃烧并产生危害的固体废物。

3）气态易燃性危险废物。在 20℃、101.3 kPa 状态下，与空气的混合物中体积分数≤13%时可点燃的气体，或者在该状态下，不论易燃下限如何，与空气混合，易燃范围的易燃上限与易燃下限之差大于或等于 12 个百分点的气体。

5．反应性鉴别标准

符合下列条件之一的固体废物，属于反应性危险废物。

（1）具有爆炸性质

①常温常压下不稳定，在无引爆条件下，易发生剧烈变化。

②标准温度和压力（25℃、101.3 kPa）下，易发生爆轰或爆炸性分解反应。

③受强起爆剂作用或在封闭条件下加热，能发生爆轰或爆炸反应。

（2）与水或酸接触产生易燃气体或有毒气体

①与水混合发生剧烈化学反应，并释放出大量易燃气体和热量。

②与水混合能产生足以危害人体健康或环境的有毒气体、蒸汽或烟雾。

③在酸性条件下，每千克含氰化物废物分解产生≥250 mg 氰化氢气体，或者每千克含硫化物废物分解产生≥500 mg 硫化氢气体。

（3）废弃氧化剂或有机过氧化物

①极易引起燃烧或爆炸的废弃氧化剂。

②对热、振动或摩擦极为敏感的含过氧基的废弃有机过氧化物。

6. 毒性物质含量鉴别标准

符合下列条件之一的固体废物是危险废物。

①含有 GB 5085.6—2007 附录 A 中的一种或一种以上剧毒物质的总含量＞0.1%。

②含有 GB 5085.6—2007 附录 B 中的一种或一种以上有毒物质的总含量＞3%。

③含有 GB 5085.6—2007 附录 C 中的一种或一种以上致癌性物质的总含量＞0.1%。

④含有 GB 5085.6—2007 附录 D 中的一种或一种以上致突变性物质的总含量＞0.1%。

⑤含有 GB 5085.6—2007 附录 E 中的一种或一种以上生殖毒性物质的总含量＞0.5%。

⑥含有 GB 5085.6—2007 附录 A 至附录 E 中两种及以上不同毒性物质，如果符合下列等式，按照危险废物管理。

$$\sum\left(\frac{p_{T^+}}{L_{T^+}}+\frac{p_T}{L_T}+\frac{p_{Carc}}{L_{Carc}}+\frac{p_{Muta}}{L_{Muta}}+\frac{p_{Tera}}{L_{Tera}}\right)\geqslant 1$$

式中：p_{T^+} —— 固体废物中剧毒物质的含量；

p_T —— 固体废物中有毒物质的含量；

p_{Carc} —— 固体废物中致癌性物质的含量；

p_{Muta} —— 固体废物中致突变性物质的含量；

p_{Tera} —— 固体废物中生殖毒性物质的含量；

L_{T^+}、L_T、L_{Carc}、L_{Muta}、L_{Tera} —— 分别为各种毒性物质在 GB 5085.6 的 4.1～4.5 中规定的标准值。

⑦含有 GB 5085.6—2007 附录 F 中的任何一种持久性有机污染物（除多氯二苯并对二噁英、多氯二苯并呋喃外）的含量≥50 mg/kg。

⑧含有多氯二苯并对二噁英和多氯二苯并呋喃的含量≥15 μg TEQ/kg。

除以上判别、鉴别规定外，对危险废物混合后如何判定、危险废物利用处置后如何判定等，《危险废物鉴别标准　通则》（GB 5085.7—2019）中作了专门的规定，详细可参见该标准第五条、第六条。

二、危险废物的综合利用

危险废物的综合利用实现了危险废物无害化、资源化，在可能的情况下，这应是危险废物处理的首选方法。由于危险废物的品种各式各样，其各自的物理、化学特性不同，因此各类危险废物的综合利用方式也各不相同。下面结合实际应用案例，对废酸、废有机溶剂、废活性炭、重金属污泥等几个常见的危险废物的综合利用作简要介绍：

（一）废酸综合利用

以某企业回收的含一定杂质的废盐酸（HCl 25.0%、无机盐 0.4%、三正丁胺 5.0%、水占 69.6%）为例。废盐酸回收工艺流程如图 3-12 所示。

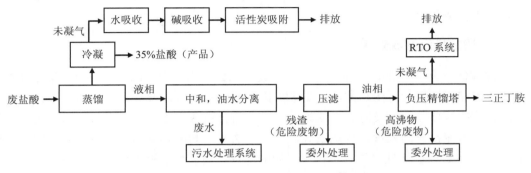

图 3-12 废盐酸回收工艺流程

盐酸废液泵入盐酸蒸发釜进行蒸馏，控制蒸发釜内温度：80～90℃。气相通过冷凝吸收后（盐酸）贮存于中间罐。通过 4 h 的蒸馏，基本无气相蒸出后，釜内物料自流入中和釜加入氢氧化钠反应中和压滤，经分层后水相进入水相罐污水系统处理。油相进入精馏塔进行负压精馏，精馏塔底部分离出高沸、盐等杂质，作为危险废物委外处理。塔顶采出三正丁胺产品，进入中间罐，经分析合格后，打入三正丁胺成品大槽。

回收盐酸过程中产生的尾气经过水吸收、碱中和、活性炭吸附后再排放；精馏三正丁胺过程产生的尾气进入 RTO 焚烧。压滤过程中产生残渣、精馏过程中产生的高沸物等危险废物全部委外处理。

（二）甲苯类废有机溶剂回收

某企业处理的含苯类废有机溶剂平均比例浓度为甲苯 80%、甲醇 3%、水 15%、杂质 2%，其处理工艺流程见图 3-13。

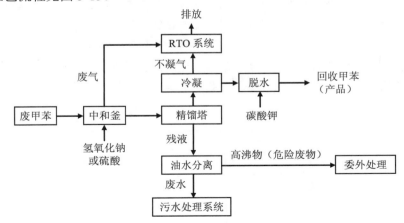

图 3-13 废甲苯回收工艺流程

工艺流程说明：首先用隔膜泵将废有机溶剂打入中和釜进行中和预处理（少量废气由中和釜呼吸口排出进入 RTO 系统处理）。预处理后的废液用隔膜泵打入精馏塔中，进行常压精馏，控制釜顶温度在 110~115℃，馏分冷凝后再经过脱水（加入碳酸钾），即回收甲苯（产品）。蒸馏过程中会产生少量的废气由冷凝器呼吸口排出，进入 RTO 系统焚烧处理。釜底液（蒸馏残液）进行分层（油水分离），有机相高沸物作为危险废物委外处理，水相废水进入污水站处理。

（三）废活性炭回收处置

随着 VOCs 等治理的深入推进，活性炭的使用量越来越大，由于一般中小型处理设施不具有对饱和活性炭的再生功能，大量吸附饱和的废活性炭需要处置。废活性炭作为高度富集污染物的载体，如不及时处理或处理不当，将会造成二次污染。当前废活性炭常用的处理方式是水泥窑协同处置、焚烧法等，这些方法虽可利用燃烧产生的热量，但同时释放大量 CO_2，也造成了活性炭这一可再生资源的浪费。通过加热再生使废活性炭得以循环使用是解决上述问题的一个最佳方案。

废活性炭加热再生过程是利用吸附饱和活性炭中的吸附质能够在高温下从活性炭孔隙中解吸的特点，使吸附质在高温下解吸，从而使活性炭原来被堵塞的孔隙打开，恢复其吸附性能。高温热再生在去除炭吸附的有机物的同时，还可以除去沉积在炭表面的无机盐，疏通炭的微孔，恢复炭的活性。加热再生由于能够分解多种多样的吸附质而具有通用性，而且再生彻底，一直是发展历史最长、应用最广泛的一种再生方法。

案例 3-5：杭州星宇炭素环保科技有限公司再生废活性炭项目
（年处理 1 万 t 危险废物活性炭和 2 万 t 普废活性炭）

回收的废活性炭分为颗粒活性炭和粉末活性炭，其各自再生工艺也不同。

（1）颗粒活性炭再生工艺流程及"三废"产生节点如图 3-14 所示。

工艺流程说明：

配伍、烘干：需再生的废活性炭用叉车通过专门的廊道，在廊道内通过机械拆包后进入负压进料室，将不同类别的废活性炭通过一定的比例进行配伍，以满足设计的入炉含量的控制要求。配伍后的废活性炭通过送料绞笼和给料绞笼输送至烘干炉（夹套加热）中，废活性炭中水分被蒸发，低沸点的挥发分也被脱附。烘干产生的废气主要成分为水蒸气和低沸点有机气体，连同活性炭一起进入再生炉。根据企业提供的资料，进场颗粒状废活性炭入炉限值见表 3-2。

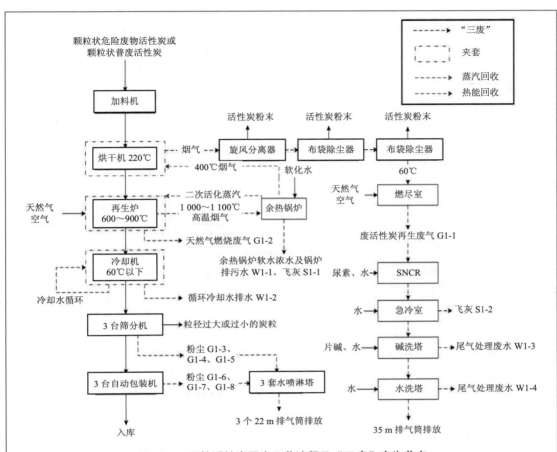

图 3-14　颗粒活性炭再生工艺流程及"三废"产生节点

表 3-2　颗粒状危险废物活性炭或普废活性炭入炉限值

生产线	指标	入炉限值/%
颗粒炭再生系统	水分	≤30
	挥发分	≤30
	灰分	≤30
	F	≤0.1
	Cl	≤5
	Br	≤0.000 05
	Hg	≤0.000 05
	Cd	≤0.000 1
	As	≤0.000 1
	Pb	≤0.000 1
	Cr	≤0.000 1

炭化、再生活化：烘干后的活性炭原料通过封闭输送系统进入再生炉，初期通过天然气加热再生炉使其温度达到 900℃后停止通入天然气，此时废活性炭中吸附的 VOCs 开始脱附，

活性炭孔隙结构逐渐恢复，脱附的 VOCs 燃烧产生的热量可保持再生炉温度。在再生炉尾端喷入水蒸气对再生完的颗粒炭进行二次活化，同时少量炭与水蒸气会发生水煤气反应，生成 CO 和 H_2，水煤气燃烧产生的热能可提供活化所需的温度。再生活化后的活性炭经过冷却机（夹套）冷却至 60℃ 以下再进行筛分包装。再生尾气温度为 1 000～1 100℃，经余热锅炉（其产生的全部蒸汽进入再生炉作为二次活化蒸汽源）回收部分热能，热交换后约 400℃ 的尾气进入烘干炉作为烘干热源。与烘干机热交换后，尾气经过一级旋风收尘、二级布袋收尘后，温度降至 60℃ 以下进入燃尽室，通过燃尽室将尾气中的有机废气燃烧殆尽后，进入废气处理系统（SNCR+急冷室+碱洗+水洗），尾气收集下来的活性炭粉末进入粉末炭再生工艺磨粉混合工段。冷却水循环使用，定期排水。

筛分、包装：再生后的颗粒炭经检验合格后，通过密闭的输送带输送至包装磨粉车间进行筛分，筛分机料仓下部设置有定量喂料装置，定量将再生后的颗粒炭产品投入振动筛分机内，经筛分后符合粒径要求的活性炭产品进行包装。产品从料仓缓慢进入包装袋的内覆膜，此时由于空气影响内覆膜处于鼓胀状态，静置一段时间待空气排尽后再用外层包装袋进行包装。包装磨粉车间装有引风机确保室内负压，最大限度上减少粉尘外溢。筛分下的粒径过大或过小的炭粒进入粉末炭再生工艺磨粉混合工段。

颗粒活性炭再生后，其吸附能力（碘值）能恢复 95% 以上。

（2）粉末活性炭再生工艺流程及"三废"产生节点如图 3-15 所示。

工艺流程说明：

配伍、烘干：需再生的废活性炭用叉车通过专门的廊道，在廊道内通过机械拆包后进入负压进料室，将不同类别的废活性炭通过一定的比例进行配伍，以满足设计的入炉含量的控制要求。配伍后的废活性炭通过绞笼输送至密闭的粉末破碎机将粒径较大的粉末炭破碎后再进入烘干炉中，进行 220℃ 烘干，废活性炭中水分被蒸发，少量低沸点有机物被脱附。烘干后的活性炭原料进入进料仓，该过程有投料粉尘产生，每个进料仓各配备一套除尘系统（布袋除尘+水喷淋）。烘干产生的水蒸气和低沸点有机气体通过管路直接通入再生炉。根据企业提供的资料，进场粉末状废活性炭入炉限值见表 3-3。

炭化、再生活化：烘干后的活性炭原料通过进料仓封闭输送系统进入再生炉，再生炉启炉时用天然气将前端炉体升温至 700℃，然后停止天然气通入，将粉末炭吹入炉体内，此时活性炭原料中吸附的 VOCs 开始被脱附并燃烧，可保持再生炉温度为 850～1 200℃，完成再生过程。同时在再生炉尾端喷入水蒸气对再生完的粉末炭进行二次活化，少量炭与水蒸气反应产生水煤气，生成 CO 和 H_2，水煤气燃烧产生的热能可以提供活化所需的温度。再生尾气经导热油炉回收热能后温度约为 450℃，回收的热能作为烘干热源；再经余热蒸汽锅炉（产生的蒸汽 50% 作为活性炭二次活化蒸气源）回收热能；再生尾气最后经换热器回收热能，冬天可用于办公室供暖。再生后的活性炭经过三级热能（导热油炉、余热锅炉、换热器）回收系统后，温度降至 100℃ 以下，最后经过一级旋风收料和两级布袋收料，实现固气分离，分离后的尾气进入燃尽室，通过燃尽室将尾气中的有机废气燃烧殆尽后，进入废气处理系统（SNCR+急冷室+碱洗+水洗）。再生后的粉末炭经检验合格后，输送至半成品仓库，该过程有粉尘产生，配备一套除尘系统（布袋除尘+水喷淋）。

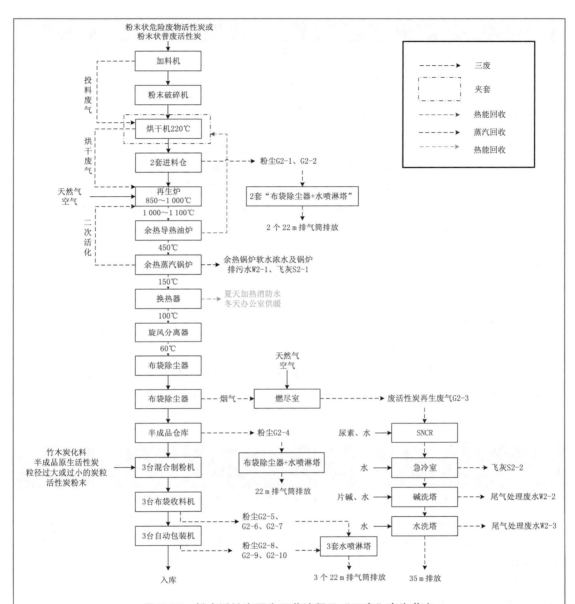

图 3-15 粉末活性炭再生工艺流程及"三废"产生节点

表 3-3 粉末状危险废物活性炭或普废活性炭入炉限值

生产线	指标	入炉限值/%
粉末炭再生系统	水分	≤55
	挥发分	6~8
	灰分	≤30
	F	≤0.1
	Cl	≤5
	Br	≤0.000 05
	Hg	≤0.000 05

生产线	指标	入炉限值/%
粉末炭再生系统	Cd	≤0.000 1
	As	≤0.000 1
	Pb	≤0.000 1
	Cr	≤0.000 1

磨粉、包装：半成品车间内的粉末炭经管道输送进入磨粉包装车间，通过磨粉混合机（配套有料仓）将再生后的粉末炭、颗粒炭再生过程中尾气收集下来的活性炭粉末、筛分下的粒径过大或过小的炭粒以及竹木炭化料、半成品原生活性炭进行充分混合，然后研磨至客户要求的粒径后进行包装。产品从料仓缓慢进入包装袋的内覆膜，此时由于空气影响内覆膜处于鼓胀状态，静置一段时间待空气排尽后再用外层包装袋进行包装。包装磨粉车间内每套混合包装系统均配备水喷淋装置，最大限度上减少粉尘外溢。每天安排员工使用专用扫地机对包装磨粉车间地面进行清扫，收集下来的活性炭粉末进入磨粉混合机。

（四）重金属污泥资源化利用

电镀、印刷电路板、冶炼等行业有大量重金属污染产生，这些重金属污泥中会有铜、镍、锌、金、银等有价金属，但如不及时处理随意倾倒将造成严重的二次污染。最佳的方法是对这些重金属污染进行资源化综合利用，既回收宝贵的金属资源，又彻底消除二次污染。

案例 3-6：杭州富阳申能固体废物环保再生有限公司金属污泥资源化利用

本项目每年处理 35 万 t 含重金属危险废物和 5 万 t 一般含铜固体废物，每年回收 4.5 万 t 金属锭。项目处理原料主要来源于表面处理行业、印刷电路板业、电镀行业、冶炼行业、环境治理行业及其他相关行业废水处理产生的金属污泥。主要是表面处理废物（HW17）、含铜废物（HW22）、含镍废物（HW46）、有色金属采选和冶炼废物（HW48）、其他废物（HW49）等危险废物类中的金属污泥，但不包括不锈钢加工行业的酸洗污泥（含有大量铬、铁），金属污泥中含有铜、镍、锡、锌、金、银、钯等有价成分。

1. 处理工艺

根据危险废物原料特性，本项目采用"烘干+焙烧+高温熔融"核心工艺，一方面对危险废物进行彻底的无害化处理，另一方面对金属污泥进行资源化利用，回收金属锭。项目工艺流程如图 3-16 所示。

本项目工艺流程包括回转窑烘干工序、逆流焙烧工序、制块工序、高温熔融工序。

（1）回转窑烘干工序

本工序将高含水污泥原料在回转窑内进行烘干，回转烘干窑不停转动，高含水污泥落至窑内，在热风炉送入的高温烟气作用下逐步烘干，经窑内扬料板作用，汇集至窑尾料斗内排出，变成含水率约 40% 的烘干污泥。

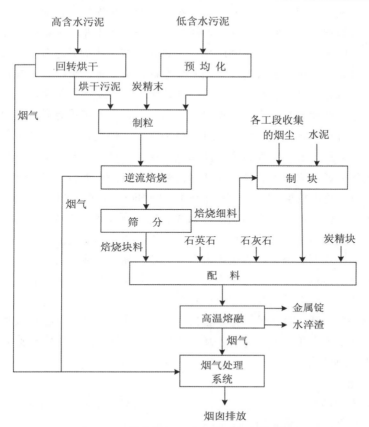

图 3-16 重金属污泥资源化项目工艺流程

（2）逆流焙烧工序

将烘干污泥、低含水污泥与燃料（炭精末）按工艺所需配比，经皮带输送机送入双轴搅拌机中搅拌均匀，而后进入圆筒制粒机制粒，得到粒径 3～5 cm 的球粒，输送至逆流焙烧炉。

进入逆流焙烧炉的球粒经布料机在焙烧炉炉膛上部均匀布料，物料与自下而上的炉内热烟气进行热交换，对物料进行预热烘干后落入焙烧区。罗茨鼓风机将空气从逆流焙烧炉底部鼓入，冷空气在与已生成的高温焙烧料充分接触加热后向上进入焙烧区，这样既可加热助燃空气又可降低焙烧料出口温度。物料在焙烧区进行焙烧，焙烧区温度为 800～900℃，物料中的金属硫化物转化为金属氧化物，有助于后续的金属还原熔炼。焙烧料经炉内出料机出料，然后在圆筒筛分机中进行筛分，筛下细粉料输送至制块工序，筛上焙烧块料送高温熔融工序。

（3）制块工序

本工序将逆流焙烧炉产出的焙烧细粉、各工序收集烟尘与水泥配料拌匀后，经制块机制成块料，成型晾干后输送至进入高温熔融工序。

（4）高温熔融工序

本工序将焙烧块料、制块料、熔剂（石灰石、石英石）及炭精块在高温熔融炉内进行熔融反应，产出金属锭及玻璃态水淬渣。

　　焙烧块料、制块料、熔剂（石灰石、石英石）及炭精块等按工艺配比分批次从高温熔融炉顶加入。高温熔融炉下部两侧鼓入空气，风口区为物料熔化并发生熔融反应的区域，风口区在炭精块燃烧作用下，温度高达 1 300℃左右，同时形成一定的还原气氛，在高温及还原气氛作用下，物料熔化并发生性状改变，污泥中含有铜、镍、锡、金、银等有价金属，在熔融过程中不同金属的氧化还原性存在差异，铜、镍、锡等金属发生化学反应，而铜本身又是贵金属（金、银、钯）的捕集剂，因此以铜、镍、锡、金、银、钯等金属为主的有价金属形成液态金属合金。通过选择合适的渣型（CaO-FeO-SiO$_2$）、确定合理的原料配伍，并控制炉内合适的操作条件（温度、鼓风强度、氧化还原气氛等），进而控制金属熔体中的相图分布及结构，选择有利的金属还原熔炼条件，以使污泥中有害组分（如铅、镉、铬等）嵌入稳定的玻璃体晶体结构中，这类玻璃体结构以氧化物 CaO·SiO$_2$、FeO·SiO$_2$、Al$_2$O$_3$·SiO$_2$ 为主，借助玻璃体的致密晶体结构，确保固化体的永久稳定。最后液态熔渣及液态金属合金沉降至炉缸区，在此进行充分的静置沉降。由于液相金属合金比重大而沉在炉缸底部，液态熔渣在炉缸中上部，从而实现两者分离。在生产过程中，不定期地将液态熔渣从炉体的"渣口"排出，经水淬形成"水淬渣"；液态金属合金熔体则不定期地从炉体的"铜锍口"排出，冷却后得到金属锭，从而实现金属组分的资源化利用。

　　上述含有铜、镍、锡、金、银、钯等金属的金属锭再利用"火法冶金-湿法冶金"技术进行深度处理，实现上述金属产品的逐步分离与富集，最终得到高品质的金属单质产品。

2. "三废"处理及排放

（1）废气处理

　　废气主要来自回转烘干窑、逆流焙烧炉、高温熔融炉产生的工艺烟气，烟气中污染物主要为颗粒物、二氧化硫和氮氧化物。

　　回转烘干窑产生的工艺烟气经布袋除尘器收集烟尘后由引风机送至脱硫系统处理；逆流焙烧炉产生的工艺烟气经布袋除尘器收集烟尘后由引风机送至脱硫系统处理；高温熔融炉产生的高温烟气先经重力沉降后，在管道内进行 SNCR 脱硝，然后进入表面冷却器冷却降温，再进入布袋除尘器除尘，随后由引风机输送至脱硫系统处理，三股废气共用一套脱硫系统。在布袋除尘器前的管道内喷射活性炭，以吸附二噁英类污染物。

　　脱硫系统采用石灰石-石膏法工艺，烟气进入吸收塔，在吸收塔内烟气向上流动且被向下喷淋的石灰石浆液以逆流方式洗涤达到脱除 SO$_2$ 的目的，脱除 SO$_2$ 后的石灰石浆液落入吸收塔底部，在强制氧化条件下反应生成脱硫石膏。

　　经吸收塔净化后，烟气进入静电除雾器，烟气含有少量细微颗粒、酸雾及水雾，在电除雾器高压电场作用下被除去。通过电除雾器处理后烟气进入烟囱达标排放。详见图 3-17。

（2）废水处理

　　生产废水主要为烟气在脱硫过程中产生的脱硫废水，脱硫废水中污染物主要为氨氮，脱硫废水采用吹脱法脱除氨氮，脱硫废水进入脱氨塔经两级吹脱，并利用 MVR 蒸发器对废水进行深度治理，确保处理后的废水满足回用水指标要求，实现生产废水零排放。吹脱的氨气经过清水吸收得到氨水，氨水用于本项目废气的 SNCR 脱硝。

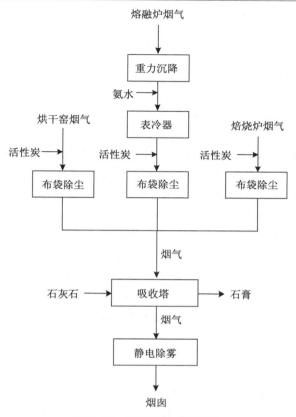

图 3-17 废气处理工艺流程

（3）固体废物

生产过程中产生的固体废物主要为烟气处理系统收集的烟尘、烟气脱硫系统产生的脱硫石膏和熔融炉产生的水淬渣。

回转窑烘干及逆流焙烧产生的工艺烟气经布袋除尘器收集的烟尘、表面冷却器收集的烟尘、环境集烟系统收集的烟尘，这些烟尘全部返回制块工序进行再处理。

高温熔融产生的工艺烟气经布袋除尘器收集的烟尘，含有较高品质的次氧化锌，转移至有资质处理单位进行资源化利用回收电积锌产品。

工艺烟气采用石灰石-石膏法进行湿法脱硫产生的脱硫石膏，满足《烟气脱硫石膏》（GB/T 37785—2019）要求，作为水泥厂等企业生产原料再利用。

高温熔融产生的水淬渣为玻璃化产物，满足《固体废物玻璃化处理产物技术要求》（GB/T 41015—2021）要求，作为建材行业原料再利用。

危险废物综合利用的例子还有很多，比较常见的如铜冶炼厂电解阳极泥回收金银等贵金属；黄铜熔炼炉中挥发产生的锌灰（内含氧化锌及少量氧化铜、氧化铅等）制硫酸锌，废催化剂的回收利用等。限于篇幅，不再一一介绍。

三、危险废物的焚烧处理

焚烧处置适用于不宜回收利用的，其有效成分同时具有一定热值的危险废物处置，危险废物的形态可为固态、液态和气态，但含汞及放射性废物不适宜进行焚烧处置，爆炸性废物必须经过合适的预处理，消除其反应性再进行焚烧处置。

与其他处理方式相比，焚烧法处理危险废物有以下几个优点：①减容效果好，危险废物体积大幅减少；②消毒彻底，高温处理过程使危险废物中有害成分得到完全分解，并能彻底杀灭病原菌；③减轻或消除后续处置过程中对环境的影响；④回收热能。

焚烧处理的缺点是：①投资和运行费用相对较高；②操作运行比较复杂；③二次污染与公众反应。焚烧过程会产生各种大气污染物，项目常引起周边居民反对。

危险废物焚烧可以选择不同形式的焚烧炉。回转窑可处置的危险废物包括有机蒸汽、高浓度有机废液、液态有机废物、粒状均匀废物、非均匀的松散废物、低熔点废物、有机污泥等；流化床主要用于处置粉状危险废物，也可用于处置块状废物及废液等；固定床炉可处置有机蒸汽、粒状均匀废物、含易燃组分的有机废物等；流体喷射炉可处置有机蒸汽、液态有机废物、高浓度有机废液等；热解炉主要用于处置有机物含量高的危险废物等。

从实际应用情况来看，应用广泛的危险废物焚烧主要有以下几种类型：综合性危险废物集中处置中心集中焚烧、水泥窑协同处置危险废物、医疗废物单独焚烧或与其他危险废物混合焚烧。

（一）危险废物集中处置中心的集中焚烧

根据各地经济发展水平和产业结构特点，一般一个设区市设置有 2~3 个危险废物综合处置中心和若干个专项处置项目，如杭州市目前建有 3 个危险废物综合处理中心和其他专项处置项目。综合处置中心接受处理的危险废物种类比较多，数量相对也比较大，如 2020 年新建的杭州第三固体废物处置中心项目处理能力为 11 万 t/a，其中处理医疗废物 4 万 t/a、一般危险废物 3 万 t/a、填埋 2 万 t/a、物化处理 2 万 t/a。2023 年浙江省 11 个设区市共建有 33 个危险废物综合处置中心。

1. 焚烧系统的总体要求

焚烧设施的建设、运行和污染控制应遵循《危险废物焚烧污染控制标准》《危险废物集中焚烧处置工程建设技术规范》及其他有关规定。废物焚烧处置前须进行前处理以符合进炉要求；焚烧炉内温度应达到 1 100℃以上，烟气停留时间应在 2 s 以上，焚烧效率大于 99.9%，焚毁去除率大于 99.99%，焚烧残渣的热灼减率小于 5%。焚烧产生的残渣、烟气处理过程中产生的飞灰需作为危险废物安全填埋。

2. 焚烧炉选择

如前所述，危险废物焚烧炉有回转窑、流化床炉、固定床炉、液体喷射炉、热解炉等，不同的焚烧炉适用于不同的危险废物焚烧。而危险废物处理中心需处置的危险废物种类多、品种复杂，要求焚烧炉有更广泛的适应性。上述众多炉型中，回转窑是适应性最强、应用最多的一种焚烧炉，其用天然气、油或煤粉作燃料。浙江省近年来新建危险废物处置中心所用的焚烧炉几乎都选用回转窑。回转窑焚烧技术成熟、操作简单灵活。

3．危险废物的贮存、预处理及配伍

（1）危险废物贮存

危险废物入场前须对其进行化验分析，根据分析结果，可将废物分为高、中、低热值废物及高硫、高氯、高氟等废物。危险废物仓库根据废物特性不同进行分区贮存。详细危险废物类别及说明如表 3-4 所示。

表 3-4　危险废物类别及说明

序号	危险废物类别及说明	
1	高热值废物	固体、液体废物（热值大于 4 000 kcal/kg）
2	中热值废物	固体、液体废物（热值 2 000～4 000 kcal/kg）
3	低热值废物	固体、液体废物（热值小于 2 000 kcal/kg）
4	高硫废物	固体、液体废物（硫含量大于 2%）
5	高氯废物	固体、液体废物（氯含量大于 4%）
6	高氟废物	固体、液体物（氟含量大于 0.5%）

（2）危险废物的预处理

预处理主要分为分拣和破碎两种方式，其中分拣主要针对废物有害成分含量偏高的废物，通过人工分拣，将其进行小包装打包，后续通过提升机上料进入焚烧系统，使高浓度的有害成分能分批均匀入窑焚烧。破碎主要针对尺寸大于回转窑进料口的废物，破碎后还可使废物更加均匀，焚烧时工况更加稳定。

液体废物在进入焚烧炉前须经过滤器过滤去除杂质。医疗废物应尽可能当天焚烧处理，若需贮存的，当贮存温度≥5℃时，贮存时间不得超过 24 h；当贮存温度＜5℃时，贮存时间不得超过 72 h。医疗废物均由周转箱包装通过提升机直接进入焚烧系统焚烧，无须预处理。

（3）危险废物的配伍

危险废物配伍是结合拟焚烧物料的物理形态、化学性质等信息对物料进行热值控制和有害成分合理化均质控制预处理的过程。危险废物配伍应遵循以下原则：

1）废物的相容性。两种以上危险废物混合应防止发生以下情况：产生大量热量或高压；产生火焰发生爆炸；产生易燃气体；产生有毒气体；剧烈的聚合反应以及有毒物质的溶解等。

2）热值的稳定性。配伍应使危险废物的热值尽可能介于一定的范围内，以减少辅助燃料的用量，并防止局部过热后带来更严重的尾气（NO_x 等）污染。不同热值的废物，按照加权平均后，尽可能达到设计值，目前常规危险废物焚烧系统热值设计为 3 500～4 000 kcal/kg。

3）控制酸性污染物、重金属含量，以保障焚烧系统正常运行及尾气达标排放。合理控制入炉废物有害成分的种类和总量，避免有害成分物质集中焚烧，常规设计硫含量不超过 2%，氯含量不超过 4%，氟含量不超过 0.5%，磷含量不超过 0.5%，盐分不超过 5%。

4．焚烧烟气净化

焚烧炉烟气中含有大量酸性气体、NO_x、重金属、二噁英等有毒有害成分，排放前必须进行处理，其处理工艺与前述垃圾焚烧中的烟气净化工艺相似。

（1）酸性气体控制

酸性气体净化工艺分为干法、半干法和湿法 3 种。①干法：干式反应塔内石灰或消石灰与酸性气体反应，或是在除尘器前喷入干性药剂，药剂在除尘器内与酸性气体反应。②半干法：由喷嘴或旋转喷雾器将石灰浆液喷入反应塔中与酸性气体反应，在高温条件下，浆液中的水分得到蒸发，从反应塔排出后带有大量颗粒物的烟气进入袋式除尘器。相较于干法，半干法去除效率高。③湿法：在洗气塔内碱液与酸性气体反应，此法去除效率高，但其造价也较高，用电、用水量也较高。实际工程中常用的为以下双级脱酸工艺：干法+湿法双级脱酸、干法+半干法双级脱酸。

（2）NO_x 控制

NO_x 来源于 3 个方面：一是危险废物中含氮化合物在焚烧过程中与氧气反应生成 NO_x；二是高温条件下，空气中氮气与氧气反应生成 NO_x；三是助燃燃料燃烧生成 NO_x。NO_x 控制有 3 种方法：①焚烧控制。通过合理的废物配伍等减少、避免局部过度燃烧情况的发生（1 400℃以上时，空气中氮气与氧气反应生成 NO_x，控制焚烧区域最高温度低于 1 400℃即可控制 NO_x 生成）或是通过调节助燃空气分布方式，降低高温区氧气浓度从而有效减少氮气与氧气的高温反应。②选择性非催化还原法（SNCR）控制。通过注射氨、尿素等，在焚烧温度为 750~900℃，NO_x 与氨或尿素反应被还原为氮气。SNCR 一般多设置在炉膛内或炉膛与余热锅炉之间的过渡烟道内完成。③选择性催化还原法（SCR）控制。在催化剂（多为 TiO_2-V_2O_5）作用下，注入氨或尿素等还原剂可在较低温度时即可使 NO_x 得到还原，变为氮气。

（3）重金属及二噁英控制

危险废物焚烧中产生的重金属分别以气态或吸附态（粉尘）存在。吸附态（粉尘）被除尘器去除，气态存在的重金属通过喷入活性炭粉末吸附而被除尘设备一并收集去除，布袋除尘器与湿式洗气塔并用时去除重金属的效果更好。二噁英的控制与去除方法同垃圾焚烧系统中的类似：充分燃烧；控制炉膛温度 1 100℃时，烟气停留时间不低于 2 s；喷活性炭粉加布袋除尘去除。

（4）烟尘控制

用除尘器去除。随着环保要求的日益严格，过去常用的静电除尘器，因不能满足脱除二噁英等有机物的需要，现已不再单独使用。目前国内外多用布袋除尘器或布袋除尘+湿式静电除尘。

2020 年年底建成的杭州第三固体废物处置中心项目，采用以下烟气处理工艺：SNCR脱硝+干式除酸+袋式除尘+二级湿式脱酸+湿式静电除尘+烟气再热（用于脱白）+烟囱排放。

案例 3-7：杭州第三固体废物处置中心焚烧项目

图 3-18 是杭州市第三固体废物处置中心危险废物焚烧工艺流程。

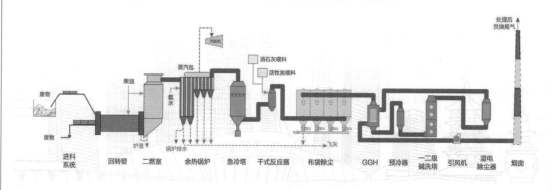

图 3-18　危险废物焚烧工艺流程

危险废物焚烧工艺流程说明：

危险废物经预处理配伍后通过行车抓斗进入回转窑，废物在回转窑内 850℃的高温下经过干燥、燃烧、燃尽等过程进行焚烧处置，废物燃烧过程中产生的有害烟气进入二燃室 1 100℃的高温下进一步燃烧分解有害物质。二燃室出口烟气进入余热锅炉回收热量并同时降温至 550℃左右。废物在燃烧过程中会产生 NO_x，为控制烟气中的 NO_x 含量，在燃烧阶段通过对二燃室"3T+E"（焚烧温度、停留时间、湍流程度+过量空气）焚烧参数的控制，抑制 NO_x 生成，同时在余热锅炉 850～1 100℃区域设置 SNCR 脱硝装置，即通过向锅炉内喷入适量的氨水溶液，脱除烟气中部分 NO_x。

余热锅炉出口烟气（温度约 550℃）从急冷塔顶部进入急冷塔（半干脱酸），冷却水（石灰浆液）从急冷塔顶部喷嘴喷入，雾化的石灰浆液与烟气均匀接触、汽化，吸收烟气的热量将其降至需要的温度，同时起到脱酸作用。冷却后的烟气（温度为 200℃）从急冷塔下部出来后进入干法脱酸塔。烟气中夹杂的较大颗粒的粉尘在干法塔的第一行程沉降落入下部灰斗中。干法塔设有文丘里段，在此段喷入消石灰与活性炭，分别用来脱除部分酸性气体和吸附二噁英、重金属污染物。之后烟气从反应塔出口排出进入布袋除尘器，袋式除尘器设计的进口烟温约 195℃，出口烟温约 185℃，使得袋式除尘器内的烟气温度始终保持酸露点以上，避免引起腐蚀的问题。

除尘器排出的烟气经 GGH 进行换热降温，烟气再次通过预冷器喷淋降温后，烟气温度在 80℃以下，然后烟气从一级洗涤塔下部进入，一级洗涤塔上部设置冷却水喷枪，通过喷入冷却水将烟气冷却，降温后的烟气通过循环液（氢氧化钠溶液）的喷淋洗涤，其中大部分酸性气体被吸收。一级洗涤塔上部排出的烟气进入二级洗涤塔中。

烟气由二级洗涤塔下部进入，二级洗涤塔采用孔板结构使循环液与烟气充分接触，将烟气中酸性气体进一步从烟气中脱除。在二级洗涤塔上部出口处设置除雾器，经过除雾后的烟气通过湿电除尘设备，再次脱除烟气中的粉尘颗粒，烟气再次被送至烟气加热器，采用烟气[①]加热升温到135℃，避免烟囱出口冒白烟。烟气最终经引风机进入烟囱达标排放。

整个焚烧系统过程中产生的飞灰、炉渣经固化/稳定化后运至危险废物填埋场进行安全填埋，过程中产生的废水经污水处理站处理后达标纳管排放。

（二）水泥窑协同处置固体废物（含危险废物）

近年来，随着固体废物政策的不断完善和环保执法督察的常态化，促使固体废物尤其是危险废物产生单位对固体废物进行更加规范化的处置，而各地用于固体废物处置的设施和能力显得不足。依托现有水泥窑处置危险废物具有建设周期短、投资省等优势，因此各地陆续建设了一批水泥窑协同处置固体废物项目，并已成为传统固体废物处置工艺的重要补充。为规范水泥窑协同处置固体废物行为，防止处置过程的二次污染，国家先后制定发布了《水泥窑协同处置固体废物污染控制标准》（GB 30485—2013）、《水泥窑协同处置固体废物环境保护技术规范》（HJ 662—2013）、《水泥窑协同处置固体废物技术规范》（GB 30760—2014）等标准、规范，处置过程中，必须严格执行这些规范要求。

1. 对水泥窑及相关设施的要求

满足以下条件的水泥窑方可用于协同处置固体废物：

窑型为新型干法水泥窑。

单线设计熟料生产规模不小于 2 000 t/d。

采用窑磨一体机模式。

配备窑头、窑尾、分解炉等部位烟气温度、压力、O_2 浓度等在线监测设备。

水泥窑及窑尾余热利用系统采用高效布袋除尘器。

2. 适宜处理的固体废物范围

除放射性废物、爆炸物及反应性废物，未经拆解的废电池、废旧家电和电子产品，含汞的温度计、血压计，荧光灯管和开关，铬渣，未知特性和未经鉴定的废物外，其余绝大部分固体废物都可以协同处置。入窑固体废物的化学组成、理化性质不应对水泥生产过程和水泥产品质量产生不利影响；此外，对入窑固体废物中含有《水泥窑协同处置固体废物环境保护技术规范》（HJ 662—2013）表 1 所列重金属（Hg、Cd、Pb、Tl、Cr、Cr^{6+}、Zn、Mn、Ni、Mo、As、Cu）成分时，其含量应满足该标准第 6.6.7 条最大投加量的要求；入窑废物中氯（Cl）和氟（F）元素的含量应满足该标准第 6.6.8 条的要求：总的要求是入窑物料中氟元素含量不应大于 0.5%，氯元素含量不应大于 0.04%；入窑物料中硫（S）元素含量应满足该标准第 6.6.9 条要求：通过配料系统投加的物料中硫化物硫与有机硫总含量不应大于 0.014%，从窑头、窑尾高温区投加的全硫与配料系统投加的硫酸盐硫总投加量不应大于 3 000 mg/kg。

3. 协同处置及运行操作技术要求

固体废物水泥窑协同处置的流程为准入评估、接收与分析（包括入厂检查、检验、制

---

① 加热用烟气为布袋除尘后分流出来的一部分烟气，此烟气经热交换后又回到碱洗塔前进入后续尾气处理系统中。

订协同处置方案)、贮存、预处理、输送、入窑(投加)焚烧。

(1)准入评估

对拟入厂固体废物在入厂前进行调查和采样分析,确保其属于符合入厂焚烧要求的废物。

(2)接收与分析

1)入厂时固体废物的检查。通过表观和气味初步判断固体废物是否与签订的合同标准的废物类别一致,并对固体废物称重。

对于危险废物,还需查验危险废物标签是否符合要求,所标注内容应与危险废物转移联单、合同相一致;通过表观和气味初步判断其是否与危险废物转移联单一致。

2)入厂后检验。对入厂后固体及时取样分析,以判断固体废物特性是否与合同要求一致。

3)制定协同处置方案。以入厂后的分析检测结果为依据,制定固体废物协同处置方案。处置方案应包括固体废物贮存、输送、预处理和入窑处理技术流程、配伍和技术参数,以及安全风险提示。

制定协同处置方案应注意把握以下关键环节:

①按固体废物特性进行分类,不同固体废物在预处理的混合、搅拌过程中,确保不发生导致急剧升温、爆炸、燃烧的化学反应,产生有害气体,禁止将不相容的固体废物进行混合。

②固体废物及其混合物在贮存、运输、预处理和入窑焚烧过程中,不对所接触材料造成腐蚀破坏。

③入窑固体废物中有害物(重金属、氟、氯、硫等)的含量和投加速率满足本标准相关要求。

(3)贮存要求

固体废物应与水泥厂常规原料、燃料和产品分开贮存,禁止共用同一贮存设施。

液态废物贮存区应配置足量的沙土等吸附物,以便液态废物泄漏时及时处置。

危险废物贮存设施的运行管理应符合《危险废物贮存污染控制标准》(GB 18597—2023)和《危险废物集中焚烧处置工程建设技术规范》(HJ/T 176—2005)的要求。

(4)固体废物预处理的技术要求

1)根据入厂固体废物的特性和入窑固体废物的要求,按照固体废物协同处置方案,对固体废物进行破碎、筛分、分选、中和、沉淀、干燥、配伍、混合、搅拌、均质等预处理。

2)预处理后的固体废物应该具备以下特性:

①不会对水泥生产过程和水泥产品质量产生不利影响,重金属、氟、氯、硫含量和投加速率满足前述相关条款要求。

②理化性质均匀,保证水泥窑运行工况的连续稳定。

③满足协同处置水泥企业已有设施进行输送、投加的要求。

3)预处理区应设置足够数量的沙土或碎木屑,以用于液态废物泄漏后阻止其向外溢出。

4)危险废物预处理产生的各种废物均应作为危险废物进行管理和处置。

(5)固体废物厂内输送的技术要求

1)在进行固体废物的厂内输送时,应采取必要的措施防止固体废物的扬尘、溢出和泄漏。

2)固体废物运输车辆应定期进行清洗。

3）危险废物输送设施管理、维护产生的各种废物均应作为危险废物进行管理和处置。

（6）固体废物投加的技术要求

固体废物在水泥窑中投加位置应根据固体废物特性从以下3处选择（图3-19）：

①窑头高温段，包括主燃烧器投加点和窑门罩投加点。

②窑尾高温段，包括分解炉、窑尾烟室和上升烟道投加点。

③生料配料系统（生料磨）。

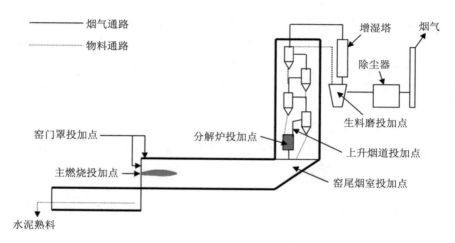

图 3-19　新型干法水泥窑固体废物投加点示意图

以上3个投加点投加固体废物的技术要求分别如下：

1）在主燃烧器投加的技术要求：

①具有以下特性的固体废物宜在主燃烧器投加：

a. 液态或易于气力输送的粉状废物；

b. 含 POPs 物质或高氯、高毒、难降解有机物质的废物；

c. 热值高、含水率低的有机废液。

②在主燃烧器投加固体废物操作中应满足以下条件：

a. 通过泵力输送投加的液态废物不应含有沉淀物，以免堵塞燃烧器喷嘴；

b. 通过气力输送投加的粉状废物，从多通道燃烧器的不同通道喷入窑内，若废物灰分含量高，尽可能喷入更远的距离，尽量达到固相反应带。

2）在窑门罩投加的技术要求：

①窑门罩宜投加不适于在窑头主燃烧器投加的液体废物，如各种低热值液态废物。

②在窑门罩投加固态废物时应采用特殊设计的投加设施。投加时应确保将固态废物投至固相反应带，确保废物反应完全。

③在窑门罩投加的液态废物应通过泵力输送至窑门罩喷入窑内。

3）在窑尾投加的技术要求：

①含 POPs 物质和高氯、高毒、难降解有机物质的固体废物优先从窑头投加。若受物理特性限制需要从窑尾投加时，优先选择从窑尾烟室投加点。

②含水率高或块状废物应优先选择从窑尾烟室投入。

③在窑尾投加的液态、浆状废物应通过泵力输送，粉状废物应通过密闭的机械传送装置或气力输送，大块状废物应通过机械传送装置输送。

④医疗废物的投加点优先选择窑尾烟室。

4）在生料磨只能投加不含有机物和挥发、半挥发性重金属的固态废物。

4．水泥产品环境安全控制

生产的水泥产品质量应满足《通用硅酸盐水泥》（GB 175—2023）的要求。

协同处置固体废物的水泥窑生产的水泥产品中污染物的浸出应满足国家相关标准。

5．烟气排放控制

水泥窑协同处置固体废物的排放烟气应满足《水泥窑协同处置固体废物污染控制标准》（GB 30485—2013）的要求。

除上述危险废物集中焚烧、水泥窑协同处置两类焚烧处置方式外，还有与焚烧处置相似的一些非焚烧处置的方法，包括热脱附、熔融、电弧等离子技术。热脱附主要用于处置挥发性、半挥发性及部分难挥发性有机类固态或半固态危险废物，实际工程中多用于处理含有上述危险废物的土壤，此部分内容将在污染土壤治理部分作详细介绍；熔融技术适用于处置危险废物焚烧处置残渣和固体废物焚烧处置产生的飞灰（可详见本章第一节第三部分内容），但由于成本高等原因，实际工程应用不多；电弧等离子体技术适用于处理高毒性、化学性质稳定并能长期存在环境中的危险废物，实际工程较少。鉴于上述情况，本书中不对危险废物的非焚烧处置技术作单独阐述。

四、危险废物的填埋处置

安全填埋处置技术适用于《国家危险废物名录》中，除填埋场衬层不相容废物之外的危险废物的安全处置。性质不稳定的危险废物，须经固化/稳定化后方可进行安全填埋处置，但有机危险废物不适宜采用安全填埋处置。

每个设区市一般均建有一个以上的危险废物填埋场。

2019 年生态环境部发布《危险废物填埋污染控制标准》（GB 18598—2019），对危险废物填埋场的选址、危险废物填埋的入场条件、运行及管控等提出了明确要求，现结合固体废物处置中心的建设运行管理工作，简述如下。

（一）填埋场的规划和建设

根据 GB 18598—2019 的有关规定，填埋场的选址除应符合城镇规划、环境功能区划等外，应重点考虑填埋场渗滤液可能产生的风险，因此应避免选址在水环境敏感的区域及其上游地区，应选址在地质结构稳定和地下水有一定深度的区域。

填埋场应包括以下设施：接收与贮存设施、分析与鉴别系统、预处理设施、填埋处置设施、环境监测系统及其他公用配套设施等。

填埋场又分为柔性填埋场和刚性填埋场（详见 GB 18598—2019），两者对危险废物有不同的入场要求（详见填埋场运行部分）。柔性填埋场应采用双人工复合衬层作为防渗层，实际填埋场建设中除实施前述水平防渗措施外，一些填埋场还辅以垂直防渗措施——在填埋场的下游或周边进行帷幕灌浆形成垂直防渗幕墙，使得场区成为相对独立的水文地质单元，杭州近期建设的两个填埋场均采用了垂直与水平相结合的防渗方式；刚性填埋场采用钢筋混凝土浇筑，其与废物的接触面上应附有防腐防渗材料。

图 3-20 为 GB 18598—2019 规定的适合于柔性填埋场的双人工复合衬层系统。

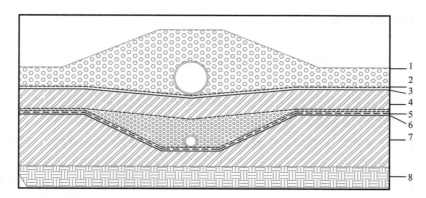

1—渗滤液导排层；2—保护层；3—主人工衬层（HDPE）；4—压实黏土衬层；5—渗漏检测层；
6—次人工衬层（HDPE）；7—压实黏土衬层；8—基础层

图 3-20　双人工复合衬层系统

图 3-21 为杭州第三固体废物处置中心柔性填埋场防渗结构。

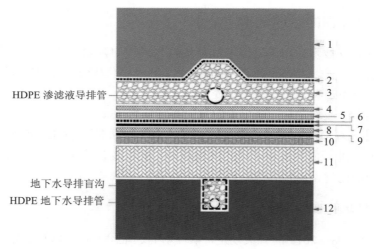

1—危险废物堆体；2—200 g/m² 聚丙烯有纺土工布；3—0.3 m 厚卵（碎）石；4—0.6 m 土工复合排水网；5—10 mm 土工席垫；6—600 g/m² 无纺土工布；7—2.0 mm HDPE 光面防渗膜；8—6.0 mm 土工复合排水网；9—2.0 mm HDPE 光面防渗膜；10—5 000 g/m² 钠基膨润土防水毯（GCL）；11—1 000 mm 厚的压实黏性土；12—平整基础层

图 3-21　杭州第三固体废物处置中心项目填埋场防渗结构

图 3-22 为 GB 18598—2019 规定的刚性填埋场示意图，图 3-23 为某刚性填埋场单元防渗示意图。

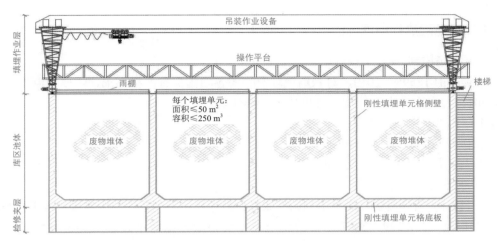

图 3-22 刚性填埋场示意图（行业普遍采用方式）

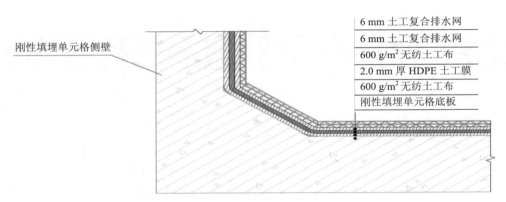

图 3-23 某刚性填埋场单元防渗示意图

图 3-24 为柔性填埋场封场后整体剖视。

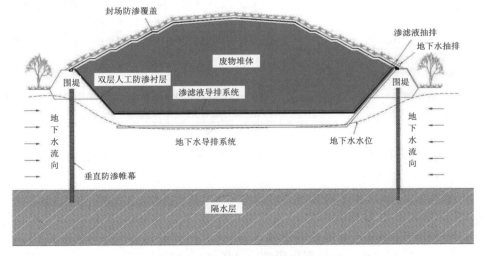

图 3-24 柔性填埋场封场后整体剖视

（二）危险废物填埋场的运行

1. 入场控制

根据 GB 18598—2019，对入场填埋废物的各项指标有严格要求，主要控制指标有重金属、pH、含水率、水溶性盐、有机质等，具体要求如下。

1）下列废物不得填埋：

①医疗废物；

②与衬层有不相容性反应的废物；

③液态废物。

2）除1）所列废物，满足下列条件或经预处理满足下列条件的废物可进入柔性填埋场：

①根据 HJ/T 299—2007 制备的浸出液中有害成分浓度不超过表 3-5 中允许填埋控制限值的废物；

表 3-5　危险废物允许填埋的控制限制

序号	项目	稳定化控制限值/（mg/L）	检测方法
1	烷基汞	不得检出	GB/T 14204—1993
2	汞（以总汞计）	0.12	GB/T 15555.1—1995、HJ 702—2014
3	铅（以总铅计）	1.2	HJ 766—2015、HJ 781—2016、HJ 786—2016、HJ 787—2016
4	镉（以总镉计）	0.6	HJ 766—2015、HJ 781—2016、HJ 786—2016、HJ 787—2016
5	总铬	15	GB/T 15555.5—1995、HJ 749—2015、HJ 750—2015
6	六价铬	6	GB/T 15555.4—1995、GB/T 15555.7—1995、HJ 687—2014
7	铜（以总铜计）	120	HJ 751—2015、HJ 752—2015、HJ 766—2015、HJ 781—2016
8	锌（以总锌计）	120	HJ 766—2015、HJ 781—2016、HJ 786—2016
9	铍（以总铍计）	0.2	HJ 752—2015、HJ 766—2015、HJ 781—2016
10	钡（以总钡计）	85	HJ 766—2015、HJ 767—2015、HJ 781—2016
11	镍（以总镍计）	2	GB/T 15555.10—1995、HJ 751—2015、HJ 752—2015、HJ 766—2015、HJ 781—2016
12	砷（以总砷计）	1.2	GB/T 15555.3—1995、HJ 702—2014、HJ 766—2015
13	无机氟化物（不包括氟化钙）	120	GB/T 15555.11—1995、HJ 999—2018
14	氰化物（以 CN⁻计）	6	暂时按照 GB 5083.3 附录 G 方法执行，待国家固体废物氰化物监测方法标准发布实施后，应采用国家监测方法标准

②根据 GB/T 15555.12—1995 测得浸出液 pH 在 7.0～12.0 的废物；

③含水率低于 60% 的废物；

④水溶性盐总量小于 10% 的废物；

⑤有机质含量小于 5% 的废物；

⑥不再具有反应性、易燃性的废物。

3）除1）所列废物，不具有反应性、易燃性或经预处理，不再具有反应性、易燃性的废物可进入刚性填埋场。

4）砷含量大于 5%的废物，应进入刚性填埋场。

2. 填埋处置工艺流程

首先要对产废单位的废物进行取样化验分析，根据分析结果分别处理：

1）当拟入场填埋废物各项指标符合上述入场指标要求时，废物可直接进入填埋场进行填埋处置。

2）当拟入场填埋废物有一项及以上指标不符合上述入场指标要求时，该废物必须经过预处理，达标后方可入填埋场。不同废物采用的预处理方法不同，主要有：①有机质含量大于 5%，采取先焚烧后填埋的方式；②重金属含量超标，采用添加药剂（螯合剂、硫化钠、水泥等）进行固化/稳定化及养护 7 d 并经检测合格后填埋；③pH<7 或 pH>12 的，采取添加石灰或硫酸进行搅拌混合中和；④水溶性盐≥10%的废物，采取水洗去除水溶性盐或进入刚性填埋场。详细的填埋处置工艺流程如图 3-25 所示。

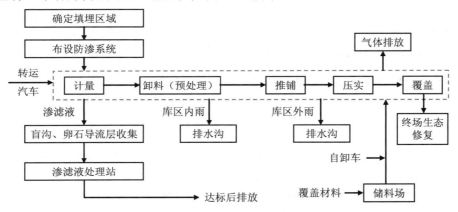

图 3-25　填埋处置工艺流程

五、医疗废物处置

相对于其他危险废物，医疗废物有其特殊性，国家也因此专门制定了《医疗废物处理处置污染控制标准》（GB 39707—2020）、《医疗废物管理条例》等相关法规、标准、规范。国家对医疗废物的收集、运输、贮存等有专门的规定，如收集的医疗废物包装应符合 HJ 421 要求的专用包装袋，运输车辆应符合 GB 19217 的要求。医疗废物的处理处置主要有以下两种方法。

（一）消毒处理

医疗废物的消毒工艺及其参数可参见表 3-6〔摘自《医疗废物处理处置污染控制标准》（GB 39707—2020）附录 B〕。

主要的消毒方法有高温蒸汽消毒、化学消毒（所用化学药剂有石灰粉、环氧乙烷）、微波消毒、微波与高温蒸汽组合消毒、高温干热消毒。经消毒后的医疗废物可以进入生活垃圾焚烧厂进行焚烧处置或进入水泥窑协同处置，也可进入生活垃圾填埋场处置。

表 3-6　医疗废物消毒处理主要工艺参数

消毒处理技术名称	工艺控制参数	消毒舱容积/m³ 或小时处理量/ (t/h) [a]
高温蒸汽消毒	预真空度≥0.08 MPa，消毒处理温度≥134℃，消毒处理压力≥220 kPa（表压），消毒时间≥45 min	10 m³
化学消毒	a. 石灰粉消毒剂：一级破碎反应室温度为 40～60℃，二级破碎反应室温度为 110～140℃，纯度>90%，投加量>0.075 kg 石灰粉/kg 医疗废物，反应 pH 为 11.0～12.5，消毒时间≥120 min	600 kg/h
	b. 环氧乙烷消毒剂：一级破碎反应室温度为 40～60℃，二级破碎反应室温度为 110～140℃，消毒剂浓度≥893 mg/L，预真空度≤−80 kPa，消毒温度 45～55℃，消毒时间≥240 min	50 m³
微波消毒	微波发生频率（915±25）MHz 或（2 450±50）MHz，微波处理温度≥95℃，消毒时间≥45 min	625 kg/h
微波与高温蒸汽组合消毒	微波发生频率（2 450±50）MHz，压力≥0.33 MPa，温度≥135℃，消毒时间≥5 min	2 m³
高温干热消毒	温度≥170℃，内部压力≤4.2～4.6 kPa，消毒时间≥20 min	1 m³
其他消毒技术 [b]	应经过测试评价认定	

注：（a）表中技术消毒设备有消毒舱的，以舱的容积计；无消毒舱的按小时处理量计。
　　（b）工艺参数调整及采用其他新工艺和技术时，应通过第三方机构的测试评价认定。

（二）焚烧

采用危险废物焚烧设施协同处置医疗废物应符合《危险废物焚烧污染控制标准》（GB 18484—2020）的要求。由遗体火化装置焚烧处置病理性废物，执行国家殡葬管理及其相关污染控制的要求。有关危险废物焚烧炉焚烧医疗废物的内容已在前述危险废物焚烧章节中作了介绍，在此不再赘述。

医疗废物也可单独设置焚烧炉焚烧，其焚烧工艺要求与危险废物焚烧炉焚烧相似。焚烧炉高温段温度要求≥850℃，烟气在此停留时间≥2 s，烟气含氧量控制在 6%～15%。烟气 CO 小时浓度≤100 mg/m³，日均值≤80 mg/m³，焚烧效率≥99.9%，热灼减率<5%；烟气净化装置至少具备除尘、脱硫、脱硝、脱酸、去除二噁英及重金属的功能。烟气排放应符合 GB 39707—2020 中表 4 的要求（此表自 2022 年 1 月 1 日起执行）。

第四节　污泥及其处理[①]处置[②]

一、污泥的产生及特性

本节所称污泥是指城镇污水处理厂运行中产生的污泥。根据《2020 年城乡建设统计年

---

① 污泥处理。指对城镇污水处理厂污泥进行稳定化、减量化和无害化的过程，一般包括浓缩（调理）、脱水、厌氧消化、好氧消化、好氧发酵（堆肥）、石灰稳定、干化和焚烧等。
② 污泥处置。经处理后的污泥或污泥产品在环境中或利用过程中达到长期稳定，并对人体健康和生态环境不产生有害影响的最终消纳方式，一般包括土地利用、填埋、建材利用等。

鉴》，截至 2020 年年底，全国累计建成城镇污水处理厂共 4 326 座，城镇污水日处理能力已达到 2.3 亿 m^3，污泥年产量超过 6 600 万 t（以含水率 80% 计）。

污泥作为污水处理过程的副产物，具有产量大、含水率高、易腐败等特性，是一种多介质复杂体系，处理难度大。污泥富集了污水中大量的有机物、营养物质和污染物，具有污染和资源的双重属性。一方面，污泥含有重金属、有机污染物、病原菌等有毒有害物质，若不进行无害化处理处置，会对水体、大气和土壤造成二次污染；另一方面，污泥含有大量的蛋白质、脂肪、糖类等可生物降解有机物，若不进行稳定化处理进入环境，易腐化发臭，同时会导致污泥中有机物、氮、磷等资源的浪费。

我国城镇污水处理厂污泥含砂量偏高、有机质含量偏低（多低于 50%，而发达国家多在 60%～70%），这主要由以下两方面因素造成：一是我国大规模基建，致使原水中含沙量高，二是污水处理厂普遍采用圆形沉砂池，沉砂效率不高。此外，过去由于大量工业废水混入，污泥中重金属含量较高，近年来这一状况已得到明显改善。以上因素直接影响了污泥的资源化利用。

二、发达国家污泥处理处置

发达国家污泥的处理处置从技术和操作层面上可分为两个步骤：第一步是在污水处理厂区内对生污泥进行减量化、稳定化处理，其目的是降解易腐有机物及病原微生物，实现污泥减量稳定，降低污泥外运处置造成二次污染的风险；第二步是对处理后的污泥进行合理的安全处置，实现污泥无害化和资源化的目标。目前，发达国家均有相应的法规标准，要求污泥在污水处理厂区内实现稳定化处理，污泥处理处置设施和污水处理厂同步建设。

以美国为例，美国约有 16 000 座污水处理厂，服务 2.3 亿人口，日处理污水量 1.5 亿 m^3，年产污泥量 3 500 万 t（以 80% 含水率计）。建有 650 座集中厌氧消化设施处理 58% 的污泥，700 座好氧发酵稳定处理设施处理 22% 的污泥，76 套热电联供设施处理了 20% 的污泥。约 60% 的污泥经厌氧消化或好氧发酵处理后用作农田肥料，约 17% 卫生填埋，约 20% 干化焚烧，约 3% 用作矿山修复的覆盖层。

德国、英国、日本等污泥大多采用厌氧消化作为稳定化处理的主要手段，但最终污泥的处置方式有所不同，德国、日本以焚烧为主，英国以农用为主，欧洲污泥最终处置土地利用比例整体在 50% 以上。

三、我国污泥处理处置现状

我国污泥处理处置起步较晚，污泥处理处置基本采用了国外通用的技术路线，主要包括污泥浓缩、脱水/高干度脱水、稳定化和干化焚烧及卫生填埋等污泥处理处置技术。

污泥浓缩脱水。常用的浓缩设备有带式浓缩机、滚筒式浓缩机、筒式螺旋浓缩机及离心机等，常用的污泥脱水设备有带式脱水机、筒式螺旋脱水机、离心机和板框脱水机、浓缩脱水一体机等。与国外污水处理厂相比，在浓缩效率及加药量方面还存在一定的差异，主要问题是能耗高，药剂费用高，且污泥脱水效率低，一般含固率只有 15%～20%。

污泥的稳定化（主要采用厌氧消化和好氧堆肥技术）在我国应用不多。4 000 多座污水处理厂中只有近 100 座配有污泥厌氧消化设施，而其中正常运行的不到 50 座，主要建设于

"十二五"时期之后。虽然厌氧消化能够回收生物质能、改善污泥脱水性能、减少污泥量、同时实现稳定化和土地利用,但目前在我国由于没有污泥稳定化约束性标准要求以及缺乏操作管理专业人才,与国外相比还存在很大的差距,是我国污泥处理环节的短板。污泥好氧堆肥在我国秦皇岛、长春和上海等地有近 50 座工程应用。相对污泥厌氧消化来说,污泥好氧发酵技术投资成本低、运行管理简单,但是通常需要大量辅料,而且容易产生臭气问题,限制了该技术的推广应用。

污泥焚烧。此技术目前发展较快,应用案例主要包括直接焚烧工艺(浙江绍兴滨海污泥清洁化项目、杭州钱塘新区 40 000 t/d 项目)和协同焚烧工艺两类。目前多数是采用污泥协同焚烧,如水泥厂协同、燃煤电厂协同等都已经实现了规模化工程应用。污泥焚烧投资运行成本相对较高,尾气处理要求高。浙江省基本采用焚烧技术。

污泥卫生填埋。目前我国还有部分地区采用这一处置方式。其优势是工艺简单,而且设备投资少,但是存在填埋操作和运行困难、占地面积大、渗滤液容易造成二次污染风险等问题。近年来一些处置污泥的填埋场增设了高干度脱水/固化或石灰稳定设施,来实现污泥有效卫生填埋。随着国家碳中和目标的提出,卫生填埋将逐步受到限制。

相较于发达国家,我国污泥处理处置存在的主要问题是:①污水处理厂建设中普遍存在"重水轻泥"现象,污泥处置的投资严重不足,发达国家污泥处理处置投资占总投资的30%~50%,而我国仅 10%~20%。②我国污泥处置中,普遍缺少稳定化环节,出厂污泥中大量有机质和病原微生物未能及时得到降解和杀灭。③污泥最终处置中资源化利用不足,这既有污泥中重金属含量偏高(工业废水混入城镇污水处理厂所致,近年已有所改善)的因素,也有污泥稳定化处理不足的原因。

四、污泥处理处置的主要技术简介

(一)污泥处理处置的主要技术

污泥处理处置主要技术包括:

1)污泥减量化技术。主要是指通过减少污泥的含水率,减少污泥的体积、重量,并进而减少污泥后续处理处置费用。

2)污泥稳定化技术。是指运用一些物理、化学或生物方法使污泥不再出现或者在极其受限的范围内产生腐败。污泥稳定化方法通常有厌氧消化、好氧消化、好氧(发酵)堆肥、石灰稳定技术等。

3)污泥热处理技术。包括污泥焚烧和污泥热解、污泥水热处理技术,但后两者应用极少,因此本章只介绍污泥的焚烧。

4)污泥最终产物的安全处置及资源化利用。包括土地利用、填埋、建材利用等。

(二)污泥水分脱除减量化技术

污泥具有高含水特性,而含水率直接影响污泥体积和处理费用,脱水减量是污泥处理处置的共性关键环节。

根据污泥中所含水分与污泥的结合方式,可以将污泥中的水分分为间隙水、毛细结合水、表面吸附水和内部结合水。

间隙水是存在于污泥颗粒间隙中的游离水，又称自由水，约占污泥总水分的 70%。由于间隙水不直接与固体结合，所以作用力弱，很容易分离，分离过程可借助重力沉淀（浓缩压密）或离心力进行。污泥浓缩处理之后，大部分间隙水得以去除。通常认为，污泥的调理技术和后续机械脱水破坏了污泥胶体结构，从而可以进一步释放出间隙水。

毛细结合水是在高度密集的细小污泥颗粒间，由毛细现象而形成的水分，约占污泥总水分的 20%。由于这部分水是结合力大、结合紧的多层水分子，仅靠重力浓缩不易使其脱出，可通过人工干化、电渗力或热处理加以去除，也可施加与毛细水表面张力方向相反的外力，如离心力、负压力抽真空等，从而破坏毛细管表面张力和凝聚力而使水分分离。在实际应用中，常用离心机、真空过滤机或高压压滤机来对此部分水分加以去除。此外，污泥的调理技术和后续机械脱水除了可以进一步降低间隙水的含量，还可以去除部分毛细结合水。

表面吸附水是在污泥颗粒表面附着的水分，约占污泥水分总量的 7%。由于表面张力较大，附着力较强，这部分水去除较难，不能用普通的浓缩或脱水方法去除。通常可以在污泥中加入电解质絮凝剂，采用絮凝方法使胶体颗粒相互絮凝，从而使污泥固体与水分分离而排除附着表面的水分，也可以采用热干化和焚烧等热力方法去除。

内部结合水是污泥颗粒内部或者微生物细胞膜中的水分，包括无机污泥中金属化合物所带的结晶水等，约占污泥中总水分的 3%。由于内部结合水与微生物紧密结合，因此去除较困难，一般用机械方法不能脱除，但可采用生物技术使微生物细胞进行生化分解，或采用热干化和焚烧等热力方法对细胞膜造成破坏而使其破裂，从而使污泥内部结合水扩散出来后再加以去除。

为了降低污泥中的含水率，主要采用浓缩、脱水、干化等方法。

（1）污泥浓缩

污泥浓缩的方法主要有重力浓缩、气浮浓缩、机械浓缩等。重力浓缩是利用重力作用实现污泥自然沉降分离的方式，不需要外加能量；气浮浓缩与重力浓缩相反，是依靠大量微小气泡附着在污泥颗粒的周围，减小颗粒的密度强制上浮；机械浓缩是目前应用较广泛的一种污泥浓缩方法，其主要优点在于占地面积小、环境卫生条件好、效率高的特点，主要有滚筒、螺旋、带式和离心机等几种机型，通过压滤及离心的方式实现固液分离。

（2）机械脱水

污泥经浓缩处理后，其含水率为 95%左右，但仍为流动液状，通常采用机械脱水的方式将污泥含水率进一步降低至 70%～80%，有利于污泥的后续处理处置和资源化利用。

机械脱水是目前世界各国普遍采用的方法，主要的机械脱水设备有板框压滤机、带式压滤机和离心脱水机等，其主要性能见表 3-7。

表 3-7　不同脱水机污泥脱水效率比较

参数	离心机	带式压滤机	板框压滤机
出料干物质量/%	28（20～35）	23（18～28）	30（絮凝剂）（28～38）
去除率/%	>95	>95	>98

参数	离心机	带式压滤机	板框压滤机
絮凝剂量/（g/kg 干物质）	6～12	5～10	5～10
耗能/（kW·h/m³）	0.8～2.2	0.6～1.2	1.0～2.2
运行	自动连续	自动连续	非连续

为了进一步提高污泥的脱水性能，国内许多企业在污泥机械脱水前增加了化学调理工艺。化学调理是指向污泥投加反应性调理剂，改变污泥理化性质，从而提高污泥脱水性能的技术方法。根据反应类型，现有污泥脱水化学调理剂大致可分为混凝剂、絮凝剂、酸/碱试剂、高级氧化试剂等几种。化学调理因其具有效果可靠、设备简单、操作方便、节省投资和运行成本等优点而得到国内外广泛应用。最初，国内外主要采用以石灰、铁盐、铝盐等无机絮凝剂作为调理剂，而近年来，随着有机絮凝剂的快速发展，高分子絮凝剂也得到了较为普遍的应用。但化学调理也具有相应缺点，包括絮凝剂投加量多、产泥量大，并且调理后产生的化学污泥不易为生物所降解，限制了污泥的后续处理和利用。

目前国内已有超过 100 座污水处理厂采用了污泥药剂调理后板框压榨深度脱水的工艺，污泥含水率可降至 60%甚至 50%以下。

污泥化学调理药剂包括 PAM、钙盐（氢氧化钙/氧化钙）、铁盐（三氯化铁/聚合硫酸铁）、铝盐（三氧化铝、聚合氯化铝），常用的调理药剂组合为"钙盐+铁盐""钙盐+铝盐""PAM+钙盐+铝盐"。

（3）污泥干化

经机械脱水后的污泥含水率仍在 70%～80%，而污泥热干化可以通过污泥与热媒之间的传热作用，进一步去除脱水污泥中的水分使污泥减容。干化后污泥的臭味、病原体、黏度、不稳定等得到显著改善，可用作土壤改良剂、建材利用等。按照热源介质与污泥的接触方式，分为直接传热式（热对流式）、间接传热式（热传导式）和直接—间接联合加热式共 3种类型。其中，直接式干化设备有喷雾干化机、带式干化机、箱式干化机、转筒干化机等；间接式干化设备有桨叶式干化机、圆盘式干化机、薄层干化机、转鼓式干化机等；直接—间接联合加热式设备有混合带式污泥干化机、流化床污泥干化机等。除上述传统干化工艺外，一些新兴技术也被逐渐应用于工程中，如太阳能温室污泥干化、污泥低温干化、真空板框脱水干化一体机、离心脱水干化一体机等。

（三）污泥稳定化技术

污泥中含有大量的易腐物质和病原微生物，若不进行稳定化处理，极易腐败并产生恶臭，根据《城镇污水处理厂污染物排放标准》（GB 18918—2002）的规定：城镇污水处理厂的污泥应进行稳定化处理，稳定化处理后应达到该标准中表 5 的规定（表 5 对有机物降解率、含水率等指标作了明确规定）。

目前，污泥稳定化工艺有厌氧消化、好氧消化、好氧堆肥、碱法稳定和干法稳定等。厌氧消化、好氧消化和好氧堆肥这 3 种方式是利用微生物将污泥中的易腐有机组分转化，是应用最为广泛的传统的污泥稳定化方法；碱法稳定是通过添加化学药剂实现易腐物质的络合、提高 pH、降低微生物活性及杀灭病原微生物达到污泥稳定化，如投加石灰等。石灰稳定法作为临时或应急方法较好；干化稳定则是通过高温杀死微生物，以遏制微生物活性，达到稳定化的目的。

1. 污泥厌氧消化

污泥厌氧消化（又称厌氧发酵）是指在无氧条件下，污泥中的有机物被兼性菌及专性厌氧菌分解为甲烷和二氧化碳的过程，是实现污泥稳定化的重要方法。通过厌氧消化可减少 1/3~1/2 的污泥体积；减少污泥中可分解易腐化物质的数量；污泥中胶体物质被气化、液化或分解，提高污泥的脱水效果；消除部分恶臭；可灭活大部分病原微生物、寄生虫卵等，提高污泥的卫生质量。

（1）厌氧消化的基本原理

污泥厌氧消化是一个复杂的多级生物反应过程，即在无氧条件下厌氧微生物把污泥中的有机质先水解分解为简单的小分子有机物，然后再酸化转化为小分子有机酸，最后转化为 CH_4、CO_2、H_2O、H_2S 等物质。在此过程中，不同微生物的代谢过程相互影响、相互制约，形成复杂的生态系统。

目前对厌氧消化的原理描述较为科学全面并被广泛接受的是 Bryant 提出的三阶段理论，厌氧消化三阶段理论示意图如图 3-26 所示。

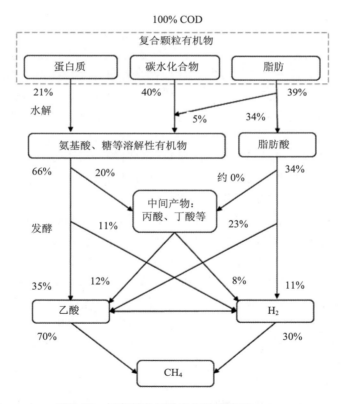

图 3-26　厌氧消化三阶段理论示意图

①水解发酵阶段：专性厌氧细菌和兼性厌氧细菌等水解发酵细菌，利用其胞外酶将污泥中的蛋白质、纤维素、脂肪等较复杂的有机物水解为氨基酸、单糖、甘油等较简单的有机物，随后进一步被产酸菌酵解为乙酸、丙酸、丁酸等简单脂肪酸和醇类。

②产氢产乙酸阶段：产氢产乙酸菌是这一阶段起主要作用的微生物菌，其将除乙酸、甲醇、H_2、CO_2 等外的有机酸（如丙酸、丁酸）和有机醇转化为乙酸，同时伴有 H_2 和 CO_2 的产生。

③产甲烷阶段：产甲烷菌将前两阶段产生的乙酸、H_2、CO_2 等转化为甲烷，其中以乙酸为基质产生的 CH_4 约占总 CH_4 产量的 70%：

（2）厌氧消化工艺

厌氧消化工艺类型较多，可按消化温度、污泥含固率等划分，还可按运行方式（分一级消化、二级消化）、反应器类型等分类，近年来还发展了热水解+厌氧消化等新技术。限于篇幅，这里仅择要作一简介。

①按温度分类的厌氧消化工艺。

污泥厌氧消化根据运行温度的不同可分为常温/低温厌氧消化（15～20℃）、中温厌氧消化（33～35℃）和高温厌氧消化（52～55℃）。

常温/低温厌氧消化消化时间长、对病原菌杀灭率低且易受外界环境影响，因此实际很少应用。

高温消化工艺。高温消化工艺的有机物分解旺盛，发酵快，物料在厌氧池内停留时间短，非常适合有机污泥的处理。高温厌氧消化相对中温消化处理能力提高 2～3 倍。高温厌氧消化对寄生虫卵的杀灭率可达 95%，大肠菌指数可达 10～100 个/gDS，能满足卫生要求（卫生要求对蛔虫卵的杀灭率 95%以上，大肠菌指数 10～100 个/gDS）。但在能耗方面，高温消化所需的温度远高于中温消化，能耗也远大于中温消化，同时在对高温的控制方面要难于对中温的控制。

中温消化工艺运行相对稳定，中温厌氧消化时间一般为 20～30 d（高温厌氧消化一般为 10～15 d），运行费用较低。国内绝大多数污泥厌氧消化系统均采用中温厌氧消化。

②按污泥含固率分类的厌氧消化工艺。

污泥厌氧消化工艺按照处理物料含固率的不同可分为低含固厌氧消化工艺（含固率＜10%）和高含固厌氧消化工艺（含固率≥10%）。传统的污泥厌氧消化工艺处理对象一般为浓缩污泥，含固率为 2%～5%，属于低含固工艺。低含固厌氧消化工艺启动较简单，但过高的含水率大大增加了处理设备的占地面积，增加了投资成本，且有机负荷相对较低，产气率不高，使得能量回收率低。相对而言，高含固厌氧消化由于污泥含固率高，处理负荷高，其处理设备的体积可以大大减小，加热保温能耗也得以降低，工程效能得以显著提高。近年来发展迅速的高级厌氧消化工艺多属于高含固厌氧消化工艺。

③基于热水解的污泥高级厌氧消化技术。

基于热水解的污泥高级厌氧消化技术就是通过将热水解与高含固污泥厌氧消化技术结合，其可以优化污泥的生物降解性能，有效提高污泥的产气量，实现更大的减量化。

热水解对污泥的作用一般有以下几个过程：a. 污泥受热时，污泥絮体内部及表面的胞外聚合物（EPS）在热处理过程中首先溶解，转移到液相中，同时絮体结构中的氢键遭到破坏，使间隙水释放为游离水；b. 随着温度的升高，污泥微生物的细胞结构（包括细胞壁和细胞膜）遭到破坏，细胞内的有机物释放出来，转化为溶解性有机物；c. 从污泥中溶解出来的有机化合物，在热处理过程中会发生水解，生成溶解性的中间产物，如蛋白质水解为多肽、二肽和氨基酸，氨基酸进一步水解为低分子有机酸、氨和 CO_2，碳水化合物水解为小分子多糖或单糖，脂类水解为甘油和脂肪酸，核酸发生脱氨和脱嘌呤等反应等。

　　总体来说，高温热水解的相对优势在于提高污泥在厌氧过程中的降解率，提高污泥生物可降解性能，提高甲烷产量；改善污泥脱水性能，减少剩余污泥量，有利于运输；去除病原菌；且以单位投入能量计，是非常经济有效的预处理方法。

案例 3-8：上海白龙港污泥处理处置工程

图 3-27　上海白龙港污泥处理处置工程

白龙港污泥处理处置工程分两期建设。

1. 一期工程

　　一期工程 2008 年开工，2011 年年底建成投运，工程总投资 6.8 亿元。一期工程服务对象为白龙港污水处理厂 120 万 m^3/d 污水升级改造工程和 80 万 m^3/d 污水处理扩建工程产生的污泥，设计规模 268 t/d。采用污泥浓缩后厌氧中温消化+脱水污泥+部分脱水污泥干化处理工艺。消化产生的沼气经过处理后作为能源用来加热消化池或者部分脱水污泥。

　　污泥消化设计温度为 35℃，消化池进泥含水率 95%，污泥停留时间 24.3 d，有机负荷（以 VSS 计）1.21 kg/（m^3·d）。8 座消化池设计共产沼气 44 512 m^3/d。脱水后污泥含水率 80%，干化后污泥含固率 90%。消化池产生的沼气通过脱硫设施进行脱硫处理。脱硫后沼气一部分供热水锅炉（供进入消化池污泥加热），另一部分供导热油炉（供污泥干化），多余部分燃烧塔烧掉。

　　白龙港污泥处理一期工程工艺流程见图 3-28。

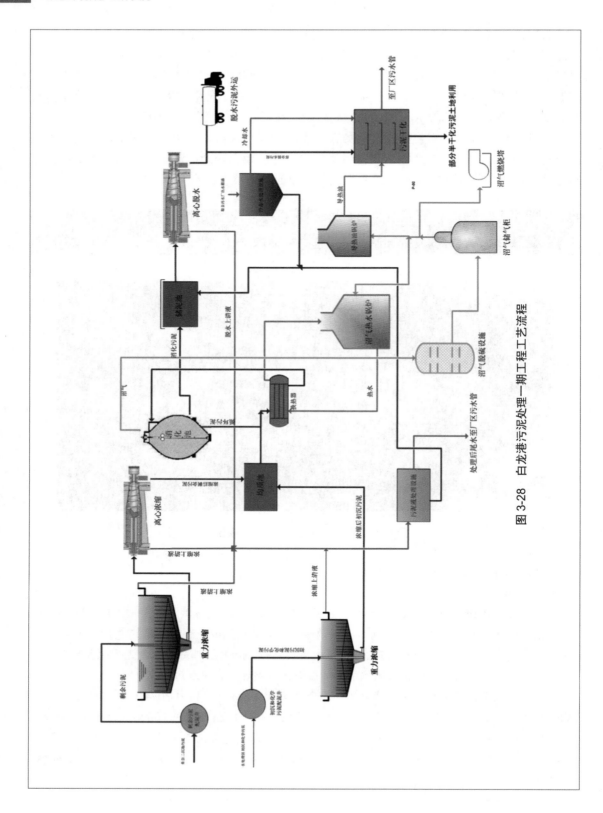

图 3-28 白龙港污泥处理一期工程工艺流程

2．二期工程

白龙港污泥二期工程是在一期工程基础上的扩建，二期项目总投资 338 900 万元，2018 年 3 月开工，2020 年 12 月建成投运。二期工程建成后，整个白龙港污泥处理处置工程服务范围为：白龙港污水厂 280 万 m^3/d 污水处理产生的污泥，以及虹桥厂 20 万 m^3/d 污水处理产生的污泥，建设规模 486 t/d（其中白龙港厂 448 t/d，新虹桥 38 t/d），污泥处理处置的主要工艺为：浓缩→消化→脱水→干化→焚烧。焚烧产生的烟气采用 SNCR+静电除尘+半干法喷淋+布袋除尘+湿式脱酸+物理吸附和烟气再热的综合处理工艺，处理后的烟气排放按《生活垃圾焚烧大气污染物排放标准》（DB 31/768—2013）执行。污泥焚烧后产生的焚烧炉渣、锅炉灰、静电飞灰等均为一般废物，进行建材利用。布袋除尘器收集的飞灰经鉴定为危险废物，达到《危险废物填埋污染控制标准》（GB 18598—2019）要求后，送至上海市固体废物处置中心填埋处置。

二期工程扩建后，白龙港污泥处理整体工艺流程见图 3-29。

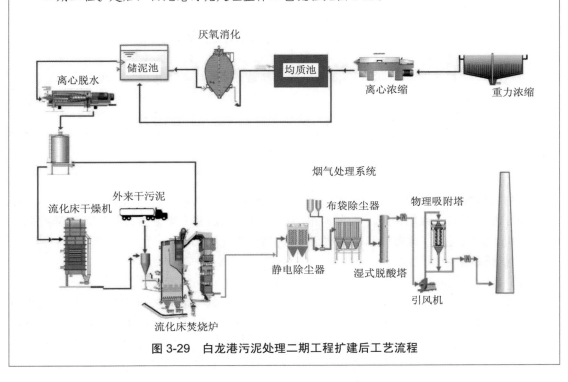

图 3-29　白龙港污泥处理二期工程扩建后工艺流程

案例 3-9：北京市排水公司高碑店污水厂污泥处理工程

北京排水公司所属高碑店污水处理厂污泥高级消化工程、高安屯污泥处理中心等 5 个污泥处理项目均采用基于高温热水解预处理的高固污泥厌氧消化技术工艺（图 3-30）。

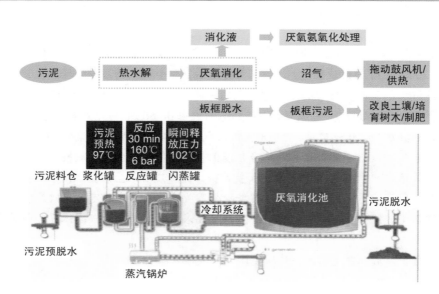

图 3-30　北京排水公司污泥处理工艺流程

　　北京排水公司采用上述工艺后，其污泥有机物转化率高达 50%（传统方法约 30%），产气率高达 350 m³/t 干泥（传统方法产气量为 150～200 m³/t 干泥），最后经消化、脱水后的污泥腐熟度达 70%～80%（土壤利用一般要求为 60%～70%），这些污泥主要用于绿化、矿山复绿等。正常运行后处理系统中加热所需热量完全可由厌氧消化产生的 CH_4 燃烧供热，不需补充外来能源。

　　从全国来看，由于没有污泥稳定化的约束指标以及受投资、管理人员操作水平低、用地限制等因素限制，厌氧消化法处理城市污泥目前在我国并未得到很好推广，但随着碳达峰碳中和政策的实施，此类方法的应用必将日益增加。

2. 污泥的好氧消化

（1）好氧消化原理

　　好氧消化是基于微生物的内源呼吸原理，即当污泥系统中的基质浓度很低时，微生物将会消耗自身原生质以获取维持自身生存的能量。消化过程中，细胞组织内的物质将会被氧化或分解成二氧化碳、水、氨氮、硝态氮等小分子产物。同时，好氧氧化分解过程是一个放热反应，因此在工艺运行中会产生并释放出热量。好氧消化反应完成以后，剩余产物的生物能量水平低，在生物学意义上比较稳定，适于各种最终处置途径。

（2）好氧消化工艺

　　好氧消化最常用的是自热式高温好氧消化工艺（ATAD）。ATAD 工艺流程见图 3-31，其消化池一般由两个或多个反应器串联而成，反应器内设搅拌设备并设排气孔，可根据进泥负荷采取半连续流或序批式的灵活进泥方式，反应器内溶解氧浓度一般控制在 1.0 mg/L 左右。消化及升温主要在第一个反应器内发生（60%），其温度为 35～55℃，pH≥7.2；第二个反应器温度为 50～65℃，pH 约为 8.0。

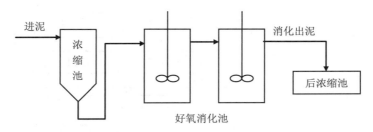

图 3-31　ATAD 工艺流程

在 ATAD 工艺进泥时,首先要经过浓缩,将 VSS 浓度至少提高到 2.5×10^4 mg/L 或 MLSS 浓度达到 $4 \times 10^4 \sim 6 \times 10^4$ mg/L,这样才能保证产生足够的热量。

好氧消化的优、缺点。

优点:由于反应速度快,构筑物结构简单,所有好氧消化池的基建费用比厌氧消化池低。

缺点:由于供氧需要动力,因此好氧池消化池的运行费用较高;某些经过好氧消化的污泥脱水困难;无生物质能源如甲烷的回收。

污泥好氧消化法在 20 世纪 60 年代及 70 年代初非常盛行,但由于能源费用迅速上涨及该工艺对病原菌的去除效果不如厌氧消化法,到 20 世纪 70 年代中期,其应用逐渐减少,不过在小型污水处理厂仍比较受欢迎。美国、日本、加拿大等发达国家有不少中、小型污水处理厂采用好氧消化处理污泥。

3.污泥好氧堆肥（又称好氧发酵）

（1）好氧堆肥原理

堆肥是利用污泥中的微生物进行发酵的过程,在污泥中加入一定比例的膨松剂和调理剂（如秸秆、稻草、木屑或生活垃圾等）,利用微生物群落在潮湿环境下对多种有机物进行氧化分解并转化为稳定性较高的类腐殖质。污泥经堆肥处理后,一方面植物养分形态更有利于植物吸收,另一方面还消除臭味,杀死大部分病原菌和寄生虫（卵）,达到无害化目的,且呈现疏松、分散、细颗粒状,便于储藏、运输和使用。

由于好氧堆肥占地面积大,容易产生臭味,环境卫生条件差,近年来,世界范围内污泥堆肥的发展趋势是向集约化及自动化方向发展,从露天敞开式转向封闭式发酵,从半快速发酵转向快速发酵,从人工控制转向全自动化智能控制。

污泥堆肥的基本工艺流程如图 3-32 所示。

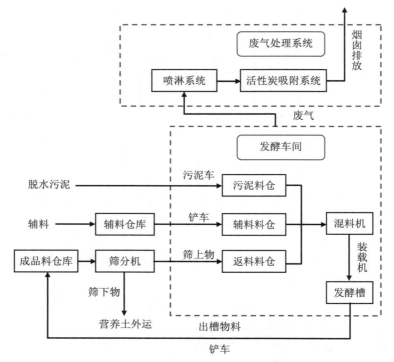

图 3-32　污泥堆肥的基本工艺流程

（2）好氧堆肥的几种主要工艺

①条垛式堆肥。

条垛式堆肥是在露天或棚架下，将混合好的堆肥原料堆成条堆状，在好氧条件下进行分解的一种堆肥方式。典型的堆宽为 4.5～7.5 m，堆高为 3～3.5 m，条堆的断面有梯形、宽梯形和三角形等。

条垛式堆肥需进行翻堆作业，翻堆是用人工或机械方法进行堆肥物料的翻转和重堆。翻堆能保证物料的好氧状态，有利于有机物的均匀降解。

翻堆操作示意图如图 3-33 所示。

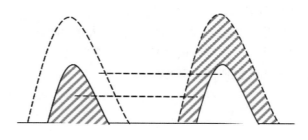

图 3-33　翻堆操作示意图

在堆肥过程中，当堆体温度超过 60℃时就应进行翻堆。用稻草、谷壳、干草、干树叶、木片或锯屑作调节剂的污泥堆料含水率约为 60%，通常在堆体建好后的第 3 天进行翻堆，然后每隔 1 d 翻堆 1 次，直至第 4 次，之后每隔 4 d 或 5 d 翻堆 1 次。

条垛式堆肥系统具有很多优点，如其所需的设备简单，整体投资成本较低；翻堆操作时能加快污泥水分的蒸发，使堆料更容易干燥，堆肥产品的稳定性较好。其缺点是占地面积大，堆制周期比较长，需要翻堆以保证微生物活动所需的氧，需要大量的劳动力或者翻堆机械；翻堆操作时有臭味散发，生活污泥臭味更为严重。

②静态强制通风堆肥。

在发达国家普遍使用的是静态强制通风堆肥方式，其堆肥过程中不进行物料的翻堆，而是将堆料置于带有通风管道系统的地面上，通过高压风机的强制通风来提供堆肥过程所需的氧气。地面管路上通常先铺一层木屑或者其他松软性填料，可以达到均匀布气的目的，然后再在这层填料上堆放堆料体，最后在堆体最外层盖上厚约 30 cm 的堆肥产品，用以减少臭味的扩散并保证堆内维持较高的温度。在实际操作中常用温度或时间来控制通风。

相较于条垛式堆肥系统，静态强制通风堆肥的温度可以通过调整通风来精确控制，产品的稳定性好；堆肥腐熟时间一般为 2～3 周，相对较短，由于堆肥腐熟期相对较短，底部填充料的用量少，占地相对较少，所以是目前主流的堆肥工艺。

③发酵槽（池）式堆肥工艺。

发酵槽式堆肥改变了条垛式堆肥的露天堆肥方式，把发酵槽放到了厂房内。槽式堆肥系统是目前国内较流行的一种堆肥系统，它是将待发酵物料按照一定的堆积高度放在一条或多条发酵槽内。在堆肥化过程中根据物料腐熟程度与堆肥温度的变化每隔一定时期，通过翻堆设备对槽内的物料进行翻动，让物料在翻动的过程中能更好地与空气接触，并带走大量的水分，降低物料的温度与湿度。

发酵槽式堆肥系统的投资少，产量高，堆肥化程度均匀，周期短。其缺点是占地面积大。

④容器式堆肥工艺。

该系统是将物料放置在部分或全部封闭的发酵装置（如发酵仓、发酵塔等）内，通过控制通气和水分条件，使物料进行生物降解和转化。堆肥反应器设备在发酵过程中要进行翻堆、曝气、搅拌、混合、协助通风等操作，从而可以控制堆体的温度和含水率，同时在反应器中解决物料移动、出料的问题，最终达到提高发酵速率、缩短发酵周期，实现机械化生产的目的。

反应器堆肥系统的种类很多，大致可分为立式多层堆肥系统、卧式滚筒堆肥系统、筒仓式堆肥系统、箱式堆肥系统等。

（3）污泥好氧堆肥新技术

近年来，污泥好氧堆肥又陆续发展出了一些新技术，主要有：

①智能好氧发酵工艺。

其基于污泥传统好氧发酵的原理，采用隧道式发酵槽等形式，对污泥好氧发酵关键工序涉及的混料机、布料机、翻抛机等关键设备进行集成，并结合好氧发酵过程温度、氧气和臭气等关键工艺参数的在线监测和反馈控制，实现工艺混料、输送、布料、发酵、供氧、匀翻、监测、控制和除臭等功能的集成设计和自动高效运行。

相较传统好氧发酵，智能好氧发酵提高了污泥稳定化、无害化和减量化的效率，解决了传统好氧发酵工程常见的臭气收集和处理难题。

②超高温好氧发酵工艺。

该工艺基于富含极端嗜热微生物的超高温好氧发酵菌剂，使堆肥温度在不依赖于外加热源的前提下快速提升至 80℃以上（最高温度可达到 100℃），这也是传统高温堆肥所不能达到的温度。与传统高温好氧发酵工艺相比，该技术的优势包括：a. 促进腐殖质前体大量产生，加快堆肥腐殖化进程；b. 促进有机物降解、高效杀灭病虫卵等有害物质；c. 抑制硝化和反硝化反应速率，减少 N_2O 排放和堆肥氮素损失等。

③膜覆盖高温好氧发酵工艺。

将一种具有特制微孔的功能膜作为脱水污泥好氧发酵处理的覆盖物，这种膜具有选择性半渗透功能，由聚四氟乙烯（PTFE）微孔膜与织物复合而成。微孔的平均孔径为 0.18～1.3 μm，嗜氧菌分解污泥中有机物产生的水蒸气和 CO_2 能够借助功能膜的微孔结构扩散出去，进而实现了较好的防水透湿功能。将功能膜覆盖在堆体上，通过鼓风机鼓风，发酵体内形成一个相对稳定的微高压内腔，使堆体内任意部位基本处于相同的压力下，并和氧气充分、均匀地接触，为嗜氧菌构建了一个适宜的微环境。

案例 3-10：郑州双桥污水处理厂污泥好氧发酵工程

郑州市双桥污水处理厂污泥好氧发酵工程总投资 4.62 亿元（含设备），占地 7.87 hm²。项目处理规模为 600 t/d（含水率 80%），承担了郑州市 1/3 的污泥量，2018 年 1 月工程投产运行。

双桥污泥好氧发酵项目污泥来源为郑州市各污水处理厂脱水后污泥（80%含水率），污泥好氧发酵辅料为玉米芯，混合进料含水率 55%～60%，污泥好氧发酵采用连续进出模式，发酵形式为槽式发酵+动态翻抛，曝气形式为负压连续式曝气，发酵周期为 21 d，翻抛频次为 1 次/d，出槽物料含水率低于 40%。好氧发酵处理后的污泥满足《城镇污水处理厂污泥处置 园林绿化用泥质》（GB/T 23486—2009）中污泥作为园林绿化用泥质酸性土壤（pH＜6.5）的指标要求。

双桥污泥好氧发酵工艺流程如图 3-34 所示。

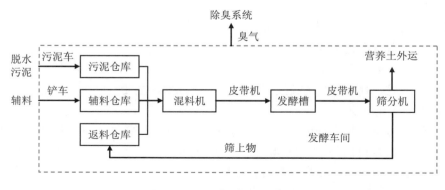

图 3-34　双桥污泥好氧发酵工艺流程

物料发酵完成后的质量为 520.38 t/d，其中约 300 t/d 的发酵成品用作返料与脱水污泥混合，剩余的约 220.38 t/d 发酵成品则外运用作绿化介质土或用作回填土。每吨污泥（含水率 80%）处理费用为 200 元（不含折旧费）。

（4）污泥石灰稳定技术

石灰稳定法的主要作用是通过降低易腐污泥的臭气、杀死病原菌等实现污泥后续处理处置的良好环境卫生状况。由于污泥中含有氮化合物和硫化物，这些化合物在厌氧生物过程中散发，成为臭气的主要来源。投加石灰于污泥中，造成强碱性的环境条件，使参与产生这种臭气反应的微生物活动受到强烈的抑制，甚至被灭活。同样，病原菌也由于强碱性条件而失去活性或死亡。石灰稳定法实际上并没有直接降解有机物，不仅不能使固体物的量减少，反而使固体物增加。由于固体物增加，因此最终处置的费用往往要比其他的污泥稳定方法要高。

实际工程中，pH、接触时间和石灰剂量是 3 个关键参数。在设计中，要求保持 pH 在 12 以上 2 h，其目的是使病原菌确实被杀死和保持足够的碱性使 pH 能在 11 这个水平上维持几天。石灰的添加量应根据化学计算和现场实验来确定。

（四）污泥的（干化）焚烧

污泥焚烧是一种常见的污泥热处理方法，污泥中的有机物在高温条件下与充足的氧气发生燃烧反应后彻底转化为 CO_2 和 H_2O 等产物，从而实现污泥减容、减量和无害化处理。当污泥自身的燃烧热值较高、城市卫生要求较高或因污泥有毒有害物质含量高不能被综合利用时，可采用焚烧处理。污泥焚烧设备包括多膛式焚烧炉、流化床焚烧炉、回转窑焚烧炉等，其中流化床焚烧以气固混合效果好、焚烧彻底及污染物排放低等优点被广泛用于污泥处理。

污泥的（干化）焚烧可分为单独（干化）焚烧和协同（干化）焚烧。而协同（干化）焚烧又有垃圾发电厂、热电厂、水泥窑 3 种协同（干化）焚烧。

1. 污泥单独（干化）焚烧

焚烧污泥的焚烧炉有流化床、回转窑、立式焚烧炉等，以流化床焚烧较为广泛。中国工程建设标准化协会发布了《城镇污水污泥流化床干化焚烧技术规程》（CECS 250—2008），规定了相应的技术指标。

案例 3-11：浙江绍兴某污泥清洁化处置示范项目

规模：2 500 t/h，其中污水处理厂污泥 1 700 t/h（含水率 80%），印染企业污泥 800 t/h（含水率 65%）。焚烧炉为 1 台 130 t/h 的高温高压循环流化床锅炉。

1. 污泥焚烧生产工艺流程

首先对来自污水处理厂和印染企业的污泥分别采用不同工艺进一步脱水［可参见本节（一）污泥水分脱除减量化技术］。经脱水后的污泥通过螺旋给料机送入流化床焚烧炉内焚烧，而辅助燃煤（污泥：煤=80：20）则通过另外的给料装置给入炉内，锅炉采用石英砂作为炉内的惰性流化介质（又称为床料）。空气通过空预器加热后进入流化床内，使介质强烈湍混，并促使污泥迅速升温、燃烬，燃烧释放出来的热量又被床料吸收。烟气被引风机牵引依次通过高温过热器、低温过热器、蒸发器、省煤器和空预器后温度下降，其热量传递给各受热面中的水，使水转化为高温高压的蒸汽，送到汽轮发电机组做功发电。

污泥脱水车间臭气引至风机进风系统，送入炉膛焚烧处置。污泥和煤焚烧后留下来的渣通过冷渣器排出，焚烧后的烟气经过烟气净化系统处理后通过一座高 100 m 烟囱达标排放。尾气排放参照火电厂超低排放要求和生活垃圾焚烧污染控制标准执行。

污泥焚烧工艺流程如图 3-35 所示。

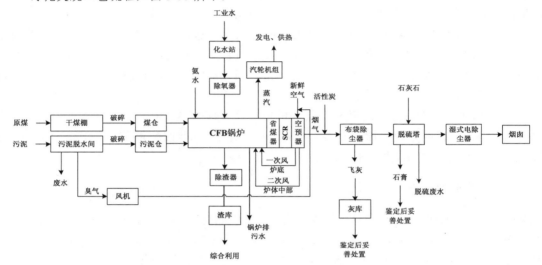

图 3-35　污泥焚烧工艺流程

2. 污泥脱水工艺

本项目针对污泥的来源采用两种不同的污泥脱水干化方案：用高压压榨压滤机对污水处理厂污泥压滤脱水，经压滤机脱水后的污泥含水率约 50%；用圆盘式蒸汽干化机对印染企业污泥干化脱水，经圆盘式蒸汽干化机脱水后污泥含水率约 50%。

（1）污水处理厂污泥压滤脱水

a. 污泥浆化。把进入时含水率80%的污泥，用水稀释至含水95%左右。

b. 把浆化后污泥抽入污泥调理池，向调理池（装有立式搅拌器）投入调理药剂并搅拌混合，混合完成后，注入储泥池，在储泥池内反应完成后，通过进料泵将调质好的污泥注入压滤机进行过滤。

c. 污泥过滤完成后，通过压榨水泵对滤板隔膜进行二次压榨（压榨压力≤2.5 MPa），最大限度确保污泥含水率达到 50%。

d. 压滤过程中产生的滤液少部分用于污泥浆化，其余大部分至污水处理系统处理达标后纳管排放。

e. 干污泥掉落进导料斗内，由密闭输送系统输送至干污泥库，最终入炉焚烧。

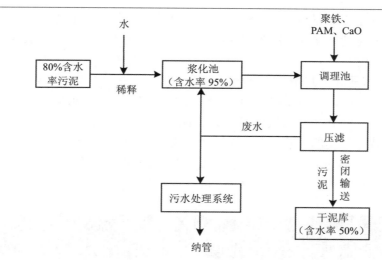

图 3-36　污水处理厂污泥脱水工艺流程

调理剂的主要成分为聚丙烯酰胺（PAM）、聚合硫酸铁、生石灰（CaO）等。

（2）印染厂污泥蒸汽干化工艺

印染湿污泥进厂经过地磅计量后倒入湿污泥储坑，通过抓斗抓吊至污泥缓存仓，再由无轴螺旋送至圆盘干燥机内，利用饱和蒸汽作加热介质，间接加热污泥。污泥经过蒸发换热后成为含水约 50% 的颗粒状，由密闭输送系统送干污泥料棚内储存，配料后送至锅炉进行焚烧处理。

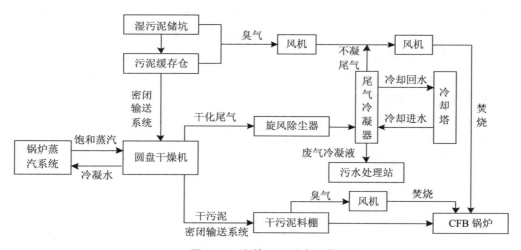

图 3-37　印染污泥脱水工艺流程

污泥干化过程产生的蒸汽经尾气引风机排出，维持干燥机及辅助设备、系统管路微负压运行。被抽出的气体（蒸汽和空气混合物）经除尘和冷凝两级处理，废气冷凝液通过管道输送至厂区废水处理站。干化系统不凝尾气、湿污泥接收和储存系统产生的臭气由尾气风机抽引至污泥焚烧锅炉作为助燃空气。

杭州市钱塘区于 2018 年建成同类型项目——蓝成环保能源有限公司 4 000 t/d（含 80%含水率计）污泥干化焚烧项目，其 2021 年实际处理污泥（80%含水率）149 万 t，处理费平均约为 300 元/t。

2．污泥协同（干化）焚烧

1）垃圾发电厂协同焚烧。现有生活垃圾发电厂大多采用了先进焚烧技术，并配有完善的尾气处理装置，可以在生活垃圾中混入适当的污泥一起焚烧。污泥含水率不同其掺烧比例也不同，根据光大集团的经验，对于城镇污水处理厂污泥含水率 80%的污泥，一般控制在 5%以内；含水率 45%～60%的半干污泥，需控制在 10%以内；含水率在 35%以内的污泥，由于其自身已有足够热值，其掺烧比例几乎可以不受限制。

案例 3-12：江苏吴江生活垃圾、工业垃圾、污泥协同处置项目

该项目处理生活垃圾 1 500 t/d，与生活垃圾相近的一般工业垃圾（主要为纤维、布条等）1 200 t/d，污水处理厂污泥（含水率 65%左右）300 t/d。上述 3 种垃圾、污泥的热值分别为 1 750 kcal/kg、3 994 kcal/kg、1 192 kcal/kg。上述垃圾、污泥混合后综合热值低点 1 800 kcal/kg，高点 3 000 kcal/kg。

项目焚烧工艺流程见图 3-38。

生活垃圾通过卸料门倒入生活垃圾堆放区。与生活垃圾相近的一般性工业固体废物运至厂区后通过设置在卸料平台的步进式给料机，输送至工业垃圾储坑；再通过抓斗抓取，将大块的工业垃圾送入破碎系统，破碎至适合入炉焚烧要求的粒径，与生活垃圾充分混合后送至焚烧炉的投料口，通过光大环境自主研发的多级往复顺推+翻动机械炉排进行焚烧处理。含水率 60%～80%（平均 65%）的市政污泥，通过专用污泥运输车运至污泥卸料平台，倒入专用的钢制储存罐内。通过配备多套污泥输送泵系统，仓内污泥通过分配装置进入输送泵系统，再通过输送系统送至每台焚烧炉给料炉排上方，与混合垃圾进行融合入炉焚烧，污泥融合系统设置专用的污泥喷射装置，通过自动化控制，将使进入焚烧炉料斗的污泥程序化、科学化、稳定化，焚烧炉焚烧更加稳定，提升运行稳定性。污泥储仓产生的臭气通过负压风机送至垃圾仓，保证污泥储仓臭气不外溢（垃圾仓废气抽吸至锅炉焚烧，从而保证垃圾仓、污泥仓、卸料平台都形成负压，臭气不外泄）。

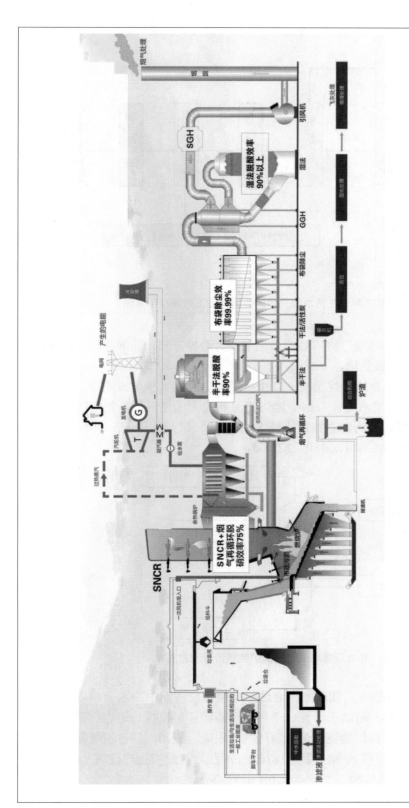

图 3-38　江苏吴江生活垃圾—污泥协同处置工艺流程

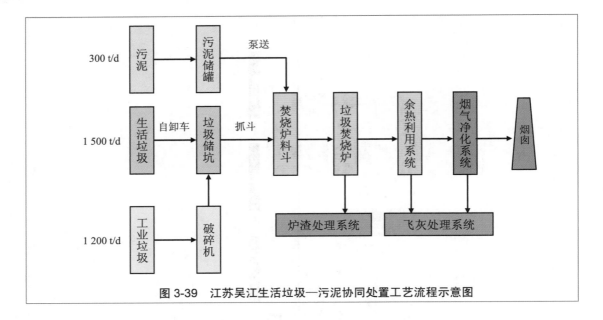

图 3-39　江苏吴江生活垃圾—污泥协同处置工艺流程示意图

2）热电厂协同焚烧污泥。热电厂协同处置污泥主要有两种方式，即湿污泥直接掺煤焚烧和利用热电厂余热干化后掺煤焚烧。

①湿污泥（含水率 80%）直接掺煤焚烧。直接掺煤焚烧对锅炉系统改造少，因而初期投资低，但由于污泥中含有大量水分，对锅炉燃烧的影响较大，使锅炉热效率降低，需对循环流化床锅炉进行适当改造。湿污泥直接掺煤技术流程如下。常州某热电厂利用 3 台 75 t/h 循环流化床锅炉处理含水率 80% 的污泥 180～225 t/d。

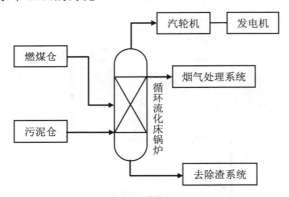

图 3-40　热电厂循环流化床锅炉焚烧污泥示意图

②干化后掺煤焚烧。利用热电厂低压蒸汽通过热交换器使污泥中的水分得以蒸发，污泥进一步脱水成为含水率 35% 左右的干污泥。干污泥经破碎后与煤按一定比例混合（一般泥占比控制在 30% 以内）后入锅炉焚烧。焚烧后尾气经脱硫、脱硝、活性炭吸附（在布袋除尘器前管道喷入，以吸附二噁英）、除尘后达标排放（浙江省对此类处理设施尾气中 NO_x、SO_2 及烟粉尘排放要求达到超低排放，二噁英≤0.1 $ngTEQ/m^3$）。

案例 3-13：湖州市德清中能环境污泥干化焚烧项目

该项目位于德清县，某热电厂利用 2 台锅炉（1 台 220 t/h、1 台 90 t/h）处理 500 t/d 污泥（含水率 80%）。处理工艺流程如图 3-41 所示。

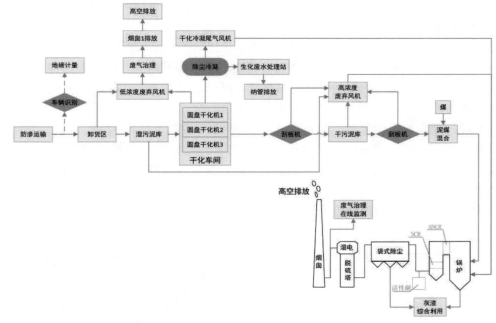

图 3-41 德清中能环境污泥干化焚烧工艺流程

污泥处理流程：

运输污泥车辆通过自动感应门后进入全封闭微负压的卸货区。卸货区与污泥库相连，中间也用自动感应门隔开。污泥车辆到湿污泥库边倾倒污泥时，自动感应门开启，倾倒完毕车辆离开后门又自动关闭。进入湿污泥库的污泥通过远程控制行车抓取至圆盘干化机进料斗，并对入斗污泥进行计量。湿污泥在干化机内在不断搅拌下通过蒸汽（间壁）加热干化成含水率 35% 左右的干污泥（150 t/d），干污泥通过全封闭的刮板机输送至干泥库（干泥库也全封闭设计），干污泥库内干污泥输送至炉前输煤系统，然后按不高于 30% 比例混入原煤后入炉焚烧。

处理过程的二次污染防治：

a. 从湿污泥入库至入炉焚烧各环节实行全封闭运行。卸货区、湿污泥库、干化车间、干污泥库均全封闭并在微负压下运行：卸料区、干化车间常年保持 -20 Pa，湿污泥库、干污泥库常年保持 -40 Pa。中间污泥输送设施——无轴绞龙、刮板机等也均全封闭。

b. 设置专门尾气处理系统。高浓度尾气入锅炉焚烧，圆盘干化机加热干化产生的尾气经除尘冷凝（冷凝水经生化处理达到纳管标准后纳管）后入炉焚烧，湿、干污泥库及绞龙、刮板机等设施中的尾气抽吸后也送入锅炉焚烧；卸料区、干化车间等低浓度尾气经氧化、碱洗双塔除臭、脱水塔除湿、紫外光灭菌三联处理后送 60 m 高空排放；锅炉尾气经 SNCR、SCR、活性炭吸附、布袋除尘、湿法脱硫、湿法静电除尘后通过 100 m 烟囱排放，达到超低排放要求，二噁英 ≤0.1 ngTEQ/m³。

3）水泥窑协同处理污泥。

利用干法水泥生产工艺协同处置污泥有以下 3 种方法。

①污泥脱水后直接运至水泥厂入窑，进行湿污泥直接焚烧。

污泥经给料机计量后，通过提升、输送设备输送到分解炉或烟室进行处置。湿污泥直接焚烧处理工艺环节少，流程简单，二次污染可能性小，但所需的燃料量大。水泥厂应充分利用回转窑废气余热烘干湿污泥后再焚烧。

②污泥脱水后通过适当的措施进行干化或半干化后再运至水泥厂入窑。

该方法的优点是水泥厂焚烧工艺和设备相对简单，容易得到水泥厂的配合，运输费用低，污泥可作为水泥生产的辅助燃料提供热量。缺点是污水处理厂需要配置干化设备。

③脱水污泥通过水泥厂余热干化或半干化后再入窑。

在水泥厂配套建设一个烘干预处理系统，利用窑尾废气余热（温度约 280℃）将污泥烘干至含水率低于 30%。含水率低于 30% 的污泥已成散装物料，经输送及喂料设备送入分解炉焚烧。这种方法充分利用了水泥厂的余热资源，实现了循环经济，但需对水泥回转窑系统进行改造，初期投资较高。

水泥窑协同处理污泥投加点示意图如图 3-42 所示。

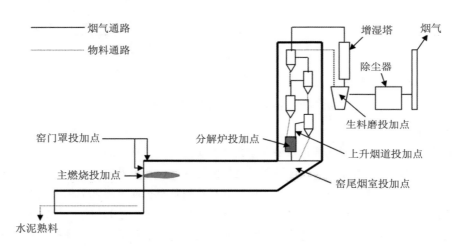

图 3-42　水泥窑协同处理污泥投加点示意图

（五）污泥产物的安全处置及资源化利用

污泥处理产物的最终出路，也就是污泥处置的方式，目前一般可分为 3 类，即卫生填埋、土地利用、建材利用等（图 3-43）。其中，污泥填埋只是临时过渡性的技术路线，不符合"无废城市"建设的理念和未来发展趋势，而且面临着现有填埋场将满负荷运行、无地可埋的困局。干化焚烧建材利用是污泥减量效果最好的处理方式，但是存在能耗成本高、环境要求高、物质循环利用率低、公众接受度低的问题。从全链条的角度考虑，焚烧更适合作为污泥末端处理。污泥资源化利用被认为是污泥未来发展方向，而土地利用是实现污泥资源化的最佳处置方式，美国及欧盟土地利用比例均达到较高水平，但由于我国目前污泥处理水平较低，特别是污泥稳定化的短板，导致污泥土地利用受到限制。总体来说，目前我国污泥处理和处置脱节比较严重，由于污泥土地利用出路受阻、干化焚烧成本高、资源效率低、填埋不可持续，导致污泥技术路线选择存在不明确的困境。

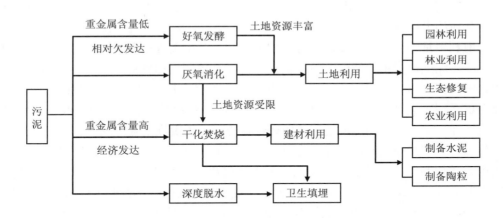

图 3-43　污泥产物安全处置与资源化利用方式

1．污泥卫生填埋

污泥卫生填埋是目前我国不少地方采用的污泥处理处置技术路线，其优点是投资少、处理量大，对污泥的卫生学指标和重金属指标要求比较低。但存在以下问题：场地资源受限，污泥运输和填埋场建设费用较高，填埋容量有限，有害成分的渗漏可能会造成地下水污染，填埋场的卫生、臭气会造成二次污染，污泥中含有的营养物质会使大量病原菌繁衍等。同时，从碳排放的角度分析，污泥填埋会释放大量无组织排放的 CH_4、N_2O 等温室气体，最终产生大量的碳排放。随着"无废城市"的建设以及碳减排的要求，污泥填埋只能作为一种阶段性的应急处理处置方式，国家发展改革委等三部门发布的《污泥无害化处理和资源化利用实施方案》明确，要逐步压减污泥填埋规模（详见本章第六节），所有欧盟国家在 2005 年以后，有机物含量大于 5% 的污泥都已禁止填埋。

在我国，与生活垃圾混合填埋是污泥传统的填埋方式，值得注意的是，污泥混合填埋比例过高或填埋污泥自身含水率过高对填埋场具有较大影响，其主要原因是：①由于脱水污泥颗粒细小，极易堵塞渗滤液收集和排水管道，在填埋区积存大量渗滤液，清理疏通的费用昂贵。②脱水污泥具有流变性，使得场内垃圾填埋体容易变形、滑坡，给场区带来了极大的安全隐患；脱水污泥的高含水率和高黏度，大大增强了填埋渗滤液产生量，并导致进入填埋垃圾运输车辆、推土机、挖掘机等打滑、陷车，造成填埋操作困难。③由于污泥吸水特性，造成填埋垃圾难以压实，直接影响填埋场的使用年限。

污泥填埋前需进行稳定化处理，处理后泥质应符合《城镇污水处理厂污泥处置　混合填埋用泥质》（GB/T 23485—2009）的要求。污泥以填埋为处置方式时，可采用石灰稳定等工艺对污泥进行处理，也可通过添加粉煤灰或陈化垃圾对污泥进行改性处理。污泥填埋处置应考虑填埋气体收集和利用，减少温室气体排放。

2. 污泥土地利用

污泥中含有丰富的有机质和氮、磷、钾等营养元素，经过稳定化和无害化处理，可以作为营养土或改良剂进行土地利用。土地利用主要包括 3 个方面：一是作为农作物、牧场草地肥料的农用；二是作为林地、园林绿化肥料的林用；三是作为沙荒地、盐碱地、废弃矿区改良基质的土壤改良。

土地利用是国外污泥主要的资源化利用方式，其中美国污泥土地利用比例约 60%，丹麦、挪威污泥土地利用比例约 70%，而英国污泥土地利用比例高达 79.12%，欧洲污泥土地利用比例整体在 50% 以上。但也有一些国家出于经济发展水平、环境质量等方面的要求，主要考虑污泥末端焚烧的处置方式，如德国鼓励对污泥焚烧飞灰进行磷回收，因此焚烧比例有所增加；瑞士考虑当地环境容量敏感性，更多采用焚烧处置方式。

我国在不同阶段发布的指南规范均鼓励稳定化的污泥进行土地利用，并且针对不同土地利用方式均制定了相关的标准规范，如由住房和城乡建设部提出并归口的《农用污泥污染物控制标准》（GB 4284—2018），但是在实际应用过程中，由于在城镇污水处理中有工业废水的混入，导致污泥中重金属含量超标或不稳定，且我国污水处理厂污泥大部分没有经过稳定化、无害化处理，真正土地利用的污泥很少。近年来，随着城市工业废水排放的控制及清洁生产技术的应用，城镇污水处理厂污泥重金属含量发生了显著的变化，城市污泥中的重金属含量明显下降，为污泥土地利用创造了有利条件。

目前污泥土地利用在国内已经有部分成功案例，如高级厌氧消化沼渣经干化后用于"移动森林"培育、好氧发酵产物制成多种园林绿化基质等，但在全国范围内尚未形成顺畅的机制。目前较为敏感的农用仍未"解禁"，主要还是用于园林绿化、土壤修复改良等方向。农业农村部 2021 年发布《有机肥料》（NY/T 525—2021），该标准对有机肥原料的要求是：有机肥料生产原料优先选用附录 A 中的适用类原料（主要包括沼渣、食品及饮料加工有机废弃物、经分类和陈化的厨余废弃物等），禁止选用粉煤灰、钢渣、污泥等存在安全隐患的禁用类原料，直接把污泥排除在有机肥的原料之外。

目前已开展土地利用的案例有：

①重庆市主城区污水处理厂污泥园林利用，重庆市风景园林科研院已编制完成《城镇污水处理厂污泥园林绿化用产品质量标准》等标准；

②镇江市水业总公司利用污泥与餐厨协同厌氧消化产物作为基质，并采用通气性控根器栽植分批建设"移动森林"苗圃示范基地；

③北京市城市污水厂污泥高级厌氧消化后处理产物林地和园林利用。

3. 污泥建材利用

污泥主要由有机物和无机物组成，其中无机物以二氧化硅为主，因此从污泥资源化处置的角度来看，污泥土地利用主要是利用污泥中有机物和营养物质，而污泥建材利用主要是利用污泥中二氧化硅等无机物质。目前的污泥建材利用主要包含干化污泥用于制备水泥添加料、污泥制备陶粒等。

（1）污泥制备水泥添加料

污泥用于水泥制备的添加材料有两种方式。

①利用干化污泥进行水泥窑协同处置烧制水泥熟料。将满足入窑要求或者预处理后达

到入窑标准的污泥投入水泥窑，利用水泥窑中的高温将污泥焚烧，并通过一系列物理化学反应使焚烧产物固化在水泥熟料的晶格中，在生产水泥熟料的同时实现对污泥的无害化和资源化处置。

②在水泥粉磨站把污泥焚烧后的灰渣（应先经过鉴别不属于危险废物）作为混合材料按一定比例与水泥熟料、钢渣等混合制成特定品种水泥。

（2）污泥制备陶粒

由于污泥有机质含量相对较高，不宜作为单独原料烧制陶粒，通过与黏土、粉煤灰、页岩等其他原料混合配料。污泥制陶粒需要进行烘干预处理或控制添加量，含水率80%的污泥添加量不宜超过30%。在污泥制陶粒的生产过程中，烧制温度在1 100～1 200℃为宜。在高温焙烧过程中污泥有机质被焚烧掉，并固化了污泥中的重金属，但应当限制其中的重金属含量和浸出毒性。

五、推荐的主流污泥处理处置技术路线[①]

根据前述现有污泥处理处置技术，借鉴发达国家经验并结合我国现阶段发展实际和今后碳达峰碳中和要求，提出以下几种推荐的污泥处理处置技术路线。

（一）高温热水解+厌氧消化+深度脱水/干化+土地利用

对于有机质含量高、重金属含量低、土地利用消纳空间较充足的地区，可采用"高温热水解+厌氧消化+深度脱水/干化+土地利用"技术路线。采用高级厌氧消化技术，通过对污泥进行高温热水解预处理，改善污泥流动性和泥质特性，提高厌氧消化效率和沼气产量，克服了传统厌氧消化反应缓慢、有机物降解率低和甲烷产量较低的缺点。高级厌氧消化产生的沼气经收集后进行资源利用，实现污泥生物质能的有效回收，除满足高级厌氧消化自身的能量需求外，余量还可用于厂区发电或其他能源供应。污泥经过稳定化处理后可作为营养土、改良土等进行土地利用。该技术路线远期还可考虑污泥与餐厨垃圾等有机废弃物的协同厌氧消化。

（二）高温热水解+厌氧消化+深度脱水/干化+焚烧/协同焚烧+灰渣建材利用/填埋

部分有机质含量高但重金属超标或泥质较差的污泥，以及虽泥质较好但不具备土地利用条件的地区，可选择"高高温热水解+厌氧消化+深度脱水/干化+焚烧/协同焚烧+灰渣建材利用/填埋"技术路线。厌氧消化后的污泥进行干化焚烧处理处置，实现污泥的大幅减量和安全处置，焚烧产生的炉渣与飞灰应分别收集、贮存、运输和处置，焚烧灰渣可优先进行建材利用，对于重金属等污染物超标的情况可采用固化填埋处置方式。

（三）好氧（堆肥）发酵+土地利用

对于泥质较好，有机质含量高，土地利用条件较好的地区，可以采用"好氧发酵+土地利用"技术路线。污泥经高温好氧发酵处理后，物理性状得到改善，质地疏松、易分散、

① 主要参考同济大学戴晓虎主编的《城镇污泥安全处理处置与资源化技术》（中国建筑工业出版社2022年出版）一书。

粒度均匀细致，含水率低于 40%。污泥堆肥产品能够加速植物生长，保持土壤中的水分，增加土壤有机质含量，是一种很好的土壤改良剂和肥料。

（四）深度脱水/干化+焚烧/协同焚烧

在污泥重金属含量高、土地利用处置方式受限制的情况下，可选择"深度脱水/干化+焚烧/协同焚烧"技术路线进行污泥处理处置。若污泥中重金属等污染物仍可满足水泥掺烧的产品要求，且产生的烟气和灰渣在水泥掺烧或电厂掺烧系统中可得到安全处理处置，可就近选择协同焚烧的方式。

上述 4 种推荐的主流污泥处理处置技术路线各有其优势和局限，见表 3-8。

表 3-8　4 种主流污泥处理处置技术优势和局限比较

处理处置技术	优势	局限
高温热水解+厌氧消化+深度脱水/干化+土地利用	1. 可充分利用污泥中有机物和植物性养分，以污泥进入土地的方式实现自然循环。 2. 相对于传统厌氧消化，高级厌氧消化挥发性固体的分解率更高，增加了沼气产量，同时杀死大部分病原菌和寄生虫卵，污泥稳定化程度更高，污泥的脱水性能也得到明显改善。 3. 高级厌氧消化进泥含固率高，热水解系统进泥为脱水污泥，适用于现有污水处理厂已普遍具备污泥脱水功能的现状，脱水污泥集中收运处理有利于发挥规模效益和管理优势。 4. 厌氧消化是应用较为成熟的技术，热水解技术也有十几年的成功应用经验，在北京、长沙、镇江等地均有工程应用，技术路线较可靠	1. 高级厌氧消化工艺较复杂，运行管理要求高，投资和运行成本较高。 2. 脱水污泥统一收运集中处理增加了污泥收运的成本和运输过程的二次污染风险。 3. 最终产物土地利用受季节变化的影响显著，需预留产品存储空间，以应对产物土地利用的季节性变化和市场波动。 4. 目前主要用于绿化、园林、建设、废弃矿场以及非农用的盐碱地和沙化地等，真正农用还有一定困难
高温热水解+厌氧消化+深度脱水/干化+焚烧/协同焚烧+灰渣建材利用/填埋	1. 通过污泥焚烧实现污泥的彻底减量。 2. 与不采用消化工艺的污泥焚烧相比，厌氧消化过程使污泥中的有机物得到分解，消化+干化+焚烧工艺中沼气的能量回收效率更高，整个系统理论上无须外加能量，同时可减少下游焚烧炉负荷（尤其是烟气处理的负荷）。 3. 热水解厌氧消化能够明显改善污泥的脱水性能，降低后续干化处理能耗。 4. 对于重金属含量超标或土地利用受限的区域，末端焚烧可以保证污泥处理产物的安全处置	1. 工艺较复杂，运行管理要求高，投资和运行成本较高。 2. 目前国内工程应用不多，上海白龙港污水处理厂采用了厌氧消化+干化焚烧的工艺路线

处理处置技术	优势	局限
好氧（堆肥）发酵+土地利用	1. 可充分利用污泥中有机物和植物性养分。 2. 工艺相对简单，可实现完全机械化，建设成本较低。 3. 运行和维护要求和成本较低，对操作人员要求较低。 4. 由于高温好氧发酵过程中要维持较高的温度与足够的发酵时间，发酵后污泥一般稳定化程度较高，无病原体和臭味，可以满足不同土地利用要求	1. 由于脱水污泥含水率仍较高，而且堆肥和腐熟需要的时间也较长，因此好氧发酵占地面积大，不适合土地紧缺的地区。 2. 堆肥过程中，通常需要添加调理剂降低含水率，使得需要处置的固体量不但没有减少反而增加，而销路不畅也是堆肥产品需要面对的问题。 3. 在好氧发酵过程中会产生臭味问题，需要对臭气进行单独处理。 4. 需预留产品存储空间，以应对污泥土地利用的季节性变化和市场波动
深度脱水/干化+焚烧/协同焚烧	1. 通过污泥焚烧实现污泥的彻底减量。 2. 可以杀死病原体，所形成的残渣性质稳定，储存和运输方便。 3. 污泥处理处置速度快，不需要长期储存。 4. 协同焚烧利用现有工业窑炉协同焚烧，可降低建设投资费用，缩短建设周期。 5. 技术已成熟，浙江省各地基本采用了这一技术路线	1. 由于脱水污泥的高含水量，从焚烧过程中回收的热能全部用于污泥热干化，没有多余的热能来发电或用于其他用途，可能还需要额外的能量输入。 2. 干化焚烧系统较复杂，运行管理要求高，投资和运行成本较高。 3. 烟气含有大量的有机物、重金属、酸性气体及氮氧化物等，需要稳妥地处理以防止空气污染和对健康的影响

六、国家近期政策及相关标准

（一）近期主要政策

针对我国当前存在"重水轻泥"、污泥处理设施建设总体滞后、无害化处理和资源化利用水平不高等问题，国家发展改革委、住房和城乡建设部、生态环境部等三部门于2022年9月联合发布了《污泥无害化处理和资源化利用实施方案》（以下简称"实施方案"），"方案"的主要内容如下。

1. 主要目标

到2025年，城市污泥无害化处置率达到90%以上，地级及以上城市达到95%以上。

2. 优化处理结构

（1）规范污泥处理方式

综合考虑各地自然地理条件、用地条件、环境承载能力和经济发展水平等实际情况，因地制宜合理选择污泥处理路径和技术路线。鼓励采用厌氧消化、好氧发酵、干化焚烧、土地利用、建材利用等多元化组合方式处理污泥。

（2）积极推广污泥土地利用

鼓励将城镇生活污水处理厂产生的污泥经厌氧消化或好氧发酵处理后，作为肥料或土壤改良剂，用于国土绿化、园林建设、废弃矿场以及非农用的盐碱地和沙化地。

对于含有毒有害水污染物的工业废水和生活污水混合处理的污水处理厂产生的污泥，不能采用土地利用方式。

（3）合理压减污泥填埋规模

逐步限制污泥填埋处理，暂不具备土地利用、焚烧处理和建材利用条件的地区，在污泥满足含水率小于 60%的前提下，可采用卫生填埋处置。禁止未经脱水处理达标的污泥在垃圾填埋场填埋。采用污泥协同处置方式的，在满足《生活垃圾填埋场污染控制标准》的前提下，卫生填埋可作为应急处置措施。

（4）有序推进污泥焚烧处理

土地资源紧缺、经济条件好的城市，鼓励建设污泥集中焚烧设施。含重金属和难以生化降解的有毒有害有机物的污泥，应优先采用集中或协同焚烧方式处理。污泥单独焚烧时，鼓励采用干化和焚烧联用。有效利用本地垃圾焚烧厂、火力发电厂、水泥窑等窑炉处理能力，协同焚烧处置污泥。

（5）推广能量和物质回收利用

加大污泥能源资源回收利用。积极采用好氧发酵等堆肥工艺，回收利用污泥中氮、磷等营养物质。鼓励将污泥焚烧灰渣建材化和资源化利用。推广污水源热泵技术、污泥沼气热电联产技术，实现厂区或周边区域供热供冷。

3．加强设施建设

（1）提升现有设施效能

对处理水平低、运行状况差、二次污染风险大、不符合标准要求的污泥处理设施，及时开展升级改造，改造后仍未达到标准的项目不得投入使用。污水处理设施改（扩）建时，如厂区空间允许，应同步建设污泥减量化、稳定化处理设施。

（2）补齐设施缺口

以市县为单元合理测算本区域中长期污泥产生量，现有能力不能满足需求的，加快补齐处理设施缺口。鼓励大中型城市适度超前建设规模化污泥集中处理设施，统筹布局建设县城与建制镇污泥处理设施，鼓励处理设施共建共享。新建污水处理设施时，应同步配建污泥减量化、稳定化处理设施，建设规模应同时满足污泥存量和增量处理需求。

4．强化过程管理

（1）强化源头管控

新建冶金、电镀、化工、印染、原料药制造（有工业废水处理资质且出水达到国家标准的原料药制造企业除外）等工业企业排放的含重金属或难以生化降解废水以及有关工业企业排放的高盐废水，不得排入市政污水收集处理设施。工业废水已经进入市政污水收集处理设施的，要加强排查和评估，强化有毒有害物质的源头管控，确保污泥泥质符合国家规定的城镇污水处理厂污泥泥质控制指标要求。

（2）强化监督管理

鼓励各地根据实际情况对污泥产生、运输、处理进行全流程信息化管理，结合信息平台、大数据中心，做好污泥去向追溯。

（二）相关标准

涉及污泥处理处置的标准、规范较多，主要的有以下两类共 10 余项。

1．污泥处理处置分类标准

污泥处理处置分类相关标准可见表 3-9。

表 3-9 城镇污水处理厂污泥处理处置分类标准

序号	标准名称	标准号
1	城镇污水处理厂污泥泥质	GB 24188—2009
2	城镇污水处理厂污泥处置 分类	GB/T 23484—2009
3	城镇污水处理厂污泥处置 混合填埋用泥质	GB/T 23485—2009
4	城镇污水处理厂污泥处置 园林绿化用泥质	GB/T 23486—2009
5	城镇污水处理厂污泥处置 土地改良用泥质	GB/T 24600—2009
6	城镇污水处理厂污泥处置 单独焚烧用泥质	GB/T 24602—2009
7	城镇污水处理厂污泥处置 农用泥质	CJ/T 309—2009
8	城镇污水处理厂污泥处置 水泥熟料生产用泥质	CJ/T 314—2009
9	城镇污水处理厂污泥处置 制砖用泥质	GB/T 25031—2010
10	城镇污水处理厂污泥处置 林地用泥质	CJ/T 362—2011
11	城镇污水处理厂污泥处理 稳定标准	CJ/T 510—2017
12	农用污泥污染物控制标准	GB 4284—2018

表 3-9 中，序号 1《城镇污水处理厂污泥泥质》（GB 24188—2009）对污泥泥质指标作了规定，泥质指标分为基本控制指标（4 项）和选择性控制指标（11 项）；序号 2《城镇污水处理厂污泥处置 分类》（GB/T 23484—2009）把污泥最终的消纳方式分为四类：土地利用、填埋、建材利用、焚烧；序号 3～序号 10 共 8 个标准，分别对污泥不同用途时的污染物浓度限值、理化指标、卫生学指标、营养学指标等作了规定；序号 11《城镇污水处理厂污泥处理 稳定标准》（CJ/T 510—2017）规定了污泥稳定处理产物的稳定性判定指标，以及 5 种污泥稳定方法的过程控制指标；序号 12《农用污泥污染物控制标准》（GB 4284—2018）是对原标准 GB 4284—1984 的修订和替代，其规定了城镇污水处理厂污泥农用时的污染物控制指标，污泥的年施用量及连续施用年限。该标准适用于污泥在耕地、园地和牧草地时的污染物控制。

2．其他相关综合性标准、规范

除上述处理处置分类标准外，还有其他一些综合性的标准、规范。

1）《城镇污水处理厂污染物排放标准》（GB 18918—2002）。其明确了以下几点：

①城镇污水处理厂的污泥应进行稳定化处理，稳定化处理后应达到本标准内表 5 所列的规定。

②城镇污水处理厂的污泥应进行污泥脱水处理，脱水后污泥含水率应小于 80%。

③处理后的污泥进行填埋处理时，应达到安全填埋的相关环境保护要求。

④在处理后污泥的农用方面，设定了 14 项控制指标。

2）《城镇污水处理厂污泥处理技术规程》（CJJ 131—2009）。此行业标准由住房和城乡建设部发布，2009 年 12 月 1 日实施。重点对堆肥、石灰稳定、热干化、焚烧等处理技术的设计、施工与验收、运行管理、安全措施和监测控制等作了规定。

3）《城镇污水处理厂污泥处理处置污染防治最佳可行技术指南（试行）》（HJ-BAT-002）。此技术指南由环境保护部于 2010 年 2 月发布，其对污泥预处理、污泥厌氧消化、污泥好氧发酵（堆肥）、污泥土地利用、污泥焚烧等污泥处理处置方式提出了当时最佳的可行性技术工艺。

4）农业农村部 2021 年发布并实施的《有机肥料》（NY/T 525—2021），除对有机制、N、P、K 等营养物提出具体指标值要求外，明确禁止选用粉煤灰、钢渣、污泥等存在安全隐患的禁用类原料。

第五节　一般工业固体废物及其处置

一般工业固体废物是指工业固体废物（工业生产活动中产生的固体废物）中除去危险废物以外的部分。其范围非常广泛，本书只对几种常见的工业固体废物——粉煤灰、废橡胶等的综合利用及其他一般工业固体废物的收集、处置作简述。

一、粉煤灰的综合利用

粉煤灰是煤粉经高温燃烧后形成的一种似火山灰质混合材料，是冶炼、化工、燃煤电厂等排出的固体废物，是工业固体废物中产生量较大的一种。多数大中型电厂粉煤灰的化学成分主要是 SiO_2（43%～56%）、Al_2O_3（20%～32%）、Fe_2O_3（4%～10%），还有少量 CaO、MgO 等，其化学成分与黏土很相似，但其二氧化硅含量偏低，三氧化二铝含量偏高。

目前我国粉煤灰综合利用技术主要有以下几种。

1. 粉煤灰用作建筑材料

粉煤灰作建筑材料，是我国粉煤灰主要利用途径之一，包括配制水泥、混凝土、烧结砖、蒸养砖、砌砖与陶粒等。

粉煤灰水泥是由硅酸盐水泥和粉煤灰，加入适量的石膏磨细而成的水硬性胶凝材料。

粉煤灰混凝土是以硅酸盐水泥为胶结料，以砂、石子等为骨料，并以粉煤灰取代部分水泥，加水拌和而成。

粉煤灰的成分与黏土相似，可以替代黏土制砖，粉煤灰的加入量可达 30%～80%。粉煤灰烧结砖比普通黏土砖轻 15%～20%，导热系数只有黏土砖的 70%。

粉煤灰蒸养砖是以粉煤灰为主要原料，接入适量骨料、生石灰及少量石膏，经碾练、成型、蒸汽养护而成。

2．粉煤灰用作土建原材料

粉煤灰能代替砂石、黏土用于公路路基、修筑堤坝。它与适量石灰混合，加水拌匀，碾压成二灰土。目前我国公路常采用粉煤灰、黏土、石灰掺合作公路路基材料。

3．粉煤灰用作填充土

利用粉煤灰对矿区的煤坑、洼地等进行回填，不仅可降低塌陷程度，处理掉大量粉煤灰，还能复垦造田，减少农户搬迁，改善矿区生态。

4．粉煤灰用于农业生产

粉煤灰可用于改造重黏土、生土、酸性土和碱盐土，弥补其黏、酸、板、瘦的缺陷。上述土壤掺入粉煤灰后，容重降低，孔隙度增加，透水与通气得到明显改善，酸性得到中和，团粒结构得到改善，从而利于微生物生长繁殖，加速有机物的分解，提高土壤的有效养分含量和保温保水能力，增强作物的防病抗旱能力。

二、废橡胶的回收处置

由于废橡胶自然降解过程非常缓慢，且产生量增长迅速，因此成为各国迅速蔓延的黑色公害。废橡胶的来源主要为废轮胎以及其他工业用品，占所有废橡胶比例的 90%以上。下面以废轮胎的处理方法为代表，介绍废橡胶的处理方法。

1．制造再生胶

再生胶是指废旧橡胶经过粉碎、加热、机械处理等物理化学过程，使其弹性状态变成具有塑性和黏性的、能够再硫化的橡胶。

目前的主流工艺为螺杆常压连续脱硫绿色制备再生橡胶。

工艺流程：废胶—切块—粗碎—细碎—筛选—纤维分离—称量配合—脱硫—挤出—成品。此工艺解决了再生橡胶行业污染大、能耗高、产品质量不稳定、废气排放难达标的难题，实现了从废胶粉制备再生橡胶整个工艺流程的安全、环保、节能、清洁、连续和高效。同时，该技术所制备的颗粒状再生橡胶产品，性能优异稳定，解决了传统块状再生橡胶下游应用时难分散、能耗高、易焦烧的难题。

2015 年以后新建的再生胶项目多采用上述工艺。目前还有少量早期建设的再生胶项目采用高温动态脱硫工艺。

2．生产胶粉

胶粉是将废轮胎整体粉碎后得到的粒度极小的橡胶粉粒。按胶粉的粒度大小可分为粗胶粉、细胶粉、微细胶粉和超微细胶粉。橡胶粗粉料制造工艺相对简单，回用价值不大，而粒度小、比表面积非常大的精细粉料则可以满足制造高质量产品的严格要求，市场需求量大。胶粉的应用范围很广，概括起来可分为两大领域：一种是用于橡胶工业，直接成型或与新橡胶并用做成产品；另一种是应用于非橡胶工业，如改性沥青路面、改性沥青生产防水卷材、建筑工业中用作涂覆层和保护层等。

较成熟的工业化应用的胶粉生产方法有冷冻粉碎工艺和常温粉碎法。冷冻粉碎工艺包括低温冷冻粉碎工艺、低温和常温并用粉碎工艺。

废橡胶粉碎之前都要预先进行分拣、切割、清洗等处理。

3. 整体再用或翻新再用

废轮胎可直接用作其他用途，如船舶的缓冲器、人工礁、防波堤、公路的防护栏、水土保护栏。但这些利用方式所能处理的废轮胎的量很少。

翻新再用。轮胎在使用过程中最普遍的破坏方式是胎面的严重破损，因此轮胎翻修引起了世界各国的普遍重视。所谓轮胎翻修是指用打磨方法除去旧轮胎的胎面胶，然后经过局部修补、加工、重新贴覆胎面胶之后，进行硫化，恢复其使用价值的一种工艺流程。轮胎翻修可延长轮胎使用寿命，还可促使废轮胎的减量化。

4. 焚烧

轮胎具有很高的热值（2 937 MJ/kg）。废轮胎可作为水泥窑的燃料，可用来燃烧发电（火电厂掺烧）。利用废轮胎中的橡胶和炭黑燃烧产生的热可烧制水泥，同时利用废轮胎中的硫和铁作为水泥需要的组分。工艺流程为：废轮胎剪切破碎后投入水泥窑中，在1 500℃左右的高温下燃烧，废轮胎中的硫元素最终氧化为SO_3后与水泥原料石灰结合生成$CaSO_4$，避免SO_2对大气的污染。

5. 废轮胎裂解

废轮胎裂解是在惰性气氛下通过加热的方式破坏橡胶的交联结构和化学键，将其分解成可燃气、热解油及热解炭和钢丝等产品的过程。热解气可作为燃料气燃烧，提供或补充热解过程所需的热量；热解油可进一步加工精制作为燃料或化工品；热解炭黑可作为商业炭黑使用，彻底将废轮胎"吃干榨净"。但此工艺也存在安全管控风险及生产环保压力等问题。

三、其他一般工业固体废物的收集和处置

这里所说的一般工业固体废物是指企业在工业生产过程中产生且不属于危险废物的工业固体废物。相对于危险废物和生活垃圾的收集处理，对一般工业固体废物的收集处理比较滞后。除了煤渣等特定工业固体废物（一般用于铺路基或水泥厂协同处理）及有较高回收价值的金属类废物外，长期以来，其他一般工业固体废物如包装物、工业边角料等多混入生活垃圾中处理，还有个别企业随意倾倒。之所以产生上述问题，根源在于没有建立起一个完整的针对一般工业固体废物的收集处置体系。浙江省将解决这一问题纳入了全省全域"无废城市"建设中，明确由省经信厅、省生态环境厅共同牵头负责，建立健全精准化源头分类、专业化二次分拣、智能化高效清运、最大化资源利用、集中化统一处置的一般工业固体废物治理体系。至2023年4月，全省已建设203家一般工业固体废物回收点，覆盖90个县（市、区），13.6万家重点产废企业，计划至2025年，实现对全省一般工业固体废物产废企业动态全覆盖。从已建立的收集点实际运行情况来看，综合效果较好，收集的固体废物绝大多数都得到了分类综合利用，如收集的包装类废塑料、白色泡沫塑料造粒再利用；废橡胶、废轮胎送专业企业回收再利用等；剩下约10%不能回收利用的固体废物送垃圾发电厂处理；保温棉等不能在生活垃圾发电厂焚烧处理的废物送定点处理企业高温熔融后形成粉末，再送水泥厂协同处置。杭州市还在临安区建立了一个500 t/d规模的专业焚烧工业固体废物的焚烧厂。

第六节　"无废城市"建设

党的十八大以来，党中央、国务院深入实施大气、水、土壤污染防治行动计划，把禁止洋垃圾入境作为生态文明建设标志性举措，持续推进固体废物进口管理制度改革，加快垃圾处理设施建设，实施生活垃圾分类制度，固体废物管理工作迈出坚实步伐。同时，我国固体废物产生强度高、利用不充分，非法转移倾倒事件仍呈高发、频发态势，既污染环境，又浪费资源，与人民日益增长的优美生态环境需要还有较大差距。为了全面推进固体废物源头减量化、资源化利用和无害化处置，坚决遏制非法转移、倾倒等违法行为，国务院决定在全国范围内开展"无废城市"建设试点。

"无废城市"并不是没有固体废物产生，也不意味着固体废物能完全资源化利用，而是一种先进的城市管理理念，旨在最终实现整个城市固体废物产生量最小、资源化利用充分、处置安全的目标，需要长期探索与实践。

一、"无废城市"建设部署情况

2018 年年底，国务院办公厅下发《关于印发"无废城市"建设试点工作方案的通知》（国办发〔2018〕128 号），计划在全国范围内选择 10 个左右有条件、有基础、规模适当的城市，在全市域范围内开展"无废城市"建设试点。

按试点计划，要求试点城市在 2019 年上半年发布试点方案并开始组织实施。2021 年年初，试点城市对本地区试点工作进行评估总结，形成试点报告报生态环境部。生态环境部会同有关部门组织开展"无废城市"建设试点工作成效评估。并把试点城市行之有效的改革创新举措制度化。

2019 年生态环境部以环办固体函〔2019〕467 号文印发《"无废城市"建设试点实施方案编制指南》，并提出了"无废城市"建设的五大类共 59 项指标体系（2019 版），为各地编制试点方案提供了依据。试点工作部署后，深圳、绍兴等 11 个城市和雄安新区等 5 个特殊地区积极开展改革试点，并取得显著成效。

在总结这些城市、地区经验的基础上，为指导地方做好"十四五"时期"无废城市"建设工作，2021 年 12 月，生态环境部等 18 个部门联合印发了《"十四五"时期"无废城市"建设工作方案》，推动 100 个左右地级以上城市开展"无废城市"建设，到 2025 年，"无废城市"固体废物产生强度较快下降，综合利用水平显著提高，无害化处置能力有效保障，减污降碳协同增效作用充分发挥，基本实现固体废物管理信息"一张网"，固体废物治理体系和治理能力显著提升。《"十四五"时期"无废城市"建设方案》相对于 2018 年的试点工作方案，内容上更加完善，并提出了新的"无废城市"建设指标体系（2021 年版）。浙江省是全国首个开展全省域"无废城市"建设的省份，并纳入国家"十四五""无废城市"建设计划。

二、"无废城市"建设的主要任务

"无废城市"的主要任务包括：源头减量；提高资源化利用水平；确保无害化处置；提升收集运输能力；制度、技术、市场和监管体系建设。

（一）持续源头减量

推动生产方式绿色低碳发展。从严控制固体废物产生量大、处置难的项目上马，推动电力、钢铁、有色、石化、化工、纺织和造纸等重点行业实施固体废物减量化绿色改造，开展无废工厂、无废园区建设。全面推进绿色矿山建设，推广尾矿等大宗工业固体废物环境友好型井下充填回填，减少尾矿库贮存量。积极推广生态种植、生态养殖，构建农业投入品"进-销-用-回"全周期闭环体系，减少化肥和农药等农业投入品使用量及其废弃物产生量。

推进生活方式绿色低碳转型。推动形成简约适度、绿色低碳、文明健康的生活方式和消费模式。制止餐饮浪费行为；发展共享经济，推动二手商品交易和流通；深入推进生活垃圾分类工作，逐步实现城乡全覆盖；推进塑料污染全链条治理，大幅减少一次性塑料制品使用；推动快递包装绿色治理，逐步实现快递行业废包装产生量零增长。

（二）提高资源化利用水平

建设大宗工业固体废物循环利用体系，推进废钢铁、废有色金属、报废机动车、退役光伏组件、废旧家电、废旧电池、废旧轮胎、废旧木制品、废旧纺织品、废塑料等分类利用；进一步拓宽粉煤灰、冶金渣、工业副产石膏等大宗固体废物综合利用渠道；加快生活垃圾焚烧飞灰、工业废盐等综合利用项目，建设废活性炭再生中心，拓宽工业危险废物资源化利用渠道。

推进建筑垃圾和生活垃圾资源化利用。推动规模化建筑垃圾资源化利用示范项目建设，鼓励建筑垃圾再生骨料及制品在建筑工程和道路工程中应用，推动在土方平衡、林业用地、环境治理、烧结制品及回填等领域大量利用经处理后的建筑垃圾。加快厨余垃圾、餐厨垃圾处置工程建设，提升垃圾焚烧处置能力，大幅减少生活垃圾填埋处置。着力解决堆肥、沼液、沼渣等产品应用的"梗阻"问题。

提高农业固体废物资源化利用水平。促进秸秆肥料化、饲料化、燃料化；推进社会化畜禽粪便处理和资源化利用；通过实施购买登记制度，构建废旧农膜、化肥与农药包装等回收体系。

（三）确保无害化，提升安全处置能力

各地要根据本地实际，坚持问题导向，新建、扩建一批工业固体废物（包括危险废物）、医疗废物、废旧家电拆解、建筑垃圾和生活垃圾集中处置设施，使辖区内各类固体废物综合利用能力、无害化处置能力与产生量相匹配、平衡。与此同时，推进现有各类处置设施提档升级，通过淘汰、整合提升，打造一批固体废物处置龙头骨干企业，促进固体废物处置行业规模化发展、专业化运行。

（四）构建规范化收集运输体系

健全危险废物专业化收运体系。浙江省要求每个区县须建立 1 个以上危险废物收运平台（企业），主要服务于小微产废单位、各类实验室（大中型产废单位一般均有危险废物处置单位上门收运）；健全覆盖所有医疗单位的医疗废物收集运输体系和涉疫废物应急收集运输机制。

推动一般工业固体废物、生活垃圾和再生资源收运"三网融合"。浙江省要求到 2022 年每个县（市、区）须建立 1 个以上一般工业固体废物收运平台或生活源再生资源分拣中心，到 2025 年，统一收运体系覆盖所有县级行政区。

健全农业固体废物收运体系。建立健全动物医疗废物收运体系；到 2025 年（浙江省）废旧农膜回收率达 85% 以上，农药废弃包装物回收率达 90% 以上。

（五）加强制度、技术、市场和监管体系建设

健全固体废物环境管理制度。建立部门责任清单，进一步明确各类固体废物产生、收集、贮存、运输、利用、处置等环节的部门职责边界；因地制宜出台固体废物治理的政策法规；将"无废城市"建设纳入城市和区域国民经济发展规划，纳入当地党委、政府政绩考核；将危险废物、工业固体废物、农业固体废物、生活垃圾、市政污泥、建筑垃圾、再生资源等分类收集及无害化处置设施纳入环境基础设施和公共设施范围，保障设施用地和资金投入。

建立健全固体废物环境管理技术标准体系。加快固体废物源头减量、资源化利用和无害化处置的技术攻关和推广应用；探索废水、废气、固体废物一体化协同治理解决方案；完善固体废物污染控制技术标准和资源化产品标准，推动上下游产业间标准衔接。

建立健全固体废物环境管理市场体系。鼓励各类市场主体参与"无废城市"建设工作；制定实施有利于固体废物资源化利用和无害化处置的税收、价格、收费政策；加大金融支持力度，在危险废物经营行业全面推行环境污染责任保险。加大资源综合利用产品的政府采购力度。

健全固体废物环境管理监管体系。开发应用并不断迭代升级数字化监管平台，（浙江省）全面应用"浙固码"，打造"浙固链"，实行"产生赋码、转移扫码、处置销码"；加强跨区域、跨部门信息共享，形成高效协同监管；强化行政执法与刑事司法、检察公益诉讼的协调联动；加大对违法企业和个人在信用、税收、金融等方面的联合惩戒，落实生态环境损害赔偿制度；健全环保信用评价体系，推动将工业固体废物产生单位和利用处置单位纳入环境信用评价管理；对一般工业固体废物和危险废物治理排污单位实施排污许可证制度，督促指导企业全面落实排污许可证管理要求。

三、"无废城市"建设指标体系

生态环境部于 2019 年印发的《"无废城市"建设试点实施方案编制指南》中首次提出了"无废城市"建设的五大类共 59 项指标（2019 版），其中 22 项为必选指标，37 项为可选指标。此外，各地可根据自身发展的实际，自行设置一些指标。2021 年 12 月，生态环境

部等十八部门在印发《"十四五"时期"无废城市"建设工作方案》时，部分修改了"无废城市"建设指标体系，改成 5 方面（固体废物源头减量、资源化利用、最终处置、保障能力、群众获得感）共 58 个指标体系（2021 版）。其中 25 项为必选指标，33 项为可选指标，各地还可结合自身实际，自行设置一些指标（自选指标）。考虑各地的发展定位、发展阶段、资源禀赋、产业结构、经济技术基础等的差异性，国家层面只设置了指标体系，但未提出具体的指标值，具体的指标值由各省（区、市）根据实际确定。

四、"无废城市"试点取得的成效及典型案例

（一）取得的成效

总体来说，经过"11+5"为主的试点，在固体废物源头减量、综合利用、无害化处置以及制度、技术、市场、监管四大体系建设上都取得了较好的成效。试点工作共完成改革任务 850 项，工程项目 422 项，形成一批可复制、可推广的建设模式和案例，在推动工业固体废物贮存、处置总量趋零增长、农业废弃物全量利用、提高生活垃圾减量化和资源化水平、强化固体废物环境监管等方面形成 97 项改革举措和经验做法。同时，构建了"无废城市"建设的一套完整的指标体系。上述几方面成效的详细情况及"典型案例"可参见生态环境部固体废物与化学品司主编的《"无废城市"建设　模式探索与案例》一书。

（二）典型案例

1．深州市生活垃圾分类治理体系建设

深圳市通过源头减量、分类治理、全过程监管，较好地破解了生活垃圾治理的难题。截至 2020 年年底，深圳生活垃圾产量 32 292 t/d，全市生活垃圾分流分类回收量达到 9 636 t/d，其他垃圾量 15 356 t/d，市场化再生资源量达 7 300 t/d。生活垃圾回收利用率 41.1%，在全国 64 个重点城市垃圾分类考核中名列前茅；全市共建成五大生活垃圾能源生态园，焚烧处理能力 1.8 万 t/d，实际处理能力可达 2 万 t/d，基本实现原生垃圾的全量焚烧和趋零填埋。

（1）推进生活垃圾源头减量

深圳在全国率先上线投用生态文明碳币服务平台。注册用户分类投放生活垃圾、回收利用废塑料等绿色低碳行为均可获得碳币奖励，碳币可兑换生活、体育、文化用品、手机话费等；在商场超市、集贸市场、餐饮行业等重点领域禁止、限制销售、使用塑料制品；推进同城快递绿色包装和循环利用，投放了 8.5 万个循环包装箱、4 万个青流箱、循环中转袋，从源头上减少固体废物 2 125 t/a。

（2）建立分类治理体系

深圳市将生活垃圾分成厨余垃圾、废旧家具、废旧织物、可回收物（玻璃、金属、塑料、废纸等）、年花年桔、有害垃圾和其他垃圾，分类收集、分类处理。

厨余垃圾。分类收集后，在全市 64 处厨余垃圾处理设施、4 座集中处理设施中处理，2020 年收集处理量为 6268T/d；

废旧家具。进行专项收运处理，建立预约回收制度，实行定点投放、预约清运。建成

拆解处理设施 16 处，收运处理量 1 148 t/d；

废旧织物。引进专业企业，在全市设置 7000 余个回收箱，回收后制成再生包装材料等产品，收运处理量 24 t/d；

可回收物。主要是玻璃、金属、塑料、纸类，小区分类投放后由市场化回收企业回收利用，收运处理量 10 667 t/d；

年花年桔。每年春节后组织回收，2020 年全市回收处理 198 万盆，回收利用花盆 130 万个，支架 253 万个，移植栽培 1.2 万株。

有害垃圾。主要是电池、灯管和家用化学品，居民分类投放后委托专业公司进行无害化处理，收运处理量 0.6 t/d；

其他垃圾。其他生活垃圾全部焚烧处理，5 处能源生态园处理能力达 1.8-2.0 万 T/d，尾气排放指标优于欧标、国标。

2. 瑞金市畜禽粪污资源化利用模式

瑞金市农业生产以粮食、脐橙、蔬菜、油茶、白莲、烟叶种植及生猪、肉牛、家禽养殖为主。2020 年实现生猪出栏 43.7 万头，肉牛出栏 33 450 头，家禽出笼 678 万羽。通过资源化利用，彻底解决养殖污染，并实现土壤改良和增收。

（1）大力推广"猪-沼-果"种养平衡生态农业模式

瑞金市依托粮食种植面积 53.1 万亩，蔬菜、白莲、烟叶为主的经济作物种植面积 37.3 万亩，脐橙、油茶等为主的林果种植面积 30 多万亩土地，作为畜禽粪污资源化利用消纳地，带动畜牧业、农、林、果业等相关农业产业共同发展"猪-沼-果（菜）"生态农业模式。

全市 76 个规模养殖场及 100 多个规模以下养殖场均实现了"猪-沼-果""猪-沼-茶""猪-沼-菜"生态利用模式，规模养殖场粪污处理设施装备配套率 100%。

（2）开发资源化利用技术制有机肥

1）蚯蚓养殖及粪污资源化利用。利用瑞金市及周边县市大型规模畜禽养殖场的牛粪、猪粪，以及秸秆、菌渣、餐厨垃圾和食品废渣等农牧业有机废弃物，通过添加 EM 菌剂制备蚯蚓饲料进行发酵预处理和蚯蚓养殖堆肥，利用蚯蚓吞食、消化降解等作用将废弃物转化制备成高品质蚯蚓粪肥。2020 年，处理农牧业有机废弃物约 15 000 t，其中畜禽粪污 12 000 t，生产销售蚯蚓粪有机肥 5 000 t。

2）鸡粪加工有机肥。利用先进微生物发酵工艺和多功能复合功能菌，复配微量元素，把合作社养鸡场全部鸡粪加工成生物有机肥，2020 年生产有机肥 20 000 余 t。

3）以周边地区产生的低值畜禽及水产加工废弃物等动物源蛋白和甘蔗、木薯、豆粉、糖蜜等植物源蛋白类废弃物为原料，添加微生物菌剂，经发酵、提纯，制备有机水溶性肥料产品。

目前全市年沼肥综合利用面积 65 万亩，有机肥利用面积 28 万亩，亩均减少使用化肥使用量 20%～30%，亩均节省化肥约 30 kg，亩均节本增效 100 元。2020 年，全市畜禽粪污资源化利用量 82.83 万 t，综合利用率达 96.15%。

3. 绍兴市打造危险废物源头减量—全量运收—规范利用链条

绍兴市以"无废工厂"创建为引领，推动危险废物源头减量；通过"代收代运"和"直营车"两种模式，实现小微产废企业危险废物收运全覆盖；率先实施危险废物"点对点"利用制度，提升危险废物资源化利用水平，切实防范环境风险。

（1）推动"无废工厂"建设，实现源头减量

1）制度体系建设。出台《绍兴市绿色制造体系评价办法》，提出"无废工厂"理念，制定《绍兴市"无废工厂"评价标准》，细化了危险废物资源化、无害化等要求，截至2020年12月，合计创建市级绿色工厂70家、"无废工厂"40家。

2）危废源头减量典型案例。

①分散染料行业清洁生产技术改造。通过技术创新，将原来每吨染料产生90～120 t酸性废水的工艺，改造为接近"零排放"，使单位产品废水产生量下降95%，单位产品废渣产生量下降96%，减少硫酸钙废渣14.4万t/a，回收副产硫酸铵产品7万t/a，获得直接经济效益3亿元/a。

②混杂废盐综合治理资源化改造。投资10亿余元建设每年5万t工业废盐和6万t废硫酸的资源化利用项目，将处置成本高、经济效益差、安全风险大的氯化钠、硫酸钠的混杂盐，转化为经济价值高、市场容量大的硫酸钠和盐酸，同时因地制宜解决了工业废硫酸的处置问题，形成了一条绿色、可持续的"废盐生态链"。

③水煤浆气化及高温融熔协同处置技术。绍兴凤登环保有限公司开发的水煤浆气化及高温融熔协同处置技术，以工业有机固体废物、废液等作为原料替代部分煤和水，年节约标煤约25 000 t，节水约31 000 t。资源化生产合格的高纯氢气（氢能源）1181.16万m3、氢气9.6万瓶、工业碳酸氢铵5.44万t、工业氨水6.16万t、液氨1.86万t、甲醇0.32万t、蒸汽4.9万t等产品，实现了危险废物的高附加值资源化利用。

（2）探索建立"代收代运"+"直营车"模式，实现小微企业危险废物收运全覆盖

1）制度体系建设。制定《绍兴市小微企业危险废物收运管理办法（试行）》，将危险废物年产生量不超过10 t、单一种类不超过1 t的小微产废企业（学校、科研院所及检测单位）作为责任主体，明确了产废单位、收运单位管理要求。

2）市场体系建设（两种模式）：

①"代收代运"。"代收代运"模式指的是以区、县（市）为主体，遵循"政府引导、市场主导"的原则，由属地政府制定相关操作规程，明确收运主体、收集范围及对象、收集许可、贮存设施、转运过程、延伸服务等要求，全力推动收运经营活动的规范化。该模式适用于辖区内危险废物利用处置单位数量较少、利用处置废物类别较为单一的地区。

②"直营车"模式。"直营车"模式指的是由危险废物经营单位直接集中签约，服务指导，定时、定点、定线上门收运的小徽企业危险废物收运处置"直营"模式，该模式适合在工业园区集中且具备较强危险废物利用处置能力的地区推广应用。

（3）开展特定危险废物"点对点"定向利用探索

特定类别危险废物定向"点对点"利用是指在全过程风险可控的前提下，工业园区内特定企业产生的废酸和废盐等危险废物，可直接作为另外一家企业的生产原料，减少中间环节，提升效率和危废资源化利用率。

为了控制、防范"点对点"利用中的风险，配套出台了《危险废物分级管理制度》《绍兴市特定类别危险废物定向"点对点"利用试点工作制度》《绍兴市工业固体废物综合利

用产品监管办法》等 10 余项危险废物管理制度。明确了 4 个"特定"：特定种类，仅工业废酸、废盐等特定种类危险废物可进行"点对点"利用；特定环节，仅在利用环节进行豁免，其他环节仍按严格按照危险废物管理；特定企业，在试点单位之间定向利用，且每条"点对点"通道均需通过技术和管理实施方案的专家论证，并在属地生态环境部门进行审批或备案；特定用途，特定危险废物定向利用再生产品的使用过程应当符合国家规定的用途、标准，严禁进入食品、药品等食物链环节。

通过探索，实现了每年 1.8 万 t 废盐溶液、5 万 t 酯化反应残渣、20.87 万 t 废酸的"点对点"定向利用。

第四章

土壤和地下水污染防治

土壤和地下水紧密相连，但为了便于阐述和阅读，本章安排上还是分两部分：第一、二、三节主要阐述土壤及其污染防治；第四节主要阐述地下水及其污染防治。

第一节　土壤污染防治概述

土壤是地球的"皮肤"，其既具有资源的属性，也具有环境的属性和生命属性。土壤是人类生存与发展的最基本要素，是地球陆地生态系统的重要基础。

一、土壤污染及其来源

（一）土壤的含义

国际标准化组织（ISO）将土壤定义为具有矿物质、有机质、水分、空气和生命有机体的地球表层物质，《土壤环境质量　农用地土壤污染风险管控标准（试行）》（GB 15618—2018）中定义土壤："指位于陆地表层能够生长植物的疏松多孔物质层及其相关自然地理要素的综合体。"

（二）土壤的组成

土壤由固态、液态和气态物质组成。

固态物质包括矿物质、有机质和微生物，约占土壤体积的 50%。土壤的矿物质是指含钾、钙、钠、镁、铁、铝等元素的硅酸盐、氧化物、硫化物、磷酸盐。土壤中有机物质分为枯枝落叶或动物尸体的残落物和腐殖质两大类，其中以腐殖质最为重要，占有机物质的70%～90%，它是由碳、氢、氧、氮和少量硫元素组成的具有多种官能团的天然络合剂。

液态物质由水分构成，占土壤体积的 20%～30%，主要存在于土壤孔隙中，可以分为束缚水和自由水两种：前者受土粒间的吸力所阻，难以在土壤中移动的水分；后者是在土壤中自由移动的水分。

气态物质存在于未被水分占据的土壤空隙中，占土壤体积的 20%～30%。土壤气态物质来自大气，但由于生物活动的影响，它与大气的组分有差异，通常表现为湿度较高、CO_2 含量较高、O_2 含量较低。

（三）土壤污染

土壤污染有多种不同的定义，《中华人民共和国土壤污染防治法》（以下简称《土壤污染防治法》）第二条明确规定，土壤污染是指因人为因素导致某种物质进入陆地表层土壤，引起土壤化学、物理、生物等方面特性的改变，影响土壤功能和有效利用，危害公众健康或者破坏生态环境的现象。

（四）土壤污染物及其来源

土壤中的污染物一般可分为无机污染物和有机污染物。无机污染物有镉、汞、砷等重金属（类金属）污染物，以及氰化物、氟化物、酸、盐、碱等非金属污染物。有机污染物种类繁多，常见的有苯、甲苯、二甲苯、乙苯、三氯乙烯等挥发性有机污染物，石油烃类污染物，以及多环芳烃、多氯联苯、有机农药类等半挥发性有机污染物。

土壤污染是长期累积形成的。农用地土壤污染主要源于水污染（如灌溉用水污染）、农业投入品污染、大气污染（如大气重金属沉降）、固体废物污染等。工矿企业用地土壤污染主要源于原辅料和固体废物在厂区内转运中的遗撒、上下料中的无组织排放、贮存中防渗不到位、有毒有害物质"跑、冒、滴、漏"与事故泄漏、废水处理设施与管网渗漏、危险废物非法堆放与倾倒填埋等。

（五）土壤污染的特点

1．隐蔽性或潜伏性

土壤污染被称作"看不见的污染"，它不像大气、水体污染一样容易被人们发现和觉察，土壤污染往往要通过对土壤样品进行分析化验和农作物的残留情况检测，甚至通过粮食、蔬菜和水果等农作物以及摄食的人或动物的健康状况才能反映出来，从遭受污染到产生"恶果"往往需要一个相当长的过程。

2．累积性与地域性

土壤对污染物进行吸附、固定，其中也包括植物吸收，从而使污染物聚集于土壤中。污染物在土壤中并不像在大气和水体中那样容易扩散和稀释，因此容易在土壤环境中不断积累而达到很高的浓度，而且污染物在土壤中迁移慢，导致土壤中污染物分布不均匀，空间异质性较大，因此土壤污染具有很强的地域性特点。

3．不可逆转性

积累在污染土壤中的难降解污染物很难靠稀释作用和自净作用来消除。重金属污染物对土壤环境的污染基本上是一个不可逆转的过程，其进入土壤环境后，很难通过自然过程从土壤环境中稀释或消失，其对生物体的危害和对土壤生态系统结构与功能的影响不容易恢复，许多有机化合物的土壤污染也需要较长的时间才能降解，尤其是那些持久性有机污染物，在土壤环境中基本上很难降解，如"六六六"和DDT。

4．治理难而周期长

土壤污染一旦发生，仅依靠切断污染源的方法往往很难自我恢复，必须采用各种有效的治理技术才能解决现实污染问题，而且存在成本较高和治理周期较长的问题。

二、土壤污染的危害

土壤污染危害主要体现在以下 4 个方面。

（一）土壤污染影响农产品质量并导致严重的直接经济损失

由于农作物对土壤中污染物的吸收，造成农产品污染物超标，一些污染物（如铜、锌、镍）则会影响农作物生长，造成农产品减产。上述两方面的影响带来严重的经济损失。以土壤重金属污染为例，全国每年就因重金属污染而减产粮食 1 000 多万 t，另外被重金属污染的粮食每年也多达 1 200 万 t，合计经济损失至少 200 亿元。对于农药和有机物污染、放射性污染、病原菌污染等其他类型的土壤污染所导致的经济损失，目前尚难以估计。

（二）威胁人居环境安全

建设用地土壤中的污染物可能通过经口摄入、皮肤接触、呼吸吸入等途径进入人体，对人体健康造成潜在影响。

（三）威胁生态环境安全

土壤污染可能对土壤植物、动物及微生物的生存生长造成不利影响，继而危害正常的土壤生态过程和生态服务功能。

（四）影响其他环境介质质量，尤其是地下水

部分土壤污染物可在溶解、淋滤、重力流等作用下迁移进入地下水，危害地下水环境质量，甚至可能造成饮用水水源污染。受到污染的表土还会在风力作用下进入大气和地表水并造成污染。

三、土壤污染防治

此部分内容包括法律法规规定、国家的总体部署以及地方土壤污染防治工作。

（一）相关法律法规及标准

1.　法律法规

涉及土壤污染防治的主要法律是《土壤污染防治法》，法规有部门规章和一些地方性法规，如《土壤污染防治行动计划》（以下简称"土十条"）、《污染地块土壤环境管理办法（试行）》（环境保护部令　第 42 号）、《农用地土壤环境管理办法（试行）》（环境保护部令　第 46 号）、《工矿用地土壤环境管理办法（试行）》（生态环境部令　第 3 号）。《土壤污染防治法》规定的一些重要制度和重点内容择要介绍如下。

1）土壤污染防治坚持"预防为主、保护优先、分类管理、风险管控、污染担责、公众参与"的原则。

2）地方各级政府应当对本行政区域土壤污染防治和安全利用负责。

3）实行土壤污染防治目标责任制和考核评价制度，将土壤污染防治目标完成情况作为

考核评价地方各级人民政府及其负责人，县级以上人民政府负有土壤污染防治监督管理职责的部门及其负责人的内容。

4）地方各级生态环境主管部门对本行政区域的土壤污染防治工作实施统一监督管理；农业农村、自然资源、住房和城乡建设、林业和草原等主管部门在各自职责范围内对土壤污染防治工作实施监督管理。

5）设区市级以上生态环境主管部门会同发展改革、农业农村、自然资源、住房和城乡建设、林业和草原等主管部门根据环境保护规划要求、土地用途、土壤污染状况普查和监测结果等，编制土壤污染防治规划，报本级人民政府批准后公布实施。

6）各类涉及土地利用的规划和可能造成土壤污染的建设项目，应当依法进行环境影响评价。

7）设区的市级以上生态环境主管部门制定本行政区域土壤污染重点监管单位名录，向社会公开，并加强对其周边土壤的定期监测。土壤污染重点监管单位按规定做好污染防治、监测、报告工作。

8）实行农用地分类管理制度。按照土壤污染程度和相关标准，将农用地划分为优先保护类、安全利用类和严格管控类。

9）国家实行建设用地风险管控和修复名录制度，针对建设用地进行准入管理。对经监测、检查等表明有土壤污染风险的建设用地地块，以及用途变更为住宅、公共管理与公共服务等敏感用途的地块，应通过土壤污染状况调查、土壤污染风险评估确定其污染与风险水平，需要实施风险管控、修复的地块纳入建设用地土壤污染风险管控和修复名录。

对列入建设用地土壤污染风险管控和修复名录的地块，不得作为住宅、公共管理与公共服务用地。

风险管控、修复活动完成后，达到土壤污染风险评估报告确定的风险管控、修复目标的建设用地地块，土壤污染责任人（或使用权人）可以申请移出建设用地土壤污染风险管控和修复名录。

10）县级以上政府应将土壤污染防治情况纳入环境状况和环境保护目标完成情况年度报告，向本级人民代表大会或人大常委会报告。

11）法律还规定了对土壤污染防治工作予以保障的各类政策、资金和监督要求以及各类违法、失责行为的法律责任。

2．标准及技术规范

常用的标准由质量标准和各类技术规范。

（1）土壤环境质量标准

1）《土壤环境质量　建设用地土壤污染风险管控标准（试行）》（GB 36600—2018）。
①土地类别划分。

根据保护对象暴露情况的不同，GB 36600—2018将建设用地划分为以下两类。

第一类用地：包括《城市用地分类与规划建设用地标准》（GB 50137）规定的城市建设用地中的居住用地（R），公共管理与公共服务用地中的中小学用地（A33）、医疗卫生用地（A5）和社会福利设施用地（A6），以及公园绿地（G1）中的社区公园或儿童公园用地等。

第二类用地：包括 GB 50137 规定的城市建设用地中的工业用地（M），物流仓储用地（W），商业服务业设施用地（B），道路与交通设施用地（S），公用设施用地（U），公共管理与公共服务用地（A）（A33、A5、A6 除外），以及绿地与广场用地（G）（G1 中的社区公园或儿童公园用地除外）等。

②污染风险筛选值和管制值。

GB 36600—2018 规定了土壤污染风险筛选值和土壤污染风险管制值。

土壤污染风险筛选值。指在特定土地利用方式下，建设用地土壤中污染物含量等于或者低于该值的，对人体健康的风险可以忽略；超过该值的，对人体健康可能存在风险，应当开展进一步的详细调查和风险评估，确定具体污染范围和风险水平，并结合规划用途，判断是否需要开展风险管控或治理修复。

土壤污染风险管制值。是指在特定土地利用方式下，建设用地土壤中污染物含量超过该值的，对人体健康通常存在不可接受风险，应当采取风险管控或修复措施。

两类建设用地由于用途不同，有各自的筛选值和管制值。

2）《土壤环境质量　农用地土壤污染风险管控标准（试行）》（GB 15618—2018）。

①该标准设置了农用地土壤污染风险筛选值和管制值。

农用地土壤污染风险筛选值。指农用地土壤中污染物含量等于或者低于该值的，对农产品质量安全、农作物生长或土壤生态环境的风险低，一般情况下可以忽略；超过该值的，对农产品质量安全、农作物生长或土壤生态环境可能存在风险，应当加强土壤环境监测和农产品协同监测，原则上应当采取安全利用措施。

农用地土壤污染风险管制值。其是指农用地土壤中污染物含量超过该值的，食用农产品不符合质量安全标准等农用地土壤污染风险高，原则上应当采取严格管控措施。

②农用地土壤污染风险筛选值和管制值的使用。

a. 当土壤中污染物含量等于或者低于 GB 15618 表 1 和表 2 规定的风险筛选值时，农用地污染风险低，一般情况下可以忽略；高于表 1 和表 2 规定的风险筛选值时，可能存在农用地土壤污染风险，应加强土壤环境监测和农产品协同监测。

b. 当土壤中镉、汞、砷、铅、铬的含量高于 GB 15618 表 1 规定的风险筛选值、等于或者低于表 3 规定的风险管制值时，可能存在食用农产品不符合质量安全标准等土壤污染风险，原则上应当采取农艺调控、替代种植等安全利用措施。

c. 当土壤中镉、汞、砷、铅、铬的含量高于 GB15618 表 3 规定的风险管制值时，食用农产品不符合质量安全标准等农用地土壤污染风险高，且难以通过安全利用措施降低食用农产品不符合质量安全标准等农用地土壤污染风险，原则上应当采取禁止种植食用农产品、退耕还林等严格管控措施。

（2）土壤环境监测、调查、评估、修复等技术规范类

《农用地土壤环境质量类别划分技术指南（试行）》（环办土壤〔2017〕97 号）；

《建设用地土壤环境调查评估技术指南》（环保部公告　2017 年第 72 号）；

《污染地块风险管控与土壤修复效率评估技术导则（试行）》（HJ 25.5—2018）；

《建设用地土壤污染风险管控和修复术语》（HJ 682—2019）；

《建设用地土壤污染状况调查技术导则》（HJ 25.1—2019）；

《建设用地土壤污染风险管控和修复监测技术导则》（HJ 25.2—2019）；

《建设用地土壤污染风险评估技术导则》（HJ 25.3—2019）；

《建设用地土壤修复技术导则》（HJ 25.4—2019）。

（二）国家层面对土壤污染防治的总体部署

国家层面对土壤污染防治部署大致分两个阶段：

第一阶段为"十三五"时期。重点是落实 2016 年国务院印发的"土十条"。"土十条"的主要内容如下。

1）开展土壤污染调查，摸清全国及各区域土壤环境质量的基本情况。2018 年年底前查明农用地土壤污染状况，2020 年年底前掌握重点行业企业用地中的污染地块分布及其环境风险状况。上述两项调查工作均已按时完成。

2）实施农用地分类管理，保障农业生产安全。根据土壤污染状况调查结果，以耕地为重点，将农用地分为 3 个类别：优先保护类、安全利用类、严格管控类，并分别采取不同的管控或修复措施，保障农产品质量安全。有条件的地区逐步开展林地、草地、园地等土壤环境质量类别划定工作。

3）加强建设用地准入管理，防范人居环境风险。对有土壤污染风险的建设用地地块，以及用途变更为住宅、公共管理、公共服务等敏感用地的地块，都应通过土壤污染状况调查、土壤污染风险评估确定其污染与风险水平。经调查、评估，需实施风险管控、修复的地块纳入建设用地土壤污染风险管控和修复名录。对列入上述名录的地块，土壤污染责任人和当地生态环境主管部门应分别按有关规定落实风险管控措施。通过上述机制，防止未经风险管控、修复的污染地块进入建设用地市场，保障人居环境安全。需要特别指出的是，无论是土壤污染的调查评估，还是管控、修复等活动，均应包括地下水的内容。

4）加强对土壤的污染预防和保护。一是加强对各类可能造成土壤污染的建设项目的空间布局管控和污染防治措施的落实；二是要加强对区域内土壤污染重点监管单位（根据生态环境部《环境监管重点单位名录管理办法》第十条的规定设立）和矿产开发、污水处理、固体废物处理等行业的日常监管；三是加强农业领域的监管，包括减（农）药、减（化）肥，农业灌溉用水的监测、监督等。

5）开展污染治理与修复，改善区域土壤环境质量。以影响农产品质量和人居环境安全的突出土壤污染问题为重点，制订土壤污染治理与修复计划，明确责任单位和分年度实施计划，并抓好监督落实。

6）建立健全土壤污染防治的法规标准体系。到 2020 年，土壤污染防治法律法规体系基本建立；标准、规范体系逐步完善，监管执法全面加强。

7）构建政府主导、财政支持、政策激励、社会监督，同时发挥市场作用的土壤环境治理体系。

第二阶段为"十四五"时期。重点是落实 2021 年 11 月中共中央、国务院印发的《关于深入打好污染防治攻坚战》中"打好净土保卫战"的要求及《"十四五"土壤、地下水和农村生态环境保护规划》中明确的任务，主要内容如下。

1）加强耕地污染源头控制。收紧排放标准，严格控制涉重金属行业企业污染物排放；

整治重金属矿区历史遗留固体废物，制定整治方案，分阶段治理。

2）严格建设项目土壤环境影响评价，强化重点单位监管，防范工矿企业新增土壤污染。

3）深入实施耕地分类管理。各省（区、市）制订"十四五"受污染耕地安全利用方案及年度工作计划，明确区域内安全利用类和严格管控类耕地的具体管控措施。

4）严格建设用地准入管理。鼓励各地因地制宜适当提前开展土壤污染状况调查，化解建设用地土壤污染风险管控和修复与土地开发进度之间的矛盾；合理规划污染地块用途，从严管控农药、化工等行业中的重度污染地块规划用途，确需开发利用的，鼓励用于拓展生态空间；优化土地开发和使用时序，防止污染土壤及其后续风险管控和修复影响周边拟入住敏感人群。

5）以用途变更为"一住两公"的污染地块为重点，有序推进建设用地土壤污染风险管控与修复。

6）开展土壤污染防治试点示范。开展一批耕地安全利用重点县建设，继续推进土壤污染防治先行区建设。

除上述 6 项重点任务外，还明确了两个目标：

①到 2025 年受污染耕地安全利用率达 93%左右；

②重点建设用地安全利用有效保障。

同时，明确了两项重点工程：

①以化工、有色金属行业企业为重点，实施 100 个土壤污染源头管控项目；

②选择 100 个土壤污染面积较大的县开展农用地安全利用示范。

此外，2023 年 12 月印发的《关于全面推进美丽中国建设的意见》明确，到 2027 年，受污染耕地安全利用率达到 94%以上，建设用地安全利用得到有效保障。

（三）地方土壤污染防治及规划

地方各级党委、政府要根据有关法律法规和国家统一部署，抓好辖区内土壤污染防治工作，切实改善土壤环境质量。而要系统抓好这一工作，应组织编制好区域土壤污染防治规划，并最终实施好这一规划。

1. 有关法律规定

《土壤污染防治法》第十一条规定，县级以上人民政府应当将土壤污染防治工作纳入国民经济和社会发展规划、环境保护规划。设区的市级以上地方人民政府生态环境主管部门应当会同发展改革、农业农村、自然资源、住房和城乡建设、林业和草原等主管部门，根据环境保护规划要求、土地用途、土壤污染状况普查和监测结果等，编制土壤污染防治规划，报本级人民政府批准后公布实施。

2. 土壤污染防治规划编制

编制土壤污染防治规划，首先，要通过大量调查和资料收集，对区域内土壤污染防治工作进展和成效进行评价，分析存在的问题和面临的形势。其次，根据上级部署及土壤污染防治规划要求，结合当地实际提出本辖区范围内土壤污染防治规划目标及其相应的指标体系，最后提出土壤污染防治的重点任务和措施，一般主要包括：

1）强化土壤污染源头综合防治。包括开展农用地土壤污染溯源排查、落实重点监管单位土壤污染防治措施、加强重点污染源整治等。

2）实施农用地土壤分类管控。包括耕地类别的划定、优先保护类耕地的严格保护、轻中度污染耕地的安全利用、重度污染耕地的严格管控等。

3）建设用地土壤污染风险管控和修复。包括开展土壤污染状况调查和评估、实施土壤污染风险管控和修复、加强过程质量控制和监管等。

4）加强水土协同治理。包括开展地下水污染状况调查、实施重点污染源地下水污染风险管控、建立地下水分区管控制度等。

5）提升土壤环境监管能力。包括完善土壤污染防治法制体系、完善土壤环境联动监管机制、强化土壤和地下水环境监测、加强土壤环境执法能力建设、强化污染防治科技支撑等。

6）提出一批落实上述规划任务的重点项目，包括近期、中期、远期的。

7）提出"规划"实施的保障机制。包括组织保障、资金保障、考核和激励等。

3.规划的组织实施

土壤污染防治规划编制完成后，需报经地方党委、政府批准后颁布实施。组织实施过程中，应把上述规划中各项任务分解落实到相关职能部门和下一级地方政府，并对任务完成情况进行考核。

四、土壤的风险管控与修复概述

《土壤污染防治法》提出，土壤污染防治坚持"预防为主、保护优先、分类管理、风险管控"的原则。对未污染的土壤要防止新增污染，对已污染的土壤应根据实际情况分别采取风险管控或治理修复措施（而不是盲目地搞大治理大修复）。"风险管控"和"修复"是实现农用地和建设用地安全利用的两种主要技术手段。

（一）风险管控

根据风险评估理论，污染源、暴露途径和受体是产生环境风险的三要素（图4-1）。对于土壤污染风险，污染源主要是指污染土壤；而受体则是需要关注的保护对象，在农用地中主要是农产品，在建设用地中则主要是地块内工作生活的人群；暴露途径则是受污染土壤对受体产生影响的作用路径，如建设用地中的污染土壤通过居民的经口摄入，皮肤接触或者吸入地表扬尘等路径进入人体。"源、途径、受体"三要素在风险的产生中缺一不可。针对三要素，采取污染源去除、暴露途径阻断或者受体保护等措施，均可以达到消除或有效降低风险的目的。

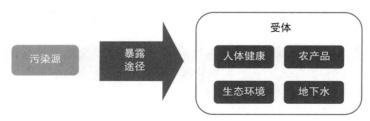

图4-1　产生风险的三要素：污染源、暴露途径、受体

"风险管控"主要针对土壤污染风险的暴露途径采取截断措施，或针对风险的受体采取保护措施，不以削减污染源中有害物质的总量为主要目标，是土壤污染防治的特色手段和有效手段，在世界范围内已得到了广泛的应用。对于农用地而言，风险管控主要是指通过农艺调控、替代种植、种植结构调整或退耕还林还草，以及划定特定农产品禁止生产区域等措施，保障农用地安全利用，确保农产品安全。对于建设用地而言，风险管控主要是指通过采取隔离、阻断等措施，防止污染进一步扩散；设立标志和标识，划定管控区域，限制人员进入，防止人为扰动，以及通过用途管制，规避随意开发带来的风险。

（二）修复

"修复"是指针对污染土壤主动采用物理、化学、生物等工程技术手段，不可逆地削减有害物质的总量或释放强度，消除或显著降低土壤污染风险的治理活动。修复活动主要的特点：一是针对风险三要素中的污染源，如含有大量高浓度污染物的土壤或地下水污染源区；二是采用主动干预的技术手段，包括开挖修复、地下注入药剂等异位、原位实施方式；三是以削减污染源中的有害物质总量或释放强度为目的，如采用热脱附技术从污染土壤中去除高浓度有机污染物，或采用固化/稳定化的方式使重金属污染物形成固化稳定态，降低污染物向地下水的淋滤通量；四是不可逆性，即污染物需要降解或稳定转化为低毒、低迁移性的形态；五是通常需要在较短时间内达到修复目标。

部分土壤和地下水污染治理技术归属于风险管控还是修复技术，目前还存在不同的理解。

此外，为了实现管控风险的目的，部分土壤和地下水污染防治项目需要防、控、治相结合，协同采用多种风险管控和修复技术。

（三）管理流程

对于可能存在土壤污染风险的农用地或建设用地，《土壤污染防治法》规定的基本管理流程如图 4-2 所示。

首先应进行土壤污染状况调查。农用地土壤污染状况调查表明污染物含量超过土壤污染风险管控标准的农用地地块，应组织进行土壤污染风险评估，并按照农用地分类管理制度管理。建设用地土壤污染状况调查可以分为两个阶段。第一阶段调查是以资料收集、现场踏勘和人员访谈为主的污染识别阶段；第二阶段调查是以采样与分析为主的污染证实阶段。第二阶段调查又分为初步采样分析（初步调查）和详细采样分析（详细调查）两步：初步采样分析发现污染物含量超过《土壤环境质量　建设用地土壤污染风险管控标准（试行）》（GB 36600—2018）规定的土壤污染风险筛选值的，应进行详细采样分析，并开展土壤污染风险评估。根据风险评估结果，需要采取风险管控或修复措施的，应确定是进行风险管控还是修复，或是二者协同开展。

风险管控、修复活动完成后，应当对风险管控效果、修复效果进行评估。达到预定管控或修复目标后，部分地块还需开展后期管理等活动。

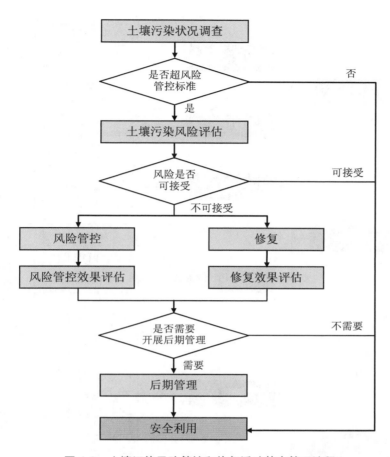

图 4-2 土壤污染风险管控和修复活动基本管理流程

　　土壤污染风险管控与修复技术体系如图 4-3 所示，可分为农用地土壤风险管控与修复技术、建设用地土壤风险管控与修复技术、地下水风险管控与修复技术，以及配套技术。

　　地下水与土壤的关系紧密，在污染防治工作中往往需要协同考虑，因此地下水污染的风险管控与修复也是土壤污染防治技术体系的重要组成部分，尤其是对于存在地下水污染的建设用地地块。地下水和土壤污染往往密不可分，部分风险管控与修复技术为二者通用技术，如风险管控技术中的垂向阻隔技术，以及修复技术中的多种原位修复技术等。

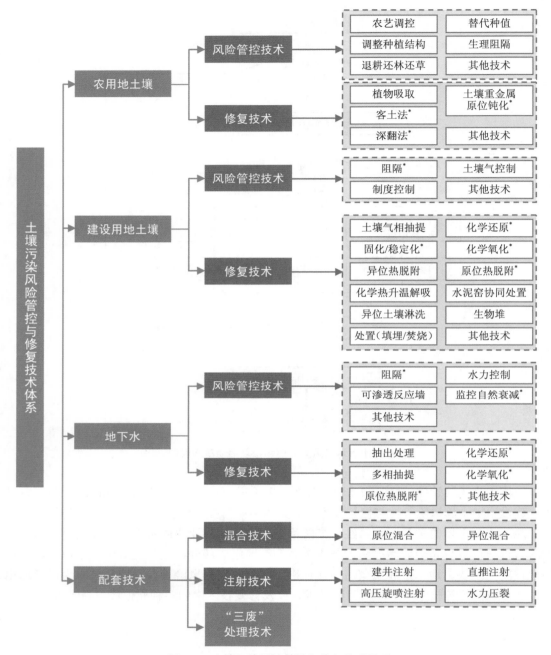

图 4-3　土壤污染风险管控与修复技术体系

第二节　农用地土壤污染防治

一、农用地分类管理

根据《土壤污染防治法》的要求，"国家建立农用地分类管理制度。按照土壤污染程度和相关标准，将农用地划分为优先保护类、安全利用类和严格管控类"。农用地类别的划分主要依据《土壤环境质量　农用地土壤污染风险管控标准（试行）》（GB 15618—2018）中相关限值和《农用地土壤环境质量类别划分技术指南（试行）》（环办土壤〔2017〕97号，以下简称97号文）的技术要求开展。

首先，从土壤污染状况初步划分类别。其大致原则是单项污染物含量等于或低于GB 15618中的风险筛选值的，划分为优先保护类；介于筛选值和管制值之间的，划分为安全利用类；高于管制值的，划分为严格管控类。实际调查工作中，一个调查单元内有多个土壤监测点位数，每个点位的各种污染物的浓度又不一样，对这一单元的判别还要根据单元内的监测点位数及其监测结果，结合周边污染源情况，历史上是否发生过污染事故等情况作出综合判断（具体可见97号文）。

其次，对评价单元内农产品质量进行评价。根据《食品安全国家标准　食品中污染物限量》（GB 2762—2022），对该单元内农产品质量是否超标进行评价。

在完成上述两项工作的基础上，以土壤污染状况初步划分类别为基础，结合农产品质量评价结果，综合确定该评价单元土壤环境质量类别，具体划分见表4-1。

表4-1　耕地土壤环境质量类别划分依据

序号	划分依据	质量类别
1	根据土壤污染程度划分为优先保护类	优先保护类
	根据土壤污染程度划分为安全利用类且农产品不超标	
2	根据土壤污染程度划分为安全利用类且农产品轻微超标	安全利用类
	根据土壤污染程度划分为严格管控类且农产品不超标	
3	根据土壤污染程度划分为严格管控类且农产品超标	严格管控类
	根据土壤污染程度划分为严格管控类且农产品严重超标	

对上述三类农用地的管理要求分别如下：

1. 优先保护类耕地管理

根据《土壤污染防治法》和97号文的规定，县级以上人民政府应当将符合条件的优先保护类耕地划为永久基本农田，纳入粮食生产功能区和重要农产品生产保护区建设，实行严格保护，确保其面积不减少，耕地污染程度不上升。在优先保护类耕地集中的地区，优先开展高标准农田建设。在永久基本农田集中区域，不得新建可能造成土壤污染的建设项目；已经建成的，应当限期关闭拆除。

2. 安全利用类耕地管理

对安全利用类耕地应当优先采取农艺调控、替代种植、轮作、间作等措施,阻断或者减少污染物和其他有毒有害物质进入农作物可食部分,降低农产品超标风险。

县级以上地方农业农村主管部门应当根据农用地土壤安全利用相关技术规范要求,结合当地实际情况,组织制定农用地安全利用方案,报所在地人民政府批准后实施,并上传农用地环境信息系统。

农用地安全利用方案应当包括以下风险管控措施:

①针对主要农作物种类、品种和农作制度等具体情况,推广低积累品种替代、水肥调控、土壤调理等农艺调控措施,降低农产品有害物质超标风险;

②定期开展农产品质量安全监测和调查评估,实施跟踪监测,根据监测和评估结果及时优化调整农艺调控措施。

3. 严格管控类耕地管理

地方人民政府农业农村、林业草原主管部门应当采取下列风险管控措施:

①提出划定特定农产品禁止生产区域的建议,报本级人民政府批准后实施;

②按照规定开展土壤和农产品协同监测与评价;

③对农民、农民专业合作社及其他农业生产经营主体进行技术指导和培训;

④其他风险管控措施。

各级人民政府及其有关部门应当鼓励对严格管控类农用地采取调整种植结构、退耕还林还草、退耕还湿、轮作休耕、轮牧休牧等风险管控措施,并给予相应的政策支持。

安全利用类和严格管控类农用地地块的土壤污染影响或者可能影响地下水、饮用水水源安全的,地方人民政府生态环境主管部门应当会同农业农村、林业草原等主管部门制定防治污染的方案,并采取相应的措施。对安全利用类和严格管控类农用地地块,土壤污染责任人应当按照国家有关规定以及土壤污染风险评估报告的要求,采取相应的风险管控措施,并定期向地方人民政府农业农村、林业草原主管部门报告。

上述农用地土壤环境质量划分和分类管理,主要适用于耕地。园地、草地、林地可参照执行。

二、农用地土壤污染的风险管控

对受污染农用地进行治理与修复技术难度大,资金投入多,周期长,长期影响不明确,实施不当还可能对农用地土壤功能造成破坏。因此,农用地土壤污染防治目前应以风险管控为主。

农用地土壤污染风险管控技术体系示意图如图 4-4 所示。

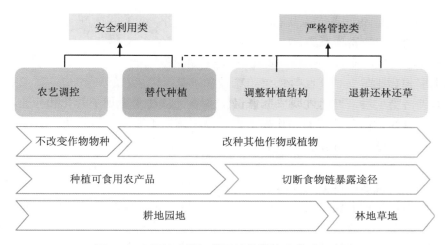

图 4-4 农用地土壤污染风险管控技术体系示意图

安全利用类农用地在科学管理的前提下，可以实现生产合格农产品的功能。农艺调控是指通过农艺措施阻断或减少污染物从土壤向农作物可食部分的转移，包括选种同一农作物的低积累品种、调节土壤理化性质、科学管理水分、施用功能性肥料等。替代种植是指用食用农产品安全风险较低的农作物替代食用农产品安全风险较高的农作物的措施。

严格管控类农用地由于土壤污染物含量较高，若直接用于食用农产品生产，则农产品超标风险较大。严格管控类农用地的风险管控措施主要包括调整种植结构、退耕还林还草、退耕还湿、轮作休耕、轮牧休牧等。调整种植结构是指用其他作物替代食用的作物。退耕还林还草是指将土地利用类型由耕地转变为林地或草地。

农艺调控中的选种低积累品种，利用的是作物对重金属积累的种内差异，选种同种作物的低积累品种，但仍保持原有的作物品种。替代种植则是利用食用农产品对重金属累积的种间差异，替代种植重金属低积累的其他食用农产品。

（一）农艺调控

农艺调控是指通过采取农艺措施，减少污染物从土壤向作物特别是作物可食部分的转移，从而保障农产品安全生产，实现受污染农用地的安全利用。主要适用于中轻度污染的安全利用类农用地土壤，也常被作为其他风险管控或修复技术的配套技术应用。农艺调控包括筛选低积累品种、调节土壤理化性质、科学进行水肥管理等。

（1）低积累品种筛选

污染物在农作物可食部位的积累同时受环境和基因型的影响。不同农作物对污染物的吸收和累积能力不同，即使同一作物的不同品种，对污染物的吸收和累积也存在差异。低积累品种是一个相对的概念，指在相同土壤环境条件下作物可食部位中污染物积累量相对较低的品种。在污染物含量超筛选值的土壤中，部分低积累品种可食部位污染物含量可满足食品中污染物限量要求。

低积累品种的筛选标准包括：

①种植在中轻度污染土壤的作物品种，其可食部位污染物积累量不超过食品中污染物

限量值；

②具有较低的生物富集系数；

③具有在不同环境条件下均较为稳定的低积累特征。

（2）土壤 pH 调节

对于酸性污染土壤，可通过调节土壤 pH，影响土壤中重金属的转化和释放，降低土壤重金属生物有效性，阻隔重金属在作物可食部位积累。生石灰、熟石灰、石灰石、白云石等是农业生产中常用的土壤 pH 调节材料。

（3）水分调节

通过田间水分管理，调节土壤的 pH 和 Eh（氧化还原电位），降低土壤中重金属的有效性、减少农作物对重金属的吸收与积累。酸性土壤在淹水条件下，土壤环境呈还原状态，土壤 pH 会显著升高，镉容易形成硫化物沉淀，活性也随之降低，从而减少作物对镉的吸收。相反，针对砷污染，在降低土壤含水量的情况下，可提高土壤的氧化还原电位，促使 As（Ⅲ）向 As（Ⅴ）的转化，从而降低砷的有效性。

（二）替代种植

在受污染农用地上替代种植对重金属抗性强且吸收能力弱的低积累作物物种（如用玉米替代水稻），利用食用农作物重金属积累的种间差异实现受污染农用地的安全利用。替代种植技术作为单项技术适用于中轻度污染农用地，且用于替代的低积累作物应适应当地气候和土壤性质。如果配合农艺调控措施，替代种植技术适宜的情境可扩大。对严格管控类农用地，在措施到位、确保农产品达标的前提下，也可考虑替代种植。

（三）调整种植结构

在重度污染农用地上种植非食用的农产品作物或花卉苗木等，切断土壤污染物通过食物链进入人体的暴露途径，实现污染农用地的安全利用。调整种植结构技术可适用于土壤重金属含量超过管制值、农产品污染物含量超标的农用地。非食用的农产品作物或花卉苗木的筛选需因地制宜，以适应性强的当地常规经济作物为主，也可引进适宜的外地品种，但需要在项目区进行小试或中试研究。筛选出的经济植物通常也需具有较高的市场价值，且栽培技术可推广。

（四）生理阻隔

利用作物重金属累积生理特性、离子拮抗效应、重金属吸收与转运过程调控等，喷施生理阻隔剂，抑制作物吸收重金属或改变重金属在植株体内的分配，从而降低农产品可食部位重金属超标风险。水稻等农作物的重金属积累主要与根系吸收、茎秆和叶片的转运有关。硅、硒等有益元素和锌、铁、锰等微量元素，具有降低农作物吸收，转运镉、砷等重（类）金属元素的功效，从而改变重金属元素在农作物植株体内的分配，降低农产品中重金属含量。

案例 4-1：浙江某地 50 亩镉污染稻田应用土壤调理（生物修复）技术治理

1．主要污染物及污染程度

土壤镉平均含量为 0.69 mg/kg，属于轻度镉污染土壤。

2．修复目标值

水稻镉浓度下降至《食品安全国家标准　食品中污染物限量》（GB 2762—2017）限值以内（稻谷镉浓度≤0.2 mg/kg）。

3．生理修复剂

有效活菌数≥10.0 亿/g，有机质≥25%，胞外多糖≥1.0 mg/g，CaO≥18%，SiO_2≥15%，MgO≥2%，pH 为 8～10。

4．实施年限

2 年。

5．施用方式及剂量

在水稻秧苗移栽前 7～10 天，向田面撒施（300 kg/亩）一次；常规施肥氮、磷和钾的施肥配方为 N 207 kg/hm^2、P_2O_5 112.5 kg/hm^2 和 K_2O 112.5 kg/hm^2。在水稻成熟时，跟踪采集水稻样品，以同一地区相邻地块没有采取任何治理措施的区域采集的水稻样品为对照（以下简称"对照水稻"）。

6．成本分析

单位处理成本约为 500 元/亩，包括材料费、设备费、人工费用等。

7．技术效果

经过效果评估单位开展的效果评估："对照水稻"镉含量平均值为 0.34 mg/kg；土壤调理（生物修复）后，水稻镉含量平均值降至 0.08 mg/kg，下降了 76.4%；土壤调理（生物修复）技术实施后水稻镉含量均低于《食品安全国家标准　食品中污染物限量》（GB 2762—2017）。

案例 4-2：浙江某地 20 亩镉污染稻茬麦田应用 VML 技术治理

1．主要污染物及污染程度

土壤镉平均含量为 0.63 mg/kg，属于轻度镉污染土壤。

2．修复目标值

小麦镉浓度下降至《食品安全国家标准　食品中污染物限量》（GB 2762—2017）限值以内（小麦镉浓度≤0.1 mg/kg）。

3．VML 技术模式

V（低积累品种）+M（有机肥调理）+L（叶面阻控）。

4．实施年限

2 年。

5. 施用方式及剂量

（a）低积累品种，选择低积累小麦品种，如镇麦 12、苏麦 188、宁麦 27、扬麦 24；（b）有机肥调理，选择 pH 为 7.0～8.5 有机肥，在小麦播种前施入，调理土壤性状，施用量 300 kg/亩；（c）叶面阻控，小麦生长的拔节期、孕穗期分别喷施 1 次，每次 200 g/亩。常规施肥、氮、磷和钾的施肥配方分别为 N 150 kg/hm²、P₂O₅ 80 kg/hm² 和 K₂O 45 kg/hm²。在小麦成熟时，跟踪采集小麦样品，以同一地区相邻地块没有采取任何治理措施的区域采集的小麦样品为对照（以下简称"对照小麦"）。

6. 成本分析

单位处理成本约为 400 元/亩，包括材料费、设备费、人工费用等。

7. 技术效果

经过效果评估单位开展的效果评估："对照小麦"镉含量平均值为 0.18 mg/kg；VML 技术治理后，小麦镉含量平均值降至 0.09 mg/kg，下降了 50%；VML 技术实施后小麦镉含量均低于《食品安全国家标准　食品中污染物限量》（GB 2762—2017）限值。

三、农用地土壤污染的修复

（一）植物吸取

利用重金属超积累植物或大生物量积累植物（以下简称超积累/积累植物），从土壤中吸取一种或几种重金属污染物并将其转移贮存至地上部，然后通过收获植物地上部的方式将重金属从土壤中移除，从而降低污染土壤中重金属含量，最后再对植物收获物进行安全处置与资源化利用。植物吸取技术适用于去除中低污染程度农用地土壤中 Cd、Zn、As 等重（类）金属污染物。

植物吸取技术由超积累/积累植物的重金属种类决定。目前我国常用的植物吸取技术有镉（Cd）/锌（Zn）超积累植物伴矿景天和东南景天的植物吸取技术、砷（As）超积累植物蜈蚣草的植物吸取技术、铬（Cr）超积累植物李氏禾的植物吸取技术等。依据种植模式分类，包括超积累植物单一种植以及超积累植物与农作物、经济植物间/轮作的植物吸取技术。此外，植物吸取技术与农艺措施、化学调控技术、微生物技术等强化措施联合应用，可提高植物吸取修复效率。

植物残体一般多采用专用焚烧设备焚烧处置，焚烧后的灰分进行固化/稳定化安全处置。

（二）土壤重金属原位钝化

1. 基本原理

向重金属污染土壤中加入钝化剂，通过调节土壤理化性质以及吸附、沉淀、离子交换、氧化-还原等一系列反应，将土壤中重金属转化成化学性质不活泼的形态，降低其生物有效性，从而阻止土壤重金属从农作物根部向地上部的迁移累积。

2. 钝化剂主要种类及作用机制

土壤污染稳定化修复材料按照制备基料类型与稳定化机制可主要分为以下几种。

①含磷类钝化剂,通过络合、沉淀和共沉淀——生成磷酸盐类次生矿物等多种形式钝化,但以沉淀机制为主;

②黏土(岩基)矿物类钝化剂,通过层间吸附、表面吸附、官能团络合、同晶置换等钝化;

③生物质炭类钝化剂(秸秆炭、污泥炭、木材炭等),通过离子交换、络合反应、共沉淀、氧化还原作用等钝化;

④含钙碱性材料类钝化剂(生石灰、熟石灰、碳酸盐类等),通过提高 pH、提高土壤对金属离子吸附能力,有利于碳酸盐沉淀等钝化;

⑤含硅类钝化剂(硅肥、沸石、硅藻土等),通过形成硅酸化合物沉淀、提高 pH 等钝化;

⑥有机类钝化剂(有机肥、腐殖酸、污泥、堆肥等),其作用是与金属离子形成络合(螯合)物;

⑦金属氧化物类钝化剂〔针铁矿、硫酸(亚)铁等〕,通过其具有的较高比表面、胶体特性,吸附重金属离子等钝化;

⑧新型功能化钝化剂(功能膜材料、纳米材料等),通过其巨表面/配合作用等钝化。

3. 工艺过程

选用钝化工艺时,应综合考虑目标污染物性质、土壤理化性质及农用地利用类型,遴选钝化剂;根据目标土壤受污染程度,通过小试、中试确定钝化剂类型和施用量;确定钝化技术的实施时期、实施方式;采用人工施撒或机器播撒等方式完成钝化剂施用,结合农艺措施进行农用地土壤重金属污染治理;开展后期跟踪监测,评估钝化效果的长效性。

钝化剂有效成分应符合《土壤调理剂　通用要求》(NY/T 3034—2016)的相关要求。一般情况下,在施用一定剂量的土壤重金属钝化剂后,试验小区与大田农产品可食部位中目标重金属含量平均下降幅度不低于 30%,同时不引起其余重金属含量显著升高。土壤重金属钝化剂应用区与对照区相比,减产幅度应符合 NY/T 3499 的要求,农产品产量最大降幅不超过 10%。

(三)客土法

客土法是以洁净土壤覆盖或置换污染土壤,以降低农用地上层土壤中污染物的含量,减少污染物与植物根系的接触,保障农产品质量安全的工程技术方法。客土法不能减少污染土壤量,且需大量使用清洁客土。

客土量越大,效果一般会越好,但考虑到成本因素,在取得较好效果的前提下,应尽量控制客土量。对于不同污染程度的土壤而言,对覆土厚度的要求也不尽一致,需要因地制宜地进行设计。

采用客土法时,一般要求客土的理化性质尽量与原土保持一致;同时,客土中污染物的含量至少应在农用地土壤筛选值以下,客土有机质含量一般要求尽量较高。

(四)深翻法

通过不同类型的机械设备,对农田不同深度的土壤进行翻混,从而降低土壤表层聚集的污染物含量。深翻法本质上是对上层污染土壤和下层较清洁土壤进行稀释,不能减少污染物总量。深翻法通过物理方式降低表层土壤污染物含量，高效、性价比高，但并不能将污染物移出土壤。

第三节　建设用地土壤污染防治

我国实行建设用地土壤污染风险管控和修复名录制度，针对建设用地进行准入管理（图 4-5）。根据《土壤污染防治法》，对土壤污染状况普查、详查和监测、现场检查表明有土壤污染风险的建设用地地块，用途变更为住宅、公共管理与公共服务用地的，以及土壤污染重点监管单位生产经营用地的用途变更或者在其土地使用权收回、转让前，应启动土壤污染状况调查。调查结果显示污染物含量超过《土壤环境质量　建设用地土壤污染风险管控标准（试行）》（GB 36600—2018）筛选值的，应启动土壤污染风险评估，确定其风险水平。若风险不可接受，则需要实施风险管控、修复，地块纳入建设用地土壤污染风险管控和修复名录，不得作为住宅、公共管理和公共服务用地。风险管控、修复方案应包含地下水污染防治内容。风险管控、修复工作完成后，达到土壤污染风险评估报告确定的风险管控、修复目标，可以安全利用的建设用地地块，可以申请移出建设用地土壤污染风险管控和修复名录。

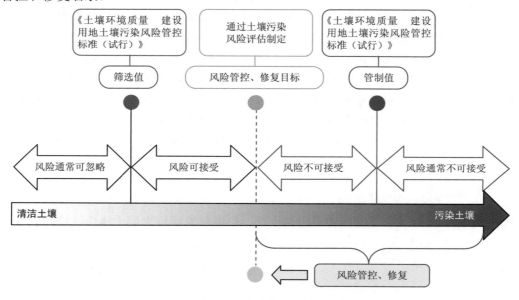

图 4-5　建设用地准入管理示意图

一、建设用地土壤污染风险管控

建设用地土壤污染风险管控的技术主要包括阻隔技术和制度控制。

（一）阻隔技术

阻隔是采用阻隔、堵截、覆盖等工程措施，将污染物封闭于场地内，避免污染物对人体和周围环境造成风险，同时控制污染物随降水或地下水向周围环境迁移扩散的技术措施。阻隔仅能限制污染迁移，切断暴露路径，但不能彻底去除污染物，因此永久性阻隔措施需要监测其长期有效性，临时性阻隔措施需要与其他可以去除或减少地块内污染物的修复技术结合使用。

阻隔包括竖向阻隔和水平防渗两大类。竖向阻隔技术利用地层中的隔水层，在污染场地四周设置竖向防渗屏障，将污染物封闭于场地内，防止污染物随地下水向下游地下水和土壤环境迁移，同时阻止周围地下水流入污染场地，减小污染物迁移扩散的可能性。竖向阻隔采用不同的技术和防渗材料时，其工艺内容存在很大差异。具体技术包括高压喷射灌浆墙、搅拌桩墙、搅喷桩墙、帷幕灌注浆墙、钢板桩墙、土工膜墙以及地连墙等。防渗材料根据水文地质条件和工程要求，使用水泥、膨润土墙、HDPE（高密度聚乙烯）膜以及上述材料的组合。

水平防渗技术主要应用于污染深度相对较浅，但隔水层深度较大，利用竖向阻隔成本较高的情况。水平防渗屏障作为永久性措施可以应用于工业污染场地、非正规垃圾填埋场的管控处置，部分也可以作为临时性处置措施与工业场地原位修复技术联合应用。水平防渗与竖向防渗屏障联合使用，可以封闭污染地块，防止污染物随地下水向周围迁移扩散，见图4-6。与竖向阻隔技术相比，水平防渗技术可以利用的工艺方法以及材料具有一定的限制。具体技术包括高压喷射注浆法、压密注浆法等。防渗材料根据水文地质条件和工程要求，使用水泥、膨润土以及水泥-水玻璃为主剂的新型液体浆材等。

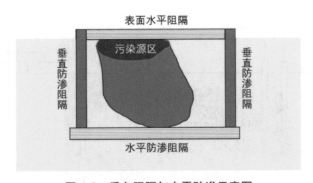

图 4-6　垂向阻隔与水平防渗示意图

（二）制度控制

通过限制地块使用、改变活动方式、向相关人群发布通知等行政或法律手段保护公众健康和环境安全的非工程措施，是一种重要的地块风险管控措施。

制度控制一般会在以下 3 种情况使用：一是最初的调查期间，首次发现污染物，为防止民众接触到潜在有害物质而采取的临时控制措施；二是污染场地正在进行修复，为了保护修复设备和防止民众接触有害物质，可以采取制度控制；三是部分污染物残留于场地，制度控制作为风险管控和修复手段的一部分使用。

二、建设用地土壤污染修复技术

（一）化学氧化/还原

考虑到化学氧化与化学还原的原理（一个是用氧化剂去氧化污染物，氧化剂本身被还原；另一个是用还原剂去还原污染物，还原剂本身被氧化）以及采用的方式方法、工艺流程等都基本相似，因此，把土壤修复技术中的化学氧化与化学还原合并在一起介绍，只在氧化还是还原上作出区别说明。

化学氧化/还原是指向污染土壤或地下水中添加氧化/还原剂，通过氧化/还原作用，使土壤或地下水中污染物转化为毒性较低或无毒性物质的修复技术。化学氧化/还原技术是一种既可用于土壤也可用于地下水的污染治理技术。

按照实施方式的不同，化学氧化/还原通常分为原位化学氧化/还原和异位化学氧化/还原。原位化学氧化/还原通过注药设备在原位将氧化/还原药剂注入土壤或地下水污染区域，使药剂与污染物发生氧化/还原作用，从而使土壤或地下水中的污染物转化为毒性较低或无毒性的物质。常见的加药方式有建井注射、直推注射、高压旋喷注射、原位搅拌等。异位化学氧化/还原是将污染土壤清挖转运至异位修复区域，通过修复机械将氧化/还原药剂与污染土壤混合、搅拌，从而使土壤中的污染物转化为毒性较低或无毒性的物质。按照搅拌方式的不同，异位化学氧化/还原通常分为机械腔体内部搅拌和反应池/反应堆外部搅拌两类。

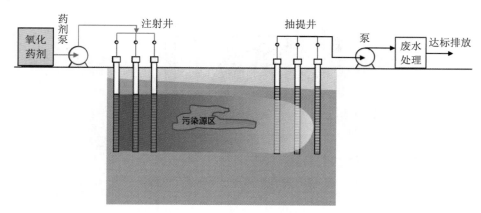

图 4-7　常见原位化学氧化/还原系统组成

化学氧化适用于处理污染土壤和地下水中的大部分有机污染物，如石油烃、酚类、苯系物、含氯有机溶剂、多环芳烃、甲基叔丁基醚、部分农药等，也可用于部分无机污染物（如氰化物）。化学氧化不适用于重金属污染土壤的修复。

化学还原主要针对氯代有机物、六价铬、硝基化合物、高氯酸盐等；适用于中低浓度污染土壤或地下水的修复。此方法在处理氯代有机溶剂的过程中可能产生高毒中间污染物（如氯乙烯），必须进行相应的监测。

常见的氧化剂包括高锰酸盐、过氧化氢、（类）芬顿试剂、过硫酸盐和臭氧。部分氧化剂需配合活化剂及稳定剂共同使用。常见的还原剂包括连二亚硫酸钠、亚硫酸氢钠、硫酸亚铁、多硫化钙、二价铁、零价铁等。

（二）固化/稳定化

固化/稳定化技术是通过添加固化剂或稳定剂，将土壤中的有毒有害物质固定起来，或者改变有毒有害成分的赋存状态或化学组成形式，阻止其在环境中迁移和扩散，从而降低其危害的修复技术。其中，固化是利用惰性材料与土壤混合，使其生成结构完整、具有一定机械强度的块状密实体（固化体），从而将污染土壤中有毒有害成分加以束缚的过程；稳定化是利用化学添加剂与土壤混合，改变污染土壤中有毒有害成分的赋存状态或化学组成形式，从而降低其毒性、溶解性和迁移性的过程。

按照施工过程是否挖掘土壤，可分为原位固化/稳定化和异位固化/稳定化。

原位固化/稳定化是指通过一定的机械力在原位向污染介质中添加固化剂或稳定剂，使其与污染介质、污染物发生物理作用、化学作用；异位固化/稳定化则是将污染土壤挖掘出并运送至指定施工区域，向污染介质中添加固化剂/稳定剂，使其与污染介质、污染物发生作用。

主要稳定剂有水泥、氧化镁、聚合物固化剂（聚乙烯、硫聚合物和沥青）；主要添加剂有石灰、磷酸盐材料、活性炭、轮胎碎片、有机改性黏土、硅粉、飞灰、炉渣等。

可处理的污染物类型：重金属类、石棉、放射性物质、腐蚀性无机物、氰化物、氟化物、含砷化合物等无机物以及农药（或者除草剂）、多环芳烃类、多氯联苯类、二噁英等有机化合物。不适用于挥发性有机化合物和以污染物总量削减为效果评估目标的修复项目。

土壤的理化特性（机械组成、含水率、有机质含量、pH 等）、污染特性（污染物种类、污染程度）均会影响这一技术工艺的适用性及其修复效果。针对不同类型的污染物，特别是砷、铬等毒性和活性较大的污染物，选择不同的固化/稳定化药剂；基于土壤污染类型研究固化/稳定化药剂的添加量与污染物浸出毒性的相互关系，确定最佳固化/稳定化药剂添加量。

（三）土壤气相抽提

通过抽提系统对土壤施加真空，迫使非饱和土壤中污染气体发生受控流动，从而将其中的挥发性和半挥发性有机污染物脱除的技术。在抽提的同时，也可以设置注气井，向土壤中通入空气，形成加压气流。按照修复区土壤是否开挖，土壤气相抽提技术通常分为原位土壤气相抽提技术和异位土壤气相抽提技术。前者是将抽提井直接布设于非饱和土壤修复区内。后者是将污染土壤挖掘出来，转移到其他场所制成堆体，在土壤堆体中布置抽提井。

土壤气相抽提系统通常由抽提单元、尾气处理单元和废液处理单元组成，如图 4-8 所示。

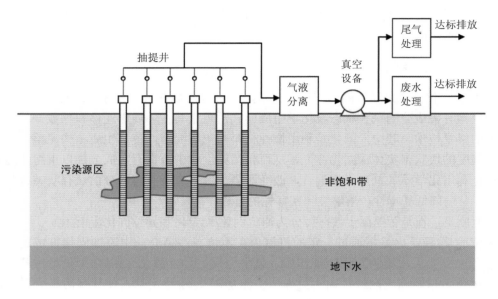

图 4-8　土壤气相抽提系统构成

　　土壤气相抽提适用于非饱和带污染土壤的修复，主要处理易挥发的有机物，如苯、甲苯等。该技术适用于土壤透气性较好的非饱和带土层。一般要求土壤透气率$>10^{-10}\mathrm{cm}^2$。

（四）原位热脱附

　　原位热脱附是通过向地下输入热能，加热土壤及地下水，提高目标污染物的蒸气压及溶解度，促进污染物挥发或溶解，并通过土壤气相抽提或多相抽提实现对目标污染物去除的技术。

　　按照加热方式的不同，原位热脱附通常分为热传导加热、电阻加热（电流加热）及蒸汽加热。热传导加热是热量通过传导的方式由加热井传递到污染区域，从而加热土壤和地下水的原位热脱附技术。热传导通常包括燃气加热和电加热两种方式。加热的最高温度划线可以达到 750～800℃。电阻加热是将电流通过污染区域，利用电流的热效应加热土壤和地下水的原位热脱附技术。加热的最高温度一般在 100～120℃。蒸汽加热指通过将高温水蒸气注入污染区域，加热土壤和地下水的原位热脱附技术。加热的最高温度在170℃。

　　通常包括热传导加热单元、抽提单元、废水废气处理单元及监测单元等，如图4-9所示。

　　原位热脱附适用于处理污染土壤和地下水中的苯系物、石油烃、卤代烃、多氯联苯、二噁英等挥发性和半挥发性有机物，特别适用于处理高浓度及含有非水相液体的地下介质及低渗透地层。

　　原位热脱附不适用于地下水丰富、流速较快的污染物区域的修复。

　　在污染区域范围内设置加热井（或电极井，或蒸汽注入井），对目标污染区域的土壤或地下水进行加热，达到污染物的挥发温度，再利用真空抽提井对气相/液相的污染物进行抽提，通过冷凝分离，再对提取出的气体和液体分别进行无害化处理，最后达标排放。

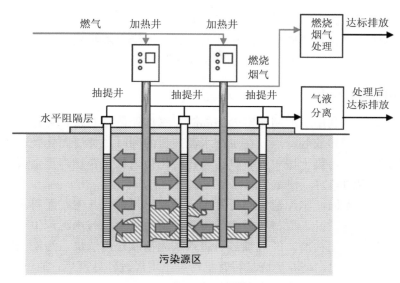

图 4-9　典型原位热脱附系统构成

（五）异位热脱附

相对于不开挖土壤的原位处理方法而言，异位处理是指污染土壤已从原污染区域挖掘出来，运输至某一特定处理点进行处理。异位热脱附通过直接或间接方式对污染土壤进行加热，通过控制系统温度和物料停留时间，有选择地促使污染物气化挥发，使目标污染物与土壤颗粒分离去除。

异位热脱附系统按照加热方式分为直接热脱附（热源直接接触污染土壤进行加热）和间接热脱附（热源通过介质间接对污染土壤进行加热）。按照加热目标温度可分为高温热脱附和低温热脱附。

直接热脱附由进料系统、脱附系统和尾气处理系统组成。

进料系统：通过脱水、破碎、筛分、磁选等预处理，将污染土壤从车间运送到脱附系统中。

脱附系统：污染土壤进入热转窑后，与热转窑燃烧器产生的火焰直接接触，被均匀加热至目标污染物气化的温度以上，达到污染物与土壤分离的目的。

尾气处理系统：富集污染物蒸气的尾气通过旋风除尘、焚烧、冷却降温、布袋除尘、碱液淋洗等环节去除其中的污染物。

间接热脱附同样由进料系统、脱附系统和尾气处理系统组成。与直接热脱附的区别在于脱附系统和处理系统。

脱附系统：燃烧器产生的火焰均匀加热转窑外部，污染土壤被间接加热至污染物的沸点后，污染物与土壤分离，废气经处理后达标排放。

尾气处理系统：尾气通过过滤器、冷凝器、二次燃烧、冷冻和活性炭吸附设备等环节去除其中的污染物。

异位热脱附适用于处理污染土壤中的挥发性及半挥发性有机污染物（如石油烃、农药、多环芳烃、多氯联苯）和汞等物质，不适用于无机物污染土壤（汞除外），也不适用于腐蚀性有机物、活性氧化剂和还原剂含量较高的土壤。污染土壤修复方量较大时，宜采用直接热脱附工艺；修复方量较小时，宜采用间接热脱附工艺。

（六）水泥窑协同处置

水泥窑协同处置是利用水泥回转窑内的高温、气体停留时间长、热容量大、热稳定性好、碱性环境、无废渣排放等特点，在生产水泥熟料的同时，焚烧固化处理污染土壤。在水泥窑的高温条件下，污染土壤中的有机污染物转化为无机化合物，重金属污染土壤从生料配料系统进入水泥回转窑，使重金属固定在水泥熟料中。

按照进料方式的不同，水泥窑协同处置可分为原材料替代（生料配料系统进料）及高温焚烧（窑尾烟气室进料）。原材料替代是将重金属污染土壤与水泥厂生产原材料经过配伍后，随生料一起进入生料磨，经过预热后进入水泥窑系统内煅烧，污染土壤中的重金属被固定在水泥熟料晶格内。高温焚烧是将有机污染土壤经过预处理后，通过密闭输送系统，将污染土壤输送至窑尾烟气室进入水泥窑系统煅烧，污染土壤中的有机物在高温下转化为无机化合物。

水泥窑协同处置主要由土壤预处理系统、上料系统、水泥回转窑及配套系统、监测系统组成。土壤预处理系统在窑闭环境内（如充气大棚）进行，主要由筛分设施、尾气处理设施（如活性炭吸附等）等。其他设施可参见第三章危险废物的焚烧处置中有关水泥窑协同处置固体废物（含危险废物）部分。

水泥窑协同处置适用于有机污染土壤及大部分重金属污染土壤的处置。由于水泥生产对进料中重金属及氯、硫等元素的含量有限值要求，在使用该技术时需控制污染土的添加量。

工艺流程见图 4-10 所示。

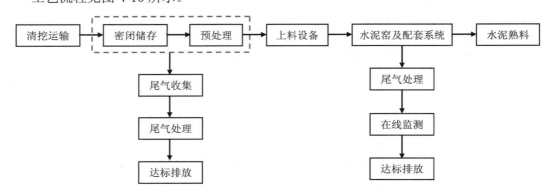

图 4-10 水泥窑协同处置技术工艺流程

经过预处理后的有机污染土壤从窑尾烟气室进入回转窑，重金属污染土壤从生料配料系统经过粉磨、预热后进入回转窑。

水泥窑协同处置污染土壤对水泥回转窑的技术参数要求、污泥中重金属含量、氯元素、氟元素、硫元素的含量等均应满足《水泥窑协同处置固体废物环境保护技术规范》（HJ 662—2013）的要求，具体可参见第三章危险废物的焚烧处置中关于水泥窑协同处置固体废物（含危险废物）部分。

实际运行中污染土壤的添加量，应根据污染土壤中的碱性物质含量、重金属含量、氯、氟、硫等元素含量及污染土壤含水率等综合确定。

（七）异位土壤淋洗

异位土壤淋洗是采用物理分离或化学淋洗等手段，通过添加水或合适的淋洗剂，分离重污染土壤组分或使污染物从土壤相转移到液相的技术。

按照污染物分离的方式，异位土壤淋洗可分为物理分离和化学淋洗。物理分离是采用筛分、水力分选及重力浓缩等分离手段，将较大颗粒的土壤组分（砾石、砂粒）同土壤细粒（黏/粉粒）分离，由于污染物主要集中分布于较小的土壤颗粒上，因此物理分离可以有效地减少污染土壤的处理量，实现减量化。对于分离出的土壤细粒，可根据需要选择稳定化处置或进行化学淋洗处理。化学淋洗也称增效洗脱，是将含有淋洗剂的溶液与污染土壤混合，通过增溶或络合作用，促进土壤细粒表面污染物向水相的溶解转移，再对含污染物的淋洗废液进行后处理。常用的有机污染物淋洗剂有低毒有机溶剂、表面活性剂等；重金属淋洗剂有无机酸和有机酸等。

异位土壤淋洗处理系统一般包括土壤预处理（破碎机、筛分机）、物理分离（湿法振动筛、水力旋流器）、化学淋洗（淋洗搅拌罐等）、废水处理、挥发气体控制等。具体修复中可选择单独或联合使用物理分离单元和化学淋洗。淋洗技术不适用于土壤细粒（黏/粉粒）含量高于 50% 的土壤。

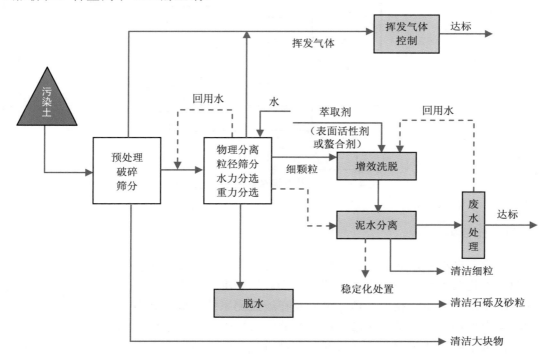

图 4-11 异位土壤淋洗工艺流程

（八）化学热升温解吸

土壤化学热升温解吸主要是通过在土壤中均匀掺混发热剂，在土壤中发生放热化学反应，促使土壤堆体温度升高，使土壤堆体温度接近或高于污染物（以挥发性物质为主）的沸点，促使污染物从土壤中加速解吸的一种技术。主要设备包括土壤挖掘设备、土壤水分调节设备（如脱水机等）、土壤筛分破碎设备、土壤与发热剂混合搅拌设备（如土壤修复机、双轴搅拌机）等。由于修复过程易产生大量扬尘并释放污染气体，化学热升温解吸修复通常需要在带有废气处理装置的密闭大棚中进行，防止二次污染。工艺流程如图 4-12 所示。

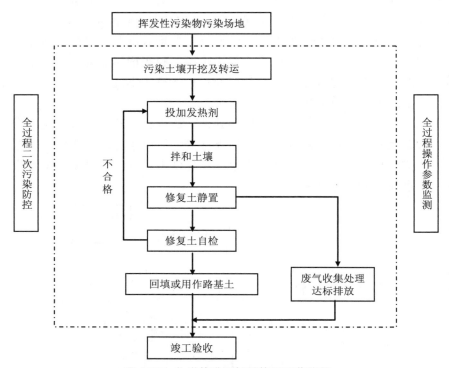

图 4-12 化学热升温解吸施工工艺流程

（九）生物堆

对污染土壤堆体采取人工强化措施，促进土壤中具备污染物降解能力的土著微生物或外源微生物的生长并降解土壤中的污染物。生物堆主要由土壤堆体、抽气系统、营养水分调配系统、渗滤液收集处理系统以及在线监测系统组成。其中，土壤堆体系统具体包括污染土壤堆、堆体基础防渗系统、渗滤液收集系统、堆体底部抽气管网系统、堆内土壤气监测系统、营养水分添加管网、顶部进气系统、防雨覆盖系统等。适用于处理石油烃等易生物降解的有机物污染的土壤或油泥的修复。不适用于重金属、难降解有机物污染的土壤修复。

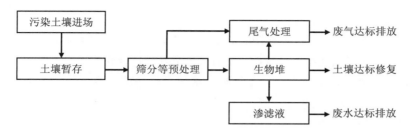

图 4-13 工艺流程

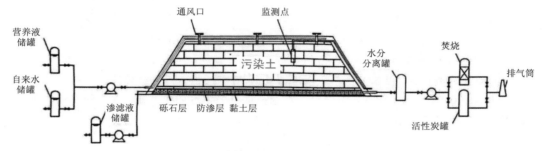

图 4-14 某修复工程流程

案例 4-3：江苏某溶剂厂地块治理修复项目

1. 项目基本信息

项目类型：化工类污染地块

实施周期：2016 年 10 月—2018 年 12 月

项目经费：2.6 亿元

2. 主要污染情况

1）地块情况：地块原为某溶剂厂原址北区用地，曾用于生产增塑剂、二苯醚、氢化三联苯等。2007 年，溶剂厂搬迁，原企业用地由市土地储备中心收储。

2）敏感受体及治理必要性：地块周边有敏感用地，且该厂建厂时间较早，长期从事化工生产活动，废水、废渣处置不当，造成土壤和地下水污染，威胁人居环境健康，因此需要对地块土壤和地下水进行修复。

3）土层及水文地质条件：场地-20 m 以上浅土层主要由黏性土及砂性土组成，勘探深度范围内地下水主要为孔隙潜水、微承压水。

4）污染物含量：地块土壤中存在的污染物主要为苯、氯苯和石油类。其中，石油类污染最重，最高含量达 17 300 mg/kg，超标 81.8 倍。地下水中主要污染物邻苯二甲酸二（2-乙基己基)酯、苯、挥发酚、氯化物最高含量分别达 0.105 mg/L、5.31 mg/L、8 380 mg/L、61 200 mg/L。

5）风险评估结果：通过计算本地块土壤和地下水环境风险，可知土壤和地下水中污染物含量均超出可接受风险水平，需要对该地块采取治理修复措施。

6）修复工程量：土壤污染面积约 1.8 万 m²，土方量约 27.1 万 m³，污染深度达 18 m；受污染地下水修复量为 5 192 m³。

3. 修复目标

该地块开展调查与风险评估相对较早（2015 年），业主单位按照相对保守的修复标准组织开展治理修复，国家相关标准出台后，及时对修复目标进行调整。

土壤修复目标值：按照《土壤环境质量　建设用地土壤污染风险管控标准（试行）》（GB 36600—2018）中第一类用地土壤标准，修复目标值为苯≤1 mg/kg、氯苯≤68 mg/kg、石油烃（$C_{10}\sim C_{40}$）≤826 mg/kg。

地下水修复目标值：根据地下水风险评估结果和国外有关标准值，计算确定修复目标值。其中，浅层地下水中苯、氯苯、1,4-二氯苯、苯酚和石油烃（$C_{10}\sim C_{40}$）的修复目标值分别为0.89 mg/L、5.96 mg/L、0.24 mg/L、565 mg/L 和 102 mg/L。微承压地下水中对应污染物修复目标值分别为 7.8 mg/L、50 mg/L、1.88 mg/L、775 mg/L 和 102 mg/L。

4. 治理修复技术路线

地块土壤和地下水治理修复技术路线如图 4-15 所示。根据污染物种类和污染程度，将污染区分为 A 区和 B 区两个治理修复单元。A 区土壤中主要污染物为苯、氯苯和石油类等，污染较深；B 区主要污染物为石油类污染物，污染较浅。

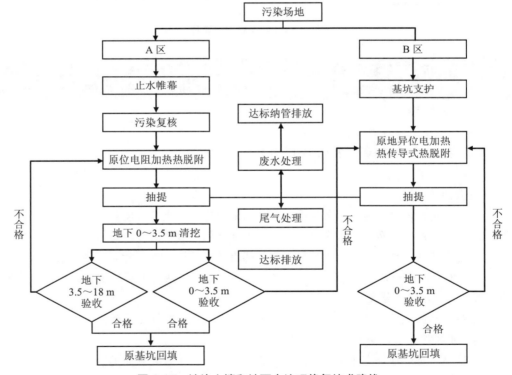

图 4-15　地块土壤和地下水治理修复技术路线

对 A 区、B 区污染土壤与地下水，分别采用原位电阻加热热脱附和原地异位电导热脱附进行治理修复。治理过程产生的废水，经废水处理系统处理达标后纳管排放；治理过程产生的废气，经尾气处理系统处理后达标排放。

1）原位电阻加热热脱附处置。A 区采用原位电阻加热热脱附技术。该技术是将电流通入地下，利用水和土壤自身导电生热，最终可以加热至水的沸点，通过共沸、挥发和汽提等机理，使污染物进入气相，并通过抽提系统转移至地面，在地面进行收集处理。整个系统分为四大部分：加热系统、抽提系统、水处理系统和尾气处理系统。加热系统包括电极和电力分配系统，负责将电能输入到地下，汽化地下水污染物；抽提系统将地下产生的气体抽出地面，经冷凝后，将废水和废气分离；废水进入水处理系统，经过处理达到纳管标准后排入市政管网；废气经过活性炭纤维吸附后，达标排放，活性炭纤维采用的是蒸汽再生，可以循环使用；再生脱附的有机污染物经冷凝后收集，作为危险废物送有资质单位处置。

A 区 0～18 m 土壤原位热脱附后，再对污染较重的 0～3.5 m 土壤清挖，送水泥窑处置。之所以对 0～3.5 m 土壤先进行原位热脱附，是为了去除其异味，以免其清挖时产生较大的二次污染。

2）原地异位电导加热热脱附处置。B 区采用原地异位电导加热热脱附技术。将污染土壤开挖制堆，采用电加热器对污染土壤加热，使其中的有机污染物脱附，通过抽提集中收集处理。达标处置污染土壤约 7 000 m³。异位热脱附堆、温控和供电系统如图 4-16（a）、图 4-16（b）所示。

3）二次污染控制措施。在开挖处置的 B 区，为控制污染土壤开挖、制堆及热脱附过程的异味，采取建设钢结构大棚的方式。在场地重点污染区域内搭建配备尾气吸附系统的钢结构大棚，过程散逸气体经尾气吸附系统吸附后达标外排。钢结构大棚、配套尾气处理系统如图4-16（c）、图 4-16（d）所示。

A 区地表采用 3 层覆盖的方式对场地表面进行密封，运行过程中采用负压运行，将加热过程中散逸的有机气体集中收集，并通过活性炭纤维吸附系统，吸附后达标排放。场地覆盖及负压抽提管线如图 4-16（e）、图 4-16（f）所示。

（a）异位热脱附堆

（b）温控和供电系统

（c）钢结构大棚

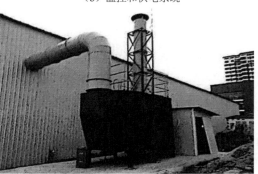

（d）大棚配套尾气处理系统

（e）场地覆 HDPE 膜加混凝土覆盖　　　　　　　（f）负压抽提管线

图 4-16　污染土壤修复系统/措施

5. 实施效果

在第三方治理修复效果评估阶段，A 区共采集土壤样品 751 个，经分析测试，各土壤样品污染物含量总体上符合确定的修复目标值；共采集地下水样品 140 个，经分析测试及综合残余风险评估，各地下水水样污染物含量总体上符合确定的修复目标值。B 区共采集土壤样品 53 个，经分析测试，土壤修复后总石油烃残余含量符合确定的修复目标值。

6. 长期管理措施

土壤治理修复工程竣工后，在场地周边设置 6 口地下水长期监测井，每月定期送检地下水水样，并形成地下水监测报告。

第四节　地下水污染防治

根据《中国水资源公报（2020）》，地下水资源量占我国水资源总量的近 1/3，占总供水量的近 1/6，地下水是支撑我国经济社会可持续发展的重要战略资源。随着我国经济社会的快速发展，部分地区地下水超采和污染日益严重，进一步加大了水资源安全保障的压力，而且，部分地下水型饮用水水源环境保护问题突出。近年来，我国逐步推进地下水污染防治工作并取得了一定进展，但总体来看，我国地下水污染风险管控与修复工作刚刚起步，地下水资源风险管控和修复责任有待进一步落实，管理体系、技术体系需进一步完善。

一、地下水的形成及特征

（一）主要类型及特征

地下水广义上是指赋存于地面以下岩石空隙中的水，狭义上是指地面以下饱和含水层中的重力水。

根据地下水的埋藏条件，可以把地下水分为上层滞水、潜水和承压水；根据含水层的空隙性质，可以把地下水分为孔隙水、裂隙水和岩溶水（图 4-17）。

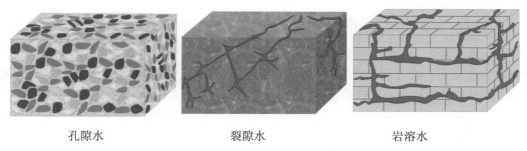

孔隙水　　　　　　　　　裂隙水　　　　　　　　　岩溶水

图 4-17　地下水含水介质类型示意图

　　上层滞水是指存在于包气带中局部隔水层或弱透水层之上的重力水，是在大面积透水的水平或缓倾斜岩层中存在相对隔水层的条件下，降水或其他方式补给的地下水在向下渗透的过程中因受隔水层的阻隔而滞留，聚集在隔水层之上形成的。潜水是指保存在地表以下第一个含水层中、具有自由水面的重力水称为潜水。潜水可存在于松散的沉积物中，也可存在于基岩裂隙或溶隙中。潜水的水面为自由水面，称为潜水面。承压水是指充满于上下两个稳定隔水层（或弱透水层）之间的含水层中的重力水。承压水的主要特点是有稳定的隔水顶板和底板，没有自由水面，水体承受静水压力，与有压管道中的水流相似。承压水的上部隔水层称为隔水顶板，下部隔水层称为隔水底板，两隔水层之间的含水层称为承压含水层（图 4-18）。

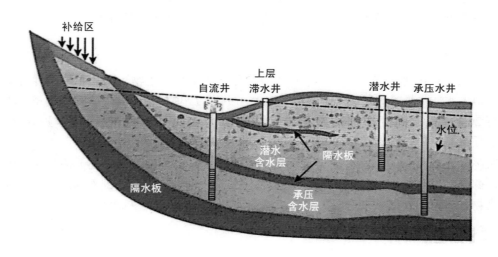

图 4-18　地下水类型示意图[1]

　　承压水由于有稳定的隔水顶板和底板，因此与外界的联系较差。

---

[1] 本图摘自生态环境部土壤生态环境司编《地下水污染风险管控与修复技术手册》。

（二）地下水的补、径、排特征

地下水不断参与着自然界的水循环。含水层或含水系统经由补给从外界获得水量，通过径流将水量由补给处输送到排泄处向外界排出。在补给与排泄过程中，含水层与含水系统除了与外界交换水量，还交换能量、热量与盐量。

含水层或含水系统从外界获得水量的过程称作补给。补给除了获得水量，还获得一定盐量或热量。

地下水补给来源主要有大气降水、地表水、凝结水、相邻含水层之间的补给以及人工补给等。

径流是连接补给与排泄的中间环节，通过径流，地下水的水量、盐量和能量由补给区传送到排泄区，实现重新分配。地下水径流的特点：①地下水径流首先取决于水力梯度，地下水流向总是水力梯度最大的方向；②径流受到岩石透水性的制约；③水流常呈层流运动，流速很小；④径流的强弱影响着含水层水量与水质的形成过程。

含水层或含水系失去水量的过程称为排泄。

下水通过泉、向河流泄流及蒸发、蒸腾等方式向外界排泄。此外，还存在由一个含水层（含水系统）向另一个含水层（含水系统）排泄的现象。

二、地下水污染及其危害

地下水污染主要指人类活动引起地下水化学成分、物理性质和生物学特性发生改变而使质量下降的现象。地下水污染具有过程缓慢、不易发现和难以治理的特点。

（一）污染物

地下水污染物种类繁多，按其性质可分为化学污染物、生物污染物和放射性污染物三类。《地下水质量标准》（GB/T 14848—2017）共有 93 项指标，其中感官性状及一般化学指标有 20 项；毒理学指标中无机化合物指标有 20 项；有机化合物指标有 49 项；放射性指标有 2 项；微生物指标有 2 项。具体可见 GB/T 14848—2017。

实际地下水受到的污染可能更为复杂，还有其他许多污染物如《关于持久性有机污染物的斯德哥尔摩公约》[1]中列入的各类污染物（其中少部分污染物已列入标准中）、众多的新污染物等均可能对地下水造成污染，但这些污染物未列入上述标准中。

（二）污染危害

地下水污染危害包括对人体健康和生态环境的危害，其中对人体健康的危害是指通过经口摄入、皮肤接触或经过食物链摄入等途径[2]使地下水中的污染物进入人体，对人体健康产生危害。地下水污染对生态环境的危害是指污染地下水通过径流、排泄、挥发等途径，影响周边生态环境系统健康状态，如受到污染的地下水对地表水进行补给后，使地下水中

---

① 截至 2019 年 5 月，已有三大类 30 种（类）POPs 被列入公约控制名单。
② 如作为饮用水水源的地下水受到污染后，人体通过饮用水直接摄入污染物；污染地下水灌溉农田后，污染物通过食物链进入人体。

的污染物进入地表水体；受污染地下水用于农田灌溉后，使污染物进入农田土壤等。

三、地下水重点污染源与污染途径

（一）重点污染源

地下水重点污染源主要包括工业污染源（包括工业企业及工业集聚区）、矿山开采区、尾矿库、危险废物处置场、垃圾填埋场、加油站、农业污染源等。

（二）污染途径

根据水力学特点，地下水污染途径大致可分为 4 个类型（表 4-2）。

表 4-2　地下水污染途径分类

类型			污染途径	污染来源	被污染含水层
I	间歇入渗型	I_1	降水对固体废物的淋滤	工业和生活固体废物	潜水
		I_2	矿区疏干地带的淋滤和溶解	疏干地带的易溶矿物	潜水
		I_3	灌溉水及降水对农田的淋滤	主要是农田表层土壤残留的农药、化肥及易溶盐类	潜水
II	连续入渗型	II_1	渠、坑等污水的渗漏	各种污水及化学液体	潜水
		II_2	受污染地表水的渗漏	受污染的地表水体	潜水
		II_3	地下排污管道的渗漏	各种污水	潜水
III	越流型	III_1	地下水开采引起的层间越流	受污染的含水层或天然咸水等	潜水或承压水
		III_2	水文地质天窗的越流	受污染的含水层或天然咸水等	潜水或承压水
		III_3	经井管的越流	受污染的含水层或天然咸水等	潜水或承压水
IV	径流型	IV_1	通过岩液发育通道的径流	各种污水或被污染的地表水	主要是潜水
		IV_2	通过废水处理井的径流	各种污水	潜水或承压水
		IV_3	咸水入侵	海水或地下咸水	潜水或承压水

注：越流型的特点是污染物通过层间越流的形式进入其他含水层。这种转移或者是通过天然途径（水文地质天窗），或者通过人为途径（结构不合理的井管、破损的老井管等），或者人为开采引起的地下水动力条件的变化而改变了越流方向，使污染物通过大面积的弱透水层越流转移到其他含水层。

四、地下水污染防治要求

（一）法规、标准

1．法律法规要求

涉及地下水污染防治的法律法规主要是 2021 年颁布实施的《地下水管理条例》。此外，《中华人民共和国水污染防治法》《中华人民共和国土壤污染防治法》中也有一些条款提及，但这些条款的内容在《地下水管理条例》中已吸收体现。《地下水管理条例》中规定的重要制度及地下水污染防治的重点内容如下。

1）国家对地下水管理和保护情况实行目标责任制和考核评价制度。各级生态环境主管部门负责辖区内地下水污染防治监督管理工作。

2）国家定期组织开展地下水状况调查评价工作，包括地下水资源调查评价、地下水污染调查评价和水文地质勘查评价等。调查评价结果应当依法向社会公布。

3）县级以上水行政、自然资源、生态环境等主管部门根据地下水状况调查评价成果，结合本地实际，编制本级地下水保护利用和污染防治规划，并向社会公布。

4）国家实行地下水取水总量控制制度。

5）禁止下列可能污染地下水的行为：利用渗井、暗管等排放水污染物；利用岩层孔隙、废弃矿坑等贮存石化原料、危险废物、污泥或其他有毒有害物；利用无防渗措施的沟渠等输送或贮存含有毒有害污染物的废水和其他废弃物。

6）化学品生产企业以及工业集聚区、危险废物处置场、垃圾填埋场、加油站等应当采取防渗措施，并进行监测。

7）农业生产者和个人应当科学合理使用农药、化肥，农田灌溉水应符合相关水质标准，防止地下水污染。

8）对安全利用类和严格管控类农用地地块的土壤污染影响或者可能影响地下水安全的，制定防治污染的方案时，应当包括地下水污染防治的内容；对建设用地地块，编制土壤污染风险评估报告时，应当包括地下水是否受到污染的内容；列入风险管控和修复名录的建设用地地块，采取的风险管控措施中应当包括地下水污染防治的内容；对需要实施修复的农用地地块，以及列入风险管控和修复名录的建设用地地块，修复方案中应当包括地下水污染防治的内容。

2．相关标准、规范

涉及地下水污染防治的标准、规范主要有：

1）《地下水质量标准》（GB/T 14848—2017）。

2）《污染地块地下水修复和风险管控技术导则》（HJ 25.6—2019）。

3）《地下水环境监测技术规范》（HJ 164—2020）。

4）《工业企业土壤和地下水自行监测技术指南（试行）》（HJ 1209—2021）。

5）《地下水污染防治重点区划定技术指南（试行）》（环办土壤函〔2023〕299号）。

（二）地下水污染防治

1．国家层面对地下水污染防治的部署

1）2016年印发的"土十条"及2018年颁布的《中华人民共和国土壤污染防治法》均提出在土壤污染的调查评估及管控、修复等活动中，同步做好地下水污染防治的相关工作。

2）2019年3月，由生态环境部等五部门联合印发了《地下水污染防治实施方案》，提出了地下水污染防治的目标和主要任务。

主要目标。到2020年，初步建立地下水污染防治法规标准体系、环境监测体系；全国地下水质量极差比例控制在15%左右；地下水污染加剧趋势得到初步遏制。到2025年，建立地下水污染防治法规标准体系、环境监测体系；地级及以上城市集中式地下水型饮用水水源水质达到或优于Ⅲ类比例总体为 85%左右；典型地下水污染源得到有效监控，地下水污染加剧趋势得到有效遏制。

主要任务。主要任务是"一保、二建、三协调、四落实"。

"一保"，即确保地下水型饮用水水源环境安全。加强城镇地下水型饮用水水源规范化建设，针对人为污染造成水质超标的地下水型饮用水水源，制定、实施地下水修复（防控）方案；对难以恢复饮用水水源功能且经水厂处理水质无法满足标准要求的水源，应按程序撤销、更换。强化农村地下水型饮用水水源保护，2020 年年底前，完成供水人口在 10 000 人或日供水 1 000 t 以上的地下水型饮用水水源调查评估和保护区划定工作，对水质不达标的水源，采取水源更换、集中供水、污染治理等措施。

"二建"，即建立地下水污染防治法规标准体系、全国地下水环境监测体系。研究制修订地下水污染防治相关技术规范、导则、指南等；构建规范化监测的全国地下水环境监测网和环境监测信息平台。

"三协同"，即协同地表水与地下水、土壤与地下水、区域与场地①污染防治。

"四落实"，即落实"水十条"确定的四项重点任务：开展调查评估、防渗改造②、修复试点、封井回填③工作。

3）"十四五"时期，制订发布的《"十四五"土壤、地下水和农村生态环境保护规划》对地下水污染防治明确了以下主要工作：

①建立地下水污染防治管理体系。制定地下水环境质量达标方案。对于地下水国考点位，非地质背景导致未达到水质目标要求的，应因地制宜制定地下水环境质量达标或保持方案，明确防治措施及完成时限。同时，推动地下水污染防治分区管理，建立地下水污染防治重点排污单位名录。

②加强污染源头预防、风险管控与修复。开展"一企一库""两场两区"（化学品生产企业、尾矿库、危险废物处置场、垃圾填埋场、化工产业为主导的工业集聚区、矿山开采区）地下水污染调查评估，落实地下水防渗和监测措施，督促"一企一库""两场两区"采取防渗漏措施，并按要求开展地下水环境监测。实施地下水污染风险管控，对存在地下水污染的化工产业为主导的工业集聚区、危险废物处置场和生活垃圾填埋场等，实施地下水污染风险管控，阻止污染扩散。探索开展地下水污染修复，土壤污染状况调查、风险管控或修复方案等，应依法包括地下水相关内容，统筹推进土壤和地下水污染风险管控与修复。开展地下水污染修复试点，形成一批可复制、可推广的技术模式。

③强化地下水型饮用水水源保护。强化县级及以上地下水型饮用水水源保护区划定，并进行规范化建设。存在水质超标问题的，因地制宜予以整治，确保水源安全。推进县级及以上城市浅层地下水型饮用水重要水源补给区划定，加强补给区地下水环境管理。推进

---

① 这里的"区域"指在地下水污染防治工作中分区划分、分区防治、分类监管；"场地"层面，重点开展以地下水污染修复（防控）为主，以及以保护地下水型饮用水源环境安全为目的的场地修复（防控）工作。

② 指对加油站、高风险化学品生产企业以及工业集聚区、矿山开采区、尾矿库、危险废物处置场、垃圾填埋场等区域开展必要的防渗处理。

③ 指对报废矿井、钻井、取水井封井回填。

地表水和地下水协同防治，防范傍河地下水型饮用水水源环境风险。

2. 地方政府地下水污染防治及其规划

各级地方党委、政府要根据有关法律法规要求和国家统一部署，抓好辖区内地下水污染防治工作，保护和改善地下水环境质量。为此，应组织编制好区域地下水污染防治规划，并实施好这一规划。

（1）规划的有关法律规定

《地下水管理条例》第十二条规定，县级以上人民政府水行政、自然资源、生态环境等主管部门根据地下水状况调查评价成果，统筹考虑经济社会发展需要、地下水资源状况、污染防治等因素，编制本级地下水保护利用和污染防治等规划，依法履行征求意见、论证评估等程序后向社会公布。

（2）地下水污染防治规划编制

首先要通过大量调查和资料收集，对区域内地下水污染防治工作进行评估，分析存在的问题和面临的形势。在此基础上，根据上级统一部署，结合区域实际，提出地下水污染防治的重点任务和措施，主要包括：

①建立地下水分区管控机制。开展地下水污染防治分区划定，实施分区管理、分级防治，并明确具体的管理和防治措施。

②巩固提升地下水环境质量。对非地质背景原因导致水质未达标的国考点位，编制并实施水质巩固提升方案，防止水质恶化，并尽可能实现水质改善。

③加强重点源预防和风险管控。以"一企一库""两场两区"为重点，开展地下水污染调查评估，并在此基础上落实防渗、风险管控等措施。探索开展地下水修复示范。

④加强地下水型饮用水水源保护。划定水源保护区、补给区，并进行规范化建设和保护。

（3）规划的组织实施

地下水污染防治规划编制完成后，需报经地方党委、政府批准后颁布实施。组织实施中，应把上述规划包含的各项任务分解落实到相关职能部门和下一级地方政府，并对任务完成情况进行考核。

五、地下水污染风险管控与修复

地下水污染治理分为地下水污染风险管控、地下水污染修复和地下水污染风险管控与修复集成 3 种模式。地下水污染风险管控模式是指以实现阻断地下水污染物暴露途径、阻止地下水污染扩散为目的，对污染地下水进行风险管控的总体思路。地下水污染修复模式是指以降低地下水污染物浓度、实现地下水修复目标为目的，对地下水进行修复的总体思路。地下水污染风险管控与修复集成模式是指兼顾降低地下水污染物浓度和阻断污染物暴露途径，将地下水修复与风险管控相结合的总体思路，即采取修复措施将地下水污染物浓度削减至一定目标值后继续采取风险管控措施，或者根据地块污染物的分布情况或规划用途，对其中部分区域分别采取修复模式和风险管控模式。

地下水污染和土壤污染往往密不可分，因此部分风险管控和修复技术既适用于土壤污染防治，也适用于地下水污染防治。地下水污染涉及含水层介质，污染物同时影响固液两相。大部分土壤原位修复技术（如原位化学氧化、原位化学还原、原位热脱附等）可同时去除固液两相中的污染物，因此也适用于地下水的修复，达到水土协同修复的效果。阻隔、化学还原、化学氧化、原位热脱附等技术以及制度控制等是土壤/地下水污染治理的通用技术，前面土壤污染风险管控与修复部分已作了介绍，这里不再重复介绍。

（一）地下水污染风险管控技术

1．水力控制技术

水力控制技术是通过布置抽/注水井，人工抽取地下水或向含水层中注水，改变地下水的流场，从而控制污染物运移的一种水动力技术（图 4-19），分为上游控制法和下游控制法，主要目的是控制污染羽的扩散或阻止未污染的水进入污染区域。上游控制法是在受污染水体的上游布置抽/注水井群，通过在上游抽/注水，形成分水岭或降落漏斗，防止上游未污染的水进入污染区或增大水力梯度便于下游抽水。下游控制法在受污染水体的下游设置抽/注水井群，通过在下游抽/注水，防止污染区地下水流向下游未污染区域。

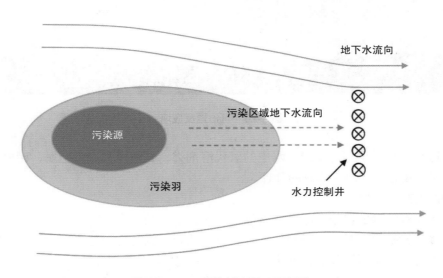

图 4-19　下游控制法原理示意图

水力控制系统通常包括井群系统和地下水监测系统，以及管路、供能、过程控制等辅助单元。

水力控制技术适用于地下水中污染物浓度较高、污染范围大的场地，适宜于卤代有机物（四氯乙烯、氯乙烯等）、非卤代挥发性有机物（苯、甲苯、乙苯、二甲苯）以及铬、铅、砷等污染物。其主要用于短时期的风险控制或应急管控，不适宜作为地下水污染治理的长期手段。国内外主要采用水力控制与修复技术相结合的方法对地下水进行治理。

2．可渗透反应墙

在受污染地下水流经的路径上建造由反应材料组成的反应墙，通过反应材料的吸附、沉淀、化学降解或生物降解等作用去除地下水中的污染物。

　　典型的可渗透反应墙结构包括连续反应带系统、漏斗—导门式反应系统、注入式反应系统三类。

　　连续反应带系统是一种最常见的可渗透反应墙结构类型，由一系列包含修复填料的反应区间组成，图 4-20 为其剖面示意图。当污染羽垂直通过可渗透反应墙时，与墙体内填充的活性材料充分接触和反应，达到去除地下水中污染物的目的。连续反应带的建立是挖掘一定规模和深度的沟槽，并在沟槽中回填粒状铁或其他活性材料。反应带厚度必须能有效去除所关注的污染物，使污染物浓度降低至目标浓度；而在长度和深度上，则应能分别有效截留污染羽的横向截面和纵向截面。

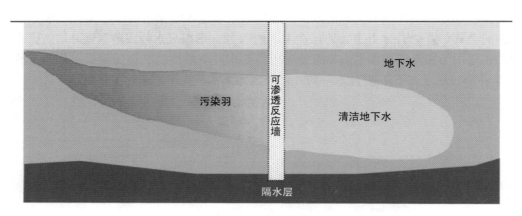

图 4-20　可渗透反应墙

　　可渗透反应墙适用于污染地下水中的氯代溶剂类、石油烃类、重金属、硝酸盐、高氯酸盐等有机污染物、无机污染物的处理。

3. 监控自然衰减

　　通过实施有计划的监控策略，依据场地自然发生的物理作用、化学作用及生物作用，包含生物降解、扩散、吸附、稀释、挥发、放射性衰减以及化学性或生物性稳定等，使得地下水和土壤中污染物的含量、毒性、移动性降低到风险可接受水平。

　　监控自然衰减系统主要由监测井网系统构成，同时需制订完整的监测计划、自然衰减性能评估方法和应急备用方案。该技术仅在证明具备适当环境条件时才能使用，不适用于对修复时间要求较短的情况。对自然衰减过程中的长期监测、管理要求高。

　　一般来说，监控自然衰减应与其他修复措施配合使用，或作为主动修复措施的后续措施，而不应将监控自然衰减作为默认的修复措施。

（二）地下水污染修复技术

1. 抽出处理

　　抽出处理用于受污染的地下水修复。根据地下水污染范围，在污染场地内布设一定数量的抽水井，通过水泵和水井将污染地下水抽取上来，然后利用地面设备处理。处理后的地下水，排入地表径流回灌到地下或排入附近污水管网系统。

地下水抽出处理系统通常由地下水水力控制系统、污染物处理系统和地下水监测系统组成，如图 4-21 所示。

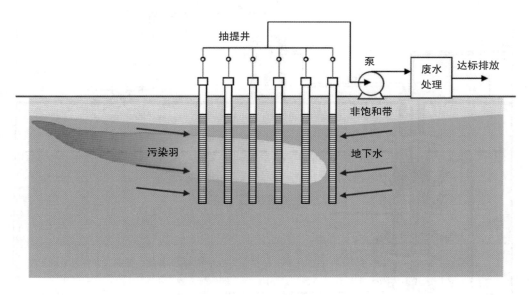

图 4-21 地下水抽出处理系统构成

地下水抽出处理技术用于污染地下水，可处理多种污染物。不宜用于吸附能力较强的污染物，以及渗透性较差或存在非水相液体（NAPL）的含水层。

2．多相抽提

多相抽提通过真空提取手段，并根据需要结合泵的抽提，同时抽取地下污染区域的土壤气体、地下水和非水相液体到地面进行相分离及处理，以实现对地下目标污染物的去除。

按照抽提方式的不同，多相抽提通常分为单泵抽提系统和双泵抽提系统。单泵抽提系统是通过真空设备来同时完成土壤气体、地下水和非水相液体的抽提，抽提出的气液混合物经地面气液分离设施分离后进入各自的处理单元，并经处理达标后排放，如图 4-22 所示。单泵抽提系统结构简单，通常修复深度在地下 10 m 以内。双泵抽提系统同时配备了提升泵与真空泵，分别抽提地下水及非水相液体，以及土壤气体。抽提井内设置了液体管路和气体管路两条管路，抽提出的液相和气相物质分别进入各自的处理单元，并经处理达标后排放。

多相抽提技术适用于污染土壤和地下水中的苯系物类、氯代溶剂类、石油烃类等挥发性有机物的处理，特别适用于处理易挥发、易流动的高浓度及含有非水相液体的有机污染场地，不宜用于渗透性差或者地下水水位变动较大的污染场地。抽提井的布设应确保整个污染区域均被抽提影响范围覆盖，井的数量应根据单井的影响半径确定。

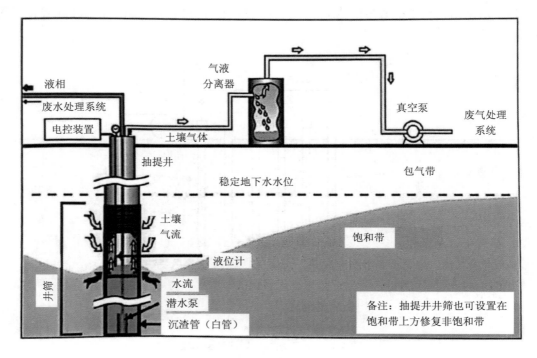

图 4-22　单泵抽提系统构成（USEPA）

第五章

环境影响评价和"三同时"验收

环境影响评价是指对规划和建设项目实施后可能造成的环境影响进行分析、预测和评估，提出预防或者减轻不良环境影响的对策和措施，进行跟踪监测的方法与制度。

环境影响评价首先是从建设项目领域开始的。建设项目的环境影响评价是指在项目兴建之前，就项目的选址、设计以及建设项目施工过程中和建设完成投产后可能带来的环境影响进行分析、预测和评估并形成书面报告，建设项目开工前，建设单位应将环评报告报有审批权的生态环境部门审批（或备案）。随着环保事业的发展，环评工作逐步拓展到规划领域。

本章简要阐述环境影响评价的相关法律法规、环境影响评价的作用、特点分类及其应遵循的技术原则；环境影响评价的工作程序、主要内容及其技术导则、标准；大气、地表水、声、辐射等单要素环境影响评价和规划环境影响评价的程序、方法、内容；常见邻避效应及其破解；环境影响评价报告书（表）行政许可的有关规定；建设项目的"三同时"和竣工环境保护验收等。限于篇幅，单要素环境影响评价部分主要介绍了常见的大气、水、噪声、辐射环境影响评价，其余如地下水、土壤、生态、环境风险、固体废物等的环境影响评价未作介绍，如需了解地下水、土壤、生态、环境风险、固体废物等环境影响评价工作，可参见 HJ 610—2016、HJ 964—2018、HJ 19—2022、HJ 169—2018、建设项目危险废物环境影响评价指南等。

第一节　环境影响评价相关规定、作用和特点

一、法律法规规定

环境影响评价制度是我国的一项基本环境保护法律制度，《环境保护法》、《中华人民共和国环境影响评价法》（以下简称《环境影响评价法》）、《建设项目环境保护管理条例》、《规划环境影响评价管理条例》等构建起其基本的法律法规框架。

（一）《环境保护法》的总体规定

《环境保护法》第十九条规定，编制有关开发利用规划，建设对环境有影响的项目，应当依法进行环境影响评价。未依法进行环境影响评价的开发利用规划，不得组织实施；未依法进行环境影响评价的建设项目，不得开工建设。

（二）对于建设项目环境影响评价的规定

《环境保护法》明确规定，国家根据建设项目对环境的影响程度，对建设项目的环境影响评价分类管理。建设项目可能造成重大环境影响的，应当编制环境影响报告书，对产生的环境影响进行全面评价；建设项目可能造成轻度环境影响的，应当编制环境影响报告表，对产生的环境影响进行分析或者专项评价；对于环境影响很小、不需要进行环境影响评价的，应当填报环境影响登记表。

建设项目的环境影响报告书、报告表，由建设单位按照相关规定，报有审批权的生态环境主管部门审批。建设项目的环境影响评价文件未依法经审批部门审查或者审查后未予批准的，建设单位不得开工建设。

《水污染防治法》《大气污染防治法》《土壤污染防治法》《噪声污染防治法》《固废法》和《中华人民共和国放射性污染防治法》等法律也均对建设项目环境影响评价作出了相应的规定。

（三）对于规划环境影响评价的规定

《环境影响评价法》明确：国务院有关部门、设区的市级以上地方人民政府及其有关部门，对其组织编制的土地利用的有关规划，区域、流域、海域的建设、开发利用规划，应当在规划编制过程中组织进行环境影响评价，编写该规划有关环境影响的篇章或者说明，未编写有关环境影响的篇章或者说明的规划草案，审批机关不予审批；对其组织编制的工业、农业、畜牧业、林业、能源、水利、交通、城市建设、旅游、自然资源开发的有关专项规划，应当在该专项规划草案上报审批前，组织进行环境影响评价，并向审批该专项规划的机关提出环境影响报告书，未附送环境影响报告书的，审批机关不予审批。

对于编制环境影响报告书的规划和编制环境影响篇章或说明的规划的具体范围，2004 年 7 月国家环境保护总局在《关于印发〈编制环境影响报告书的规划的具体范围（试行）〉和〈编制环境影响篇章或说明的规划的具体范围（试行）〉的通知》（环发〔2004〕98 号）中作了明确规定。

《规划环境影响评价条例》中对规划的环境影响评价及其审查等作了明确。专项规划审批前，生态环境主管部门应召集有关部门代表和专家组成审查小组，对专项规划环境影响报告书进行审查，审查小组应当提出书面审查意见。审查小组提出修改意见的，专项规划的编制机关应当根据环境影响报告书结论和审查意见，对规划草案进行修改完善，并对环境影响报告书结论和审查意见的采纳情况作出说明；不采纳的，应当说明理由。

设区的市级以上人民政府或者省级以上人民政府有关部门在审批专项规划草案时，应当将环境影响报告书结论以及审查意见作为决策的重要依据。在审批中未采纳环境影响报告书结论以及审查意见的，应当作出说明，并存档备查。

规划环评对建设项目环评具有指导和约束作用，已经进行环境影响评价的规划包含具体建设项目的，规划的环境影响评价结论应当作为建设项目环境影响评价的重要依据，建设项目环境保护管理中应落实规划环评的成果，切实发挥规划和项目环评预防环境污染和生态破坏的作用。

二、环境影响评价的主要作用[①]

（一）保证建设项目选址和布局的合理性

环境影响评价要对项目选址作系统分析，如项目是否处于饮用水水源上游，如是，则应分析是否存在较大的环境风险，对饮用水水源水质是否有影响；项目建设过程及建成投产后对周边环境（如居住区、学校、河流水质、农作物等）是否会产生不可接受的影响等。若上述影响较大或超出可接受的范围，项目就应另行选址，避免建成投产后带来不可挽回的损失。

（二）指导环境保护措施的设计

一般建设项目都会消耗一定的资源，产生并排放一定量的污染物。为此，建设单位应采取一定的降低消耗、减少排污的措施以使项目建设给环境带来的污染和破坏尽可能降到最低。通过环境影响评价，对上述减少消耗、减轻污染的措施进行专项评价——"措施"是否具有先进性、是否合理可行等进行分析、判断，并提出改进的建议。若建设单位未提出上述措施，则环评报告编制时应直接提出合理可行又具有先进性的具体"措施"，进而指导项目环境保护措施的设计，把建设项目的环境污染或生态破坏控制在尽可能小的范围。

（三）推进决策的民主化

环境影响评价是在项目规划尚未实施时进行的，并要求开展公众参与活动，充分征求周边公众的意见，做到公开、公正。这样有利于项目和规划决策更加民主、科学，也有利于后期实施过程中的稳定、有序。

三、环境影响评价制度的特点[②]

环境影响评价制度最早是在 20 世纪 60 年代，由美国、欧洲等发达国家（地区）提出并实施的，我国的环境影响评价制度是借鉴国外经验并结合我国的实际情况逐渐形成的。我国环境影响评价制度的主要特点表现在以下几个方面。

（一）具有法律强制性

我国的环境影响评价制度是国家环境保护法明确规定的，具有不可违背的强制性，所有对环境有影响的建设项目都必须执行，否则不得开工建设。

---

① 这里主要介绍建设项目环境影响评价的主要作用，规划环境影响评价的作用见本章第七节。
② 这里主要介绍建设项目环境影响评价制度的特点，规划环境影响评价制度的特点见本章第七节。

（二）纳入基本建设程序

各类对环境有影响的建设项目都要求在项目开工前完成其环境影响评价的报批，否则，不得开工建设。

（三）分类管理

《环境影响评价法》第十六条规定，国家根据建设项目对环境的影响程度，对建设项目的环境影响评价实行分类管理。为此，生态环境部颁布并会不定期修正《建设项目环境影响评价分类管理名录》（以下简称《名录》），现行有效的为2021年版。建设单位应当按照《名录》的规定，分别组织编制建设项目环境影响报告书、报告表或填写环境影响登记表。对环境有重大影响的必须编制环境影响报告书，对环境有轻度影响的编制环境影响报告表，而对环境影响很小不需要进行环境影响评价的应当填报环境影响登记表。建设项目的环境影响评价报告书、报告表应报有审批权的生态环境部门审批，环境影响登记表报生态环境部门备案。

《名录》外未作出规定的建设项目不纳入建设项目环境影响评价管理；省生态环境主管部门对《名录》未作规定的建设项目，可提出环境影响评价分类管理的建议，报生态环境部认定后实施。

（四）环境影响评价资格制度

环境影响评价资格制度几经改革变迁。2019年11月1日起施行的《建设项目环境影响报告书（表）编制监督管理办法》第二条规定，建设单位可以委托技术单位对其建设项目开展环境影响评价，编制环境影响报告书（表）；建设单位具备环境影响评价技术能力的，可以自行对其建设项目开展环境影响评价。第五条规定，编制人员应当具备专业技术知识。第九条规定，编制（环境影响评价文件）单位应当是能够依法独立承担法律责任的单位。第十条规定，编制单位应当具备环境影响评价技术能力。编制主持人和主要编制人员应当为编制单位中的全职人员，环境影响报告书（表）的编制主持人还应当为取得环境影响评价工程师职业资格证书的人员。

（五）责任制度

按照《环境影响评价法》的规定，建设单位应当对建设项目环境影响报告书（表）的内容和结论负责，接受委托编制建设项目环境影响报告书（表）的技术单位对其编制的建设项目环境影响报告书（表）承担相应责任。

按照《建设项目环境影响报告书（表）编制监督管理办法》的规定，在监督检查过程中发现环境影响报告书（表）不符合有关环境影响评价法律法规、标准和技术规范等规定、存在本办法第二十六条规定的质量问题[①]之一的，由市级以上生态环境主管部门对建设单位、技术单位和编制人员给予通报批评。在监督检查过程中发现环境影响报告书（表）存

[①] 指环评报告编制中污染源强核算错误、降低环评等级、环境质量现状数据来源不符合规定、预测与评价方法或结果错误等10种情形。

在本办法第二十七条严重质量问题[①]之一的，由市级以上生态环境主管部门依照《环境影响评价法》第三十二条的规定[②]，对建设单位及其相关人员、技术单位、编制人员予以处罚。在监督检查过程中发现经批准的环境影响报告书（表）存在本办法第二十六条第二款、第二十七条所列问题的，或者由不符合本办法第九条规定以及由受理时已列入本办法规定的限期整改名单或者本办法规定的"黑名单"的编制单位或者编制人员编制的，生态环境主管部门或者其他负责审批环境影响报告书（表）的审批部门应当依法撤销相应批准文件。

2023 年 7 月 23 日，生态环境部办公厅以环办便函〔2023〕241 号发布"关于公开征求《建设项目环境影响报告书（表）编制监督管理办法》及其配套文件（修订征求意见稿）意见的通知"，该修订监督管理办法正式实施后，环境影响评价资格制度、责任制度等按最新相关要求执行。

四、环境影响评价的分类

按照评价对象，环境影响评价可以分为规划环境影响评价和建设项目环境影响评价。

按照环境要素和专题，环境影响评价可以分为大气环境影响评价、地表水环境影响评价、地下水环境影响评价、声环境影响评价、生态环境影响评价、固体废物环境影响评价、土壤环境影响评价、电磁辐射环境影响评价、建设项目环境风险评价等。

按照时间顺序，环境影响评价一般分为规划环境影响评价、规划环境影响跟踪评价；建设项目环境影响评价、建设项目环境影响后评价。

五、环境影响评价应遵循的技术原则

环境影响评价是一种过程，这种过程重点在决策和开发建设活动开始前，体现出环境影响评价的预防功能。决策后或开发建设活动开始后，通过实施环境监测计划和持续性研究，环境影响评价还在延续，不断验证其评价结论，并反馈给决策者和开发者，进一步修改和完善其决策和开发建设活动。为体现实施环评的这种作用，在环境影响评价的组织实施中必须坚持可持续发展战略、清洁生产和循环经济理念，严格遵守国家的有关法律、法规和政策，做到科学、公正和实用，并应遵循以下基本技术原则：

◆ 与拟议规划或拟建项目的特点相结合，规划环评与建设项目环评联动；
◆ 符合"生态保护红线、环境质量底线、资源利用上线和生态环境准入清单"的要求；
◆ 符合国家的产业政策、环保政策和法规；
◆ 符合流域、区域功能区划、生态保护规划和城市发展总体规划，布局合理；
◆ 符合国家有关生物化学、生物多样性等生态保护的法规和政策；

[①] 遗漏水源保护区等环境保护（敏感）目标、所提环境保护措施难以确保污染物排放达标或有效预防生态破坏等 8 种情形。
[②] 对技术单位处所收费用三倍以上五倍以下罚款；情节严重的，禁止从事环评报告编制工作；有违法所得的，没收违法所得。编制主持人和主要编制人员五年内禁止从事环评报告编制工作；构成犯罪的，依法追究刑事责任，并终身禁止从事环评报告编制工作。

◆ 符合国家土地利用的政策；

◆ 符合污染物达标排放、区域环境质量功能和环境质量改善目标的要求；

◆ 正确识别可能的环境影响；

◆ 选择适当的预测评价技术方法；

◆ 环境敏感目标得到有效保护，不利环境影响最小化；

◆ 替代方案和环境保护措施技术经济可行。

环境影响评价基本术语

1. 环境要素

环境要素指构成环境整体的各个独立的、性质各异而又服从总体演化规律的基本物质组成，也称环境基质，通常是指大气、水、声、振动、生物、土壤、放射性、电磁等。

2. 评价因子

通俗的理解是指对环境质量或污染源进行评价时，所采用表征环境质量或污染源的代表性因子。例如大气环境质量或燃煤废气污染源评价时采用的 SO_2、NO_x 因子；水环境质量或工业废水污染源评价时采用的 COD_{Cr}、NH_3-N 因子；噪声评价时采用的等效连续 A 声级；生态环境评价时采用种群数量、种群结构等。

3. 评价范围

评价范围指建设项目整体实施后可能对环境造成的影响范围，具体根据环境要素和专题环境影响评价技术导则的要求确定。环境影响评价技术导则中未明确具体评价范围的，根据建设项目可能影响范围确定。

4. 评价等级

通俗的理解是指对环境影响评价和各专题的工作深度的划分。对地表水、地下水、大气、声、土壤、生态等环境要素的影响评价统称为单项环境影响评价，各单项环境影响评价工作等级可以分为 3 个等级：一级评价是对环境影响进行全面、详细、深入评价，对环境的现状调查、影响预测以及预防和减轻环境影响的措施，一般均尽可能进行定量化的描述；二级评价对环境影响进行较为详细、深入评价，一般要求采用定量化计算和定性的描述完成；三级评价可只进行环境影响分析，一般采用定性的描述完成。环评等级的具体划分由环境要素或专题环境影响评价技术导则规定。

5. 环境保护目标

环境保护目标指环境影响评价范围内的环境敏感区及需要特殊保护的对象。例如文教区、居住区、饮用水水源保护区、自然保护区、重要物种等。

6. 污染源

污染源指造成环境污染的污染物发生源，通常指向环境排放有害物质或对环境产生有害影响的场所、设备或装置等。

7. 污染源源强核算

污染源源强核算指选用可行的方法确定建设项目单位时间内污染物的产生量或排放量。

8. 大气环境防护距离

对于项目厂界浓度满足大气污染物厂界浓度限值，但厂界外大气污染物短期贡献浓度超过环境质量浓度限值的，可以自厂界向外设置一定范围的大气环境防护区域，以确保大气环境防护区域外的污染物贡献浓度满足环境质量标准。上述厂界外设置的大气环境保护区域的边界与厂界之间的距离即大气环境防护距离。

9. 生态流量

生态流量指满足河流、湖库生态保护要求，维持生态系统结构和功能所需要的流量（水位）与过程。根据河流、湖库生态环境保护目标的流量（水位）及过程需求确定生态流量（水位）。河流应确定生态流量，湖库应确定生态水位。

10. 生态空间

生态空间指具有自然属性、以提供生态服务或生态产品为主体功能的国土空间，包括森林、草原、湿地、河流、湖泊、滩涂、岸线、海洋、荒地、荒漠、戈壁、冰川、高山冻原、无居民海岛等区域，是保障区域生态系统稳定性、完整性，提供生态服务功能的主要区域。

11. 生态保护红线

生态保护红线指在生态空间范围内具有特殊重要生态功能、必须强制性严格保护的区域，是保障和维护国家生态安全的底线和生命线，通常包括具有重要水源涵养、生物多样性维护、水土保持、防风固沙、海岸生态稳定等功能的生态功能重要区域，以及水土流失、土地沙化、石漠化、盐渍化等生态环境敏感脆弱区域。

12. 环境质量底线

环境质量底线指按照水、大气、土壤环境质量不断优化的原则，结合环境质量现状和相关规划、功能区划要求，考虑环境质量改善潜力，确定的分区域分阶段环境质量目标及相应的环境管控、污染物排放控制等要求。

13. 资源利用上线

以保障生态安全和改善环境质量为目的，结合自然资源开发管控，提出的分区域分阶段的资源开发利用总量、强度、效率等管控要求。

14. 环境管控单元

环境管控单元指集成生态保护红线及生态空间、环境质量底线、资源利用上线的管控区域。

15. 生态环境准入清单

生态环境准入清单指基于环境管控单元，统筹考虑生态保护红线、环境质量底线、资源利用上线的管控要求，以清单形式提出的空间布局、污染物排放、环境风险防控、资源开发利用等方面生态环境准入要求。

16. 环境风险

环境风险指突发性事故对环境造成的危害程度及可能性。

第二节　环境影响评价工作程序、主要内容和相关技术导则、标准

一、环境影响评价工作程序

（一）建设项目环境影响评价工作程序

　　分析判定建设项目选址选线、规模、性质和工艺路线等与国家和地方有关环境保护法律法规、标准、政策、规范、相关规划、规划环境影响评价结论及审查意见的符合性，并与"三线一单"（生态保护红线、环境质量底线、资源利用上线和生态环境准入清单），以及与"国土空间规划""三区三线"①等空间准入要求进行对照，作为开展环境影响评价工作的前提和基础。

　　建设项目环境影响评价工作一般分为 3 个阶段，即调查分析和工作方案制定阶段；分析论证和预测评价阶段；环境影响报告书（表）编制阶段。具体流程如图 5-1 所示。

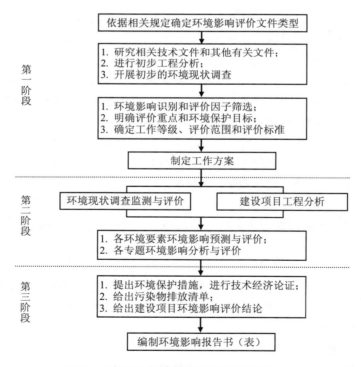

图 5-1　建设项目环境影响评价工作程序

---

① "三区三线"是指城镇空间、农业空间、生态空间三种类型的国土空间，以及分别对应划定的城镇开发边界、永久基本农田保护红线、生态保护红线三条控制线。

（二）规划环境影响评价流程

规划环境影响评价应在规划编制的早期阶段介入，并与规划编制、论证及审定等关键环节和过程充分互动。

规划环境影响评价一般工作流程如下：

1）在规划前期阶段，同步开展规划环评工作。通过对规划内容的分析，收集与规划相关的法律法规、环境政策等；收集上层位规划和规划所在区域战略环评及"三线一单"成果，对规划区域及可能受影响的区域进行现场踏勘；收集相关基础数据资料，初步调查环境敏感区情况，识别规划实施的主要环境影响，分析提出规划实施的资源、生态、环境制约因素，反馈给规划编制机关。

2）在规划方案编制阶段，完成现状调查与评价，提出环境影响评价指标体系，分析、预测和评价拟定规划方案实施的资源、生态、环境影响，并将评价结果和结论反馈给规划编制机关，作为方案比选和优化的参考和依据。

3）在规划的审定阶段：

①进一步论证拟推荐的规划方案的环境合理性，形成必要的优化调整建议，反馈给规划编制机关。针对推荐的规划方案提出不良环境影响减缓措施和环境影响跟踪评价计划，编制环境影响报告书。

②如果拟选定的规划方案在资源、生态、环境方面难以承载，或者可能造成重大不良生态环境影响且无法提出切实可行的预防或减缓对策和措施，或者根据现有的数据资料和专家知识对可能产生的不良生态环境影响的程度、范围等无法作出科学判断，应向规划编制机关提出对规划方案作出重大修改的建议并说明理由。

4）规划环境影响报告书审查会后，应根据审查小组提出的修改意见和审查意见对报告书进行修改完善。

5）在规划报送审批前，应将环境影响评价文件及其审查意见正式提交给规划编制机关。

规划环境影响评价技术流程见图5-2。

（三）公众参与及其程序

公众参与是环境影响评价的一个重要组成部分。

根据《环境影响评价公众参与办法》（生态环境部令　第4号，2019年1月1日起施行），对可能造成不良环境影响并直接涉及公众环境权益的工业、农业、畜牧业、林业、能源、水利、交通、城市建设、旅游、自然资源开发的有关专项规划的环境影响评价和依法应当编制环境影响报告书的建设项目的环境影响评价须开展公众参与。专项规划编制机关和建设单位负责组织环境影响报告书编制过程的公众参与，对公众参与的真实性和结果负责。专项规划编制机关和建设单位可以委托环境影响报告书编制单位或者其他单位承担环境影响评价公众参与的具体工作。

根据《浙江省建设项目环境保护管理办法》（2021年修正）第十五条，建设单位应当充分考虑公众提出的与建设项目环境影响有关的意见，对合理的意见应当予以采纳；对未予采纳的意见，应当说明理由。建设单位应当编写环境影响评价公众参与说明，在报批环境影响报告书时一并提交。环境影响评价公众参与说明的内容主要包括公众参与过程，公众意见及其采纳和反馈情况，公众座谈会、专家论证会情况等。

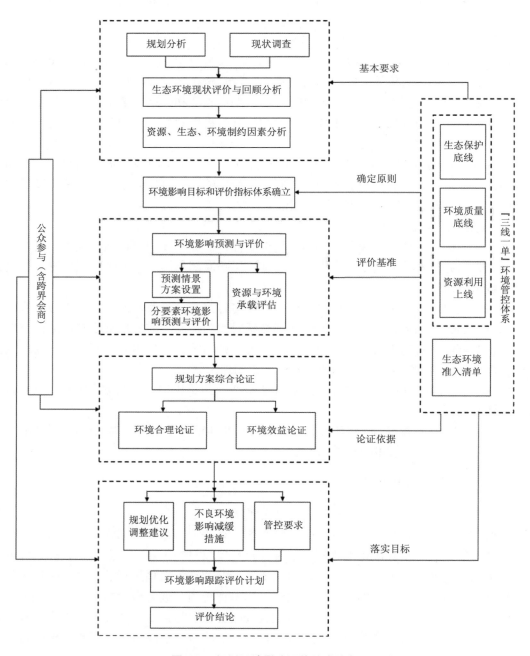

图 5-2　规划环境影响评价技术流程

公众参与工作程序及其与环境影响评价程序的关系如图 5-3 所示。

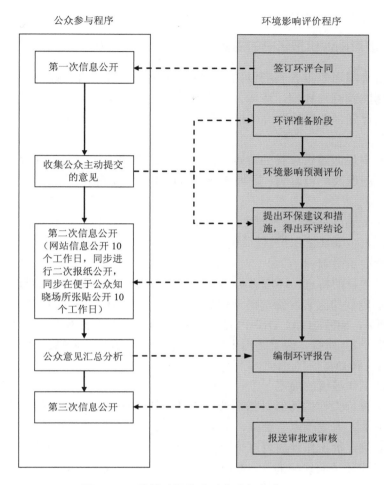

图 5-3　环境影响评价中公众参与程序

　　公众参与是环境影响评价工作极其重要的一个方面，许多邻避项目之所以造成较大的负面影响甚至群体性事件，往往是公众参与不到位、项目前期与周边群众沟通交流不够充分造成的。实施公众参与工作特别要注意把握好以下几方面：一是公众参与的程序要依法到位，该在哪个阶段公示、沟通交流的，必须在那个阶段公示、沟通交流，并应保证有足够长的时间。二是与当地群众沟通交流的信息要充分。公示的内容要充分，绝不能遮遮掩掩、羞羞答答，群众关心什么样的环境问题，就应公示这些问题的具体内容和措施，并应以群众宜获知的方式公示；与群众沟通交流、群众反馈意见等渠道要通畅、便捷，除公示、公告、发放问卷调查表等形式外，对一些公众质疑性意见较多的项目应通过座谈会、听证会、专家论证会等形式开展深度公众参与。三是对群众提出的合理意见建议应积极采纳，决不能简单应付走程序、搞形式。

二、环境影响报告书（表）主要内容

　　本节主要针对建设项目环境影响报告书（表）的主要内容进行简述，规划环境影响报告书的主要内容见本章第七节。

（一）环境影响评价报告书的主要内容

建设项目环境影响报告书应包括：概述、总则、建设项目工程分析、环境现状调查与评价、环境影响预测与评价、环境保护措施及其可行性论证、环境影响经济损益分析、环境管理与监测计划、碳排放评价（视情确定）、环境影响评价结论。

1. 概述

概述可简要说明建设项目的特点、环境影响评价的工作过程、分析判定相关情况、关注的主要环境问题及环境影响、环境影响评价的主要结论等。

2. 总则

总则应包括编制依据、评价因子与评价标准、评价工作等级和评价范围、相关规划及环境功能区划、主要环境保护目标等。

（1）评价因子筛选

根据建设项目的特点、环境影响的主要特征，结合区域环境功能要求、环境保护目标、评价标准和环境制约因素，筛选确定评价因子。如大气环境评价因子主要为项目排放的基本污染物（SO_2、NO_2、CO、O_3、PM_{10}、$PM_{2.5}$）及其他特征污染物，当 SO_2、NO_x、VOCs 的排放量达到一定量时[①]，因上述污染物在大气环境中会转化为 $PM_{2.5}$ 和 O_3，故评价因子中还应增加 $PM_{2.5}$ 和 O_3。

（2）评价工作等级的确定

环境影响评价工作的等级是指需要编制环境影响评价和各专题的工作深度的划分。对地表水、地下水、大气、声、土壤、生态等环境要素的影响评价统称为单项环境影响评价。各单项环境影响评价工作等级可以分为 3 个等级：一级评价对环境影响进行全面、详细、深入评价，对该环境的现状调查、影响预测以及预防和减轻环境影响的措施，一般均尽可能进行定量化的描述；二级评价对环境影响进行较为详细、深入评价，一般要求采用定量化计算和定性的描述完成；三级评价可只进行环境影响分析，一般采用定性的描述完成。工作等级的划分依据如下：

1）建设项目的工程特点。包括工程性质及规模、能源及资源的使用量及类型、污染物排放特点（如排放量、排放方式、排放去向，主要污染物种类、性质、排放浓度）等。排放量大、污染影响大的项目环境影响评价等级高。

2）建设项目所在地区的环境特征。包括自然环境特点、环境敏感程度、环境质量现状及社会经济状况等。项目所在区域环境较敏感的（如附近为饮用水水源保护区、自然保护地等），环境影响评价等级高。

3）国家或地方政府所颁布的有关法规，包括环境质量标准和污染物排放标准。

评价等级的划分具体由环境要素或专题环境影响评价技术导则规定。

对于某一具体建设项目，在划分各评价项目的工作等级时，根据建设项目对环境的影响、所在地区的环境特征或当地对环境的特殊要求情况可作适当调整。

---

① 参见《环境影响评价技术导则　大气环境》（HJ 2.2—2018）。

（3）评价范围的确定

指建设项目整体实施后可能对环境造成的影响范围，具体根据环境要素和专题环境影响评价技术导则的要求确定，环境影响评价技术导则中未明确具体评价范围的，根据建设项目的可能影响范围确定。例如大气一级评价项目根据建设项目排放污染物的最远影响距离 $D_{10\%}$（污染物的地面空气质量浓度达到标准值的 10%时所对应的最远距离）确定大气环境影响评价范围。即以项目厂址为中心区域，自厂界外延 $D_{10\%}$ 的矩形区域作为大气环境影响评价范围。当 $D_{10\%}$ 超过 25 km 时，确定评价范围为边长 50 km 的矩形区域；当 $D_{10\%}$ 小于 2.5 km 时，评价范围边长取 5 km。二级评价项目大气环境影响评价范围边长取 5 km。三级评价项目不须设置大气环境影响评价范围，详细可见本章第三节大气环境影响评价。

3. 建设项目工程分析

建设项目工程分析包括以下内容：

（1）建设项目概况

包括主体工程、辅助工程、公用工程、环保工程、储运工程及依托工程等。

以污染影响为主的建设项目应明确项目组成、建设地点、原辅料、生产工艺、主要生产设备、产品（包括主产品和副产品）方案、平面布置、建设周期、总投资及环境保护投资等。

以生态影响为主的建设项目应明确项目组成、建设地点、占地规模、总平面及现场布置、施工方式、施工时序、建设周期和运行方式、总投资及环境保护投资等。

（2）影响因素分析

1）污染影响因素分析。遵循清洁生产的理念，从工艺的环境友好性、工艺过程的主要产污节点以及末端治理措施的协同性等方面，选择可能对环境产生较大影响的主要因素进行深入分析。

2）生态影响因素分析。分析建设项目建设和运行过程对生态环境的作用因素与影响源、影响方式、影响范围和影响程度。

（3）污染源源强核算

1）根据污染物产生环节（包括生产、装卸、储存、运输）、产生方式和治理措施，核算建设项目有组织与无组织、正常工况与非正常工况下的污染物产生和排放强度，给出污染因子及其产生和排放的方式、浓度、数量等。

2）对改（扩）建项目的污染物排放量（包括有组织与无组织、正常工况与非正常工况）的统计，应分别按现有、在建、改（扩）建项目实施后等几种情形汇总污染物产生量、排放量及其变化量，核算改（扩）建项目建成后最终的污染物排放量。

4. 环境现状调查与评价

环境现状调查与评价主要包括以下内容：

（1）自然环境现状调查与评价

包括地形地貌、气候与气象、地质、水文、大气、地表水、地下水、声环境、生态、土壤、海洋、放射性及辐射（如必要）等调查内容。根据环境要素和专题设置情况选择相应内容进行详细调查。

（2）环境保护目标调查

调查评价范围内的环境功能区划和主要的环境敏感区，详细了解环境保护目标的地理位置、服务功能、四至范围、保护对象和保护要求等。

（3）环境质量现状调查与评价

1）根据建设项目特点、可能产生的环境影响和当地环境特征选择环境要素进行调查与评价。

2）评价区域环境质量现状。说明环境质量的变化趋势，分析区域存在的环境问题及产生的原因。

（4）区域污染源调查

选择建设项目常规污染因子和特征污染因子、影响评价区环境质量的主要污染因子和特殊污染因子作为主要调查对象，注意不同污染源的分类调查。

5. 环境影响预测与评价

（1）环境影响预测与评价方法

预测与评价方法主要有数学模式法、物理模型法、类比调查法等，由各环境要素或专题环境影响评价技术导则具体规定。

（2）环境影响预测与评价主要内容

1）应重点预测建设项目生产运行阶段正常工况和非正常工况等情况的环境影响。

2）当建设阶段的大气、地表水、地下水、噪声、振动、生态以及土壤等影响程度较重、影响时间较长时，应进行建设阶段的环境影响预测和评价。

3）可根据工程特点、规模、环境敏感程度、影响特征等选择开展建设项目服务期满后的环境影响预测和评价。

4）当建设项目排放污染物对环境存在累积影响时，应明确累积影响的影响源，分析项目实施可能发生累积影响的条件、方式和途径，预测项目实施在时间上和空间上的累积环境影响。

5）对以生态影响为主的建设项目，应预测生态系统组成和服务功能的变化趋势，重点分析项目建设和生产运行对环境保护目标的影响。

6）对存在环境风险的建设项目，应分析环境风险源项，计算环境风险后果，开展环境风险评价。对存在较大潜在人群健康风险的建设项目，应分析人群主要暴露途径。

6. 环境保护措施及其可行性论证

1）明确提出建设项目建设阶段、生产运行阶段和服务期满后（可根据项目情况选择）拟采取的具体污染防治、生态保护、环境风险防范等环境保护措施；分析论证拟采取措施的技术可行性、经济合理性、长期稳定运行和达标排放的可靠性、满足环境质量改善和排污许可要求的可行性、生态保护和恢复效果的可达性。

2）当建设项目所在区域为环境质量不达标的区域时，应采取国内外先进可行的环境保护措施，结合区域限期达标规划及实施情况，分析建设项目实施对区域环境质量改善目标的贡献和影响。

3）给出各项污染防治、生态保护等环境保护措施和环境风险防范措施的具体内容、责任主体、实施时段，估算环境保护投入，明确资金来源。

4）环境保护投入应包括为预防和减缓建设项目不利环境影响而采取的各项环境保护措施和设施的建设费用、运行维护费用，直接为建设项目服务的环境管理与监测费用以及相关科研费用。

7．环境影响经济损益分析

以建设项目实施后的环境影响预测与环境质量现状进行比较，从环境影响的正负两方面，以定性与定量相结合的方式，对建设项目的环境影响后果（包括直接影响和间接影响、不利影响和有利影响）进行货币化经济损益核算，估算建设项目环境影响的经济价值。

8．环境管理与监测计划

1）按建设项目建设阶段、生产运行、服务期满后（可根据项目情况选择）等不同阶段，针对不同工况、不同环境影响和环境风险特征，提出具体环境管理要求。

2）环境监测计划应包括污染源监测计划和环境质量监测计划，内容包括监测因子、监测网点布设、监测频次、监测数据采集与处理、采样分析方法等，明确自行监测计划内容。对以生态影响为主的建设项目应提出生态监测方案。对存在较大潜在人群健康风险的建设项目，应提出环境跟踪监测计划。

9．碳排放评价

根据生态环境部《关于开展重点行业建设项目碳排放环境影响评价试点的通知》（环办环评函〔2021〕346号），在电力、钢铁、建材、有色、石化和化工等重点行业开展碳排放评价试点。与之配套的技术规范有《重点行业建设项目碳排放环境影响评价试点技术指南（试行）》。

一些省级生态环境部门对碳排放评价作了具体规定，如根据浙江省生态环境厅关于印发实施《浙江省建设项目碳排放评价编制指南（试行）》的通知（浙环函〔2021〕179号），在浙江省范围内钢铁、火电（含热力）、建材、化工、石化、有色金属冶炼、造纸、印染、化纤等九大重点行业，编制环境影响报告书的建设项目环境影响评价中开展碳排放评价试点工作。碳排放评价工作主要内容包括：①政策符合性分析；②现状调查和资料收集；③工程分析；④措施可行性论证和方案比选；⑤碳排放评价；⑥碳排放控制措施与监测计划；⑦评价结论。相关工作融入环境影响评价报告相应章节中，并设立单独评价专章。

10．环境影响评价结论

对建设项目的建设概况、环境质量现状，污染物排放情况、主要环境影响、公众意见采纳情况、环境保护措施、环境影响经济损益分析、环境管理与监测计划等内容进行概括总结，结合环境质量目标要求，明确给出建设项目的环境影响可行性结论。

对存在重大环境制约因素、环境影响不可接受或环境风险不可控、环境保护措施经济技术不满足长期稳定达标及生态保护要求、区域环境问题突出且整治计划不落实或不能满足环境质量改善目标的建设项目，应提出环境影响不可行的结论。

（二）环境影响评价报告表的主要内容

生态环境部《关于印发〈建设项目环境影响报告表〉内容、格式及编制技术指南的通知》（环办环评〔2020〕33号）明确，根据建设项目环境影响特点，环境影响报告表分为污染影响类和生态影响类，并配套制定了《建设项目环境影响报告表编制技术指南（污染影响类）（试行）》和《建设项目环境影响报告表编制技术指南（生态影响类）（试行）》。

污染影响类环境影响报告表主要内容有：

1）建设项目基本情况；

2）建设项目工程分析；

3）区域环境质量现状、环境保护目标及评价标准；

4）主要环境影响和保护措施；

5）环境保护措施监督检查清单；

6）结论。

生态影响类环境影响报告表主要内容有：

1）建设项目基本情况；

2）建设内容；

3）生态环境现状、保护目标及评价标准；

4）生态环境影响分析；

5）主要生态环境保护措施；

6）生态环境保护措施监督检查清单；

7）结论。

三、环境影响评价技术导则、标准

（一）环境影响评价技术导则（规范）体系

无论是建设项目环境影响评价报告书（表）的编制还是规划环境影响评价报告（篇章或说明）的编制，都要按照一定的规范、要求进行，不同规划、不同影响要素的建设项目的环境影响评价的规范、要求不同。这些指导环境影响报告编制的规范、要求，组成环境影响评价的技术导则体系。建设项目建成后，要依法实施环境保护竣工验收，验收工作也必须按相应的规范、要求进行，这些指导环境保护验收的规范、要求组成验收技术规范体系。

1. 规划环境影响评价技术导则体系构成

规划环境影响评价的导则体系由总纲、产业园区、流域综合规划、跟踪评价等构成。如：

《规划环境影响评价技术导则　总纲》（HJ 130—2019）

《规划环境影响评价技术导则　产业园区》（HJ 131—2021）

《规划环境影响评价技术导则　流域综合规划》（HJ 1218—2021）

《规划环境影响评价技术导则　煤炭工业矿区总体规划》（HJ 463—2009）

《规划环境影响跟踪评价技术指南（试行）》（环办环评〔2019〕20号）

《临空经济区规划环境影响评价技术要求（试行）》

《公路网规划环境影响评价技术要点（试行）》

《市级国土空间总体规划环境影响评价技术要点（试行）》

2．建设项目环境影响评价技术导则体系构成

《建设项目环境影响评价技术导则》由总纲（HJ 2.1—2016）、污染源源强核算技术指南、环境要素环境影响评价技术导则、专题环境影响评价技术导则和行业建设项目环境影响评价技术导则等构成。污染源源强核算技术指南和其他环境影响评价技术导则遵循总纲确定的原则和相关要求。

（1）污染源源强核算技术指南

污染源源强核算技术指南包括污染源源强核算准则和行业污染源源强核算技术指南。目前，生态环境部已发布的污染源源强核算技术指南包括《污染源源强核算技术指南　准则》（HJ 884—2018）以及电镀、纺织染整工业、钢铁工业、锅炉、化肥工业、火电、炼焦化学工业、淀粉工业、制糖工业、农药制造工业、平板玻璃制造、汽车制造、石油炼制工业、水泥工业、陶瓷制品制造、有色金属冶炼、制革工业、制浆造纸、制药工业等 20 个污染源源强核算技术指南。

（2）环境要素环境影响评价技术导则

环境要素环境影响评价技术导则，指大气、地表水、地下水、声、生态、土壤等环境影响评价技术导则。如：

《环境影响评价技术导则　大气环境》（HJ 2.2—2018）

《环境影响评价技术导则　地表水环境》（HJ 2.3—2018）

《环境影响评价技术导则　地下水环境》（HJ 610—2016）

《环境影响评价技术导则　土壤环境（试行）》（HJ 964—2018）

《环境影响评价技术导则　声环境》（HJ 2.4—2021）

《环境影响评价技术导则　生态影响》（HJ 19—2022）

《辐射环境保护管理导则　电磁辐射环境影响评价方法与标准》（HJ/T 10.3—1996）

（3）专题环境影响评价技术导则

专题环境影响评价技术导则，指环境风险评价、人群健康风险评价、环境影响经济损益分析、固体废物等环境影响评价技术导则。如：

《建设项目环境风险评价技术导则》（HJ 169—2018）

《尾矿库环境风险评估技术导则（试行）》（HJ 740—2015）

《建设项目危险废物环境影响评价指南》

（4）行业建设项目环境影响评价技术导则

行业建设项目环境影响评价技术导则，指水利水电、采掘、交通、海洋工程等行业的建设项目环境影响评价技术导则。如：

《环境影响评价技术导则　输变电》（HJ 24—2020）

《环境影响评价技术导则　水利水电工程》（HJ/T 88—2003）

《环境影响评价技术导则　民用机场建设工程》（HJ/T 87—2002）

《环境影响评价技术导则　石油化工建设项目》（HJ/T 89—2003）

《环境影响评价技术导则　钢铁建设项目》（HJ 708—2014）

《环境影响评价技术导则　农药建设项目》（HJ 582—2010）

《环境影响评价技术导则　城市轨道交通》（HJ 453—2018）

《环境影响评价技术导则　煤炭采选工程》（HJ 619—2011）
《环境影响评价技术导则　制药建设项目》（HJ 611—2011）
《环境影响评价技术导则　陆地石油天然气开发建设项目》（HJ/T 349—2007）
《环境影响评价技术导则　卫星地球上行站》（HJ 1135—2020）等。

（二）相关环境保护标准、规范

这里所说的相关环境标准是特指与建设项目环境影响评价、建设项目竣工环境保护验收相关的生态环境质量标准、生态环境风险管控标准、污染物排放标准、验收技术规范等。这些标准、规范很多，这里仅选择一些主要的标准、规范列举如下。

1. 生态环境质量标准

（1）大气环境质量标准

1）《环境空气质量标准》（GB 3095—2012）及其修改单

2）《室内空气质量标准》（GB/T 18883—2022）

（2）水环境质量标准

1）《地表水环境质量标准》（GB 3838—2002）

2）《海水水质标准》（GB 3097—1997）

3）《渔业水质标准》（GB 11607—1989）

4）《农田灌溉水质标准》（GB 5084—2021）

5）《地下水质量标准》（GB/T 14848—2017）

6）《生活饮用水卫生标准》（GB 5749—2022）

（3）声环境质量标准

1）《声环境质量标准》（GB 3096—2008）

2）《城市区域环境振动标准》（GB 10070—1988）

3）《机场周围飞机噪声环境标准》（GB 9660—1988）

2. 生态环境风险管控标准

1）《土壤环境质量　农用地土壤污染风险管控标准（试行）》（GB 15618—2018）

2）《土壤环境质量　建设用地土壤污染风险管控标准（试行）》（GB 36600—2018）

3. 污染物排放标准

（1）大气污染物排放标准

1）《石灰、电石工业大气污染物排放标准》（GB 41618—2022）

2）《矿物棉工业大气污染物排放标准》（GB 41617—2022）

3）《玻璃工业大气污染物排放标准》（GB 26453—2022）

4）《印刷工业大气污染物排放标准》（GB 41616—2022）

5）《加油站大气污染物排放标准》（GB 20952—2020）

6）《储油库大气污染物排放标准》（GB 20950—2020）

7）《油品运输大气污染物排放标准》（GB 20951—2020）

8）《铸造工业大气污染物排放标准》（GB 39726—2020）

9）《农药制造工业大气污染物排放标准》（GB 39727—2020）

10)《陆上石油天然气开采工业大气污染物排放标准》（GB 39728—2020）

11)《涂料、油墨及胶粘剂工业大气污染物排放标准》（GB 37824—2019）

12)《制药工业大气污染物排放标准》（GB 37823—2019）

13)《挥发性有机物无组织排放控制标准》（GB 37822—2019）

14)《烧碱、聚氯乙烯工业污染物排放标准》（GB 15581—2016）

15)《再生铜、铝、铅、锌工业污染物排放标准》（GB 31574—2015）

16)《无机化学工业污染物排放标准》（GB 31573—2015）

17)《合成树脂工业污染物排放标准》（GB 31572—2015）

18)《石油化学工业污染物排放标准》（GB 31571—2015）

19)《石油炼制工业污染物排放标准》（GB 31570—2015）

20)《火葬场大气污染物排放标准》（GB 13801—2015）

21)《锡、锑、汞工业污染物排放标准》（GB 30770—2014）

22)《锅炉大气污染物排放标准》（GB 13271—2014）

23)《水泥工业大气污染物排放标准》（GB 4915—2013）

24)《电池工业污染物排放标准》（GB 30484—2013）

25)《砖瓦工业大气污染物排放标准》（GB 29620—2013）

26)《炼焦化学工业污染物排放标准》（GB 16171—2012）

27)《铁合金工业污染物排放标准》（GB 28666—2012）

28)《轧钢工业大气污染物排放标准》（GB 28665—2012）

29)《炼钢工业大气污染物排放标准》（GB 28664—2012）

30)《炼铁工业大气污染物排放标准》（GB 28663—2012）

31)《钢铁烧结、球团工业大气污染物排放标准》（GB 28662—2012）

32)《铁矿采选工业污染物排放标准》（GB 28661—2012）

33)《橡胶制品工业污染物排放标准》（GB 27632—2011）

34)《火电厂大气污染物排放标准》（GB 13223—2011）

35)《钒工业污染物排放标准》（GB 26452—2011）

36)《稀土工业污染物排放标准》（GB 26451—2011）

37)《硫酸工业污染物排放标准》（GB 26132—2010）

38)《硝酸工业污染物排放标准》（GB 26131—2010）

39)《镁、钛工业污染物排放标准》（GB 25468—2010）

40)《铜、镍、钴工业污染物排放标准》（GB 25467—2010）

41)《铅、锌工业污染物排放标准》（GB 25466—2010）

42)《铝工业污染物排放标准》（GB 25465—2010）

43)《陶瓷工业污染物排放标准》（GB 25464—2010）

44)《合成革与人造革工业污染物排放标准》（GB 21902—2008）

45)《电镀污染物排放标准》（GB 21900—2008）

46)《煤层气（煤矿瓦斯）排放标准（暂行）》（GB 21522—2008）

47)《煤炭工业污染物排放标准》（GB 20426—2006）

48）《饮食业油烟排放标准》（GB 18483—2001）

49）《大气污染物综合排放标准》（GB 16297—1996）

50）《工业炉窑大气污染物排放标准》（GB 9078—1996）

51）《恶臭污染物排放标准》（GB 14554—93）

（2）水污染物排放标准

1）《船舶水污染物排放控制标准》（GB 3552—2018）

2）《烧碱、聚氯乙烯工业污染物排放标准》（GB 15581—2016）

3）《再生铜、铝、铅、锌工业污染物排放标准》（GB 31574—2015）

4）《无机化学工业污染物排放标准》（GB 31573—2015）

5）《合成树脂工业污染物排放标准》（GB 31572—2015）

6）《石油化学工业污染物排放标准》（GB 31571—2015）

7）《石油炼制工业污染物排放标准》（GB 31570—2015）

8）《锡、锑、汞工业污染物排放标准》（GB 30770—2014）

9）《电池工业污染物排放标准》（GB 30484—2013）

10）《制革及毛皮加工工业水污染物排放标准》（GB 30486—2013）

11）《柠檬酸工业水污染物排放标准》（GB 19430—2013）

12）《合成氨工业水污染物排放标准》（GB 13458—2013）

13）《纺织染整工业水污染物排放标准》（GB 4287—2012）

14）《缫丝工业水污染物排放标准》（GB 28936—2012）

15）《毛纺工业水污染物排放标准》（GB 28937—2012）

16）《麻纺工业水污染物排放标准》（GB 28938—2012）

17）《铁矿采选工业污染物排放标准》（GB 28661—2012）

18）《铁合金工业污染物排放标准》（GB 28666—2012）

19）《钢铁工业水污染物排放标准》（GB 13456—2012）

20）《炼焦化学工业污染物排放标准》（GB 16171—2012）

21）《钒工业污染物排放标准》（GB 26452—2011）

22）《橡胶制品工业污染物排放标准》（GB 27632—2011）

23）《磷肥工业水污染物排放标准》（GB 15580—2011）

24）《汽车维修业水污染物排放标准》（GB 26877—2011）

25）《发酵酒精和白酒工业水污染物排放标准》（GB 27631—2011）

26）《弹药装药行业水污染物排放标准》（GB 14470.3—2011）

27）《稀土工业污染物排放标准》（GB 26451—2011）

28）《硝酸工业污染物排放标准》（GB 26131—2010）

29）《硫酸工业污染物排放标准》（GB 26132—2010）

30）《镁、钛工业污染物排放标准》（GB 25468—2010）

31）《铜、镍、钴工业污染物排放标准》（GB 25467—2010）

32）《铅、锌工业污染物排放标准》（GB 25466—2010）

33）《铝工业污染物排放标准》（GB 25465—2010）

34）《陶瓷工业污染物排放标准》（GB 25464—2010）

35）《油墨工业水污染物排放标准》（GB 25463—2010）

36）《酵母工业水污染物排放标准》（GB 25462—2010）

37）《淀粉工业水污染物排放标准》（GB 25461—2010）

38）《制浆造纸工业水污染物排放标准》（GB 3544—2008）

39）《电镀污染物排放标准》（GB 21900—2008）

40）《羽绒工业水污染物排放标准》（GB 21901—2008）

41）《合成革与人造革工业污染物排放标准》（GB 21902—2008）

42）《发酵类制药工业水污染物排放标准》（GB 21903—2008）

43）《化学合成类制药工业水污染物排放标准》（GB 21904—2008）

44）《提取类制药工业水污染物排放标准》（GB 21905—2008）

45）《中药类制药工业水污染物排放标准》（GB 21906—2008）

46）《生物工程类制药工业水污染物排放标准》（GB 21907—2008）

47）《混装制剂类制药工业水污染物排放标准》（GB 21908—2008）

48）《制糖工业水污染物排放标准》（GB 21909—2008）

49）《杂环类农药工业水污染物排放标准》（GB 21523—2008）

50）《皂素工业水污染物排放标准》（GB 20425—2006）

51）《煤炭工业污染物排放标准》（GB 20426—2006）

52）《啤酒工业污染物排放标准》（GB 19821—2005）

53）《医疗机构水污染物排放标准》（GB 18466—2005）

54）《味精工业污染物排放标准》（GB 19431—2004）

55）《城镇污水处理厂污染物排放标准》（GB 18918—2002）

56）《兵器工业水污染物排放标准 火炸药》（GB 14470.1—2002）

57）《兵器工业水污染物排放标准 火工药剂》（GB 14470.2—2002）

58）《畜禽养殖业污染物排放标准》（GB 18596—2001）

59）《污水海洋处置工程污染控制标准》（GB 18486—2001）

60）《污水综合排放标准》（GB 8978—1996）

61）《航天推进剂水污染物排放标准》（GB 14374—1993）

62）《肉类加工工业水污染物排放标准》（GB 13457—1992）

63）《电子工业水污染物排放标准》（GB 39731—2020）

（3）环境噪声排放控制标准

1）《建筑施工场界环境噪声排放标准》（GB 12523—2011）

2）《工业企业厂界环境噪声排放标准》（GB 12348—2008）

3）《社会生活环境噪声排放标准》（GB 22337—2008）

4）《铁路边界噪声限值及其测量方法》（GB 12525—1990）及修改方案

（4）固体废物污染控制标准

1）《固体废物鉴别标准 通则》（GB 34330—2017）

2）《含多氯联苯废物污染控制标准》（GB 13015—2017）

3）《水泥窑协同处置固体废物污染控制标准》（GB 30485—2013）

4）《生活垃圾焚烧污染控制标准》（GB 18485—2014）

5）《生活垃圾填埋场污染物控制标准》（GB 16889—2008）

6）《医疗废物焚烧炉技术要求（试行）》（GB 19218—2003）

7）《医疗废物处理处置污染控制标准》（GB 39707—2020）

8）《危险废物焚烧污染控制标准》（GB 18484—2020）

9）《危险废物贮存污染控制标准》（GB 18597—2023）

10）《危险废物填埋污染控制标准》（GB 18598—2019）

11）《一般工业固体废物贮存和填埋污染控制标准》（GB 18599—2020）

（5）地方标准

除上述国家标准外，还有许多地方标准，如目前浙江省已发布地方生态环境保护标准如下：

1）《制药工业大气污染物排放标准》（DB33/ 310005—2021）

2）《农村生活污水户用处理设备水污染物排放要求》（DB33/T 2377—2021）

3）《农村生活污水集中处理设施水污染物排放标准》（DB33/ 973—2021）

4）《电镀水污染物排放标准》（DB33/ 2260—2020）

5）《城镇污水处理厂主要水污染物排放标准》（DB33/ 2169—2018）

6）《工业涂装工序大气污染物排放标准》（DB33/ 2146—2018）

7）《燃煤电厂大气污染物排放标准》（DB33/ 2147—2018）

8）《制鞋工业大气污染物排放标准》（DB33/ 2046—2017）

9）《纺织染整工业大气污染物排放标准》（DB33/ 962—2015）

10）《生物制药工业污染物排放标准》（DB33/ 31005—2021）

11）《工业企业废水氮、磷污染物间接排放限值》（DB33/ 887—2013）

12）《酸洗废水排放总铁浓度限值》（DB33/ 844—2011）

13）《化学纤维工业大气污染物排放标准》（DB33/ 2563—2022）

14）《建设用地土壤污染风险评估技术导则》（DB33/T 892—2022）

15）《水泥工业大气污染物排放标准》（DB33/ 1346—2023）等。

第三节　大气环境影响评价

大气环境影响评价总体上按《环境影响评价技术导则　大气环境》（HJ 2.2—2018）要求进行。

大气环境影响评价的基本任务是，在调查和分析评价范围内大气环境质量现状和大气环境保护目标的基础上，预测和评价建设项目对周边大气环境质量、环境空气保护目标的影响范围和影响程度，提出相应的环境保护措施、环境管理要求与监测计划，指导有关工程设计，明确给出大气环境影响是否可接受的结论。

一、大气环境影响评价基本原理

为便于理解大气环境影响评价的基本原理，用一个简化的情景来说明：在空气质量达标区域内，某建设项目在采取有效的污染防治措施后排放某一种大气污染物，该污染物随着大气扩散到周围环境。假设其扩散到与排放点相距 L_i 的保护目标处，这个污染物的浓度为 C_i，而周围环境本底中本来就有这个污染物存在，且有一定的浓度值 C_0——本底浓度，则在距离污染源 L_i 距离处，这个污染物的总体浓度为 $C=C_0+C_i$。当 C 值符合国家规定的大气环境质量标准时，该项目才可以被接受；否则不可接受，须通过调整项目选址、生产工艺、污染防治措施等重新核算、预测和评价，直至符合上述要求。C_0 通过评价范围内大气环境监测网获得或通过一定时间的现场监测获得，C_i 则根据建设项目的污染物排放情况和当地气象、地理条件，通过一定的扩散模型计算获得。图 5-4 是某建设项目（点源）扩散影响示意图。

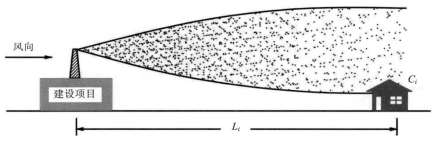

图 5-4 某建设项目（点源）扩散影响示意图

实际的建设项目环评中，遇到的情况比较复杂。例如对保护目标的污染物贡献，除所评价的建设项目外，可能还有其他在建、拟建的排放同类污染物的项目，假设其在保护目标处产生的贡献浓度设为 $C_{其他拟在建项目}$；为改善大气环境质量，政府可能会组织采取措施，削减其他已经存在的污染源，假设这一削减措施将使保护目标处的某污染物浓度削减值为 $C_{区域削减}$。在此情况下，保护目标处置的某污染物的浓度 $C=C_{本项目贡献}+C_{其他拟在建项目}+C_0-C_{区域削减}$。假如所评价的建设项目处于大气环境质量未达标的区域内，并假定此区域内达标规划年目标浓度为 $C_{规划}$，则 $C=C_{本项目}+C_{其他拟在建项目}+C_{规划}-C_{区域削减}$。

同上，当 C 符合大气环境质量标准时，项目可接受，否则不可接受。

二、大气环境影响评价的工作程序、评价因子筛选、评价等级和范围确定

（一）大气环境影响评价工作程序

大气环境影响评价工作程序如图 5-5 所示。

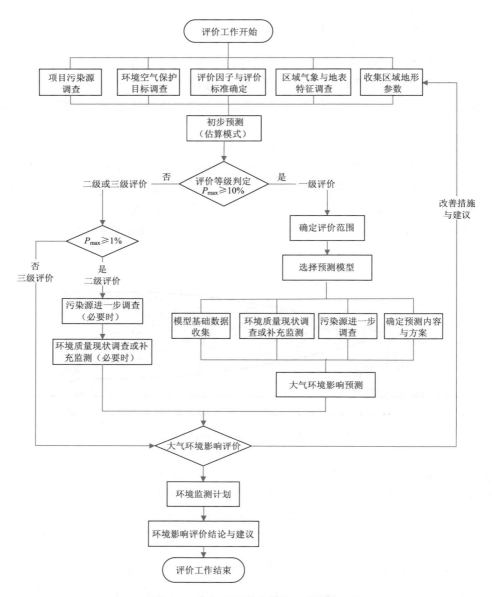

图 5-5 大气环境影响评价工作程序

（二）环境影响识别与评价因子筛选

按 HJ 2.1 或 HJ 130 的要求识别大气环境影响因素，并筛选出大气环境影响评价因子。大气环境影响评价因子主要为项目排放的基本污染物（SO_2、NO_2、PM_{10}、$PM_{2.5}$、CO、O_3）及其他特征污染物。

当建设项目排放的 SO_2 和 NO_x 排放量≥500 t/a 时，评价因子应增加二次 $PM_{2.5}$[①]。

① SO_2 和 NO_x 排入大气后，通过一系列大气化学反应最终会形成硫酸盐、硝酸盐等二次颗粒物。

当规划项目排放的 NO_x+VOCs 排放量≥2 000 t/a 时，评价因子应相应增加 O_3[①]。

（三）大气环境影响评价工作等级判定

1. P_i 及 $D_{i10\%}$ 计算

P_i 是指建设项目排放的第 i 个污染物的最大地面空气质量浓度占标率（%），简称"最大浓度占标率"，P_i 定义见式（5-1）。

$$P_i = \frac{C_i}{C_{0i}} \times 100\% \qquad (5\text{-}1)$$

式中：P_i——第 i 个污染物的最大地面空气质量浓度占标率，%；

C_i——采用估算模型（AERSCREEN，详见后文表 5-2）计算出的第 i 个污染物的 1 h 最大地面空气质量浓度，$\mu g/m^3$；

C_{0i}——第 i 个污染物的环境空气质量浓度标准值，$\mu g/m^3$。一般选用 GB 3095—2012 中 1 h 平均质量浓度的二级浓度限值，如项目位于一类环境空气功能区，应选择相应的一级浓度限值。

$D_{i10\%}$ 是指建设项目排放的第 i 个污染物的地面空气质量浓度达到标准值的 10%（P_i=10%）时所对应的距离。当 i 大于 1 时，取 $D_{i10\%}$ 中最大者即为 $D_{10\%max}$。

2. 评价等级判定

评价等级按表 5-1 的分级判据进行划分。最大地面空气质量浓度占标率 P_i 按式（5-1）计算，如污染物数 i 大于 1，取 P 值中最大者 P_{max}。

表 5-1　评价等级判别

评价工作等级	评价工作分级判据
一级评价	$P_{max} \geqslant 10\%$
二级评价	$1\% \leqslant P_{max} < 10\%$
三级评价	$P_{max} < 1\%$

（四）大气环境影响评价范围

一级评价项目根据建设项目排放污染物的最远影响距离（$D_{10\%max}$）确定大气环境影响评价范围，即以项目厂址为中心区域，自厂界外延 $D_{10\%max}$ 的矩形区域作为大气环境影响评价范围。当 $D_{10\%max}$ 超过 25 km 时，确定评价范围为边长 50 km 的矩形区域；当 $D_{10\%max}$ 小于 2.5 km 时，评价范围边长取 5 km。

二级评价项目大气环境影响评价范围边长取 5 km。

三级评价项目不需设置大气环境影响评价范围。

（五）环境空气保护目标调查

调查项目大气环境评价范围内主要环境空气保护目标。在带有地理信息的底图中标注，

[①] NO_x 和 VOCs 排入大气后，能在阳光作用下生成 O_3，详见第二章。

并列表给出环境空气保护目标内主要保护对象的名称、保护内容、所在大气环境功能区划以及与项目厂址的相对距离、方位、坐标等信息。

三、环境空气质量现状调查与评价

对于一级评价项目：

1）调查项目所在区域环境质量达标情况，作为项目所在区域是否为达标区的判断依据。

2）调查评价范围内有环境质量标准的评价因子的环境质量监测数据或进行补充监测，用于评价项目所在区域污染物环境质量现状，以及计算环境空气保护目标和网格点的环境质量现状浓度。

现状调查应优先采用国家或地方生态环境主管部门公开发布的评价基准年环境质量报告中的数据或结论。监测数据不能满足评价要求时，应进行补充监测。

对于二级评价项目、三级评价项目的调查内容可适当简化。

四、污染源调查

对于一级评价项目调查：

1）调查本项目不同排放方案有组织及无组织排放源，对于改建、扩建项目还应调查本项目现有污染源。本项目污染源调查包括正常排放和非正常排放，其中非正常排放调查内容包括非正常工况、频次、持续时间和排放量。

2）调查本项目所有拟被替代的污染源（如有），包括被替代污染源名称、位置、排放污染物及排放量、拟被替代时间等。

3）调查评价范围内与评价项目排放污染物有关的其他在建项目、已批复环境影响评价文件的拟建项目等污染源。

4）对于编制报告书的工业项目，分析调查受本项目物料及产品运输影响新增的交通运输移动源，包括运输方式、新增交通流量、排放污染物及排放量。

对于二级评价项目、三级评价项目的调查内容适当简化。

五、预测与评价

（一）预测因子

预测因子根据评价因子而定，选取有环境质量标准的评价因子作为预测因子。

（二）预测范围

预测范围应覆盖评价范围，并覆盖各污染物短期浓度贡献值占标率大于10%的区域。

对于经判定需预测二次污染物的项目，预测范围应覆盖$PM_{2.5}$年平均质量浓度贡献值占标率大于1%的区域。

（三）预测模型

这里所说的预测模型是指用来预测分析建设项目排放的污染物对其周边大气环境影响（污染物的浓度贡献值等）的一类数学模型。这类模型较多（表 5-2），但多是从高斯模型中演化而来。

表 5-2　推荐模型适用情况

模型名称	适用性	适用污染源	适用排放形式	推荐预测范围	适用污染物	输出结果	其他特性
AERSCREEN（估算模型）	用于评价等级及评价范围判定	点源（含火炬源）、面源（矩形或圆形）、体源	连续源			短期浓度最大值及对应距离	可以模拟熏烟和建筑物下洗
AERMOD	用于进一步预测	点源（含火炬源）、面源、线源、体源	连续源、间断源	局地尺度（≤50 km）	一次污染物、二次$PM_{2.5}$（系数法）	短期和长期平均质量浓度及分布	可以模拟建筑物下洗、干湿沉降
ADMS		点源、面源、线源、体源、网格源					可以模拟建筑物下洗、干湿沉降，包含街道窄谷模型
AUSTAL2000		烟塔合一源					可以模拟建筑物下洗
EDMS/AEDT		机场源	连续源、间断源				可以模拟建筑物下洗、干湿沉降
CALPUFF		点源、面源、线源、体源		城市尺度（50 km 到几百千米）	一次污染物和二次$PM_{2.5}$		可以用于特殊风场，包括长期静、小风和岸边熏烟
光化学网格模型（CMAQ 或类似模型）		网格源	连续源、间断源	区域尺度（几百千米）	一次污染物和二次$PM_{2.5}$、O_3		网格化模型，可以模拟复杂化学反应及气象条件对污染物浓度的影响等

注：1. 生态环境部模型管理部门推荐的其他模型，按相应推荐模型适用情况进行选择。

　　2. 对光化学网格模型（CMAQ 或类似模型），在应用前应根据应用案例提供必要的验证结果。

1. 高斯模型简介

高斯扩散模型来源于大气扩散理论中的湍流统计理论。图 5-6 所示为采用统计学方法研究污染物在湍流大气中的扩散模型。假定从原点释放出一个粒子在稳定均匀的湍流大气中漂移扩散，平均风向与 x 轴同向。湍流统计理论认为，由于存在湍流脉动作用，粒子在各方向（如图中 y 方向）的脉动速率随时间而变化，因而粒子的运动轨迹也随之变化。若平均时间间隔足够长，则速率脉动值的代数和为零。如果从原点释放出许多粒子，经过一段时间 T 之后，这些粒子的浓度趋于一个稳定的统计分布。湍流扩散理论（K 理论）和统计理论的分析均表明，粒子浓度沿 y 轴符合正态分布。

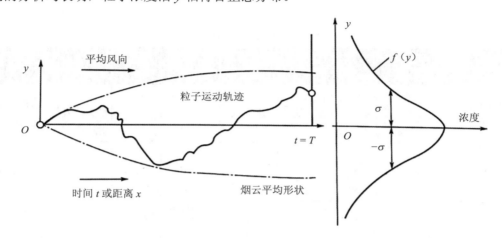

图 5-6　湍流扩散模型

高斯模式的基本假定：

①污染物在空间的概率密度分布是正态分布；

②在整个空间中风速是均匀的、稳定的；

③源强是连续均匀的；

④在扩散过程中污染物只有物理运动，无化学或生物变化，即质量是守恒的。

模式的坐标系说明：x 轴与平均风向一致，y 轴为横风向，z 轴指向天顶。

瞬时单烟团正态扩散模式：假定单位容积粒子比 ρ/q（m^{-3}）在空间的概率分布密度为正态分布，则

$$\frac{\rho(x,y,z,t)}{q(x_0,y_0,z_0,t_0)}=\frac{1}{2(\pi)^{\frac{3}{2}}\sigma_x\sigma_y\sigma_z}\exp\left\{-\frac{1}{2}\left[\frac{(x-x_0-x')^2}{\sigma_x^2}+\frac{(y-y_0-y')^2}{\sigma_y^2}+\frac{(z-z_0-z')^2}{\sigma_z^2}\right]\right\}\quad(5\text{-}2)$$

式中：x，y，z，t——预测点的空间坐标和预测时的时间；

　　　x_0，y_0，z_0，t_0——烟团初始空间坐标和初始时间；

　　　x'，y'，z'——烟团中心在 $t\sim t_0$ 迁移的距离；

　　　ρ——预测点的烟团瞬时浓度；

　　　q——烟团的瞬时排放量；

　　　σ_x，σ_y，σ_z——x，y，z 方向的标准差（扩散参数），是扩散时间 T 的函数，$T=t-t_0$；

$$x'=\int_{t_0}^{t}u\mathrm{d}t,\quad y'=\int_{t_0}^{t}v\mathrm{d}t,\quad z'=\int_{t_0}^{t}w\mathrm{d}t\quad(5\text{-}3)$$

式中：u，v，w——烟团中心在 x，y，z 方向的速度分量。

高斯模型可预测评价点源、线源、面源等的扩散，这里只对点源的预测计算作一些简介。

2. 连续点源烟流扩散模型

源强 Q 恒定、有风且均匀稳定条件下，其最基本的烟流扩散公式（不考虑地面与混合层顶的反射）以烟团初始空间坐标为原点，下风向为 x 轴，横风向为 y 轴，指向天顶为 z 轴。假设 $u=$ 常值，$v=w=0$，σ_x、σ_y、σ_z 都是 x 的函数，将式（5-3）对 t_0 从 $-\infty$ 到 t 积分可得：

$$\rho(x, y, z) = \frac{Q}{2\pi u \sigma_y \sigma_z} \exp\left(-\frac{y^2}{2\sigma_y^2}\right) \exp\left(-\frac{z^2}{2\sigma_z^2}\right) \qquad (5\text{-}4)$$

式中：ρ——污染物浓度，mg/m^3；

$\quad\quad Q$——单位时间的排放量（排放率或源强），mg/s；

$\quad\quad \sigma_y$——y 轴水平方向扩散参数，m；

$\quad\quad \sigma_z$——z 轴垂直方向扩散参数，m；

$\quad\quad u$——平均风速，m/s。

实际的情形要复杂得多，不仅有点源，还有线源、面源；气象条件和地形多变；污染扩散中存在地面和混合层顶的反射等，由此也演化出一系列适用于不同情形的环境影响预测分析模型。表 5-2 列出了各种推荐模型及适用情况，其中 AERSCREEN 为估算模型，可计算点源、面源和体源等污染源的最大地面浓度。经估算模式计算出的最大地面浓度一般会大于进一步预测模式的计算结果。估算模式适用于评价等级及评价范围的确定；AERMOD、ADMS、AUSTAL2000、EDMS/AEDT、CALPUFF 为进一步预测模型；CMAQ 为光化学网络模型。根据 HJ 2.2—2018 的规定，一级评价项目应采用进一步预测模型开展大气环境影响预测与评价；二级评价项目不进行进一步预测与评价，只对污染物排放量进行核算；三级评价项目不进行进一步预测与评价。

通过上述模型，测算出本建设项目、其他在建、拟建项目、区域削减项目对（各）预测点（大气环境保护目标）的贡献浓度值。与大气环境质量标准相对应，这个贡献浓度值可能是短期浓度值、保证率日平均质量浓度值或年平均质量浓度值。

当建设项目或规划项目排放的 $SO_2+NO_x \geqslant 500$ t/a 或 $NO_x+VOCs \geqslant 2\,000$ t/a 时，应按表 5-3 推荐的方法预测二次污染物。

表 5-3 二次污染物预测方法

污染物排放量/（t/a）		预测因子	二次污染物预测方法
建设项目	$SO_2+NO_x \geqslant 500$	$PM_{2.5}$	AERMOD/ADMS（系数法） 或 CALPUFF（模型模拟法）
规划项目	$500 \leqslant SO_2+NO_x < 2\,000$	$PM_{2.5}$	AERMOD/ADMS（系数法） 或 CALPUFF（模型模拟法）
	$SO_2+NO_x \geqslant 2\,000$	$PM_{2.5}$	网格模型（模型模拟法）
	$NO_x+VOCs \geqslant 2\,000$	O_3	网格模型（模型模拟法）

（四）预测与评价的具体内容

根据建设项目所在区域大气环境质量是否达标等不同情况，分别进行不同要求的预测与评价。

1. 达标区的评价项目

1）项目正常排放条件下，预测环境空气保护目标和网格点主要污染物的短期浓度和长期浓度贡献值，评价其最大浓度占标率。

2）项目正常排放条件下，预测评价叠加环境空气质量现状浓度后，环境空气保护目标和网格点主要污染物的保证率日平均质量浓度和年平均质量浓度的达标情况；对于项目排放的主要污染物仅有短期浓度限值的，评价其短期浓度叠加后的达标情况。如果是改建、扩建项目，还应同步减去"以新带老"污染源的环境影响。如果有区域削减项目，应同步减去削减源的环境影响。如果评价范围内还有其他排放同类污染物的在建、拟建项目，还应叠加在建、拟建项目的环境影响。

3）项目非正常排放条件下，预测评价环境空气保护目标和网格点主要污染物的 1 h 最大浓度贡献值及占标率。

2. 不达标区的评价项目

1）项目正常排放条件下，预测环境空气保护目标和网格点主要污染物的短期浓度和长期浓度贡献值，评价其最大浓度占标率。

2）项目正常排放条件下，预测评价叠加大气环境质量限期达标规划（以下简称达标规划）的目标浓度后，环境空气保护目标和网格点主要污染物保证率日平均质量浓度和年平均质量浓度的达标情况；对于项目排放的主要污染物仅有短期浓度限值的，评价其短期浓度叠加后的达标情况。如果是改建、扩建项目，还应同步减去"以新带老"污染源的环境影响。如果有区域达标规划之外的削减项目，应同步减去削减源的环境影响。如果评价范围内还有其他排放同类污染物的在建、拟建项目，还应叠加在建、拟建项目的环境影响。

3）对于无法获得达标规划目标浓度场或区域污染源清单的评价项目，需评价区域环境质量的整体变化情况。

4）项目非正常排放条件下，预测环境空气保护目标和网格点主要污染物的 1 h 最大浓度贡献值，评价其最大浓度占标率。

3. 污染控制措施

1）对于达标区的建设项目，按（四）1. 2）要求预测评价不同方案主要污染物对环境空气保护目标和网格点的环境影响及达标情况，比较分析不同污染治理设施、预防措施或排放方案的有效性。

2）对于不达标区的建设项目，按（四）2. 2）要求预测不同方案主要污染物对环境空气保护目标和网格点的环境影响，评价达标情况或评价区域环境质量的整体变化情况，比较分析不同污染治理设施、预防措施或排放方案的有效性。

4. 大气环境防护距离

在某些项目大气环境影响评价时，可能出现以下情况：其厂界浓度满足大气污染物厂界浓度限值，但厂界外一定距离（区域）内，大气污染物短期贡献浓度超过环境质量浓度限值。针对这种情形，为保护人群健康，应在项目厂界以外设置环境保护距离（区域），以确保大气环境防护距离（区域）外的污染物贡献浓度满足环境质量标准。上述设置的环境防护距离（区域）即为大气环境防护距离（区域）。

对于项目厂界浓度超过大气污染物厂界浓度限值的，应要求削减排放源强或调整工程布局，待满足厂界浓度限值后，再核算大气环境防护距离。

大气环境防护距离内不应有长期居住的人群。

（五）评价方法

1．环境影响叠加

（1）达标区环境影响叠加

建设项目处于达标区的，预测评价项目建成后各污染物对预测范围的环境影响，应用本项目的贡献浓度，叠加（减去）区域削减污染源以及其他在建、拟建项目污染源环境影响，并叠加环境质量现状浓度。计算方法见式（5-5）。

$$C_{叠加(x,y,t)} = C_{本项目(x,y,t)} - C_{区域削减(x,y,t)} + C_{拟在建(x,y,t)} + C_{现状(x,y,t)} \tag{5-5}$$

式中：$C_{叠加(x,y,t)}$——在 t 时刻，预测点（x，y）叠加各污染源及现状浓度后的环境质量浓度，$\mu g/m^3$；

$C_{本项目(x,y,t)}$——在 t 时刻，本项目对预测点（x，y）的贡献浓度，$\mu g/m^3$；

$C_{区域削减(x,y,t)}$——在 t 时刻，区域削减污染源对预测点（x，y）的贡献浓度，$\mu g/m^3$；

$C_{现状(x,y,t)}$——在 t 时刻，预测点（x，y）的环境质量现状浓度，$\mu g/m^3$，各预测点环境质量现状浓度按导则 HJ 2.2—2018 中的"6.4.3"方法计算；

$C_{拟在建(x,y,t)}$——在 t 时刻，其他在建、拟建项目污染源对预测点（x，y）的贡献浓度，$\mu g/m^3$。

其中本项目预测的贡献浓度除新增污染源环境影响外，还应减去"以新带老"污染源的环境影响，计算方法见式（5-6）。

$$C_{本项目(x,y,t)} = C_{新增(x,y,t)} - C_{以新带老(x,y,t)} \tag{5-6}$$

式中：$C_{新增(x,y,t)}$——在 t 时刻，本项目新增污染源对预测点（x，y）的贡献浓度，$\mu g/m^3$；

$C_{以新带老(x,y,t)}$——在 t 时刻，"以新带老"污染源对预测点（x，y）的贡献浓度，$\mu g/m^3$。

（2）不达标区环境影响叠加

对于建设项目处于不达标区的环境影响评价，应在各预测点上叠加达标规划中达标年的目标浓度，分析达标规划年的保证率日平均质量浓度和年平均质量浓度的达标情况。叠加方法可以用达标规划方案中的污染源清单参与影响预测，也可直接用达标规划模拟的浓度场进行叠加计算。计算方法见式（5-7）。

$$C_{叠加(x,y,t)} = C_{本项目(x,y,t)} - C_{区域削减(x,y,t)} + C_{拟在建(x,y,t)} + C_{规划(x,y,t)} \tag{5-7}$$

式中：$C_{规划(x,y,t)}$——在 t 时刻，预测点（x，y）的达标规划年目标浓度，$\mu g/m^3$。

2．保证率日平均质量浓度

对于保证率日平均质量浓度，首先按环境影响叠加方法计算叠加后预测点上的日平均质量浓度，然后对该预测点所有日平均质量浓度从小到大进行排序，根据各污染物日平均质量浓度的保证率（p），计算排在 p 百分位数的第 m 个序数，序数 m 对应的日平均质量浓度即保证率日平均浓度 C_m。其中序数 m 计算方法见式（5-8）。

$$m=1+（n-1）\times p \tag{5-8}$$

式中：p——该污染物日平均质量浓度的保证率，按 HJ 663 规定的对应污染物年评价中 24 h 平均百分位数取值（SO_2、NO_x、PM_{10}、$PM_{2.5}$、CO 分别为第 98、第 98、第 95、第 95、第 95 百分位数；O_3 为日最大 8 h 滑动平均值的第 90 百分位数）；

　　　　n——1 个日历年内单个预测点上的日平均质量浓度的所有数据个数，个；

　　　　m——百分位数 p 对应的序数（第 m 个），向上取整数。

注：为什么要测算"保证率日平均质量浓度"。根据《环境空气质量评价技术规范（试行）》（HJ 663—2013），所谓环境空气质量达标，是指污染物的浓度评价结果符合 GB 3095—2012 和 HJ 663—2013 的规定，而根据 HJ 663—2013 中 5.1.1.2，污染物年评价达标是指该污染物年平均浓度（CO 和 O_3 除外）和"特定的百分位数"浓度同时达标，这个"特定的百分位数"可见 HJ 663—2013 表 1。这样的评价方法排除了一些极端气象因素的影响，比较切合实际。

3．浓度超标范围

以评价基准年为计算周期，统计各网格点的短期浓度或长期浓度的最大值，所有最大浓度超过环境质量标准的网格，即该污染物浓度超标范围。

4．区域环境质量变化评价

当无法获得不达标区规划达标年的区域污染源清单或预测浓度场时，也可评价区域环境质量的整体变化情况。按式（5-9）计算实施区域削减方案后预测范围的年平均质量浓度变化率 k。当 $k \leqslant -20\%$ 时，可判定项目建设后区域环境质量得到整体改善。

$$k=[\,\overline{C}_{\text{本项目}(\alpha)}-\overline{C}_{\text{区域削减}(\alpha)}\,]/\overline{C}_{\text{区域削减}(\alpha)}\times 100\% \tag{5-9}$$

式中：k——预测范围年平均质量浓度变化率，%；

　　　　$\overline{C}_{\text{本项目}(\alpha)}$——本项目对所有网格点的年平均质量浓度贡献值的算术平均值，$\mu g/m^3$；

　　　　$\overline{C}_{\text{区域削减}(\alpha)}$——区域削减污染源对所有网格点的年平均质量浓度贡献值的算术平均值，$\mu g/m^3$。

5．大气环境防护距离（区域）的确定

1）采用进一步预测模型模拟评价基准年内，本项目所有污染源（改建、扩建项目应包括全厂现有污染源）对厂界外主要污染物的短期贡献浓度分布。厂界外预测网格分辨率不应超过 50 m。

2）在底图上标注从厂界起所有超过环境质量短期浓度标准值的网格区域，以自厂界起至超标区域的最远垂直距离作为大气环境防护距离。

6．污染控制措施有效性分析与方案比选

1）达标区建设项目选择大气污染治理设施、预防措施或多方案比选时，应综合考虑成本和治理效果，选择最佳可行技术方案，保证大气污染物能够达标排放，并使环境影响可以接受。

2）不达标区建设项目选择大气污染治理设施、预防措施或多方案比选时，应优先考虑治理效果，结合达标规划和替代源削减方案的实施情况，在只考虑环境因素的前提下选择最优技术方案，保证大气污染物达到最低排放强度和排放浓度，并使环境影响可以接受。

3）应结合（四）1.3）和（四）2.4）非正常排放预测结果，优先提出相应的污染控制与减缓措施。当出现 1 h 平均质量浓度贡献值超过环境质量标准时，应提出减少污染排放直至停止生产的相应措施。

六、评价结论及建议

1．大气环境影响评价结论

1）达标区域的建设项目环境影响评价，当同时满足以下条件时，则认为环境影响可以接受。

①新增污染源正常排放下污染物短期浓度贡献值的最大浓度占标率≤100%。

②新增污染源正常排放下污染物年均浓度贡献值的最大浓度占标率≤30%（其中一类区≤10%）。

③项目环境影响符合环境功能区划。叠加现状浓度、区域削减污染源以及在建、拟建项目的环境影响后，主要污染物的保证率日平均质量浓度和年平均质量浓度均符合环境质量标准；对于项目排放的主要污染物仅有短期浓度限值的，叠加后的短期浓度符合环境质量标准。

2）不达标区域的建设项目环境影响评价，当同时满足以下条件时，则认为环境影响可以接受。

①达标规划未包含的新增污染源建设项目，需另有替代源的削减方案。

②新增污染源正常排放下污染物短期浓度贡献值的最大浓度占标率≤100%。

③新增污染源正常排放下污染物年均浓度贡献值的最大浓度占标率≤30%（其中一类区≤10%）。

④项目环境影响符合环境功能区划或满足区域环境质量改善目标。现状浓度超标的污染物评价，叠加达标年目标浓度、区域削减污染源以及在建、拟建项目的环境影响后，污染物的保证率日平均质量浓度和年平均质量浓度均符合环境质量标准或满足达标规划确定的区域环境质量改善目标，或按上述（五）4.计算的预测范围内年平均质量浓度变化率 $k≤-20\%$；对于现状达标的污染物评价，叠加后污染物浓度符合环境质量标准；对于项目排放的主要污染物仅有短期浓度限值的，叠加后的短期浓度符合环境质量标准。

2．污染控制措施及方案比选结果

1）大气污染治理设施与预防措施必须保证污染源排放以及控制措施均符合排放标准的有关规定，满足经济、技术可行性。

2）从项目选址选线、污染源的排放强度与排放方式、污染控制措施技术与经济可行性等方面，结合区域环境质量现状及区域削减方案、项目正常排放及非正常排放下大气环境影响预测结果，综合评价治理设施、预防措施及排放方案的优劣，并对存在的问题（如果有）提出解决方案。经对解决方案进行进一步预测和评价比选后，给出大气污染控制措施可行性建议及最终的推荐方案。

3. 大气环境防护距离

根据大气环境防护距离计算结果，并结合厂区平面布置图，确定项目大气环境防护区域。若大气环境防护区域内存在长期居住的人群，应给出相应优化调整项目选址、布局或搬迁的建议。

项目大气环境防护区域之外，大气环境影响评价结论应符合上述 1. 规定的要求。

第四节　地表水环境影响评价

地表水环境影响评价总体上按《环境影响评价技术导则　地表水环境》（HJ 2.3—2018）的要求进行。

一、地表水体中污染物的迁移与转化

（一）水体中污染物迁移、转化概述

水体中污染物的迁移与转化包括物理输移过程、化学转化过程和生物降解过程。

物理输移过程主要指的是污染物在水体中的自然沉淀过程和混合稀释。

化学转化过程主要指污染物在水体中发生的理化性质变化等化学反应，如氧化-还原反应对水体化学净化起重要作用。水流通过水面波浪不断将大气中的氧气溶入，这些溶解氧可与水中的污染物发生氧化反应，例如某些重金属离子可因氧化生成难溶物（如铁、锰等）而沉降析出；硫化物可氧化为硫代硫酸盐或硫而被净化。

生物降解过程是水中微生物（尤其是细菌）在溶解氧充分的情况下，将一部分有机污染物当作食饵消耗掉，将另一部分有机污染物氧化分解成无害的简单无机物。影响生物自净作用的关键是溶解氧的含量，有机污染物的性质、浓度以及微生物的种类、数量等。生物自净的快慢与有机污染物的数量和性质有关。生活污水、食品工业废水中的蛋白质、脂肪类等极易分解；但大多数有机物分解缓慢。

（二）河流水体中污染物的对流与扩散混合

废水进入河流水体后，不是立即就能在整个河流断面上与河流水体完全混合。虽然在垂向上一般都能很快地混合，但往往需要经过很长一段纵向距离才能达到横向完全混合。这段距离通常称为横向完全混合距离（x_1）。垂向距离（x）小于 x_1 的区域称为横向混合区，$x > x_1$ 的区域称为断面完全混合区，见图 5-7。

在某些较宽的河流中，横向混合可能达不到对岸，横向混合区不断向下游远处扩展，形成所谓"污染带"。

在横向混合区以下的完全混合区，污染物在河流断面上完全混合。

在断面完全混合区域，通过一系列的物理输移过程、化学转化过程以及生物降解过程，污染物的浓度被进一步降低。这些过程通常采用质量输移、扩散方程、一级动力学反应方程来描述。在大多数的情况下，扩散系数、反应速率都可能随空间和时间的变化而变化。

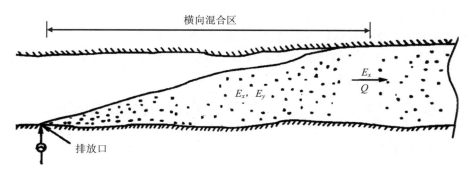

图 5-7 污染物在河流中的混合

二、水环境影响评价的基本任务和基本原理

水环境影响评价的基本任务是，在调查和分析评价范围内地表水环境质量现状与水环境保护目标的基础上，预测和评价建设项目对地表水环境质量、水环境功能区、水功能区或水环境保护目标及水环境控制单元的影响范围与影响程度，提出相应的环境保护措施、环境管理要求与监测计划，明确给出地表水环境影响是否可接受的结论。

为便于理解水环境影响评价的基本原理，设想一个理想化的场景来说明。有一流量、水质恒定且达到水功能区要求的河流，在其 M 断面处新建一排放 i 水污染物的建设项目，其排放口 P 离岸有一定距离（图 5-8），其在采取有效的污染防治措施后排放的 i 污染物的浓度和数量也是稳定的。排入 P 处的 i 污染物与河水一起向下流动，并逐步实现混合、化学转化、生物降解等过程，污染物浓度逐步降低。该河流下游某处 N 断面为水质控制断面，水环境功能明确为III类。N 断面处，河流中原本就存在一定浓度的 i 污染物 C_{i0}。建设项目在 M 处排放的 i 污染物经过一段距离的混合稀释、化学转化、生物降解后达到 N 断面处的浓度降至 C_{ip}，则 N 控制断面处污染物 i 的总浓度为

$$C_{iN}=C_{i0}+C_{ip} \tag{5-10}$$

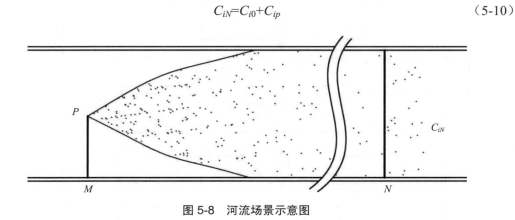

图 5-8 河流场景示意图

当 C_{iN} 值达到地表水环境质量标准III类标准值时，该项目可接受，否则不可接受（需通过调整项目选址、生产工艺、污染防治措施等重新核算、预测、评价，直至符合上述要求）。

C_{i0}通过调查原有河道监测数据获得或通过一定时间的现场监测获取，C_{ip}则根据建设项目的排放情况和河道水文、水环境情况通过一定的模型计算获取。

实际的建设项目遇到的情况要复杂得多，得出项目是否可接受的结论所要考虑的因素较多，具体可见后面的内容。

三、水环境影响评价工作程序及评价范围、评价等级的确定

（一）工作程序

地表水环境影响评价的工作一般可分为 3 个阶段，具体程序详见图 5-9。

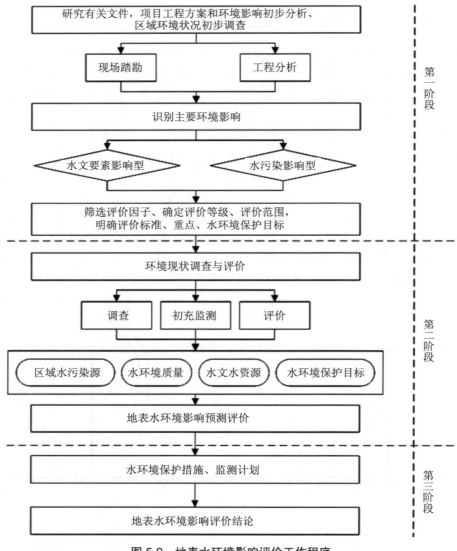

图 5-9　地表水环境影响评价工作程序

第一阶段，研究有关文件，进行工程方案和环境影响的初步分析，开展区域环境状况的初步调查，明确水环境功能区或水功能区管理要求，识别主要环境影响，确定评价类别。根据不同评价类别，进一步筛选评价因子，确定评价等级与评价范围，明确评价标准、评价重点和水环境保护目标。

第二阶段，根据评价类别、评价等级及评价范围等，开展与地表水环境影响评价相关的污染源、水环境质量现状、水文水资源与水环境保护目标调查与评价，必要时开展补充监测；选择适合的预测模型，开展地表水环境影响预测评价，分析与评价建设项目对地表水环境质量、水文要素及水环境保护目标的影响范围与程度，在此基础上核算建设项目的污染源排放量、生态流量等。

第三阶段，根据建设项目地表水环境影响预测与评价的结果，制定地表水环境保护措施，开展地表水环境保护措施的有效性评价，编制地表水环境监测计划，给出建设项目污染物排放清单和地表水环境影响评价的结论，完成环境影响评价文件的编写。

（二）地表水环境影响评价等级与评价范围

1. 环境影响评价因子筛选

水污染影响型建设项目评价因子的筛选主要应符合以下要求：

1）按照污染源源强核算技术指南，开展建设项目污染源与水污染因子识别，结合建设项目所在水环境控制单元或区域水环境质量现状，筛选出水环境现状调查评价与影响预测评价的因子。

2）行业污染物排放标准中涉及的水污染物、在车间或车间处理设施排放口排放的第一类污染物、水温、面源所含的主要污染物、建设项目排放的且为建设项目所在控制单元的水质超标因子或潜在污染因子的均应作为评价因子。

水文要素影响型建设项目评价因子应根据建设项目对地表水体水文要素影响的特征确定。

河流、湖泊及水库主要评价水面面积、水量、水温、径流过程、水位、水深、流速、水面宽、冲淤变化等因子，湖泊和水库需要重点关注湖底水域面积或蓄水量及水力停留时间等因子。咸潮河段、入海河口、近岸海域主要评价流量、流向、潮区界、潮流界、水位、流速、水面宽、水深、冲淤变化等因素。

建设项目可能导致受纳水体富营养化的，评价因子还应包括与富营养化有关的因子（如总磷、总氮、叶绿素 a、高锰酸盐指数和透明度等）。其中，叶绿素 a 为必须评价的因子）。

2. 评价工作等级划分

评价工作等级分为 3 级，一级评价最详细，二级次之，三级较简略。

水污染影响型建设项目分级的主要判据见表 5-4。此外，还有一些特殊情形的规定（详见 HJ 2.3）。

水文要素影响型建设项目分级判据主要是径流量、受影响地表水域面积等，可详见HJ 2.3 中的表 2。

表 5-4 水污染影响型建设项目分级的主要判据

评价等级	判定依据	
	排放方式	废水排放量 $Q/$（m^3/d）；水污染物当量数 W（无量纲）
一级	直接排放	$Q \geq 20\,000$ 或 $W \geq 600\,000$
二级	直接排放	其他
三级 A	直接排放	$Q < 200$ 且 $W < 6\,000$
三级 B	间接排放	—

注：水污染物当量数等于该污染物的年排放量除以该污染物的污染当量值（详见 HJ 2.3—2018 附录 A）。

3．评价范围

（1）水污染影响型建设项目评价范围

根据评价等级、工程特点、影响方式及程度、地表水环境质量管理要求等确定。

1）一级、二级及三级 A，其评价范围应符合以下要求：

①应根据主要污染物迁移转化状况，至少需覆盖建设项目污染影响所及水域；

②受纳水体为河流时，应覆盖对照断面、控制断面与削减断面等关心断面的要求；

③受纳水体为湖泊、水库时，一级、二级、三级评价，评价范围分别不小于以入湖（库）排放口为中心、半径为 5 km、3 km、1 km 的扇形区域；

④影响范围涉及水环境保护目标的，评价范围至少应扩大到水环境保护目标内受到影响的水域；

⑤受纳水体为入海河口、近岸海域的，评价范围按 GB/T 19485 执行。

2）三级 B，其评价范围应符合以下要求

①应满足其依托污水处理设施环境可行性分析的要求；

②涉及地表水环境风险的，应覆盖环境风险影响范围所及的水环境保护目标水域。

（2）水文要素影响型建设项目评价范围

①水文要素影响评价范围为建设项目形成水文分层水域，下游未恢复到天然水文的水域；

②径流要素影响评价范围为水体天然性状发生变化的水域，以及下游增减水影响水域；

③地表水域影响评价范围为相对建设项目建设前日均或潮均流速及水深、或高（累积频率 5%）低（累积频率 90%）水位（潮位）变化幅度超过 ±5% 的水域；

④建设项目影响范围涉及水环境保护目标的，评价范围至少应扩大到水环境保护目标内受影响的水域。

⑤存在多类水文要素影响的建设项目，应分别确定各水文要素影响评价范围，取各水文要素评价范围的外包线作为评价范围。

（三）水环境保护目标确定

根据环境影响因素识别结果、调查评价范围内水环境保护目标——饮用水水源保护区、重要自然保护地、重要考核控制断面等。

四、地表水环境现状调查与评价

（一）水文调查与水文测量

1. 河流

河流水文调查主要有丰水期、平水期、枯水期的划分，河流平直及弯曲情况（如平直段长度及弯曲段的弯曲半径等）、横断面、坡度（比降）、水位、水深、河宽、流量、流速及其分布、水温、糙率及泥沙含量等。

2. 感潮河口

感潮河口的水文调查除应包括与河流相同的内容外，还应有感潮河段的范围，涨潮、落潮及平潮时的水位、水深、流向、流速及其分布，横断面形状、水面坡度以及潮回隙、潮差和历时等。

3. 湖泊与水库

湖泊和水库的水文调查主要有湖泊、水库的面积和形状，丰水期、平水期、枯水期的划分，流入、流出的水量，水力停留时间，水量的调度和贮量，水深，水温分层情况及水流状况等。

在采用水质数学模式预测时，上述河流、咸潮河口、湖泊与水库的具体调查内容应根据评价等级及河流、水库、湖泊的规模，按照常用水质数学模式涉及的环境水文特征值与环境水力学参数的需要决定。

（二）污染源调查

污染源调查包括以下内容。

1. 建设项目污染源调查

在工程分析的基础上，确定建设项目水污染物的排放量及进入受纳水体的污染负荷量。

建设项目的污染物排放指标需要等量替代或减量替代时，还应对替代项目开展污染源调查。

2. 其他污染源调查

（1）点污染源调查

应详细调查与建设项目排放污染物同类的或有关联关系的已建项目、在建项目、拟建项目（已批复环境影响评价文件，下同）等污染源。

（2）面污染源调查

根据评价工作的需要，对下述全部或部分内容进行调查：农村生活污染源、农田污染源、畜禽养殖污染源、城镇地面径流污染源、堆积物污染源、大气沉降。

（3）内源污染源调查

一级、二级评价，建设项目直接导致受纳水体内源污染变化，或存在与建设项目排放污染物同类的且内源污染影响受纳水体水环境质量，应开展内源污染调查，必要时应开展底泥污染补充监测。

（三）水质调查

水污染影响型建设项目一级、二级评价时，应调查受纳水体近3年的水环境质量数据，分析其变化趋势。资料不足时应实测。

水质调查评价参数应包括常规水质参数和特征水质参数。

（四）水资源与开发利用状况调查

水文要素影响型建设项目一级、二级评价时，应开展建设项目所在流域（区域）的水资源与开发利用状况调查。

1. 水资源现状

调查水资源总量、水资源可利用量、水资源时空分布特征、人类活动对水资源量的影响等。主要涉水工程概况调查，应涵盖大型、中型、小型等各类涉水工程。

2. 水资源利用状况

调查城市、工业、农业、渔业、水产养殖业、水域景观等各类用水现状与规划（包括用水时间、取水地点、取用水量等），各类用水的供需关系（包括水权等）、水质要求和渔业、水产养殖业等所需的水面面积。

（五）现状评价

根据建设项目水环境影响特点与水环境质量管理要求，选择以下全部或部分内容开展评价：

①水环境功能区或水功能区、近岸海域环境功能区水质达标状况。

②水环境控制单元或断面水质达标状况。

③水环境保护目标质量状况。

④对照断面、控制断面等代表性断面的水质状况。

⑤底泥污染评价。

⑥水资源与开发利用程度及其水文情势评价。

⑦水环境质量回顾评价。

⑧流域（区域）水资源（包括水能资源）与开发利用总体状况、生态流量管理要求与现状满足程度、建设项目占用水域空间的水流状况与河湖演变状况。

⑨依托污水处理设施稳定达标排放评价。

五、地表水环境影响预测

（一）总体要求

①一级、二级、水污染影响型三级 A 与水文要素影响型三级评价应定量预测建设项目水环境影响，水污染影响型三级 B 评价可不进行水环境影响预测。

②影响预测应考虑评价范围内已建、在建和拟建项目中，与建设项目排放同类（种）污染物、对相同水文要素产生的叠加影响。

（二）预测因子

水质影响预测的因子，应根据评价因子确定，重点选择与建设项目地表水环境影响关系密切的因子。

水质预测因子选取的数目应既能说明问题又不过多，筛选出的水质预测因子，应能反映拟建项目废水排放对地表水体的主要影响和纳污水体受到污染影响的特征。

对于河流水体，可按式（5-11）将水质参数排序后从中选取：

$$ISE = c_{pi}Q_{pi} / (c_{si} - c_{hi})Q_{hi} \qquad (5\text{-}11)$$

式中：c_{pi}——水污染物 i 的排放浓度，mg/L；

　　　Q_{pi}——含水污染物 i 的废水排放量，m^3/s；

　　　c_{si}——水污染物 i 的地表水水质标准，mg/L；

　　　c_{hi}——评价河段水污染物 i 的浓度，mg/L；

　　　Q_{hi}——评价河段的流量，m^3/s。

ISE 值是负值或者越大，说明拟建项目排污对该项水质因子的污染影响越大。

（三）预测情景

1）根据建设项目特点，分别选择建设期、生产运行期和服务期满后 3 个阶段进行预测。

2）所有建设项目均应预测生产运行阶段对地表水环境的影响。该阶段的地表水环境影响应按正常排放和非正常排放两种情况进行预测，如建设项目具有充足的调节容量，可只预测正常排放对水环境的影响。特殊情况还应进行建设项目风险事故状态下的地表水环境影响预测。

3）根据建设项目建设过程阶段的特点和评价等级、受纳水体特点以及当地环保要求决定是否预测建设期服务期满后的地表水环境影响。

4）应对建设项目污染控制和减缓措施方案进行水环境影响模拟预测。

5）对受纳水体环境质量不达标区域，应考虑区（流）域环境质量改善目标要求情景下的模拟预测。

（四）预测内容

1. 水污染影响型建设项目

主要包括：

①各关心断面（控制断面、取水口、污染源排放核算断面等）水质预测因子的浓度及变化；

②到达水环境保护目标处的污染物浓度；

③各污染物最大影响范围；

④湖泊、水库及半封闭海湾等，还需关注富营养化状况与水华、赤潮等；

⑤排放口混合区范围。

2．水文要素影响型建设项目

主要包括：

①河流、湖泊及水库的水文情势预测分析，主要包括水域形态、径流条件、水力条件以及冲淤变化等内容，具体包括水面面积、水量、水温、径流过程、水位、水深、流速、水面宽、冲淤变化等，湖泊和水库需要重点关注湖库水域面积或蓄水量及水力停留时间等因素；

②感潮河段、入海河口及近岸海域水动力条件预测分析主要包括流量、流向、潮区界、潮流界、纳潮量、水位、流速、水面宽、水深、冲淤变化等因子。

（五）常用河流、湖库等数学模式及适用条件

地表水环境影响预测宜选用数学模型。

数学模型按照空间分为零维、一维（包括纵向一维及垂向一维，纵向一维包括河网模型）、二维（包括平面二维及立面二维）以及三维模型。模型的选取：根据建设项目的污染源特性、受纳水体类型、水力学特征、水环境特点及评价等级等要求，选取适宜的预测模型。各地表水体适用的数学模型选择要求如下：

1）河流数学模型。河流数学模型适用条件见表5-5。

表5-5　河流数学模型适用条件

模型分类	模型空间分类						模型时间分类	
	零维模型	纵向一维模型	河网模型	平面二维	立面二维	三维模型	稳态	非稳态
适用条件	水域基本均匀混合	沿程横断面均匀混合	多条河道相互连通，使得水流运动和污染物交换相互影响的河网地区	垂向均匀混合	垂向分层特征明显	垂向及平面分布差异明显	水流恒定、排污稳定	水流不恒定，或排污不稳定

2）湖库数学模型。湖库数学模型适用条件见表5-6。

表5-6　湖库数学模型适用条件

模型分类	模型空间分类						模型时间分类	
	零维模型	纵向一维模型	平面二维	垂向一维	立面二维	三维模型	稳态	非稳态
适用条件	水流交换作用较充分、污染物质分布基本均匀	污染物在断面上均匀混合的河道型水库	浅水湖库，垂向分层不明显	深水湖库，水平分布差异不明显，存在垂向分层	深水湖库，横向分布差异不明显，存在垂向分层	垂向及平面分布差异明显	流场恒定、源强稳定	流场不恒定或源强不稳定

3）感潮河段、入海河口数学模型。污染物在断面上均匀混合的感潮河段、入海河口，

可采用纵向一维非恒定数学模型，感潮河网区宜采用一维河网数学模型。浅水感潮河段和入海河口宜采用平面二维非恒定数学模型。如感潮河段、入海河口的下边界难以确定，宜采用一维、二维连接数学模型。

4）近岸海域数学模型。近岸海域宜采用平面二维非恒定模型。如果评价海域的水流和水质分布在垂向上存在较大的差异（如排放口附近水域），宜采用三维数学模型。

常用数学模型推荐。河流、湖库、感潮河段、入海河口和近岸海域常用数学模型见HJ2.3-2018附录E，入海河口及近岸海域特殊预测数学模型见HJ2.3-2018附录F。

下面摘引附录E中部分数学模型如下。

（1）混合过程段长度计算公式

混合过程段的长度可由下式估算：

$$L_m = \left\{ 0.11 + 0.7 \left[0.5 - \frac{a}{B} - 1.1 \left(0.5 - \frac{a}{B} \right)^2 \right]^{1/2} \right\} \frac{uB^2}{E_y} \tag{5-12}$$

式中：L_m——达到充分混合断面的长度，m；

　　　B——河流宽度，m；

　　　a——排放口到近岸水边的距离，m；

　　　u——河流平均流速，m/s；

　　　E_y——污染物横向扩散系数，m^2/s。

（2）零维数学模型

①河流均匀混合模型

$$C = \left(C_P Q_P + C_h Q_h \right) / \left(Q_P + Q_h \right) \tag{5-13}$$

式中：C——污染物浓度，mg/L；

　　　C_P——污染物排放浓度，mg/L；

　　　Q_P——污水排放量，m^3/s；

　　　C_h——河流上游污染物浓度，mg/L；

　　　Q_h——河流流量，m^3/s。

②湖库均匀混合模型

$$V \frac{\mathrm{d}C}{\mathrm{d}t} = W - QC + f(C)V \tag{5-14}$$

式中：V——水体体积，m^3；

　　　t——时间，s；

　　　W——单位时间污染物排放量，g/s；

　　　Q——水量平衡时流入与流出湖（库）的流量，m^3/s；

　　　$f(C)$——生化反应项，g/（m^3·s）。

其他符号说明同式（5-13）。

如果生化过程可以用一级动力学反应表示，$f(C) = -kC$，上式存在解析解，当稳定时：

$$C = \frac{W}{Q + kV} \qquad (5\text{-}15)$$

式中：k——污染物综合衰减系数，s^{-1}；

其他符号说明同式（5-13）、式（5-14）。

六、地表水环境影响评价

（一）评价内容

一级、二级、水污染影响型三级 A 及水文要素影响型三级评价，主要评价内容包括：

①水污染控制和水环境影响减缓措施有效性评价；

②水环境影响评价。

水污染影响型三级 B 评价，主要评价内容包括：

①水污染控制和水环境影响减缓措施有效性评价；

②依托污水处理设施的环境可行性评价。

（二）评价要求

1．水污染控制和水环境影响减缓措施有效性评价

1）污染控制措施及各类排放口排放浓度限值等应满足国家和地方相关排放标准及符合有关标准规定的排水协议关于水污染物排放的条款要求。

2）水动力影响、生态流量、水温影响减缓措施应满足水环境保护目标的要求。

3）涉及面源污染的，应满足国家和地方有关面源污染控制治理要求。

4）受纳水体环境质量达标区的建设项目选择废水处理措施或多方案比选时，应满足行业污染防治可行技术指南要求，确保废水稳定达标排放且环境影响可以接受。

5）受纳水体环境质量不达标区的建设项目选择废水处理措施或多方案比选时，应满足区（流）域水环境质量限期达标规划和替代源的削减方案要求、区（流）域环境质量改善目标要求及行业污染防治可行技术指南中最佳可行技术要求，确保废水污染物达到最低排放强度和排放浓度，且环境影响可以接受。

2．水环境影响评价

1）排放口所在水域形成的混合区，应限制在达标控制（考核）断面以外水域，且不得与已有排放口形成的混合区叠加，混合区外水域应满足水环境功能区的水质目标要求。

2）水环境功能区或水功能区、近岸海域环境功能区水质达标。说明建设项目对评价范围内水质影响特征、水质变化情况，在考虑叠加影响的情况下，评价建设项目建成后各预测时期水环境功能区、近岸海域环境功能区达标状况。涉及富营养化的，还应分析判断富营养化演变趋势。

3）满足水环境保护目标水域水环境质量要求。

4）水环境控制单元或断面水质达标。

5）满足重点水污染物排放总量控制指标要求，重点行业建设项目中的主要污染物排放

满足等量或减量替代要求。

6）满足区（流）域水环境质量改善目标要求。

7）水文要素影响型建设项目同时应包括水文情势变化评价、主要水文特征值影响评价、生态流量符合性评价。

8）对于新设或调整入河（湖库、近岸海域）排放口的建设项目，应包括排放口设置的环境合理性评价。

9）满足生态保护红线、水环境质量底线、资源利用上线和生态环境准入清单管理要求。

3. 依托污水处理设施的环境可行性评价

主要从污水处理设施的日处理能力、处理工艺、设计进水水质、处理后的废水稳定达标排放情况及排放标准是否涵盖建设项目排放的有毒有害的特征水污染物等方面开展评价，满足依托的环境可行性要求。

（三）污染源排放核算

1. 一般要求

1）对改建、扩建项目，除应核算新增源的污染物排放量外，还应核算项目建成后全厂的污染物排放量，污染源排放量为污染物的年排放量。

2）建设项目在批复的区域或水环境控制单元达标方案的许可排放量分配方案中有规定的，按规定执行。

3）污染源排放量核算，应在满足 HJ 2.3 导则 8.2.2［本节第六.（二）.2］前提下进行核算。

2. 间接排放建设项目污染源排放量核算根据依托污水处理设施的控制要求核算确定

3. 直接排放建设项目污染源排放量核算，根据建设项目达标排放的地表水环境影响、污染源源强核算技术指南及排污许可申请与核发技术规范进行核算，并从严要求

1）污染源排放量的核算水体为有水环境功能要求的水体。

2）建设项目排放的污染物属于现状水质不达标的，包括本项目在内的区（流）域污染源排放量应调减至满足区（流）域水环境质量改善目标要求。

3）当受纳水体为河流时，不受回水影响的河段，建设项目污染源排放量核算断面位于排放口下游，与排放口的距离应小于 2 km；受回水影响的河段，应在排放口的上下游设置建设项目污染源排放量核算断面，与排放口的距离应小于 1 km。

4）当受纳水体为湖库时，建设项目污染源排放量核算点位应布置在以排放口为中心、半径不超过 50 m 的扇形水域内，且扇形面积占湖库面积比例不超过 5%，核算点位应不少于 3 个。

5）遵循地表水环境质量底线要求，主要污染物（化学需氧量、氨氮、总磷、总氮）需预留必要的安全余量。安全余量可按地表水环境质量标准、受纳水体环境敏感性等确定：受纳水体为 GB 3838 Ⅲ类水域，以及涉及水环境保护目标的水域，安全余量按照不低于建设项目污染源排放量核算断面(点位)处环境质量标准的 10%确定(安全余量≥环境质量标准×10%)；受纳水体水环境质量标准为 GB 3838 Ⅳ类、Ⅴ类水域，安全余量按照不低于建设项目污染源排放量核算断面（点位）环境质量标准的 8%确定（安全余量≥环境质量标准×8%）。

6）当受纳水体为近岸海域时，参照 GB 18486 执行。

按照上述直接排放规定要求预测评价范围的水质状况，如预测的水质因子满足地表水环境质量管理及安全余量要求，污染源排放量即为水污染控制措施有效性评价确定的排污量。如果不满足地表水环境质量管理及安全余量要求，则进一步根据水质目标核算污染源排放量。

（四）生态流量确定

有生态流量控制要求的，应计算确定生态流量。

生态流量是指满足河流、湖库生态保护要求，维持生态系统结构和功能所需要的流量（水位）与过程。

1．一般要求

1）根据河流、湖库生态环境保护目标的流量（水位）及过程需求确定生态流量（水位）。河流应确定生态流量，湖库应确定生态水位。

2）根据河流和湖库的形态、水文特征及生物重要生境分布，选取代表性的控制断面综合分析评价河流和湖库的生态环境状况、主要生态环境问题等。

3）依据评价范围内各水环境保护目标的生态环境需水确定生态流量。

2．河流、湖库生态需水计算

（1）河流生态环境需水

河流生态环境需水包括水生生态需水、水环境需水、湿地需水、景观需水、河口压咸需水等。

①水生生态需水计算中，应采用水力学法、生态水力学法、水文学法等方法计算水生生态流量。

②水环境需水应根据水环境功能区或水功能区确定控制断面水质目标，结合计算范围内的河段特征和控制断面与概化后污染源的位置关系，采用 HJ 2.3 导则中 7.6 的数学模型方法计算水环境需水。

③湿地需水应综合考虑湿地水文特征和生态保护目标需水特征，综合不同方法合理确定湿地需水。

④景观需水应综合考虑水文特征和景观保护目标要求，确定景观需水。

⑤河口压咸需水应根据调查成果，确定河口类型，可采用相关数学模型计算河口压咸需水。

（2）湖库生态环境需水

①湖库生态环境需水包括维持湖库生态水位的生态环境需水及入（出）湖河流生态环境需水。湖库生态环境需水可采用最小值、年内不同时段值和全年值表示。

②湖库生态环境需水计算中，可采用不同频率最枯月平均值法或近 10 年最枯月平均水位法确定湖库生态环境需水最小值。

③入（出）湖库河流的生态环境需水应根据前述河流生态环境需水计算确定，计算成果应与湖库生态水位计算成果相协调。

3．河流、湖库生态流量综合分析与确定

河流应根据水生生态需水、水环境需水、湿地需水、景观需水、河口压咸需水和其他需水等计算成果，考虑各项需水的外包关系和叠加关系，综合分析需水目标要求，确定生态流量。湖库应根据湖库生态环境需水确定最低生态水位及不同时段内的水位。

七、水环境保护措施

1）对建设项目可能产生的水污染物，需通过优化生产工艺和强化水资源的循环利用，提出减少污水产生量与排放量的环保措施，并对污水处理方案进行技术经济及环保论证比选，明确污水处理设施的位置、规模、处理工艺、主要构筑物或设备、处理效率；采取的污水处理方案要实现达标排放，满足总量控制指标要求，并对排放口设置及排放方式进行环保论证。

2）达标区建设项目选择废水处理措施或多方案比选时，应综合考虑成本和治理效果，选择可行技术方案。

3）不达标区建设项目选择废水处理措施或多方案比选时，应优先考虑治理效果，结合区（流）域水环境质量改善目标、替代源的削减方案实施情况，确保废水污染物达到最低排放强度和排放浓度。

4）对水文要素影响型建设项目，应考虑保护水域生境及水生态系统的水文条件以及生态环境用水的基本需求，提出优化运行调度方案或下泄流量及过程，并明确相应的泄放保障措施与监控方案。

5）对于建设项目引起的水温变化可能对农业、渔业生产或鱼类繁殖与生长等产生不利影响，应提出水温影响减缓措施。

八、地表水环境影响评价结论

1．水环境影响评价结论

1）根据水污染控制和水环境影响减缓措施有效性评价、地表水环境影响评价的结果，明确给出地表水环境影响是否可接受的结论。

2）达标区的建设项目环境影响评价，依据 HJ 2.3—2018 中 8.2[本节第六．（二）]评价要求，同时满足水污染控制和水环境影响减缓措施有效性评价、水环境影响评价的情况下，认为地表水环境影响可以接受，否则认为地表水环境影响不可接受。

3）不达标区的建设项目环境影响评价，依据 HJ 2.3—2018 中 8.2[本节第六．（二）]评价要求，在考虑区域（流域）环境质量改善目标要求、削减替代源的基础上，同时满足水污染控制和水环境影响减缓措施有效性评价、水环境影响评价的情况下，认为地表水环境影响可以接受，否则认为地表水环境影响不可接受。

2．污染源排放量与生态流量

1）明确给出污染源排放量核算结果。

2）新建项目的污染物排放指标需要等量替代或减量替代时，还应明确给出替代项目的基本信息，主要包括项目名称、排污许可证编号、污染物排放量等。

3）有生态流量控制要求的，根据水环境保护管理要求，明确给出生态流量控制节点及

控制目标。

第五节　声环境影响评价

声环境影响评价是在噪声源调查分析、背景环境噪声测量和敏感目标调查的基础上，对建设项目产生的噪声影响，按照噪声传播声级衰减和叠加的计算方法，预测环境噪声影响范围、程度和影响人口情况，对照相应的标准评价环境噪声影响，并提出相应的防治噪声的对策、措施的过程。

考虑到本书未设专章介绍声污染防治，为此，在阐述声环境影响评价前，先介绍一些有关声环境的基本知识——噪声及其危害、环境噪声评价量、噪声传播及其衰减、主要环境噪声标准。

一、噪声及其危害

声音是由物体振动产生的声波，通过介质（空气、固体、液体）传播并能被人或动物听觉器官所感知的波动现象。人类生活在有各种声音的环境中，人们通过声音进行交流、表达思想感情，音乐等声音使人悦耳、陶冶情操，但也有一些声音会使人烦恼，甚至使身心遭受伤害。凡是人们不需要的、使人厌烦并对人类生活和工作有妨碍的声音统称为噪声。

环境噪声的来源主要有 4 种：一是交通噪声；二是工业企业噪声；三是建筑施工噪声；四是社会生活噪声。

噪声对人体的影响是多方面的，长时间在高噪声（85 dB 以上）环境中，会使人听力下降和听觉迟钝，甚至引起噪声性耳聋。据调查，在高噪声车间的工人中患噪声性耳者可达 90%，突然而来的极其强烈的噪声（如 150 dB）可使人鼓膜破裂、内耳出血而引起爆振性耳聋。此外，噪声还会妨碍人的睡眠，干扰正常谈话，而且还能诱发多种疾病，世界卫生组织最新研究表明，噪声还会诱发人的心血管系统等疾病。

据生态环境部发布的《中国噪声污染防治报告》数据显示，2020 年、2021 年和 2022 年生态环境部门全国生态环境信访投诉举报管理平台共接到公众投诉举报分别达 44.1 万、45 万、25.4 万余件，其中噪声扰民问题分别占全部生态环境污染举报件的 41.2%、45.0%、59.9%。

二、环境噪声评价量[①]

环境噪声评价量有数十种，我国最常用的评价量为声压级、频带声压级、A 声级、等效（连续）A 声级等。

（一）声压级 L_p 和频带声压级 $L_{p,oct}$

描写声音强度的物理量有"声压"和"声强"。

---

① 此部分参考周兆驹编著《噪声环境影响评价与噪声控制实用技术》。

1. 声压 P

当空气中有声波传播时，空间各处空气时而变密，时而变疏，因而大气压强较没有声波时发生了变化，这个变化值（逾量压强）称为声压，用 P 表示，单位是"帕斯卡"，简写为"帕"，符号为 Pa，1 Pa=1 N/m²。

要注意声压值只是声扰动后大气压强的变化值，并不是大气压强值，它比大气压强本身值要小很多。如大气压强为 1 标准大气压，其值为 $1.013×10^5$ Pa，而人大声喧哗时，离其近处的声压值不过 0.5~1 Pa，相差 10 万倍。

2. 有效声压（均方根声压）

由于空气受声波扰动时，疏密状态变化很快，因此声压值也在时时刻刻变化。无论是人耳，还是测量仪器都无法跟上这种变化，人耳或测量仪器能够反映的只是声压的有效值，称为有效声压，或者称为均方根声压，其定义式为

$$P_{rms} = \sqrt{\frac{1}{T}\int_0^T P^2 dt} \qquad (5-16)$$

式中：P_{rms} —— 有效声压，Pa；

　　　t —— 时间，s；

　　　T —— 周期，s。

本节后面讲的声压均指有效声压，为方便起见，仍称为"声压"，并且依旧用"P"表示。

与声压相对应的另一个量是声强。声强定义为：在垂直于声波传播方向上，单位时间内通过单位面积的声能，用 I 表示，单位是"W/m²"。在自由声场中，声强和声压的关系式为

$$I = \frac{P^2}{\rho_0 C} \qquad (5-17)$$

式中：I —— 声强，W/m²；

　　　$\rho_0 C$ —— 空气特性阻抗，在常温常压下，约为 400 N·s/m³。

声强与声压一样是描写声音强度的物理量，且就描写声场而言，声强是更好的物理量，但声强测量比声压测量麻烦，测量仪器也贵许多，因此在实际应用中，更多使用的仍是"声压"，而不是"声强"。

3. 声压级 L_p

人耳刚能听到的声音声压值（听阈）与最高能忍受的声音声压值（痛阈）相差 100 万倍，因此用声压数值大小表示声音强弱很不方便。另外，人对声音强弱的感觉并不与声压数值大小成正比，而与其对数值有关。为此，引入了对数标度，即"级"来表示。声压级以符号 L_p 表示，单位"分贝"，写为 dB，定义式为

$$L_p = 20\lg\frac{P}{P_{ref}} \qquad (5-18)$$

式中：P_{ref} —— 基准声压或参考声压，$P_{ref}=2×10^{-5}$ Pa，相当于 1 000 Hz 时，正常人耳刚能听到的声音的声压值。

引入声压级后，人对声音听阈值为 0 dB，痛阈值为 120 dB，声音的标度范围被大大压

缩了，表示和测量都更为方便。

4．频带声压级 $L_{p,oct}$

只有一个频率的声音称为纯音，含有多个频率的声音称为复音，我们听到的噪声都是复音。许多噪声，如风机噪声、水泵噪声等，含有从 20～20 000 Hz 所有音频范围频率的声音，如果一个一个频率进行表示将非常烦琐，也没有必要，于是引入了"频带"的概念。

最常用的频带是 1 倍频程频带（以下简称为倍频带），它的上限频率 $f_上$ 是下限频率 $f_下$ 的 2 倍。整个音频可划分为 22.5～45 Hz[①]、45～90 Hz、90～180 Hz 等 10 个倍频程频带。

用区间范围表示频带仍有不便，于是又引入了中心频率 $f_中$：

$$f_中 = \sqrt{f_上 f_下} \qquad (5\text{-}19)$$

用 $f_中$ 表示频带，如 45～90 Hz 那个倍频带用其中心频率 63 Hz 表示。整个音频范围可用 31.5 Hz、63 Hz、125 Hz、250 Hz、500 Hz、1 000 Hz、2 000 Hz、4 000 Hz、8 000 Hz、16 000 Hz 10 个中心频率表示。在噪声环境影响评价中，技术导则要求考虑 63～8 000 Hz 共 8 个倍频带。

声音在某一频带中的声压级就称为频带声压级，由于倍频程的英文单词是"octave"，所以倍频带声压级经常写作 $L_{p,oct}$。

一个噪声，将组成它的各频率成分及各频率声音的声压级表示出来，称为噪声的"频谱"。制作成图，这个图就称为"频谱图"。分析噪声的频谱，称为"频谱分析"。不少型号的声级计具有频谱分析功能。通过仪器频谱分析，可以方便地得到噪声各频带的频带声压级。

在声学中，500 Hz、1 000 Hz 倍频带被称为"中频"，2 000 Hz 及以上倍频带被称为"高频"，250 Hz 及以下倍频带被称为"低频"。一个噪声，如果其高频成分明显，就称为"高频噪声"，如果其低频成分明显，就称为"低频噪声"。

5．总声压级

一个噪声，组成它的各个频带声压级的总和称为这个噪声的总声压级。计算式为

$$L_P = 10\lg\left(\sum_{i=1}^{N} 10^{0.1L_{Pi}}\right) \qquad (5\text{-}20)$$

式中：L_{Pi}——第 i 个倍频程频带声压级，dB；

　　　N——频带的个数。

总声压级是"单一值"，与声音频率无关。

在声学中，总声压级还可以指几个不同声音的合成值。如在某处，一个噪声的声压级为 80 dB，另一个噪声的声压级为 86.5 dB，则该处噪声的总声压级用上式计算后为 87.4 dB。

对于只有两个声压级的"相加"，上式可改写为

$$L_P = 10\lg\left(10^{0.1L_{P1}} + 10^{0.1L_{P2}}\right) \qquad (5\text{-}21)$$

设 $L_{P1} \geq L_{P2}$，经过适当变换得：

[①] Hz（赫兹），是国际单位制中频率的单位，它是每秒钟的周期性变动重复次数的计量。每秒钟振动（或振荡、波动）一次为 1 Hz，或可写成次/s，周/s。因德国科学家赫兹而命名。

$$L_P = L_{P1} + 10\lg\left(1 + 10^{\frac{L_{P1} - L_{P2}}{10}}\right) = L_{P1} + \Delta L_P \qquad （5\text{-}22）$$

ΔL_P 的值只与两个声压级差值有关，因此可事先计算出并列成表供查询，从而省去在工程中进行指数和对数运算的麻烦。

通过式（5-22）可得出两点重要结论：一是两个声压级合成时，它们的"和"比大的声压级最多大 3 dB，此时应为两个声压级相同；二是当两个声压级差超过 10 dB 时，小的声压级可以忽略不计。由此可知，在噪声治理工程中，治理重点应为声压级高的那个噪声源；而对同一个噪声源而言，治理重点应为声压级高的那个频带，正因如此，频谱分析是噪声治理工程中的一项重要工作。

（二）A 声级 L_A 和等效（连续）A 声级 L_{Aeq}

人的听觉器官对不同频率声音主观感觉不相同，如同样声压级的 2 000 Hz 高频声音听起来要比 200 Hz 低频声音响。为了模仿人的这种听觉响度频率特性，引入了主客观相结合的评价量 A 声级，并在此基础上定义了等效（连续）A 声级等评价量。

1. A 声级 L_A

人的听觉器官对高频声敏感，对低频声不敏感。仿照这一特性，设计了 A 计权网络去模仿人的这种听觉响度频率特性，对不同频率声音采用了不同修正值[①]。

将经过 A 计权网络修正后所得到的各频带声压级叠加起来，所得到的值称为 A 声级，记作 L_A，单位为 dB（A）。

2. 等效（连续）A 声级 L_{Aeq}

对于稳态噪声，A 声级是一个很好的评价量。对于随时间起伏变化较大的噪声，如交通噪声、城市环境噪声等，不同时刻 A 声级相差较大，噪声水平难于表征，为此引入了等效（连续）A 声级，简称为等效声级，记为 L_{Aeq} 或 L_{eq}，它是规定测量时间段内，各时刻 A 声级的能量平均值，定义式为

$$L_{Aeq} = 10\lg\left(\frac{1}{T}\int_0^T 10^{0.1L_A}\,dt\right) \qquad （5\text{-}23）$$

式中：L_A —— 各时刻 A 声级，dB（A）；

T —— 规定的测量时间段（等效时间），s。

在实际噪声测量中，积分式声级计可以直接显示 L_{Aeq}。

三、噪声传播及其衰减

噪声在户外传播时会产生衰减，根据衰减原因分为几何发散衰减、空气吸收衰减、遮挡物引起的衰减以及由于气候原因、地面条件等引起的附加衰减。

[①] 对低频等不敏感的噪声，在 A 计权时要比实际值减少若干分贝，越不敏感的，减少的值越大，如中心频率 125 Hz 的噪声 A 计权时，要减 16.1 dB，中心频率 500 Hz 的噪声 A 计权时减 3.2 dB。而比较敏感频带的噪声在 A 计权时比实际值还略有增加，如中心频率 2 000 Hz 的噪声，A 计权时要增加 1.2 dB。

（一）几何发散衰减

噪声源的声功率值是基本恒定的，随着传播距离的增加，波阵面面积迅速增加，因而单位时间通过垂直于声波传播方向上单位面积的能量（声强）减小，这种衰减称为几何发散衰减，简称为发散衰减。

对点声源而言，声波从离声源 r_1 处传到 r_2 处，其发散衰减值 A_d 为

$$A_d = L_{P1} - L_{P2} = 20\lg\left(\frac{r_2}{r_1}\right) \tag{5-24}$$

由计算公式可知：到声源距离增加 1 倍，噪声衰减 6 dB。上式对于 A 声级也成立。

（二）空气吸收引起的衰减

声波在空气中传播时，因空气的黏滞性和热传导，在压缩与膨胀过程中，一部分声能被转化为热能而损耗。

$$A_{\text{oct,atm}} = \frac{\alpha(r - r_0)}{1\,000} \tag{5-25}$$

式中：$A_{\text{oct,atm}}$ —— 空气吸收的倍频带衰减量，dB；

α —— 每 1 000 m 空气吸收倍频带衰减系数，可查阅 HJ 2.4—2021 附录 A 表 A.2；

r —— 计算点到声源距离，m；

r_0 —— 靠近声源处参考点到声源距离，m。

由于空气吸声系数值很小，所以仅在距离较大时（如 200 m 以上）才考虑空气吸收。

需要特别注意的是空气吸收的频率特性，空气对中高频噪声的吸收远大于低频噪声。在实际工作中，对于中、低频特性的噪声源一般可不考虑空气的吸收衰减。

（三）地面效应引起的附加衰减

声波在地面附近传播时，由于直达声和地面反射声的干涉将导致声波附加衰减。当地面较疏松、接收点与声源距地面高度较小、距离又较大时应考虑该衰减。计算方法见《声学 户外声传播的衰减 第 2 部分：一般计算方法》（GB/T 17247.2—1998）。

当接收点只计算 A 声级、地面为疏松地面或混合地面时，地面衰减可用下式计算，计算出现负值，则用零代替。

$$A_{\text{gr}} = 4.8 - \left(\frac{2h_{\text{m}}}{r}\right)\left[17 + \left(\frac{300}{r}\right)\right] \tag{5-26}$$

式中：r —— 声源到预测点距离，m；

h_{m} —— 传播路径的平均高度，m，$h_{\text{m}} = F/r$，F 为图 5-10 中阴影面积，m^2。

估算平均高度方法见图 5-10。

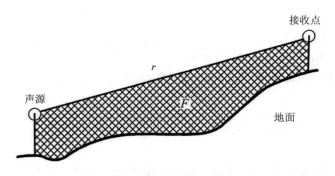

图 5-10　估算平均高度方法

对于存在屏障的情况，在计算了屏障衰减后，不再考虑地面效应衰减。

（四）屏障引起的衰减

当声源和预测点之间有实体障碍物时，如围墙、建筑物、土堆等，噪声将有附加的衰减。在噪声控制工程中，利用这种衰减，在声源和预测点之间专门设计了声学障板，这种声学障板称为声屏障。声屏障是控制噪声，特别是公路、铁路交通噪声的主要措施之一。

屏障引起的衰减计算见 HJ 2.4—2021 附录 A.3.4。

此外，还有其他效应引起的衰减，如声波通过树叶的传播衰减等。

四、主要环境噪声标准

环境噪声标准包括质量标准和排放标准，《声环境质量标准》《机场周围飞机噪声环境标准》是质量标准，《工业企业厂界环境噪声排放标准》《社会生活环境噪声排放标准》《建筑施工场界环境噪声排放标准》《铁路边界噪声限值及其测量方法》等是排放标准。此外，《建筑环境通用规范》（GB 55016）明确了民用建筑室内噪声允许限值。

（一）《声环境质量标准》（GB 3096—2008）

1．声环境功能区分类

该标准按区域的使用功能特点和环境质量要求，将声环境功能区分为以下 5 种类型：

0 类声环境功能区：指康复疗养区等特别需要安静的区域。

1 类声环境功能区：指以居民住宅、医疗卫生、文化教育、科研设计、行政办公为主要功能，需要保持安静的区域。

2 类声环境功能区：指以商业金融、集市贸易为主要功能，或者居住、商业、工业混杂，需要维护住宅安静的区域。

3 类声环境功能区：指以工业生产、仓储物流为主要功能，需要防止工业噪声对周围环境产生严重影响的区域。

4 类声环境功能区：指交通干线两侧一定距离之内，需要防止交通噪声对周围环境产生严重影响的区域，包括 4a 类和 4b 类两种类型。4a 类为高速公路、一级公路、二级公路、城市快速路、城市主干路、城市次干路、城市轨道交通（地面段）、内河航道两侧区域；4b 类为铁路干线两侧区域。

声环境功能区由县级以上生态环境部门根据《声环境功能区划分技术规范》（GB/T 15190—2014）的规定组织划定并报同级政府批准后实施。

2．环境噪声限值

各类声环境功能区适用表 5-7 规定的环境噪声限值。

表 5-7　环境噪声限值　　　　　　　　　　　　　　　　　单位：dB（A）

声环境功能区类别		时段	
		昼间	夜间
0 类		50	40
1 类		55	45
2 类		60	50
3 类		65	55
4 类	4a 类	70	55
	4b 类	70	60

（二）《工业企业厂界环境噪声排放标准》（GB 12348—2008）

该标准适用于工业企业噪声排放的管理、评价及控制。机关、事业单位、团体等对外环境排放噪声的单位也按本标准执行。

该标准包括两部分，第一部分是工业企业厂界环境噪声限值，第二部分是固定设备通过建筑物结构传播至噪声敏感建筑物室内时的噪声限值。

1．厂界环境噪声排放限值

1）工业企业厂界环境噪声不得超过表 5-8 规定的排放限值。

表 5-8　工业企业厂界环境噪声排放限值　　　　　　　　　单位：dB（A）

厂界外声环境功能区类别	时段	
	昼间	夜间
0	50	40
1	55	45
2	60	50
3	65	55
4	70	55

2）夜间频发噪声[①]的最大声级超过限值的幅度不得高于 10 dB（A）。

3）夜间偶发噪声[②]的最大声级超过限值的幅度不得高于 15 dB（A）。

---

① 频发噪声是指频繁发生、发生的时间和间隔有一定规律、单次持续时间较短、强度较高的噪声，如排气声、货物装卸噪声等。

② 偶发噪声是指偶然发生、发生的时间和间隔无规律、单次持续时间较短、强度较高的噪声，如短促鸣笛声、工程爆破噪声等。

2．结构传播固定设备室内噪声排放限值

噪声既可以通过空气传播，也可以通过房屋结构传播，不少固定噪声源对室内环境的影响主要是结构声，又称为固体声。例如安装于高层住宅地下室的水泵，其空气声的影响范围是有限的，受影响较大的是相邻的房间，而通过基础、墙板、楼板等房屋结构传播的固体声却可能影响相距很远的房间。

固体声主要是低频噪声，容易引起人的烦恼，但在用 A 声级评价时数值却较低，与人的心理感觉差异较大，因此不仅需要规定固定设备结构传播噪声的 A 声级限值，而且有必要对噪声的各频带声压级也给出限值，具体限值分别见表 5-9 和表 5-10。

表 5-9　结构传播固定设备室内噪声排放限值（等效声级）　　　　单位：dB（A）

噪声敏感建筑物所处声环境功能区类别	房间类型			
	A 类房间		B 类房间	
	时段			
	昼间	夜间	昼间	夜间
0	40	30	40	30
1	40	30	45	35
2、3、4	45	35	50	40

注：A 类房间——以睡眠为主要目的，需要保证夜间安静的房间，包括住宅卧室、医院病房、宾馆客房等；
　　B 类房间——主要在昼间使用，需要保证思考与精神集中、正常讲话不被干扰的房间，包括学校教室、会议室、办公室、住宅中卧室以外的其他房间等。

表 5-10　结构传播固定设备室内噪声排放限值（倍频带声压级）　　　　单位：dB

噪声敏感建筑所处声环境功能区类别	时段	房间类型　倍频带中心频率/Hz	室内噪声倍频带声压级限值				
			31.5	63	125	250	500
0	昼间	A、B 类房间	76	59	48	39	34
	夜间	A、B 类房间	69	51	39	303	24
1	昼间	A 类房间	76	59	48	9	34
		B 类房间	79	63	52	44	38
	夜间	A 类房间	69	51	39	30	24
		B 类房间	72	55	43	35	29
2、3、4	昼间	A 类房间	79	63	52	44	38
		B 类房间	82	67	56	49	43
	夜间	A 类房间	72	55	43	35	29
		B 类房间	76	59	48	39	34

《建筑环境通用规范》（GB 55016—2021）规定了户外噪声传播到民用建筑室内、建筑内固定设备结构传播至不同使用功能房间的噪声限值，详见 GB 55016—2021。

五、建设项目声环境影响评价

建设项目声环境影响评价总体上按照《环境影响评价技术导则　声环境》（HJ 2.4—2021）

进行。

声环境影响评价的基本任务是评价建设项目实施引起的声环境质量的变化情况；提出合理可行的防治对策措施，降低噪声影响；从声环境影响角度评价建设项目实施的可行性；为建设项目优化选址、选线、合理布局以及国土空间规划提供科学依据。

（一）评价工作程序及评价等级、范围、标准

1. 评价类别

1）按声源种类划分，可分为固定声源和移动声源的环境影响评价。

2）建设项目同时包含固定声源和移动声源，应分别进行声环境影响评价；同一声环境保护目标既受到固定声源影响，又受到移动声源（机场航空器噪声除外）影响时，应叠加环境影响后进行评价。

2. 声环境影响评价工作程序

声环境影响评价的工作程序见图 5-11。

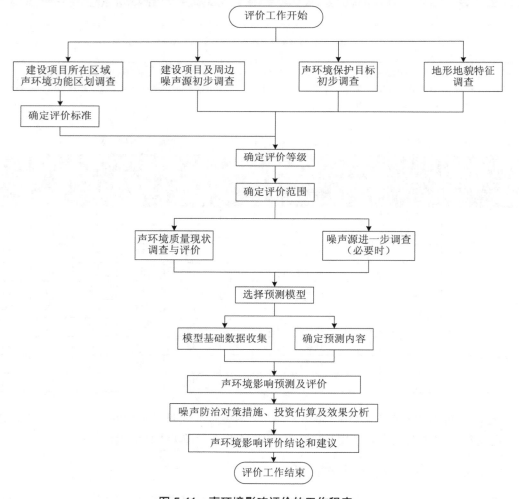

图 5-11 声环境影响评价的工作程序

3．评价等级

声环境影响评价工作等级分为 3 级，一级为详细评价，二级为一般性评价，三级为简要评价。

评价范围内有 0 类声环境功能区域，或建设项目建设前后评价范围内声环境保护目标噪声级增量达 5 dB（A）以上［不含 5 dB（A）］，或受影响人口数量显著增加时，按一级评价。

建设项目所处的声环境功能区为 1 类、2 类地区，或建设项目建设前后评价范围内声环境保护目标噪声级增量达 3～5 dB（A），或受噪声影响人口数量增加较多时，按二级评价，其余按三级评价。

4．评价范围

对于以固定声源为主的建设项目（如工厂、码头、站场等）：

1）一级评价，一般以建设项目边界向外 200 m 为评价范围；

2）二级、三级评价范围可根据建设项目所在区域和相邻区域的声环境功能区类别及声环境保护目标等实际情况适当缩小。

对于以移动声源为主的建设项目（如公路、城市道路、铁路、城市轨道交通等地面交通）：

1）一级评价，一般以线路中心线外两侧 200 m 以内为评价范围；

2）二级、三级评价范围可根据建设项目所在区域和相邻区域的声环境功能区类别及声环境保护目标等实际情况适当缩小；

3）机场项目噪声评价范围有特别规定。

5．评价标准

应根据声源的类别和项目所处的声环境功能区类别确定声环境影响评价标准。没有划分声环境功能区的区域应采用地方生态环境主管部门确定的标准。

（二）噪声源调查与分析

1）噪声源调查包括拟建项目的主要固定声源和移动声源。给出主要声源的数量、位置和强度，并以图示形式标注。

2）噪声源调查内容和工作深度应符合环境影响预测模型对噪声源参数的要求。

3）噪声源源强核算应按照《污染源源强核算技术指南 准则》（HJ 884—2018）的要求进行，有行业污染源源强核算技术指南的应优先按照指南中规定的方法进行。当缺少所需数据时，可通过声源类比测量或引用有效资料、研究成果来确定。

（三）声环境现状调查与评价

1．现状调查

一级、二级评价的现状调查内容如下。

1）调查评价范围内声环境保护目标的名称、地理位置、行政区划、所在声环境功能区、不同声环境功能区内人口分布情况、与建设项目的空间位置关系、建筑情况等。

2）调查评价范围内声环境质量状况。对评价范围内具有代表性的声环境保护目标的声环境质量现状需要现场监测，其余保护目标可通过类比或现场监测结合模型计算给出。

3）调查评价范围内有明显影响的现状声源的名称、类型、数量、位置、源强等。在调查、监测的基础上，对上述各类噪声源、声环境功能要求、声环境质量现状等以图、表形式表示出来。

三级评价现状调查，相比于一级、二级评价，三级评价对现状调查与评价可适当简化。

2．现状评价

1）分析评价范围内既有主要声源种类、数量及相应的噪声级、噪声特性等，明确主要声源分布。

2）分别评价厂界（场界、边界）和各声环境保护目标的超标和达标情况，分析其受到既有主要声源的影响状况。

上述现状评价结果用图、表形式表示之。

（四）声环境影响预测和评价

1．预测点和评价点确定原则

建设项目评价范围内声环境保护目标和建设项目厂界（场界、边界）应作为预测点和评价点。

2．预测方法

声环境影响可采用参数模型、经验模型、半经验模型进行预测，也可采用比例预测法、类比预测法进行预测。

声环境影响预测模型可参见 HJ 2.4—2021 附录 A 和附录 B。附录 A 为"室外声传播的衰减①"，其规定了计算户外声传播衰减的工程法，用于预测各种类型声源在远处产生的噪声。该方法可预测已知噪声源在有利于声传播的气象条件下的等效连续 A 声级；附录 B 为"典型行业噪声预测模型"，其中包括工业噪声预测计算模型、公路交通噪声预测模型、铁路与城市轨道交通预测模型、机场航空器噪声预测模型。

3．预测和评价内容

1）预测建设项目施工期和项目投运后所有声环境保护目标处的噪声贡献值和预测值，评价其超标和达标情况。

2）预测和评价施工期和建设项目投运后厂界（场界、边界）噪声贡献值，评价其超标和达标情况。

3）铁路、城市轨道交通等建设项目，还需预测列车通过时段内声环境保护目标处的等效连续 A 声级（$L_{Aeq, Tp}$）。

4）一级评价应绘制运行期代表性评价水平年噪声贡献值等声级线图，二级评价根据需要绘制等声级线图。

4．预测评价结果图表要求

1）列表给出建设项目厂界（场界、边界）噪声贡献值和各声环境保护目标处的背景噪声值、噪声贡献值、噪声预测值、超标和达标情况等。分析超标原因，明确引起超标的主

---

① 户外声传播的衰减包括几何发散引起的衰减、大气吸收引起的衰减、地面效应引起的衰减、障碍物屏蔽引起的衰减。

要声源。

2）判定为一级评价的工业企业建设项目应给出等声级线图；判定为一级评价的地面交通建设项目应结合现有或规划保护目标给出典型路段的噪声贡献值等声级线图。

（五）噪声防治对策措施

主要包括 4 个方面：合理调整规划布局、噪声源头控制、噪声传播途径控制和声环境保护目标自身防护。

噪声防治首先应尽可能从规划布局、源头控制着手解决；其次是在噪声传播途径控制；在采取前面两方面措施后仍然在保护目标处超标的，再采取对保护目标的自身防护措施。保护目标属民用建筑的，应确保其不同功能房间内噪声达到《建筑环境通用规范》（GB 55016—2021）规定的要求。

1．规划防治对策

主要指从建设项目的选址（选线）、规划布局、总图布置（跑道方位布设）和设备布局等方面进行调整，提出降低噪声影响的建议。如根据"以人为本"、"闹静分开"和"合理布局"的原则，提出高噪声设备尽可能远离声环境保护目标、优化建设项目选址（选线）、调整规划用地布局等建议。

2．噪声源控制措施

主要包括：

1）选用低噪声设备、低噪声工艺，低噪声施工设备可优先采用工业和信息化部、生态环境部、住房和城乡建设部、市场监督管理总局联合发布的《低噪声施工设备指导名录》中的相关产品；

2）采取声学控制措施，如对声源采用吸声、消声、隔声、减振等措施；

3）改进工艺、设施结构和操作方法等；

4）将声源设置于地下、半地下室内；

5）优先选用低噪声车辆、低噪声基础设施、低噪声路面等。

3．噪声传播途径控制措施

主要包括：

1）设置声屏障等措施，包括直立式、折板式、半封闭、全封闭等类型声屏障。声屏障的具体型式根据声环境保护目标处超标程度、噪声源与声环境保护目标的距离、敏感建筑物高度等因素综合考虑来确定。不同型式的传统隔声屏障其降噪效果随敏感建筑物位置的变化而有很大差异，降噪量在 3～10 dB（A）。全封闭式声屏障隔声量可以达到30 dB（A）。

2）通风隔声窗的隔声量一般为 20～35 dB（A）。在关闭状态下，通常室内噪声昼间可降至约 40 dB（A）、夜间降至 35 dB（A）以内；在通风状态下，室内噪声昼间可降至 43～45 dB（A）、夜间可降至 40 dB（A）。

3）常规全封闭隔声罩的降噪量在 20 dB（A）及以上。

4）消声器的降噪量能够达到 10～40 dB（A），甚至更高，与消声器的长度、结构尺寸等参数相关。

5）利用自然地形物（如利用位于声源和声环境保护目标之间的山丘、土坡、地堑、围墙等）降低噪声。

4. 声环境保护目标自身防护措施

主要包括：

1）声环境保护目标自身增设吸声、隔声等措施；

2）优化调整建筑物平面布局、建筑物功能布局；

3）声环境保护目标功能置换或拆迁。

地面交通污染防治可参见《地面交通噪声污染防治技术政策》（环发〔2010〕7号）。

（六）声环境影响评价结论与建议

根据噪声预测结果、噪声防治对策和措施可行性及有效性评价，从声环境影响角度给出拟建项目是否可行的明确结论。

第六节　辐射环境影响评价

环境污染可分为物质流污染和能量流污染两大类。物质流污染物进入环境使大气、水的质量变坏，并进而影响到土壤和食品。能量流污染同样会使环境质量变坏，并进而影响到人体健康，辐射是一种重要的能量流污染。电离辐射和非电离辐射（电磁辐射）就属于辐射范畴。国务院发布的《建设项目环境保护管理条例》同样适用于辐射项目的建设与管理。生态环境部制定的《建设项目环境影响评价分类管理名录》也包含有辐射项目分类管理的内容。

考虑到本书未设辐射污染防治专章，为此，在阐述辐射环境影响评价前，先介绍一些有关辐射的基本知识——辐射及其危害、辐射法律法规和标准。

一、辐射及其危害

（一）辐射相关概念

1）辐射：能量以波或粒子的形式向周围空间或者物质发射并在其中传播的方式。按能量大小可分为电离辐射和非电离辐射（狭义又称电磁辐射）。能量≥12 eV时可以使物质发生电离，此时的辐射被称为电离辐射，能量＜12 eV时为非电离辐射，常见的非电离辐射主要为电磁辐射。具体见图5-12。

2）粒子：质子、中子、电子、原子核等。

3）电磁波：是由同相振荡且互相垂直的电场与磁场在空间中衍生发射的振荡粒子波，是以波动的形式传播的电磁场。电磁波具有波粒二象性，真空中传播速度300 000 km/s，波长乘以频率等于传播速度（$C=\lambda \cdot v$），其粒子态被称为光子，单个光子能量等于普朗克常数乘以频率（$E=h \cdot v$）。

4）放射性：某些具有不稳定原子核的原子会自发地从核内放出带有动能的粒子，或者以辐射电磁能的形式释放能量直至稳定。原子的这种特性被称为放射性。不稳定原子核的这种自发转变叫作原子核的衰变。这种原子对应的元素称为放射性元素。

5）活度：衡量某一放射源或含放射性物质强度的物理量，单位为贝克（Bq），以前用单位为居里（Ci），它们之间的换算关系如下：1 Ci=3.7×10^{10} Bq。

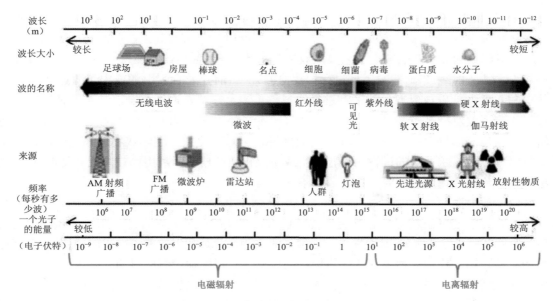

图 5-12　电磁波频谱图

表面污染：单位面积物体表面沾染放射性物质的活度，单位为贝克每平方厘米（Bq/cm^2）。

比活度：单位质量物体内放射性物质活度，单位为贝克每千克（Bq/kg）。

6）空气吸收剂量：单位质量空气中沉积的辐射能量，单位为焦耳/千克（J/kg），专用单位戈瑞（Gy），1 Gy=1 J/kg。

空气吸收剂量率：单位时间内的空气吸收剂量，单位为戈瑞/时（Gy/h）。

7）有效剂量：人体所有组织或器官平均吸收剂量加权后的当量剂量之和，单位为焦耳/千克（J/kg），专用单位希沃特（Sv），1 Sv=1 J/kg。它是评价电离辐射类建设项目对人体影响结果的最终指标。

8）电场强度：用来表示电场中各点电场的强弱和方向的物理量，单位为伏每米（V/m）。输变电中常用 kV/m，1 kV/m=1 000 V/m。

9）磁感应强度：又称磁通量密度或磁通密度，主要是描述磁场强弱和方向的基本物理量。其单位为特斯拉（T）。

10）磁场强度：介质中某点磁场强度等于该点磁感应强度除以磁导率，并减去磁化强度，即 $H=B/\mu-M$，其单位为安培每米（A/m）。

11）辐射背景：在我们的日常生活中，辐射虽然看不见、摸不着，但其实它无处不在，各种来源的电离辐射与电磁辐射组成了环境中的辐射背景。辐射来源可分为天然辐射及人工辐射。电离辐射背景值来源：原生放射性核素（地球自带）、宇生放射性核素（受宇宙高能射线轰击产生）、宇宙辐射等。电磁辐射背景值来源：宇宙、闪电、地球磁场等。人工辐射来自各种核技术应用、广播电视等无线电应用、高压输变电活动等。

（二）常见的辐射应用及辐射设施

1. 核技术应用（电离辐射）

包括放射性同位素（含放射源和非密封工作场所）与射线装置，广泛使用于辐照加工（使用γ射线或加速器产生的电子束辐照被加工物体，使其品质或性能得以改善）；工业无损探伤（使用X射线或γ射线对工件进行拍片检测）；石油开采（使用γ源或中子源进行测井）；热电与水泥（使用放射源做核子秤进行物料称重）；塑料、造纸与金属加工（使用放射源或射线测厚仪对产品厚度进行检测）；建筑施工（使用含γ源和中子源的核子密度仪检测建筑材料密度和湿度）；生物、农业（将放射性核素添入化学、生物或物理系统中，标记研究材料，以便追踪发生的过程、运行状况或研究物质结构）；医用诊疗装置（使用X射线进行拍片诊断或使用高能射线进行放射治疗）等各个领域。

（1）放射源应用

放射源衰变发出粒子，通过测量粒子穿透某物质时强度衰减程度，来测量该物质的密度、厚度、质量等。例如γ射线探伤（也称工业照相）就是利用放射源发出的γ射线具有穿透性的特性，用于检验大型铸件或管道焊接的质量，实现无损检测的目的。

γ射线探伤使用的放射源多为铱-192和钴-60。其探伤原理是：γ射线穿透被测物质时，将被吸收一部分射线。被测物密度越大、越厚，射线被吸收得越多，穿透过去的射线就越少。如果被测物有裂缝、气泡，则穿透过去的射线就会变多，所得到的成像就显出了差异，据此检查焊接质量好坏。γ射线探伤特点是γ射线穿透力强，在钢材检测中可测厚度达200 mm，且设备轻便，无须电源，特别适用于携带和野外作业。另外，放射源可通过窄小部位进行透照，适用于异形物体探伤，如环形或球形物体的探伤，一次可拍几十至几百张底片。与X射线探伤不同，不论γ射线探伤机是否开机，放射源总有射线放出来，因此安全及防护问题就显得尤为重要，不作业时必须保证探伤机在贮源罐内。

（2）射线装置

射线装置是指X线机、加速器、中子发生器以及含放射源的装置。最常见的射线装置是X线机，它主要由X射线管和高压电源组成。当高压电源加在X射线管的两极间形成一个电场，电子在射到靶体之前被加速达到很高的速度，高速电子轰击靶体产生X射线。因X射线机工作时无须放射源，且关机时没有射线放出来，只需要在进行应用时，注意X射线防护即可。X射线机主要用于工业探伤、人体医学诊断（拍摄X片、CT片）。

（3）放射性同位素

放射性同位素在核医学中被广泛用来诊断、治疗和研究疾病。比如有些试剂会有选择性地聚集到人体的某种组织或器官。以发射γ射线的同位素标记[1]这类试剂（锝-99m-亚甲基二磷酸盐、锝-99m-二乙撑三胺五乙酸），将该试剂给患者口服或注射后，利用发射型计算机断层扫描仪（ECT），就可以从体外显示标记试剂在体内分布的情况，了解特定组织器官的形态和功能。类似的还有用氟-18标记试剂，应用正电子发射计算机断层显像（PET）获得体内影像。高浓度特定放射性元素还被用于治疗，如使用碘-131进行甲亢、甲癌治疗。

2．电磁辐射设备设施

包括电磁发射系统（如广播电视发射台、雷达系统、无线通信等）、工频电磁场系统（如高压输变电）。

（1）电磁发射系统

电磁发射系统（如广播电视发射台、无线通信、雷达系统等）是利用电磁波传播原理，将所需传播的信号经过一定的调制方式转化为电磁波信号，通过天线发射出去，然后经接收机接收并经过解调后还原成所需信号。在电磁波发射、传播过程中，会对周围电磁环境产生影响。

（2）工频电磁场系统

电能在输送或电压转换过程中，高压输电线、主变压器和高压配电设备与周围环境存在电位差，形成工频（50 Hz）电场；输变电设备还有很强的电流通过，在其附近形成工频磁场，可能会影响周围环境。

（三）辐射影响

1．电离辐射效应

人体受到电离辐射照射（可分为外照射和内照射），会导致组织和器官出现功能或结构的变化、损伤甚至损害。这些从变化到损害的种种变化统称为辐射效应。有关概念介绍如下：

1）变化：辐射照射引起的轻微效应，其可能有害，可能无害。

2）损伤：辐射照射引起的某种程度的有害变化。

3）损害：辐射照射引起的临床上可观察到的有害效应。

4）危害：照射组及其后代所经历的总的健康伤害，其主要成分包括以下随机量：致死性癌症的归因概率、非致死性癌症的加权概率、严重遗传效应的加权概率及存在伤害时的寿命损失。

5）直接作用：射线被生物物质所吸收时，直接和细胞关键的靶作用，靶的原子被电离或激发从而启动一系列的事件导致生物改变。

6）间接作用：射线在细胞内可能和另一个原子或分子相互作用产生自由基，它们可以扩散到达靶并造成损伤。

7）外照射：射线从体外照射人体。

8）内照射：人体由于某种原因摄入放射性物质，在体内形成照射。

9）确定性效应：在较大剂量情况下，照射全部组织或局部组织，相当数量的细胞被杀死，而这些细胞又不能由活细胞的增殖来补偿，则这种照射对人体产生的效应称为确定性效应。确定性效应的发生有剂量阈值，剂量一旦大于该阈值，人体必然要产生辐射损伤，且其严重程度与剂量大小有关。确定性效应的临床表现是各种放射病乃至死亡。因此在辐射防护中必须要防止发生确定性效应。

2．电磁辐射的危害及生物效应

电磁辐射对生物机体的效应有热效应和非热效应。对电气设备的影响主要为干扰通信、影响精密仪器、影响家用电器、影响心脏起搏器。

1）热效应：电磁波在介质中传播时，介质吸收电磁能而致热的效应。

2）非热效应：电磁场引起的感生电荷、感生电流、电势差变化、分子极化等对细胞的影响。

（四）辐射防护

1）电离辐射防护原则：实践的正当性、辐射防护与安全的最优化、剂量限制和潜在照射危险限制。

2）外照射防护的方法：减少受照时间、增加与辐射源距离、设置屏蔽（在受保护对象与放射源之间增加辐射屏蔽材料，常见的为混凝土墙体、铅板等）。

3）内照射防护方法：包容（把可能成为污染源的放射性物质放在密闭的手套箱或其他密闭容器中进行操作）、隔离（穿戴全密封防护服进行操作）、稀释（利用通风装置不断排出被污染的空气，并换以清洁空气）、净化（通过空气过滤、除尘等方法，尽量降低空气中放射性粉尘或放射性气溶胶的浓度）、遵守操作规程、做好个人防护。

4）电磁辐射防护方法：增加与发射天线之间的距离；避开天线主瓣方向；减少受照射时间；为电磁敏感目标构筑屏蔽室等。

二、辐射法律法规和标准

1．法律
《中华人民共和国放射性污染防治法》，2003 年 10 月 1 日起施行；
《中华人民共和国环境影响评价法》（2018 年修订），2018 年 12 月 29 日起施行。

2．行政法规
《建设项目环境保护管理条例》（2017 年修订），2017 年 10 月 1 日起施行；
《放射性同位素与射线装置安全和防护条例》（2019 年修订），2019 年 3 月 2 日起施行；
《放射性物品运输安全管理条例》，2010 年 1 月 1 日起施行；
《放射性废物安全管理条例》，2012 年 3 月 1 日起施行。

3．部门规章
《建设项目环境影响评价分类管理名录》（2021 年修订），2021 年 1 月 1 日起施行；
《放射性同位素与射线装置安全许可管理办法》（2021 年修订），2021 年 1 月 4 日起施行；
《放射性物品运输安全许可管理办法》（2021 年修订），2021 年 1 月 4 日起施行；
《放射性同位素与射线装置安全和防护管理办法》，2011 年 5 月 1 日起施行。

4．地方性行政规章
如浙江省相关行政规章有：
《浙江省建设项目环境保护管理办法》（2021 年修订），2021 年 2 月 10 日起施行；
《浙江省辐射环境管理办法》（2021 年修订），2021 年 2 月 10 日起施行。

5．主要标准
《电离辐射防护与辐射源安全基本标准》（GB 18871—2002）；
《电磁环境控制限值》（GB 8702—2014）；

《辐射环境保护管理导则　核技术利用建设项目　环境影响评价文件的内容和格式》（HJ 10.1—2016）；

《辐射环境保护管理导则　电磁辐射环境影响评价方法与标准》（HJ/T 10.3—1996）；

《环境影响评价技术导则　输变电》（HJ 24—2020）；

《环境影响评价技术导则　广播电视》（HJ 1112—2020）；

《输变电建设项目环境保护技术要求》（HJ 1113—2020）。

三、新建、扩建、改建辐射项目环评

辐射建设项目环境影响评价报告书（表）编制程序、公众参与程序与其他建设项目一样，依照《建设项目环境影响评价技术导则　总纲》（HJ 2.1—2016）及国家、省相关环境影响评价公众参与办法。

（一）核技术利用建设项目环评（电离辐射）

电离辐射环境影响评价是定量估算放射性物质释放到生物圈后对人及周围环境生态系统造成的后果。评价对象是人，评价指标是人所受到的有效剂量和集体有效剂量。它涉及许多学科，一般包括源项（放射性释放物的形态与数量）、环境输运（大气、地表水、地下水等的输运）、转移（放射性物质由一种介质转移向另一种介质，如沉积、沉淀、吸附、浓集等）、内外照射剂量。

根据核技术利用建设项目的特点，环评重点关注源项和外照射剂量方面的内容。

生态环境部门根据《中华人民共和国放射性污染防治法》《放射性同位素与射线装置的安全和防护条例》等有关法律法规的规定负责对放射性同位素、射线装置的安全和防护工作实施统一监督管理。放射性同位素（包含放射源和非密封性工作场所）和射线装置的生产、销售、使用单位称为核技术利用单位，其负责本单位放射性污染防治，并依法对其造成的放射性污染承担责任。

放射源按照危险等级分为Ⅰ类、Ⅱ类、Ⅲ类、Ⅳ类、Ⅴ类。Ⅰ类放射源为极高危险源，在没有防护情况下，接触这类源几分钟到 1 h 就可致人死亡，主要用于辐照加工和医院伽马刀等；Ⅱ类放射源为高危险源，在没有防护情况下，接触这类源几小时至几天可致人死亡，主要用于工业探伤等；Ⅲ类放射源为危险源，没有防护情况下，接触这类源几小时就可对人造成永久性损伤，接触几天至几周也可致人死亡，主要用于医院后装机等；Ⅳ类放射源为低危险源，基本不会对人造成永久性损伤，但对长时间、近距离接触这些放射源的人可能造成可恢复的临时性损伤；Ⅴ类放射源为极低危险源，不会对人造成永久性损伤，Ⅳ类、Ⅴ类放射源主要用于密度仪、料位仪、核子秤等。

非密封性工作场所按照非密封放射性物质的使用量，分为甲级、乙级、丙级三类，多用于企业、医院、学校和科研单位。

射线装置：主要用于辐照、工业探伤、医用诊断及科研机构。根据射线装置对人体健康和环境的潜在危害程度，从高到低将射线装置分为Ⅰ类、Ⅱ类、Ⅲ类。Ⅰ类射线装置主要为工业辐照装置，事故时短时间照射可以使受到照射的人员产生严重放射损伤，其安全与防护要求高；Ⅱ类射线装置主要为工业探伤装置和直线加速器，事故时可以使受到照射的人员产生较严重放射损伤，其安全与防护要求较高；III类射线装置主要为医用X射线机、CT机等，事故时一般不会使受到照射的人员产生放射损伤，其安全与防护要求相对简单。

1. 评价标准

辐射无处不在，但其无色无味，看不见、摸不着。我们吃的食物、住的房屋、天空大地、山川草木，乃至人的身体都存在放射性。我国的天然本底辐射水平每年2.5 mSv，某些高本底地区可高达每年50 mSv；砖房每年0.75 mSv；宇宙射线每年0.45 mSv；水、粮食、蔬菜、空气每年0.25 mSv；土壤每年0.15 mSv；胸部透视一次0.02 mSv。

对于辐射项目的管理，如何判断其是否造成危害呢？《电离辐射防护与辐射源安全基本标准》（GB 18871—2002）的附录B中规定了剂量限值（表5-11）和表面污染控制水平（表5-12）。低于剂量限值的照射通常被认为风险可接受。

表5-11　剂量限值和受照剂量目前的认知

受照剂量/（mSv/mGy）	目前的认知
1	公众受照年有效剂量限值1 mSv
2～3	天然辐射的年剂量水平
20	职业照射年剂量限值：5年内平均有效剂量不得超过20 mSv
50	职业照射5年内任何一年均不得超过50 mSv
100	已经观察到辐射致癌危险的增加
200	ICRP（1990）和UNSCEAR（2000）定义为小剂量照射上限
500	约5%的人出现症状
1 000	10%～25%的人发生急性放射病
3 000～5 000	50%的受照者未经治疗时，在30～60 d死亡

表5-12　工作场所与放射性表面污染控制水平　　　　　　　单位：Bq/cm²

表面类型		α放射性物质		β放射性物质
		极毒性	其他	
工作台、设备、墙壁、地面	控制区*	4	4×10	4×10
	监督区	4×10⁻¹	4	4
工作服、手套、工作鞋	控制区	4×10⁻¹	4×10⁻¹	4
	监督区			
手、皮肤、内衣、工作袜		4×10⁻²	4×10⁻²	4×10⁻¹

注：* 该区内的高污染子区除外。

环境影响评价时，对于某个辐射应用项目通常取年剂量限值的1/10～3/10作为辐射剂量约束值，通常辐射工作人员为5 mSv，公众成员为0.1～0.3 mSv。可以理解为国家标准给定的一年总剂量标准不能被某一建设项目全部占用，需考虑既受这个项目的照射影响，也受其他项目的照射影响。

2. 环境影响评价分类

根据《建设项目环境影响评价分类管理名录》（2021年版），核技术利用项目可能造成重大环境影响的，应当编制环境影响报告书，对产生的环境影响进行全面评价；可能造成轻度环境影响的，应当编制环境影响报告表，对产生的环境影响进行分析或者专项评价；对环境影响很小、不需要进行环境影响评价的，应当填报环境影响登记表。具体见表5-13。

表 5-13　核技术利用建设项目环境影响评价分类

环评类别	报告书	报告表	登记表
核技术利用建设项目	生产放射性同位素的（制备 PET 用放射性药物的除外）；使用Ⅰ类放射源的（医疗使用的除外）；销售（含建造）、使用Ⅰ类射线装置的；甲级非密封放射性物质工作场所；以上项目的改（扩）建（不含在已许可场所增加不超出已许可活动种类和不高于已许可范围等级的核素或射线装置，且新增规模不超过原环境影响评价规模的50%）	制备 PET 用放射性药物的；医疗使用Ⅰ类放射源的；使用Ⅱ类、Ⅲ类放射源的；生产、使用Ⅱ类射线装置的；乙、丙级非密封放射性物质工作场所（医疗机构使用植入治疗用放射性粒子源的除外）；在野外进行放射性同位素示踪试验的；以上项目的改（扩）建（不含在已许可场所增加不超出已许可活动种类和不高于已许可范围等级的核素或射线装置的）	销售Ⅰ类、Ⅱ类、Ⅲ类、Ⅳ类、Ⅴ类放射源的；使用Ⅳ类、Ⅴ类放射源的；医疗机构使用植入治疗用放射性粒子源的；销售非密封放射性物质的；销售Ⅱ类射线装置的；生产、销售、使用Ⅲ类射线装置的

3．评价范围

以项目实体边界为中心，放射性同位素生产项目（放射性药物生产除外）的评价范围半径不小于 3 km；放射性药物生产及其他非密封放射性物质工作场所项目的评价范围，甲级取半径500 m 的范围，乙、丙级取半径50 m 的范围。放射源和射线装置应用项目的评价范围，通常取装置所在场所实体屏蔽物边界外50 m 的范围（无实体边界项目视具体情况而定，应不低于 100 m 的范围），对于Ⅰ类放射源或Ⅰ类射线装置的项目可根据环境影响的范围适当扩大。

放射性物质示踪是将可探测的放射性核素添入化学、生物或物理系统中，标记研究材料，以便追踪发生的过程、运行状况或研究物质结构等的科学手段。实施放射性物质野外示踪的项目应视周边情况以及可能潜在影响的范围确定评价范围。对于固定的示踪剂配置场所，按照非密封工作场所级别确定评价范围。

4．场所辐射水平

任何核技术利用项目，环境影响评价时都必须估算工作场所的辐射水平，按照《辐射环境保护管理导则　核技术利用建设项目　环境影响评价文件的内容和格式》（HJ 10.1—2016）的规定，场所辐射水平的估算可采用模式预测或类比监测的方式。

（1）模式预测

根据建设项目的特点，分析项目运行可能产生的辐射照射途径，如贯穿外照射、气态以及液态等途径。根据分析的辐射照射途径、场所屏蔽和污染防治情况，采用相应的计算模式，估算项目工作场所及周围主要关注点的辐射水平，分析其理论计算值是否满足确定的工作场所表面污染、空气吸收剂量率等控制水平的要求。废弃物（气态、液态、固态）的种类、来源、产生量，含放射性的还应给出比活度、排放总量等。

核技术利用项目接触最多的是把辐射源项作为点源，估算工作场所的 X 辐射、γ 辐射剂量水平。无屏蔽时，其空气吸收剂量率（Dr）与放射源的活度 A 成正比，与距离 R 的平方

成反比。其关系式为

$$Dr = A \cdot Kr / R^2 \tag{5-27}$$

式中：Kr —— 放射性核素的γ常数。

辐射源经不同厚度的材料（如铅、铁、混凝土、砖、铅玻璃）屏蔽后，确定减弱因子，最后计算出经屏蔽后工作场所的辐射剂量率水平。

根据项目运行时产生的辐射照射途径（如外照射、气态途径以及液态途径等），结合项目工艺流程涉源操作环节、工艺操作方式、操作时间、工作人员岗位设置及人员配备等因素，估算辐射工作人员和项目周围关注点人员所受最大年有效剂量，分析项目所致的辐射剂量是否满足确定的剂量约束值。根据工作场所 X-γ空气吸收剂量率水平，X-γ射线产生的外照射年有效剂量可按下列公式计算：

$$H_{Er} = Dr \cdot T \tag{5-28}$$

式中：H_{Er} —— 射线外照射年有效剂量；

Dr —— 射线空气吸收剂量率，μSv/h；

T —— 年射线照射时间，h。

（2）类比监测

建设项目如与已建成运行的项目具有类比条件时，可以采取类比实测方法进行评价，但是应对类比合理性进行分析，建设项目需要在安全设施、项目布局、实体屏蔽、"三废"排放等方面与类比项目同等规模，同类性质或优于类比项目。

对于改（扩）建项目，提供有资质单位出具的辐射工作场所监测报告。根据实测数据，推算改（扩）建后项目工作场所及周围主要关注点的辐射水平。

5．安全与防护措施

提出项目的辐射安全与防护措施、环保相关设施及其功能，包括设施组成、位置、安全保护功能及实现过程，并有辐射安全连锁的逻辑关系图。对非密封放射性物质工作场所和项目可能产生感生放射性气体的场所还应该叙述工作区域的气流组织，卫生通过间及其防止或清除污染措施的设置或设计。评价这些设施设置的多元性、冗余性、独立性以及它们在运行过程中对辐射工作人员和公众辐射安全所起到的效用。

6．项目环境影响评价结论和审批

（1）环境影响评价结论

对密封放射源及射线装置利用项目，根据工作场所的辐射剂量率水平，预测辐射工作人员和公众成员的年有效剂量结果后，对照评价标准，若工作场所关注点符合辐射剂量率水平不高于 2.5 μSv/h、辐射工作人员和公众成员的年有效剂量分别低于 5 mSv 和 0.1～0.3 mSv 中管理限值评价标准，建设项目是可行的。

对使用放射性同位素的开放场所，还需将场所分为控制区和监督区，评价两区的表面污染控制水平，若相应场所的污染水平低于表 5-12 中水平，建设项目是可行的。对存在放射性废水、废气排放的项目，确定相应放射性核素的导出浓度限值，低于该导出浓度限值，建设项目也是可行的。

（2）审批要求和审批程序

与其他建设项目审批要求和审批程序相同。

（3）审批（许可）后的管理

核技术利用项目履行建设项目环境影响评价手续后，需要办理辐射安全许可证申领，放射性同位素转让审批手续，执行建设项目"三同时"制度，开展建设项目环保设施竣工验收。竣工验收后，辐射工作单位每年对放射性同位素、射线装置的安全和防护状况进行年度评估，对辐射场所进行监测。可能产生放射性污染残留的项目退役时需要编制退役环境影响评价，退役完成后需验收。生态环境部门对核技术利用项目建设、运行进行"双随机"监督管理及监测。

（二）电磁辐射建设项目环评

电磁辐射设备设施主要包括工频辐射系统（如高压输变电系统）、发射系统（如广播电视发射台、雷达、无线通信系统等）。

1．环境影响评价标准

《电磁环境控制限值》（GB 8702—2014）中规定了电场、磁场、电磁场导致的公众暴露控制限值。低于控制限值的电磁环境通常被认为风险可接受。

按照表 5-14 计算输变电项目（频率为 50 Hz）工频电场强度公众暴露控制限值为 4 000 V/m，工频磁感应强度公众暴露控制限值为 100 μT。架空输电线路线下的耕地、园地、牧草地、畜禽饲养地、养殖水面、道路等场所，其频率 50 Hz 的电场强度控制限值为 10 kV/m，且应给出警示和防护指示标志。

表 5-14　公众暴露控制限值

频率范围	电场强度 E/（V/m）	磁场强度 H/（A/m）	磁感应强度 B/（μT）	等效平面波功率密度 S_{eq}/（W/m^2）
1～8 Hz	8 000	$32\,000/f^2$	$40\,000/f^2$	—
8～25 Hz	8 000	$4\,000/f$	$5\,000/f$	—
0.025～1.2 kHz	$200/f$	$4/f$	$5/f$	—
1.2～2.9 kHz	$200/f$	3.3	4.1	—
2.9～57 kHz	70	$10/f$	$12/f$	—
57～100 kHz	$4\,000/f$	$10/f$	$12/f$	—
0.1～3 MHz	40	0.1	0.12	4
3～30 MHz	$67/f^{1/2}$	$0.17/f^{1/2}$	$0.21/f^{1/2}$	$12/f$
30～3 000 MHz	12	0.032	0.04	0.4
3 000～15 000 MHz	$0.22f^{1/2}$	$0.000\,59\,f^{1/2}$	$0.000\,74\,f^{1/2}$	$f/7\,500$
15～300 GHz	27	0.073	0.092	2

注：1. 频率 f 的单位为所在行中第一栏的单位。电场强度限值与频率变化关系详细可见 GB 8702—2014 图 1，磁感应强度限值与频率变化关系详细可见 GB 8702—2014 图 2。

2. 0.1 MHz～300 GHz 频率，场量参数是任意连续 6 min 内的方均根值。

3. 100 kHz 以下频率，需同时限制电场强度和磁感应强度；100 kHz 以上频率，在远场区，可以只限制电场强度或磁场强度，或等效平面波功率密度，在近场区，需同时限制电场强度和磁场强度。

4. 架空输电线路线下的耕地、园地、牧草地、畜禽饲养地、养殖水面、道路等场所，其频率 50 Hz 的电场强度控制限值为 10 kV/m，且应给出警示和防护指示标志。

其他电磁项目不同于输变电的标准值，公众暴露控制限值根据相应项目的频率计算确定。

当公众暴露在多个频率的电场、磁场、电磁场中时，应综合考虑多个频率的电场、磁场、电磁场所致暴露，以满足以下要求。

在 0.1 MHz～300 GHz，应满足以下关系式：

$$\sum_{j=0.1\,\text{MHz}}^{300\,\text{GHz}} \frac{E_j^2}{E_{L,j}^2} \leq 1 \tag{5-29}$$

$$\sum_{j=0.1\,\text{MHz}}^{300\,\text{GHz}} \frac{B_j^2}{B_{L,j}^2} \leq 1 \tag{5-30}$$

式中：E_j——频率 j 的电场强度；

$E_{L,j}$——频率 j 的电场强度限值；

B_j——频率 j 的磁感应强度；

$B_{L,j}$——频率 j 的磁感应强度限值。

根据《辐射环境保护管理导则　电磁辐射环境影响评价方法与标准》（HJ/T 10.3—1996），为使公众受到的总照射剂量小于 GB 8702—2014 的规定值，对单个项目的影响必须限制在 GB 8702—2014 限值的若干分之一。在评价时，对于由生态环境部负责审批的大型项目可取《电磁环境控制限值》（GB 8702—2014）中发射系统场强限值的 $1/\sqrt{2}$，或功率密度限值的 $1/2$；其他目可取发射系统场强限值的 $1/\sqrt{5}$，或功率密度限值的 $1/5$ 作为评价标准。

2．环境影响评价分类

根据《建设项目环境影响评价分类管理名录》（2021 年版），电磁辐射项目可能造成重大环境影响的，应当编制环境影响报告书，对产生的环境影响进行全面评价；可能造成轻度环境影响的，应当编制环境影响报告表，对产生的环境影响进行分析或者专项评价；无线通信（移动通信基站）对环境影响很小、不需要进行环境影响评价的，填报环境影响登记表。具体见表 5-15。

表 5-15　电磁辐射项目环境影响评价分类

环评类别	报告书	报告表	登记表
输变电工程	500 kV 及以上的；涉及环境敏感区的 330 kV 及以上的	其他（100 kV 以下除外）	—
广播电台、差转台	中波 50 kW 及以上的；短波 100 kW 及以上的；涉及环境敏感区的	其他	—
电视塔台	涉及环境敏感区的 100 kW 及以上的	其他	—
雷达	涉及环境敏感区的	其他	—
无线通信	—	—	全部

3．评价范围

（1）输变电项目

输变电工程电磁环境影响评价范围见表 5-16。

表 5-16　输变电工程电磁环境影响评价范围

分类	电压等级	评价范围		
		变电站、换流站、开关站、串补站	线路	
			架空线路	地下电缆
交流	110 kV	站界外 30 m	边导线地面投影外两侧各 30 m	电缆管廊两侧边缘各外延 5 m（水平距离）
	220～330 kV	站界外 40 m	边导线地面投影外两侧各 40 m	
	500 kV 及以上	站界外 50 m	边导线地面投影外两侧各 50 m	
直流	±100 kV 及以上	站界外 50 m	极导线地面投影外两侧各 50 m	

（2）其他电磁项目

广播电视建设项目根据《环境影响评价技术导则　广播电视》（HJ 1112—2020）中要求。

对于全向辐射天线，评价范围以发射天线为中心呈圆形：发射天线等效辐射功率＞100 kW，评价其半径为 1 km 范围；发射天线等效辐射功率≤100 kW，评价其半径为 0.5 km 范围。如果辐射场强最大处大于上述范围，则应评价到最大场强处和满足评价标准限值处中的较大处；如果辐射场强最大处小于上述范围，则应评价至评价范围和满足评价标准限值处中的较大处。

对于定向天线（在某一个或某几个特定方向上发射电磁波特别强的天线），评价范围以发射天线为中心呈扇形，以天线第一旁瓣（天线方向图上，对于任一天线而言，在大多数情况下，其 E 面或 H 面的方向图一般呈花瓣状，故方向图又称波瓣图。最大辐射方向所在的瓣称为主瓣，其余的瓣称为旁瓣或侧瓣）为圆心角：发射天线等效辐射功率＞100 kW，其半径为 1 km；发射天线等效辐射功率≤100 kW，其半径为 0.5 km。如果辐射场强最大处大于上述范围，则应评价至最大场强处和满足评价标准限值处中的较大处；如果辐射场强最大处小于上述范围，则应评价到评价范围和满足评价标准限值处中的较大处。还应考虑天线背瓣（方向和主瓣方向相反的波束）电磁辐射对环境的影响。

雷达等发射设备建设项目根据《辐射环境保护管理导则　电磁辐射环境影响评价方法与标准》（HJ/T 10.3—1996）：

功率＞200 kW 的发射设备：以发射天线为中心、半径为 1 km 范围全面评价，如辐射场强最大处的地点超过 1 km，则应在选定方向评价至最大场强处和低于标准限值处。

其他陆地发射设备：评价范围为以天线为中心：发射机功率 $P＞100$ kW，其半径为 1 km；发射机功率 $P≤100$ kW，半径为 0.5 km。对于有方向性天线，按天线辐射主瓣的半功率角内评价到 0.5 km。

4．电磁环境影响预测评价与主要结论

（1）输变电项目

输变电项目电磁环境影响评价按照电压等级、布设条件划分为 3 级（具体参见 HJ 24—2020 中表 2），一级评价对电磁环境影响进行全面、详细、深入评价；二级评价对电磁环

境影响进行较为详细、深入评价；三级评价可只进行电磁环境影响分析。电磁环境评价方法有模式预测、类比监测和定性分析 3 种。

模式预测根据交流架空输电线路的架线型式、架设高度、相序、线间距、导线结构、额定工况等参数，计算其周围工频电场、工频磁场的分布及对敏感目标的贡献。模式预测公式繁多、过程复杂，目前一般由专业的程序软件完成。交流架空输电线路工频电场强度的预测模式可参见 HJ 24 附录 C，工频磁场强度的预测模式可参见 HJ 24 附录 D；直流架空输电线路合成电场强度的预测模式可参见 HJ 24 附录 E。

类比监测需选择合适的类比对象，只有在类比对象的建设规模、电压等级、容量、总平面布置、占地面积、架线型式、架线高度、电气形式、母线形式、环境条件及运行工况应与本建设项目相类似，并列表论述其可比性后，才能采取类比监测的评价方法。

根据项目现状监测评价、类比监测评价、模式预测及评价结果，综合评价输变电工程的电磁环境影响，重点关注敏感点，尤其是住宅，计算其工频电场强度、磁感应强度，避免投诉。

输变电项目环境影响评价还必须关注是否涉及生态敏感区及饮用水水源保护区，报告必须有不可避让合理性分析内容及采取无害化穿（跨）越的措施。

输变电线路按照《110～750 kV 架空输电线路设计规范》（GB 50545—2010）设置安全距离。一般情况下，110 kV 架空线架设在高度满足设计的安全距离时，电磁环境敏感目标处的电场强度、磁感应强度即可满足《电磁环境控制限值》（GB 8702—2014）的规定；220 kV 架空线需要根据预测模型分析环境敏感目标处的电磁环境影响，若超标，则需要抬高导线架设高度；500 kV 架空线不允许跨越民房，若跨越民房，会涉及工程拆迁。若 500 kV 架空线周边敏感目标处的电磁影响超标，则综合考虑抬高导线架设高度和环保拆迁，直至达标。市区常见的 110 kV、220 kV 全户内全电缆输变电工程按照设计规范建设，其产生的电场强度、磁感应强度远低于《电磁环境控制限值》（GB 8702—2014）的规定。

（2）其他电磁项目

广播电视等项目根据现状评价、模式预测及评价、类比监测及评价，综合评价广播电视的电磁辐射环境影响。

模式预测根据广播电视建设项目的建设规模、布局、发射机功率、频率范围、天线特性参数、天线最大线尺寸、运行工况等参数，计算其周围辐射近场区、远场区电磁辐射的分布情况及对电磁辐射环境敏感目标的影响。中波、短波、调频、电视广播天线辐射近场区电磁辐射强度的计算公式参见《广播电视天线电磁辐射防护规范　附条文说明》（GY 5054—1995）。中波、短波广播天线远场区电磁辐射强度的计算公式参见 HJ 1112 附录 D。调频、电视广播天线远场区电磁辐射强度的计算公式参见 HJ 1112 附录 E。当存在多个发射天线时，应考虑其对电磁辐射环境敏感目标的综合影响，并提出对应的环境保护措施。预测结果应以表格和等值线图、趋势线图的方式表述。预测结果应给出最大值、满足评价标准的值及其对应位置和站界预测值，并给出电磁辐射强度预测达标等值线图。对于电磁辐射环境敏感目标，应根据建筑高度，给出不同楼层的预测结果。通过对照评价标准，评价预测结果，提出治理、减缓和避让措施。

类比监测类比对象的建设规模、布局、发射机功率、频率范围、天线特性参数、环境条件及运行工况应与拟建项目相类似，并列表论述其可比性。除环境条件相同点位的监测数据可利用已有监测资料外，其余点位的监测数据均应实测。类比结果应以表格、趋势线图等方式表达。

5．项目环境影响评价结论和审批要求

（1）环境影响评价结论

电磁辐射项目在采取有效的环境污染防治措施后，满足国家及地方相关环保要求，公众暴露控制限值符合表 5-14 要求，则从环境影响的角度来看，项目的建设是可行的。

（2）审批要求和审批程序

与其他建设项目审批要求和审批程序相同。

（3）审批（许可）后的管理

电磁辐射项目按照建设项目进行管理，即建设前履行环境影响评价手续，执行环境污染防治设施与主体工程同时设计、同时施工、同时运行的"三同时"制度，项目履行建设项目环保设施竣工验收。生态环境部门对电磁辐射项目建设、运行进行"双随机"监督管理及监测。

第七节　规划环境影响评价

一、概述

规划环境影响评价是指在规划编制阶段，对规划实施可能造成的环境影响进行分析、预测和评价，并提出预防或者减轻不良环境影响的对策和措施的过程。

实施规划环境影响评价的目的是通过规划评价，提供规划决策所需的资源与环境信息，识别制约规划实施的主要资源（如土地资源、水资源、能源、矿产资源、旅游资源、生物资源、景观资源和海洋资源等）和环境要素（如水环境、大气环境、土壤环境、海洋环境、声环境和生态环境），确定环境目标，构建评价指标体系，分析、预测与评价规划实施可能对区域、流域、海域生态系统产生的整体影响、对环境和人群健康产生的长远影响，论证规划方案的环境合理性和对可持续发展的影响，论证规划实施后环境目标和指标的可达性，形成规划优化调整建议，提出环境保护对策、措施和跟踪评价方案，协调规划实施的经济效益、社会效益与环境效益之间以及当前利益与长远利益之间的关系，为规划和环境管理提供决策依据。

规划环境影响评价具有以下特点：

1）广泛性和复杂性。是指规划环境影响评价范围广、评价内容复杂。

2）不确定性。一是规划方案本身在某些方面尚不全面、不具体、不明确，二是规划编制时设定的某些资源环境条件在规划实施过程中发生变化。

3）累积性。是指评价的规划及与其相关的规划对环境目标和资源环境因子造成的复合的、叠加的影响。

4）需跟踪评价。规划实施过程中对已经及其正在发生的环境影响进行监测、评价，以

检验规划环评的正确性以及可采取措施的有效性，并根据跟踪评价结果，提出改进意见，以及对规划方案的修订或终止其实施的建议。

规划环境影响评价的导则体系包括《规划环境影响评价技术导则　总纲》（HJ 130—2019）；专项性规划环境影响评价的导则、指南，如《规划环境影响评价技术导则　产业园区》（HJ 131—2021）、《规划环境影响评价技术导则　流域综合规划》（HJ 1218—2021）、《规划环境影响跟踪评价技术指南（试行）》，以及《临空经济区规划环境影响评价技术要求（试行）》《公路网规划环境影响评价技术要点（试行）》《市级国土空间总体规划环境影响评价技术要点（试行）》等。规划环评总体上要按照上述导则进行。

以下按照《规划环境影响评价技术导则　总纲》（HJ 130—2019）择要介绍规划环评的基本内容。

二、总则

（一）评价原则

1）早期介入、过程互动。评价应在规划编制的早期阶段介入，在规划前期研究和方案编制、论证、审定等关键环节和过程中充分互动，不断优化规划方案，提高环境合理性。

2）统筹衔接、分类指导。评价工作应突出不同类型、不同层级规划及其环境影响特点，充分衔接"三线一单"成果，分类指导规划所包含建设项目的布局和生态环境准入。

3）客观评价、结论科学。依据现有知识水平和技术条件对规划实施可能产生的不良环境影响的范围和程度进行客观分析，评价方法应成熟可靠，数据资料应完整可信，结论建议应具体明确且具有可操作性。

（二）评价范围

1）时间维度上，应包括整个规划期，并根据规划方案的内容、年限等选择评价的重点时段。

2）空间尺度上，应包括规划空间范围以及可能受到规划实施影响的周边区域。

（三）评价流程

规划环境影响评价的技术流程工作程序详见本章第二节。

（四）评价方法

目前还没有针对所有规划环境影响评价的通用方法，很多适用于建设项目环境影响评价的方法等可直接用于规划环境影响评价。由于规划的影响范围和不确定性大，对规划的环境影响进行预测、评价时可更多地采用定性和半定量的方法。目前规划环境影响评价各工作环节常用的方法如表 5-17 所示。

表 5-17 规划环境影响评价的常用方法

评价环节	可采用的主要方式和方法
规划分析	核查表、叠图分析、矩阵分析、专家咨询（如头脑风暴法、德尔菲法等）、情景分析、类比分析、系统分析
现状调查与评价	现状调查：资料收集、现场踏勘、环境监测、生态调查、问卷调查、访谈、座谈会。环境要素的调查方式和监测方法可参考 HJ 2.2、HJ 2.3、HJ 2.4、HJ 19、HJ 610、HJ 623、HJ 964 和有关监测规范执行 现状分析与评价：专家咨询、指数法（单指数、综合指数）、类比分析、叠图分析、生态学分析法（生态系统健康评价法、生物多样性评价法、生态机理分析法、生态系统服务功能评价方法、生态环境敏感性评价方法、景观生态学法等，下同）、灰色系统分析法
环境影响识别与评价指标确定	核查表、矩阵分析、网络分析、系统流图、叠图分析、灰色系统分析法、层次分析、情景分析、专家咨询、类比分析、压力-状态-响应分析
规划实施生态环境压力分析	专家咨询、情景分析、负荷分析（估算单位国内生产总值物耗、能耗和污染物排放量等）、趋势分析、弹性系数法、类比分析、对比分析、供需平衡分析
环境影响预测与评价	类比分析、对比分析、负荷分析（估算单位国内生产总值物耗、能耗和污染物排放量等）、弹性系数法、趋势分析、系统动力学法、投入产出分析、供需平衡分析、数值模拟、环境经济学分析（影子价格、支付意愿、费用效益分析等）、综合指数法、生态学分析法、灰色系统分析法、叠图分析、情景分析、相关性分析、剂量-反应关系评价 环境要素影响预测与评价的方式和方法可参考 HJ 2.2、HJ 2.3、HJ 2.4、HJ 19、HJ 610、HJ 623、HJ 964 执行
环境风险评价	灰色系统分析法、模糊数学法、数值模拟、风险概率统计、事件树分析、生态学分析法、类比分析 可参考 HJ 169 执行

三、规划分析

规划分析包括规划概述和规划协调性分析。规划概述应明确可能对生态环境造成影响的规划内容；规划协调性分析应明确规划与相关法律、法规、政策的相符性，以及规划在空间布局、资源保护与利用、生态环境保护等方面的冲突和矛盾。

1. 规划概述

介绍规划编制背景和定位，结合图、表梳理分析规划的空间范围和布局，规划不同阶段目标、发展规模、布局、结构（包括产业结构、能源结构、资源利用结构等）、建设时序，配套基础设施等可能对生态环境造成影响的规划内容，梳理规划的环境目标、环境污染治理要求、环保基础设施建设、生态保护与建设等方面的内容。如规划方案包含的具体建设项目有明确的规划内容，应说明其建设时段、内容、规模、选址等。

2．规划协调性分析

1）筛选出与本规划相关的生态环境保护法律法规、环境经济政策、环境技术政策、资源利用和产业政策，分析本规划与其相关要求的符合性。

2）分析规划规模、布局、结构等规划内容与上层位规划、区域"三线一单"管控要求、战略或规划环评成果的符合性，识别并明确在空间布局以及资源保护与利用、生态环境保护等方面的冲突和矛盾。

3）筛选出在评价范围内与本规划同层位的自然资源开发利用或生态环境保护相关规划，分析与同层位规划在关键资源利用和生态环境保护等方面的协调性，明确规划与同层位规划间的冲突和矛盾。

四、现状调查与评价

（一）基本要求

开展资源利用和生态环境现状调查、环境影响回顾性分析，明确评价区域资源利用水平和生态功能、环境质量现状、污染物排放状况，分析主要生态环境问题及成因，梳理规划实施的资源、生态、环境制约因素。

（二）现状调查

1）调查应包括自然地理状况、环境质量现状、生态状况及生态功能、环境敏感区和重点生态功能区、资源利用现状、社会经济概况、环保基础设施建设及运行情况等内容。

2）现状调查应立足于收集和利用评价范围内已有的常规现状资料包括监测资料，并说明资料来源和有效性。

3）当已有资料不能满足评价要求，或评价范围内有需要特别保护的环境敏感区时，可利用相关研究成果，必要时进行补充调查或监测。

（三）现状评价与回顾性分析

1．资源利用现状评价

明确与规划实施相关的自然资源、能源种类，结合区域资源禀赋及其合理利用水平或上限要求，分析区域水资源、土地资源、能源等各类资源利用的现状水平和变化趋势。

2．环境与生态现状评价

1）结合各类环境功能区划及其目标质量要求，评价区域水、大气、土壤、声等环境要素的质量现状和演变趋势，明确主要污染因子和特征污染因子，并分析其主要来源；分析区域环境质量达标情况、主要环境敏感区保护等方面存在的问题及成因，明确需解决的主要环境问题。

2）结合区域生态系统的结构与功能状况，评价生态系统的重要性和敏感性，分析生态状况和演变趋势及驱动因子。当评价区域涉及环境敏感区和重点生态功能区时，应分析其生态现状、保护现状和存在的问题等；当评价区域涉及受保护的关键物种时，应分析该物种种群与重要生境的保护现状和存在的问题。明确需解决的主要生态保护和修复问题。

3. 环境影响回顾性分析

结合上一轮规划实施情况或区域发展历程，分析区域生态环境演变趋势和现状生态环境问题与上一轮规划实施或发展历程的关系，调查分析上一轮规划环评及审查意见落实情况和环境保护措施的效果。提出本次评价应重点关注的生态环境问题及解决途径。

（四）制约因素分析

分析评价区域资源利用水平、生态状况、环境质量等现状与区域资源利用上线、生态保护红线、环境质量底线等管控要求间的关系，明确提出规划实施的资源、生态、环境制约因素。

五、环境影响识别与评价指标体系构建

1）根据规划方案的内容、年限，识别和分析评价期内规划实施对资源、生态、环境及人群健康造成影响的途径、方式，以及影响的性质、范围和程度。识别规划实施可能产生的主要生态环境影响和风险。

2）通过环境影响识别，筛选出受规划实施影响显著的资源、生态、环境要素，作为环境影响预测与评价的重点。

3）确定环境目标。依据评价范围涉及的生态环境保护规划、生态建设规划以及其他相关生态环境保护管理规定，结合规划协调性分析结论，衔接区域"三线一单"成果，设定各评价时段有关生态功能保护、环境质量改善、污染防治、资源开发利用等的具体目标及要求。

4）建立评价指标体系及评价指标值。结合规划实施的资源、生态、环境等制约因素，从环境质量、生态保护、资源利用、污染排放、风险防控、环境管理等方面构建评价指标体系。各个指标值的确定应符合相关产业政策、生态环境保护政策、相关标准中规定的限值要求。

六、环境影响预测与评价

（一）基本要求

1）主要针对环境影响识别出的资源、生态、环境要素，开展多情景的影响预测与评价，一般包括预测情景设置、规划实施生态环境压力分析，环境质量、生态功能的影响预测与评价，对环境敏感区和重点生态功能区的影响预测与评价，环境风险预测与评价，资源与环境承载力评估等内容。

2）环境影响预测与评价应给出规划实施对评价区域资源、生态、环境的影响程度和范围，叠加环境质量、生态功能和资源利用现状，分析规划实施后能否满足环境目标要求，评估区域资源与环境承载能力。

3）应充分考虑不同层级和属性规划的环境影响特征以及决策需求，采用定性和定量相结合的方式开展评价。对主要环境要素的影响预测和评价可参考相应的环境影响评价技术导则进行。

（二）环境影响预测与评价的内容

1．预测情景设置

应结合规划所依托的资源环境和基础设施建设条件、区域生态功能维护和环境质量改善要求等，从规划规模、布局、结构、建设时序等方面，设置多种情景开展环境影响预测与评价。

2．规划实施生态环境压力分析

1）依据环境现状评价和回顾性分析结果，考虑技术进步等因素，估算不同情景下水、土地、能源等规划实施支撑性资源的需求量和主要污染物的产生量、排放量。

2）依据生态现状评价和回顾性分析结果，评估不同情景下主要生态因子的变化量。

3．影响预测与评价

1）水环境影响预测与评价。预测不同情景下规划实施导致的区域水资源、水文情势等的变化，分析主要污染物对地表水和地下水、近岸海域水环境质量的影响，评价水环境质量的变化能否满足环境目标要求。

2）大气环境影响预测与评价。预测不同情景下规划实施产生的大气污染物对环境空气质量的影响，评价大气环境质量的变化能否满足环境目标要求。

3）土壤环境影响预测与评价。预测不同情景下规划实施的土壤环境风险，评价土壤环境的变化能否满足相应环境管控要求。

4）声环境影响预测与评价。预测不同情景下规划实施对声环境质量的影响，评价声环境质量的变化能否满足相应的功能区目标。

5）生态影响预测与评价。预测不同情景下规划实施对生态系统结构、功能的影响范围和程度，评价规划实施对生物多样性和生态系统完整性的影响。

6）环境敏感区影响预测与评价。预测不同情景下规划实施对评价范围内生态保护红线、自然保护区等环境敏感区的影响，评价其是否符合相应的保护和管控要求。

7）人群健康风险分析。

8）环境风险预测与评价。

4．资源与环境承载力评估

1）资源与环境承载力分析。分析规划实施支撑性资源可利用上线和规划实施主要环境影响要素污染物允许排放量，分析各评价时段剩余可利用的资源量和剩余污染物允许排放量。

2）资源与环境承载状态评估。根据规划实施新增资源消耗量和污染物排放量，分析规划实施对各评价时段剩余可利用资源量和剩余污染物允许排放量的占用情况，评估资源与环境对规划实施的承载状态。

七、规划方案综合论证和优化调整建议

规划方案的综合论证包括环境合理性论证和环境效益论证两部分内容。

（一）规划方案的环境合理性论证

1）基于区域环境保护目标以及"三线一单"要求，结合规划协调性分析结论，论证规划目标与发展定位的环境合理性。

2）基于环境影响预测与评价和资源与环境承载力评估结论，结合资源利用上线和环境质量底线等要求，论证规划规模和建设时序的环境合理性。

3）基于规划布局与生态保护红线、重点生态功能区、其他环境敏感区的空间位置关系和对以上区域的影响预测结果，结合环境风险评价的结论，论证规划布局的环境合理性。

4）基于环境影响预测与评价和资源与环境承载力评估结论，结合区域环境管理和循环经济发展要求，以及规划重点产业的环境准入条件和清洁生产水平，论证规划用地结构、能源结构、产业结构的环境合理性。

5）基于规划实施环境影响预测与评价结果，结合生态环境保护措施的经济技术可行性、有效性，论证环境目标的可达性。

（二）规划方案的环境效益论证

主要是分析规划实施在维护生态功能、改善环境质量、提高资源利用效率、减少温室气体排放、保障人居安全、优化区域空间格局和产业结构等方面的环境效益。

不同类型规划方案综合论证的重点不同，如对于资源能源消耗量大、污染物排放量高的行业规划，重点从流域和区域资源利用上线、环境质量底线对规划实施的约束、规划实施可能对环境质量的影响程度、环境风险、人群健康风险等方面，论述规划拟定的发展规模、布局（及选址）和产业结构的环境合理性。其他专业性规划和综合性规划论证的重点内容详细可参见导则 HJ 130 中 9.2.4。

（三）规划方案的优化调整建议

根据规划方案的环境合理性和环境效益论证结果，对规划内容主要是对规划中存在的重点问题，提出明确的、具有可操作性的优化调整建议。

1）应明确优化调整后的规划布局、规模、结构、建设时序，给出相应的优化调整图、表，说明优化调整后的规划方案具备资源、生态和环境方面的可支撑性。

2）将优化调整后的规划方案，作为评价推荐的规划方案。

3）说明规划环评与规划编制的互动过程、互动内容和各时段向规划编制机关反馈的建议及其被采纳情况等互动结果。

八、环境影响减缓对策和措施

规划的环境影响减缓对策和措施是针对评价推荐的规划方案实施后可能产生的不良环境影响，在充分评估规划方案中已明确的环境污染防治、生态保护、资源能源增效等相关措施的基础上，提出的环境保护方案和管控要求。

环境影响减缓对策和措施一般包括生态环境保护方案和管控要求。主要内容包括：

1）提出现有生态环境问题解决方案，规划区域整体性污染治理、生态修复与建设、生态补偿等环境保护方案，以及与周边区域开展联防联控等预防和减缓环境影响的对策措施。

2）提出规划区域资源能源可持续开发利用、环境质量改善等目标、指标性管控要求。

3）对于产业园区等规划，从空间布局约束、污染物排放管控、环境风险防控、资源开发利用等方面，以清单方式列出生态环境准入要求，成果形式见导则 HJ 130 附录 E。

九、规划所包含建设项目环评要求

1）如规划方案中包含具体的建设项目，应针对建设项目所属行业特点及其环境影响特征，提出建设项目环境影响评价的重点内容和基本要求，并依据规划环境影响评价的主要评价结论提出建设项目的生态环境准入要求（包括选址或选线、规模、资源利用效率、污染物排放管控、环境风险防控和生态保护要求等）、污染防治措施建设要求等。

2）对符合规划环境影响评价环境管控要求和生态环境准入清单的具体建设项目，应将规划环境影响评价结论作为重要依据，在环境影响评价文件中选址选线、规模分析内容可适当简化。当规划环境影响评价资源、环境现状调查与评价结果仍具有时效性时，规划所包含的建设项目环境影响评价文件中现状调查与评价内容可适当简化。

十、环境影响跟踪评价计划

1）结合规划实施的主要生态环境影响，拟订跟踪评价计划，监测和调查规划实施对区域环境质量、生态功能、资源利用等的实际影响，以及不良生态环境影响减缓措施的有效性。

2）跟踪评价计划应包括工作目的、监测方案、调查方法、评价重点、执行单位、实施安排等内容。主要包括：

①明确需重点调查、监测、评价的资源生态环境要素，提出具体监测计划及评价指标，以及相应的监测点位、频次、周期等。

②提出调查和分析规划优化调整建议、环境影响减缓措施、环境管控要求和生态环境准入清单落实情况和执行效果的具体内容和要求，明确分析和评价不良生态环境影响预防和减缓措施有效性的监测要求和评价准则。

③提出规划实施对区域环境质量、生态功能、资源利用等的阶段性综合影响，环境影响减缓措施和环境管控要求的执行效果，后续规划实施调整建议等跟踪评价结论的内容和要求。

十一、评价结论

评价结论中应明确以下内容：

1）区域生态保护红线、环境质量底线、资源利用上线，区域环境质量现状和演变趋势，资源利用现状和演变趋势，生态状况和演变趋势，区域主要生态环境问题、资源利用和保护问题及成因，规划实施的资源、生态、环境制约因素。

2）规划实施对生态、环境影响的程度和范围，区域水、土地、能源等各类资源要素和大气、水等环境要素对规划实施的承载力，规划实施可能产生的环境风险，规划实施环境目标可达性分析结论。

3）规划的协调性分析结论，规划方案的环境合理性和环境效益论证结论，规划优化调整建议等。

4）减缓不良环境影响的生态环境保护方案和管控要求。

5）规划包含的具体建设项目环境影响评价的重点内容和简化建议等。

6）规划实施环境影响跟踪评价计划的主要内容和要求。

7）公众意见、会商意见的回复和采纳情况。

第八节 常见邻避效应及其破解

邻避效应是指居民或当地单位因担心建设项目（如垃圾焚烧、污水处理、高架道路、变电站等）对健康、环境质量和资产价值等带来诸多负面影响，从而激发人们的厌恶情绪，滋生不要建在我家后院的心理，并采取强烈和坚决的，有时高度情绪化的集体反对，甚至抗争行为。

邻避效应是个极其普遍的社会现象，全国各地在垃圾处置设施（填埋或焚烧）、污水处理厂、城市高架道路、输变电站、核设施、殡仪馆等公共设施建设中都不同程度地存在邻避效应的问题。处置得当的，表现得比较轻微；处置不当的，表现得比较强烈，甚至引发群体性事件。

一、邻避效应产生的原因

总结全国各地邻避项目建设中的原因，不外乎以下几点：

1）不要建在我家边上的心理。大家普遍认为垃圾焚烧厂、污水处理厂等应该建设，但不要建在我家旁边影响自己。

2）事发突然。邻避效应发生多是因为项目快要建了，政府规划才突然公布，引起项目周边群众担心，进而反对甚至抗争。

3）过往不好的记忆。过去一些垃圾焚烧、污水处理项目因治理不到位，臭气、异味影响周边环境的事经常发生，使社会大众心里普遍对此类项目感到担心、厌恶。

4）因不了解而恐惧。新建此类项目虽然比较普遍地会采用先进工艺、设备，但绝大多数人没看到过、现场感受过。因不了解、不熟悉而感到恐惧。

5）因沟通等工作不到位而更加对立。在项目前期工作中，如果不主动做好对周边群众的宣传，或对周边群众普遍担心、质疑的问题不能及时给予正面回应、交流等，则会使群众情绪更加对立。

6）无形中的利益损害。因周边建设邻避类项目，而使当地的发展（如商业、旅游等）受到影响，甚至担心房价等受损。

二、邻避效应的破解

近年来，全国各地在上述邻避项目的规划建设中，经历了诸多曲折，有深刻教训，也有成功的经验。下面分别以杭州市垃圾焚烧发电厂、城市污水处理厂两类邻避项目建设中遇到的邻避问题及其处理为例简述之。

（一）案例1：九峰环境能源项目的教训和成功启示

2014年5月10日，杭州市余杭区发生了反对建设杭州九峰垃圾焚烧厂项目（以下简称九峰项目）的"5·10"群体性事件，引发社会广泛关注。在当时环境敏感项目"一闹就停，一停就迁"的大背景下，该项目非但没有搬迁或放弃，而是在多方共同努力下，在原址平稳通过项目环评审批并开工建设，2017年9月点火投运。《人民日报》以《新时期群众工作探索，杭州破解"邻避效应"》为题，对九峰项目的成功重启作了专题报道。时任环境保护部主要领导在项目点火前一天到九峰项目现场指导检查，并对项目重启成功给予了高度肯定。在2017年12月环境保护部举办的第三届中国环境社会治理研讨会上，杭州九峰项目环境社会风险防范作为成功经验进行现场交流。环境保护部环境发展中心在对九峰项目作了调研后形成的专题报告中认为，其成功经验值得推广，对指导其他地方破解垃圾焚烧乃至环境敏感行业的"邻避"困境有重要意义。

1. 事件回放

九峰项目是一个杭州市环境基础设施建设项目，最初由市城投集团投资建设。项目位于杭州市余杭区中泰街道南峰村大坞里，项目配置4台750 t/d机械炉排炉和2台35 MW纯凝式汽轮发电机组，日处理生活垃圾3 000 t，总投资18亿元，占地面积约209亩。

2013年9月该项目取得省发展改革委项目服务联系单，项目选址周边村民曾组织零星抵制活动，但由于项目无实质性启动，故未出现过激行为。2014年3月29日—4月27日规划公示（市规划局网站）。随着项目规划公示，多个环保"维权"QQ群成员数量在短时间内迅速飙升，加上部分媒体刊登负面报道等，相继诱发了一系列"维权"活动，并一步步蔓延扩散。其间，当地区、街道两级政府虽做了不少工作，但效果不明显。5月初，随着矛盾冲突的升级，不断出现人员聚集到当地街道静坐等情况。5月10日下午，大量居民爬上邻近的02省道和杭徽高速聚集，造成两条道路被封堵，并出现打砸焚烧车辆等暴力行为，最终杭州市、区两级政府在劝退绝大部分围观群众，引导村民依法理性提出诉求的同时，出动警力拘捕了部分参与暴力行为的违法人员，至次日凌晨，秩序基本恢复正常，但造成了不良社会影响。

2. "5·10"事件后开展的工作

"5·10"事件发生后，面对社会舆论和其他各方面的压力，杭州市委、市政府没有盲目承诺停止项目建设或搬迁项目，而是顶住各方面压力，迎难而上，提出了"两个确保"的目标：确保项目落地、确保社会和谐稳定。同时明确守住"两个底线"：履行法定程序、征得大家理解支持。当天在政府网站上发布公告，九峰项目在没有履行法定程序和征得大家理解支持的情况下不开工。

为化解"5·10"事件带来的负面影响并实现"两个确保"的目标，杭州市开展了一系列卓有成效的工作，通过不懈努力，最终赢得了群众理解，项目得以稳步推进。具体做了以下工作：

（1）进村入户，面对面做好群众工作

抽调市级部门近百名副处级以上干部和专业技术人员、余杭区1 000多名干部进驻中泰街道（其中4个行政村为主），进村入户，面对面与群众交流沟通，认真听取群众意见、建议，发放科普宣传手册（针对群众关心的垃圾焚烧相关问题，以通俗易懂的形式编制了"垃圾焚烧 18 问"宣传手册），对垃圾焚烧的有关政策、项目环评的程序、公众参与的方式、项目拟采用的先进的工艺和污染防治措施等一一进行解释说明，消除群众疑虑，引导群众依法、理性表达诉求。与此同时，建立健全舆情监控处置机制，科学引导社会舆论走向。一方面，组织在杭省、市媒体对垃圾处置的公益性、迫切性及各地垃圾焚烧的先进经验等进行正面宣传；另一方面及时发现监控网络舆情，一旦发现网上负面舆情，及时组织应对，开展正面引导。对网上散布不实信息的，及时在网下约谈，对 7 名散布谣言者行政拘留。通过上述措施，迅速稳定了社会秩序。

（2）组织参观考察，让群众直观感受垃圾焚烧先进企业的环境保护情况

针对群众担心的垃圾焚烧污染严重的问题，2014 年 7 月起，先后组织 82 批次，4 000 余名周边居民到苏州、常州、广州、南京等地参观考察成功运行的垃圾焚烧项目，让群众切身感受这些企业垃圾焚烧中的环境保护情况，了解各项污染物如二噁英等指标排放监测情况和恶臭异味情况。通过实地参观感受，消除了大部分群众心里的疑虑。曾牵头搞"串联"的"环保卫士"张某，在参观了上述垃圾焚烧企业后写的一封公开致歉信中表示：对于她本人在对目前国内垃圾焚烧的先进工艺、先进企业不了解的情况下，搞"串联"活动，并造成严重后果一事深表反悔、深致歉意。

（3）引进专业优秀团队，让专业的人做专业的事

九峰项目最初承建方是杭州市的国有企业——杭州市城投集团，但该公司在垃圾焚烧发电工程建设方面的经验相对欠缺。群众在参观了前述外地先进焚烧企业后，对光大公司的焚烧项目认可度很高，而对本地没有经验的单位建设垃圾焚烧项目，有点不放心。据调查了解，"光大国际"在全国范围内筹建、在建、已建的垃圾焚烧项目超过 80 个，已投运的超过 40 个，拥有专业的技术团队和强大的技术实力，在项目的工程设计、工程质量、污染处理技术、运营管理上积累了丰富的经验。为了打消群众顾虑，使项目建设做到技术优、标准高、运营可靠，在经过各有关部门的现场考察并经多轮方案比选论证后，最终决定引进专业团队——光大国际公司（光大与地方企业按 7∶3 合资的模式）承建和运营九峰项目。

（4）环境影响评价编制和审批工作严格依法依规、全程公开、全面落实公众参与

按照环境影响评价分级审批要求，九峰项目由杭州市环保局负责审批。针对九峰项目"邻避效应"的严重情形，市环保局积极做好指导服务，并要求环境影响评价编制过程中严格按相关规定，做到公开透明、依法依规。报告编制过程中全程听取群众意见、建议，对群众普遍关心的污染防治措施、排放情况等及时给予正面回应。项目环境影响评价公众参与严格按照关于《环境影响评价公众参与暂行办法》《浙江省环境保护厅建设项目环境影响评价公众参与和政府信息公开工作的实施细则（试行）》等文件的规定执行。在项目的环境影响评价公示阶段，采用在余杭和临安当地的报纸公示、在余杭和临安①政府网站公示及在项目所在地的各村委、街道公示等多种形式进行公开。九峰项目环境影响评价共发放了 472 份问卷调查表，并全部收回，其中个人问卷 449 份，团体问卷 23 份。绝大多数个人和单位都对该项目表示支持和有条件支持。对公众参与中群众和团体提出的所有意见，逐

---

① 九峰项目选址在余杭区，但靠近临安区，评价范围包含临安部分区域。

条梳理，对合理的意见建议都予以采纳。其中涉及一些利益诉求（如要求一定的生态补偿、支持当地经济发展、基础设施建设等）、环境保护要求（如要求焚烧工艺和排放指标只能比所参观的企业更好、国内最先进等），及时提交区、市两级政府和企业专题研究，并在最终的环境影响评价报告中，给出了明确的回应意见。杭州市环保局在该项目的审批过程中也严格按照规定程序受理、公示、审批，环境影响评价文本全文公开，确保程序到位，信息公开、透明。

（5）提高标准、严格要求

为了积极回应群众诉求，尽最大可能减少九峰项目对周边环境的影响，市、区两级政府明确九峰项目要做到"国内领先，世界一流"。根据环境影响评价要求，在烟气处理方面，项目采用"SNCR（选择性非催化还原）+旋转喷雾半干式反应塔脱酸+活性炭吸附+布袋除尘器+SCR（选择性催化还原）+湿法脱酸+GGH（烟气再加热）"的组合工艺，该工艺是目前国内同类垃圾焚烧发电项目中最先进的工艺，设计的污染物排放指标除了满足《生活垃圾焚烧污染控制标准》（GB 18485—2014），还满足欧盟的标准要求。部分重要指标更是低于国家标准和欧盟标准，如二噁英国标和欧盟标准（标态）均为 $0.1\ ngTEQ/m^3$，九峰项目的标准为 $0.08\ ngTEQ/m^3$；Hg（汞）的测定均值国标和欧盟标准均为 $0.05\ mg/m^3$，九峰项目为 $0.02\ mg/m^3$。在污水处理方面，项目配套建设 1 500 t/d 处理规模的渗滤液处理站，厂内全部污水经处理达标后回用。针对群众担心的垃圾运输焚烧过程中的恶臭污染问题，采取了以下措施：杭州主城区垃圾通过杭徽高速运输，并在九峰项目附近新建了一个上下高速的专运通道，垃圾车下高速后可直达焚烧厂，最大限度避免村庄穿越。垃圾运输车辆全部用全封闭专用车，避免沿途"跑、冒、滴、漏"。垃圾车进入厂区后，马上进入全封闭通道，并在全封闭的卸料大厅（与垃圾库相连）卸料，垃圾库、卸料大厅等均采用负压设计，避免了卸料中的恶臭、异味扩散。

（6）给予适当的经济补偿

对项目周边街道、村实施 75 元/t 垃圾的补偿，用于民生实事建设；调剂近千亩建设用地指标用于当地经济发展；项目周边实施了部分道路建设、路灯安装等民生工程。

九峰项目自 2017 年投运以来，均按环境影响评价报告要求落实各项环保措施，各项排放指标全部达到上述目标要求，厂区内外无异味。生态环境部领导多次视察该项目并均给予充分肯定。

（二）案例 2：杭州污水处理厂邻避效应破解

杭州城市污水处理厂邻避效应的破解可详见第一章第三节的介绍：杭州 30 万 t/d 七格污水处理厂四期项目及临平区 20 万 t/d 污水处理项目。两项目通过采取处理工艺的突破创新——把污水处理设施全部建在地下（地面建成开放式公园）且对尾气实行全封闭全收集处理，实现了"邻避"变"邻利"（图 5-13）。

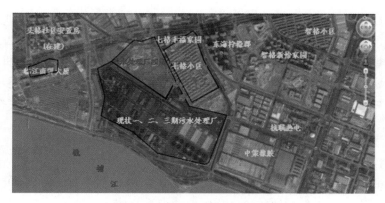

图 5-13 七格污水处理厂周边现状

分析邻避效应产生的原因，总结上述垃圾焚烧、污水处理两类邻避项目建设中的教训和经验，借鉴其他地区的一些好的做法，结合现有的政策法规，对于破解邻避效应提出如下建议：

1）尽可能早地明确邻避类项目的选址规划并公示，同时做好规划环评。区域污水处理厂、垃圾焚烧发电厂等项目的规划应在多点比选论证的基础上尽早确定，其规划及规划环评宜在区域大规模开发前完成并公示。这样，一方面可以合理控制周边敏感项目的规划建设。另一方面，即使后来在其周边建设房地产类项目，买房人也会有个心理预期，避免或者减轻邻避效应的发生。

2）新建、扩建项目必须采用先进工艺和装备，在确保达标排放的基础上最大限度削减各类污染物排放（包括运输过程和处理过程）。

3）项目建设前期，要与周边群众进行充分沟通、交流，群众提出的合理的意见、建议要认真吸收、采纳。除了按规范做好项目环评及其审批过程中的公众参与外，地方政府实际的群众工作宜更加提前。从以往的经验看，一旦确定项目近期要实施的，地方政府就应立即启动群众工作。在工作过程中，对群众关切的各类问题要积极予以正面回应，通过专家释疑、现场参观考察等逐步消除群众疑虑。对群众提出的合理意见、建议要认真吸收、采纳。

4）给予适当的经济补偿。目前，广州、杭州等不少城市实施了对垃圾焚烧所在乡镇、村的经济补偿（70～80 元/t 垃圾，多由垃圾产生地的区、县出资），用于当地基础设施、民生保障等建设。

5）加强正面宣传和舆论引导。垃圾、污水处理设施、变电站等都是民生工程，在做好污染防治的前提下，理应得到全社会的支持。为此，要加强舆论引导，在做好正面宣传的同时，对个别借机造谣滋事、恶意歪曲的人员要予以坚决打击，及时、正确把握好舆情，为项目顺利推进创造良好环境。

第九节 环境影响评价报告书（表）行政许可的有关规定

这里主要是指建设项目的环境影响评价报告书（表）的行政许可，对规划的环境影响评价报告仅组织进行审查而不作行政许可。

土地利用规划等编制的环境影响篇章或说明由规划编制机关在提交土地利用规划草案时一并报规划审批机关，审批机关组织对土地利用规划草案及其环境影响篇章或说明同步审查；专项规划的环境影响评价报告书须先由生态环境部门组织进行专门的审查并形成审查意见，报规划审批机关，其具体步骤、要求等已在本章第一节进行了阐述。

本节主要对建设项目环境影响评价报告书（表）的行政许可的有关规定作些简述。

一、建设项目环境影响评价报告书（表）审批程序

建设项目环境影响评价报告审批程序见图 5-14。

建设项目的环境影响评价文件经批准后，建设项目的性质、规模、地点、采用的生产工艺或者防治污染、防止生态破坏的措施发生重大变动的，建设单位应当重新报批建设项目的环境影响评价文件。

建设项目的环境影响评价文件自批准之日起超过 5 年，方决定该项目开工建设的，其环境影响评价文件应当报原审批部门重新审核。

在项目建设、运行过程中产生不符合经审批的环境影响评价文件的情形的，建设单位应当组织环境影响的后评价，采取改进措施，并报原环境影响评价文件审批部门和建设项目审批部门备案。

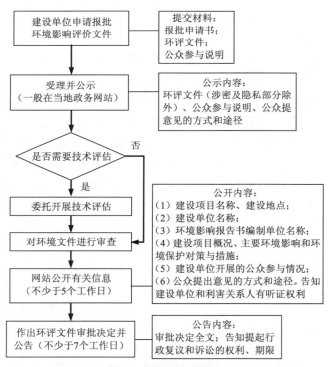

图 5-14　建设项目环境影响评价报告审批程序

二、建设项目环境影响评价报告书（表）分级审批要求

《环境影响评价法》第二十三条和《建设项目环境保护管理条例》第十条对建设项目分级审批有明确的规定，核设施、绝密工程、跨省级行政区的建设项目以及由国务院或国务院授权有关部门审批的建设项目的环境影响评价文件，由生态环境部负责审批。实际工作中，生态环境部会根据国务院"放、管、服"改革等要求，不定期调整部本级审批环评文件的建设项目目录。截至 2023 年 12 月，生态环境部最新调整审批目录的公告文件为《关于发布〈生态环境部审批环境影响评价文件的建设项目目录（2019 年本）〉的公告》（生态环境部公告 2019 年第 8 号）。

各省（区、市）根据生态环境部的公告目录并结合各自实际，制定本省（区、市）的分级审批目录。重污染、高环境风险、严重影响生态、跨设区市行政区域的建设项目一般由省级生态环境部门审批，如浙江省生态环境厅发布的《省生态环境主管部门负责审批环境影响评价文件的建设项目清单（2023 年本）》明确下列项目由省级生态环境部门审批。

（一）重污染、高环境风险以及严重影响生态的建设项目

1）燃煤火力发电（含热电）项目。

2）需要编制环境影响报告书的精炼石油产品制造、煤炭加工、生物质燃料加工、化学纤维制造业、农药原药、有机合成染料、化学原料药制造项目，但位于已依法进行规划环评的省级以上各类园区的除外。

3）水泥制造项目（水泥粉磨站除外）。

4）平板玻璃制造项目。

5）以金属矿石为原料的炼铁、炼钢项目。

6）以金属矿石为原料的铜、铅锌、镍钴、锡、锑、汞、稀土冶炼项目。

7）330 kV、500 kV 输变电类建设项目（抽水蓄能电站所属输变电工程除外）。

8）伴生放射性矿。

9）核技术利用建设项目：生产放射性同位素，使用Ⅰ类、Ⅱ类放射源，销售（含建造）、使用Ⅰ类射线装置的；甲级非密封放射性物质工作场所，乙级非密封放射性物质工作场所（非密封放射性物质生产、甲癌治疗）；在野外进行放射性同位素示踪试验的。

10）核技术利用项目退役：由省生态环境主管部门颁发辐射安全许可证的核技术利用项目退役。

（二）国务院生态环境主管部门委托省生态环境主管部门审批的建设项目

（三）选址跨设区市行政区域的建设项目

除生态环境部审批项目和本清单所列项目外，其余项目由设区市生态环境主管部门审批。同时明确，副省级城市、计划单列市、舟山市生态环境主管部门享有辖区内本清单第一项中建设项目省级环评审批权限，金华市生态环境主管部门享有义乌辖区内本清单第一项中建设项目省级环评审批权限。

三、建设项目环境影响评价报告书（表）审批规定

（一）建设项目环境影响报告书（表）进行重点审查的内容

生态环境部《建设项目环境影响报告书（表）审批程序规定》（生态环境部令 第 14 号）要求对建设项目环境影响评价报告书（表）重点审查以下内容：

1）建设项目类型及其选址、布局、规模等是否符合生态环境保护法律法规和相关法定规划、区划，是否符合规划环境影响报告书及审查意见，是否符合区域生态保护红线、环境质量底线、资源利用上线和生态环境准入清单管控要求。

2）建设项目所在区域生态环境质量是否满足相应环境功能区划要求、区域环境质量改善目标管理要求、区域重点污染物排放总量控制要求。

3）拟采取的污染防治措施能否确保污染物排放达到国家和地方排放标准；拟采取的生态保护措施能否有效预防和控制生态破坏；可能产生放射性污染的，拟采取的防治措施能否有效预防和控制放射性污染。

4）改建、扩建和技术改造项目，是否针对项目原有环境污染和生态破坏提出有效防治措施。

5）环境影响报告书（表）编制内容、编制质量是否符合有关要求。

（二）建设项目环境影响报告书（表）不予批准的情形

《建设项目环境保护管理条例》规定，建设项目有下列情形之一的，环境保护行政主管部门应当对环境影响报告书、环境影响报告表作出不予批准的决定：

1）建设项目类型及其选址、布局、规模等不符合环境保护法律法规和相关法定规划。

2）所在区域环境质量未达到国家或者地方环境质量标准，且建设项目拟采取的措施不能满足区域环境质量改善目标管理要求。

3）建设项目采取的污染防治措施无法确保污染物排放达到国家和地方排放标准，或者未采取必要措施预防和控制生态破坏。

4）改建、扩建和技术改造项目，未针对项目原有环境污染和生态破坏提出有效防治措施。

5）建设项目的环境影响报告书、环境影响报告表的基础资料数据明显不实，内容存在重大缺陷、遗漏，或者环境影响评价结论不明确、不合理。

（三）特殊行业建设项目环境影响评价文件审批原则

为切实加强某些特殊行业建设项目环境影响评价管理，生态环境部先后印发了《关于规范火电等七个行业建设项目环境影响评价文件审批的通知》（环办〔2015〕112 号）、《关于印发水泥制造等七个行业建设项目环境环影响评价文件审批原则的通知》（环办环评〔2016〕114 号）、《关于印发机场、港口、水利（河湖整治与防洪除涝工程）三个行业建设项目环境影响评价文件审批原则的通知》（环办环评〔2018〕2 号）、《关于印发城市轨道交通、水利（灌区工程）两个行业建设项目环境影响评价文件审批原则的通知》（环办

环评〔2018〕17 号）、《关于印发钢铁/焦化、现代煤化工、石化、火电四个行业建设项目环境影响评价文件审批原则的通知》（环办环评〔2022〕31 号）、《关于印发集成电路制造、锂离子电池及相关电池材料制造、电解铝、水泥制造四个行业建设项目环境影响评价文件审批原则的通知》（环办环评〔2023〕18 号）。上述文件对火电、水电、钢铁、铜铅锌冶炼、石化、制浆造纸、高速公路、水泥制造、煤炭采选、汽车整车制造、铁路、制药、水利（引调水工程）、航道、机场、港口、水利（河湖整治与防洪除涝工程）、城市轨道交通建设项目、水利建设项目（灌区工程）、现代煤化工、集成电路制造、锂离子电池及相关电池材料制造、电解铝、水泥制造等 24 个行业进一步规范了建设项目环境影响评价文件审批原则，各级生态环境部门在项目审批时应予落实。

（四）特殊行业的建设项目环境准入要求

对一些特殊行业，国家和各省（区、市）有特别的准入要求，如国家制定了现代煤化工建设项目的环境准入条件；又如浙江省生态环境部门制定了生活垃圾焚烧产业、燃煤发电产业、化学原料药产业、废纸造纸产业、印染产业、电镀产业、农药产业、生猪养殖业、热电联产行业、染料产业、啤酒产业、涤纶产业、氨纶产业、制革产业、黄酒产业等 15 个行业的建设项目环境准入指导意见。

第十节　建设项目的"三同时"和竣工环境保护验收

建设项目在建设过程中，应依法落实"三同时"——建设项目需要配套建设的环境保护设施与主体工程同时设计、同时施工、同时投产使用。项目竣工后，建设单位应当对环境保护设施进行验收。

一、相关法律法规规定

《中华人民共和国环境保护法》第四十一条规定，建设项目中防治污染的设施[①]应当与主体工程同时设计、同时施工、同时投产使用。防治污染的设施应当符合经批准的环境影响评价文件的要求，不得擅自拆除或者闲置。《建设项目环境保护管理条例》第十七条、第十九条规定，编制环境影响报告书、环境影响报告表的建设项目竣工后，建设单位应当对配套建设的环境保护设施进行验收，编制验收报告并向社会公开，验收合格后，建设项目方可投入生产或者使用。未经验收或者验收不合格的，不得投入生产或者使用。《中华人民共和国环境保护法》《建设项目环境保护管理条例》等明确企业是建设项目环境保护"三同时"及竣工环境保护验收的责任主体。

对违反"三同时"及验收要求的行为，法律法规也有明确的罚则，《建设项目环境保护管理条例》第二十二条规定，建设单位在项目建设过程中未同时组织实施环境影响报告书、环境影响报告表及其审批部门审批决定中提出的环境保护对策措施的，由建设项目所在地县级以上环境保护行政主管部门责令限期改正，处 20 万元以上 100 万元以下的罚款；

---

① 《建设项目环境保护管理条例》中明确为"环境保护设施"。

逾期不改正的，责令停止建设。第二十三条规定，违反本条例规定，需要配套建设的环境保护设施未建成、未经验收或者验收不合格，建设项目即投入生产或者使用，或者在环境保护设施验收中弄虚作假的，由县级以上环境保护行政主管部门责令限期改正，处 20 万元以上 100 万元以下的罚款；逾期不改正的，处 100 万元以上 200 万元以下的罚款；对直接负责的主管人员和其他责任人员，处 5 万元以上 20 万元以下的罚款；造成重大环境污染或者生态破坏的，责令停止生产或者使用，或者报经有批准权的人民政府批准，责令关闭。

二、建设项目竣工环境保护验收程序和要求

为了规范建设项目环境保护设施竣工验收的程序和标准，生态环境部制定颁发了《建设项目竣工环境保护验收暂行办法》（国环规环评〔2017〕4 号，以下简称《办法》）。《办法》明确了以下事项。

1．责任主体及其要求

建设单位是建设项目竣工环境保护验收的责任主体，其应组织编制验收报告。验收报告分为验收监测（调查）报告、验收意见和其他需要说明的事项等 3 项内容。

2．验收的程序及内容

建设单位应当如实查验、监测、记载建设项目环境保护设施的建设和调试情况，编制验收监测（调查）报告。以排放污染物为主的建设项目，参照《建设项目竣工环境保护验收技术指南　污染影响类》（生态环境部公告　2018 年第 9 号）编制验收监测报告；主要对生态造成影响的建设项目，按照《建设项目竣工环境保护验收技术规范　生态影响类》（HJ/T 394—2007）编制验收调查报告；火力发电、石油炼制、水利水电、核与辐射等已发布行业验收技术规范的建设项目，按照该行业验收技术规范编制验收监测报告或者验收调查报告。

验收监测（调查）报告编制完成后，建设单位应当根据验收监测（调查）报告结论，逐一检查是否存在《办法》第八条所列验收不合格的情形（如未按环评报告书及其审批部门审批决定要求建成环境保护设施等 9 种情形——详见《办法》第八条），提出验收意见。存在问题的，建设单位应当进行整改，整改完成后方可提出验收意见。

验收意见包括工程建设基本情况、工程变动情况、环境保护设施落实情况、环境保护设施调试效果、工程建设对环境的影响、验收结论和后续要求等内容，验收结论应当明确该建设项目环境保护设施是否验收合格。

分期建设、分期投入生产或者使用的建设项目，其相应的环境保护设施应当分期验收。

建设项目配套建设的环境保护设施经验收合格后，其主体工程方可投入生产或者使用。

建设单位应当通过其网站或其他便于公众知晓的方式，向社会公开验收报告等信息。同时，应当向所在地县级以上环境保护主管部门报送相关信息，并接受监督检查。验收报告公示期满后 5 个工作日内，建设单位应当登录全国建设项目竣工环境保护验收信息平台，填报建设项目基本信息、环境保护设施验收情况等相关信息，环境保护主管部门对上述信息予以公开。

建设项目竣工环境保护验收的具体程序可参见《建设项目竣工环境保护验收技术指南　污染影响类》（生态环境部公告　2018 年第 9 号）、《建设项目竣工环境保护验收技术规范　生态影响类》（HJ/T 394—2007）。浙江省生态环境厅为加强对企业建设项目竣工环境

保护验收的指导，于 2022 年 4 月印发了《建设项目环境保护"三同时"及竣工环境保护自主验收帮扶一本通指导手册》，其对建设项目竣工环境保护验收程序明确如图 5-15 所示。

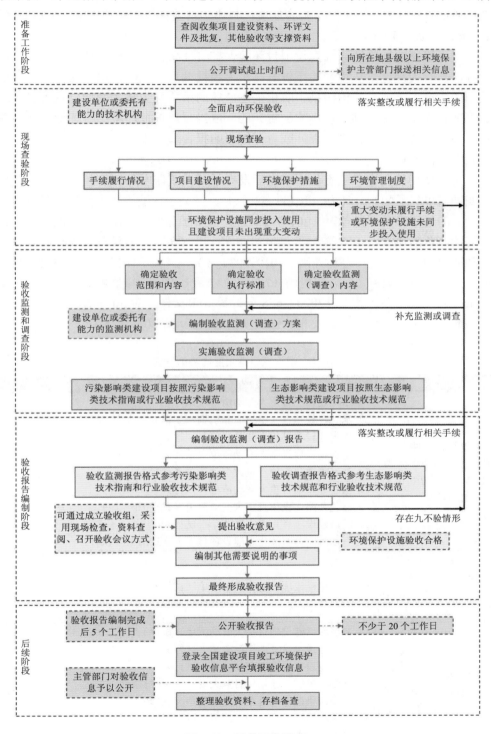

图 5-15　验收工作程序

3．监督检查

各级生态环境主管部门应当按照《建设项目环境保护事中事后监督管理办法（试行）》等规定，通过"双随机、一公开"抽查制度，强化建设项目环境保护事中、事后监督管理。

4．重大变动情况处理

根据《环境影响评价法》《建设项目环境保护管理条例》《建设项目竣工环境保护验收暂行办法》有关规定，环境影响报告书（表）经批准后，该建设项目的性质、规模、地点、采用的生产工艺或者防治污染、防止生态破坏的措施发生重大变动，且可能导致环境影响显著变化（特别是不利环境影响加重）的，应当重新报批环境影响评价文件。建设单位未重新报批环境影响报告书（表）或者环境影响报告书（表）未经批准的，建设单位不得提出验收合格的意见。

对于重大变动的判定，生态环境部先后发布了《关于印发环评管理中部分行业建设项目重大变动清单的通知》（环办〔2015〕52号）、《关于印发输变电建设项目重大变动清单（试行）的通知》（环办辐射〔2016〕84号）《关于印发制浆造纸等十四个行业建设项目重大变动清单的通知》（环办环评〔2018〕6号）、《关于印发淀粉等五个行业建设项目重大变动清单的通知》（环办环评函〔2019〕934号）、《关于印发铀矿冶建设项目重大变动清单（试行）的通知》（环办辐射函〔2020〕717号）及《污染影响类建设项目重大变动清单（试行）》（环办环评函〔2020〕688号）等6个文件，对30个行业及污染影响类建设项目重大变动进行了界定。已发布的建设项目重大变动清单见表5-18。

表 5-18　建设项目重大变动清单一览表

重大变动清单文件	重大变动涉及行业
《关于印发环评管理中部分行业建设项目重大变动清单的通知》（环办〔2015〕52号）	（1）水电建设项目重大变动清单（试行） （2）水利建设项目（枢纽类和引调水工程）重大变动清单（试行） （3）火电建设项目重大变动清单（试行） （4）煤炭建设项目重大变动清单（试行） （5）油气管道建设项目重大变动清单（试行） （6）铁路建设项目重大变动清单（试行） （7）高速公路建设项目重大变动清单（试行） （8）港口建设项目重大变动清单（试行） （9）石油炼制与石油化工建设项目重大变动清单（试行）
《关于印发输变电建设项目重大变动清单（试行）的通知》（环办辐射〔2016〕84号）	（1）输变电建设项目重大变动清单（试行）
《关于印发制浆造纸等十四个行业建设项目重大变动清单的通知》（环办环评〔2018〕6号）	（1）制浆造纸建设项目重大变动清单（试行） （2）制药建设项目重大变动清单（试行） （3）农药建设项目重大变动清单（试行） （4）化肥（氮肥）建设项目重大变动清单（试行） （5）纺织印染建设项目重大变动清单（试行） （6）制革建设项目重大变动清单（试行） （7）制糖建设项目重大变动清单（试行）

重大变动清单文件	重大变动涉及行业
《关于印发制浆造纸等十四个行业建设项目重大变动清单的通知》（环办环评〔2018〕6 号）	（8）电镀建设项目重大变动清单（试行） （9）钢铁建设项目重大变动清单（试行） （10）炼焦化学建设项目重大变动清单（试行） （11）平板玻璃建设项目重大变动清单（试行） （12）水泥建设项目重大变动清单（试行） （13）铜铅锌冶炼建设项目重大变动清单（试行） （14）铝冶炼建设项目重大变动清单（试行）
《关于印发淀粉等五个行业建设项目重大变动清单的通知》（环办环评函〔2019〕934 号）	（1）淀粉建设项目重大变动清单（试行） （2）水处理建设项目重大变动清单（试行） （3）肥料制造建设项目重大变动清单（试行） （4）镁、钛冶炼建设项目重大变动清单（试行） （5）镍、钴、锡、锑、汞冶炼建设项目重大变动清单（试行）
《污染影响类建设项目重大变动清单（试行）》（环办环评函〔2020〕688 号）	适用于除"行业建设项目重大变动清单"以外的污染影响类建设项目环境影响评价管理
《关于印发铀矿冶建设项目重大变动清单（试行）的通知》（环办辐射函〔2020〕717 号）	（1）铀矿冶建设项目重大变动清单（试行）

三、建设项目竣工环境保护验收主要技术规范

建设项目竣工环境保护验收要按一定的技术规范要求进行，已发布的主要验收技术规范如下：

1)《建设项目竣工环境保护验收技术指南　污染影响类》（生态环境部公告　2018 年第 9 号）；

2)《建设项目竣工环境保护验收技术规范　生态影响类》（HJ/T 394—2007）；

3)《建设项目竣工环境保护设施验收技术规范　电解铝及铝用炭素工业》（HJ 254—2021）；

4)《建设项目竣工环境保护设施验收技术规范　钢铁工业》（HJ 404—2021）；

5)《建设项目竣工环境保护设施验收技术规范　汽车制造业》（HJ 407—2021）；

6)《建设项目竣工环境保护设施验收技术规范　石油炼制》（HJ 405—2021）；

7)《建设项目竣工环境保护设施验收技术规范　水泥工业》（HJ 256—2021）；

8)《建设项目竣工环境保护设施验收技术规范　乙烯工程》（HJ 406—2021）；

9)《建设项目竣工环境保护设施验收技术规范　造纸工业》（HJ 408—2021）；

10)《建设项目竣工环境保护验收技术规范　医疗机构》（HJ 794—2016）；

11)《建设项目竣工环境保护验收技术规范　制药》（HJ 792—2016）；

12)《建设项目竣工环境保护验收技术规范　涤纶》（HJ 790—2016）；

13)《建设项目竣工环境保护验收技术规范　粘胶纤维》（HJ 791—2016）；

14)《建设项目竣工环境保护验收技术规范　纺织染整》（HJ 709—2014）；

15)《建设项目竣工环境保护验收技术规范　输变电》（HJ 705—2020）；

16）《建设项目竣工环境保护验收技术规范　广播电视》（HJ 1152—2020）；

17）《建设项目竣工环境保护验收技术规范　煤炭采选》（HJ 672—2013）；

18）《建设项目竣工环境保护验收技术规范　石油天然气开采》（HJ 612—2011）；

19）《建设项目竣工环境保护验收技术规范　公路》（HJ 552—2010）；

20）《建设项目竣工环境保护验收技术规范　水利水电》（HJ 464—2009）；

21）《建设项目竣工环境保护验收技术规范　港口》（HJ 436—2008）；

22）《储油库、加油站大气污染治理项目验收检测技术规范》（HJ/T 431—2008）；

23）《建设项目竣工环境保护验收技术规范　城市轨道交通》（HJ/T 403—2007）；

24）《建设项目竣工环境保护验收技术规范　火力发电厂》（HJ/T 25—2006）；

25）《建设项目竣工环境保护设施验收技术规范　核技术利用》（HJ 1326—2023）。

第六章

突发环境事件应急处置

随着人们生产生活中对危险化学品和其他有毒有害物的大量使用，其生产、贮存、运输、处置过程中都可能发生因泄漏引发的突发环境事件。如处理不当，事故将会对公众生命健康、财产安全和生态环境带来严重影响。及时、规范、高效处置环境污染事故，是对现代政府的一个考验，也是一项基本要求。

第一节　突发环境事件的特点及处置工作原则

一、突发环境事件的特点

突发环境事件是指由于污染物排放或自然灾害、生产安全事故等因素，导致污染物或放射性物质及有毒有害物质进入大气、水体、土壤等环境介质，突然造成或可能造成环境质量下降，危害公众身体健康和财产安全，造成生态环境破坏或造成重大社会影响，需要采取紧急措施予以应对的事件，主要包括大气污染、水体污染、土壤污染等突发性环境污染事件和辐射污染事件。本章仅讨论大气污染、水体污染、土壤污染突发性环境污染事件，核设施及有关核活动发生的核事故所造成的辐射污染事件、海上溢油事件、船舶污染事件以及重污染天气应对在此不予讨论。

突发环境事件具有以下特点：

（1）发生时间的突然性

突发环境事件不同于一般的环境污染，它没有固定的排放方式和排放途径，发生突然，来势凶猛，令人始料不及，有很大的偶然性和瞬时性，一旦发生，伴随而来的是有毒有害物的外泄，对环境造成破坏，给公众生命与生产安全构成巨大威胁。

（2）污染范围的不确定性

突发环境事件的原因、规模及污染物种类具有很大的未知性，所以对水域、土壤、大气、森林、绿地、农田等环境介质的污染范围带有很大的不确定性。

（3）负面影响的多重性

突发环境事件一旦发生，不仅会打乱一定区域内的正常生活、生产秩序，严重时还会造成人员伤亡、财产的巨大损失和生态环境的严重破坏。

（4）健康危害的复杂性

由于各类突发环境事件的性质、规模、发展趋势各异，自然因素和人为因素互为交叉作用，所以具有复杂性。事件发生瞬间可引起周边人员或动植物急性中毒、刺激作用，造成群死群伤；对于那些具有慢性毒作用、环境中降解缓慢的持久性污染物，则可以对人群产生慢性危害和长期效应。

（5）处理处置的艰巨性

由于事故的突发性、危害的严重性，很难在短时间内控制事故的影响，加之污染范围大，给处理处置带来困难。事件级别越高，危害越严重，恢复重建越困难。因为生态环境的环境容量有一定的限度，一旦超过其自身修复的"阈值"，往往会造成无法弥补的后果和不可挽回的损伤。

正是因为突发环境事件的上述特性，各级政府和部门对预防和及时有效处置突发环境事件十分重视，在各类考核中多把此作为一票否决项。因发生突发环境事件或事件发生后未能及时有效处理，造成重大影响，或者在突发环境事件发生单位建设项目立项、审批、验收、执法等日常监管过程中涉嫌违法违纪，许多人因此被追究责任。

二、突发环境事件处置的有关规定

许多法律、法规对突发环境事件处置有明确规定，《环境保护法》第四十七条明确，各级人民政府及其有关部门和企事业单位应当依照《中华人民共和国突发事件应对法》（以下简称《突发事件应对法》）的规定，做好突发环境事件的风险控制、应急准备、应急处置和事后恢复等工作。《水污染防治法》第六章水污染事故处置中，对各级政府及其有关部门、可能发生水污染事故的企事业单位、饮用水供水单位等制定应急预案、做好应急准备、应急处置、保障供水安全等作了具体规定。《大气污染防治法》第九十四条规定，县级以上政府应将重污染天气纳入突发事件应急管理体系，省、设区市政府以及可能发生重污染天气的县级政府应当制定重污染天气应急预案。第九十七条对突发大气环境事故时地方政府及其有关部门和相关企事业单位做好应急处置作了明确规定。《固废法》第八十六、八十七条分别对发生突发环境事件的单位、事发地政府及其生态环境等相关部门应及时采取的应对措施作了具体规定。《突发事件应对法》对突发事件的应对原则、责任体系以及预防与应急准备、监测与预警、应急处置与救援、事后恢复与重建、法律责任等作了明确规定。

除上述法规宏观性的规定外，针对突发环境事件的专项性法规规范有：

1）《国家突发环境事件应急预案》（国办函〔2014〕119号，以下简称《预案》）。《预案》是根据《环境保护法》《中华人民共和国突发事件应对法》《中华人民共和国放射污染防治法》《国家突发公共事件总体应急预案》的规定制定的，共分7个部分：总则、组织指挥体系、监测预警和信息报告、应急响应、后期工作、应急保障和附则。《预案》还包含两个附件：突发环境事件分级标准和国家环境应急指挥部组成及工作组职责。

2）《突发环境事件应急管理办法》（环境保护部令 第34号）。该办法是根据《中华人民共和国环境保护法》《预案》等制定，共有7个部分：总则、风险控制、应急准备、应急处置、事后恢复、信息公开和罚则。

3）《突发环境事件调查处理办法》（环境保护部令 第32号）。该办法对调查的管辖、调查组的组成、调查程序、调查的内容、调查的时间、调查结论公开等作了明确的规定。

4）《突发环境事件信息报告办法》（环境保护部令　第 17 号）。该办法对突发环境事件的信息报告作了详细规定，但其附录中突发环境事件分级标准与《预案》中的最新规定有出入，应以《预案》中的最新规定为准。

5）《突发环境事件应急处置阶段污染损害评估工作程序规定》（环发〔2013〕85 号）和《突发环境事件应急处置阶段环境损害评估推荐方法》（环发〔2014〕118 号），两者合起来对如何进行突发环境事件污染损害评估作了详细规定。

6）《企业事业单位突发环境事件应急预案备案管理办法》（环发〔2015〕4 号）。该管理办法对五类重点企业——可能发生突发环境事件的污染物排放企业，生产、储存、运输、使用危险化学品的企业，产生、收集、贮存、运输、利用、处置危险废物的企业，尾矿库企业，其他应当纳入适用范围的企业等，制定企业突发环境事件应急预案及其向生态环境部门备案等作了明确要求。制定这一管理办法的目的是更好地预防突发环境事件的发生或者发生后能及时得到有效的控制，避免、减轻环境危害的发生、危害的程度，也是落实《中华人民共和国环境保护法》第四十七条"企业事业单位应当按照国家有关规定制定突发环境事件应急预案，报环境保护主管部门和有关部门备案"的体现。

7）《企业突发环境事件风险评估指南》（环办〔2014〕34 号）。其目的是使企业科学、系统评估自身存在的环境风险状况，准备足够调用的应急资源，落实可行的环境风险防控和应急处置措施。在此基础上编制企业环境应急预案，同时，提交企业环境风险评估报告和环境应急资源调查报告。

除上述专项规范外，国家层面还有《国家突发公共事件总体应急预案》、《环境应急资源调查指南》（环办应急〔2019〕17 号）、《集中式地表水饮用水水源地突发环境事件应急预案编制指南（试行）》（生态环境部公告　2018 年第 1 号）、《行政区域突发环境事件风险评估推荐方法》（环办应急〔2018〕9 号）等。地方层面有省、市、县三级突发环境事件应急预案，市、县两级饮用水水源地突发环境事件应急预案等。

三、突发环境事件处置的工作原则[①]

（1）以人为本，积极预防

将保障公众生命安全、环境安全和财产安全作为应急工作的出发点和落脚点，维护公众环境权益，最大限度地减少人员伤亡。建立健全突发环境事件预警防范体系，积极开展环境安全隐患排查整治，加强应急培训和演练。

（2）统一领导，分级负责

在各级政府统一领导下，建立省、市、县三级突发环境事件应急指挥体系，形成分级负责、分类指挥、综合协调、逐级响应的突发环境事件处置体系。

（3）属地为主，先期处置

各级政府负责本辖区突发环境事件的应对工作。强化落实生产经营单位的环境安全主体责任。由企事业单位原因造成的突发环境事件，企事业单位实施先期处置，控制事态、

---

① 主要根据有关法律法规及《国家突发环境事件应急预案》和《浙江省突发环境事件应急预案》。

减轻后果，同时报告当地生态环境主管部门和相关主管部门。

（4）部门联动，社会参与

建立和完善部门联动机制，强化部门沟通协作，充分发挥各部门职责作用，提高联防联控和快速反应能力，共同应对突发环境事件。建立社会应急动员机制，充实救援队伍，提高公众自救、互救能力。

（5）资源共享，科学处置

利用现有环境应急救援力量、环境监测网络和监测机构，充分协调应对突发环境事件的物资、技术装备和救援力量，积极采取措施消除或减轻突发环境事件造成的影响。积极鼓励开展环境应急相关科研工作，重视环境应急专家队伍建设，努力提高应急科技应用水平。

第二节　应急处置工作职责

根据《环境保护法》《水污染防治法》《大气污染防治法》《固废法》《突发事件应对法》《国家突发环境事件应急预案》及其他相关法规的规定，突发环境事件应急处置工作中事件责任人、地方各级生态环境部门、地方各级政府及相关职能部门的职责梳理归纳如下。

一、事件责任人的法定职责

1）必须立即采取消除或减轻污染危害的措施。通过关闭、停产、封堵、围挡、喷淋、转移等措施切断和控制污染源，防止污染蔓延扩散。做好有毒有害物质和消防废水、废液等的收集、清理和安全处置工作。

2）及时（立即）向可能受到污染危害的单位和居民进行通报。

3）立即向当地生态环境部门和有关部门报告事件发生情况。

4）（危险化学品生产企业必须）为（危险化学品）突发环境事件应急救援提供技术指导和必需的协助。

5）接受有关部门调查处理。

6）赔偿损失。

7）制定突发环境应急预案并向有关部门报告；落实预案要求并定期演练。

8）日常管理中采取措施，加强防范，尽可能避免突发环境事件的发生。

二、生态环境部门的职责

1）监测预警和信息报告。当通过监测、监控和其他信息收集，地方生态环境部门研判可能发生突发环境事件时，应当及时向本级政府提出预警信息发布建议（包括提出预警级别建议），同时通报同级相关部门和单位。上级生态环境部门要将监测到的可能导致突发环境事件的相关信息，及时通报可能受影响地区的下一级生态环境部门。

按照《突发环境事件信息报告办法》（环境保护部令　第17号）的规定，市或县级生态环境部门在发现或得知突发环境事件信息后，应该立即进行核实，对事件的性质和类别作出初步认定。对初步认定为Ⅳ级或Ⅲ级的，应当在 4 小时内向本级人民政府和上一级生态环境部门报告；对初步认定为Ⅱ级或Ⅰ级的，应当在 2 小时内向本级人民政府和上一级生态环境部门报告。

2）开展环境应急监测工作。《预案》关于应急监测的规定："根据突发环境事件的污染物种类、性质以及所在地自然、社会环境状况等，明确相应的应急监测方案及监测方法，确定监测的布点和频次，调配应急监测设备、车辆，及时准确监测，跟踪环境污染动态情况，为突发环境事件应急决策提供依据"。

3）向毗邻地区生态环境部门通报。当突发环境事件可能波及相邻地区时，事发地生态环境部门应及时通知毗邻同级生态环境部门，并按规定逐级上报，必要时可越级上报。

4）适时向社会发布突发环境事件信息。生态环境部门应根据有关法律法规规定，适时向社会发布突发环境事件相关信息。

根据《危险化学品安全管理条例》第七十四条的规定，危险化学品事故造成环境污染的，由设区的市级以上人民政府生态环境主管部门统一发布有关信息。

根据《预案》，生态环境部门可以经本级政府授权后发布突发环境事件和应对工作信息。

5）协助政府做好应急处置各项工作。主要工作是：①当污染事故的涉事单位不明时，组织对污染来源开展调查，查明涉事单位，确定污染物种类和污染范围，切断污染源。②提出控制、消除环境污染的建议，牵头污染处置组工作。③组织开展环境应急监测，牵头应急监测组工作。

6）组织对突发环境事件进行调查评估。应急响应结束后，开展突发环境事件污染损害调查，评估、核实事件造成的损失情况，落实损害赔偿和修复；会同监察机关及相关部门，组织开展事件调查，查明事件原因和性质，提出整改防范措施和处理建议。调查处理要求可参见《突发环境事件调查处理办法》。

7）牵头突发环境事件应急预案的制定、修订（起草），建立和完善突发环境事件预防和预警体系。

8）建立环境应急专家组（库），组织开展应急演练、人员培训和宣传教育等工作。

9）加强环境应急能力建设，包括应急监测能力建设。

10）指导、协助下一级政府做好突发环境事件应对工作。

三、地方人民政府的职责

1）采取有效措施减轻或消除污染。

2）预警信息发布及预警行动。当生态环境部门研判可能发生突发环境事件并提出预警信息发布的建议时，地方人民政府或授权的部门要及时通过各类媒体或其他方式向本行政区域公众发布预警信息，并通报可能影响到的相关地区。

预警信息发布后，应采取以下预警行动：

①分析研判；

②开展防范处置；

③做好各项应急准备；

④做好舆论引导；

⑤根据事件发展情况，应及时调整预警级别。

（上述详细内容可见第四节第三部分）。

3）信息报告与通报（详见第四节第四部分）。

4）按事件等级启动相应的应急预案，并按预案要求采取各项应急响应措施，具体内容可详见第五节。

5）（省、设区市政府应）指导、督促所在地（下一级政府）开展应急处置、应急监测、原因调查工作，并根据需要协调提供队伍、物资、技术等支持；对跨行政区域突发环境事件应对工作进行协调。

6）终止应急响应。当事件条件已经排除、污染物降解至规定限值以内、所造成的危害基本清除时，由启动应急响应的政府终止应急响应。

7）后期相关工作。突发环境事件应急响应终止后，地方政府要及时组织开展污染损害评估（此项工作一般均指定属地生态环境部门开展）并将评估结果向社会公布；及时组织善后处置，制定补助、补偿、抚慰、抚恤、安置和环境恢复善后工作方案并组织实施。

8）应急保障。包括队伍保障（应急救援队伍能力建设和应急专家队伍管理)；物资与资金保障；通信保障等。

9）制定或修订突发环境事件应急预案和饮用水水源地突发环境事件应急预案，并定期组织演练。。

四、其他部门的职责

由于机构设置、职能配置等差异，其他部门在突发环境事件中的职责各地略有不同，但大多数是相同的。以下是某市市级主要相关部门的职责分工。

1）市发展改革委：牵头做好突发环境事件应急处置的物资保障工作，会同有关部门统筹规划全市应急物资储备工作；协调环境应急有关项目建设。

2）市交通运输局：负责制定公路、水路运输抢险预案，加强危险化学品道路运输、水路运输的许可以及运输工具的安全管理工作；参与交通事故引发的突发环境事件的应急处置，负责船舶和相关水上设施及码头、港口污染事件的预防预警和应急处置；负责组织应急救援所需物资和人员的运送，以及危险货物的转移工作。

3）市应急管理局：负责危险化学品生产经营单位事故应急救援组织和协调工作；负责危险化学品安全生产监督管理综合工作，依照权限督促危险化学品生产经营单位落实安全生产管理责任；制定危险化学品安全事故应急预案。

4）市林业水利局：负责所辖江河、水库水体污染事件的水量监测，根据市环境应急指挥部指令，协调重大水利工程应急处置措施落实，结合实际情况合理调度所辖水利工程的引水、配水；负责提供水体污染事件应急处置所需的水文监测资料，进行水文状况分析；负责森林火灾造成环境污染和生态破坏的应急处置；负责突发环境事件中国家重点保护野生动植物的管理；负责对林业生产领域生物物种安全事件的监督管理；负责林业生态环境的灾后恢复工作。

5）市农业局：指导农药、化肥及畜禽养殖业等造成的水体污染事件的应急处置，派出专家提出应急处置建议；负责渔业污染事件的应急处置；负责农业、渔业等环境污染的预防预警及调查评估；负责对农业生产领域生物物种安全事件的监督管理和农业生态环境的灾后恢复工作。

6）市卫生健康委：负责制定救护应急预案，实施应急救护工作；负责事故现场医务人员、救护车辆、医疗器材、急救药品的调配，建立救护绿色通道，组织现场救护及伤员转移；负责统计人员伤亡情况；做好事故可能危及区域内饮用水水质监督监测和评价，当发现饮用水污染危及公众身体健康须停止使用时，对二次供水单位应责令其立即停止供水，对集中式供水单位应当会同城市建设行政主管部门报同级政府批准后责令其停止供水；负责事件发生区域的疫情监测和防治工作；及时为区、县（市）卫生部门提供技术支持。

7）市公安局：负责事件现场警戒和人员疏散，设立警戒线；组织事件可能危及区域内的人员疏散撤离；负责治安维护，对人员撤离区域进行治安管理，打击借机传播谣言、哄抢物资等违法行为；负责危险化学品公共安全管理；负责突发环境事件中涉及的治安案件和刑事案件的办理。

8）市消防部门：负责应急抢险救援工作，按照指挥部指令，采取现场应急处置措施；组织扑灭事故现场的火灾、抢救被困人员，阻止易燃、易爆、有毒有害物质泄漏进一步扩大，加强冷却、防止爆炸；负责提供临时应急用水；协助现场应急人员做好自身防护工作。

9）市城管局：负责城镇排水管网、生活污水和生活垃圾处理设施的管理以及供水设施的保护和监督管理，保障城市基础设施正常运行；负责市区供水水质监管工作，组织开展突发水质异常事件的应急处置；协调突发环境事件中被损毁市政设施的抢险、恢复和维护工作；负责城市供水、供气、排水管网、桥梁隧道、市政环卫设施运行安全监管；负责落实所管理水体的引水、配水等应急措施；配合开展现场洗消工作。

10）市商务局：协调应急物资调配工作，组织应急期间生活必需品的统筹调运，保障市场供应。

11）市委宣传部（市委网信办）：协调新闻媒体开展环境应急宣传；负责做好突发环境事件新闻报道、信息发布和舆情监控工作，正确引导社会舆论。

其他相关部门在应急工作中的职责不一一列举，可参见各省、市、县突发环境事件应急预案。

第三节　应急处置组织指挥体系

一、国家层面组织指挥机构

生态环境部负责重特大突发环境事件应对的指导协调和环境应急的日常监督管理工作。根据突发环境事件的发展态势及影响，生态环境部或省级人民政府可报请国务院批准，或根据国务院领导同志指示，成立国务院工作组，负责指导、协调、督促有关地区和部门开展突发环境事件应对工作。必要时，成立国家环境应急指挥部，由国务院领导同志担任总指挥，统一领导、组织和指挥应急处置工作。

二、地方层面组织指挥机构

县级以上地方人民政府负责本行政区域内的突发环境事件应对工作，明确相应组织指挥机构。跨行政区域的突发环境事件应对工作，由各有关行政区域人民政府共同负责，或由有关行政区域共同的上一级地方人民政府负责。对需要国家（省级）层面协调处置的跨省（设区市）级行政区域突发环境事件，由有关省（设区市）级人民政府向国务院（省政府）提出请求，或由有关省（设区市）级生态环境主管部门向生态环境部（省生态环境厅）提出请求。

地方有关部门按照职责分工，密切配合，共同做好突发环境事件应对工作。

省、市、县突发环境事件应急指挥部由各级政府领导担任总指挥，分管副秘书长（办公室副主任）和生态环境厅（局）长任副总指挥，成员单位由宣传、发改、经信、公安、消防、财政、自然资源、生态环境、建设、交通、水利、农业农村、卫健、应急、网信、气象、通信等部门组成。应急指挥部下设若干工作组，一般设有：污染处置（生态环境部门牵头）、应急监测（生态环境部门牵头）、医学救援（卫健部门牵头）、应急保障（发改或经信牵头）、新闻宣传（宣传部门牵头）、社会维稳（公安部门牵头）、调查评估（生态环境部门牵头）等工作组。各专项工作组的组成及具体职责由各地突发环境事件应急预案予以明确。

三、专家组

省、市、县级生态环境部门负责组建环境应急专家组，成员由高校、科研机构、企事业等单位的专家组成，主要涉及环境科学与工程、环境监测与评价、危险废物处理、污染控制、化学化工、环境生态、水利水文、应急救援等专业领域。突发环境事件发生后，省、市、县级生态环境部门视情邀请相关专家参与指导突发环境事件的应急处置工作，为应急指挥部的决策和现场处置等工作提供技术支持。

四、现场指挥机构

负责突发环境事件应急处置的人民政府根据需要成立现场指挥部，负责现场组织指挥工作。参与现场处置的有关单位和人员要服从现场指挥部的统一指挥。

第四节　监测预警和信息报告

一、监测和监控

各级具有相关监测能力的部门要充分利用现有监测手段，加强日常环境监测和预警。

各级地方政府和有关部门重点对以下目标进行监控：饮用水水源地、居民集聚区、医院、学校等敏感区域；生态红线区、自然保护区、风景名胜区、世界自然遗产地；化工园区，危险化学品、危险废物、重金属涉及企业。各级生态环境主管部门负责及时采集、整理、分析辖区内突发环境事件相关信息。

省、市、县级有关部门按照职责分工，开展对环境污染信息的收集、综合分析、风险评估工作，并及时将可能导致突发环境事件的信息通报同级生态环境部门。

1）生产安全事故引发的突发环境事件信息接收、报告、处理、统计分析和预警信息监控由应急管理局负责。

2）交通事故引发的突发环境事件信息接收、报告、处理、统计分析和预警信息监控由公安、交通运输、海事部门负责。

3）调引水或水质性缺水引发饮用水水源地突发水环境事件信息接收、报告、处理、统计分析和预警信息监控由水利和建设部门负责。

4）沿海水域的突发环境事件信息接收、报告、处理、统计分析和预警信息监控由海洋与渔业、海事部门负责[1]。

5）自然灾害引发的突发环境事件信息接收、报告、处理、统计分析和预警信息监控由国土资源、水利、地震、气象部门负责。

当出现可能导致突发环境事件的情况时，有关企事业单位和生产经营者应立即向当地生态环境主管部门报告。

二、预防工作

各级政府及相关部门按照各自职责开展突发环境事件的预防工作。

1）开展环境风险防范检查工作，依法组织对容易引发突发环境事件的生产经营单位及其周边环境保护目标进行调查、登记，定期检查、监控，并责令有关单位落实各项防范措施。

2）统筹协调与突发环境事件有关的其他突发公共事件的预防与应急措施，防止因其他突发公共事件次生或者因处置不当而引发突发环境事件。

3）统筹安排应对突发环境事件所必需的物资、设备和基础设施建设，合理确定应急避灾场所。

生产经营单位落实环境安全主体责任，定期排查环境安全隐患、开展环境风险评估、健全环境风险防控措施，按照有关规定编制突发环境事件应急预案，并向属地生态环境主管部门备案，定期开展培训演练。

三、预警

1.预警分级

对可以预警的突发环境事件，按照事件发生的可能性大小、紧急程度和可能造成的危害程度，将预警分为四级，由低到高依次用蓝色、黄色、橙色和红色表示。

预警级别的具体划分标准，按生态环境部的规定执行。

2.预警信息发布

地方生态环境主管部门组织有关部门和机构及专家进行研判，预估可能的影响范围和危害程度。当研判可能发生突发环境事件时，应当及时向本级人民政府提出预警信息发布建议（包括预警级别），同时通报同级相关部门和单位。根据预警级别，相应的地方人民

---

[1] 海洋部门并入其他部门的，由并入的部门负责。

政府或其授权的相关部门，及时通过电视、广播、报纸、互联网、手机短信、当面告知等渠道或方式向本行政区域公众发布预警信息，并通报可能影响到的相关地区。预警发布内容主要包括事件类别、预警级别、可能影响范围、警示事项、应当采取的措施和发布机关等。

上级生态环境主管部门要将监测到的可能导致突发环境事件的有关信息，及时通报可能受影响地区的下一级生态环境主管部门。

3．预警行动

预警信息发布后，当地人民政府及其有关部门视情采取以下措施：

1）分析研判。组织有关部门和机构、专业技术人员及专家，及时对预警信息进行分析研判，预估可能的影响范围和危害程度。

2）防范处置。迅速采取有效处置措施，控制事件苗头。在涉险区域设置注意事项提示或事件危害警告标志，利用各种渠道告知公众避险和减轻危害的常识、需采取的必要的健康防护措施。

3）应急准备。提前疏散、转移可能受到危害的人员，并进行妥善安置。责令应急救援队伍、负有特定职责的人员进入待命状态，动员后备人员做好参加应急救援和处置工作的准备，并调集应急所需物资和设备，做好应急保障工作。环境监测人员立即开展应急监测，随时掌握并报告事态进展情况。对可能导致突发环境事件发生的相关企事业单位和其他生产经营者加强环境监管。

4）舆论引导。及时准确发布事态最新情况，公布咨询电话，组织专家解读。加强相关舆情监测，做好舆论引导工作。

4．预警级别调整和解除

发布突发环境事件预警信息的地方人民政府或有关部门，应当根据事态发展情况和采取措施的效果适时调整预警级别。

当判断不可能发生突发环境事件或者危险已经消除时，宣布解除预警，适时终止相关措施。

四、信息报告与通报

突发环境事件发生后，涉事企业事业单位或其他生产经营者必须采取应对措施，并立即向当地生态环境主管部门和相关部门报告，同时通报可能受到污染危害的单位和居民。因交通事故、生产安全事故导致突发环境事件的，由公安、交通运输、应急管理、海事等有关部门及时通报同级生态环境主管部门。生态环境主管部门通过互联网信息监测、环境污染举报热线等多种渠道，加强对突发环境事件的信息收集，及时掌握突发环境事件发生情况。

事发地生态环境主管部门接到突发环境事件信息报告或监测到相关信息后，应当立即进行核实，对突发环境事件的性质和类别作出初步认定，按照国家规定的时限、程序和要求向上级生态环境主管部门和同级人民政府报告[①]，并通报同级其他相关部门。突发环境事

---

① 对初步认定为一般（Ⅳ级）或者较大（Ⅲ级）突发环境事件的，事件发生地市、县（市、区）生态环境主管部门应当在4小时内向本级政府和上一级生态环境主管部门报告。对初步认定为重大（Ⅱ级）或者特别重大（Ⅰ级）突发环境事件的，事件发生地市、县（市、区）生态环境主管部门应当在2小时内向本级政府和省生态环境厅报告。省生态环境厅接到报告后，应当进行核实并在1小时内报告省政府和生态环境部。事件发生地市、县（市、区）政府应当在2小时内向省政府报告。

件已经或者可能涉及相邻行政区域的，事发地人民政府或生态环境主管部门应当及时通报相邻行政区域同级人民政府或生态环境主管部门。地方各级人民政府及其生态环境主管部门应当按照有关规定逐级上报，必要时可越级上报。

发生下列一时无法判明等级的突发环境事件时，《突发环境事件信息报告办法》第四条和《浙江省的突发环境事件应急预案》作了特别规定——事件发生地市、县（市、区）政府和环境保护主管部门应当按照重大（Ⅱ级）或者特别重大（Ⅰ级）突发环境事件的报告程序上报：

1）对饮用水水源保护区造成或者可能造成影响的。

2）涉及居民聚居区、学校、医院等敏感区域和人群的。

3）涉及重金属或者类金属污染的。

4）有可能产生跨省或者跨国影响的。

5）可能或已引发大规模群体性事件的突发环境事件。

6）地方环境保护主管部门认为有必要报告的其他突发环境事件。

信息报告的内容。

初报：包括突发环境事件的发生时间、地点、信息来源、事件起因和性质、基本过程、主要污染物和数量、监测数据、人员受伤情况、饮用水水源地等环境敏感点受影响情况、事件发展趋势、处置情况、拟采取的措施以及下一步工作建议等，并提供可能受到突发环境事件影响的环境敏感点的分布示意图；

续报：在初报的基础上，报告有关处置进展情况；

处置结果报告：在初报和续报的基础上，报告处置突发环境事件的措施、过程和结果，突发环境事件潜在或者间接危害以及损失、社会影响、处置后的遗留问题、责任追究等详细情况。

第五节　应急响应

一、先期处置

事发单位要立即按照本单位突发环境事件应急预案启动应急响应，立即采取关闭、停产、封堵、围挡、喷淋、转移等措施，切断和控制污染源，防止污染蔓延扩散。做好有毒有害物质和消防废水、废液等的收集、清理和安全处置工作。当涉事企业事业单位或其他生产经营者不明时，由当地生态环境主管部门组织对污染来源开展调查，查明涉事单位，确定污染物种类和污染范围，切断污染源。

事发地政府接到信息报告后，要快速实施处置，切断污染源[①]，控制污染物进入环境的途径，避免污染物扩散，严防发生二次污染和次生、衍生灾害。同时，指挥协调应急救援队伍开展救援行动，组织、动员和帮助群众开展安全防护工作，并将处置情况按规定随时报告上级政府及生态环境主管部门。

[①] 切断污染源是先期处置的重点，如事发单位未能组织人员及时切断污染源，事发地政府应立即组织实施这一措施。

二、响应分级

按照《预案》规定，根据突发事件的严重程度和发展态势，突发环境事件分为特别重大、重大、较大和一般 4 个等级，相应地，应急响应分别启动Ⅰ级、Ⅱ级、Ⅲ级、Ⅳ级响应。Ⅰ级、Ⅱ级应急响应，由事发地省级人民政府负责应对工作；Ⅲ级应急响应，由事发地设区的市级人民政府负责应对工作；Ⅳ级应急响应，由事发地县级人民政府负责应对工作。突发环境事件发生在易造成重大影响的地区或重要时段时，可适当提高响应级别。突发环境事件的分级标准详见《预案》附件Ⅰ。

三、应对——以省级应对为例

（一）启动响应

初判发生特别重大、重大突发环境事件，省生态环境主管部门应及时提出启动应急响应建议和省应急指挥部成员具体组成方案，并报省政府。经省政府同意后，启动省级一级响应，并成立省应急指挥部统一指挥突发环境事件应急处置工作。

（二）指挥协调

一级响应启动后，立即部署开展应急处置工作。

1）组织专家会商。研究分析突发环境事件影响和发展趋势。

2）联通省环境应急管理指挥平台、事发地政府应急指挥平台与省应急指挥平台，建立应急指挥平台体系。

3）成立并派出现场指挥部，赶赴现场组织、指挥和协调现场处置工作。必要时省应急指挥部成员单位派出工作组赴事发现场协调开展污染处置、应急监测、医疗救治、应急保障、转移安置、新闻宣传、社会维稳等应对工作。

4）研究决定现场指挥部、市（县）政府和有关部门提出的请求事项。

5）统一做好信息发布，做好舆论应对。

6）向受污染影响或可能受影响的有关地区或相近、相邻地区通报情况。

7）视情向相邻省、市或国家有关方面请求援助。

8）配合国家环境应急指挥部或工作组开展应急处置工作，并及时报告工作进展情况。

当初判发生Ⅲ级突发环境事件时，事发地市级应对工作与上述发生Ⅰ级、Ⅱ级突发环境事件时省级应对工作基本相同，只是各项应对工作中的应对层级下调一级；发生Ⅳ级突发环境事件时，事发地县级应对工作也同上相似。实际应对工作应根据各设区市、县突发环境事件应急预案明确的应急响应措施开展。

（三）响应措施

1. 现场污染处置

组织制定综合治污方案，采用监测、模拟等手段追踪污染气体扩散范围；采取拦截、导流、疏浚等方式防止水体污染扩大；采取隔离、吸附、打捞、氧化还原、中和、沉淀、消毒、去污洗消、临时收贮、微生物消解、调水稀释、转移异地处置、临时改造污染处置工艺或临时建设污染处置工程等方法处置污染物。必要时要求其他排污单位停产、限产，减轻环境污染负荷。

2. 转移安置人员

根据突发事件影响及所在地气象、地理环境等，建立现场警戒区域、交通管制区域、重点防护区域，及时疏散并妥善安置受威胁人员和可能受影响地区居民。

3. 医学救援

组织调集医疗力量、物资对伤病员进行诊断治疗，根据需要将重症伤员转移至有条件的医疗机构。指导和协助开展受污染人员的去污洗消工作，提出保护公众健康的措施建议。视情增派医疗卫生专家和卫生应急队伍，调配急需医药物资，支持事发地医学救援工作。做好受影响人员的心理援助。

4. 应急监测

根据突发环境事件的污染种类、性质及所在地环境状况，明确相应的监测方式及监测方法，确定监测布点和频次，调配应急人员、装备，及时准确监测，为突发环境事件应急决策提供依据。

1）根据突发环境事件污染物的扩散速度和事发地的气象、水文、地质及地域特点、周边敏感区域、重点保护对象等情况，制定应急监测方案，布设相应数量的监测点位，确定污染物扩散的范围和浓度。根据事发地的监测能力和事件的严重程度，按照尽量多的原则进行监测，随着污染物的扩散情况和监测结果的变化趋势适当调整监测频次和监测点位。

2）根据监测结果，综合分析突发环境事件污染变化趋势，并通过专家咨询和模型预测等方式，对突发环境事件信息进行动态分析、评估，及时预测事件的发展情况和污染物浓度数据变化情况，提出相应的应急处置方案和建议。

5. 市场监管和调控

密切关注受事件影响地区市场供应情况及公众反应，加强对重要生活必需品的市场监管和调控。禁止或限制受污染食品和饮用水的生产、加工、流通和食用，防范因突发环境事件造成的集体中毒等。

6. 信息发布和舆论引导

通过政府授权、发新闻稿、接受记者采访、举行新闻发布会、组织专家解读等方式，借助电视、广播、报纸、互联网等多种途径，主动、及时、准确、客观向社会发布突发环境事件和应对工作信息，回应社会关切，澄清不实信息，正确引导社会舆论。发生重特大环境事件的要落实"5·24"要求（最迟要在 5 小时内发布权威信息，24 小时内举行新闻发布会）。信息发布内容包括事件原因、污染程度、影响范围、应对措施、需要公众配合采取的措施、公众防范常识和事件调查处理进展情况等。

7. 维护社会稳定

加强受影响地区社会治安管理，严厉打击借机传播谣言制造社会恐慌、哄抢救灾物资等违法犯罪行为；加强转移人员安置区等区域治安管控；做好受影响人员与涉及单位、地方政府及有关部门矛盾化解和法律服务工作，防止出现群体性事件。

8．加强应急保障

启用应急储备的救援物资和设备、应急专项资金；必要时征收、征用其他急需的物资、设备；或者组织有关企业生产、提供应急物资，组织开展人员运输和物资保障等。

四、应急指导、支持工作

1．专家指导工作

应急指挥部根据现场应急工作需要组成专家组，参与、指导应急工作。专家组迅速对事件信息进行分析、评估，提出应急处置方案和建议；根据事件进展情况和形势动态，提出相应的对策和意见；对突发环境事件的危害范围、发展趋势作出科学预测；参与污染程度、危害范围、事件等级的判定，为污染区域的隔离与解禁、人员撤离与返回等重大防护措施的决策提供技术依据；指导各应急队伍进行应急处理与处置。

2．上级政府指导、支持工作

国家、省、市级政府除按照《预案》的规定负责应对相应级别的突发环境事件外，还应对由下一级政府负责应对的突发环境事件进行指导、支持，包括：派出工作组等赴现场指导督促所在地开展应急处置、应急监测、原因调查等工作，并根据需要协调有关方面提供应急队伍、物资、技术等支持。具体如下：

（1）国家层面

当初步判断发生重大以上突发环境事件或事件情况特殊时，根据不同情况和需要，国家环境应急指挥部赴事发现场或派出前方工作组赴事发现场协调开展应对工作，指导督促当地开展应急处置、应急监测、原因调查等工作，并根据需要或地方请求，组织协调有关方面提供应急队伍、物资、装备、技术等支持。同时，研究决定地方政府和有关部门提出的请求事项。

（2）省级层面

当发生较大突发环境事件时，省级层面一般应派出工作组赴现场指导、督促事发地开展应急处置、应急监测、原因调查等工作，并根据需要协调提供应急队伍、物资、技术等支持。

（3）市级层面

当发生一般突发环境事件时，尤其当事件情况特殊、涉及敏感区域等时，市级一般应对县级层面给予必要的指导、支持，指导、支持的方式、内容同发生较大突发环境事件时省级层面的指导、支持工作一样，只是层级下调一级。

各地实际的指导、支持工作可详见各省、市级突发环境事件应急预案。

这里需要特别指出的一点是，不管发生哪个等级的突发环境事件，属地政府必须第一时间组织开展上述应急响应措施明确的各项工作，而不能因为这一污染事件为Ⅰ级、Ⅱ级而等待国家、省级层面的指示，贻误处置的最佳时机。处置工作原则中第三条明确规定：属地为主，先期处置。

五、应急终止

根据《预案》规定，当事件条件已经排除，污染物已降至规定限值以内，所造成的危害基本清除时，由启动响应的人民政府终止应急响应。应急终止后，要及时组织开展污染损害评估（损害赔偿）及善后处置，同时完成事件调查。

第六节　应急处置后期工作

一、损害评估

突发环境事件应急响应终止后，要及时组织开展污染损害评估，并将评估结果向社会公布。评估结论作为事件调查处理、损害赔偿、环境修复和生态恢复重建的依据。

突发环境事件损害评估参照生态环境部《突发环境事件应急处置阶段污染损害评估工作程序规定》《突发环境事件应急处置阶段环境损害评估推荐方法》执行。初步认定为特别重大和重大、较大、一般突发环境事件的，分别由省环保厅、所在市、县（市、区）环境保护主管部门负责按照同级政府应对突发环境事件的安排部署，组织开展污染损害评估工作。对于初步认定为一般突发环境事件的，可以不开展污染损害评估工作。

污染损害评估工作于处置工作结束后 30 个工作日内完成，情况特别复杂的，经省级生态环境部门批准，可以延长 30 个工作日。

二、事件调查

突发环境事件发生后，根据有关规定，由生态环境主管部门牵头，可会同监察机关及相关部门，组织开展事件调查，查明事件原因和性质，提出整改防范措施和处理建议。

按照《突发环境事件调查处理办法》（以下简称 32 号令）的规定，生态环境部负责组织重大和特别重大突发环境事件的调查处理；省级生态环境主管部门负责组织较大突发环境事件的调查处理；事发地设区的市级生态环境主管部门视情组织一般突发环境事件的调查处理。

突发环境事件调查应当查明的事项、形成的调查报告所应包含的内容等，32 号令都作了详细的规定。32 号令同时规定，生态环境主管部门应当依法向社会公开突发环境事件的调查结论、环境影响和损失的评估结果等信息。

三、善后处置

事发地人民政府要及时组织制定补助、补偿、抚慰、抚恤、安置和环境恢复等善后工作方案并组织实施。保险机构要及时开展相关理赔工作。

四、总结评估

突发环境事件处置完毕后，事发地生态环境主管部门对应急处置过程及时总结、评估，提出改革措施，并形成总结报告。

第七节　应急处置保障工作

一、预案保障

根据国家相关法律法规及国家"预案"等要求，各级政府应组织制定、完善各级突发环境事件应急预案，做到责任落实、组织落实、方案落实、保障落实。

二、值守保障

完善日常值班与应急值守相结合的接报、出警机制，并严格组织实施；充分做好值守状态时的人员、设备、车辆、通信及物资准备工作。提升应急科技应用水平，确保突发环境事件现场指挥顺畅，做到常态管理与非常态管理全面、有效衔接。

三、机制保障

根据区域或流域环境风险防范需要，加强与相近、相邻地区生态环境主管部门的互动，健全风险防范和应急联动机制；加强生态环境主管部门与其他部门的联动机制建设，协同高效处置各类突发环境事件。

四、队伍保障

县级以上政府要强化环境应急救援队伍能力建设，各级环境应急处置队伍、环境应急监测队伍、消防队伍、大型国有骨干企业应急救援队伍及其他相关方面应急救援队伍等力量要积极参加突发环境事件应急监测、应急处置与救援、调查处理等工作任务。

加强各级应急队伍的培训、演练和管理，提高应急救援人员的素质和能力，规范应急救援队伍调动程序。加强环境应急专家队伍管理，充分发挥省环境应急专家组作用，为重、特大突发环境事件应急处置方案制定，污染损害评估和调查处理工作提供决策建议。

五、物资与资金保障

建立健全突发环境事件应急救援物资储备制度。各级生态环境部门负责建设同级社会化环境应急物资储备中心，县级以上政府及其有关部门要制订环境应急物资储备计划，加强应急物资储备，鼓励支持社会化应急物资储备，保障应急物资、生活必需品的生产和供给。各级生态环境主管部门负责加强对当地环境应急物资的监管、生产、储存、更新、补充、调拨和紧急配送等动态管理工作。

突发环境事件应急处置所需经费首先由事件责任单位承担。县级以上政府财政部门负责按照分级负担原则为突发环境事件应急处置工作提供必要的资金保障。

六、技术保障

各级政府及其相关部门负责支持突发环境事件应急处置和监测先进技术、装备的研发，建立科学的应急指挥决策支持系统，实现信息综合集成、分析处理、污染评估的智能化和数字化。

1）建立完善的各级环境风险基础信息数据库，加强区域环境风险调查、评估、控制等常态工作，提供决策分析支持和信息保障。

2）完善突发环境事件应急科研和应急响应系统；加强监测能力规划与评估，保证监测能力达到需求与效益的平衡。

3）探索建立危险化学品泄漏环境污染事件分析、评估模型，提供预测保障。

4）建立突发环境事件应急专家信息库，提供人才保障；研究制定专家组联络制度，充分发挥专家的指导、建议等决策咨询作用。

七、通信、交通与运输保障

各级政府及其通信主管部门负责建立健全突发环境事件应急通信保障体系，确保应急期间通信联络和信息传递需要。交通运输部门负责健全公路、铁路、航空、水运紧急运输保障体系，保障应急响应所需人员、物资、装备、器材等的运输。公安部门负责加强应急交通管理，保障运送伤病员和应急救援人员、物资、装备、器材车辆的优先通行。

第八节　常见突发环境事件现场处置措施

一、突发水污染事件处置中"以空间换时间"

突发水污染事件是环境应急中面临较多的一类事件，其污染物扩散迅速，如不能及时控制，数小时内污染物就可以扩散至下游几十公里，并可能对下游饮用水、工农业生产带来重大影响。

回顾总结各地历史案例可以发现，突发水污染事件处置中，先期拦截、隔离污染团至关重要。只有控制或减缓污染团的流动，才能为后续处置争取时间，赢得主动。

（一）"南阳实践"（案例）简介

2018年1月，南阳发生跨省转移危险废物倾倒淇河的突发环境事件，对南水北调中线工程水源地丹江口水库水质构成严重威胁。生态环境部领导和河南省政府领导赶赴现场坐镇指挥，明确"不让一滴受污染的水进入丹江口水库"的目标。在该污染事件中，按照"以空间换时间，以时间保安全"的思路，利用当地现有的和临时修建的闸、坝、河等设施，把污染团引流并控制在一上下封闭的河段当中。该河段下游被临时修建的"坝"拦住；该河段的上游闸把上游来的清水堵住，使清水通过另一条引水渠→水电站，绕过污染团所在河段向下游排出（可见下面应急处置工程设施"1. 引水式电站"图 6-1）。对被拦截污染团通过适当处理后，控制一定流量下与通过引水渠流下来的清水按一定比例混合稀释，达到标准要求后，再逐步排入下游。通过上述措施，确保了下游丹江口水库水质安全。

上述"以空间换时间，以时间保安全"的做法，后被生态环境部领导称为"南阳实践"。

（二）"南阳实践"的总结推广

为将成功经验提炼形成指导环境应急的基本遵循，生态环境部应急办会同河南省、湖北省、陕西省生态环境厅联合南阳市、十堰市、商洛市等开展丹江口水库环境应急预案编制试点工作，总结提出水污染事件应急"南阳实践"，即围绕不让受污染的水进入敏感水域（水源地等）的目标，从汇水河流入手，按照"以空间换时间"的思路，做好"找空间、定方案、抓演练"三项工作。其中"找空间"，是掌握河流水文、闸坝信息，确定能实现清污隔离的"临时应急池"。"定方案"，是制订临时应急池建设与运转方案，以清污分流的引污为重点，明确断、控、引、降污措施。"抓演练"，是组织对方案的可操作性进行检验，确保方案能落地。

在总结"南阳实践"的基础上，生态环境部环境应急与事故调查中心牵头编制了《突发水污染事件以空间换时间的应急处置技术方法指导手册》（以下简称"手册"），"手册"介绍了突发水环境事件特点与难点、处置思路与要点、应急处置工程设施类型、应急处置工程设施的修筑方式、注意事项、典型案例等 6 个方面的内容。其中应急处置工程设施类型部分共介绍了 10 种类型：引水式电站、湿地、干枯河床、江心洲型河道、引水管道、坑塘、槽车、排水管道、连通水道、多级拦截坝。这 10 种应急处置工程设施主要由各类闸坝沟渠构成，这些闸坝沟渠以现有设施为主，必要时选择合适地点，修筑临时性设施。

运用这 10 种应急处置工程，主要起到挡水、排水、引水 3 种作用。"挡水"指的是拦蓄污水并阻断或控制上游清水；"排水"指的是控制性排放污水或清水；"引水"指的是通过引流将污染团导引出流动水域或将清水绕过污染团。因篇幅所限，下面介绍几种主要的应急处置工程设施。

1. 引水式电站

使用引水式电站，既可以在河道临时筑坝蓄污并通过电站引水渠分流清水，也可以通过电站引水渠分流蓄污并通过河道分流清水。

1）临时筑坝蓄污。该类型在 2018 年河南省南阳市淇河污染事件中得到了应用（图 6-1）。使用时应注意，电站拦水坝下游要适合筑坝且坝体安全能够得到保证，形成的"临时应急池"或多级"临时应急池"能够满足截蓄水量需求。

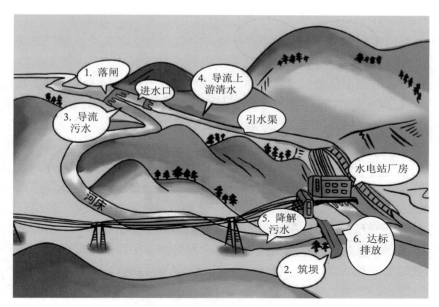

图 6-1　引水式电站与临时筑坝蓄污在应急处置中的使用步骤

2）电站引水渠蓄污。该设施在 2019 年丹江口水库安全保障区跨市联动环境应急演练中得到了应用（图 6-2）。使用时应注意，电站引水渠应能够满足截蓄水量需求或可以将污水转移至其他空间，如分质截蓄后将高浓度污水通过沟、渠、管道转移。

图 6-2　引水式电站与导水渠在应急处置中的使用步骤

2. 坑塘

该设施在 2007 年广西南宁华秒公司 "9·14" 甲醛储罐泄漏污染事件中得到了应用（图 6-3）。当受污染水体水量不大、坑塘上下游落差不大时，适用该方式。

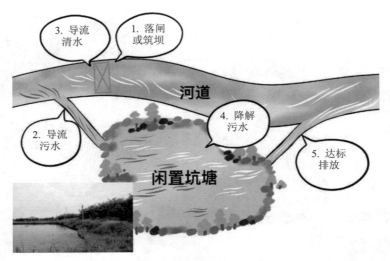

图 6-3   坑塘在应急处置中的使用步骤

3. 排水管道、排渠

该设施在 2015 年天津港"8·12"瑞海公司危险品仓库特别重大火灾爆炸事故（图 6-4）、2019 年响水"3·21"特别重大爆炸事故中得到了应用。使用时应注意，在先期拦截后应尽快通过槽车、管道等将拦截的污水转移。

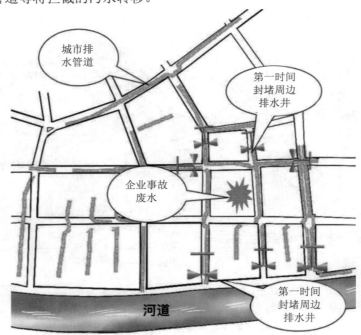

图 6-4   排水管道在应急处置中的使用步骤

4. 多级拦截坝

多级吸附坝。该设施在 2016 年新疆伊犁州"11·7"218 国道柴油罐车泄漏事件中得到了应用（图 6-5）。使用时应注意：选择合适筑坝位置，针对不同污染物选择经济高效的吸附材料，及时更换饱和后的吸附材料并安全处置。

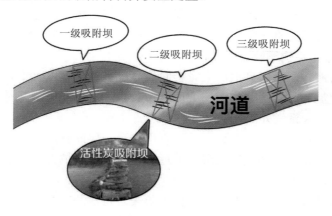

图 6-5 多级吸附坝在应急处置中的使用步骤

二、危险化学品突发环境事件应急处置措施[①]

危险化学品由于其不稳定性、易燃易爆性、腐蚀性、毒害性和使用量大，成为导致突发环境事件的主体。

（一）处置要点

在所有可能产生液态污染物和洗消废水的应急处置过程中，都必须修筑围堰、封闭雨水排口，收集污染物送污水处理系统或危险废物处置单位进行无害化处理。大量生产和使用危险化学品的企业应该有应急池和应急处理装置，一旦发生事故，尽量将污染范围控制在厂区内，减少影响。

（二）切断污染源

1. 危险化学品贮罐因泄漏引起燃烧的处置方法

积极冷却，稳定燃烧，防止爆炸，组织足够的力量，将火势控制在一定范围内，用射流水冷却着火及邻近罐壁，并保护相邻建筑物火势威胁，控制火势不再扩大蔓延。若各流程管线完好，可通过出液管线，排流管线，将物料导入紧急事故罐，减少火罐储量。在未切断泄漏源的情况下，严禁熄灭已稳定燃烧的火焰。在切断物料且温度下降之后，向稳定燃烧的火焰喷干粉，覆盖火焰，终止燃烧，达到灭火目的。

2. 易燃易爆危险化学品贮罐泄漏处置方法

立即在警戒区内停电、停火，灭绝一切可能引发火灾和爆炸的火种。在保证安全的情况下，最好的办法是通过关闭有关阀门。若各流程各管线完好，可通过出液管线、排流管线将物料导入某个空罐。如管道破裂，可用木楔子、堵漏器或卡箍法堵漏，随后用高标号速冻水泥覆盖法暂时封堵。

---

① 此部分主要参考原环境保护部应急指挥领导小组办公室编《环境应急响应实用手册》。

（三）泄漏物处置

控制泄漏源后，及时对现场泄漏物进行覆盖、收容、稀释、处理使泄漏物得到安全可靠的处置，防止二次污染的发生。地面泄漏物处置方法主要有以下几方面。

1．围堤堵截或挖掘沟槽收容泄漏物

如果化学品为液体，泄漏到地面上时会四处蔓延扩散，难以收集处理。因此需筑堤堵截或者挖掘沟槽引流、收容泄漏物到安全地点。贮罐区发生液体泄漏时，要及时封闭雨水排口，防止物料沿雨水系统外流。

修筑围堤、挖掘沟槽的地点既要离泄漏点足够远，保证有足够的时间在泄漏物到达前修好围堤、挖好沟槽，又要避免离泄漏点太远，使污染区域扩大。如果泄漏物是易燃物，操作时应注意避免发生火灾。

对于大型贮罐液体泄漏，收容后可选择用防爆泵将泄漏出的物料抽入容器内或槽车内待进一步妥善处置。

如果泄漏物排入雨水、污水或清净水排放系统，应及时采取封堵措施，导入应急池，防止泄漏物排出厂外，对地表水造成污染。泄漏物经封堵导入应急池后应做安全处置。

2．覆盖减少泄漏物蒸发

对于液体泄漏，为降低物料向大气中的蒸发速度，可用泡沫或其他覆盖物品覆盖外泄的物料，在其表面形成覆盖层，抑制其蒸发，或者采用低温冷却来降低泄漏物的蒸发。

（1）泡沫覆盖

使用泡沫覆盖阻止泄漏物的挥发，降低泄漏物对大气的危害和泄漏物的燃烧性。泡沫覆盖必须和其他的收容措施如围堤、沟槽等配合使用。通常泡沫覆盖只适用于陆地泄漏物。

根据泄漏物的特性选择合适的泡沫。常用的普通泡沫只适用于无极性和基本上呈中性的物质；对于低沸点、与水发生反应、具有强腐蚀性、放射性或爆炸性的物质，只能使用专用泡沫；对于极性物质，只能使用属于硅酸盐类的抗醇泡沫；用纯柠檬果胶配制的果胶泡沫对许多有极性和无极性的化合物均有效。

对于所有类型的泡沫，使用时建议每隔 30～60 min 再覆盖一次，以便有效地抑制泄漏物的挥发。如需要，将该过程一直持续到泄漏物处理完毕。

（2）泥土覆盖

泥土覆盖适用于大多数液体泄漏物，一是可以有效吸附液体污染物，防止污染面积扩大；二是取材方便，并能减少泄漏物向大气中挥发。

3．稀释

毒气泄漏事件或一些遇水反应化学品会产生大量的有毒有害气体且溶于水，事故地周围人员一时难以疏散。为减少大气污染，应在下风、侧下风以及人员较多方向采用水枪或消防水带向有害物蒸气云喷射雾状水或设置水幕水带，也可在上风方向设置直流水枪垂直喷射，形成大范围水雾覆盖区域，稀释、吸收有毒有害气体，加速气体向高空扩散。在使用这一技术时，将产生大量的被污染水，因此应同时采取措施防止污水排入外环境。对于可燃物，也可以在现场施放大量水蒸气或氮气，破坏燃烧条件。

4．吸附、中和、固化泄漏物

泄漏量小时，可用沙子、吸附材料、中和材料等吸收中和，或者用固化法处理泄漏物。

1）吸附处理泄漏物。所有的陆地泄漏和某些有机物的水中泄漏都可用吸附法处理。吸附法处理泄漏物的关键是选择合适的吸附剂。常用的吸附剂有活性炭、天然有机吸附剂（木纤维、玉米秸、稻草、木屑等）、天然无机吸附剂（黏土、珍珠岩、天然沸石等）、合成吸附剂（聚苯乙烯、聚甲基丙烯酸甲酯）。

2）中和泄漏物。中和法要求最终 pH 控制在 6～9，反应期间必须监测 pH 变化。对于陆地泄漏物，如果反应能控制，常用强酸、强碱中和，这样比较经济；对于水体泄漏物，建议使用弱酸、弱碱中和。常用的弱酸有醋酸、磷酸二氢钠，常用的弱碱有碳酸氢钠、碳酸钠和碳酸钙。

现场使用中和法处理泄漏物受下列因素限制：泄漏物的量、中和反应的剧烈程度、反应生成潜在有毒气体的可能性、溶液的最终 pH 能否控制在要求范围内。

3）用固化法处理泄漏物。通过加入能与泄漏物发生化学反应的固化剂或稳定剂使泄漏物转化成稳定形式，以便于处理、运输和处置。有的泄漏物变成稳定形式后，由原来的有害变成了无害，可原地堆放无须进一步处理；有的泄漏物变成稳定形式后仍然有害，必须运至废物处理场所进一步处理或在专用废弃场所掩埋。常用的固化剂有水泥、凝胶、石灰。

三、饮用水水源突发环境事件城市供水应急处置

当发生突发水环境事件影响到水源地时，最好的办法是启用备用水源应急。但当区域内无合适备用水源或者备用水源的水量有限而污染持续时间又较长时，地方政府不得不对现有城市供水系统提出要求——通过一定的工艺改造，使不是严重超标的水源水经过供水系统深度处理后达到生活饮用水标准，以保障城市供水安全。如何使现有常规处理工艺的供水系统满足上述要求，各地在水污染事件应急处理中作了许多探索。

1．应对可吸附有机污染物的活性炭吸附——以哈尔滨水厂处理硝基苯污染为例[①]

采用粉状活性炭，在取水口投加[②]可吸附去除大部分有机物。2005 年松花江水污染事故时，下游哈尔滨几大水厂采用这一方法成功去除了原水中超标数倍的硝基苯污染物，水厂出水完全达到了饮用水标准。

（1）事件经过

2005 年 11 月 13 日 13 时 36 分，中石油吉林化学工业公司双苯厂发生爆炸，约 100 t 化学品泄漏进入松花江，其中主要化学品为硝基苯，造成了松花江流域重大水污染事件，给流域沿岸的居民生活、工业和农业生产带来了严重的影响。

硝基苯是一种有毒化学物，其主要引起高铁血红蛋白血症、溶血及肝损害。《地表水环境质量标准》（GB 3838—2002）中硝基苯的限值为 0.017 mg/L，在此次污染事件中，松花江污染团中硝基苯的浓度极高，到达吉林省松原市时硝基苯浓度超标约 100 倍，松原市自

① 主要参考清华大学张晓健教授 2006 年发表于《给水排水》上的《松花江和北江水污染事件中的城市供水应急处理技术》，此文是作者在现场指导哈尔滨水厂硝基苯污染事件处理基础上撰写完成的。
② 取水口投加粉末活性炭可使活性炭在取水管道内与原水充分混合，并经过一段时间的吸附，相比于在水厂投加，对有机物的吸附去除效果更好。

来水厂被迫停水。根据当时预测，污染团到达哈尔滨市时的硝基苯浓度最大超标约为30倍。地处下游的哈尔滨市各自来水厂以松花江为水源，水厂现有常规净水工艺无法应对如此高浓度的硝基苯污染。

为保障群众饮水安全，哈尔滨市政府决定，在污染团高峰区段经过取水口区域时（11月23日23时起）停止取水、供水，但考虑到社会的忍受能力，要求水厂停水时间不超过4天，4天后在松花江水源水中硝基苯浓度虽下降但尚超出标准的条件下，采取应急净化措施，在确保出水水质达标前提下恢复供水。

（2）供水应急处理

硝基苯的化学稳定性强，水处理常用的氧化剂，如高锰酸钾、臭氧等不能将其氧化。硝基苯的生物分解速度较慢，特别是在当时的低温条件下。但是，硝基苯容易被活性炭吸附，采用活性炭吸附是城市供水应对硝基苯污染的首选应急处理技术。

哈尔滨市供排水集团的各净水厂以松花江为水源，取水口集中设置，从取水口到各净水厂有约6 km的输水管道，原水在输水管道中的流经时间1～2 h，可以满足粉末活性炭对吸附时间的要求。根据这一实际，以清华大学张晓健教授为主的住房和城乡建设部专家组提出了在取水口投加粉末活性炭的应对措施，而后经过紧急试验，确定了应对水源水硝基苯超标数倍条件下粉末活性炭的投加量为40 mg/L，并形成了实施方案。

26日起率先在哈尔滨制水四厂进行生产性验证运行，26日12时，在水源水硝基苯尚超标5.3倍的条件下，应急净水工艺生产性验证运行开始启动。经过按处理流程的逐级分步调试（在前面的处理构筑物出水稳定达标之后，水再进入下一构筑物，以防止构筑物被污染），从26日22时起，系统进入了全流程满负荷运行阶段。27日经当地卫生监测部门对水厂滤后水检测表明，所有检测项目都达到《生活饮用水水质标准》。其中硝基苯的情况是：在水源水硝基苯浓度尚超标2.61倍的情况下（0.061 mg/L），在取水口处投加粉末活性炭 40 mg/L 经过 5.3 km 原水输水管道，到哈尔滨市制水四厂进水处的硝基苯浓度已降至0.003 4 mg/L，再经水厂内混凝沉淀过滤的常规处理，滤池出水硝基苯浓度降至0.000 81 mg/L[①]。经市政府批准，哈尔滨市制水四厂于27日11时30分恢复向市政管网供水。其他净水厂也采取了相同措施，于27日中午开始恢复生产，晚上陆续恢复供水。

哈尔滨市各水厂取水口处粉末活性炭的投加量情况如下：在水源水中硝基苯浓度严重超标的情况下，粉末活性炭的投加量为40 mg/L（11月26日12时—27日11时）；在少量超标和基本达标的条件下，粉末活性炭的投加量降为20 mg/L（约1周后）；在污染事件过后一段时间，为防止后续水中可能存在的少量污染物（来自底泥和冰中），确保供水水质安全，粉末活性炭的投加量保持在5～7 mg/L。

（3）粉末活性炭吸附硝基苯应急处理技术要点

1）粉末活性炭应急处理的特点。

粉末活性炭的优点是使用灵活方便，可根据水质情况改变活性炭的投加量，在应对突发污染时可以采用大的投加量。不足之处是在混凝沉淀中粉末活性炭的去除效果较差，使用粉末活性炭时水厂后续滤池的过滤周期将会缩短。对于采用粉末活性炭应急处理的水厂，

---

① 制水四厂在住建部专家到达前，曾对滤池作了紧急改造，挖出部分砂滤料，新增了0.4～0.5 m厚颗粒活性炭滤层。

必须采取强化混凝的措施，如适当增加混凝剂的投加量和采用助凝剂等。此外，已吸附有污染物的废弃活性炭将随污泥排出，对水厂污泥必须妥善处置，防止二次污染。

2）粉末活性炭吸附所需时间和投加点。

粉末活性炭吸附需要一定的时间，吸附过程可分为快速吸附、基本平衡和完全平衡3个阶段。粉末活性炭对硝基苯吸附过程的试验表明，快速吸附阶段大约需要30 min，可以达到70%～80%的吸附容量；2 h可以基本达到吸附平衡，达到最大吸附容量的95%以上。

因此，对于取水口与净水厂有一定距离的水厂，粉末活性炭应在取水口处提前投加，利用从取水口到净水厂的管道输送时间完成吸附过程，在水源水到达净水厂前实现对污染物的主要去除。

对于取水口与净水厂距离很近，只能在水厂内混凝前投加粉末活性炭的情况，由于吸附时间短，并且与混凝剂形成矾花絮体影响了粉末活性炭与水中污染物的接触，造成粉末活性炭的吸附能力发挥不足，因此在净水厂内投加时必须加大粉末活性炭的投加量。

3）粉末活性炭的投加量。

应急事故中粉末活性炭的投加量可以用烧杯试验确定。试验用水样应采用实际河水再配上目标污染物进行，由于水源水中含有多种有机物质，存在相互间的竞争吸附现象，对实际水样所需的粉末活性炭投加量要大于纯水配水所得的试验结果。

2. 城市供水应急除臭处理技术——以无锡市自来水污染事件处置为例[①]

2007年5月28日开始，无锡市从太湖取水的南泉水厂水质突然恶化，自来水带有严重臭味，无锡市民的生活饮水和洗漱用水全部改用桶装水和瓶装水，社会生活和经济生产受到极大影响。

无锡市城区自来水供水主要由中桥水厂（60万 m^3/d，市区主力水厂）和雪浪水厂（25万 m^3/d，供无锡南部和部分市区）供给。这两座水厂的原水由南泉水厂（取水厂）从太湖抽取，原水经泵压后到雪浪水厂14 km（事件中根据不同的输水量，流经时间4～8 h），到中桥水厂20 km（流经时间6～12 h）。

（1）污染水体特性

1）受污染原水的特性。

受太湖湖体进出水和风向的影响，太湖中水流流场分布不均，水质恶化的水体形成污染团，呈团状流动。污染水体流经南泉水源地取水口期间的水质性状是：

颜色：水体发灰，严重时黑灰，水面部分时间有少量的浮藻，大部分时间没有浮藻。在烧杯中水的颜色为黄绿色。

臭味：臭味种类为恶臭，臭胶鞋味，烂圆白菜味，味道极大，原水的臭味等级为"五级"（最高等级，表示强度很强，有强烈的恶臭或异味）。

藻浓度：5月28—31日5 000万～8 000万个/L，个别数据过亿，6月1日后大部分水样为1 000万～3 000万个/L。

COD_{Mn}：15～20 mg/L。

氨氮：7～10 mg/L。

---

① 主要参考清华大学张晓健等2007年发表在《城镇给排水》上的《无锡自来水事件的城市供水应急除臭处理技术》，此文是作者在现场指导无锡自来水污染事件基础上撰写完成的。

DO：严重时为零。

2）污染物质成分。

对自来水等水样进行 GC/MS 分析，检出原水中含有大量的硫醇硫醚类、醛酮类、杂环与芳香类化合物。主要成分有以下三大类。

①硫醇、硫醚类化合物：甲硫醇；甲硫醚；二甲基二硫醚、二甲基三硫醚、二甲基四硫醚；环己硫、环辛硫。

②醛、酮类化合物：β-环柠檬醛；己醛、辛醛；辛酮、环己酮。

③杂环与芳香类化合物：吲哚、吲哚分解产物类化合物（成分名称未定）；酚；甲苯。

值得注意的是，典型的藻类代谢产物致臭物质 2-甲基异莰醇（2-MIB）和土臭素（geosmin）在水源水中未检出。

3）水源污染成因分析。

根据水质检测结果和前期太湖蓝藻暴发的情况，判断产生本次事件的原因是：太湖蓝藻暴发产生的藻渣与富含污染物的底泥，在厌氧条件下，快速发酵分解，产生硫醇、硫醚、醛、酮等臭味物质，扩散到水体并导致无锡自来水臭味事件。

（2）应急处理

根据清华大学已有研究结果，含硫的致臭物质能够被氧化剂氧化分解，但基本上不被活性炭吸附。根据以往经验，高锰酸钾可以迅速氧化乙硫醇等含硫致臭物，而受污水体中其他不易被氧化的污染物往往能够被活性炭吸附。因此，综合使用氧化和吸附技术，可以去除各类臭味物质和其他污染物。综合使用时，必须氧化剂在前，活性炭在后，后面的活性炭还有分解可能残余的氧化剂的功能。如果投加次序相反或同时投加，会因氧化剂与活性炭反应，产生相互抵消作用，效果反而不好。

以清华大学张晓健教授为主的专家组在现场进行了调查研究，有针对性地进行了多次试验。试验中先加氧化剂氧化 2 h，再加混凝剂后立即加入粉末活性炭。试验得出在 8～10 mg/L 高锰酸钾和 50 mg/L 粉末活性炭的条件下，处理后水样无臭无色，感官性状良好，常规指标均达标，但氨氮超标（5.6～5.9 mg/L），微囊藻毒素-LR 略超标（1.45 μg/L，水源水 4.07 μg/L，新国标浓度限值 1 μg/L）。

除采用高锰酸钾氧化外，还试验了过氧化氢、二氧化氯氧化，但除臭效果不好。

在上述实验基础上，确定了水厂除臭应急处理工艺：在取水口处投加高锰酸钾，在输水过程中氧化可氧化的致臭物质和污染物；再在净水厂絮凝池前投加粉末活性炭，吸附水中可吸附的其他臭味物质和污染物，并分解可能残余的高锰酸钾。为避免产生氯化消毒副产物，停止预氯化（停止在取水口处和净水厂入口处的加氯）。高锰酸钾和粉末活性炭的投加量根据水源水质情况和运行工况进行调整，并逐步实现了关键运行参数的在线实时检测和运行工况的动态调控。

从 6 月 1 日早 5：00 开始水厂按新方案运行，至 6 月 1 日下午，水厂出厂水已基本无臭味，市区供水管网水质也开始逐渐好转，可以满足生活用水要求，在此基础上，加紧进行毒理学指标的监测，以对饮水安全性作出全面评价。无锡市自来水总公司水质监测站进行了多次检测。建设部城建司后又委托国家城市供水水质监测网的北京监测站和上海监测站监测，监测按《生活饮用水卫生标准》（GB 5749—2006）要求进行，包括标准中所有的有毒有害物质。

根据污染原水的性质、应急处理工艺的技术原理、水质全面监测结果、与以往水厂水质化验检测数据对比，可以得出结论：应急处理自来水的水质是安全的，完全满足饮用水的要求。6月4日无锡市政府发布公告："经卫生监督部门连续监测，我市自来水出厂水水质达到国家饮用水标准，实现正常供水。"

除以上有机物污染、臭味污染水源外，还常有重金属（类金属）污染饮用水水源事件发生，如2012年广西龙江河镉污染事件、2016年江西新余仙女湖镉铊砷水污染事件等。对这些重金属（类金属）污染水源时，水厂应急常采用化学沉淀。化学沉淀法又分为碱性化学沉淀法和硫化物沉淀法。

①碱性化学沉淀法。利用在碱性条件下，许多金属离子可以生成难溶于水的氢氧化物或碳酸盐沉淀物的特性，在水厂混凝处理前，投加碱把水的pH调到弱碱性，使水中溶解性的金属离子生成难溶于水的细小颗粒物沉淀析出，并附着在矾花上，在混凝沉淀过滤中被去除，处理后的水再投加酸回调pH到中性。该方法可以去除的金属污染物有镉、铅、镍、银、铍、汞、铜、锌、钒、钛、钴等。

②硫化物沉淀法。一些金属的硫化物比氢氧化物更难溶于水，对于这些污染物可以采用硫化物沉淀法。该方法可以去除的金属污染物有汞、镉、铅、银、镍、铜、锌等。

对于一些溶于水的金属离子，先通过氧化或还原反应改变其价态，生成难溶于水的沉淀物，再通过混凝沉淀过滤去除，如砷、铊等。

上述化学沉淀法处理重金属（类金属）污染事件水厂应急处理的详细技术可参见清华大学张晓健、陈超等发表在《给水排水》《中国给水排水》上的相关文章——《贵州省都柳江砷污染事件的应急供水技术与实施要点》《江西新余仙女湖镉铊砷突发环境事件应急供水》等。

3. 自来水厂原水调蓄与水质控制[①]

我国的地表水厂多采用直接取水方式（原水取水后直接进入净水厂），只有一部分原水为长距离引水的自来水厂设置了前置调蓄池且设置的考虑因素主要是用于切换水源，以保证原水水量的供给，对水质控制的考虑较少。而欧美许多地方要求，以江河为水源的自来水厂，必须设置原水调蓄池。调蓄时间一般在1 d以上，长距离输水且有条件的（有水塘、湖库的）可达1周甚至1个月。设置原水调蓄的基本考虑：①水量保证，特别是对长距离输水的水厂。②水质保证，规避上游化学品泄漏的突发污染（接到通报后在污染峰流经期间停止取水）。

（1）原水调蓄的水质调控功能

通过设置原水调蓄池，可实现以下水质调控功能：①规避短时突发污染。调蓄池可以为规避短时污染水团提供储备水量。②原水应急净化处理。通过在调蓄池中的应急净化处理，可与水厂内的应急处理相配合，构成多级屏障。③原水水质改善。可以在调蓄池中设置预处理净化设施，改善原水水质。④设置导试水厂，为水厂运行提供指导。设置与水厂净水工艺相同的中试净水系统，模拟水厂运行，在调蓄池的对应水团进入水厂之前，就获得净水效果数据，以指导水厂优化运行。

---

① 主要参考清华大学张晓健、陈超等2016年发表于《中国给水排水》上的文章《自来水厂原水的调蓄与水质控制》，此文是作者在现场指导江苏镇江水源调蓄与水质控制工作基础上撰写完成的。

（2）江苏镇江原水调蓄案例

1）镇江市的城市供水情况与水源水质问题。

镇江市以长江作为供水水源，长江水通过外引河至内引河边的取水泵房，泵压输送至净水厂：金西水厂（$30×10^4$ m³/d，常规处理工艺）和金山水厂（$20×10^4$ m³/d，深度处理工艺）。

镇江市征润洲水源地位于长江南岸，原有一条东西方向的河道，在西边从长江引水，向东流约 1 km 后在河岸边建有水厂的取水泵房。20 世纪 70 年代后因河道西口淤积堵塞，改为在长江边开了一条二三百米长的外引河，江水通过涵闸进入内引河，再由内引河经金西水厂和金山水厂的两个一级泵房提升至水厂，原水从长江边流到水厂的时间仅几十分钟。征润洲水源地原状示意图见图 6-6。

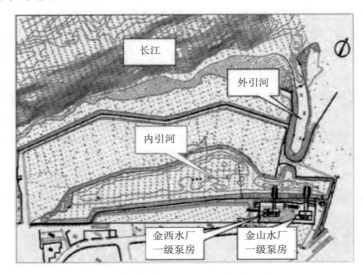

图 6-6   镇江市征润洲水源地原状示意图

镇江水厂水源地上游的长江水质总体上属于 Ⅱ 类水体，但因上游有大量的沿岸污染源和移动污染源（船运），货物的运载、装卸过程的事故以及沿岸企业的违规排放导致水体微污染情况时有发生。如 2012 年 2 月 3 日，因运载苯酚的船只泄漏，使得饮用水水源污染，造成镇江市自来水出现异味；2015 年 6 月 18 日，南京二桥附近装载液碱船只倾翻；2015 年 11 月 13 日，苏润码头附近柴油泄漏等。

2）水源水质保障工程。

由于水源地上游时常发生突发污染，严重威胁到镇江市的供水安全。2014 年年初，市政府提出了建设供水水源水质保障工程。原工程方案是向长江深泓取水（顶管至靠近长江主航道深泓区），以避开上游岸边污染带的影响，工程方案的费用估算约为 2.4 亿元。该方案存在的问题是：江心取水对原水水质改善有限。后经向清华大学咨询后形成了新的工程方案：充分利用征润洲现状地形，设置前置原水调蓄池，大幅增加长江原水在水源地的停留时间，并设置水质监测、预处理和污染水排空设施，实现对自来水厂原水水质的预警与调控，见图 6-7。

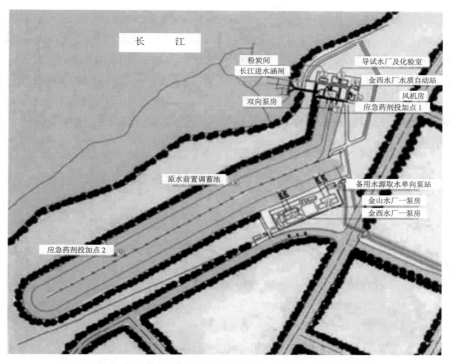

图6-7　镇江市征润洲水源地原水水质安全保障工程平面示意图

　　镇江市征润洲水源地原水水质安全保障工程的建设内容包括：建设前置原水调蓄池；建设预处理设施（应急药剂投加、曝气等）；建设长江取水双向泵房；建设原水水质监测站；建设模拟水厂运行的导试水厂；建立健全相关的管理制度、工作机制和应急预案。

　　该工程2014年11月18日开工，2015年12月底竣工投入使用，工程总投资8 234万元。相关工程建设情况[①]如下。

　　①原水调蓄池。原水调蓄池是利用原内引河的沟渠，进行疏挖而建成的。调蓄池的容积超过$40×10^4\,m^3/d$，原水停留时间超过12 h。

　　②应急药剂投加系统。在调蓄池进水处设置了应急处置的粉末活性炭和高锰酸钾药剂投加装置，分别用于应对可吸附性污染物和可氧化污染物。

　　③曝气系统。在调蓄池的前段设置了曝气系统，必要时开启使用，作用包括：对挥发性污染物的曝气吹脱应急处理；在投加粉末活性炭应急处理时开启曝气系统，对水体搅拌使粉末炭保持悬浮状态，以发挥吸附作用；在水中溶解氧过低时充氧。

　　④长江取水双向泵房。

　　⑤水质监测站。在调蓄池前建设了水质监测站，设有在线监测仪和人工检测化验室。由于原水在调蓄池中的停留时间超过12 h，前置水质监测站的监测结果为水厂运行提供了充足的预警时间。

　　⑥导试水厂。在调蓄池前设立了模拟水厂运行的导试水厂。导试水厂为一套中试净水

---

① 在完成下面六方面建设工程后，2021年，金西水厂又实施并完成了制水深度处理改造（在常规工艺基础上，增加活性炭床和臭氧工艺）。

设备，净水处理流程为预处理→混凝→沉淀→砂滤→臭氧→颗粒活性炭→加氯消毒，工艺参数与镇江水厂的实际参数基本相同，处理规模为 3 m³/h，流程时间 2～3 h。通过导试水厂对长江原水的处理，可以预知水厂净水效果，用于指导水厂实际运行和工艺优化。

　　通过镇江市征润洲水源水质保障工程的建设，实现了对水源突发污染的有效预警与原水水质调控，保证污染原水不进入水厂，显著提升了镇江市的城市供水安全保障水平[①]。对于江河水源水厂，如何进行应对水源突发污染能力的建设，该工程具有重要的示范意义，值得各地借鉴。

第九节　典型案例

一、新安江苯酚泄漏污染事故处置

　　2011 年 6 月 4 日深夜，一辆由上海驶往浙江龙游装载 30 t 苯酚的槽罐车在途经杭州建德段新安江边高速公路时，发生车辆追尾事故，致 20 t 苯酚泄漏。因事发时正逢下雨且雨量较大，加上消防部门在救援过程中错误使用消防水冲刷现场，使泄漏苯酚绝大部分沿排水沟流入附近的新安江，致使新安江水体受到污染，入江点水体苯酚浓度一度达到100 mg/L。由于新安江位于杭州主城区和萧山、富阳、桐庐、建德等区县饮用水水源地上游（这些区域自来水厂原水均取自钱塘江、富春江，且上述两江均处于新安江下游），苯酚泄漏污染事故对下游沿岸 10 个自来水厂（总供水能力 270.8 万 t/d，供水人口 425.5 万人，且沿途过半水厂无任何备用水源；主城区 4 个水厂仅有一天半的备用能力）供水安全受到严重威胁（图 6-8）。

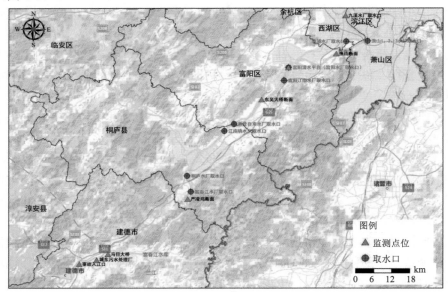

图 6-8　事故监测点位及饮用水取水口分布

---

① 镇江市只有一处蓄水量较小的金山湖应急水源，一旦发生污染事故，应急能力和应急时间有限。征润州水源地原水水质安全保障工程的实施，大大提升了该市应急保障水平。

污染事故发生后，市、县两级应急响应工作有序展开。建德市接报后立即启动了县级突发环境事件应急预案。

1. 现场污染处置

所在地消防、生态环境部门和第三方应急救援单位——新安化工集团人员立即赴现场处置，组织对事故槽罐车进行封堵并拖离现场；对现场残留部分苯酚（泄漏后呈半凝固状态）用石灰混合吸附后进行了收集清理，基本切断了污染源。但有部分苯酚渗漏入旁边水沟底下（高速路边排水沟沟底及两侧扶壁均由一层薄混凝土砌筑，但沟底破裂缝较多，部分苯酚渗入沟底裂缝内）。针对这一情况，组织在排水沟上游拦坝，将上游来的雨水向外引出。在排水沟的下游 200 m 内筑了 4 道水坝，并将坝内污水收集后外运安全处置。还将受污染的土壤挖出外运进行安全处置。

2. 成立市、县两级应急指挥部

6 月 5 日上午，杭州市、建德市政府分别成立应急指挥部，均由市领导任总指挥，环境保护、林水（水利）、消防、安监、城管（自来水行业主管部门）、卫生、农业等为指挥部成员单位，并由市环保局会同建德市政府成立现场指挥部，浙江省环保厅派指导组到杭州指导。现场指挥部下设监测组、现场处置组、专家组、新闻宣传组。监测组主要由市、县两级监测人员组成；现场处置组由建德市政府、市环保局、应急救援队组成；专家组由省指导组应急专家及监测、水文、化工、给排水等领域的专家组成。环境保护部委派华东督查中心赴事故现场指导后续处理。

3. 及时发布预警信息

建德市政府在做好事故现场污染处置工作的同时，6 月 5 日凌晨 5 点前及时向事故发生地下游沿线乡镇发布预警信息，并要求沿江居民、企业停止取用新安江水，禁止捕捞新安江内鱼、贝类水生动物。并做好市场防控（6 月 5 日上午发现事故点下游出现批量死鱼），杭州市环保局及时把事故信息上报市政府、省环保厅，并通知了沿江下游的桐庐、富阳、萧山、滨江及主城区各区政府，各相关区、县政府及应急、水务、城管、林水、卫生等相关部门立即启动应急预案，做好各项应急准备。省环保厅及时把事故信息上报环保部。

4. 立即组织开展应急监测

在专家组指导下，综合考虑水文、监测分析能力、沿途水厂水源分布及水污染情况，在事发点到下游主城区九溪水厂之间（总长约 136 km）设置 8 个监测点，每半小时采样分析一次。分析结果及时上报指挥部，并通报沿途各区、县政府及各自来水厂。同时，为便于社会各界及时了解污染情况，避免因不了解信息而引起恐慌，指挥部及时把每次监测结果在市政府网站和市环保局网站对外公布，杭州电视台、广播电台定期播报相关信息，做到信息公开、透明。

5. 加大引流新安江水库（千岛湖）水，加快污染带向下推送，稀释污染物浓度

按事发时水文状况，污染带下移速度缓慢（事发夏季新安江水库多为两孔发电，下泄水量约 268 m³/s），要使污染带移出最下游的九溪水厂断面[①]，预计需 5~6 d，且污染带在下移过程中会逐步拉长。这样势必会对下游饮用水和群众生产生活带来长时间的影响和威

[①] 应急时九溪水厂下游可不取水（杭州南星水厂、清泰水厂虽地处九溪水厂下游，但两厂应急时均可通过已有专用管道从九溪水厂取水），污染团经九溪水厂后逐步进入杭州湾海域。

胁。为避免、减轻这一影响，经专家组会商，提出了最大限度加大新安江水库下泄流量，加快污染带推送、稀释污染物浓度的建议。现场指挥部商议后采纳了这一建议，并立即组织把新安江水库 9 台发电机组全部开启，下泄水量从 268 m³/s 增加至 1 230 m³/s，促使污染带快速下移。通过后来的监测分析表明，污染带从事发地到移出最下游的九溪水厂仅用时 35 h，污染团移出九溪水厂段后进入杭州湾海域并逐步降解。

6. 明确自来水厂取水的苯酚临界浓度

指挥部在省指导组的指导下，组织专家商议后，明确沿江水厂取水的苯酚临界浓度为 0.005 mg/L，即当取水口苯酚浓度超过 0.005 mg/L 时，停止取水。之所以明确临界值为 0.005 mg/L，主要是基于以下几点考虑：一是地表水Ⅲ类水标准中酚的浓度值为 0.005 mg/L（Ⅲ类地表水可作为集中式饮用水水源）；二是酚遇到水厂中氯气或次氯酸钠、二氧化氯等消毒剂时会被氧化成氯酚，而氯酚具有比较浓烈的不愉快臭味，其嗅阈值较低，世界卫生组织推荐的氯酚嗅阈值为 0.1 μg/L，市水务集团经实验室加标模拟的实验结果表明，在水中酚浓度达到 0.003~0.004 mg/L 时，一般人即能闻到特殊的氯酚臭味；三是在新安江九孔发电的下泄流量下，污染带在各取水口的滞留时间不会很长（后来的监测表明，污染带在各取水口滞留时间为 3~6 h）。

在污染带下移过程中，离建德较近的桐庐（56 km）、富阳（101 km）水厂取水口一度出现苯酚浓度超过、接近 0.005 mg/L 的情况（最高 0.007 mg/L），两地水厂短时间内停止取水。停止取水期间，利用各水厂清水池储蓄的水，对居民生活和学校、医院等实施分时段低压供水，最大限度减少对群众生活的影响。在苯酚浓度下降后又先后恢复取水。随着不断被稀释、降解、挥发等，污染带移到下游其余各水厂取水口时，未再出现苯酚浓度超标（杭州城区九溪水厂取水口苯酚浓度峰值为 0.003 8 mg/L）。

7. 及时做好供水应急防范

为应对可能出现的主城区取水口苯酚超标而停止取用钱塘江水出现的用水紧急情况，指挥部组织城管（饮用水行业主管部门）、水务、经信（应急物资保障部门）、卫生等部门采取了以下紧急措施：

1）主城区仅有的两个备用水源地实施最高水位备水，两处合计可供城区 1 天用水。

2）做好紧急情况下（停止钱塘江取水改用备用水源时）为保居民用水而限制、停止工业用水的预案，通知区域内相关企业做好停止供水应急准备。

3）紧急调运各类矿泉水、桶装（饮用）水，市域内桶装、瓶装水厂满负荷生产，以保障市场供应。桐庐、富阳两地自来水厂停止取水期间，桶装、瓶装水供应得到了有效保障，确保了社会稳定。

4）城区各水厂做好投加粉末活性炭准备（曾事先在南星水厂进行了活性炭吸附试验），以备应对可能出现的严峻情况（取水口酚少量超标且持续较长时间，不得不启动钱塘江取水、供水），全力保障供水安全。

8. 及时召开新闻发布会

自事故发生后，建德市、桐庐县、富阳市等沿线各县（市）和杭州市都先后启动了应急预案，并把事故应急处置情况、沿江监测情况及时在各政府发布平台、网站、电视台、广播、报纸、移动短信等平台发布，同时提醒广大市民关注本地政府发布的信息，并适量储水以备不时之需。为进一步及时、充分向社会发布准确、全面的事故信息，消除社会顾虑，杭州市突发环境事件应急指挥部还专门召开新闻发布会，详细通报了事件发生、应急处置过程及沿线水质监测结果、沿线水厂水质情况等，并就广大市民关心的自来水是否安全可饮用、居民家庭是否要贮水等问题回答了记者的提问，新华社、中央人民广播电台、浙江卫视、杭州电视台等25家国家、省、市媒体参加了发布会。新闻发布会后，消除了社会上的各种疑虑和恐慌心理，一度短时出现的抢水（矿泉水）现象得到了遏制。

此次污染事故自6月4日午夜开始，至6月10日应急结束。在整个应急响应期间各项应急工作比较有序，应急措施及时、得当，尤其在事故发生后，在做好事故现场清理的同时，及时组织实施了大幅加大上游新安江水库下泄流量的措施，促使污染带快速下移、稀释，大幅缩短了对下游各饮用水水源威胁、影响的时间，降低了污染物的浓度；及时组织开展沿江监测并迅速通过网络、电视、广播、移动短信等方式公开监测结果并召开新闻发布会，让真相跑在谣言前面，消除广大市民的顾虑、恐慌。虽然在召开新闻发布会前曾短时间出现抢购超市矿泉水现象，但在新闻发布会召开后及时得到了遏制，维护了良好的社会秩序。

此次苯酚污染事故，得到了环保部及华东督查中心、浙江省环保厅等领导、专家的指导、支持。环保部应急中心到杭州现场指导应急工作，并对浙江省、杭州市前期应急工作做了充分肯定："在应急处置上能做到反应迅速、工作到位。"环保部应急专家在接受媒体采访时表示，地方政府对此次苯酚泄漏突发环境事件应急响应工作应该打90分以上。

此次苯酚污染事故发生后也暴露出杭州市只有钱塘江单一饮用水水源的巨大风险（2014年、2018年、2019年在钱塘江上游又先后发生3次类似危险化学品罐车泄漏事件），促使杭州市委、市政府下决心启动实施千岛湖引水工程。经过多年努力，千岛湖引水工程于2020年9月底顺利通水，杭州市民喝上了千岛湖优质饮用水。

二、化工企业火灾引发环境污染事件处置

2020年11月9日上午，某市氟硅材料公司3号堆场内存贮浆液高沸物料的贮存桶底阀泄漏，现场作业人员使用熟石灰处理泄漏物导致起火燃烧，作业人员用灭火器将火熄灭后，将未燃尽的浆液高沸物与熟石灰混合物装入编织袋捆成一堆，倚靠在一贮存浆液高沸物的塑料贮存桶一侧。编织袋内未燃尽的浆液高沸物与熟石灰混合物经过一段时间反应放热后，达到自燃温度再次起火，并导致其倚靠的塑料贮存桶局部受热熔化，桶内浆液高沸物流出后被点燃再次起火，高沸物燃烧形成大面积流淌火，导致大规模火灾发生（11月9日11时23分）。大火持续燃烧至11月10日15时，总过火面积约7 500 m²，烧毁各种化学物1 600多t。事故没有造成人员伤亡，但短时间内造成事故下风向局部区域大气污染和少量水体污染。此次事故发生后，所在地市委、市政府迅速启动应急救援预案，在省有关部门指导下，及时开展应急响应各项工作，最终使事故及由此引发的环境污染等问题稳妥、有序地得到处置。

1．成立现场应急指挥部

事故发生后，所在地市委、市政府迅速成立了市长任指挥长的事故现场应急指挥部，消防、公安、交警、生态环境、交通、卫健、电力、武警及所在地专业救援力量比较强的

化工集团和化工事故处置专家等，在指挥部统一指挥下协调联动同步响应。

2．迅速组织现场处置

（1）组织灭火

所在地立即调派 39 辆消防车、126 t 泡沫（灭火材料）前往现场进行灭火救援处置。同时调集一批化工、消防应急救援专家赴现场指导。浙江省调集杭州、宁波等 4 个消防支队化工编队驰援。至 9 日 15 时火势基本得到控制；至 9 日 21 时 30 分，除第六车间（主要堆放固体残渣）稳定受控燃烧外，其他明火已全部扑灭；从着火开始后 30 个小时火灾全部扑灭，同时转移化工原料 207 桶，企业甲类仓库、贮罐区、生产主装置和毗邻企业等重点目标得到安全保护。

（2）切断可能使灾害蔓延的各类风险源

第一时间要求氟硅材料公司立即关闭阀门切断原材料输送，切断着火区域上方的氢气、氧气、天然气管道，并注入氮气保护；立即通知园区内相邻、相关企业，在确保安全的情况下，有序做好停产工作并及时疏散企业员工。

（3）立即采用应急措施，将消防废水纳入应急池

应急响应启动后，全部消防废水均纳入应急池贮存，后因应急池满溢且应急（池）阀门烧毁，部分消防废水外溢至旁边的沙溪沟。属地生态环境部门立即组织人员将应急池中的消防废水抽至相邻某化工厂污水处理车间处理，同时用沙土围堰对外溢口进行拦截封堵，使消防废水不再外溢。对已有消防废水外溢的沙溪沟，在沟内筑起两道隔油栏，对外溢消防废水中漂浮的硅油进行有效拦截，同时调运碳酸钠对外溢废水（酸性）进行中和处置，至 10 日凌晨 1 时，沙溪沟废水 pH 为 6.65，水质恢复正常。

3．及时开展大气应急监测

这次火灾事故燃烧物主要为高沸物甲基氯硅烷、含氢硅油等，燃烧后产生的主要污染物为氯化氢、烟（粉）尘、二氧化硅。

事故发生后，当地生态环境局第一时间派员赶赴现场开展应急监测。在省监测中心站的大力支持下，从金华等地调集了最先进的监测设备，从 11 月 9 日 13 时开始应急监测。

在下风向设了 4 个监测点，上风向设一个对照点。从 13 时开始每隔一个小时监测 1 次，18 时后加大监测频次，每隔半个小时监测 1 次，监测结果及时对外公布。监测数据表明，这次事故对周边大气环境造成了一定的影响。氯化氢短期内在个别点位超标，但由于疏散及时，未对人群产生明显影响。

4．及时组织转移疏散周边人员

火灾发生后，现场指挥部组织公安、街道、社区等干部开展对周边及下风向区域内学校、医院、村、集镇及企业等各类人群的疏散，合计疏散周边人员 4 000 余人并作了妥善安置。至 11 月 10 日疏散群众陆续返回并恢复正常生活，群众情绪稳定。

5．及时发布信息

1）火灾发生后现场指挥部迅速组织所在地街道、社区干部、公安干警等对附近学校、医院、工厂、社区 9 500 余名群众及时告知并迅速进行疏散。

2）及时对外发布大气监测结果（9 日 13 时开始每小时发布 1 次，18 时后每半小时发布 1 次）。

3）10 日上午召开新闻发布会，通报事故救援处置情况、事故引发的环境问题及应急处置情况，并答复了记者的有关提问。

6. 事故善后处理

1）对突发事故现场遗留的各类废物由所在地应急、消防、生态环境等部门监督指导企业做好规范处置，避免对环境产生后续影响。

2）成立事故调查组开展调查处理工作。经过一段时期的调查，调查组形成了最终调查报告，查清了事故原因：公司安全生产主体责任落实不到位、风险辨识不到位、安全管理混乱等，是事故发生的主要原因。调查组提出了对事故责任人员、责任单位和所在地开发区管委会的处理建议，并提出了下一步整改措施。

第十节　应急处置中存在的问题及整改建议

一、存在的主要问题

综观近年来发生的一系列突发环境事件，除发生事故的企业（包括交通运输单位）方面的原因外，地方政府及相关职能部门在风险预防、应急响应过程中也暴露了这样或那样的问题，主要有以下几方面。

1. 源头预防还有漏洞

一方面是部分企业环境安全主体责任意识淡薄，环境安全管理体系有疏漏，在生产、贮存、运输各环节的环境安全管理制度、机制不健全，或者虽有制度但执行不到位，形同虚设；对各环境风险岗位培训、演练不到位，遇到紧急情况束手无策，导致突发环境事件发生。

另一方面是政府在环境风险监管上还有待进一步完善。环境隐患排查具有较强的专业性，当前恰恰在专业性监管上力量明显不足，对化工园区等的预警、防控体系建设也明显不足。

2. 应急响应机制不够完善

1）部门联动机制有待完善。发生危险化学品泄漏等事故后，往往地方生态环境部门接到报案较迟，影响现场救援处置。

2）一些地方消防救援队伍习惯用水灭火、冲刷，而不顾发生事故泄漏的化学物质性质、毒性，结果往往导致次生污染事故。

3）一些地方政府应急反应迟缓，未能及时成立应急指挥部，而由生态环境部门单打独斗，延误处置时机。这既有地方政府不够重视、平时缺少演练、效率不高等原因，也有地方应急、生态环境部门没有做好参谋、没有及时提出建议的原因。

3. 应急装备、物资、队伍不够健全

1）危险化学品泄漏现场处置专用设备（如转移危险化学品的防爆泵、槽车）、物资（覆盖泄漏危险化学品的泡沫等）、专业处置人员往往多设在大中型化工企业，由于能这样配置的点少，往往覆盖面不足，到应急处置时易失去最佳处置时机。

2）一些常规救援设备、救援队伍储备不足。如发生危险化学品泄漏需围堵、收贮时，

往往缺少能及时联系落实的施工设备、施工队伍，多为临时抓壮丁，逮到一个算一个，平时缺少纳入正常管理的救援力量。

4. 信息发布、上报不够及时

一些污染事故发生后，群众往往最先从民间的网络、媒体等渠道获取信息，而不是从政府正式发布的渠道获取确切的信息，造成猜测、恐慌甚至谣言满天，影响社会稳定。

5. 应急监测能力不足

许多突发环境事件是由一些危险化学品泄漏引起的，而绝大多数危险化学品不在常规环境监测项目内，事发地的县一级环境监测机构往往不具备监测这些化学物质的能力，而需市级监测站赶赴现场监测，影响应急工作的时效性，导致工作被动。

二、对策和建议

针对上述应急工作中存在的主要问题，提出以下整改建议。

1. 进一步加强源头预防

企业层面。要强化企业环境安全主体责任意识，建立、健全安全生产、环境风险防范的制度、机制并切实执行到位；加强对环境风险岗位人员的日常培训和应急演练。

政府层面。要强化专业监管，专业监管力量不足的地方，可聘请第三方专业机构对风险企业定期开展环境风险隐患排查，发现问题及时督促整改；加快建立化工园区、重要流域等的环境风险预警和多级防控体系，早发现、早控制，尽可能把污染危害程度降低到最低。

2. 完善工作机制

1）完善部门联动机制。凡是涉及危险化学品泄漏等可能导致次生环境污染事故的，消防、应急、公安等部门在接到报告后应立即告知生态环境部门，生态环境部门接报后应立即启动本部门应急预案。

2）科学处置，避免处置不当造成二次污染。生态环境、消防、应急等部门要加强协调、对接，发生危险化学品泄漏时，应根据现场情况尽量采用覆盖、拦截收贮等方法处置，不能一味用水冲刷，避免造成二次污染。

3）加强对地方政府及相关部门应急处置工作的培训、演练，切实增强政府和相关部门应对突发环境事件的责任和水平。

3. 提高物资、储备、装备水平和应急队伍建设

针对本地区生产、运输等环节易发、多发的突发环境事件，配足各类应急物资、装备（宁可十防九空），且应急物资库配置要有足够的密度。要配齐、配强现场应急处置队伍，所在地有足够能力的危险化学品生产企业的，可在此类企业内配置；所在地缺乏此类企业的，应在地方消防队等队伍中配足、配强。同时将常规救援设备、队伍纳入应急救援体系，以便能及时联系、启动救援。

4. 严格落实信息发布、报送制度

要按照各级突发环境事件应急预案的要求，及时、准确进行信息报送和发布。

1）公安、消防、应急、交通运输、生态环境等各部门之间应建立健全信息互通机制，任何一个部门接到事故信息后应立即告知其他相关部门。

2）上下级政府、上下级部门之间严格按照规定建立健全信息报告制度，下级政府、部门接到事故信息并经核实后应在规定时间内（尽可能快）上报，并通知可能受到影响的相邻地区政府、部门。

3）及时向社会、公众发布信息。要克服这样几种错误心理：想尽量把事件捂住，以为不发布信息可以避免造成社会影响；尽可能把事故信息发布往后拖，等到事故的原因全部摸排清楚了，事故处置好了后再发布；尽量不主动去说，怕说错了承担责任……在当今人人都是自媒体的时代，上述心理只会使事故的处理工作陷入被动。只有主动说、及时说，才能使真相跑在谣言前面，避免工作被动。

5．加强基层监测能力建设

县级环境监测机构（或至少在部分重点县监测站），应配备能用于对常规监测项以外的化学物质进行定量、半定量分析的监测仪器：气相色谱、液相色谱、色-质联用仪、便携式（多种）气体监测仪、傅里叶红外分析仪、便携式 GC-MS 等，具体可参见生态环境部办公厅科技部办公厅《关于生态环境应急监测能力建设指南的通知》（环办监测函〔2020〕597 号）。

第七章

科学推进碳达峰碳中和工作

因温室气体排放引起的全球气候变暖已成为影响全人类生存的重大威胁，尽早实现碳达峰碳中和是全球各国的共同义务。

第一节　碳达峰碳中和的背景

一、气候变化与温室气体

人类生产、生活活动中煤、石油、天然气等化石燃料的燃烧[①]产生大量二氧化碳（CO_2）气体，部分工业生产过程如水泥窑煅烧[②]也会产生 CO_2，农业生产中畜禽养殖、水稻种植都会产生甲烷（CH_4）气体。上述这些气体在大气层中的总含量不到 0.1%，但因这些气体能够透过太阳辐射向地球的短波，且能吸收地球向外辐射的长波，使得地表和近地大气层温度上升，从而产生所谓的温室效应。这些产生温室效应的气体被统称为温室气体[③]。

排入大气中的二氧化碳，一部分被海洋吸收，另一部分被陆地系统吸收，其他排入大气圈，构成一个全球碳循环。研究表明，从工业革命开始，1750—2019 年大气中二氧化碳累计增加了大约 1.04 万亿 t，大气二氧化碳浓度也从工业化前的约 280 ppm 增加到 2020 年的 413 ppm，大气甲烷浓度也从工业化前的约 760 ppb 增加到 2020 年的 1 889 ppb[④]。

表 7-1　全球温室气体排放及吸收情况

	1750—2019 年累计碳排放/10 亿 t	1990—1999 年平均年增长率/（10 亿 t/a）	2000—2009 年平均年增长率/（10 亿 t/a）	2010—2019 年平均年增长率/（10 亿 t/a）
化石燃料燃烧和水泥工业生产过程排放	445±20	6.3±0.3	77±0.4	94±0.5
土地利用变化排放	240±70	1.4±0.7	1.4±0.7	1.6±0.7
大气层二氧化碳增加	285±5	3.2±0.02	4.1±0.02	5.1±0.02
海洋二氧化碳吸收	170±20	2.0±0.5	2.1±0.5	2.5±0.6
陆地生态系统二氧化碳吸收	230±60	2.6±0.7	2.9±0.8	3.4±0.9

① 化石燃料燃烧：$C+O_2 \longrightarrow CO_2 \uparrow$。

② 水泥生产中，石灰石在高温下分解：$CaCO_3 \xrightarrow{\text{高温}} CaO+CO_2 \uparrow$。

③ 除 CO_2、CH_4 外，温室气体还包括 SF_6、N_2O、HFCs、NF_3 等，但最主要的温室气体是 CO_2。

④ 1 ppb=10^{-9}。

随着温室气体的不断排放和积累，全球气温不断上升，根据联合国政府间气候变化专门委员会（IPCC）2021 年 8 月发布的第六次评估第一工作组报告《气候变化 2021：自然科学基础》，大气、海洋、冰冻圈和生态系统的证据表明世界正在变暖：2011—2020 年全球地表年平均气温比 1850—1900 年高 1.09℃；全球地表年平均温度呈明显增加趋势，1950 年以来尤其显著。而气温升高已带来一系列影响：全球极端暖日数、高温热浪持续增加（极端冷日数减少）；热带和副热带地区气候干燥的强度和持续时间增加；北大西洋强热带气旋活动增加；冰川融化，海平面加速上升（1902—2010 年为平均 10 年 15 mm），并且由于海洋吸收大量二氧化碳（2010—2019 年年均吸收约 92 亿 t），出现海洋酸化现象，进而影响了整个海洋生态系统。

所以，如果对二氧化碳等温室气体排放不加以严格控制，至 21 世纪末，全球气温将增加 4℃以上（相对于工业革命前），这将造成难以估量的生态灾难。因此需要世界各国共同努力，遏制全球变暖的趋势。

二、气候变化的应对措施及碳达峰碳中和

应对气候变化是人类社会可持续发展的必由之路，也是人类生命延续的必修课。目前应对气候变化的途径主要是两类，即减缓和适应。减缓气候变化就是减少碳排放、增加碳汇[①]，从而降低气候变化带来的风险，延长适应措施的预期性；适应气候变化就是增强人类和自然对气候变化的抗御能力和适应能力，确保人类在气候变化的环境条件下继续生存和发展。

（一）减缓气候变化

减缓是指为了限制未来的气候变化而减少温室气体排放量或增加温室气体吸收汇的过程，是解决气候变化问题的根本出路和必要途径。采取减缓措施越早，经济和实施成本就越低，对气候风险的减缓效果就会越好。要减缓气候变化风险，实现人类活动的深度脱碳，一方面必须不断推进产业绿色低碳转型，促进能源结构优化，提高能源利用效率和清洁能源利用，减少其他温室气体的排放。本章后续介绍的内容就是围绕如何实现碳减排展开的。另一方面就是要增加森林碳汇，优化固碳技术，以增加温室气体吸收，实现增汇的效果。《IPCC 全球温控 1.5℃特别报告》指出："避免气候变化给人类社会和自然生态系统造成不可逆转的负面影响，需要各国共同努力，在 2030 年实现全球净人为 CO_2 排放量比 2010 年减少约 45%，在 2050 年前后达到净零。"

（二）适应气候变化

适应是指自然系统和人类社会对实际或预期的气候变化及其影响进行调整的过程。这是自然系统和人类社会在气候变化前后的一种调整性行为，由不适应到适应、从新的不适应到新的适应的一种过程。

在农业领域，可根据气候变迁调整农业结构和种植收割制度，推行培育抗逆新品种，保护粮食和农产品生产功能区域，推动高标准农田示范区建设，加强农田水利建设，推广

---

① 碳汇，是指从大气中移除二氧化碳等温室气体的过程。与碳汇对应的是碳源——向大气中排放二氧化碳等温室气体的过程。

旱作节水农业技术，加强病虫灾害监测，提高农业综合生产能力。

在水资源领域，建设现代化水资源管理体系，提倡节水型社会建设，加强饮用水水源地保护，降低水文系统对气候变化的脆弱性，加强骨干水利基础设施和水资源配置工程，修复水生态系统，加强水利安全系统监测，提升水利信息化水平。

在陆地生态系统领域，加强森林湿地资源整体保护与系统修复，科学管理森林和湿地生态系统，加强预防及控制病虫害和森林火灾，系统监测生物多样性对气候变化的适应性，提升生态系统质量和稳定性。

在海岸带和沿海生态系统中，推进沿海生态系统保护修复，改善海洋生态环境质量，加强近海和海岸带影响的基础防护能力建设与预警控制，加强海洋灾害的监测和应急机制，推行红树林生态修复和相关碳交易。

在人类健康领域，大力支持和开展健康影响适应性研究与科普宣传，建立和完善健康影响监测预警系统，加强极端天气和自然灾害的实时监测与评估分析，不断拓展丰富健康监测内容，引导资金流入公共卫生系统，增加对公共卫生系统的投资，建立健全公共卫生和疾病防控机制。

（三）碳达峰与碳中和

1．碳达峰

碳达峰指一个区域在某一个时点，二氧化碳的排放量不再增长，达到峰值，然后经历平台期进入持续下降的过程。碳达峰是二氧化碳排放量由增转降的历史拐点，标志着碳排放与经济社会发展实现脱钩。

2．碳中和

碳中和即通过碳汇、碳捕集、利用与封存等方式抵消全部的二氧化碳或温室气体排放量，实现正负抵消，达到相对"零排放"。碳中和概念有广义和狭义之分。广义上的碳中和是指在一年内（某区域或组织内）所有温室气体（含 CO_2、CH_4、SF_6、N_2O、HFCs、PFCs、NF_3 等）排放量与温室气体清除量达到平衡。狭义上的碳中和是指在规定时间内，一个组织或区域内二氧化碳排放量与二氧化碳清除量达到平衡。

尽早实现区域、国家、全球的碳达峰碳中和是减缓全球变暖的根本措施，也是人类社会可持续发展的唯一选择。

三、国际应对气候变化进程概述

（一）气候变化国际合作及其谈判进程

世界气象组织（WMO）在推进气候变化相关研究方面发挥了积极作用。1987 年，世界气象组织提出，已有国别和国际关于气候变化的研究都表明，大气中温室气体浓度的提高将导致全球气候变化，而气候变化可能造成潜在的严重后果。1988 年世界气象组织和联合国环境规划署成立政府间气候变化专门委员会（IPCC），旨在基于最新的科学成果，评估气候变化的科学事实、对自然生态系统和人类社会经济系统的影响，以及可采用的应对策略。

1988 年 12 月 6 日，第 43 届联合国大会通过题为《为今世后代保护全球气候》的决议（A/RES/43/53），承认气候变化是人类共同关心的问题，断定必须及时采取行动以便在全球性方案范围内处理气候改变问题，敦促各国政府、各政府间和非政府组织以及科学机构将气候变化作为优先问题，呼吁联合国系统所有有关组织支持 IPCC 的工作，呼吁各国政府和各政府间组织进行合作，防止对气候的有害影响和各种影响生态平衡的活动。

1989 年签署的 IPCC 谅解备忘录，确定 IPCC 的工作任务是：评估已有气候变化科学信息；评估气候变化的环境和社会、经济影响；提出应对气候变化挑战的战略。截至 2022 年，IPCC 先后组织完成了 6 次气候变化评估报告，并编写了多份特别报告和技术报告。这些成果一方面总结了科学界对气候变化及其影响的认识，突出表明了气候变化挑战的严峻性，另一方面也提出了应对气候变化的对策措施，展示了应对气候变化的可能性。

1990 年，第二届世界气候大会通过的《部长宣言》指出：自工业革命以来，人类的大量生产活动导致温室气体不断积聚，未来全球气候变暖速度将是史无前例的，人类的生存与发展将因此而遭到严重威胁，作为温室气体主要排放源的西方工业国家对此负有特殊的责任，因而必须起带头作用，同时还必须加强同发展中国家的合作，向发展中国家提供充分的额外资金，并以公平和最优惠的条件转让技术。

1990 年 12 月 21 日，第 45 届联合国大会通过 45/212 号决议，注意到 IPCC 已经完成了第一次评估报告，决定在大会主持下，联合国环境规划署及世界气象组织支持下成立一个单一的政府间谈判机构，以拟定一项有效的气候变化纲要公约。

1.《联合国气候变化框架公约》及其谈判历程

按照联合国大会决议的授权，IPCC 从 1991 年 2 月开始，历经 15 个月，到 1992 年 5 月 9 日在美国纽约通过《联合国气候变化框架公约》（以下简称《公约》），完成了文本的谈判任务。1992 年 6 月，在巴西里约热内卢举行的联合国环境与发展大会上正式开放签署《公约》。1994 年 3 月 21 日，《公约》正式生效。

《公约》的主要内容包括：

第一，确立了应对气候变化的目标，将大气中温室气体的浓度稳定在防止气候系统受到危险的、人为干扰的水平上。这一水平应当在足以使生态系统能够自然地适应气候变化、确保粮食生产免受威胁并使经济发展能够可持续地进行的时间范围内实现。

第二，明确了应对气候变化国际合作应遵循的原则，包括公平原则、共同但有区别的责任原则、各自能力原则、预防原则、成本有效性原则、考虑特殊国情和需求原则、可持续发展原则和鼓励合作原则。

第三，根据各国的历史责任和现实能力做出了国家分类，即将所有缔约方分为附件一国家、附件二国家和非附件一国家，并明确了各类缔约方应对气候变化的不同义务：附件一国家应率先开展控制和减少温室气体排放的行动，到 2000 年将排放降低至 1990 年的水平；附件二国家（均为发达国家）应为非附件一国家提供新的和额外的资金支持，促进气候友好技术向非附件一国家的转让。

第四，建立了缔约方会议及其附属机构，建立了若干机制包括资金机制、国家信息通报、争端解决机制等来保障其实施。

2. 《京都议定书》及其谈判进程

《公约》虽然明确了国际合作应对气候变化的原则和缔约方的一般义务，但没有确定具体的减、限排温室气体目标。为此，1995 年举行的《公约》第一次缔约方大会通过了第 1 号决议，即《柏林授权书》，决定启动一项进程，包括通过一项议定书或另外一种法律文书，以强化附件一国家的义务。为完成新的谈判任务，《柏林授权书》特设工作组在 1995 年 8 月—1997 年 10 月组织召开了 8 次会议。1997 年年底《公约》第三次缔约方大会上达成了《京都议定书》（以下简称《议定书》）。

《议定书》的主要内容

第一，《议定书》充分体现了共同但有区别的责任原则，首次确定发达国家具有法律约束力的量化减限排目标。附件一国家在 2008—2012 年承诺期内较 1990 年水平减少 5.2%以上；到 2005 年，附件一缔约方应在履行这些承诺方面取得能够证实的进展。《议定书》还为其确定了有差别的减排指标，其中，欧盟国家 8%、美国 7%、日本和加拿大均为 6%；允许俄罗斯、乌克兰、新西兰零减排；澳大利亚增排 8%、冰岛增排 10%。

第二，建立了排放贸易、联合履约机制和清洁发展 3 种灵活机制，使发达国家可以通过这些机制获得国外的减排量，从而能够以比较低的成本实现其在《议定书》下承担的减排义务。

第三，《议定书》的其他规定，包括对温室气体排放源与汇估算的方法学问题、原则性规定了附件一缔约方提交信息问题以及所提交信息的审评问题。

按照《议定书》规定，其生效条件是"双 55"，即需要至少 55 个《公约》缔约方批准，且其中附件一国家缔约方 1990 年排放量之和要占到全部附件一国家缔约方 1990 年总排放量的 55%以上。由于占当时附件一缔约方排放量 36%的美国宣布将不批准《议定书》，使得占比超过 17%的俄罗斯的批准成为关键。但直到 2004 年俄罗斯完成核准后，《议定书》才最终满足生效条件，于 2005 年 2 月 16 日得以生效。

值得注意的是，《议定书》第二承诺期步履艰难。《议定书》仅规定了发达国家到 2012 年的减排目标，并没有明确第一承诺期（2008—2012 年）后有关国家减排义务问题。美国以影响美国的就业和经济发展为借口，提出美国不能签署只包含发达国家减排承诺的法律文书，其他一些发达国家也力图促使发展中国家承担减排义务。

按照《议定书》有关规定，需在第一承诺期（2008—2012 年）结束前 7 年开始审议后续承诺期的减排目标。为此，2005 年在加拿大蒙特利尔召开的《议定书》第一次缔约方大会启动了这一进程。2007 年年底在巴厘岛召开的缔约方大会达成了《巴厘岛路线图》，启动双轨谈判进程，即一方面在《议定书》轨道下磋商确定发达国家 2012 年后第二承诺期相关安排，另一方面在《公约》轨道下通过《巴厘岛行动计划》，明确长期愿景、减缓、适应、资金、技术、能力建设等实施安排。本应完成谈判任务的 2009 年丹麦哥本哈根缔约方大会，最终仅达成了一个不具法律约束力的《哥本哈根协议》，未能取得成功。2012 年卡塔尔多哈缔约方大会最终完成了《巴厘岛路线图》进程相关谈判，通过了关于《议定书》第二承诺期的《〈京都议定书〉多哈修正案》，为发达国家规定了 2012—2020 年的减排目标。但是，个别发达国家始终拒绝批准《〈京都议定书〉多哈修正案》，受此影响，《〈京都议定书〉多哈修正案》到本应是第二承诺期结束时间的 2020 年 12 月底才生效，实际上没有真正发挥应有的作用。

3. 《巴黎协定》及其进程

2011 年南非德班缔约方大会决定启动一个名为"加强行动德班平台"（简称"德班平台"）的新进程，要求于 2015 年达成一项具有法律约束力的国际协议，对各方 2020 年后加强行动作出安排，此后经过 2012 年的多哈会议、2013 年波兰华沙缔约方大会、2014 年秘鲁利马缔约方大会，2015 年在法国巴黎召开的《公约》第 21 次缔约方大会最终通过了具有里程碑意义的《巴黎协定》（以下简称《协定》）。《协定》规定了全球温升幅度的限制和温室气体减排的长期目标，即"到 21 世纪末将全球平均温度升高控制在工业革命前 2℃之内，并努力控制在 1.5℃之内。全球温室气体排放需尽快达峰，到 21 世纪下半叶实现排放源与碳汇之间的平衡，即实现净零排放。巴黎会议确定了各国以国家自主贡献形式作出承诺，还建立了全球盘点机制，《协定》遗留的若干问题在 2021 年格拉斯哥会议上得以达成共识。

《协定》获得了广泛的支持，在通过后不到一年的时间里即迅速生效，美国特朗普政府上台后，宣布退出《协定》，一度给《协定》的前景投下阴影。中国政府多次重申坚持《协定》，信守承诺的立场，提振了国际社会积极应对气候变化的决心与信心。《协定》是继《公约》《议定书》后，国际气候治理历程中第三个具有里程碑意义的文件。

截至 2022 年 6 月，已有超过 130 个国家和地区宣布碳中和目标或计划，这些国家和地区约占全球二氧化碳排放总量的 83%、全球经济总量的 91%、全球人口总数的 80%。全球已有 54 个国家实现碳达峰，其中大部分属于发达国家，这些国家占全球碳排放总量的 40%。中国、新加坡、墨西哥等国家承诺在 2030 年前实现碳达峰，届时实现碳达峰国家将占全球碳排放量的 60%，到 2050 年大部分国家和地区将实现碳中和。

（二）主要国家和地区、行业、企业碳中和进展

从碳中和目标时间上看，目前已提出碳中和目标的国家和地区，大部分计划在 2050 年实现碳中和，如欧盟、美国、英国、加拿大、日本、新西兰、南非等。下面简要介绍欧盟、美国、日本、英国、巴西等国家的碳中和进展。

1. 欧盟碳中和进程

欧洲是全球应对气候变化、减少温室气体排放行动的有力倡导者，欧盟率先出台碳中和计划，走在各国应对气候变化的前列。2019 年 12 月，欧盟委员会发布了《欧洲绿色协议》，阐明欧洲迈向气候中性循环经济体的行动路线，提出欧盟"2030 年温室气体排放量在 1990 年基础上减少 50%～55%，2050 年实现净零排放"的碳中和目标。

《欧洲绿色协议》提出八个领域的重大调整。第一，提高应对气候变化减缓目标。欧盟将原本 2030 年的中期减排目标从相较 1990 年碳排放降低 40% 上调至 50%～55%，2050 年实现碳中和；第二，提供清洁安全、可负担的能源供应，加速退煤进程，增加可再生能源比例，对天然气进行脱碳处理；第三，推动工业转型，借助数字经济的力量，推动工业的清洁、循环和数字化转型；第四，推进建筑业翻新，提高资源能源利用效率；第五，推广智慧交通，对交通行业的所有排放源进行控制；第六，"从农场到餐桌"战略，推进绿色低碳的农业措施；第七，保障生态系统和生物多样性；第八，落实环境保护，实行大气、水和土壤的零污染计划。

为保障碳中和战略的实施，欧盟从法律保障、碳交易市场、边境碳管控、绿色投融资和社会转型保障等方面设立了完整的政策支撑体系。

①气候立法。2020 年 3 月 4 日，欧盟委员会公布了《欧洲气候法》的草案，2021 年 4 月，欧洲议会与各成员国就《欧洲气候法》达成初步协议。2020 年 10 月，欧洲议会投票通过，到 2030 年温室气体排放在 1990 年的基础上减少 60%，这一目标比欧盟委员会此前提出的目标更高。

②碳排放权交易。欧盟温室气体排放贸易机制（EU-ETS）于 2005 年正式启动，是世界首个也是最大的跨国二氧化碳交易项目，覆盖该区域近半数的温室气体排放，为 11 000 多家高耗能企业及航空运营商设置了排放上限。欧盟在《欧洲绿色协定》中强调将进一步更新完善其碳排放权交易市场，尝试将建筑物排放、海运业排放纳入行业覆盖范围，并推动全球碳市场的建立。

③边境调节税。欧洲议会于 2021 年 3 月 10 日通过关于欧盟碳边境调节机制（CBAM）的决议，对进口高碳行业的产品征收碳税（设立过渡期至 2027 年）。

④绿色投融资。2020 年 1 月欧盟发布《欧洲绿色协议投资计划》，提出在未来 10 年内，动员至少 1 万亿欧元的可持续投资，促进公共和私人绿色投资。欧盟委员会已经提出"气候主流化"概念，要求欧盟所有项目预算的 25%必须用于应对气候变化。多家欧洲金融机构已宣布不再为煤电相关项目提供融资。

⑤公正转型保障。考虑到欧盟内部能源基础条件相差较大（如波兰国内 80%的能源依赖煤炭），为了保障欧洲绿色转型过程中的社会公平，2020 年 1 月欧盟发布《公正过渡机制》，提出将在 2021—2027 年动员至少 1 000 亿欧元的投资，对受影响最严重的地区提供有针对性的帮助，以减轻绿色转型对该地区的社会经济影响。

俄乌战争已对欧盟碳中和进程带来负面影响，如欧盟推迟了禁止燃油车销售的计划。

2．美国碳中和进程

美国对减少温室气体排放具有明显的"摇摆性"特点。由于美国民主、共和两党执政理念存在显著差异，随着两党交替执政，美国气候变化的政策也相应地经历了数次调整甚至翻转。民主党克林顿执政时期签署了《议定书》，奥巴马执政时期，美国和中国 2014 年发布了《中美气候变化联合声明》。2015 年，积极推动《协定》的生效实施。共和党小布什和特朗普政府在应对全球气候变化上比较消极，先后分别退出了《议定书》和《协定》。但拜登政府上台后，美国又重返《协定》，并提出碳中和目标"2030 年美国温室气体排放量较 2005 年的水平减少 50%～52%，2035 年实现无碳发电，到 2050 年达到净零碳排放"。

2021 年 1 月 27 日，美国总统拜登签署了新的应对气候变化行政令。主要包括 7 个方面：①将气候危机应对置于美国外交政策和国家安全考虑的中心：在实施《巴黎协定》目标的进程中，美国将发挥领导作用。②成立国内气候政策办公室及国家气候工作组，对气候危机制定一整套政府措施。③联邦政府在采购、政府补贴政策方面以身作则。④为可持续经济重建基础设施：采取措施使每项联邦基础设施投资都能降低气候风险，加快清洁能源和输电项目。⑤促进保护、农业和再造林：致力于到2030年保护至少30%的土地和海洋；致力于保护和恢复公共土地和水域，增加再造林，增加农业部门的碳封存，保护生物多样性。⑥振兴能源社区：设立专门工作组，减少有毒有害气体和温室气体排放，防止损害社区和公共健康安全。⑦设立环境公平机构间委员会和环境公平咨询委员会，确保环境公平和刺激经济机会。

2021年11月，美国发布《美国长期战略：到2050年实现温室气体净零排放的途径》，实现净零排放核心涉及5个关键方面的转变。①电力脱碳。美国制定了到2035年实现100%清洁电力的目标。②终端电气化和清洁燃料转变。无论是汽车、建筑还是工业过程中，都可以用经济、高效的电气化来替代现有能源。对于电气化颇具挑战性的领域，如航空、航运和部分工业行业，可以考虑用清洁燃料（如氢能和生物质能）替代现有能源。③提升能效，减少能源浪费。④减少甲烷和其他非二氧化碳温室气体排放。对石油和天然气系统实施甲烷泄漏检测和维修，冷却设备中从氢氟碳化物转向气候环境友好的工质。⑤增加二氧化碳移除量。考虑到2050年来自农业的非二氧化碳排放将很难完全脱碳，因此需要碳移除技术来保证净零目标的实现。

3. 日本碳中和进程

2020年12月，日本政府发布《绿色增长战略》，提出到2050年实现碳中和。2021年领导人气候峰会上，首相菅义伟进一步宣布日本2030年碳排放将较2013年降低46%。

日本《绿色增长战略》提出了重点领域的碳达峰碳中和路径，主要包括：

能源领域。①海上风电产业。到2030年安装10 GW海上风电装机容量，到2040年达到30～45 GW，同时海上风电成本削减至89日元/（kW·h）。②氨燃料产业。到2030年实现氨作为混合燃料在火力发电厂的使用率达到20%，到2050年实现纯氨燃料发电。③氢能产业。到2030年将年度氢能供应量增加到300万t，到2050年达到2 000万t，力争将氢能成本降低到20～30日元/m³。④核能产业。到2030年争取成为小型模块化反应堆全球主要供应商，在2040—2050年开展聚变示范堆建造和运行。

交通和建筑领域。①汽车和蓄电池产业。2030年实现新车销量全部转变为纯电动汽车和混合动力汽车的目标，到2050年将替代燃料的经济性降到比传统燃油车价格还低的水平。②船舶产业。2025—2030年开始实现零排放船舶的商用，到2050年将现有传统燃料船舶全部转化为氢、氨、液化天然气等低碳燃料动力船舶。③交通物流和建筑产业。2050年实现交通、物流和建筑行业的碳中和目标。④航空产业。到2030年前后实现电动飞机商用，到2035年前后实现氢动力飞机的商用，到2050年航空业全面实现电气化，碳排放较2005年减少一半。⑤下一代住宅、商业建筑和太阳能产业。针对下一代住宅和商业建筑制定相应的用能、节能规则制度；利用大数据、人工智能、物联网等技术实现对住宅和商业建筑用能的智慧化管理；到2050年实现住宅和商业建筑的净零排放。

其他领域。①半导体和通信产业。将数据中心市场规模从2019年的1.5万亿日元提升到2030年的3.3万亿日元，能耗降低30%；2040年实现半导体和通信产业的碳中和目标。②食品、农林和水产产业。打造智慧农业、林业和渔业，发展陆地和海洋的碳封存技术，助力 2050 年碳中和目标实现。③碳循环产业。发展碳回收和资源化利用技术，到 2030 年实现二氧化碳回收制燃料的价格与传统喷气燃料相当，到 2050 年二氧化碳制塑料实现与现有的塑料制品价格相同的目标。④资源循环产业。发展各类资源回收再利用技术（如废物发电、废热利用、生物沼气发电等），到 2050 年实现资源产业的净零排放。⑤生活方式相关产业。普及零排放建筑和住宅；部署先进智慧能源管理系统；利用数字化技术发展共享交通；到 2050 年实现碳中和生活方式。

4. 英国碳中和进程

2008 年，英国颁布《气候变化法》，2019 年 6 月，英国新修订的《气候变化法》生效，从立法层面正式确立到 2050 年实现温室气体净零排放，这使得英国成为全球首个以国内法形式确立净零排放目标的国家。

2021 年 4 月 22 日，首相约翰逊在全球领导人气候峰会上宣布，英国温室气体排放目标是 2030 年较 1990 年下降 68%，2035 年较 1990 年减少 78%，这是迄今为止全球主要经济体中"最大幅度的减排承诺"。

为了实现碳中和，英国于 2020 年 11 月发布了《绿色工业革命十点计划》，涵盖了能源、交通、建筑等多个领域。具体包括：①推进海上风电；②推动氢能的增长；③提供新型先进核能；④加速向零排放汽车转变；⑤绿色公交、骑行和步行；⑥喷气飞机零排放及绿色航运；⑦绿色建筑；⑧投资碳捕集、利用与封存；⑨保护自然环境；⑩绿色金融与创新。这些计划为英国从新冠疫情中实现经济绿色复苏奠定了基础，使得英国处于全球绿色经济增长的前沿。在此基础上，英国于 2021 年 10 月发布了"净零战略"。

"净零战略"主要包括以下方面：

首先是能源领域。①电力系统：英国将在 2035 年实现电力系统完全脱碳，通过额外引入对核电的投资，发展海上风电以及其他低碳发电技术，实现 100%清洁电力供应。②燃料供应和氢能：通过建立工业脱碳和氢能收入支持计划，为工业碳捕集和氢能提供资金。通过修订后的官方战略，对石油和天然气行业进行监管。

其次是工业、建筑和交通领域。①工业部门：通过支持工业能源向清洁能源转型、提高资源和能源效率以及公平的碳定价，推动工业深度脱碳。同时，重点发展氢能、可再生能源和碳捕集、利用与封存技术（CCUS）。②供暖和建筑：所有新的家用和商用电器将搭配低碳技术，推广如电热泵和氢能炉具。将为家庭提供 5 000 英镑的低碳供暖系统资金；提供 6 000 万英镑的"热泵就绪计划"，支持政府到 2028 年实现每年安装 600 万台的目标。③交通部门：兑现 2030 年停止销售新汽油和柴油汽车的承诺，以及 2035 年所有汽车必须完全实现零排放的承诺。投资 20 亿英镑使得到 2030 年城镇中一半的行程能够通过骑自行车或步行来完成；投资 30 亿英镑用于创建综合公交网络和公交专用道，以加快出行速度；到 2050 年实现净零排放铁路网络；启动英国可持续航空燃料的商业化。

最后是自然资源、其他温室气体、碳移除和配套政策行动。①自然资源、废弃物和含氟气体：通过农业投资基金和农业创新计划投资设备、技术和基础设施，以支持低碳农业发展和农业创新；为现有的自然气候基金提供额外资金，使得农民和土地所有者有更多机会通过改变土地使用来支持净零排放；到 2050 年在英格兰恢复大约 28 万 hm^2 的泥炭，实现将种植率提高到每年 3 万 hm^2 的总体目标；提供 2.95 亿英镑的资金来支持可生物降解的市政垃圾和垃圾填埋研究。②温室气体移除：提供 1 亿英镑的投资用于温室气体移除创新。③转型支撑行动：提供至少 15 亿英镑的资金来支持净零创新项目；引入超过 400 亿英镑的私人投资，推动低碳技术和行业成熟化、规模化。

5. 巴西碳中和进程

巴西具有良好的清洁能源应用基础。2019 年，可再生能源占巴西发电量的 83%，其中水力发电占 63.8%，风电占 9.34%，生物质发电占 8.98%。太阳能发电占 1.78%，处于世界领先水平。

2020 年 12 月 8 日，巴西环境部长里卡多·萨列斯宣布，巴西将在气候变化《协定》框架内，力争于 2060 年实现碳中和。2021 年 4 月 22 日，巴西总统博索纳罗参加领导人气候峰会时承诺，到 2050 年实现碳中和，同时提出 2025 年和 2030 年分别将温室气体排放量在 2005 年基础上减少 37% 和 43% 的长期目标。

农业、林业和其他土地利用部门是巴西温室气体排放的主要来源，森林砍伐（尤其是在亚马逊生物群落中）的排放量占总排放量的 55%。巴西在国家自主贡献目标中提出到 2030 年实现零非法毁林，并重新造林 1 200 万公顷。据评估，巴西将是土地利用部门碳固存潜力最大的国家，巴西减少温室气体的最大潜力是消除森林砍伐并促进退化土地的重新造林，将贡献 70% 以上的减排潜力。

农业部门排放占巴西温室气体排放量的 25% 以上，主要来自动物、牲畜粪便的消化过程、种植前焚烧土地以及合成肥料的使用。为了实现低碳农业，巴西已拨款约 170 亿巴西雷亚尔用于农业和畜牧业的各种缓解措施，如恢复退化的牧场、生物固氮、增加土壤中有机物的积累、免耕制度、农作物-畜牧-林业一体化等。

工业部门排放占总排放量的 13%，未来钢铁等木炭供应原材料来自重新造林或可持续来源，该部门排放可进一步降低，减排潜力占总减排潜力的 7%。

电力和交通部门占总排放量的 13%，水力发电以及乙醇作为汽车燃料的高普及率对减排产生了积极影响。这两个部门减排潜力占总减排潜力的 4%。

建筑和废物处理排放占总排放量 3%。巴西是热带国家，建筑供暖的能源需求较少，建筑相关举措的减排潜力占巴西减排潜力的 0.4%。处理垃圾填埋气或回收固体废物的减排潜力占总减排潜力的 3%。

此外，巴西在清洁能源广泛应用的基础上，承诺到 2030 年，将可再生能源在全国所有能源使用的比例提升至 45%。

6. 地区、企业碳中和进程

许多城市、重点行业及企业也纷纷作出了温室气体减排承诺。

1）地区（城市）碳中和进程。目前全球至少有 800 多个城市不同程度地承诺碳中和目标（主要集中在欧美国家），这些地区人口总和约 8 亿多人。

2）全球已有很多行业的龙头企业作出了碳中和承诺。巴斯夫、苹果、西门子等承诺 2030 年碳中和，陶氏化学、杜邦公司、丰田集团、一汽大众等承诺 2050 年碳中和。值得注意的是，企业碳中和承诺将对供应链产生深刻影响。

企业碳中和

企业的排放主要分为范围一、范围二和范围三的排放。范围一的排放是指直接温室气体排放，产生自企业本身拥有或控制的排放源，如企业拥有或控制的锅炉、熔炉等；范围二的排放为核算一家企业所消耗的外购电力产生的温室气体排放；范围三是一项选择性报告，考虑了所有其他间接排放，范围三的排放是该企业活动的结果，但并不是产生于该公司拥有或控制的排放源，例如，开采和生产采购的原料、运输采购的燃料，以及售出产品和服务的使用等。国际上较多承诺碳中和的企业在作出碳中和承诺时划定了净零排放的范围，如杜邦公司、拉法基等企业宣布其将实现的是运营范围内（范围一、范围二）的碳中和，而部分企业宣布其将实现运营和产业链（范围一、范围二、范围三）的碳中和，包括陶氏化学、丰田等。企业关于范围三碳中和的承诺往往意味着企业将实行绿色采购，或对供应商提出减排要求。

第二节　碳达峰碳中和给我国带来的挑战和机遇

一、我国碳达峰碳中和目标的提出

2020 年 9 月 22 日，习近平主席在第七十五届联合国大会一般性辩论上郑重宣示，中国将提高国家自主贡献力度，采取更加有力的政策和措施，二氧化碳排放力争于 2030 年前达到峰值，努力争取 2060 年前实现碳中和。这是党中央统筹国内、国际两个大局作出的重大战略决策，是我们对国际社会的庄严承诺，也是推动高质量发展的内在要求。

2020 年 12 月 12 日，习近平主席在气候雄心峰会上进一步宣布，到 2030 年，中国单位国内生产总值二氧化碳排放将比 2005 年下降 65% 以上，非化石能源占一次能源消费比重将达到 25% 左右，森林蓄积量将比 2005 年增加 60 亿 m^3，风电、太阳能发电总装机容量将达到 12 亿 kW 以上。

2021 年 4 月 22 日，习近平主席以视频方式出席领导人气候峰会并发表重要讲话指出，中国将碳达峰碳中和纳入生态文明建设整体布局，正在制订碳达峰行动计划，广泛深入开展碳达峰行动。中国将严控煤电项目，"十四五"时期严控煤炭消费增长、"十五五"时期逐步减少。

二、面临的挑战

（一）碳排放总量大、碳排放强度高

进入 21 世纪以来，随着我国加入 WTO，经济快速发展，已经成为全球最大的制造业国家之一（约占全球的 30%）。与此同时，我国的二氧化碳排放总量、全球占比持续增加。根据 BP 世界能源统计年鉴，2021 年，我国（大陆）能源产生的二氧化碳排放量 105.23 亿 t，占全球的 31%，其中能源、过程排放、甲烷和放空燃烧产生的二氧化碳当量排放 124.4 亿 t，占全球的 30.9%。我国二氧化碳排放量约为美国二氧化碳排放量的 2 倍，是欧洲二氧化碳排

放量的 3 倍。图 7-1、图 7-2 分别是世界主要地区和国家二氧化碳排放历史数据、2021 年部分国家碳排放强度。我国二氧化碳排放量主要集中在电力及钢铁、水泥等工业中，详见图 7-4。

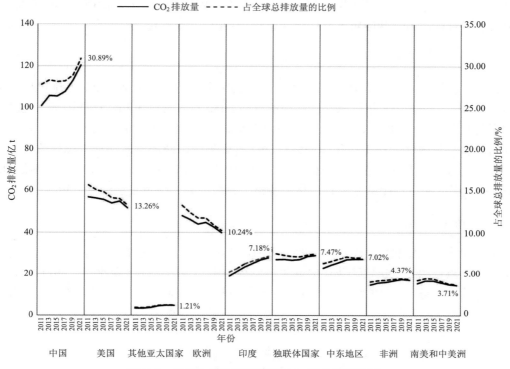

图 7-1　世界主要地区和国家 CO₂ 排放历史数据

数据来源：BP 世界能源统计年鉴（2022 年）。

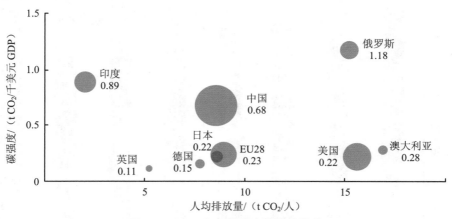

图 7-2　2021 年部分国家碳排放强度

注：圆圈大小表示碳排放总量。

数据来源：BP 世界能源统计年鉴（2022）。

我国二氧化碳排放量大、排放强度高，一方面与我国的产业结构有关（工业占比大，且钢铁、水泥等重工业在工业中占比大），另一方面与我国以煤为主的能源结构有关。近年来，我国通过各方面努力，使碳排放强度持续下降，2020 年我国二氧化碳排放强度比 2005 年下降 48.4%，超额完成我国 2015 年向《公约》秘书处提交的 2020 年下降 40%～45% 的国家承诺目标，为全球应对气候变化作出积极贡献。

（二）碳中和时间紧迫

欧盟、美国、日本等发达国家（地区）早已实现碳达峰（欧盟于 1979 年达峰，美国 2005 年达峰，日本 2013 年达峰），并都承诺在 2050 年实现碳中和，这些国家（地区）从碳达峰到碳中和都有 40～70 年的时间，而我国从 2030 年达峰至 2060 年实现碳中和仅有 30 年时间，而且我国仍处在工业化、城镇化深化发展阶段，经济发展和社会民生改善任务繁重，近期能源消费仍将保持刚性增长。在这样的国情下要在 30 年内从二氧化碳排放 100 多亿 t 到实现碳中和，难度绝无仅有，结构调整、科技创新、绿色发展十分紧迫。

（三）能源结构、产业结构基础差

我国能源探明储量中，煤炭占 94%、石油占 5.4%、天然气占 0.6%，这种"贫油、少气、富煤"的能源资源特点决定了我国能源生产以煤为主的格局长期不会改变。2021 年，我国能源利用的现状是：一次能源比例巨大，替代能源较少，煤炭在我国一次能源的消费占 56%（图 7-3）。

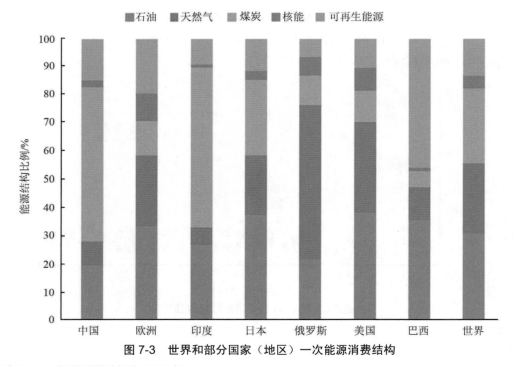

图 7-3　世界和部分国家（地区）一次能源消费结构

数据来源：BP 世界能源统计年鉴（2022 年）。

2021 年中国能源消费总量为 52.4 亿 t 标准煤，是 2000 年的 3.6 倍。2021 年中国能源消费总量稳居世界第一（157.65 EJ①），占全世界消费总量的比重从 2011 年的 21.65%逐步上升至 2021 年的 26.49%。我国 2021 年能源消费量是世界能源消费第二位美国的 1.7 倍，是第三位欧洲的 1.91 倍。

2021 年，世界能源消费结构中，煤炭、石油、天然气、可再生能源和核电的比例分别为 26.9%、31.0%、24.4%、13.5%、4.3%。中国的能源消费结构中煤炭消费比重较高，煤炭、石油、天然气、可再生能源和核电的比例分别为 54.7%、19.4%、8.6%、15.0%、2.3%。

近年来，我国非化石能源虽然增长较快，但仍面临许多不足。分布式能源高比例并网消纳压力日益增长，但与此同时，灵活性电源建设不足和布局不合理，系统调节能力建设总体处于滞后状态（"十三五"期间，火电灵活性改造、抽水蓄能、调峰气电的规划新增目标，仅分别完成了规划的 40%、50%、70%左右）。同时新能源跨省区输送比例偏低。

从产业结构看，我国工业制造业增加值 2021 年达 31.4 万亿元，占全球近 30%，世界 500 种主要工业品中有四成以上产品产量居世界第一。工业产业结构未跨越高能耗、高排放阶段，我国第二产业增加值占国内生产总值的 39.4%，但能耗占全国能源消费总量的 70%，二氧化碳排放占全国碳排放总量的 80%，传统资源型产业占比仍然偏高，能效水平还有较大提升空间。根据中国二氧化碳排放路径模型，2020 年我国能源消费与工业过程二氧化碳排放合计为 115 亿 t，电力、钢铁、水泥、石化化工、煤化工、铅冶炼等占我国总排放量（不含港澳台）的 75%。所以持续推进产业结构调整优化，是实现碳达峰碳中和目标的关键路径（图 7-4）。

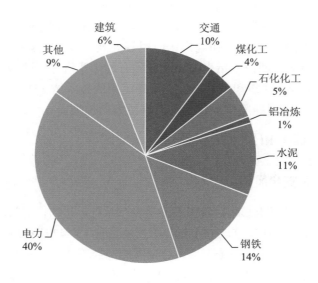

图 7-4　2020 年我国主要行业/领域二氧化碳排放贡献

---

① 1 EJ=10^{18} J。

（四）实现碳达峰碳中和目标与短期问题的矛盾

碳达峰碳中和目标是我国作为负责任大国向国际社会的承诺，也是我国经济高质量发展的客观需要，但当前以煤为主的能源结构、钢铁等重化产业为主的产业结构短期内无法扭转。为此，既要立足当下，解决具体问题，又要放眼长远，把握好降碳的节奏和力度，实事求是、循序渐进、持续发力。2021 年 9 月，由于"市场煤、计划电"制度下的火电发电成本骤增，引发电力紧缺，造成供需缺口，以及部分地区能耗双控指标的压力，叠加东北地区供暖季的需求，黑龙江、吉林、广东、江苏等 10 余省份的"拉闸限电"不仅影响了企业的生产，还影响了居民日常生活。尽管该问题并非"双碳"所引起，但不可避免的是，未来"双碳"实施过程中也会遇到类似问题，如果处理不当反而会阻碍长期战略的实施。不能因短期的困难不作为、慢作为而影响长期目标。同样，也不能因为长期的碳中和愿景而忽略能源系统转型基础和条件的局限，盲目大幅压缩化石能源。要理性看待煤炭等传统化石能源退出问题，激进的退煤措施反而会增加转型过程中不必要的代价或阻力，还会使社会付出沉重代价。

（五）碳达峰相关资金和技术相对缺乏

《中华人民共和国气候变化第三次国家信息通报》表明，我国减缓气候变化未来投资需求一般在每年 1.3 万亿～2.9 万亿元。清华大学气候变化与可持续发展研究院的研究报告估算，未来 30 年我国能源系统需新增投资 100 万亿～138 万亿元，占每年 GDP 的 1.5%～2.5%，需要撬动大量社会资本。

支撑碳中和目标的突破性技术尚未成熟。风电光伏、绿氢/绿氨冶金化工、绿色建材、新能源汽车、新型储能、碳移除和资源利用、先进核能（核聚变）、数字信息智能技术与低碳零碳负碳技术的系统化耦合和规模化应用等突破性技术是支撑碳达峰碳中和目标实现的重要保障。IEA 清洁能源技术指南超 400 多项有助于实现净零排放目标的技术，其中成熟的技术仅 20 项，聚焦在建筑和电力部门；早期运用的技术达 136 项。这两类技术占所有能源清洁技术的 35%，实现净零排放目标仍面临巨大的挑战。

三、碳达峰碳中和带来的机遇

（一）降低能源安全风险

受资源禀赋等多种因素影响，我国石油消费严重依赖进口，且进口依存度越来越大。根据 BP2022 年世界能源统计年鉴，2021 年我国石油消费 15 442 千桶/天，进口 12 724 千桶/天，进口占比 82.4%。这么高的进口依存度，对我国能源经济安全来说是个巨大的风险隐患，尤其我国绝大部分进口石油来自中东，其海上运输必须经过马六甲海峡，一旦发生地缘政治和军事风险，石油进口安全将受到严重威胁。而且石油本身是不可再生资源，这样高的对外依存度始终是个痛点。

实施碳达峰碳中和，可促使我国能源供应结构将发生重大调整，化石能源将逐渐被风、光、生物质等清洁能源替代，按照《中共中央　国务院关于完整准确全面贯彻新发展理念做好碳达峰碳中和工作的意见》，我国非化石能源消费至 2030 年将达到 25%左右，到 2060 年达到 80%以上。这将大大降低石油的需求总量和对外依存度，从而使我国能源安全得到进一步有力保障。

（二）推动产业结构升级实现高质量发展

改革开放几十年来，依靠大量廉价劳动力优势和资源能源的巨大消耗，我国的经济和产业有了快速发展，人均 GDP 已超过 1 万美元。按照确定的目标，2035 年我国人均 GDP 要达到中等发达国家水平（人均 GDP 2 万美元以上），在此阶段，人口红利已逐渐消退，依靠大量廉价劳动力的产业逐步向印度、越南等东南亚其他国家转移，资源、能源的巨量消耗也难以为继。我国今后经济产业的发展，一方面要通过创新对传统产业进行改造升级，另一方面要大力开拓、发展低消耗、高产出的新型产业。碳达峰碳中和目标的实施，既对我国经济、产业的发展提出了与上述完全一致的要求，有利于推动传统产业的结构升级，又为发展低消耗、高效益的新型产业提供了机遇，风电、光伏、储能、智能电网等新能源产业，电动汽车、零碳工业、用能终端电气化、碳移除等产业将需要大规模投资。根据国家发展改革委价格研究中心研究表明，我国 2030 年前实现碳达峰，每年需要绿色低碳发展资金 3.1 万亿～3.6 万亿元；2060 年前实现碳中和，需要在新能源发电、先进储能和绿色零碳建筑等领域新增投资约 139 万亿元。据中国金融学会绿色金融专业委员会《碳中和愿景下的绿色金融路线图研究》课题组研究，按《绿色产业目录》的"报告口径"测算，未来 30 年我国绿色低碳投资累计需求将达 487 万亿元（按 2018 年不变价计）。

绿色低碳投资将形成新的绿色低碳供给能力，带动供给侧和需求侧的绿色复苏与绿色经济增长，成为经济高质量发展和可持续增长的投资驱动。目前我国在风光新能源开发、特高压输变电、电动汽车等方面处于世界领先水平，今后必将成为支撑我国经济高质量发展的重要产业。

（三）增强区域经济互补性

对一个国家或地区来说，实现碳中和的理想状态应该是，为实现碳达峰碳中和付出的代价（既包括为实现碳中和付出的直接成本，也包括发展因此受到的限制影响）最小化。在我国实现碳达峰碳中和过程中，是否需要每个行政区（省或市）都独立实现碳达峰碳中和，对此尚未进行过深入研究。但从宏观上判断，每个行政区实现各自的碳中和困难较大也无必要。我国东部经济发达地区，经济总量、能源消耗和碳排放量大，而其发展可再生能源和碳封存的空间小，森林等碳汇少，完全依靠本地区实现碳中和会比较困难，即使实现了，其付出的成本也会很大。而中西部地区经济总量不大，碳排放较小，而其风能、太阳能和水电等清洁能源资源丰富，将成为我国最主要的清洁能源基地；另外，中西部地区在国土空间资源上具有通过碳封存实现负排放的巨大潜力。上述两方面的巨大优势，必将使中西部地区在我国实现碳中和进程中发挥不可替代的作用，其自身实现碳中和将很容易且绰绰有余。

因此，合理的方法是，中西部地区大力发展清洁能源和碳封存，提高森林碳汇等，东部地区在努力实现减排、发展适宜的新能源（如海上风电、农村屋顶太阳能等）的同时，向中西部地区大量购入清洁电力和碳封存等负排放及森林碳汇，实现东部、中部、西部地区的优势互补，并以此为契机给中西部地区的发展带来新的机遇。但是，目前国内对这方面的政策研究不足。

（四）协同改善生态环境质量

为如期实现碳达峰碳中和目标，能源结构、产业结构和交通运输结构将会大幅调整，一系列举措将有助于推动从源头上减少污染，实现降碳减污协同增效。温室气体排放和大气污染物排放存在同根同源的特征，CO_2 和绝大部分的 NO_x、细颗粒物、VOCs 等排放同根同源，均来自煤、油、气等化石燃料的燃烧。根据城市排放清单数据，中国 70%以上的温室气体排放和空气污染物排放都来自能源部门。随着碳达峰碳中和推进，化石燃料逐步淘汰而改用清洁能源后，将实现温室气体和上述空气污染物同步减排。工业、建筑、交通等领域的电气化、智能化，用新能源车替代燃油车，提高能源使用效率，淘汰、关停高能耗行业、企业，用氢气替代焦炭炼钢等结构调整措施，在实现碳达峰碳中和的同时，也能大幅降低细颗粒物、NO_x、VOCs 等的排放，将推动我国空气污染治理从末端治理为主的阶段，转入能源结构、产业结构调整的深化阶段，助推大气治理向深度推进。同时，实现碳达峰碳中和目标，需要增加森林等生态系统碳汇，这也进一步加强了对生态系统和生物多样性的保护。

第三节　中国碳达峰碳中和的总体部署及区域碳达峰

一、国家层面的顶层设计

2020 年 9 月，中国已经明确了碳达峰碳中和的时间表。2021 年 9 月，在提出碳达峰碳中和战略目标一周年之际，《中共中央　国务院关于完整准确全面贯彻新发展理念做好碳达峰碳中和工作的意见》（以下简称《意见》）发布，明确了我国碳达峰碳中和战略目标的实现路径、路线图和施工图。紧接着，2021 年 10 月 24 日，国务院印发《2030 年前碳达峰行动方案》（以下简称《方案》），进一步确定了碳达峰目标的实现路线图。

（一）工作原则

全国统筹。全国一盘棋，强化顶层设计，根据各地实际分类施策，鼓励率先达峰。

节约优先。把节约能源资源放在首位，提高投入产出效率，倡导简约适度、绿色低碳生活方式。

双轮驱动。政府和市场两手发力，加快绿色低碳科技革命。深化能源和相关领域改革，发挥市场机制作用，形成有效激励约束机制。

内外畅通。立足国情，统筹国内国际能源资源，统筹做好应对气候变化对外斗争与合作，维护我国发展权益。

防范风险。处理好减污降碳和能源安全、产业链供应链安全、粮食安全、群众正常生活的关系，确保安全降碳。

（二）主要目标

中国碳达峰碳中和战略主要阶段目标见表 7-2。

表 7-2　中国碳达峰碳中和战略主要阶段目标

主要阶段	《中共中央　国务院关于完整准确全面贯彻新发展理念做好碳达峰碳中和工作的意见》	《2030 年前碳达峰行动方案》
到 2025 年	绿色低碳循环发展的经济体系初步形成，重点行业能源利用效率大幅提升。单位国内生产总值能耗比 2020 年下降 13.5%；单位国内生产总值二氧化碳排放比 2020 年下降 18%；非化石能源消费比重达到 20% 左右；森林覆盖率达到 24.1%，森林蓄积量达到 1 180 亿 m³，为实现碳达峰碳中和奠定坚实基础	产业结构和能源结构调整优化取得明显进展，重点行业能源利用效率大幅提升，煤炭消费增长得到严格控制，新型电力系统加快构建，绿色低碳技术研发和推广应用取得新进展，绿色生产生活方式得到普遍推行，有利于绿色低碳循环发展的政策体系进一步完善；到 2025 年，非化石能源消费比重在 20% 左右，单位国内生产总值能源消耗比 2020 年下降 13.5%，单位国内生产总值二氧化碳排放比 2020 年下降 18%
到 2030 年	经济社会发展全面绿色转型取得显著成效，重点耗能行业能源利用效率达到国际先进水平。单位国内生产总值能耗大幅下降；单位国内生产总值二氧化碳排放比 2005 年下降 65% 以上；非化石能源消费比重达到 25% 左右，风电、太阳能发电总装机容量达到 12 亿 kW 以上；森林覆盖率达到 25% 左右，森林蓄积量达到 190 亿 m³，二氧化碳排放量达到峰值并实现稳中有降	产业结构调整取得重大进展，清洁低碳安全高效的能源体系初步建立，重点领域低碳发展模式基本形成，重点耗能行业能源利用率达到国际先进水平，非化石能源消费比重进一步提高，煤炭消费逐步减少，绿色低碳技术取得关键突破，绿色生活方式成为公众自觉选择，绿色低碳循环发展政策体系基本健全；到 2030 年，非化石能源消费比重在 25% 左右，单位国内生产总值二氧化碳排放比 2005 年下降 65% 以上；顺利实现 2030 年前碳达峰目标
到 2060 年	绿色低碳循环发展的经济体系和清洁低碳安全高效的能源体系全面建立，能源利用效率达到国际先进水平，非化石能源消费比重达到 80% 以上，碳中和目标顺利实现，生态文明建设取得丰硕成果，开创人与自然和谐共生新境界	—

根据"十四五"规划纲要和国家各委办局出台的政策文件，中国碳达峰碳中和战略的分领域分阶段目标整理如下：

能源领域：2030 年非化石能源占一次能源消费的比例在 25% 左右；"十四五"期间严控煤炭消费增长，"十五五"期间逐步减少；2025 年风电光伏发电量占全社会用电量的比例约为 16.5%；2030 年风电、光电总装机容量在 12 亿 kW 以上。

工业领域：主要工业产品资源、能源资源利用率在 2035 年前后达到国际先进水平；钢铁和水泥等高耗能行业率先达峰；2025 年前钢铁行业碳排放达峰，2030 年较峰值降低 30%；水泥行业可能在 2023 年前实现碳达峰；未来 15 年推进智能制造。

交通领域：推动交通工具装备低碳化，2030 年，当年新增新能源、清洁能源动力的交通工具比例达到 40%左右；大力发展以铁路、水路为骨干的多式联运，加快大宗货物和长距离货物运输"公转铁""公转水"；加快充电桩、加氢站、城市公共交通等交通基础设施建设，提升绿色化水平。

建筑领域：推动城市组团发展，科学确定建设规模；推广绿色低碳建材和绿色建造方式；提升建筑绿色化水平，到 2025 年，城镇新建建筑全面执行绿色建筑标准，城镇建筑可再生能源替代率达到 8%。

农林及非二氧化碳气体领域：2030 年相对 2005 年森林蓄积量增加 60 亿 m³；2025 年全国森林覆盖率达到 24.1%，森林蓄积量达到 190 亿 m³，草原综合植被覆盖度达到 57%，湿地保护率达到 55%，60%可治理沙化土地得到治理。

（三）实施路径

《意见》提出 10 个方面 31 项重点任务，明确了国家碳达峰碳中和工作的实现路径、路线图和施工图（表 7-3）。

表 7-3　中国碳达峰碳中和战略目标的实现路径

序号	实现路径	重点任务
1	推进经济社会发展全面绿色转型	• 强化绿色低碳发展规划引领 • 优化绿色低碳发展区域布局 • 加快形成绿色生产生活方式
2	深度调整产业结构	• 推动产业结构优化升级 • 坚决遏制高耗能高排放项目盲目发展 • 大力发展绿色低碳产业
3	加快构建清洁低碳安全高效的能源体系	• 强化能源消费强度和总量"双控" • 大幅提升能源利用效率 • 严格控制化石能源消费 • 积极发展非化石能源 • 深化能源体制机制改革
4	加快推进低碳交通运输体系建设	• 优化交通运输结构 • 推广节能低碳型交通工具 • 积极引导低碳出行
5	提升城乡建设绿色低碳发展质量	• 推进城乡建设和管理模式的低碳转型 • 大力发展节能低碳建筑 • 加快优化建筑用能结构
6	加强绿色低碳重大科技攻关和推广应用	• 强化基础研究和前沿技术布局 • 加快先进适用技术研发和推广

序号	实现路径	重点任务
7	持续巩固提升碳汇能力	• 巩固生态系统碳汇能力 • 提升生态系统碳汇增量
8	提高对外开放绿色低碳发展水平	• 加快建立绿色贸易体系 • 推进绿色"一带一路"建设 • 加强国际交流与合作
9	健全法律法规标准和统计监测体系	• 健全法律法规 • 完善标准计量体系 • 提升统计监测能力
10	完善政策机制	• 完善投资政策 • 积极发展绿色金融 • 完善财税价格政策 • 推进市场化机制建设

《方案》部署了实现 2030 年前碳达峰的十大行动，见表 7-4。

表 7-4　碳达峰十大行动

十大行动	具体内容
绿色低碳科技创新行动	完善创新体制机制
	加强创新能力建设和人才培养
	强化应用基础研究
	加快先进适用技术研究和推广应用
碳汇能力巩固提升行动	巩固生态系统固碳作用
	提升生态系统碳汇能力
	加强生态系统碳汇基础支撑
	推进农业农村减排固碳
绿色低碳全民行动	加强生态文明宣传教育
	推广绿色低碳生活方式
	引导企业履行社会责任
	强化领导干部培训
各地区梯次有序碳达峰行动	科学合理确定有序达峰目标
	因地制宜推进绿色低碳发展
	上下联动制订地方达峰方案
	组织开展碳达峰试点建设
能源绿色低碳转型行动	推进煤炭消费替代和转型升级
	大力发展新能源
	因地制宜开发水电
	积极安全有序发展核电
	合理调控油气消费
	加快建设新型电力系统

十大行动	具体内容
节能降碳增效行动	全面提升节能管理能力
	实施节能降碳重点工程
	推进重点用能设备节能增效
	加强新型基础设施节能降碳
工业领域碳达峰行动	推动工业领域绿色低碳发展
	推动钢铁行业碳达峰
	推动有色金属行业碳达峰
	推动建材行业碳达峰
	推动石化化工行业碳达峰
	坚决遏制"两高"项目盲目发展
城乡建设碳达峰行动	推进城乡建设绿色低碳转型
	加快提升建筑能效水平
	加快优化建筑用能结构
	推进农村建设和用能低碳转型
交通运输绿色低碳行动	推动运输工具装备低碳转型
	构建绿色高效交通运输体系
	加快绿色交通基础设施建设
循环经济助力降碳行动	推进产业园区循环化发展
	加强大宗固体废物综合利用
	健全资源循环利用体系
	大力推进生活垃圾减量化资源化

（四）"1+N"政策体系

为指导和统筹做好碳达峰碳中和工作，2021 年 5 月，中央正式成立碳达峰碳中和工作领导小组。中央和国家机关有关部门为领导小组成员单位。领导小组办公室设在国家发展改革委。各部门认真落实党中央、国务院决策部署，按照领导小组工作部署，构建了碳达峰碳中和"1+N"政策体系（图 7-5）。其中，"1"包括《意见》《方案》两个顶层设计文件，"N"包括能源、工业、交通运输、城乡建设、农业农村等重点领域碳达峰实施方案，煤炭、石油天然气、钢铁、有色金属、石化化工、建材等重点行业碳达峰实施方案，以及科技支撑、财政支持、绿色金融、绿色消费、生态碳汇、减污降碳、统计核算、标准计量、人才培养、干部培训等碳达峰碳中和支撑保障方案。

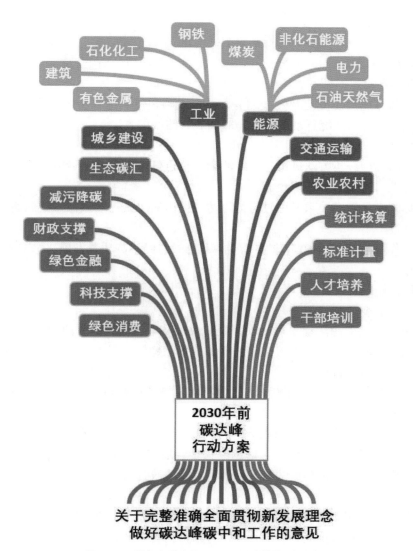

图 7-5　碳达峰碳中和"1+*N*"政策体系示意图

来源：党校读物出版社《碳达峰碳中和干部读本》。

二、区域碳达峰

一个区域（省、市）谋划和实施碳达峰工作，其指导思想、工作原则、达峰目标等必须符合国家层面顶层设计的要求。同时，必须结合区域实际，把握好工作节奏，先立后破、稳中求进。

（一）总体思路

1．基本原则

（1）科学性

科学分析碳排放历史变化及发展趋势，结合战略定位，综合考虑经济社会发展态势，科学确定二氧化碳排放达峰行动的目标、时间表、路线图。

（2）规范性

指导思想明确、分析方法规范、目标清晰、重点任务突出，保障措施有力。

（3）可行性

达峰目标既满足国家要求又通过努力可达，提出的政策行动和保障措施切实可行。

（4）战略性

碳达峰工作与力争在 2060 年前实现碳中和愿景与经济高质量发展、生态环境高水平保护要求相衔接。

2．主要工作步骤

（1）分析排放变化与特征

基于历史年份的能源活动二氧化碳直接排放以及电力调入蕴含的间接排放数据，梳理碳排放总量及排放源构成，分析碳排放总量历史变化趋势，识别重点排放领域及排放源。

（2）研判确定达峰目标

①研判排放趋势：基于本地区经济社会发展态势、重点领域排放特征，科学研判未来碳排放总量发展变化。

②确定达峰目标：基于对排放趋势的科学研判，结合煤炭、石油、天然气等化石能源消费现状以及未来战略定位，综合考虑国家关于开展二氧化碳排放达峰行动的有关要求，科学、合理地确定二氧化碳排放达峰的总体目标及阶段性目标。

（3）实施路径

①达峰路径：识别二氧化碳排放达峰的重点领域及行业，研究提出本地区达峰路径，并将峰值目标分解落实到重点领域及行业，有条件的省（区、市）可分解落实到重点区域。

②政策行动：研究提出实现达峰目标的政策与行动路线图，包括加快经济结构、产业结构和能源结构的低碳转型，建筑、交通运输、农业等领域低碳发展。

③创新体制机制：探索实施碳排放总量控制、行业碳排放标准、项目碳排放评价等相关制度。利用碳排放权交易市场开展控制温室气体排放行动。

（二）碳达峰目标分析及目标确定

1．CO_2 排放分析方法

（1）核算边界

目前二氧化碳排放仅指本区域内化石能源消费产生的二氧化碳的直接排放以及电力蕴含的间接排放。鼓励按照省级温室气体排放清单（含 6 种温室气体）编制，但非能源活动二氧化碳排放与吸收状况单列报告。

（2）（核算）基本方法

本省（区、市）二氧化碳排放总量（以下简称名义排放总量）由能源活动的直接二氧化碳排放量与电力调入蕴含的间接二氧化碳排放量加总得到，即

$$CO_2 = CO_{2直接} + CO_{2间接}$$

$$CO_{2直接} = \sum A_i \times EF_i$$

式中：A_i —— 不同种类化石能源（包括煤炭、石油、天然气）的消费量（标准量）；

$\quad\quad$ EF_i —— 不同种类化石能源的二氧化碳排放因子，采用最新国家温室气体清单排放因子数据，其中煤炭为 2.66 tCO_2/t 标准煤，油品为 1.73 tCO_2/t 标准煤，天然气为 1.56 tCO_2/t 标准煤。

$$CO_{2间接} = \sum A_e \times EF_e$$

式中：A_e —— 由电网公司提供的区域电力调入量；

$\quad\quad$ EF_e —— 该区域调入电力的平均排放因子（由国家根据调入电力情况确定）。

2. 分析碳排放历史趋势与现状特征

（1）碳排放总量及各领域排放增幅

计算本省（区、市）及各领域 2011—2020 年碳排放量相对 2010 年碳排放量增幅，分析碳排放总量历史变化趋势与规律。

（2）各领域碳排放占比

计算本省（区、市）2010—2020 年各领域碳排放量占该年度本省（区、市）碳排放总量比重，分析碳排放变化趋势与规律。

（3）分品种化石能源、调入电力碳排放增幅及占比

计算本省（区、市）2011—2020 年的煤炭、石油、天然气、调入电力碳排放相对 2010 年碳排放增幅，分析分品种能源碳排放变化趋势和特征。

3. 分析确定 CO_2 排放达峰目标

首先要识别二氧化碳排放主要驱动因素。参考历史排放变化趋势，结合本地区发展定位与进程、产业结构特征、能源资源禀赋以及社会经济发展规划与产业发展规划等，在不进行额外调整或开展强化行动的情况下，预测分析本省（区、市）未来经济增长、产业结构、人口、能源需求及结构和重点领域碳排放，识别出本省（区、市）及重点领域与行业二氧化碳的主要驱动因素及高耗能、高排放项目。在此基础上，研究提出实现达峰目标需要进一步强化或创新的重点政策与行动清单，并分析各类政策和措施减排潜力。最终，结合国家碳排放控制目标及分解落实机制相关要求，采用"自上而下"与"自下而上"相结合的分析方法，综合研判峰值。

（三）实施路径

通过重点领域识别、政策措施优选和重大工程项目衔接，进一步以不同的时间和空间尺度把达峰目标分解到具体的领域、行业和项目层面，鼓励有条件的省（区、市）进一步分解到区域层面，并在此基础上提出实现达峰目标所需要的具体政策和措施。

1. 重点领域识别

采用定性和定量相结合方式。定性角度，主要考虑工业化进程、城镇化进程、产业结构、能源结构、非化石能源利用潜力等因素，初步判断达峰重点领域。定量角度，采用从排放源法、排放趋势法、减排潜力和成本法、系统分析法等分析方法，识别出排放存量大、排放增量大、减排潜力大、减排成本低和对达峰目标贡献大的领域和行业，作为达峰重点领域。

鼓励有条件的省（区、市）将二氧化碳达峰目标进一步细化并落实到各个区域。重点区域的确定同样采用定性与定量相结合方式，具体方法同重点领域识别类似。

2. 政策和措施优选

各地要结合情景分析结果和相关标准、准则及工具，根据自身特点提出分领域政策和项目清单，分领域政策措施和项目选项包括但不限于以下几类：

①城市空间格局方面的政策和措施。

包括但不限于：合理控制城市发展边界、提高城镇土地利用效率；以低碳发展为导向，合理规划城市功能区，优化产业空间布局，推动城市组团式发展，建设城市生态和通风廊道，提升城市绿化水平。

②经济和产业结构方面的政策和措施。

包括但不限于：推动产业结构优化升级，加快工业领域低碳工艺革新和数字化转型；坚决遏制"两高"项目；培育绿色低碳新产业；根据本地经济水平和资源条件，发展战略性新兴产业和高端制造业，包括节能环保、新一代信息技术、生物、新能源等；调整产品结构，提高行业生产技术，走向产业链高端。

③能源加工转换领域的政策和措施。

包括但不限于：大力发展非化石能源（包括风能、太阳能、生物质能等）；严格控制化石能源消费，实施煤炭消费总量控制；大幅提升能源利用效率，把节能贯穿于经济社会发展全过程和各领域；深化能源体制机制改革，全面推进电力市场化改革，推进电网体制改革，从有利于节能降碳角度深化电价改革。

④工业领域的政策和措施。

包括但不限于：加大对高耗能、高排放落后产能的淘汰力度，将钢铁、水泥等高耗能、高排放行业作为工业领域达峰行动重点；实施固定资产项目节能评估和碳排放评估，从用能总量、能耗标准、碳排放标准等方面严把准入关，发展循环经济，推动对能源、材料和废弃物的重复、持续、资源化再利用。

⑤建筑领域的政策和措施。

包括但不限于：限制不合理拆迁，降低不理性的建筑材料需求；提高建筑材料质量和施工标准，延长建筑寿命；实施强制性建筑节能标准等。

⑥交通领域的政策和措施。

包括但不限于：加快公共交通基础设施低碳化建设，实施公交优先战略；发展非机动车交通方式；改善运输结构，加快实施公转铁、公转水。

⑦探索实施碳排放总量控制、行业碳排放标准、项目碳排放评价、碳排放准入与退出等制度、标准与机制。

3. 重大工程项目衔接

这里说的重大项目包括两类，一类是 2021—2035 年投产的高耗能、高排放重大项目，另一类是同期拟实施的重大减排项目，如水电、核电、光伏等可再生能源项目（其投运后可替换原有的火电等），或者结构调整项目（淘汰关停高耗能、重污等项目）等。这两类项目都对碳达峰目标的设定、实现具有重大影响。从实现区域碳达峰及下一步碳中和的角度，应努力控制第一类项目，除了经济社会发展中必须实施的一些基础设施项目（如轨道交通、大数据中心等）外。同时，要尽可能多地实施第二类项目。

各省（区、市）已先后编制了本地区的碳达峰行动方案，其架构、内容与国家《方案》一脉相承。目前，各省级方案已经国家碳达峰碳中和领导小组办公室审核通过后陆续自行发布，各设区市级方案由省碳达峰碳中和领导小组办公室审核通过后也由各设区市自行发布。

我国幅员辽阔，东中西部经济发展、能源消耗、生态资源禀赋差异较大。分区来看，2019 年我国东部地区 GDP 占比约 57%，中部地区 GDP 占比约 26%，西部地区仅约 17%，碳排放大省主要集中在中东部地区，东部排放量约 47 亿 t，约是中部和西部排放量的总和，东部地区凭一己之力实现碳达峰难度较大；土地利用与空间布局上差异较大，东部地区土地开发程度高，建设用地占比约为 14%，中部地区约为 6%，西部地区约为 3%。因此，西部地区拥有较大的可再生能源用地空间。如何利用东中西部之间上述几方面的差异，在实施碳达峰碳中和过程中实现优势互补、协调发展，需要作深入的研究和探索。

（四）区域碳达峰应注意把握的几个问题

1. 准确把握系统推进的原则

实现碳达峰碳中和是一场广泛而深刻的变革，不是轻轻松松就能实现的。实现碳达峰碳中和，必须加快形成绿色生产方式和生活方式，涉及产业结构、能源结构、交通运输结构、城乡建设和管理，还涉及对外开放和国际贸易。同时，还与负排放技术的开发应用及生态系统固碳有关。无论是一个国家或一个地区，要实现碳达峰碳中和，必须综合考虑上述各方面因素，制订综合性的降碳增汇方案，统筹协调，全面推进。

2. 既要避免"攀高峰"又要反冒进

一些地方错误认为，现阶段离 2030 年实现碳达峰还有 6～7 年时间，国家对每个区域达峰也未规定具体的峰值，因此，应该抓住这最后的机遇，抓紧上一些"两高"项目，这样做似乎既能发展经济又未违反达峰政策要求。殊不知，这样做既违背碳达峰碳中和的初衷，又会使区域的碳达峰时间延后[①]，更会给后续的碳中和带来极大的负面影响，大幅增加其实现的难度[②]（图 7-6）。为避免出现上述情况，国家从近年开始大幅收紧针对"两高"项目的政策。

在反对"攀高峰"的同时，也要反对不切实际的碳达峰"冒进"。制定碳达峰目标需要统筹碳达峰目标、环境质量改善目标和经济社会发展目标。我国还是一个发展中国家，

---

① 高耗能项目上去后，会使区域总能耗及总 CO_2 排放在后续几年不断上升，过若干年后才可能进入一个平台期，再过若干年才能缓慢下降。

② 峰值越高，越延后，后续实现碳中和过程越难（曲线斜率大，类似硬着陆）。

到 2035 年要基本实现现代化，这就意味着期间我国经济需要保持中高速度增长，能源消费增长在较长一段时间内仍将保持高位。总体上看，未来 10 年仍处于工业化、城镇化、信息化发展的过程中，生活领域人均能源消费与发达国家相比还有较大差距，对美好生活的向往将在未来一段时间持续推动能源消费刚性增长。如果片面追求早达峰、快达峰，必然会对当地经济社会发展带来严重影响。因此，从全国总体情况来看，实现碳达峰任务十分艰巨，需要付出巨大努力，绝不是轻轻松松就能实现的。当然，全国各地情况差异大，少部分地区（如北京、上海等）由于其经济社会发展水平、城市化水平高，碳排放已经基本稳定，这样的地区应该率先实现碳达峰，并在此基础上进一步降低碳排放。

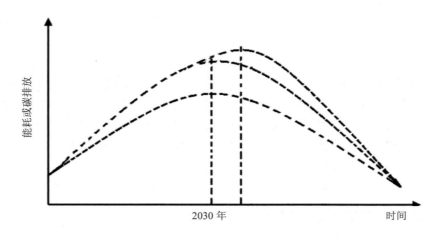

图 7-6　碳达峰的不同路径

3. 碳达峰碳中和可能带来的对国际贸易的影响

碳达峰碳中和可能带来的对国际贸易的影响主要有两点：一是可能实施的碳边境调节机制（以下简称 CBAM）。CBAM 是指严格实施碳减排政策的国家或地区对进口高碳产品征收二氧化碳排放特别关税（碳边境税）或碳配额（2027 年正式实施），详细可见本章第六节碳税部分。二是贸易隐含碳。目前已有 40 多个国家实现了碳达峰，从对 2000 年后碳达峰的国家进行分析看，所有国家在碳达峰后仍存在大量贸易隐含碳。数据显示，这些国家平均进口隐含碳和出口隐含碳占碳排放的比重分别为 59.85% 和 45.08%。随着达峰后碳排放的持续下降，包括美国、日本、澳大利亚等在内的碳达峰国家贸易结构向着"低碳"方向持续优化，包括降低高碳排放行业出口，扩大服务行业进出口比重以及提升净进口隐含碳占国内碳排放需求比重等，从一定程度上可以说，碳达峰国家依靠碳排放转移降低了国内碳排放。借鉴这些国家的做法，我国在实施碳达峰碳中和的进程中，应将（国际）贸易因素纳入，充分考虑贸易因素，积极利用贸易手段，对高碳排放企业进行转移，包括严格控制高能耗、高碳排放产品出口，同时积极扩大同类产品进口，满足国内需求。开展低碳产品认证工作，提高生产过程气候友好的产品的贸易便利化程度。增加服务贸易比重，大力推进包括环境服务在内的相关服务的出口，加强对碳减排领域的相关技术和服务的进口。

第四节 碳中和的主要技术

二氧化碳排放主要来自化石能源燃烧①和工业过程。碳中和技术就是针对这些二氧化碳产生源，采用新技术消除或减少上述二氧化碳的产生，或者对已产生的二氧化碳进行捕集、利用，使之不排入大气层中，避免产生温室效应。这样的新技术包括：①能源供应端的零碳低碳电力供应，②用能端的零碳低碳技术，③循环经济和延长产品生命周期，④碳移除。

一、零碳低碳电力供应

零碳低碳电力供应包括零碳低碳电源、储能和电网智能化。

（一）零碳低碳电源

1. 非化石电源

非化石零碳低碳电源包括水电、风电、太阳能发电、核能、生物质能、地热能等。

（1）水电

水电是最早应用的零碳电源，2022 年我国水电装机 4.135 0 亿 kW，占我国总装机的 16.12%，发电量占我国总发电量的 15.3%。水电的优势是技术成熟度高、经济性好。我国已是世界上水电消费最大的国家，2021 年水电消费占全球水电消费总量的 30.4%（来自 BP 世界能源统计年鉴），但是水电资源相对有限，我国下游地区基本开发完成，未来可开发资源主要集中在四川、云南、青海、西藏等中上游地区，开发成本相对较高。

（2）风电

风电包括陆上风电和海上风电。陆上风电开发和利用技术起步较早，主要核心技术已经比较成熟，但未来可能面临潜在开发量不足的问题，而海上风电具有单体规模大、年利用小时数高、不占用陆地资源等特点。我国海上风电资源丰富、临近负荷中心，具有大规模开发的广阔前景，潜在开发量约为陆上风电的 20%。预计到 2050 年，我国近海风电成本有望接近陆上风电成本。

过去 10 年，风电得到了大力发展，至 2022 年年底，我国风电总装机 3.6544 亿 kW，同比增长 11.2%，风电装机占我国总装机的 14.25%，发电量 7627 亿 kW·h，占我国总发电量的 8.6%。2021 年我国风电装机规模占世界风机总装机的 39.88%。

为了实现碳达峰碳中和目标，"十四五"期间，我国须保证风电年均新增装机 5 000 万 kW 以上，2025 年后，中国风电年均新增装机容量应不低于 6 000 万 kW，到 2030 年至少达到 8 亿 kW，到 2060 年至少达到 30 亿 kW。我国风力发电技术整体上处于世界领先水平。

（3）太阳能发电

太阳能发电主要有两种方式：第一种是光伏发电，就是把太阳光能直接变成电能，其核心就是太阳能电池。第二种是光热发电。光热发电是通过"光-热-功"的转化过程实现发电的一种技术，通过聚光器将低密度的太阳能聚集成高密度的能量，经由传热介质将太阳

---

① 燃烧主要用于发电和加热，其中发电占绝大多数。

能转化为热能，通过热力循环做功实现到电能的转换。太阳能光热发电技术作为一种零碳排放的可再生能源，其产业目前仍处于初期发展阶段，规模较小。

光伏发电在多种可再生能源发电技术中具有发电成本低、资源分布广、易于安装、应用场景丰富等多种优势，被国际能源署等许多国内外能源研究机构认为是未来主要的电力来源。欧盟已提出 2030 年光伏发电约占总发电量的 15%，成为占比最高的可再生能源。美国规划 2050 年光伏发电量占比将达到 38%，预计 2050 年欧洲光伏发电可满足其 30% 的用电需求。

我国太阳能发电发展在全球处于领先地位，发电装机世界第一（2021 年占全球总装机的 36.34%），截至 2022 年年底，并网太阳能发电装机 3.926 1 亿 kW，占我国总装机的 15.31%，同比增长 28.1%。2022 年太阳能发电 4 273 亿 kW·h，占我国总发电量的 4.8%。

我国太阳能光伏电池及组件、逆变器等产品技术与世界先进水平同步，晶体硅电池组件效率屡创世界纪录，薄膜电池技术处于国际领先水平。光伏发电是全球成本下降最快的实现规模化应用的能源技术。国内光伏组件生产成本全球最低，组件价格从 2010 年的 12 元/W 降至 2021 年年初的 1.5 元/W 左右，光伏发电成本也从 1.5 元/（kW·h）降至 0.35 元/（kW·h）左右，未来仍有较大的下降空间。我国光伏领域原始创新能力日益增强，高效率、低成本的光伏产业化技术处于世界先进水平。为未来大规模发展低成本、零污染、高效率的太阳能发电技术奠定了坚实基础。

（4）核能

当前投入实际应用的核能是重核裂变，轻核聚变（人造太阳）尚处于试验研究阶段。发电是核能的主要应用方式。核电是当前仅次于水电的第二大低碳电源，可保障清洁、安全、可靠的电力供应。美国、法国一直走在核电技术前列，中国近年来正迎头赶上，已全面掌握第三代核电技术，并正在推动第四代核电技术发展，国际市场竞争力日益增强。2022 年年底我国核电装机 5 553 万 kW，占我国总装机的 2.17%，2022 年发电量占我国总发电量的 4.72%。碳中和背景下，核电在我国将进一步得到发展。但由于受公众接受程度、供应链、建设周期长等因素影响，一定程度上影响了核电的快速发展。

（5）生物质能

这里的生物质能是指农林残留物、能源作物、多年生木质纤维素植物以及污泥等。将上述生物质通过现代技术转化为固态、液态和气态燃料从而应用在电力及运输等领域，满足不同行业和区域的能源需求。生物质通过光合作用从大气中固碳，经过燃烧过程重新释放到大气中，生物质能在全生命周期来看具有零碳排放的属性。我国生物质资源比较丰富，分布广泛，理论资源量约为 50 亿 t，仅每年可作燃料利用的农业剩余物和林业废弃物就有 5 亿～7 亿 t，折合 2.5 亿～3.5 亿 t 标准煤。但目前我国生物质能源存在原料收集范围过大、采购成本过高、经济收益相对较低的问题。如广东省某生物质电厂项目由于存在收集范围过大、原料价格不稳定等问题，导致该项目长期处于亏损状态，需要实施一定的政策调整予以更多支持。至 2022 年年底，我国生物质发电装机 4 132 万 kW，占我国总装机的 1.6%；2022 年生物质发电 1 824 亿 kW·h，占我国总发电量的 2.1%。

"十四五"期间，我国将重点研发生物质炼厂关键核心技术，攻关生物质解聚与转化制备生物航空燃料等前沿技术，形成以生物质为原料高效合成/转化生产交通运输燃料/低碳能源产品技术体系。研发并示范多种类生物质原料高效转化乙醇、定向热转化制备燃油、油脂连续热化学转化制备生物柴油等系列技术。

（6）地热能

地热资源主要来源于温泉，包括通过热泵技术开采利用的浅层地热能，和人工钻井直接开采利用的地热流体以及干热岩体中的地热资源等。地热资源的利用主要包括发电和直接利用，如供暖、制冷、医疗保健、旅游、温室种植等。在零碳电力系统中主要考虑利用地热能发电。地热具有储量丰富、分布较广、稳定可靠的优点，但是其开发利用程度低、探明地热储量规模小、品质差等缺点使得地热的应用仍处于起步阶段。2021 年，国家发展改革委、国家能源局等联合发布了《关于促进地热能开发利用的若干意见》，明确各地区地热开发的部署，未来地热发展的市场潜力同样巨大。

2. 化石能源清洁化

（1）煤电低碳化

煤电是二氧化碳排放最大来源，煤电低碳化技术主要是发展超超临界发电技术和进行整体节能提效改造。至 2020 年，我国超超临界机组占现役煤电机组总装机容量的 26%。其中 137 台在役 1 000 MW 级超超临界发电机组整体供电煤耗 283.59 g/（kW·h），与国际先进水平同步。但全国煤机整体供电煤耗 305.5 g/（kW·h），与日本［2017 年时已降至 284 g/（kW·h）］等发达国家还有差距。

（2）气电低碳化

天然气发电已成为我国清洁能源发电技术的重要组成部分，截至 2021 年 1 月 18 日，我国天然气发电装机容量已突破 1 亿 kW，发电总装机容量中占比约 4.5%。根据"双碳"目标下我国发电行业的碳排放总量及单位碳排放量的变化趋势和低碳化天然气发电技术的发展情况，预计到 2030 年，天然气发电装机容量将达到约 2.33 亿 kW，天然气发电量约 5 100 亿 kW·h（年利用小时数约 2 190 小时）。

提高天然气发电效率是实现节能减排的有效手段。先进 F 级燃机简单循环效率超过 38%，联合循环效率超过 59%。先进 G/H/J 级燃机简单循环效率超过 42%，联合循环效率超过 62%。预计 2030—2060 年，在役天然气发电机组将逐渐以高效 H 级燃机及其联合循环机组为主。由于天然气发电机组效率的提升，单位碳排放量预计降低约 30 g/（kW·h），减少二氧化碳排放量约 0.19 亿 t。

在以可再生能源发电为主的电力体系下，天然气发电将作为主要的调峰电源助力电力能源低碳化发展。

（3）煤机和气机参与灵活调峰

由于天然气发电机组启停相对灵活，燃气轮机发电机组的运行灵活性远高于燃煤发电机组。高效、灵活、低碳的天然气发电调峰可帮助电网持续消纳以风力发电和光伏发电为主的可再生能源发电，保障电网安全稳定运行。我国天然气发电调峰机组以 F 级、G/H/J 级燃机及其联合循环机组为主，且根据不同的轴系配置方案，其调峰灵活性存在较大差异，主要体现在启停时间、负荷调节范围以及负荷调节速率等方面。

煤机调峰灵活性主要受制于锅炉设备的变负荷运行能力和低负荷稳定燃烧水平，中国目前在役机组实际负荷调节速率仅为 1%～2% Pe/min（Pe 为额定功率），与国际先进水平存在较大差距；纯凝机组的调峰能力一般为 50%～60% Pe，供热机组的调峰能力仅为 20%

Pe，远低于国际先进水平的 75%～80% Pe。按《全国燃煤机组改造实施方案》，"十四五"期间完成 2 亿 kW 的煤机灵活性改造。浙江省已完成所有煤机灵活性改造，纯凝机组的调峰能力达 60% Pe。

总体来说，近年来我国的新能源行业发展取得了显著的成就，成为全球新能源快速发展的引领者。2012—2022 年我国电力装机结构不断变化。2022 年我国电力总装机容量达到 25.640 5 亿 kW，其中，火电装机 13.323 9 亿 kW，占比由 2012 年的 71.5%下降到 2022 年的 51.96%；并网风电装机 3.654 4 亿 kW，占比由 2012 年的 5.4%上升到 2022 年的 14.25%；并网太阳能发电装机 3.926 1 亿 kW，占比由 2012 年的 0.3%上升到 2022 年的 15.31%；水电装机 4.135 0 亿 kW，占比 16.13%；核电装机 5 553 万 kW，占比 2.17%。我国可再生能源装机总规模及水电、风电、太阳能发电、生物质发电装机均居世界第一（表 7-5）。

表 7-5　2009—2022 年我国各类型电源装机容量占比变化

能源	2009年	2010年	2011年	2012年	2013年	2014年	2015年	2016年	2017年	2018年	2019年	2020年	2021年	2022年
水电	22.5	22.4	21.9	21.8	22.3	22.1	20.9	20.1	19.3	18.6	17.8	16.8	16.5	16.13
火电	74.5	73.4	72.3	71.5	69.2	67.6	65.9	64.3	62.2	60.2	59.2	56.6	54.6	51.96
核电	1	1.1	1.2	1.1	1.2	1.5	1.8	2	2	2.4	2.4	2.3	2.2	2.17
风电	2	3.1	4.4	5.4	6.1	7	8.6	8.9	9.2	9.7	10.4	12.8	13.8	14.25
太阳能发电	0	0	0.2	0.3	1.3	1.8	2.8	4.6	7.3	9.2	10.2	11.5	12.9	15.31

数据来源：Wind 数据库。

电量结构不断优化，火电所占比重已从 2012 年的 78.6%降至 2022 年的 66.5%。风电、太阳能发电量合计占比由 2012 年的 2.1%升到 2022 年的 13.4%（图 7-7），增长明显。

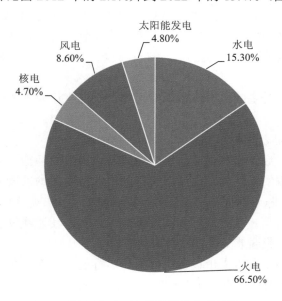

图 7-7　2022 年我国发电量结构

　　"十四五"规划中明确提出要高度重视新能源的发展，"非化石能源占能源消费总量比重提高到20%左右，加快抽水蓄能电站建设和新型储能技术规模化应用"。各省"十四五"规划中，新能源产业一片利好，西藏、陕西、甘肃等西北省份，将重点布局风光储等新能源；同时，甘肃还将加快氢能、动力电池等产业化步伐；广东、浙江、江西、云南等南方省份，将着重发展风电、光伏等新能源；吉林、辽宁、河北将重点发展氢能、光伏等新能源。

（二）储能

　　电力系统是一个时变的实时平衡系统，具有生产和消费实时平衡（同时完成）的特性，有电力、电量两方面的平衡。新能源发电出力的不确定性和随机性，导致电力系统电力电量平衡在从日内到月度时间尺度均面临挑战。风电功率单日波动可达超装机容量的80%，且呈现一定的反调峰特性；光伏发电受昼夜变化、天气变化、移动云层的影响，同样存在间歇性和波动性。随着风电和光伏发电等新能源装机占比日益提高，上述问题日益突出。为解决这一问题，需配套建设大规模储能系统。

　　美国、欧盟、德国、英国近30项研究表明，当波动性能源（风电、光伏等，简称VRE）发电装机容量占比20%，储能功率需求约占负荷高峰的5%；VRE发电装机到40%时，储能功率需求占比8%～16%；VRE发电装机到80%时，储能功率占比提升至25%～45%。

　　根据中关村储能产业技术联盟数据，截至2021年年底，全球已投运储能项目累计装机规模2.094亿kW，同比增长9%。其中，抽水蓄能的累计装机规模最高，占比86.2%。新型储能累计装机规模为2540万kW，同比增长67.7%，其中锂离子电池占据主导地位，市场份额超过90%。截至2021年年底，中国已投运储能项目累计装机规模4610万kW，占全球市场总规模的22%，同比增长30%。市场增量主要来自新型储能，累计规模达572.97万kW，占比12%，同比增长75%。在各类新型储能技术中，锂离子电池的累计装机规模最大，占到近90%。

　　储能技术主要分为物理储能、电化学储能和电磁储能三类。其中，抽水蓄能是一种主要的物理储能方式。近年来，氢储能、氨储能、电化学储能快速发展。下面重点介绍以下几个储能技术。

1．抽水蓄能

（1）国际现状

　　抽水蓄能是利用电力负荷低谷时的电能抽水至上水库，在电力负荷高峰期再放水至下水库发电。可将电网负荷低谷时的多余电能，转变为电网高峰时期的高价值电能。抽水蓄能电站综合效率平均在75%（低谷时用4 kW·h从下水库抽至上水库的水，在高峰时，这些水从上水库放至下水库时能发3 kW·h），效率高的可达80.6%。抽水蓄能是当前世界上公认的技术最成熟的大规模储能方式，在电力系统中承担着调峰、储能、调频、调相、事故备用和黑启动等作用。欧美国家（地区）建设了大量以抽水蓄能和燃气电站为主体的灵活、高效、清洁的调节电源，其中美国、德国、法国、日本、意大利等国家发展较快，抽水蓄能和燃气电站在电力系统中的比例均超过10%。截至2020年年底，意大利、美国、日本、德国、法国占比分别达到55.2%、44.3%、32.3%、15.5%、13.1%。我国抽水蓄能和燃气电站占比仅 6% 左右，其中抽水蓄能占比 1.4%，与发达国家相比仍有较大差距。

据国际水电协会（IHA）发布的 2021 全球水电报告，截至 2020 年年底，全球抽水蓄能装机规模为 1.59 亿 kW，占储能总规模的 94%。另有超过 100 个抽水蓄能项目在建，2 亿 kW 以上的抽水蓄能项目在开展前期工作。

（2）我国发展现状

我国抽水蓄能发展始于 20 世纪 60 年代后期，但发展较快。截至 2021 年年底，我国已投产抽水蓄能电站总规模 3 639 万 kW，主要分布在华东、华北、华中和广东；在建抽水蓄能电站总规模 5 513 万 kW，约 60% 分布在华东和华北。已建和在建规模均居世界首位。

但是，我国抽水蓄能发展面临以下三方面的问题：

一是发展规模滞后于电力系统需求。目前抽水蓄能电站在电源结构中占比低，不能有效满足电力系统安全稳定经济运行和新能源大规模快速发展需要。二是资源储备与发展需求不匹配。西北、华东、华北等区域抽水蓄能电站需求规模大，但建设条件好、制约因素少的资源储备相对不足。三是市场化程度不高。市场化获取资源不足，非电网企业和社会资本开发抽水蓄能电站积极性不高。

抽水蓄能选址

抽水蓄能选址要求较高：合适的水源；具备建设上下库的地形地质条件，上下库要有足够的高程差（一般要求 400～500 m 以保证其综合效率和减少单位功率的投资，近年也开发有高程差 100 m 左右的项目）；不与生态保护相冲突；不涉及生态红线内和自然保护地等。因此，抽水蓄能不适合在缺水、地势平坦、应用场景空间较小的地区建设。

（3）下步发展规划

2021 年 9 月，国家能源局印发实施《抽水蓄能中长期发展规划（2021—2035 年）》，对下步抽水蓄能发展提出了具体目标、任务。

1）发展目标。

到 2025 年，抽水蓄能投产总规模 6 200 万 kW 以上；到 2030 年，投产总规模 1.2 亿 kW 左右；到 2035 年，形成满足新能源高比例大规模发展需求的、技术先进、管理优质、国际竞争力强的抽水蓄能现代化产业，培育形成一批抽水蓄能大型骨干企业。

2）重点任务。

①积极推进在建项目建设。积极推进河北丰宁、山东文登、辽宁清原等在建抽水蓄能电站建设，如期实现投产运行。

②加快新建项目开工建设。加强项目优化布局，统筹新能源高比例发展要求，重点布局一批对系统安全保障作用强、对新能源规模化发展促进作用大、经济指标相对优越的抽水蓄能电站。中长期规划布局重点实施项目 340 个，总装机容量约 4.21 亿 kW。

③加强规划站点储备和管理。本次中长期规划提出抽水蓄能储备项目 247 个，总装机规模约 3.05 亿 kW。

④因地制宜开展中小型抽水蓄能建设。发挥中小型抽水蓄能站点资源丰富、布局灵活、

距离负荷中心近、与分布式新能源紧密结合等优势，在湖北、浙江、江西、广东等资源较好的省（区、市），结合当地电力发展和新能源发展需求，因地制宜规划建设中小型抽水蓄能电站。探索与分布式发电等结合的小微型抽水蓄能技术研发和示范建设。

⑤探索推进水电梯级融合改造。鼓励依托常规水电站增建混合式抽水蓄能，发展重点为中东部地区梯级水电。

此外，今后还要研究探索利用废弃矿坑开发水电蓄能、海水抽水蓄能等技术。

2. 电化学储能

电化学储能是指通过发生可逆的化学反应来储存或者释放电能量，其特点是能量密度大、转换效率高、建设周期短、站址适应性强等。电化学储能器件包括锂离子电池、固态电池、钠离子电池、水系电池和液流电池。

电化学储能近年得到迅速发展，截至2022年年底，我国电化学储能累计装机规模为327万kW，占我国储能装机规模的9.2%，同比增长91.2%。目前，大容量、高功率的电化学储能技术已逐步进入示范阶段。

为推动电化学储能等新型储能快速发展，2021年7月，国家发展改革委、国家能源局发布《关于加快推动新型储能发展的指导意见》，该"意见"明确了以下目标：到2025年，实现新型储能从商业化初期向规模化发展转变，装机规模达3000万kW以上。到2030年，实现新型储能全面市场化发展，装机规模基本满足新型电力系统相应需要。围绕国家顶层设计，电化学储能技术发展要重点围绕以下战略布局：①加强重大装备自主可控，推动短板技术攻关，加快实现核心技术自主化；②加强政府及行业部门顶层设计，加大政策支持力度，明确储能主体地位；③加速构建电化学储能全产业链技术标准体系，推动完善新型储能检测和认证；④依托大数据、人工智能、区块链等技术，结合体制机制综合创新，探索智慧能源、虚拟电厂等多种商业模式，提升行业信息化管理水平。

3. 氢能

氢能是一种来源丰富、绿色低碳、应用广泛的二次能源，它能同时适用于极短或极长时间供电（使用时，氢以燃料电池等方式供电），它正逐步成为全球能源转型的重要载体之一。氢储能具有能量密度高、存储时间长、转化效率高、运行维护成本低、几乎无污染的特点。

氢能可从电解水获得，也可从生物质能、化学能等获得。世界能源理事会把伴有大量二氧化碳排放制得的氢称为"灰氢"，把将二氧化碳通过捕集、埋存、利用，避免了大量排放制得的氢称为"蓝氢"，而通过来源于风能、太阳能等可再生能源电解水制取的氢称为"绿氢"。

中国具有丰富的氢能供给经验和产业基础，截至2021年，中国是世界上最大的制氢国，年制氢产量为2500万t，可为氢能及燃料电池产业化发展初期阶段提供低成本的氢能。未来随着可再生能源规模的不断壮大，可再生能源制氢有望成为中国氢能源供给的主要来源。

然而，氢能大规模应用面临技术成熟度不足、产业成本高昂、前期基础设施投入大、大规模储存及运输安全风险高、政策法规不完善等挑战。

氢能下一步还需突破以下重点技术：

①高效电解制氢技术。突破适用于可再生能源电解水制氢的质子交换膜和低电耗、长

寿命高温固体氧化物电解制氢关键技术。

②氢气储运关键技术。突破 50 MPa 气态运输用氢气瓶；研究氢气长距离管输技术；液氢储运，高密度、轻质固态氢储运。

③氢气加注关键技术。研制低预冷能耗、满足国际加氢协议的 70 MPa 加氢机和高可靠性、低能耗的 45 MPa/90 MPa 压缩机等关键装备，研制 35 MPa/70 MPa 加氢装备以及核心零部件，建成加氢站示范工程。

根据中国氢能联盟预计，到 2030 年，中国氢气需求量将达到 3 500 万 t，在终端能源体系中占比 5%。至 2050 年，氢气年需求量将提升至 6 000 万 t，在我国终端能源体系中占比达 10%，至 2060 年为实现碳中和目标，氢气年需求量将增加至 1.3 亿 t 左右，在我国终端能源体系中占比达到 20%。

2022 年 3 月，国家发展改革委、国家能源局印发《氢能产业发展中长期规划（2021—2035 年）》，对氢能产业的发展作出了具体部署。

4. 氨能

如前所述，氢的储运成本较高，绿氢现阶段还无法实现大规模、长距离送出，为此，考虑将绿氢的零碳价值向下游产品传递，利用绿氢合成易储运的绿氨。氨是氢与氮结合的化合物（图 7-8），易液化存储和运输（现有工业领域应用已十分成熟），这可极大转移和释放绿氢产业的发展空间，相同单位体积储氢密度是液氢的 1.7 倍，是经济高效的氢载体。

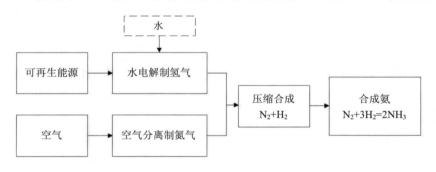

图 7-8　绿氢制合成氨（绿氨）工艺流程

氨可用于燃烧发电，也可作为燃料用于飞机、车辆、船舶等运输设备（需研发氨发动机），氨完全燃烧产生氮气和水。

此外，氨是化工领域的重要原材料，应用广泛。当前，全世界合成氨产量约 1.75 亿 t，其中中国、东欧、南亚、美国和中东地区居世界合成氨产量及消费量的前五位，合计占比 72.9%。但目前合成氨都以化石燃料为原料（国际上以天然气为主，我国以煤为主），生产过程中需排放大量二氧化碳（以煤为原料生产 1 t 合成氨排放 4.5 t 二氧化碳），绿氨生产则从工艺上杜绝了二氧化碳的排放，因此，绿氨除了储能作用，还将对行业脱碳发挥重要作用。

绿氨作为氢载体和零碳燃料，将为实现碳中和发挥重要作用。据国际能源署发布的全球能源行业 2050 年净零排放路线图研究报告，至 2050 年，全球氢能需求量将增长至 5.28 亿 t，其中约 60% 来自电解水制氢，占全球电力供应的 20%，并将有超过 30% 的氢气用于合成氨和其他燃料。未来，氨不仅用于氮肥与化工原料，还将作为能源燃料，满足全球航运能源需求的45%。

近年来，国际能源资本开始大举进入绿氨行业，全球多个大型绿氢—绿氨项目正在推进（表7-6）。我国绿氨产业处于试验和开发示范阶段，2022年内蒙古等地区已开始建设少量示范项目。

表7-6　全球部分大型绿氢—绿氨项目

国别	项目简况
印度	2020年，印度大型光伏企业携手南京凯普索，建成世界上首个绿色氨项目，该项目利用可再生能源每年生产超过1 500 t绿氨，减少CO_2排放量约6 240 t
美国	2020年，美国最大气体产品和化工公司在沙特阿拉伯联合开发400万kW的制氢项目，预计投产后每天生产650 t绿氢，为了便于运输和出口，应用"氢氨转换技术"每年生产120万t绿氨
沙特阿拉伯	2020年，沙特阿拉伯高科技新城NEOM宣布建设一个世界级的绿色氨工厂，由美国空气产品公司（Air Product）、德国蒂森克虏伯公司和丹麦托普索公司（Haldor Topsoe）等联合开发，远期规划绿色合成氨年产量120万t
哈萨克斯坦	2021年，哈萨克斯坦国家能源公司和德国Svevind公司签署合作备忘录，在哈萨克斯坦中西部的荒原建设45 GW的可再生能源制氢项目，生产的绿色氢气将用于绿色合成氨的生产，预计合成氨年产量1 500万t
挪威	2021年，全球最大的氨生产商挪威Yara国际公司与挪威可再生能源巨头Statkraft以及可再生能源投资公司Akeer Horizons宣布，要在挪威建立欧洲第一个大规模的绿色氨项目
法国	法国法能集团（Engie）和当地矿用炸药生产商Enaex合作，共同开展绿色合成氨项目，远期规划绿色合成氨年产量70万t

资料来源：李建伟《"绿电—绿氢—绿氨"一体化发展现状与趋势》。

目前，绿氨的开发应用还面临着制备成本过高的问题，绿氨产业还处于示范期，还未进入商业化阶段。据相关测算，绿电转化制绿氨的成本2030年开始才会在一些小众市场低于基于化石能源制氨，预计到2040年，绿氨经济性将相较化石能源制氨更具成本优势。此外，绿氨用作零碳燃料的技术——氨发动机研发也有待突破，氨相比化石燃料更难点燃，燃烧速度更慢。预计液氨运输船将会是理想的首批用户，中国船级社已发布《船舶应用氨燃料指南》。

5．相变储能

相变储能技术包括储热技术和储冷技术，具有低成本、大容量和长寿命等优点。储热技术是利用固体、液体或者相变储热材料作为储热介质，通过各种能量（风光等新能源）与热能的相互转化，实现能量的储存和管理。储热材料主要是高温熔盐。储冷技术主要指利用储冷介质（冰浆等）的显热或潜热将冷量存储，在需要时进行释放，满足用冷需求的技术。

相变储能技术是新型电力系统的创新技术，可实现常规电力削峰填谷、系统调频，提高电力系统效率、安全性和经济性。

（三）电网智能化

电网智能化包括先进输电技术、先进配电网技术、高比例新能源并网支撑技术、电网控制保护与安全防御技术四部分，这里仅对前两者作简要介绍。

1. 先进输电技术

从空间分布来看，我国能源资源与消费需求呈明显的逆向分布，绝大部分能源资源分布在西部，尤其是风能、太阳能等可再生能源资源集中分布在西北、东北、华北等"三北"地区，而我国能源需求主要分布于东部沿海地区，因此，依托先进输电技术实现能源资源的大规模、远距离、高效率传输，对保障能源电力系统安全稳定运行、支撑经济社会高质量发展意义重大。

目前已进入商业应用阶段的输电技术主要是常规特高压输电技术和柔性直流输电技术。

（1）常规特高压输电技术

"十三五"期间，我国持续推动特高压输电工程建设，构建并成功运营了全球运行电压等级最高、规模最大、技术水平最高的交直流混联特大电网，"西电东送"能力达 2.6 亿 kW。目前，我国特高压输电技术水平总体处于世界领先水平。

除了建设常规特高压输电设施外，近年来，我国加速建设特高压直流输电线路。目前，特高压直流输电成功突破了 $\pm 1\,100\,\text{kV}/5\,500\,\text{A}$ 和 $\pm 800\,\text{kV}/6\,250\,\text{A}$ 输电关键技术，单工程输送容量提升至 10 GW。

（2）柔性直流输电技术

柔性直流输电是继交流输电、常规直流输电后的一种新型输电方式，其在结构上与高压直流输电类似。与常规直流输电技术相比，柔性直流输电具有功率独立控制、无无功补偿问题、可向无源网络供电等技术优势，电能质量更高、占地面积更小，是目前世界上可控性最高、适应性最好的输电技术，能够为新型电力系统的构建提供重要支撑。

目前，我国整体柔性直流输电技术已达到世界先进水平。2020 年 12 月，$\pm 800\,\text{kV}$ 乌东德电站送电广东广西特高压多端直流示范工程投产，是目前世界上电压等级最高、容量最大的混合柔性直流工程，创造了 19 项世界第一。

2. 先进配电网技术

先进配电网包括中低压直流配电网技术、智能柔性配电网技术、微电网技术。

（1）中低压直流配电网技术

传统配电网建设主要采用交流配电方式，但交流配电网面临着线损高、高压跌落、电能质量扰动等一系列问题。近年来，海量分布式电源、储能、电动汽车等直流点源或直流负荷广泛接入，采用直流配电方式不仅能够减少功率损耗和电压降落，有效解决谐波、三相不平衡等电能质量问题，更无须经过交直流转换，节省了整流器及逆变器等换流环节的设备建设，有利于缓解城市电网站点走廊紧张的问题，在改善供电质量、提高供电效率与可靠性等方面优势明显。

因此，推动智能电网技术创新，构建高效、低耗、可靠的直流配用电系统成为未来电网的发展趋势。

案例 7-1：苏州工业园区纯直流配用电示范工程

苏州工业园区纯直流配用电示范工程针对高比例分布式可再生能源区域数据中心、工业园区、新型城镇等场景，建设若干满足不同类型需求的直流配用电系统，实现直流负荷密集区域的直流配电网直配直供，显著降低配用电系统损耗。其累计接入直流负荷 10.5 MW，同时具备 ±10 kV、750 V、±375 V 等 3 个直流电压等级，满足不同应用场景、不同类型用户的用电需求。

（2）智能柔性配电网技术

随着海量分布式电源、储能、电动汽车等新型广义负荷的广泛接入，用户供需互动日益频繁，使得配电网出现双向化、智能化、电力电子化等新特征，配电网的源网荷具有更强的时空不确定性，呈现出常态化的随机波动和间歇性，对配电网安全可靠运行带来更大挑战。依托电力电子技术及新一代信息通信技术，建设适应高渗透率分布式电源的智能柔性配电网是构建新型电力系统的必要途径。

当前，智能柔性配电网处于发展初期阶段，实践较少。国网智能电网研究院提出并研制了柔性变电站，具有灵活组网和"一站多能"等优势，可满足分布式电源、新能源汽车、大数据中心等新兴负荷大规模接入对配电网提出的直流供电、高可靠性、高质量供电等要求。

（3）微电网技术

微电网将分布式电源、储能、负荷组网，形成独立自治的发-输-配-用小型网络，内部的电源主要由电力电子器件负责能量的转换，并提供必要的控制。相对外部大电网，微电网表现为一个单一的可控单元，该可控单元能够满足微电网内部用户对电能质量及供电可靠性和安全性的要求，可以看作小型的电力系统。微电网存在两种典型的运行模式：正常情况下微电网与常规配电网并网运行，称为联网模式；当检测到电网故障或电能质量不满足要求时，微电网将及时与电网断开而独立运行，称为孤岛模式。

微电网最早由美国提出并进行了研究。欧洲国家于 2005 年提出 Smart Power Networks 计划，随后便出台该计划的技术实现方略。Smart Power Networks 计划作为欧洲 2020 年及后续的电力发展目标。

我国于 2010 年 9 月正式开始微电网试点工作。目前我国微电网的试点示范工程主要集中在边远地区、海岛以及城市园区等地区，如西藏阿里地区狮泉河微电网，其由 10 MW 光伏电站、64 MW 水电站、10 MW 柴油发电机组及储能系统组成。城市微电网重点包括集成可再生分布式能源、提供高质量及多样性的供电可靠性服务、冷热电综合利用等。

二、用能端零碳低碳技术

用能端零碳低碳技术包括节能技术、电气化技术、燃料替代技术、低碳产品替代与低碳工艺技术。

1. 节能技术

节能对碳达峰碳中和起着十分重要的作用。2019 年 11 月，国际能源署（IEA）发布了

《世界能源展望 2019》。展望全球 2050 年及 2070 年的能源发展前景，探讨在 21 世纪末将全球温度升高控制在 2℃以内，减少全球能源相关碳排放的主要途径。

该报告采用情景分析法展望了全球能源和碳排放在 3 种不同发展情景下的变化趋势，包括：①当前政策情景（CPS），即世界各国继续沿着当前路径发展，政策没有额外变化的情景；②既定政策情量（STEPS），即目前世界各国已颁布的减排路径政策和承诺都能顺利实现的情景；③可持续发展情景（SDS），即将 21 世纪末全球温度升高能够控制在 2℃以内的情景。

在可持续发展情景下，2050 年的全球二氧化碳排放量预计为 100 亿 t，比既定政策情景预计的 360 亿 t 大大减少。此时，减少全球二氧化碳排放的主要途径有 5 个：一是提高能效；二是发展可再生能源；三是燃料替代（如用天然气替代煤炭）；四是发展核能；五是发展碳捕获、利用与封存（CCUS）技术。

该报告对上述 5 个途径在不同时间节点对二氧化碳减排的贡献进行了定量分析，结果认为，2050 年，提高能效对二氧化碳减排的贡献为 37%左右，发展可再生能源的贡献为 32%，燃料替代的贡献为 8%，发展核能的贡献为 3%，CCUS 技术的贡献为 9%，其他技术的贡献为 12%，在各种途径中，提高能效的贡献最大，可再生能源的贡献位居第二。

提升节能效果，需大量的投资。该报告预计从目前到 2050 年，可持续发展情景的能源活动总投资（包括燃料、电力和终端部门）约 3.5 万亿美元/a，比既定政策情景高 25%左右，其中节能投资为 8 100 亿美元/a，约占总投资的 23%。节能的重点投资领域是工业过程节能、建筑节能、交通运输节能。

2．电气化技术

用能终端的电气化与低碳零碳电力供应结合，实现终端用能的脱碳。

公路交通是电气化技术应用的重点领域，节能汽车、纯电动与插电式混合动力汽车、氢燃料电池汽车、智能网联汽车、充电基础设施等将成为未来发展的重点领域。

建筑领域的照明、制冷、家用电器已实现电气化，热泵供暖将成为关键领域，据 IEA 分析，热泵在全球家庭用能中将从 2019 年的 5%提升至 2030 年的 22%，这将为建筑部门减少 50%的碳排放。此外，炊事设备电气化（用电磁炉替代燃气灶）以及"光、储、直、柔"[①]的新型供配电技术也将对建筑减排有较大贡献。

以分布式光伏为基础的农村新型能源系统将满足农村地区的生活、生产和交通用能，详见图 7-9。

用电力进行工艺加热或者锅炉加热将是工业部门电器化工作的早期重点。利用热泵技术满足工业低温热力需求；推进煤改电（电能炉取代煤锅炉），减少工业散煤利用；还可通过激光烧结、电阻加热、电弧等满足特殊用途加热；到 2050 年，工业部门电气化率达到 65%以上。工业电气化主要面临着成本和技术的挑战，在目前化石燃料的价格较低，以及没有外加碳税惩罚的约束下，企业电气化改造的积极性不高。此外，工业过程电气化改造技术复杂，如高热源温度需要带来的瞬时发电需求等实现难度大。

① 光伏发电、储能电池、低压直流配电、可调节可中断的智能用电设备。

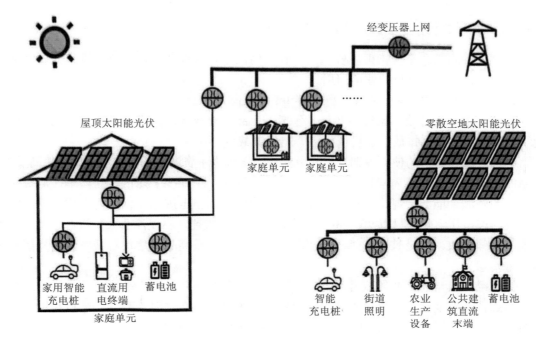

图 7-9　农村基于屋顶光伏的村级直流微网

来源：舒印彪主编《新型电力系统导论》，中国科学技术出版社 2022 年出版。

3．燃料替代技术

在难以实现电气化或电气化成本过高时，可用氢能或生物质能进行燃料替代以实现用能终端的脱碳。

交通领域可利用氢燃料电池实现长距离运输；工业上可用氢解决钢铁和化工业的高排放问题（氢既是还原剂，又是热燃料）；以生物质为原料高效合成/转化生产交通运输燃料（生物柴油、航空燃料、乙醇）、规模化生物燃气工程等是"十四五"期间的重点研发项目；生物质燃料在北方农村清洁供暖以及水泥、钢铁等工业领域均有较好的应用前景。

4．低碳产品替代与低碳工艺技术

低碳产品替代与低碳工艺是工业部门的两项低碳终端用能技术。

产品替代在建筑材料方面有较大应用空间，如可通过胶合层压木材作为高层建筑的承重，采用纤维板代替石膏板等，以木材替代混凝土。用辅助胶凝材料可替代普通硅酸盐水泥中部分石灰石基熟料，包括粉煤灰、高炉矿渣颗粒等。目前，辅助性凝胶材料已取代了全球水泥中近 20% 的熟料，通过优化组合可使熟料替代率达 40%。

通过智能化、新技术、新装备及具有颠覆性的节能工艺等工业流程再造技术研发，可降低工业生产的能耗，提高能源和资源利用率，有效降低碳排放。《国家工业节能技术装备推荐目录（2020）》，对五大类 59 项工业节能技术进行了梳理，文件中涉及多个流程和工艺再造技术。

绝大部分清洁生产工艺因其减少、避免了有毒有害有辅材料使用和污染物排放，减少了能耗物耗，有利于减碳，因此也应属于低碳工艺。

三、循环经济与延长产品寿命

循环经济的概念不仅指再生资源的回收利用，还包括设计之初避免污染和二氧化碳排放，以及延长产品和材料的使用周期。

再生资源的回收利用已在第三章作了专门介绍。

设计、生产低排放、无排放产品，包括工业品和建筑等，如用电动汽车替代燃油车避免了污染和二氧化碳排放；建设低碳、节能建筑减少能耗等。

延长产品和材料的使用周期，实际上就相当于减少了资源消耗和排放，如一件高质量、耐用的消费品，其使用周期是劣质产品的几倍，则相当于减少了几倍量的该单件消费品生产所需的资源、能源消耗。最值得关注的是房屋建筑，由于规划变化、建造质量等原因，当前我国许多住宅建筑只有 20～30 年"寿命"，大拆大建，不仅浪费大量资源，还产生大量温室气体排放。立足长远，"一张蓝图"绘到底，建设高品质建筑对城乡建设领域减碳具有重要意义。

循环经济策略在工业领域有巨大的减排潜力，其措施包括在产品设计源头避免废弃、产品和部件的重复使用、材料再循环等。根据有关测算，在水泥、钢铁、塑料和铝四大领域运用循环经济策略，可在 2050 年前减少其 40%的二氧化碳排放。

四、碳移除

碳中和目标的实现不仅依赖于碳减排，还需要通过碳移除来抵消不得不排放的二氧化碳。

碳移除包括生态系统碳汇和碳捕集、利用与封存技术（Carbon Capture，Utilization and Storage，简称 CCUS）。

1. 生态系统碳汇

生态系统碳汇包括陆地生态系统碳汇和海洋生态系统碳汇，这里仅讨论陆地生态系统碳汇。

陆地生态系统在全球碳循环中发挥着重要作用。据最新研究，1750—2019 年，陆地生态系统累计吸收 0.84 万亿 t 二氧化碳，2010—2019 年，陆地生态系统年均吸收 125 亿 t 二氧化碳，明显高于 1980—1989 年的年均 73 亿 t，这主要是大气中二氧化碳浓度增加产生的二氧化碳施肥效应导致的。通过加强对生态系统的保护、植树造林、生态修复等，可以进一步增加碳汇。《中华人民共和国气候变化第二次两年更新报》中 2014 年中国"土地利用、土地利用变化和林业（LULUCF）"温室气体清单，我国陆地生态系统碳汇量为 11.5 亿 tCO_2 当量/a，其中林地碳汇量 8.36 亿 tCO_2 当量/a，木产品碳储量 1.10 亿 tCO_2 当量/a，农田、草地、湿地系统碳汇量分别为 0.49 亿 tCO_2 当量/a、1.09 亿 tCO_2 当量/a、0.45 亿 tCO_2 当量/a。未来通过提升森林质量和蓄积量、保护草原防止过度开垦、提高农田生产率和改善土壤质量、增加湿地总量和生态恢复等措施，陆地生态系统的碳汇能力将进一步得以提升。

2. CCUS 技术

CCUS 技术最早从 2005 年提出，当时被称作碳捕集与封存（CCS）技术，IPCC 对此的定义是：将二氧化碳从工业或相关能源产业的排放源中分离出来，输送并封存在地质构造中长期与大气隔绝的过程。后来中国建议应重视二氧化碳的利用，并正式提出 CCUS 概念，被广泛接受和使用。

国际上 CCUS 技术应用推广取得显著进展，已进入高速发展时期，其中加拿大和美国在此领域处于领先地位。2014 年 10 月，世界首个燃煤电厂 100 万 t/a 二氧化碳捕集项目——加拿大 SaskPower 公司边界大坝项目正式投运，碳排放指标由 1 100 g/(kW·h) 降至 120 g/(kW·h)。2020 年，美国运营中的 CCUS 项目 38 个，约占全球运营项目总数的一半，二氧化碳捕集量超过 3 000 万 t。2020 年，欧盟有 13 个商业 CCUS 项目在运行，另有约 11 个项目计划在 2030 年前投运。国际上 CO_2 地质利用、封存最多的是强化采油。

根据相关研究，全球 CCUS 陆上封存容量为 6 万亿～42 万亿 t，海底封存容量为 2 万亿～13 万亿 t。根据《IPCC 全球升温 1.5℃ 特别报告》评估结果，在未来 90 种情景中，几乎都需要 CCUS 负碳技术进行碳移除才能将温升控制在 1.5℃ 范围内。现阶段，2020 年的 CCUS 全球捕集和封存量仅为 0.4 亿 t/a。根据这 90 种情景研究结果，90% 的情景在 2050 年对 CCUS 全球封存量的需求达到 36 亿 t/a。IEA 的可持续发展情景对 CCUS 进行了描述，研究结果显示，如果全球能源部门在 2070 年实现净零排放，CCUS 将贡献累计减排的 15%。

中国现阶段二氧化碳捕集能力为 300 万 t/a，累计封存二氧化碳 200 万 t，捕集、输送、利用和封存环节的技术发展迅速，部分技术已经具备商业应用潜力。根据《中国二氧化碳捕集、利用与封存（CCUS）年度报告（2021）：中国 CCUS 路径评估》的研究结果，在碳中和目标下中国分阶段 CCUS 减排需求分别为 2030 年的 2.1 亿 t、2050 年的 10 亿 t 和 2060 年的 14 亿 t。到 2060 年，BECCS（生物质能结合碳捕集与封存）和 DACCS（直接空气碳捕集与封存）对整体 CCUS 有较大贡献，需求分别为 4.5 亿 t 和 2.5 亿 t；其他部门中，煤电对 CCUS 需求也较高，为 3.5 亿 t。

第五节 重点领域碳排放现状、趋势和碳中和实现路径

碳中和目标的实现依托全社会、全领域、全行业的共同努力。从能源供给端来看，零碳电力系统的建设势在必行。从能源消费端来看，实现工业、交通、建筑等领域的能源结构转型势在必行。但是，由于不同行业、不同领域的产业结构、碳排放来源、减排技术和减排难度存在明显的差异，碳中和愿景下各行业需要根据自身特征量身定制转型路径。

一、电力领域碳达峰碳中和

（一）电力领域碳排放现状与趋势

电力系统是温室气体排放的重要来源，根据中国二氧化碳排放路径模型，2020 年我国能源消费与工业过程二氧化碳排放量 115 t，其中发电排放约 40 亿 t（不含供热碳排放）或 46 亿 t（含供热碳排放），分别约占总排放量的 35% 或 40%。

近年来，我国电力生产和需求不断增长，2021 年发电量约 8.38 万亿 kW·h，较 2010 年增长 98%，但发电结构已发生很大变化，火电装机由 2012 年的 71.5% 下降至 2021 年的 54.6%、2022 年的 52%；实际发电比重也由 2012 年的 78.6% 降至 2021 年的 67.4%、2022 年的 66.5%；

与之相比，风、光电装机与发电量则有了较大幅增长（可详见表 7-5），风电、太阳能发电装机合计从 2012 年的 5.7%上升至 2021 年的 26.7%、2022 年的 29.6%，两者实际发电量也从 2012 年的 2.1%上升至 2021 年的 11.7%、2022 年的 13.4%。

随着未来城镇化、工业化的进一步推进，我国的电力需求和装机量均将增加。同时，为减少终端用能部门的直接碳排放，终端用能电气化比例不断提升，预计到 2060 年，终端用能消费中电力消费占比将达到 70%以上。上述两方面的共同作用将使未来电力装机进一步增长，预计 2030 年和 2060 年，我国电力系统总装机分别达到 40 亿 kW 和 71 亿 kW，新能源装机（含生物质）占比分别提升至 45%和 68%（2020 年为 27%），煤电装机占比分别降至 31%和 6%。在发电量结构方面，预计 2030 年和 2060 年，我国电力系统总发电量分别将达到 11.8 万亿 kW·h 和 15.7 万亿 kW·h，新能源发电量（含生物质）占比分别提升至 30%和 61%，煤电发电量占比分别降至 43%和 4%。[①]

（二）碳达峰碳中和实现路径和举措

电力系统实现碳达峰碳中和的路径主要有两个方面：一是在发电端，大力发展非化石能源，尤其是风、光等新能源，并逐步取代化石能源；二是建设与风、光等新能源特点相适应的安全可靠的输配电网络。

电力系统碳达峰碳中和可分为碳达峰、深度低碳和近零排放 3 个阶段，如图 7-10 所示。

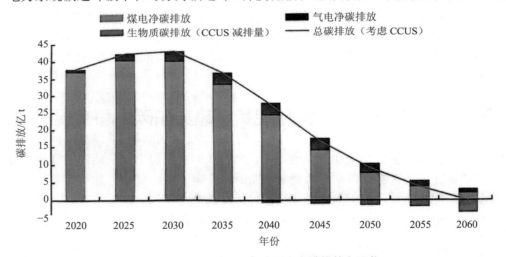

图 7-10　2020—2060 年我国电力碳排放和吸收

资料来源：舒印彪主编，中国科学技术出版社 2022 年出版《新型电力系统导论》。

电力系统碳达峰预计在 2028 年前后，峰值 CO_2 排放约 49 亿 t（不含供热碳排放），2030 年前，非化石能源占新增装机 80%以上，占新增发电量的 70%以上，但煤机及其发电量仍有少量增长。随着新能源的快速发展，预计 2030 年，非化石能源装机和发电量占比分别达到 64%、51%，较 2020 年分别增加 18%、15%。

---

① 《新型电力系统导论》——舒印彪主编，中国科学技术出版社 2022 年出版。

大型风光电基地规划布局。

目前，整体规模达 4.55 亿 kW 的沙漠、戈壁、荒漠大型风电光伏基地项目正在加快推进，项目清单已经印发，纳入国务院印发的扎实稳住经济"一揽子"政策措施当中（表 7-7）。项目主要布局在内蒙古、宁夏、新疆、青海、甘肃等地区，这些地区正积极推进项目建设。

表 7-7　4.55 亿 kW 风光大基地规划布局方案

基地类型	基地名称	到 2030 年规划建设装机	"十四五"已规划新能源装机规模
沙漠基地	库布齐（内蒙古）	2.84 亿 kW	3 900 万 kW
	乌兰布和（内蒙古）		2 100 万 kW
	腾格里（内蒙古）		4 500 万 kW
	巴丹吉林沙漠基地（内蒙古）		2 300 万 kW
采矿沦陷区	陕北	0.37 亿 kW	1 900 万 kW
	宁夏		600 万 kW
	蒙西		400 万 kW
	晋北		800 万 kW
其他沙漠和戈壁地区		1.34 亿 kW	

资料来源：国家发展改革委、国家能源局《以沙漠、戈壁、荒漠地区为重点的大型风电光伏基地规划布局方案》。

达峰后 2～3 年为平台期，而后进入深度脱碳阶段，新能源进一步快速发展，以新能源为主的非化石能源可以满足全部新增电量需求，并逐步替代存量煤电等。预计 2030 年、2040 年、2050 年煤电量占比分别下降至 43%、23%、8%。同时，CCUS 商业化应用不断扩大。

预计 2060 年，电力系统实现近零排放，非化石能源装机和发电量分别达到 89%、92%，煤电、气电作为调节和基础保障能源，并通过加装 CCUS 成为近零机组。

在进行上述非化石能源大规模规划建设的同时，针对风、光等新能源不稳定、可靠性低的特点，为保障电力系统安全、稳定、高效运行，应同步规划、建设与之配套的储能系统（抽水蓄能、电化学储能、氢能、氨能、相变储能等）、智能电网系统（先进输电网、先进配电网等），这两个系统的规划建设内容可详见本章第四节部分。

二、工业领域碳达峰碳中和

（一）现状

2021 年我国工业制造业增加值 31.4 万亿元，占全球近 30%，全球第一。我国有制造业 31 个大类、179 个中类和 609 个小类，是全球产业体系最完整的制造业大国。在 500 种主要工业产品中，我国有四成以上产品的产量位居世界第一。同时，工业制造业面临重大挑战，工业产业结构尚未跨越高耗能、高排放阶段。我国第二产业增加值占国内生产总值的 39.4%，但能耗占全国能源消费总量的 70%，二氧化碳排放占全国碳排放总量的 80%，传统资源型产业占比仍然偏高，能效水平还有较大提升空间。

工业部门 2020 年碳排放量约为 72 亿 t，其中能源相关直接排放、工业过程排放、间接排放分别为 38.6 亿 t、14.8 亿 t 和 18.6 亿 t。其中，钢铁、水泥、铝冶炼和石化化工碳排放占工业碳排放的 70% 左右，因此工业减碳的重点也在上述四大行业。

（二）碳达峰碳中和的路径和措施

为加快推进工业绿色低碳转型，切实做好工业领域碳达峰工作，2022 年 7 月，工业和信息化部、国家发展改革委和生态环境部联合印发《工业领域碳达峰实施方案》，提出深度调整产业结构、深入推进节能降碳、积极推行绿色制造、大力发展循环经济、加快工业绿色低碳技术变革、主动推进工业领域数字化转型 6 个方面重点任务，并提出重点行业达峰、绿色低碳产品供给提升两个重大行动，以确保工业领域 2030 年前碳达峰。

2020—2060 年，工业部门减碳将经历 3 个阶段。2020—2035 年是工业碳达峰和平台期，这一阶段不同行业达峰时间各不相同，总体来看，碳排放较高的产业和产能过剩的产业要率先实现碳达峰；产品自给率不高、产品需求增长空间大、产品价值链提升前景好的产业要后实现碳达峰。2035—2055 年是碳排放快速下降阶段。工业用能电气化、绿电、绿氢、储能、CCUS 等规模化应用。2055—2060 年是全面碳中和时期，工业部门的二氧化碳排放量将下降近 95%，剩余的排放量由其他部门的负排放所抵消。

工业领域减碳的主要实现路径如下：

一是调整优化能源结构。大力发展用能端电气化，普及电锅炉、电窑炉等，不断增加用电量，减少化石燃料消耗。至 2060 年，电力用量增加近 1 倍，煤炭用量下降 83%；推动化石燃料从燃料转向原料，推进低碳水泥生产、短流程炼钢、炼化产业"油转化"；大力发展氢能，推动氢燃料电池汽车发展，推进绿氢冶炼、绿氢炼化等绿氢应用。

二是优化调整产业结构。控制高耗能行业发展，我国粗钢、水泥产量在 21 世纪 20 年代达峰值后逐渐下降，2060 年较 2020 年分别下降 40%、45%；推进制造业绿色化、智能化；发展循环经济，推动废钢、废塑料、废矿物油等循环利用。

三是提高能源利用效率。利用新材料、新技术改造提升用能设备、工艺，挖掘节能潜力。

四是研发应用低碳技术。研发应用低成本风电、光电、制氢、输氢技术，提高新能源应用比例；研发应用电气化、氢基工艺（用氢还原炼铁等）、水泥熟料替代等技术，从源头减少化石燃料使用；研发应用二氧化碳制甲醇、二氧化碳制可降解塑料、低成本 CCS 技术等，提高二氧化碳捕集、利用。

三、建筑领域碳达峰碳中和

建筑是二氧化碳的重要排放源，随着城镇化推进和生活水平提高，近期建筑领域碳排放仍将有较快增长。建筑碳排放核算口径还未统一，一种口径仅核算建筑运行阶段能耗，另一种口径同时包括建筑建造（含建材生产、运输、建筑物建造及拆除）。本书主要讨论建筑物运行阶段的碳排放。建筑物运行碳排放包括直接排放和间接排放，前者指城镇供热锅炉、炊事、生活热水等活动所需一次能源（煤炭、石油和天然气）消耗带来的排放，后者指热电联产供热、空调、照明、电器等外购热力、电力带来的排放。建筑碳排放核算中民用建筑的类型包括居住建筑、公共建筑、农村建筑三类。

（一）建筑领域碳排放现状及问题

1. 现状

2020 年，我国建筑面积达 688 亿 m^2，其中城镇居住面积 287 亿 m^2，城镇公共建筑面积 127 亿 m^2，农村建筑面积 274 亿 m^2，分别占总量的 41.7%、18.5%、39.8%。建筑用能耗 7.7 亿 t 标准煤，其中城镇居住建筑、城镇公共建筑、农村建筑分别耗能 2.0 亿 t、2.5 亿 t、1.5 亿 t 标准煤，还有北方城镇供暖 1.7 亿 t 标准煤。用能结构上，电力占 38%，煤炭占 28%，燃气占 20%，石油气占 8%，生物质等占 6%。2010—2020 年，建筑用能强度从 8.8 kg 标准煤/m^2 增至 11.2 kg 标准煤/m^2，上升 27.3%。据测算，2020 年我国建筑领域二氧化碳排放 21.7 亿 t，其中，供暖、炊事等化石燃料直接排放 6.9 亿 t，外购电力、热力间接排放 14.8 亿 t。直接排放已在 2017 年达峰后有所下降，间接排放及总排放量还在上升。

2. 存在的主要问题

一是建筑规模及其用能需求仍刚性增长。我国人均居住面积已接近发达国家水平，2020 年我国城镇人均居住面积 33.2 m^2，接近韩国（34.2 m^2），与德国（46 m^2）、法国（40 m^2）、日本（39 m^2）尚有些差距；城镇人均公共建筑面积 14.7 m^2，已高于法国（12.3 m^2），与英国（15.4 m^2）相当。但近年来我国年均新增建筑面积仍保持在 40 亿 m^2 左右，建筑用能在全社会用能占比不断上升。

二是绿色建筑发展滞缓。与发达国家相比，绿色建筑占比小，尤其真正的绿色运行标识项目占比更低（2020 年 2.47 万个绿色建筑标识项目中，绿色运行标识项目占比不足 5%）；由于认识不足，超低能耗建筑等还处于示范试点阶段。既有建筑节能改造提升难，城镇建筑改造翻新率不足 0.5%，而多以拆旧建新为主，这大大增加了能源、资源消耗（清华大学建筑学院专家估算，拆除+新建的综合碳排放为 0.6～0.7 t/m^2，改造延长建筑寿命的碳排放约为 0.3 t/m^2）。农村建筑节能还缺乏强制标准。

三是建筑能源低碳化转型困难。2020 年城镇建筑供热达 122.7 亿 m^2，绝大多数以煤为主，存在"高碳锁定"风险。农村地区供暖清洁化改造前期已取得明显成效，但由于财政补贴有限，市场化机制尚未形成，后续推进困难。以光伏为主的可再生能源应用举步维艰，已经推广的屋顶分布式光伏并网困难，设备闲置较多。

（二）碳达峰碳中和的路径和措施

2022 年 3 月住房和城乡建设部发布《"十四五"建筑节能与绿色建筑发展规划》，提出"到 2025 年，城镇新建建筑全面建成绿色建筑，建筑能源利用效率稳步提升，城镇新建居住、公共建筑能效水平分别提升 30%、20%，用能结构得到优化。同时，还提出了一些具体目标及提升绿色建筑发展质量、推动可再生能源应用、实施建筑电气化工程等九大重点任务"。

2022 年 7 月，住房和城乡建设部和国家发展改革委联合印发《城乡建设领域碳达峰实施方案》，明确提出 2030 年前，城乡建设领域碳达峰，城乡建设绿色低碳发展政策体系和体制机制基本建立，能源资源利用效率达国际先进水平，用能结构更加优化，"大量建设、大量消耗、大量排放"基本扭转，绿色低碳运行初步实现。同时，提出了优化城市结构和布局、开展绿色低碳社区建设等 12 条具体措施。

建筑领域碳达峰碳中和的主要路径和措施如下。

1. 推进城乡建设绿色低碳化

城乡建设绿色低碳化主要包括优化城市结构和布局、控制建筑总规模和改变大拆大建模式、提升县乡绿色低碳水平等方面。

1）优化城市结构和布局。以绿色低碳要求系统谋划城市规划。推动城市组团式发展，每个组团面积不超过 50 km²，组团内平均人口密度原则上不超过 1 万人/ km²；加强生态廊道、景观视廊、通风廊道、滨水空间和城市绿道统筹布局，组团间的生态廊道应贯通连续，净宽度不少于 100 m。新城新区合理控制居住比例，促进就业与居住融合布局，按照《完整社区建设标准（试行）》，建设居住、商业、无污染产业混合的功能复合混合街区，到 2030 年，地级及以上城市完整居住区覆盖率达 60%以上，构建 15 分钟生活圈。

2）控制建筑总规模和改变"大拆、大建"模式。一是要按照"房住不炒"等定位，根据经济社会发展进程，制定实施合理控制建筑规模的政策措施。二是要改变既有建筑改善提升模式，由"大拆、大建"改为维修、改造为主。坚持从"拆改留"到"留改拆"推动城市更新，城市更新单元（片区）或项目内拆除建筑面积原则上不应大于现状总建筑面积的 20%。

3）提升县乡绿色低碳水平。县乡规划建设要充分借助自然条件和原有地形地貌，实现县城与自然环境融合协调。控制住宅建筑高度，六层及以下占比不低于 70%；农村和村庄建设应顺应地形地貌，新建农房向基础设施完善的村庄集聚。

2. 推进建筑和基础设施低碳化

1）全面提高建筑低碳化水平。一是提高新建建筑低碳水平。提高绿色建筑底线控制水平，2025 年城镇新建建筑全面执行绿色建筑标准，2030 年前严寒寒冷地区新建住宅建筑本体达到 83%节能要求，新建公共建筑本体达到 78%要求。以发展近零能耗建筑为目标，逐步实现"传统建筑→节能建筑→超低能耗建筑→近零能耗建筑→零能耗建筑"的转变，不断增加超低能耗建筑、近零能耗建筑占比。引导农村建房执行《农村居住建筑节能设计标准》，推进绿色农房建设。二是要加强既有建筑节能改造。健全既有建筑节能改造标准；居住建筑能改尽改；持续推进公共建筑节能改造，到 2030 年，地级以上重点城市全部完成改造任务，整体能效提升 20%以上；北方地区积极推进农房节能改造，改造后能效提升 30%以上。

2）从结构、布局、营造上控制建筑能耗。积极发展中小户型普通住宅，限制发展超大户型住宅。依据当地气候条件，合理确定住宅朝向、窗墙比和体形系数，降低住宅能耗。推行灵活可变的居住空间设计，减少改造或拆除造成的资源浪费。推动新建住宅全装修交付使用，减少资源消耗和环境污染。加强住宅共用部位维护管理，延长住宅使用寿命。

3）提高基础设施运行效率。实施 30 年以上老旧供热管网更新改造工程，到 2030 年城市供热管网热损失较 2020 年下降 5 个百分点。提升城市公共交通建设、运行、服务水平，城市绿色交通出行比例稳步提升。全面推行垃圾分类和减量化、资源化，到 2030 年城市生活垃圾资源化利用率达到 65%。系统化全域推进海绵城市建设，到 2030 年全国城市建成区平均可渗透面积占比达到 45%。农村地区因地制宜积极推进垃圾分类、资源化利用和污水就近就地生态化处理。

3．推进建筑用能结构低碳化

1）推进可再生能源应用。以城镇公共建筑、农村建筑及工业厂房建筑为重点，推广太阳能光伏发电与建筑一体化，并配置分布式储能；推动太阳能光热系统在中低层住宅、酒店、学校等建筑中的应用；因地制宜推广使用各类热泵技术，以满足建筑采暖、制冷和生活热水需求。建设以"光储直柔"为特征的新型建筑电力系统，使建筑在电力系统中由用能者转为产能、用能和储能三位一体系统。2025 年城镇建筑可再生能源替代率达 8%。

2）提高建筑电气化水平。主要解决供暖、炊事、生活热水、蒸汽供应等的电气化，用地源、气源热泵供暖、制冷，用电气化炉灶替代明火烹饪，电锅炉、电源热水解决医院、酒店等的蒸汽需要，到 2030 年建筑用电能耗占比应大于 65%。

3）推进清洁取暖。因地制宜采用工业余热、热电联产、燃气、电力等方式加快燃煤锅炉与农村散煤替代，到 2035 年全面完成。提倡、引导电动热泵等分散式供暖，逐步实现供暖用能以可再生能源为主。

四、交通领域碳达峰碳中和

交通是生产生活所必需的基础，也是碳排放的重点领域。

（一）现状及存在的问题

2019 年，交通领域（仅为运行阶段，不含交通建设阶段，下同）排放二氧化碳 11.57 亿 t，占全国能源活动二氧化碳排放的 11%。2020 年受新冠疫情影响，二氧化碳排放量有所下降。

从运输结构来看，2022 年国内营业性货运周转量 141 730 t·km，其中公路、水路、铁路、航空货运分别占 42.5%、35.5%、21.5%、0.2%；2020 年国内旅客运输周转量 19 252 亿人·km（较 2019 年下降 52%），公路、铁路、民航、水路占比分别为 24.1%、42.9%、32.8%、0.2%。

从能源（燃料）消耗结构来看，交通领域石油消费占我国石油消费总量的 60%，能源品种主要是汽油、柴油、煤油、燃料油。2019 年，交通运输、邮政等消费汽油 6 245 万 t；柴油（商用车为主）消费 2018 年达 11 167 万 t 后逐年下降，2020 年消费 9 532 万 t；航空为主的煤油消费 2018 年达 3 689 万 t；水运为主的燃料油消费 2020 年达 2 042 万 t。此外，还有各种车用替代燃料消耗约 3 600 万 t，包括电、天然气（272 亿 m^3，约替代汽油 1 500 万 t）、生物柴油等。

从二氧化碳排放来源来看，道路排放占比约 85%，其次是航空和水运，见图 7-11。

交通领域碳达峰碳中和面临的问题主要有：

一是运输量仍将持续增长。根据《国家综合立体交通网规划纲要》，预计 2021—2035 年旅客出行量（含小汽车出行量）年均增速为 3.2% 左右。2021—2035 年全社会货运量年均增速为 2% 左右，邮政快递业务量年均增速为 6.3% 左右。外贸货物运输保持长期增长态势，大宗散货运量未来一段时期将保持高位运行状态。

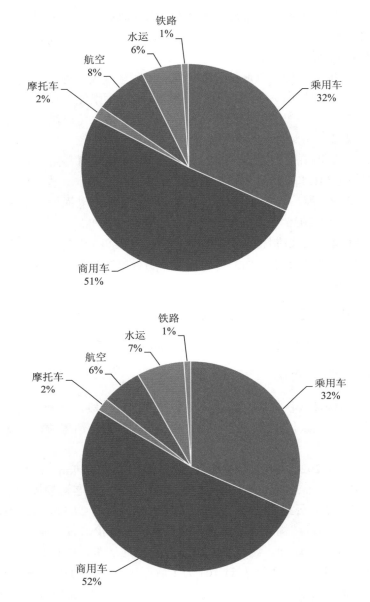

图 7-11　2019 年（上）与 2020 年（下）中国交通二氧化碳排放构成

资料来源：王金南、徐华清主编《碳达峰碳中和导论》。

　　二是运输结构优化进展滞后。前几年虽然实施了《推进运输结构调整三年行动计划（2018—2020 年）》，运输结构有一定优化，但总体调整幅度不大，以公路为主的总体格局没有改变。由于受铁路运输两端短驳、装卸成本及铁路货运"最后一公里"问题等影响，铁路运输优势不足。铁路干线、专线能力明显不足，而且因铁路建设、运行市场化程度低，市场化投入不足，难以使运输能力短期内得到提升。

三是用能结构调整缓慢。如前所述，交通运输能源消耗以油品为主，2023 年机动车电动化率仅为 3.7%[①]。近年来，新能源乘用车、轻型物流车技术成熟并快速提升，但由于技术、成本等因素，重型物流车、飞机、船舶等难以在短期内实现新能源替代化石能源。

四是私家车购置出行持续提升。随着人们生活水平提高，近年来，无论大城市还是中小城市、农村，私家车购买量持续提升，全国民用乘用车达 2.4 亿辆，相应地其出行量、出行里程持续增加。

（二）交通领域碳达峰碳中和路径和措施

基于我国交通运输仍将保持增长趋势，在常规措施、强化措施两种情景下预测，交通领域碳排放将分别在 2030 年、2028 年达峰，峰值分别为 16.7 亿 t、16 亿 t，达峰后 2～4 年为平台期。2060 年交通领域仍将有 2.4 亿～5.1 亿 t 碳排放。[②]

为推进交通领域碳达峰碳中和，2021 年 12 月国务院办公厅印发《推进多式联运发展优化调整运输结构工作方案（2021—2025 年）》，2022 年 1 月交通运输部发布《绿色交通"十四五"发展规划》，2022 年 6 月交通运输部、国家铁路局、中国民用航空局、国家邮政局于发布《贯彻落实〈中共中央 国务院关于完整准确全面贯彻新发展理念做好碳达峰碳中和工作的意见〉的实施意见》。

交通运输领域碳达峰碳中和的主要路径和措施如下：

1）构建绿色高效交通运输体系。构建以铁路为主干，以公路为基础，水运、民航比较优势充分发挥的国家综合主体交通网。完善干线铁路集疏运体系，加快港口集疏运铁路和大型工矿企业、物流园区铁路专运线建设。加快发展以铁路、水路为骨干的多式联运，持续推进大宗货物和中长途货物运输"公转铁""公转水"，提高铁路、水路在综合运输中的承运比重。到 2025 年，全国铁路、水路货运量比 2020 年分别增长 10%、12%，集装箱铁水联运量年均增长 15%以上。加快城乡物流配送体系建设，创新绿色低碳、集约高效的配送模式。全面推进公交都市建设，打造高效衔接、快捷舒适的公交体系，至 2030 年，城区常住人口 100 万以上城市绿色出行比例不低于 70%。

2）推动运输工具装备低碳化。大力实施乘用车、轻型物流车使用新能源车替代，推广电力、氢燃料、液化天然气动力重型货车；提升铁路电气化水平；加快老旧船淘汰，发展电动、液化天然气船舶；发展新能源航空器。到 2030 年，当年新增新能源、清洁能源的交通工具占比达到 40%左右。同时，配套完善充电、加氢、加气设施。

3）从源头上减少交通运输需求。通过优化产业结构和空间布局，实施传统产业转型升级和大力发展以高新技术为先导的新兴产业和现代服务业，从源头降低大宗货物等原材料中长距离运输需求。通过优化城市结构和布局，减少居民出行、缩短出行距离（此部分内容已在本节第三部分建筑领域碳达峰碳中和中作了专门阐述）。

---

① 国家统计局全国机动车保有量与纯电动汽车保有量计算所得。
② 王金南、徐华清主编《碳达峰碳中和导论》，中国科学技术出版社。

第六节　碳达峰碳中和的主要政策工具

碳达峰碳中和的政策工具有许多，这里介绍最主要的几种政策工具——碳排放总量控制、碳排放权交易、碳税、碳排放核算、气候投融资等。

一、碳排放总量控制

目前，我国一直实行能耗强度、能耗总量控制和碳排放强度控制并行的碳排放控制政策，取得了明显成效，2020 年碳排放强度分别较 2005 年、2015 年下降 48.4%、18.8%，二氧化碳快速增长的势头得到了有效遏制。但随着碳达峰碳中和目标的提出和逐步实施，上述政策已逐步呈现出其弊端，一方面能耗"双控"没有反映不同能源种类的单位能耗的强度差异，且能耗总量政策覆盖可再生能源和原料用能，这样不利于可再生能源的应用与发展，另一方面现行单一的碳排放强度控制，存在通过做大分母（国内生产总值）完成碳排放强度控制指标而未能有效控制碳排放总量的风险，这不符合我国提出的 2030 年前碳达峰的承诺。为适应新形势，应推动能源双控向碳排放强度和总量双控转变，逐步实施碳排放总量控制。为此，下步应做好以下工作。

一是建立完善与碳排放总量控制相适应的碳排放统计和考核政策与技术规范体系。建立完善与碳排放总量控制相适应的、规范统一的碳排放监测、核算、报告与核查管理政策和技术规范等，出台一系列配套的碳排放控制评估和总量控制考核政策。

二是应设定明确的碳排放总量控制目标。通过"自上而下"与"自下而上"相结合的方法，一方面根据国家制定的社会经济发展、资源环境保护、能源消费控制、城镇化和人口控制等目标综合测算碳排放总量目标，另一方面根据地方、行业的发展需求测算其碳排放总量控制目标，两者协调，最终制定与我国经济社会发展阶段水平相适应的国家碳排放总量控制目标，并避免过多增加实现目标的社会经济成本和行政管理成本。此外，应将碳排放总量控制目标作为国民经济发展的约束性指标。

三是有效分解落实国家碳排放总量目标。全国碳排放总量目标确定后，针对特定区域和行业，按照经济发展阶段，产业和能源消费结构调整、技术升级、能源替代等潜力，空气质量和大气污染控制要求等因素，科学合理设定地方和行业碳排放总量控制目标。

实施上述控制政策的转变，应坚持稳中求进的工作原则，有计划、分步骤循序渐进。

二、碳排放权交易

碳排放权交易是指碳排放交易主体在指定交易机构，对依据碳排放权取得的碳排放配额进行的公开买卖活动。碳排放权交易主要是通过市场化的手段，使企业能够完全履行自己的碳排放义务。与传统行政管理手段相比，碳市场既能够将温室气体控排责任压实到企业，又能够为碳减排提供相应的经济激励机制，降低全社会的减排成本，并且带动绿色技术创新和产业投资，为处理好经济发展和碳减排的关系提供了有效的工具。

自 2005 年欧盟建立全球第一个碳排放权交易市场起至 2022 年年底，全球共有 28 个碳市场正在运行；覆盖约 40 亿 t 二氧化碳当量（GtCO$_2$e）的温室气体排放量，占全球温室气体排放量的 17.0%。

我国碳排放权交易市场的发展经历了从无到有的 3 个主要阶段：2005—2012 年中国企业通过参与国际清洁发展机制（Clean Development Mechanism，CDM）的方式间接参与国际碳交易市场活动；2013—2020 年的地区碳排放权交易市场建设发展阶段，北京市、天津市、上海市、重庆市、湖北省、广东省及深圳市、福建省陆续建立了各自的碳排放权交易市场。2017 年 12 月，《全国碳排放权交易市场建设方案（发电行业）》公布，正式宣告我国将从 2017 年起建设全国碳市场，经历基础建设期、模拟运行期、深化完善期的建设，并在 2020 年年底前建设完成。首批仅纳入电力行业（2 225 家发电企业），未来将最终覆盖发电、石化、化工、建材、钢铁、有色金属、造纸和国内民用航空八大行业。2021 年 1 月 5 日，《碳排放权交易管理办法（试行）》发布，其规定了碳排放配额分配和清缴，碳排放权登记、交易、结算，温室气体排放报告与核查等活动，以及对前述活动的监督管理。截至 2021 年年底，全国碳市场履约完成率达 99.5%，碳排放配额（CEA）累计成交量 1.8 亿 t，累计成交额 76.8 亿元。2022 年第二个履约周期，碳排放配额年度成交量 5 088.95 万 t，年度成交额 24.56 亿元。2023 年全国碳市场碳排放配额年度成交量 2.12 亿 t，成交额 144.44 亿元。碳市场对中国绿色低碳转型发挥着积极作用。

三、碳税

碳税（Carbon Tax）是针对某些造成二氧化碳排放的商品或服务，依照排放量来征收的一种环境税。碳税的设置意图即通过税收手段，将碳排放的外部性内部化，即将温室气体排放带来的环境成本转化为生产经济成本，进而抑制向大气中排放过多的二氧化碳，减缓气候变暖进程。

多个国家实行碳税与碳市场相配合的碳减排机制，取得显著成效。截至 2019 年上半年，全球共有 29 个国家实行了碳税的政策，大部分是欧洲国家。其中芬兰是最早征收碳税的国家，对液体燃料和煤炭按照二氧化碳排放量征收碳税，对其他化石燃料按其含碳量征收碳税。

此外，碳税中还有一类比较特殊的形式，是碳边境调节机制（Carbon Border Adjustment Mechanism，CBAM）。CBAM 是指主权国家或地区对碳排放密集型商品征收二氧化碳排放特别关税，其目的是防止碳泄漏，保护本国产业。2021 年 7 月欧盟委员会提出建立欧盟"碳边境调节机制"，拟设立为期 3 年的过渡期，至 2026 年起正式对水泥、钢铁、电力、铝和化肥等五大行业进口产品征收碳关税，进口商品已在原产国支付碳排放成本的可适用税额抵免，避免双重征税。2022 年 6 月，欧洲议会表决通过关于设立 CBAM 草案的修正案，建议将过渡期延长 1 年，增加有机化学品、塑料、氢和氨等四类产品，并计划在 2030 年前将实施范围拓展至欧盟排放交易体系覆盖的所有行业，生产过程中的间接排放也纳入征税范围。

CBAM 的全面实施必将重构全球贸易格局，我国的钢、铝等高排放产品的竞争力或将受到削弱。碳边境税本质上是对同质化产品生产过程中所包含的排碳量之差进行收费，因此减少 CBAM 带来的冲击需要从根本上不断推动节能降碳转型和国内生产商品的碳强度降低。企业需要深入践行低碳发展理念，将节能降碳贯穿产品制造过程中的每一个环节。针对不同行业的排放特征采取相应的降碳措施，如钢铁行业需要积极推动短流程电炉炼钢的应用，有色行业需要向风光资源丰富的地区转移并使用清洁电力作为电解铝的能源，塑料行业需要积极研发推广熔融再生、热裂解等可回收技术以实现循环使用。

四、碳排放统计核算体系

碳排放统计核算是做好碳达峰碳中和工作的重要基础，是制定政策、推动工作、开展考核、谈判履约的重要依据。2022 年 8 月，国家发展改革委会同有关部门联合印发《关于加快建立统一规范的碳排放统计核算体系实施方案》，针对加快建立统一规范的碳排放统计核算体系进行全面工作部署，主要包括温室气体清单编制、企业碳排放核算、产品碳排放核算等方面的内容。

（一）温室气体清单编制

温室气体清单编制是应对气候变化的一项基础性工作。作为《公约》（UNFCCC）缔约方之一，我国迄今为止共完成 1994 年、2005 年、2010 年、2012 年和 2014 年的国家温室气体清单编制。我国印发了省级温室气体清单编制指南，对地方开展清单编制培训，先后组织 31 个省（区、市）开展 2005 年、2010 年、2012 年和 2014 年清单编制和清单质量联审工作，目前部分地区已实现连续年度的清单编制。浙江省率先开展了省、市、县三级温室气体清单编制。

我国清单编制已从最初完全采用《IPCC 国家温室气体清单编制指南》（1996 年修订版）过渡到众多排放源开始采用《2006 年 IPCC 国家温室气体清单编制指南》（以下简称《IPCC指南》）。《IPCC 指南》属于国家层面的核算指南，是可以针对国家、企业、项目等不同核算对象的温室气体排放量进行核算的标准和编制温室气体清单的指南，是当前适用性比较广泛的标准。根据该指南，编制的温室气体清单报告中涵盖二氧化碳、甲烷、氧化亚氮、氢氟烃、全氟化碳等导致温室效应的气体，涉及能源、工业、农业、林业、废弃物等多个领域。温室气体清单报告为各国和区域制定减缓温室气体排放政策和应对气候变化行动提供科学依据。

温室气体清单将碳排放分为 5 个领域，包括能源活动、工业生产过程、农业活动、废弃物处理和土地利用、土地利用变化和林业（LULUCF）。能源活动是指所有领域以获取能源为目的的温室气体排放。工业生产过程的碳排放仅指因生产工艺而产生的温室气体。比如水泥生产过程中，因为需要煅烧石灰石，其过程会将碳酸钙分解为氧化钙和二氧化碳，这个二氧化碳的排放就属于工业生产过程的排放。农业活动的碳排放主要是农作物种植和畜牧养殖等过程中产生的甲烷和氧化亚氮的排放。废弃物处理主要是在处理过程中因生物发酵而产生的甲烷和氧化亚氮的排放，以及少部分垃圾焚烧过程中非生物碳，如塑料、橡胶等被焚烧而产生的二氧化碳排放。LULUCF 则是因土地管理和林地变化造成的整个国家固碳量的变化。这部分的排放可能为正，也可能为负。总体来说，如果林地增加，则属于从大气中吸收二氧化碳，其排放就为负；如果林地减少，则属于向大气中释放二氧化碳，其排放就为正。

（二）企业碳排放核算

行业和企业的碳计量核查体系（Monitoring Reporting Verification，MRV），是国际上

通常核证的方法体系，也是我国实现碳达峰碳中和目标、开展全球气候治理国际合作的基础性工程。同时，MRV 核查也是决定碳市场数据质量的关键环节，影响当前全国碳市场碳排放控制成效。目前我国陆续发布 24 个行业企业温室气体排放核算方法与报告指南，其中 11 个转化成了国家标准，印发和修订了发电设施核算指南，企业碳排放核算数据质量得到了大幅提升。

目前欧盟、美国、日本等国家和地区已逐步建立了相对成熟、具有法律约束力的企业碳排放 MRV 体系。由于数据基础不同，欧盟和美国采取报告及核查制度，而日本采取直接报告制度。从法律依据、监测方法和运作机制等方面来看，欧盟、美国和日本的 MRV 体系各具特色，如表 7-8 所示。

表 7-8　欧盟、美国、日本企业碳排放 MRV 体系

	欧盟	美国	日本
法律依据	• 欧盟排放贸易令 Directive 2003/87/EC • 链接指令 Directive 2009/29/EC • 监测和报告条例 • 认证与核查条例 • 欧盟监测决定 Decision 280/2004 • 欧盟温室气体监测机制运行决定 Decision 2005/166/EC • 监测和报告指南	《温室气体强制性报告》（GHGRP）	•《京都议定书目标达成计划》 • 修订后的《全球气候变暖对策推进法》（1998 年 117 号）
监测计划及方法	• 6 种主要温室气体 • 燃料燃烧排放、工业过程直接排放 • 计算方法（活动水平法、质量平衡法） • 测量方法［样本法、连续监测法（烟气排放连续监测系统，CEMIS）］	• 6 种主要温室气体和其他氟化气体 • 31 个工业部门和种类，涵盖全国约 85% 的温室气体排放源 • 在线排放监测系统，基于加工、燃料排放因子和环境保护署认定方程式的分类温室气体计算 • 已拥有在线监测设备的企业必须监测 CO_2 浓度计算排放量，且监测频次要求按小时监测	• 6 种主要温室气体 • 受控机构可自行计算温室气体排放量，向日本环境省和经产省报告 • 除报告企业实际温室气体排放量之外，还需提供排放量变化情况、每种温室气体排放增减状况、温室气体减排措施实施情况、温室气体排放量的计算方法等信息，并接受监测
运作机制	• 设备运营商、主管部门、核查员、认证机构 • 提交监测计划、年度排放报告、核查年度报告 • 核查机构认证需根据 AVR 的规定和国际标准 ISO 17011 编制认证规则，且应满足欧洲认证委员会的同行评估	• EPA、设施业主/经营者/供应商 • 对拒不执行监测、上报相关数据的，EPA 可对其进行行政、民事和刑事处罚 • 电子方式报告 • 全面的电子核查与适当的现场审核相结合	• 环境大臣、经济产业大臣、企业所管大臣和对象企业 • 环境省负责核证的费用 • 核查机构需要通过东京都政府的认证

我国的 MRV 工作由生态环境部门、重点排放单位、核查机构共同完成，核查主体（生态环境部门）根据国家法律法规及相关政策，通过核查机构，对重点排放单位在生产、经

营等过程中产生的温室气体数量（主要指二氧化碳排放）进行检查、评价及审核等工作，并出具报告。MRV 管理机制主要由测量、报告与核查三部分组成。

1．测量（M）

采用标准化的指南及核算方法学统计并核算温室气体排放数据，保证温室气体排放数据的准确性和科学性，并尝试以规范的方式进行周期性的核算，是支撑整个碳市场的基本起点。

2．报告（R）

报告是指企业将碳排放相关监测数据进行处理、整合、计算，并按照统一的报告格式向主管部门提交碳排放结果。

3．核查（V）

第三方核查机制对温室气体排放数据的收集和报告工作进行周期性的核查（Verification），帮助监管部门最大限度地把控数据的准确性和可靠性，提升温室气体排放整体报告结果的可信度。

我国 MRV 机制建设已经取得了显著的成效，但仍面临着一些问题和挑战。首先，尽管我国已经初步建立了 MRV 体系，但与国际先进的 MRV 体系相比，仍存在一定差距。其次，部分企业对 MRV 机制的认识和重视程度不足，需要进一步加强教育和培训。此外，MRV 机制的实施和监督也需要进一步加强和完善，以避免出现数据造假等问题。

（三）产品碳排放核算

产品碳排放核算主要涉及碳足迹和碳标签。

碳足迹（Carbon Footprint）是由加拿大生态经济学家 William E.Rees 在 1992 年提出的"生态足迹"演变来的，主要以二氧化碳排放当量（CO_2equivalent，简写成 CO_2eq）表示人类生产和消费活动过程中产生的温室气体总排放量，以衡量人类活动对环境的影响。根据《公约》定义，碳足迹是指衡量人类活动中释放的，或是在产品/服务的整个生命周期中累计排放的二氧化碳和其他温室气体的总量。产品碳足迹（Product Carbon Footprint，PCF）是指衡量某个产品在其生命周期各阶段的温室气体排放量总和，即从原材料开采、产品生产（或服务提供）、分销、使用到最终处置/再生利用等多个阶段的各种温室气体排放的累加。温室气体包括 CO_2、CH_4、氧化亚氮（N_2O）、氢氟烃（HFC）、全氟化碳（PFC）和六氟化氮（NF_6）等。国际上使用较多的产品碳足迹评价标准主要包括有 PAS 2050、GHG Protocol、ISO 14067。

碳标签是把一个产品从原料采购、运输、生产到销售过程中所消耗的二氧化碳量，在产品包装上用量化的指数标示出来，推广低碳排放技术，以标签的形式告知消费者产品的碳信息。也就是说，利用在商品上加注碳足迹标签的方式引导购买者和消费者选择更低碳排放的商品，从而达到减少温室气体的排放、缓解气候变化的目的。全球已有英国、欧盟、美国、韩国、中国台湾地区等 12 个国家和地区的政府部门正在积极发展碳标签制度。中国建立和推行碳标签制度已有 10 余年，2009 年发布了全球首个产品碳足迹方法标准 PAS 2050 中文版，2018 年制定和发布了《中国电器电子产品碳标签评价规范》，2022 年 1 月发布了《企业碳标签评价通则》。

　　现行的产品碳标签主要分为碳足迹标签、碳减排标签、碳中和标签三类。①碳足迹标签：公布了产品整个生命周期的碳排放量，或者标示出产品全生命周期每一阶段的碳排放量；②碳减排标签：不公布明确的碳排放数据，仅表明产品在整个生命周期内碳排放量低于某个既定标准；③碳中和标签：不公布明确的碳排放数据，标示了产品碳足迹已通过碳中和的方式被完全抵消。

五、气候投融资

（一）气候投融资及其支持范围

　　气候投融资是指为实现国家自主贡献目标和低碳发展目标，引导和促进更多资金投向应对气候变化领域的投资和融资活动，是绿色金融的重要组成部分。

　　气候投融资支持范围包括减缓和适应两个方面。

　　气候投融资与绿色金融、可持续金融之间是层层递进关系，可持续金融包含了绿色金融，而绿色金融包含了气候投融资。

（二）融资渠道

　　融资渠道包括国际资金、国内财政资金、其他融资渠道三部分。

　　国际资金。主要包括国际气候基金和多边发展银行两类。国际公共气候资金主要由发达国家通过赠款、优惠贷款等方式筹集资，以响应发展中国家应对气候变化的资金需求。主要的国际气候资金包括全球环境基金（GEF）、气候变化特别基金（SCCF）、最不发达国家基金（LDCF）、适应基金（AF）、气候投资基金（CIF）和绿色气候基金（GCF）；多边发展银行包括亚洲开发银行、非洲开发银行、欧洲复兴开发银行、欧洲投资银行、世界银行集团以及泛美开发银行集团。2017年上述六大多边发展银行气候融资352亿美元，是发展中国家低碳投资的重要来源。

　　国内财政资金。国内财政资金的主要融资渠道包括清洁发展机制（CDM）基金、政策性基金、政策性银行以及社会保障基金等。CDM基金通过赠款方式支持有利于加强应对气候变化能力建设和提高公众应对气候变化意识的相关活动，通过委托贷款方式支持低碳项目，鼓励和支持低碳技术的开发与应用，促进低碳技术的市场化、产业化，推动地方经济结构调整、转型升级和新兴产业的发展。包括国家开发银行、中国进出口银行、中国农业发展银行在内的三大政策性银行也会通过发行绿色信贷等方式支持低碳项目的发展，融资成本低、期限长、市场化、国际化是政策性银行融资渠道的突出特点。

　　其他融资渠道。此外，碳市场的碳排放权和交易收益、NGO机构的募资、企业以及外商直接投资等都是气候金融的融资渠道来源。

第八章

加强生态环境保护的制度机制和
能力建设

为了保障生态环境保护工作的顺利推进，必须建立健全一系列有利于生态环保工作推进的制度、机制，并不断加强能力建设。《中华人民共和国环境保护法》等法律法规和中共中央办公厅、国务院办公厅印发的《关于构建现代环境治理体系的指导意见》等对此都有一些明确的原则性规定。根据上述规定，结合各地实践，本书从地方党委、政府和相关职能部门履职角度，就制度、机制和能力建设作简要阐述。

第一节　建立健全生态环境保护制度体系

法律法规规定的生态环境保护基本制度有许多，有些制度已在本书前面几章作了介绍，如环境影响评价制度、建设项目"三同时"制度已在第五章作了详细阐述；生态保护补偿制度在第一章第七节阐述千岛湖保护案例时做过简要介绍。这里主要就保障政府及各职能部门履行好生态环境保护职能的其他相关主要制度展开阐述。

一、生态环境保护目标责任制和考核、评价制度

《中华人民共和国环境保护法》第二十六条明确规定，县级以上人民政府应当将环境保护目标完成情况纳入对本级政府负有环保职责的部门及其负责人和下级人民政府及其负责人的考核内容，作为对其考核评价的重要依据，考核结果应当向社会公开。这是一项保障全社会齐抓共管、促进生态环境保护工作全面协同推进的基础性制度，在实践中起到了非常重要的作用。目标责任制的形式、内容、过程及考核评价简介如下。

（1）生态环境保护目标责任制的形式

根据《中华人民共和国环境保护法》的要求，目前全国范围内已建立了国家-省-设区市-县级四级责任体系，每一级政府与本级政府负有生态环境环保职责的部门及其负责人和下一级政府及其负责人分别签订（年度）生态环境保护目标责任书，或直接以任务书形式下达（年度）任务。

（2）生态环境保护目标责任制的内容

生态环境保护目标责任制的内容，包括区域环境污染防治和生态保护的各个方面——环境管理、污染治理、自然生态系统保护等，也包括今后一个时期内所要达到的某些目标要求——环境质量提升、完成某类创建（如生态文明示范、国际湿地城市）等。这些目标任务

的制定中要注意把握以下几点。

①制定目标任务要以问题为导向。要把区域内生态环境保护工作中的一些重点、难点问题纳入其中。某些生态环境问题一时难以解决的，可以设定分年度（阶段）目标任务，通过几年连续不断的努力逐步解决。地方生态环境保护目标任务还必须覆盖上级统一部署的目标任务。

②（年度）目标值要设定在"跳一跳才够得着"的高度，既要量力而行，又要付出足够的努力才能达到。

③目标任务要项目化、清单化，可考核。即目标任务要具体化，要完成什么任务、达到什么要求、谁来做、什么时间完成等都要列出清单。

（3）要加强过程跟踪

目标任务在实施过程中会碰到这样或那样的问题，地方政府、"美丽办"等要紧密跟踪，对推进过程中碰到的困难和问题要及时协调解决。对由于主观原因造成工作滞后、延误的，要严格督促、约谈。跟踪、督促情况一般应每季度通报一次。

（4）考核、评价要认真、严格、公平、公正

要设置一套详细、可操作的评分标准、规则，并向社会公开；考核过程要严格程序、公开透明；考核结果向社会公布。特别注意要避免的是：把考核作为墙上挂的"老虎"，认为一年过去了，大家工作都不易，你好我好大家好。这样必然使考核流于形式，最后导致大家都不重视，使这项制度形同虚设，最终会使生态环保工作的推进陷入被动。

（5）注重考核评价结果的运用

首先，必须按法律规定，把考核评价结果纳入对相应单位及其负责人的（年度）综合考评中。其次是要有足够的权重，权重很低就起不到作用。国家对此没有作统一的规定，各个地方的发展阶段、对环境问题重要性的认识程度不一样，权重也会有所不同，但随着生态文明建设的不断深入，这个权重应越来越高。国家生态文明建设示范市、县建设指标中规定，生态文明建设工作占党政实绩考核的比例应≥20%。

二、地方政府向同级人大报告环境保护工作并接受人大监督的制度

（1）法律法规的相关规定

《中华人民共和国环境保护法》第二十七条规定，县级以上人民政府应当每年向本级人民代表大会或者人民代表大会常务委员会报告环境状况和环境保护目标完成情况，对发生的重大环境事件应当及时向本级人民代表大会常务委员会报告，依法接受监督。

《地方各级人民代表大会和地方各级人民政府组织法》第五十条规定，县级以上的地方各级人民代表大会常务委员会行使下列职权：

①在本行政区域内，保证宪法、法律、行政法规和上级人民代表大会及其常务委员会决议的遵守和执行。

②讨论、决定本行政区域内的政治、经济、教育、科学、文化、卫生、生态环境保护、自然资源、城乡建设、民政、社会保障、民族等工作的重大事项和项目。

③监督本级人民政府、监察委员会、人民法院和人民检察院的工作，听取和审议有关专项工作报告，组织执法检查，开展专题询问等。

④听取和审议本级人民政府关于年度环境状况和环境保护目标完成情况的报告。

（2）报告并接受监督的主要方式

地方政府向同级人大报告生态环境保护工作情况并接受其监督的方式，总体上要根据同级人民代表大会及其常务委员会的安排。从各地的实践看，主要有以下几种方式：

①听取汇报。一般多由人大常委会安排，专题听取政府及其主要工作部门的汇报。汇报会一般会邀请部分人大代表和媒体参加。政府及其部门汇报后，还要接受人大代表的询问，对没有按时完成或完成不到位的工作作出解释，并明确下一步的整改措施。在人民代表大会召开期间，政府或生态环境部门也可向大会提交生态环境状况和环境保护工作目标执行情况报告。

②组织开展现场检查。人大常委会组织人大代表对生态环境保护重点工作、环保相关法律法规贯彻执行情况或群众关心的一些生态环境保护热点问题等开展专项检查，政府及其相关部门做好汇报并接受现场问询。

③组织区域内人民代表的评议。目前在实践中，此项工作一般多由地方党委"考评办"组织。每年年底组织区域内党代表、人大代表、政协委员、市民代表等对政府及其职能部门工作开展评议打分，生态环境保护是其中的一项重要内容，评议结果向社会公开。根据评议结果，政府及其相关职能部门要对评议中提出的问题和不足，提出整改措施并通过媒体向社会公开。

人大常委会根据听取汇报、现场检查、问询和评议的实际情况，给政府发文告知监督检查的结果，并要求政府对存在的问题及时进行整改。政府及其相关部门要据此及时制定整改措施并报人大常委会。

（3）浙江的实践创新

浙江省、市、县三级人大和政府认真贯彻落实法律法规规定，省、市、县三级政府每年向同级人大报告生态环境保护工作，三级人大除听取政府工作汇报外，每年还根据国家部署和群众关心的生态环境问题，组织各种专题的检查、评议，并在工作中不断有所创新。

①全面推行省、市、县、乡四级生态环境状况报告制度。2017年，浙江省发布《关于全面建立生态环境状况报告制度的意见》，要求省、市、县、乡各级政府向本级人大或其常委会（乡镇人大主席团）报告生态环境状况和环境保护目标完成情况。该意见与国家法律要求相比，增加了乡镇一级的报告制度。这一做法最早起源于杭州市富阳区，该区根据《中华人民共和国环境保护法》"地方各级人民政府对本行政区域的环境质量负责"的规定，于2015年开始在两个乡镇开展乡镇政府向人大（主席团）报告生态环境状况的试点工作，在试点取得经验后，在全区24个乡镇（街道）全面铺开。这一制度的实施，使乡镇政府的生态环境保护意识大幅提高，试点乡镇渌渚镇镇长在接受《中国环境报》记者采访时表示，"这一制度给人最大的感受，是改变了我们乡镇领导在生态环保工作中的位置，由原来的配合工作到现在主动去做好生态环保工作"。与此同时，也推动了村一级自觉抓环保，渌渚镇阆坞村党总支书记说，过去村里出了环境问题，打个市长电话或环保"12369"热线，把矛盾上交，落个清闲。现在有了这一制度，镇里要求"谁家的孩子谁抱走"，村里的环保村里管，这样一来，村里有了压力，秸秆焚烧、矿山整治、生活污水和垃圾处理等都要管起来。

②杭州等城市开展"电视问政"。杭州市从 2013 年开始组织市党代表、人大代表、政协委员、市民代表与市直部门和各区（县）政府面对面"问政"并全程电视直播，治水、治气、治废等是连续多年"问政"的主要议题之一。"问政"现场播放突出问题曝光片（由市监委事先组织暗访拍摄），要求涉事主管部门和所在区、县政府当场回应并作整改表态；参加问政的代表、委员根据各自调查发现的问题现场提问，职能部门和地方政府主要领导要当面作出回应，对须整改的问题和措施当面作出承诺。最后还要由代表、委员们给予评议、打分。评议、打分结果纳入对部门和地方政府的综合考评中。

除杭州外，温州、台州、湖州、绍兴、金华、丽水等都开展了类似电视问政。通过这一形式有力地促进了一些突出生态环境问题的整改和各地各部门生态环境保护职能的落实。

三、分工明确的生态环境保护责任体系

此项工作是落实生态环保工作齐抓共管的基础。目前从国家、省到市、县层面，已初步建立了这一体系。2020 年 3 月，中共中央办公厅、国务院办公厅印发了《中央和国家机关有关部门生态环境保护责任清单》，明确了包括中央有关部委、全国人大有关工委、国务院有关部委、最高人民法院、最高人民检察院及中国海警局等总计 48 个单位的生态环境保护责任。各省、市、县也制定了相应的省级、市级、县级各部门环境保护职责清单。但由于各方面原因，具体实施中暴露出一些问题，如一些部门对本部门生态环境保护的具体事项没有向社会公开，相应的生态环境问题的公众举报受理和处理机制不完善，某些生态环境问题的牵头部门尚不够明确，一些职能部门履职尽责不到位，甚至不担当、不作为。

针对上述情况，2022 年 11 月，承担重要生态环境保护职责的生态环境部、国家发展改革委等 16 个部门和最高人民法院、最高人民检察院联合印发了《关于推动职能部门做好生态环境保护工作的意见》（环督察〔2022〕58 号），该意见主要明确了以下事项：

（1）明确生态环境保护具体事项牵头部门

承担重要生态环境保护职责的发展改革委、生态环境部等职能部门，要根据部门"三定"规定和《中央和国家机关有关部门生态环境保护责任清单》确定的相关职责，明确本部门在生态环境保护方面的具体事项，通过本部门门户网站向社会公开。同时，要按照职责权限建立完善本部门职责范围内的生态环境问题公众举报受理和处理机制，接受社会监督。

各省、市党委和政府结合当地实际，及时制定完善本省、市党政部门生态环境保护责任清单，梳理确定生态环境保护各具体事项的牵头部门并向社会公开。同时，要建立研究明确具体事项牵头部门的常态化机制，对于尚未明确牵头部门且对生态环境保护影响明显的具体事项，省、市党委和政府应当结合实际情况研究明确牵头部门，并向社会公开。

（2）强化生态环境保护履职尽责

有关职能部门应当将本部门承担的生态环境保护具体事项分解落实到相关单位，做到事情有人管、责任有人担、能力有保障。要把生态环境保护工作与业务工作同步安排部署、同步组织实施、同步监督检查。

（3）实施生态环境保护专题报告制度

有关职能部门每年向同级党委和政府报告生态环境保护履职情况，抄送上级主管部门、

同级生态环境部门等。党政主要负责同志要认真落实本行政区域生态环境保护第一责任人的责任，听取政府领导班子成员分管领域生态环境保护责任落实情况的汇报，做到重要工作亲自部署、重大问题亲自过问、重要环节亲自协调、重要案件亲自督办。

（4）加强督察问责

对工作中弄虚作假、欺上瞒下等形式主义、官僚主义以及不作为乱作为、不担当不碰硬且造成生态环境损害后果或不良社会影响的失职失责行为等问题，应当按有关权限、程序和要求及时移交纪检监察机关或组织（人事）部门，依规依纪依法进行调查处理，按照《党政领导干部生态环境损害责任追究办法（试行）》精准问责。下一步，各有关国家机关和省、市、县党委、政府要抓紧完善各部门职责和履职工作机制。

在明确生态环境保护责任体系的同时，还要注意做好对一些工作的"统"的文章，以提高资源利用和工作效率。这个"统"的工作应由地方政府或"美丽办"牵头，如在"无废城市"建设中，城管部门负责生活垃圾中可回收垃圾及有害垃圾收集体系建设，商务部门负责可再生资源回收体系建设，生态环境部门负责工业固体废物的收集体系建设。3 个部门各自为政，建设各自的收集网络，如能把上述 3 个网络统筹起来，统一规划、融合建设、协调运行，则将大大节约场地、人员及运行成本。目前浙江省已由"美丽办"牵头，部署各地开展"三网"融合工作。

四、地方立法

近年来，我国生态环境保护方面的法律法规不断健全，为推动生态文明建设起到了决定性作用。但实践中也碰到了不少问题：许多法律、行政法规的规定比较宏观，缺少一些具体规定；我国幅员辽阔，各省（区、市）自然条件迥异，经济社会发展水平和面临的生态环境问题不尽相同，国家法律、行政法规难以完全覆盖；一些国家排放标准由于要适用于全国，其对污染物排放的限值相对比较宽松。但这样的排放标准，对于经济发展水平较高的东部沿海开放地区来说，就会失之于宽，不利于推动当地生态环境保护工作。为此，各省、设区市应根据各自的自然禀赋、经济社会发展情况、环境问题的特点等进行地方环境立法，制定更有针对性、更适应本地区发展与保护需要的地方性环境法规、规章和地方性排放标准等。

1. 地方立法的有关规定

《中华人民共和国立法法》（以下简称《立法法》）第八十条规定，省级人民代表大会及其常委会根据本行政区域的具体情况和实际需要，可以制定地方性法规；第八十一条规定，设区的市的人民代表大会及其常委会可以对生态文明建设等方面的事项制定地方性法规。

《立法法》第九十三条规定，省和设区的市人民政府可以根据法律、行政法规和本省的地方性法规，制定规章。地方政府规章可以就下列事项作出规定：

①为执行法律、行政法规、地方性法规的规定需要制定规章的事项。

②属于本行政区域的具体行政管理事项。

同时规定，没有法律、行政法规、地方性法规的依据，地方政府规章不得设定减损公民、法人和其他组织权利或增加其义务的规范。规章实施满两年需要继续实施规章所规定的行政措施的，应当提请本级人民代表大会或者其常委会制定地方性法规。

《环境保护法》第十六条规定，省级人民政府可以对国家污染物排放标准中未作规定的项目，制定地方污染物排放标准；对国家污染物排放标准中已作规定的项目，可以制定严于国家污染物排放标准的地方污染物排放标准。地方污染物排放标准应当报国务院生态环境主管部门备案。上述省政府制定并发布的地方污染物排放标准多为强制性标准，这是由《环境保护法》授权决定的，是《中华人民共和国标准化法》（以下简称《标准化法》）普遍性规定的例外①。根据《标准化法》的有关规定，设区市标准化主管部门根据本行政区域的特殊需要，经所在省政府标准化行政主管部门批准，也可以制定、发布推荐性排放标准。

2. 地方立法中需要把握的几点

无论是地方性法规、规章，还是排放标准等的制定、实施，需注意把握好以下几点。

①问题导向。地方立法是为了解决当地生态环境保护实践中遇到而上位法又没有针对性具体规定的实际困难和问题。《立法法》第八十条、第八十一条、第八十二条对此均作了明确——根据地方的具体情况和实际需要（制定地方性法规）。因为要解决具体困难和问题，因此，地方立法的有关规定应具有针对性和可操作性。

②从实际出发。地方环境立法不能脱离当地经济、社会发展水平这一实际。不能超越发展阶段"盲进"，设定过严的条规、标准，阻碍经济社会稳定发展。也不能滞后于发展阶段"拖后腿"。《立法法》第七条明确，立法应当从实际出发，适应经济社会发展和全面深化改革的要求；《标准化法》第四条规定，制定标准应当建立在科学研究成果和社会实践经验的基础上……保证标准的科学性、规范性。

③规范程序。地方立法过程应体现公开、民主、公平等原则。因此，在地方性法规的起草、（法制机构）审核和修改、（政府常务会议或全体会议）审议以及提交地方人大常委会或人民代表大会审议等各个立法环节，都要求通过书面征求意见、座谈会、论证会、听证会、媒体公示征求、收集意见等方式广泛听取人大代表、政协委员、社会各界人士和群众意见。立法项目与公民、法人或者其他组织利益密切相关的，应当采取听证会的形式听取意见。为此，许多地方制定了相应的立法规范，如浙江省通过的《浙江省地方立法条例》《浙江省人民政府地方性法规案和规章制定办法》，进一步规范了地方立法的相关要求和程序；杭州市先后制定实施了《杭州市立法条例》《杭州市人民政府地方性法规案和规章制定办法》《杭州市立法听证规定》。根据上述法规要求，设区市地方生态环境保护立法的程序如图 8-1、图 8-2 所示。

图 8-2 中，提出地方性法规案的提案人，在其提交的法规案中应包含法规草案及相关说明材料。起草地方性法规草案，应当针对问题深入调查研究，广泛听取意见，遵循立法技术规范，提高法规草案质量。人大常务委员会审议地方性法规案，应当通过多种形式征求市人民代表大会代表的意见，并将有关情况予以反馈；专门委员会和常务委员会工作机构进行立法调研，应当邀请有关的市人民代表大会代表参加。

---

① 《标准化法》第十条规定，强制性国家标准由国务院批准发布或者授权批准发布。同时规定，法律、行政法规和国务院决定对强制性标准的制定另有规定的，从其规定。上述《中华人民共和国环境保护法》第十六条的规定已经对此作了明确。

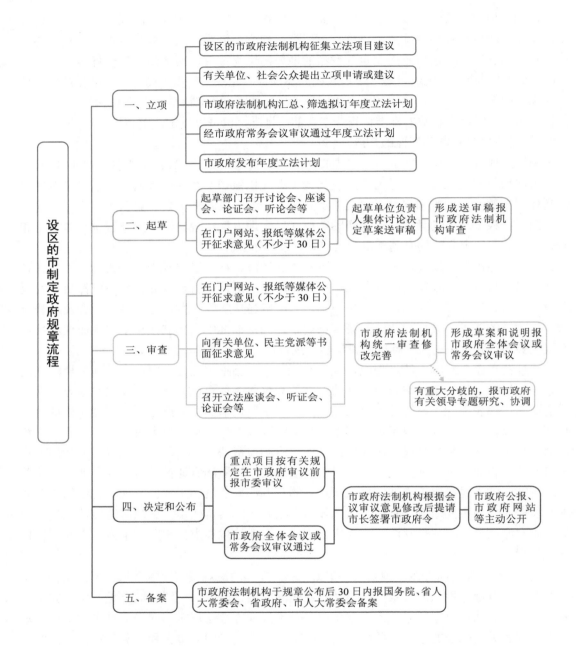

图 8-1　设区的市制定政府规章流程

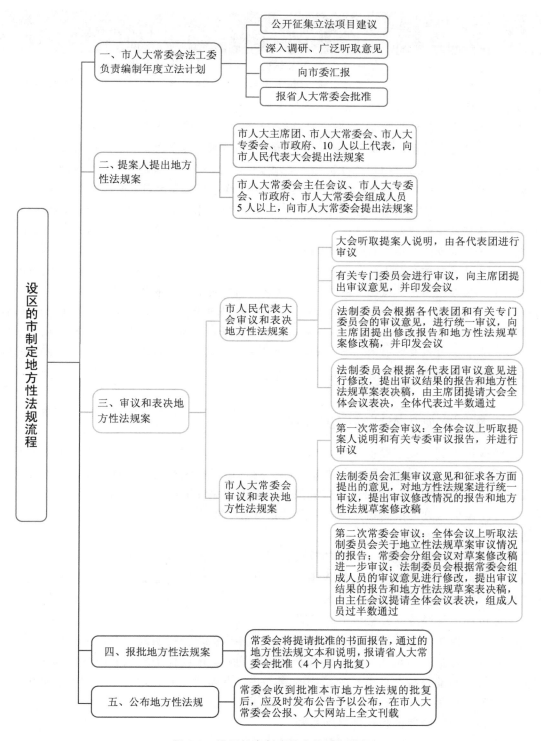

图 8-2　设区的市制定地方性法规流程

案例 8-1：浙江省及杭州市的实践

　　浙江省生态文明建设工作一直走在全国前列，其中，地方生态环境保护立法起到了重要作用。浙江先后制定实施了《浙江省水污染防治条例》《浙江省大气污染防治条例》《浙江省固体废物污染环境防治条例》等一系列地方性法规，还制定实施了《浙江省建设项目环境保护管理办法》等系列规章和诸多地方排放标准，仅"十三五"时期，浙江就制定实施了《浙江省农业生活污水处理设施管理条例》《浙江省生活垃圾管理条例》《浙江省河长制规定》《浙江省大气污染防治条例（修订）》等 4 个地方性法规，《工业涂装工序大气污染物排放标准》《燃煤电厂大气污染物排放标准》（要求所有燃煤电厂尾气达到超低排放）等 6 个强制性地方污染物排放标准和两个推荐性地方标准。杭州市"十三五"期间先后制定实施了《杭州市生态文明建设促进条例》《杭州市机动车排气污染防治条例（修正）》《杭州市城市扬尘污染防治管理办法（修正）》等地方性法规。

　　上述地方性法规的制定实施有力地推动了各相关领域的污染防治和生态保护工作。如《浙江省大气污染防治条例》《燃煤电厂大气污染物排放标准》《工业涂装工序大气污染物排放标准》以及《杭州市大气污染防治规定》《杭州市机动车排气污染防治条例》《杭州市城市扬尘污染防治管理办法》等一系列大气污染防治地方性法规的实施，有力促进了工业废气、机动车尾气、燃煤烟气、城市扬尘等大气污染防治工作，使浙江省的大气污染防治工作走在了全国前列，2019 年全省 $PM_{2.5}$、O_3 等全面达标。

五、编制实施生态环境保护规划

　　环境保护规划（以下简称环境规划）是人类为使环境与社会经济协调发展而对自身活动和环境所做的在时间和空间上的合理安排。《环境保护法》第十三条规定，县级以上地方人民政府生态环境主管部门会同有关部门，根据国家环境保护规划的要求，编制本行政区域的环境保护规划，报同级人民政府批准并公布实施。

1. 环境规划的作用

　　环境规划是我国环境保护工作的重要组成部分和有效手段，对于促进环境与经济社会的协调发展，保障环境保护活动纳入国民经济和社会发展规划起到了十分重要的作用。这些作用概括起来有以下几个方面。

　　①促进环境与经济、社会可持续发展。

　　②将环境保护纳入经济和社会发展计划。《环境保护法》明确规定，县级以上人民政府应当将环境保护工作纳入国民经济和社会发展规划。环境保护规划的内容应当包括生态保护和污染防治的目标、任务、保障措施等，并与主体功能区规划、土地利用总体规划和城乡规划等相衔接。

　　③指导各项环境保护和管理活动实践。

　　④改善环境质量，保护生态服务功能。

　　⑤以最小的投资获取最佳的环境经济效应。环境规划是运用科学的方法，保障在发展经济的同时，以最小的投资获取最佳环境效益的有效措施。

2．环境规划的分类

按照规划的内容、时间、覆盖区域、性质可作以下划分（图8-3）。

①按规划内容划分。可分为综合性环境规划和水、大气、土壤、固体废物、声等单项性环境规划。综合性环境规划如××市生态环境保护规划（××—××年），单项性环境规划如××市大气环境质量达标规划。

②按规划的时间划分。可分为中长期环境规划和年度环境计划，如"十四五"生态环境保护规划为中期环境规划，××市××年大气污染防治实施计划（方案）为年度规划。

③按覆盖范围划分。按行政区域大小可分为国家、省、设区市、县环境规划；还可按流域分。

④按规划的性质划分。可分为综合性环境规划、污染防治类规划、生态保护类（包括各类生态资源保护）规划、生态文明创建类规划等。

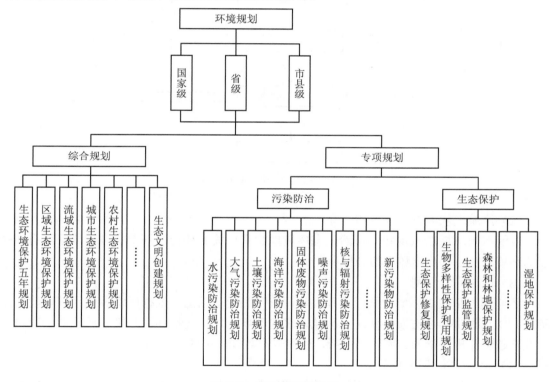

图 8-3　环境规划的分类

3．环境规划编制的程序及主要内容

环境规划一般工作程序包括：①经济、资源、社会、环境现状的调查评价；②经济、社会发展及环境影响的预测；③确定经济发展目标和环境保护目标；④环境规划方案的确定与优化；⑤环境规划方案的决策；⑥环境规划方案的实施。具体流程如图8-4所示。

（1）制订工作计划、拟定编制大纲

为了使环境规划编制工作有序进行，在开展规划工作之前，对整个规划工作进行组织和安排，编制各项工作计划，拟定规划的编制大纲，明确编制任务。

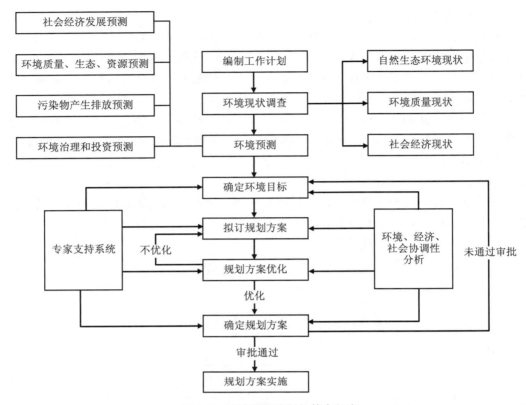

图 8-4 环境规划编制的基本程序

（2）区域现状调查、分析和评价

对区域内环境质量现状、自然生态环境现状及相关的社会经济现状进行调查，明确主要的环境问题，并作出科学的分析和评价。

（3）区域环境预测

环境预测是在对环境质量历史和现状调查研究的基础上，根据所掌握的区域环境信息资料，结合经济和社会发展状况对区域未来的环境变化（包括环境污染和环境质量变化）的发展趋势作出科学的、系统的分析，预测未来可能出现的环境问题。

（4）确定环境规划目标

环境规划目标是进行环境规划的前提和出发点，其作用是明确发展的方向和目的，一般是决策者对环境质量所要达到的环境状况或标准的预期。制定环境规划目标，应根据区域内环境功能及区域未来经济发展的要求，既充分尊重自然环境的运动规律、变化规律，又切实考虑现实的社会经济条件和科学技术水平。

环境规划目标按照不同的层次和要求可分为以下几类：

1）按管理方式划分：

①总目标。总目标是对规划期内应达到的环境规划目标所作的总体上的规定。

②详细目标。根据规划期内环境要素、功能区划和环境特征对单项目标所作的具体规定。

2）按规划内容划分：

①生态环境质量目标；

②污染物排放总量控制目标；

③风险防控目标；

④生态保护与建设目标；

⑤环境管理目标；

⑥社会经济资源目标。

规划目标还可按规划时间（短、中、长）和空间范围（国家、省、设区市、县等）划分。

环境规划目标下还有环境规划指标，环境规划指标是对环境规划目标具体内容、要素特征和数量的表述，能够直接反映环境对象及有关事物。

环境规划指标按其表征对象、作用以及在环境规划中的重要度或相关性分为环境质量指标、污染物总量控制指标、生态保护建设指标、环境规划措施与管理指标等。对于一些创建类环境规划（如生态市、生态文明示范区等）的编制，无论是规划指标类型还是指标标准，通常都是给定的。

（5）编制区域环境规划方案

环境规划方案的设计是整个规划工作的核心，它是在考虑国家或地区有关政策规定、环境问题和环境目标、污染状况和污染削减量、投资能力和效益的情况下，提出具体的污染防治和自然保护的措施和对策。这些措施和对策应是综合性的，不仅有短、平、快的措施，也应有能解决长远性、根本性问题的"硬核"措施，如产业结构、能源结构、交通运输结构调整等。这些"硬核"措施实施起来难度大而耗时长，但不能因此而不作为。规划时，可以根据实际情况提出分阶段、切实可行的具体措施，分步实施，积小胜为大胜。

4．环境规划的实施

环境规划编制完成后，应报相应层级的地方党委、政府或部门审查、批准并颁布实施。实施环境规划，要重点落实以下两点。

①把环境规划纳入其他相关规划中。环境规划是国民经济和社会发展规划的重要组成部分，环境规划应与国民经济和社会发展规划同步编制，环境规划目标应与国民经济和社会发展规划目标相协调，并且是其中的重要目标之一。环境规划所确定的主要任务都应纳入国民经济和社会发展规划。环境规划中提出的如调整优化产业结构、能源结构、交通运输结构、环境基础设施建设等措施，还应纳入当地的产业规划、能源规划、交通运输规划、环境基础设施规划等；"三线一单"等环境功能区划提出的具体要求应纳入地方国土空间规划。

②环境规划提出的一些重点措施应以一定形式通过"四张清单"（问题清单、任务清单、时间清单、责任清单）分解落实到相关职能部门和地方政府，并对完成情况进行考核，考核结果纳入对各单位及其主要负责人的综合考评中。

六、生态保护补偿制度

生态保护补偿是指通过财政纵向补偿、地区间横向补偿、市场机制补偿等机制，对按照规定或者约定开展生态保护的单位和个人予以补偿的激励性制度安排。

《环境保护法》第三十一条明确，国家建立、健全生态保护补偿制度。国家加大对生态保护地区的财政转移支付力度。有关地方人民政府应当落实生态保护补偿资金，确保它用于生态保护补偿。

《水污染防治法》第八条明确，国家通过财政转移支付等方式，建立、健全对位于饮用水源保护区区域的江河、湖泊、水库上游地区的水环境生态保护补偿机制。

为进一步深化生态补偿制度，2021年9月，中办、国办印发了《关于深化生态保护补偿制度改革的意见》（以下简称"意见"）；2024年4月，国务院印发《生态保护补偿条例》①（以下简称"条例"）。"意见"和"条例"进一步明确了以下事项：

1. 分类补偿

（1）按保护对象分类（共分为8类）

①森林；

②草原；

③湿地；

④荒漠；

⑤海洋；

⑥水流，包括水生生物资源养护、江河源头、重要水源地、水土流失重点防治区、蓄滞洪区、受损河湖等重点区域；

⑦耕地；

⑧法律、行政法规和国家规定的水生生物资源、陆生野生动植物资源等其他重要生态环境要素。

（2）按保护和出资主体间关系分类（共分为3类）

①财政纵向补偿。中央、地方财政对开展重要生态环境要素保护的单位和个人给予补偿；

②地区间横向补偿。生态受益地区与生态保护地区政府之间通过协商等方式建立的生态保护补偿机制。地区间横向补偿主要在下列区域开展：

· 江河流域上下游、左右岸、干支流所在区域；

· 重要生态环境要素所在区域；

· 重大引调水工程水源地及沿线保护区。

③市场机制补偿。通过碳排放权、排污权、用水权、碳汇权益等交易，实现保护和受益使用人之间的补偿。

2. 补偿方式

补偿方式中最常用、最直接的是资金补偿，其他方式包括对口协作、产业转移、人才培训、共建园区、购买生态产品和服务等。

根据上述规定，国家和地方层面分别开展了形式多样的生态保护补偿工作，并取得了明显成效。

2016年以来，我国陆续实施的44个山水林田湖草一体化保护和修复工程，中央财政每年投入约100亿元。44个工程累计修复面积537万公顷，并在2022年被联合国评为首批"世

① 此"条例"于2024年6月1日起施行。

界十大生态恢复旗舰项目"。此项目属典型的财政纵向补偿类型。

2012 年开始的浙江、安徽新安江流域上下游生态补偿（详见第一章第七节）是典型的地区间横向补偿。此案例中，除两省之间的资金补偿外，杭州市与黄山市之间还签署了包括两市政府推进区域一体化发展打造杭州都市圈合作示范区战略合作协议和上下游生态共保、教育合作、产业合作、开发区共建合作、交通一体化、农业合作、旅游一体化等在内的 1+9 协议，实现了多样化补偿、合作。

各省、市同时开展了区域内生态补偿，如浙江省对辖区内开化、淳安等钱塘江源头地区每年安排几十亿元财政转移支付，杭州市早在 2006 年开始对淳安、临安、建德、桐庐、富阳等西部生态屏障区域开展生态补偿。

七、生态环境执法监管

根据《中华人民共和国环境保护法》和其他法律法规的规定，生态环境部门和其他负有环境保护监督管理职能的部门有权对排放污染物的企事业单位和生态环境资源保护情况进行执法检查，并对违法排污和破坏生态的行为依法进行处罚。这一制度是促使公民、法人和其他组织严格遵守各项生态环境保护法律法规的基本保障。生态环境执法监管的对象、内容、方式、机制简要如下。

1. 执法监管的对象及其内容

生态环境执法监管的对象主要包括两类：

（1）环境污染行为

执法监管对象：排放污染物（包括辐射、噪声等能量形式）的企事业单位和其他生产经营者。

执法监管的内容：被检查单位防治污染设施运行情况、污染物排放情况以及"环评"、"三同时"、排污许可证等环境监管制度落实情况。

（2）生态破坏行为

生态破坏是指由于非法采矿、违规工程建设、污染物排放、废物倾倒等人为原因造成的森林、湿地、草原、海洋等生态系统结构（植被覆盖度、物种组成、水环境质量等）、过程（物质循环、能量流动、食物链等）、功能（生产力、多样性）和服务（水源涵养、水土保持、防风固沙、气候调节等）损害的现象。其重点是各类自然保护地的破坏。

执法监管对象：各类生态环境资源的损害、破坏者。

执法监管分工：这一类执法范围非常广，过去主要由林草、自然资源等部门为主进行执法监管，生态环境部门主要履行统一监管职能。2020 年综合执法改革后，对自然保护地内非法开矿、修路、筑坝、建设等造成生态破坏和违法排放污染物的执法工作改由生态环境部门实施；在自然保护地内进行违规砍伐、狩猎、捕捞、永久性截断水源地、非法猎杀野生动物、引进外来物种、非法采集国家重点保护野生植物等违法行为的执法工作仍由相应的主管部门负责，具体可详见各部门综合行政执法事项指导目录。

执法监管的内容。根据《自然保护地生态环境监管工作暂行办法》，省级生态环境部门组织对本行政区域各级各类自然保护地生态环境日常监督。监督主要内容包括：中央领导同志关于自然保护地生态环境保护的指示、批示以及中央、国务院关于自然保护地生态环境保护重大决策部署的落实情况；自然保护地相关环境法律法规和政策制度的执行情况；自然保护地规划中生态环境保护措施的落实情况；自然保护地的生态环境保护状况以及环境违法违规行为的处理整改情况；对遥感发现问题线索、媒体曝光群众举报问题线索开展核查。

自然保护地其他主管部门按照自然保护地生态环境法律法规、职责分工开展执法监管工作。

2．执法监管方式

（1）落实"双随机、一公开"

"双随机、一公开"是国务院办公厅印发《关于推广随机抽查规范事中事后监管的通知》（国办发〔2015〕58 号）明确的要求，"双随机"是指随机抽取检查对象、随机选派执法检查人员，"一公开"是指随机抽查事项清单及时向社会公开。

在实际的环境执法监管过程中，按照环境保护部办公厅《关于印发〈关于在污染源日常监管领域推广双随机抽查制度的实施方案〉的通知》（环办〔2015〕88 号）执行，把检查对象分为重点排污单位、一般排污单位、特殊监管对象（存在环境违法问题和环境管理问题的污染源）3 个类别。市级生态环境部门每季度至少对本行政区域 5%的重点排污单位进行抽查；县级生态环境部门每季度至少对本行政区 25%的重点排污单位进行抽查，原则上应保证每年对辖区内所有重点排污单位进行一遍巡查。

同时，生态环境部门和其他负有生态环境保护监督管理职责的部门应积极配合市场监管等部门建立"双随机、一公开"联合检查制度，将检查计划、检查结果及时、准确、规范地向社会公开。

（2）建立实施监督执法正面清单制度

将治理水平高、环境管理规范的企业纳入正面清单，并采取差异化监管。对纳入正面清单企业，原则上只开展非现场监管；对主动报告、妥善处置、未造成污染后果的，依法减轻或免除处罚；审慎采取查封扣押、限产停产等措施。正面清单有效期一般为 3 年，清单内企业名单实施动态调整，对不再符合纳入条件的企业要及时移出正面清单。

（3）推行非现场执法

将其作为日常执法检查的重要方式。以自动监控为非现场监管的主要手段，推行视频监控和环保设施用水、用电监控等物联网监管手段，积极利用无人机、无人船、走航车以及卫星遥感等科技手段，科学建立大数据采集分析、违法风险监测预警等工作程序，明确启动现场检查的衔接机制。

推进完善法规和标准，强化污染源自动监测数据用于行政处罚。按照《排污许可管理条例》第二十九条的规定，生态环境部门通过排污单位污染物排放自动监测设备获得的排放数据，可以作为判定污染物排放浓度是否超过许可浓度的证据。但由于缺乏实施细则类的具体规定，各地真正依此实施行政处罚的不多。鉴于此，浙江省于 2023 年 12 月 27 日印发《浙江省污染源自动监控管理办法（试行）》，对自动监控设施的安装、运维、数据有效性判定、监督管理（包括定期开展计量检定）、数据执法应用等作出了具体规定，弥补了上述不足。这一办法自 2024 年 3 月 1 日起施行，为推进非现场执法工作创造了条件。

除上述 3 种执法方式外，还有区域交叉执法、专案督办等执法方式。

3．监管执法机制

（1）健全部门协调联动机制

作为统一监管部门的生态环境部门要加强与行业主管部门合作，建立生态环境问题线索通报反馈和信息共享机制，形成边界清晰的执法职责体系，实现行业监管责任与综合执法责任既依法区分，又有效衔接。对相互移送的属于本部门执法范围问题，都要积极依法查处。

（2）强化行政执法与刑事司法衔接

建立健全生态环境执法监管部门与公安机关、检察机关、审判机关的联席会议制度，完善信息共享、情况通报、证据衔接、案件移送等机制。依法做好生态环境损害赔偿工作。

（3）探索第三方辅助执法机制

以政府公开采购方式，委托第三方社会机构辅助执法，开展污染源排查、污染防治设施运行评估、整改措施跟踪等工作。利用第三方服务的遥感监测、大数据分析等手段，为精准发现问题提供支持。如杭州市近年来委托第三方开展了工地扬尘问题排查、化工等风险源环境风险问题评估、重点源环境问题诊断（由"环境医院"开展，前面已有阐述）；还利用自然资源部门卫星遥感信息，排查自然保护地生态破坏等，并取得了较好效果。

近年来，生态环境执法的手段越来越先进，覆盖的领域越来越广，成效越来越显著，为深入推进全社会生态文明建设提供了有力支撑。但与此同时，还存在以下问题。

①各地普遍比较重视污染源的执法监督，对生态破坏的执法监管则有所不足，且生态环境部门与其他自然保护地主管部门之间在职责分工、相互协同等方面还有待进一步完善。

②担心因执法不到位而被追责，成为生态环境执法人员中带有一定普遍性的焦虑。

要解决、避免上述问题，下步应从以下两个方面加以整改：

①加强、充实对生态破坏类违法行为的执法监管力量；省、市、县各级政府要借贯彻落实前述环督察〔2022〕58号文之际，进一步理顺部门之间生态环境监管职责，做到无缝衔接。同时，要建立研究明确具体事项牵头部门的常态化机制，对在工作中碰到的尚未明确的具体事项及时协调明确。

②尽职尽责，做到三个"到位"。一是执法检查的频次、范围要"到位"。要严格按照国家有关"双随机、一公开"、非现场监管、专案督办、信访查处等规范要求检查"到位"。二是在每个点的检查活动中，严格按有关检查规范（如国家、省颁布的重点行业现场环境监察指南）要求的程序、内容检查"到位"。三是根据检查结果及时处理"到位"，该处罚的处罚、该移交的移交。

八、环境信访查处

环境信访查处是维护广大群众环境权益的重要保障，对维护社会稳定、纠正环境违法行为、改善局部区域的环境质量起着重要作用。环境信访量大面广，一直是各级政府信访受理的重点之一。近几年随着环境治理力度加大，环境质量改善，信访的绝对量逐步有所下降，但总量占比在全社会信访中仍"名列前茅"。

环境信访处理中要注意把握以下几点：

（1）科学调查

任何环境信访、纠纷的处理首先要调查清楚具体的污染状况：信访人是否受到污染危害；污染来源于何处；污染源是否做到达标排放，包括其生产经营是否合法、合规等。而要弄清楚上述情况，必须通过现场调查和监测。

（2）快速、及时

环境信访多种多样，在受理、查处时要根据反映事项的轻重缓急区别对待。对短时危害性大、矛盾比较激烈的环境信访，要及时、快速处理，避免拖延酿成污染事故或群体性事件。对其他一般性环境信访件的查处，也应能快则快，最迟应在国家或地方规定的时间内完成。

（3）分类查处

查处要以事实为依据，以法律法规为准绳，并辅之以必要的行政、经济手段。按污染情况及引发原因，环境信访的处理可分为以下几类：

①污染源超标排放或生产经营不合规。如经监测、调查，来信来访反映的周边污染源存在超标排放，或者生产经营不符合相关环保法律法规，则应根据环保法律法规依法对其实施限产、停产整治等措施。对周边环境造成损害的，则应依法赔偿。

②周边污染源达标排放而环境质量超标或存在实质性影响（如居住小区众多居民经常闻到周边污染源排放的恶臭异味等）。出现这种情形，一般主要是由于"老厂新居"、所在区域规划不合理调整所致，如从过去的工业开发区调整成城市新区等。这类环境问题处理起来比较棘手，由于这类信访短期内难以彻底解决，个别地方往往因此错误地把信访搁置起来，但越拖下去，问题会越突出，总有一天会爆发，酿成群体性事件，此类教训已有很多。正确的做法应该是，在调查清楚污染状况的基础上，制订一个近、远结合的整治方案，及时开展区域性环境综合整治。近期应在严格执法监管，确保区域内污染源稳定达标排放的基础上，通过深度治理、清洁生产以及必要的限产等措施，削减各类污染源的污染物排放量，尽可能改善区域环境质量。同时，应启动、实施区域内产业结构调整，对影响区域环境质量的污染源分期分批实施关、停、转、迁，努力争取在几年内（时间不宜过长）彻底解决区域性环境问题，确保环境质量达标。整治期间应严格控制甚至停止区域内房地产开发，直至区域环境整治完成，避免出现新的环境纠纷。区域环境整治方案确定后，应及时对外公开，实施过程中应加强与周边群众的交流，接受群众的监督。只有这样才能赢得群众的理解和支持。杭州半山北大桥地区的环境综合整治就是处理此类环境问题的典型案例（详见第二章）。

③邻避项目引起的环境信访纠纷。在污水处理厂、变电所、垃圾焚烧发电厂等项目建设中，多会引起周边公众一定的抵触，这些信访的处理应严格按照建设项目环境管理的有关规定、程序进行。特别要注意以下几点：

一是要做到信息公开透明。建设项目的排污情况及其污染防治措施等公众十分关心的信息要及时公示，千万不能遮遮掩掩，越是遮掩越会引起周边公众的担忧、质疑、不满。

二是严格按照程序进行。尤其是环境影响评价公示和公众参与方面，要严格按规定的程序、时间进行。争议较大的项目应通过召开座谈会、听证会的方式与周边公众充分交流、沟通，解疑释惑，还可组织公众去外地同类项目参观，消除公众疑虑。

三是对公众提出的合理意见、建议要认真吸收、采纳，对不能采纳的意见要及时反馈并做好解释说明。

四是项目建设过程中要严格按环境影响评价及其批文提出的要求落实各项环保措施，不打折扣，建设过程中可邀请周边居民代表参与监督。项目投运后，项目"三同时"验收结果及时向周边居民公开，真正做到取信于民。

④环境质量和周边污染源排放均未超标。此类情况说明未造成环境危害，应及时向反映人反馈并做好解释。变电站、发射塔等电磁辐射类设施附近居民因过度担忧进而引发的信访投诉经常会出现此类情形。对此应做好必要的科普宣传、教育，请业内专家解疑释惑，必要时可请当地街道、社区共同做好说服、解释工作。

现实中，环境问题信访处理会遇到各种各样的特殊情况，实际处理中，应在依法依规的前提下，作出合情合理的调解处理。

九、污染物排放总量控制和排污许可证制度

（1）总量控制

污染物排放总量控制始于21世纪初，并在后来的实践中不断完善。

为减少污染物排放，改善环境质量，国家对水、大气中的几种主要污染物［COD、NH_3-N、NO_x、VOCs（前期为 SO_2）］实行排污总量控制，并要求逐年削减。各省（区、市）可根据实际需要，确定对国家规定的几种主要污染物以外的重点污染物实行区域排放总量控制。企事业单位在执行国家和地方污染物排放标准的同时，应当符合地方生态环境部门核定的本单位重点污染物总量控制指标。

为使总量控制落到实处，国家→省→设区市→县逐级考核。对未完成减排任务的区域，省级以上生态环境保护主管部门应当暂停审批其新增重点污染物排放总量的建设项目环境影响评价文件（《中华人民共和国环境保护法》第四十四条）。建设项目所在区域（流域）控制单元环境质量未达到国家或者地方环境质量标准的，建设项目应提出有效的区域削减方案，主要污染物实行区域倍量削减；单元环境质量达到国家或地方环境质量标准的，原则上建设项目主要污染物实行区域等量削减（环办环评〔2020〕36 号）。

（2）排污许可管理

国家依法实行排污许可管理制度。《排污许可管理条例》规定，排放污染物的企事业单位应当按规定取得排污许可证，未取得排污许可证的，不得排放污染物。

对具备下列条件的排污单位，颁发排污许可证：

①依法取得建设项目环境影响报告书（表）批准文件，或者已经办理环境影响登记表备案手续。

②污染物排放符合排放标准要求，重点排污单位符合排污许可证申请与核发技术规范、环境影响报告书（表）批准文件、排放总量控制要求。其中，排污单位生产经营场所位于未达到国家环境质量标准的重点区域、流域的，还应当符合有关地方人民政府关于改善生态环境质量的特别要求（如进一步削减排污量）。

③污染防治设施可以达到许可排放浓度要求；自行监测符合相关国家规范。

根据污染物产生量、排放量、对环境影响程度等因素分别对排污单位实行排污许可重点管理、简化管理、登记管理。生态环境部门将排污许可执法检查纳入生态环境执法年度计划，根据排污许可管理类别、排污单位信用记录和环境管理需要等因素，合理确定检查

频次和检查方式。

未取得排污许可证排放污染物或超过许可证排放浓度、许可排放量排放污染物的，根据《排污许可管理条例》第三十三条、第三十四条的规定，由生态环境主管部门责令改正或限制生产、停产整治，处 20 万元以上 100 万元以下罚款。

（3）排污权有偿使用和交易

排污权，是指排污单位经生态环境部门核定，允许其在一定期限内直接或间接向环境排放限定种类和数量污染物的权利。排污单位的排污权以排污许可证或排污权电子凭证的形式予以确认。市、县生态环境部门按照管理权限并根据排污权核定技术规范、国家和地方减排要求，对辖区内现有排污单位初始排污权予以核定。

排污权有偿使用，是指排污单位对经生态环境部门核定的初始排污权按规定缴纳使用费的行为。初始排污权使用费的征收标准由当地发展改革部门会同财政、生态环境部门，根据当地污染防治成本、经济发展水平等确定，原则上以 5 年为一核定周期。

排污权交易，是指在满足总量控制的前提下，政府、排污单位及其他符合条件的主体对其拥有的排污权进行交易流转的行为。新建、扩建、改建项目通过当地排污权交易系统，以排污权交易方式取得新增排污权指标。依法有偿取得排污权并安装污染物自动监测设备的排污单位，其富余排污权可依法有偿转让或申请政府回购。

为了规范排污权有偿使用和交易，国务院办公厅印发了《关于进一步推进排污权有偿使用和交易试点工作的指导意见》（国办发〔2014〕38 号），各省（区、市）制定有具体的实施办法，如浙江省政府办公厅印发了《浙江省排污权有偿使用和交易管理办法的通知》（浙政办发〔2023〕18 号）。

第二节　建立健全生态环境保护工作推进机制

生态环境保护工作推进机制有许多，有的已在本章第一节作过介绍（如监管执法机制等），这里主要就综合决策、综合协调、督察整改等重要工作机制作简要阐述。

一、生态环境保护融入经济社会发展各个方面的综合决策机制

生态环境保护工作绝不仅是生态环境保护主管部门一个单位的工作，也不仅是对排放的污染物进行末端治理的问题，其更多的要体现、落实在当地经济、社会发展的各个方面，如区域内产业结构、能源结构、交通运输结构、环境基础设施建设水平等对当地生态环境保护工作具有决定性影响。也正因如此，党的十八大报告指出，把生态文明建设融入经济建设、政治建设、文化建设、社会建设各方面和全过程……对一个地方来说，关键的问题是如何做好"融入"的工作，这里作一些探讨。

1. 政策、法规融入

除了制定、实施专项性的生态环境保护地方性政策法规外，在制定、实施其他相关政策法规时，也要体现生态环境保护的理念，特别是一些事关产业发展、能源保障等的政策，一定要按照高质量、可持续发展的要求来制定，这样才会有力促进当地的生态环境保护工作。如杭州市近些年在产业发展政策的制定实施中十分注重高质量发展的要求，杭州市每

隔几年由市发展改革委牵头制定"产业发展导向目录"（以下简称"目录"），经市政府常务会议审议通过后以市政府办公厅名义印发实施。"目录"明确哪些产业属于鼓励类，哪些属于限制类，哪些属于禁止类，同时对各类产业的具体布局提出要求。这一产业发展导向目录是市、区两级各个部门审批项目的前提和依据，对今后一段时期杭州市的产业结构会带来重大影响。为使杭州产业发展更加绿色、可持续，前些年在这个"目录"的制定过程中，市财政拨出专项经费，由市发展改革委（具体由所属经规院承担）和市环保局（具体由所属市环科院承担）一起会同相关部门和地方政府作了为期近1年的专题研究，根据杭州的产业基础、战略方向及各类产业的资源消耗和排污情况，结合全市饮用水水源分布、水文、气象等自然条件，以及城市空间规划等，提出具体的针对各类产业发展、布局的详细建议。这些建议多被吸收进了最终的"目录"中。"目录"对全市各个开发区、工业功能区适宜发展什么产业、限制和禁止什么产业作了详细的规定，市、区（县、市）两级的发展改革、规划、自然资源、经信、生态环境等部门均须按此"目录"进行审批把关。这为把好建设项目环境保护关口、杭州产业的高质量发展打下了坚实基础。

2．规划融入

规划融入包括以下两个方面，一是如前面第一节环境规划中所述，要将环境规划明确的目标、任务、措施等纳入地方政府及相关部门的其他规划，如国民经济和社会发展规划、土地利用空间规划等。二是地方政府及相关部门在制订各类规划时，要体现生态文明、高质量发展的理念，各项规划制定过程中，要征求生态环境部门的意见。其中，土地利用的有关规划，区域、流域、海域的建设、开发利用规划应当在规划编制过程中，组织进行环境影响评价，编写该规划有关环境影响的篇章或者说明，土地利用的有关规划还应与环境功能区划、生态红线、"三线一单"等相衔接、协调；工业、农业、畜牧业、林业、能源、水利、交通、城市建设、旅游、自然资源开发的有关专项规划，应当在上述规划草案上报审批前，组织进行环境影响评价，并向审批该规划的机关提出环境影响报告书（详细可见第五章第十节）。从各地实际情况看，上述两方面的工作近年来已取得较大进展，但许多地方还有待进一步完善。

3．日常工作中的融入

日常工作中的融入主要体现在以下两个方面。一是由生态环境部门牵头制定各类生态环境保护规划、年度工作计划、区域生态文明建设方案等事项时，要会同相关职能部门和地方政府共同谋划，并应充分调动他们的积极性、主动性，要把与这些事项相关的需由其他职能部门或地方政府为主实施的重要事项（如产业结构、能源结构、交通运输结构的调整，环境基础设施建设，生态保护和修复等）纳入其中，并最终以目标责任书的形式把这些重要事项分解下达给各相关职能部门和下级地方党委、政府。二是各职能部门和地方党委、政府在谋划、部署本系统、本区域工作时，要主动征求生态环境部门意见，全面贯彻落实生态文明的理念和要求，如发展改革部门在区域能源体系规划建设中要持续做好节能和能源低碳化工作；建设部门在城市规划建设中要同步推进符合城市发展需要的污水和垃圾处理设施建设；交通部门在交通建设和管理中要逐步向绿色、低碳化转型。

二、生态环境保护综合协调推进机制

一方面，生态环境保护工作是一项系统性、综合性很强的工作，每一项生态环境保护工作的推进，需要各个职能部门、地方政府的支持和密切配合。另一方面，由于职能和所处角度不同，各地各部门对生态环境工作的理解、重要性认识的程度也不同。现行法律法规和相关政策文件对一些职能部门履行其生态环境职能的刚性要求又不足。因此，在一些生态环境工作尤其是综合性较强的工作推进过程中，相关部门和地方政府的配合、协同经常会出现这样或那样的问题，导致工作推进困难甚至延误。为了顺利推进各项生态环境保护工作，必须建立健全不同层面的综合协调推进机制。

1. 党委、政府或生态文明建设（或美丽建设）领导小组协调推进机制

对于一些事关全局性、长远性的重要工作，如全域性（生态文明示范）创建、年度生态环保目标任务制定并下达、生态环境督察迎检（整改）等工作应提交党委常委会、政府常务会议或生态文明建设（美丽建设）领导小组审议、决定并颁布实施。党委、政府的主要领导应亲自或委托分管领导定期检查上述重要工作进展情况，对工作推进中碰到的困难问题及时组织协调、督促落实，并应对各项工作进展情况予以通报。

治水、治气等年度专项计划（方案）等宜由政府分管领导组织专题研究后报政府常务会议审议，并以政府办名义发文实施。工作推进过程中，政府主要领导应亲自或委托分管领导定期检查、协调，确保顺利推进。

每个省、设区市、县一般每年应召开一次由四套班子领导参加的生态环境保护大会，表彰先进，部署工作，下达年度目标任务。

2. 专项调研督促推进机制

地方党委、政府的主要领导、分管领导每年应安排几次生态环境保护工作专项调研。调研的内容主要是生态环境保护重点工作中面临困难、问题较多、推进进度较慢的一些工作，相关部门和所在地党委、政府都应参加调研。通过现场调研、听取汇报和交流，推进问题的解决。为了使调研活动真正起到破解难题、解决问题的作用，生态环境和相关行业主管部门事前应做好各项准备工作，摸清情况，厘清产生困难、问题的具体原因，做好工作对接、交流，提出解决问题的具体建议、对策，以便领导及时拍板、决策。

对一些单项性问题，生态环境等部门也可向党委、政府主要领导、分管领导书面汇报，以领导书面批示等形式交办相关单位解决，重要事项由党委、政府"两办"督查跟进。

3. 生态办（美丽办）协调推进机制

各省、设区市、县（市、区）均设有生态文明建设（或美丽建设）领导小组，领导小组下设办公室，办公室主任多由当地生态环境局局长兼任。按照职能，生态办（美丽办）负责生态文明建设（美丽建设）领导小组的日常工作。除上述须提交地方党委常委会、政府常务会（办公会）或生态文明建设领导小组协调推进的重要工作外，其他涉及当地生态环境保护的日常工作，均可由"生态办"（"美丽办"）牵头协调。生态环境局要为主牵好这个头，牵头协调中要注意把握方式方法，既要有原则的坚持，又要有具体的灵活；既要有敢于"亮剑"的斗争，又要有推心置腹的合作；既要有严格的督促，又要有真诚的帮助指导。具体协调中，还应建立督查、通报、考核等机制，促进各成员单位齐心协力推进

工作。

4．成立独立的专项工作办公室协调推进

对一些具体工作任务较多的专项性生态环保工作，地方党委、政府可成立专门的专项工作领导小组及其办公室，领导小组组长一般由党、政领导担任，办公室主任由行业主管部门（或生态环境局）的主要领导或分管领导担任。如浙江省为推进全省治水工作，协调处理治水工作中遇到的各种困难、问题，成立了由省（市、县）委书记、省（市、县）长任组长的省、市、县三级"五水共治"工作领导小组，下设办公室，由省（市、县）生态环境厅（局）长兼任办公室主任，并抽调生态环境、水利、住建等部门的几十名人员集中办公。办公室日常工作由一名生态环境厅（局）副职领导主持。办公室的职能是：协调解决"五水共治"日常工作中遇到的困难和问题；对各地各部门开展的工作进行督查、通报、考核。通过这一机制，使全省"五水共治"工作中碰到的困难和问题及时得到解决。

5．横向推动协调机制

生态环境部门作为生态环境保护的行业主管部门，日常工作中应主动加强与横向部门和下级党委、政府的交流、对接。对工作中碰到的困难、问题，及时通过生态办帮助协调解决，重大问题共同报党委、政府协调解决；对工作上有差距的要及时督促、提醒；对个别工作不配合、不履职，造成工作延误的单位及其负责人，应提请党委、政府对其约谈督办，对造成负面影响的，提请监察部门予以问责。

在建立健全上述生态环境保护综合协调机制的同时，生态环境部门应加强专业指导服务。生态环保工作是一项专业性很强的工作，无论是地方党委、政府、职能部门履行生态环境保护职责，还是企事业单位治理污染，都会不同程度地碰到专业知识不足、政策了解掌握不全面等专业性问题，生态环境部门对此要加强指导、帮助和培训。杭州市在这方面作了一些探索：每年在市委党校对各区、县政府及相关部门分管领导、重点乡镇主要领导进行为期一周左右的专业培训；局班子成员带队定期走访各区（县、市）政府和市直相关部门，开展工作交流、对接；专项性污染整治工作在开展前对所涉企业组织现场参观（示范企业），并请专家作现场辅导；对诸如化工企业环境风险排查、整治等专业性强的工作，由市生态环境局聘请化工类专家一家一家上门指导、检查。为进一步加强指导服务，近年来还每年安排专项资金，聘请在杭第三方专业队伍成立"环境医院"，免费开展对企业和地方政府的咨询服务。

其他负有生态环境保护职责的部门在日常工作中也应积极主动与省环境部门对接，加强工作交流、合作。

除上述综合协调推进机制外，还有人大、政协监督推进机制、重要事项挂牌督办推进机制等，不再一一阐述。

三、督察整改机制

开展生态环境保护督察，是新时期深化生态文明建设的一项重要制度安排。根据中共中央办公厅、国务院办公厅印发的《中央生态环境保护督察工作规定》（以下简称《规定》），生态环境保护督察实行中央和省（区、市）两级督察体制。

督察方式：包括例行督察、专项督察和"回头看"等。

督察对象：省（市、县）党委、政府及其有关部门；国务院有关部门；有关中央企业。

督察内容：贯彻落实习近平生态文明思想情况；贯彻落实中央、国务院生态环境保护决策部署情况；国家生态环境保护法规、计划的贯彻落实情况；"一岗双责"落实和长效机制建设情况；突出生态环境问题及处理情况；生态环境质量恶化区域流域及整治情况；群众反映的生态环境问题整改情况；生态环境执法各环节非法干预、不予配合情况；其他需督察事项。

督察进驻后主要采取以下方式开展工作：听取汇报，个别谈话，受理信访举报，调阅有关资料，对问题线索调查取证，召开座谈会，下沉督察，实施约见或约谈。

督察结束后，督察组形成督察报告，报党中央、国务院（省级督察报省委、省政府，下同）。督察报告经党中央、国务院批准后，督察组向被督察对象反馈，并明确督察整改工作要求。被督察对象应当按照督察报告制订督察整改方案，在规定时限内报党中央、国务院。被督察对象应当按照督察整改方案要求抓好整改落实工作，并在规定时限内向党中央、国务院报送督察整改落实情况。

做好督察迎检、落实整改工作，对地方党委、政府及其相关部门来说，既是压力，更是全面"体检"、全面改进的一次机遇。从已经进行的两轮中央生态环境保护督察结果看，通过中央、省两级生态环境保护督察，倒逼各级党委、政府和相关部门齐心协力切实履行好生态环境保护责任，解决了一批过去想解决而一直未能解决的突出生态环境问题，推进了一大批重大环境基础设施的建设，切实改善了区域环境质量，受到群众的普遍欢迎。同时，各地在迎检、整改工作中也暴露出一些问题和不足。总结一些先进地区的做法，要借助这一机制，更好地发挥其对于全面推进地方生态环境保护工作的作用，应把握以下几点。

（1）充分做好迎检准备

成立由党委、政府主要领导任组长的迎检工作领导小组，统筹区域迎检工作。领导小组成立后应抓紧开展以下工作：一是要全面排查区域环境问题。对照督察重点和要求，发动辖区内各级党委、政府和相关职能部门对可能存在的各类生态环境保护工作问题进行全面系统的排摸。同时，还应通过发动群众检举、媒体爆料等收集各类存在的环境问题。二是要迅速组织整改。在全面排查、收集问题后，根据职责、分工，按"四张清单"形式把问题分解到各地各部门限时整改。对一些短期内难以完成的问题，要制订分阶段的整改方案并实施阶段性整改。通过迎检准备，梳理摸清并切实解决一批本区域存在的各类环境问题。

（2）认真接受督察

督察组进驻后，根据前述督察开展的工作方式，地方党委、政府要积极主动做好以下工作。

①实事求是、积极主动汇报。按照督察工作要求，通过书面汇报和谈话，把本地区生态环境保护工作尤其是存在的主要问题、差距等实事求是、积极主动地向督察组做好汇报，查找原因，提出整改措施。

②认真办理环境信访举报。督察期间，对督察组移交的群众环境信访举报要认真办理，及时组织现场调查，短期内能解决的应及时处理解决；短期内无法解决的，则应明确处理解决的时间和具体的处理措施。处理结果应在当地媒体公开。

③及时组织收集相关资料。对督察期间督察组提出调阅的各种文件资料，包括有关政

策文件、会议纪要、会议记录等，相关单位应及时提供，不能故意拖延，更不能弄虚作假。

④积极配合督察组做好约见、约谈、现场调查等联络协调工作。督察期间，督察组一般会约见、约谈当地党政主要领导、分管领导及相关部门主要负责人，还会因某一具体事项约见、约谈其他相关人员，或者召开座谈会了解具体情况。必要时，督察组还要进行现场实地调查。为此，迎检工作组要做好衔接、协调工作，确保约见、约谈、现场调查等工作顺利进行。

（3）积极整改

整改包括两个方面，一是对督察进驻过程中群众举报的生态环境问题，以及督察组交办的其他问题，作为被督察对象的地方党委、政府应当立行立改；二是对督察报告反馈的问题，要按规定制订整改方案，在规定时间内上报（县报设区市、设区市报省、省报党中央、国务院）。同时，要按照督察方案要求抓好整改落实工作，并在规定时间内把整改落实情况及时上报（上报程序同整改方案）。

从以往各地的实际情况看，整改工作要注意把握以下几点。

①压实责任。不管是什么样的问题，都必须按职责明确一个责任主体和相应的责任人，必要时确定若干个配合单位，整改工作就由这个责任主体牵头进行。信访处理的书面答复、对督察反馈问题上报的整改方案以及督察反馈问题的整改销号均应由责任主体单位盖章确认，并由该单位的责任人（重点问题必须是主要负责人）对督察反馈问题签字确认。

②整改工作要"实"、要"到位"。无论是对于督察报告反馈的重点问题还是督察期间群众举报反映的"小问题"，都必须实实在在地整改到位。对于一些"老、大、难"问题，也应有壮士断腕的决心，采取断然措施落实整改；对于短期内难以彻底解决的问题，则应制订切实可行的分阶段整改方案，逐步推进落实。整改工作中采取的具体措施、取得的成效必须与举报信访的处理意见、整改方案中的处理措施、成效相一致，绝不能以发文件、发处罚决定文书代替现场实实在在的整改。总之，绝不能应付，否则既难以向群众交代，也难以"过关"，在"回头看"时还将被追责。

③整改要"举一反三"。按照督察工作相关规定，对一些虽然在点上发现但带有普遍性的问题，不仅要做好点上问题的整改，还要举一反三，发动开展对区域内类似问题的全面排查，一同整改。

第三节　加强治理能力建设

治理能力涉及的内容很多，这里主要就监测能力、监管能力建设和从业者环境素养要求作简要阐述。

一、进一步提升生态环境监测能力

生态环境监测监管工作是生态环境保护的基础，其中生态环境监测工作更是基础中的基础，是生态环境保护工作的耳目、生态文明建设的重要支撑。

生态环境监测包括环境质量监测、生态质量监测、污染源监测和温室气体监测等领域。具体监测事项应按照国家统一部署和各地环境管理工作的实际需要开展，如"十四五"期间各地重点要保障做好以下生态环境监测工作。

1．环境质量监测

环境质量监测包括水（含地下水）环境质量监测、大气环境监测、土壤环境监测、海洋环境监测、声环境质量监测、辐射环境监测等。

（1）水环境质量监测

地表水监测。国家、省、市、县分别对辖区内主要水体布设有监测点位（断面），分别称为国控断面（点位）、省控断面（点位）、市控断面（点位）、县控断面（点位）。如浙江省"十三五"期间有国控断面（点位）108 个、省控断面（点位）221 个。"十四五"期间进一步增加至国控断面（点位）158 个、省控断面（点位）296 个（包括国控）。国控、省控断面大部分安装有自动监测设施，实时联网；国控断面还有每季度 1 次（省控断面每月一次）的手工采样全指标监测且实施采测分离。市控、县控断面由各设区市、县确定，如杭州市各市控、县控断面（点位）绝大多数安装了自动监测设施，手工监测频次与省控断面（点位）相同。

除上述水体重点监控断面外，还有对交界断面（省、市、县之间行政区域交界的河流断面）的水质监测、县以上饮用水水源（逐步扩展至农村千吨万人饮用水水源）的水质监测。这些监测点也均安装有自动监测设施。

地下水监测。地下水监测起步较晚，目前主要按国家统一部署开展地下水监测（浙江省地下水监测点位从"十三五"的 32 个点调整至"十四五"的 60 个点）。在每年丰水期、枯水期各开展一次常规 39 项监测；作为饮用水水源的地下水监测点增加一次平水期监测；五年中开展一次 93 项全指标及特征指标的监测。"十四五"期间，各地还应根据管理需要，组织开展地下水污染防治重点排污单位周边地下水环境监测。

此外，国家还部署对一些重要水体（长江流域、黄河、淮河、海河、珠江、松花江和运河）水域开展水生态监测（浙江省太湖流域东西苕溪、主要饮用水水源地也开展了水生态监测），包括：①水生生物（大型底栖动物、大型水生植物、浮游植物、浮游动物）；②水环境项目（pH、DO、总氮、总磷、透明度、叶绿素 a 等）；③遥感监测。在"老三湖""新三湖"开展水华专项监测，水华监测主要是水环境质量监测（水温、pH、DO、透明度、氨氮、高锰酸盐指数、总氮、总磷、叶绿素 a 和藻密度等）和遥感监测。

从近年来的实际情况来看，各地湖、库型水源地不同程度地存在富营养化问题，从环境管理要求，也均应开展水生态和水华专项监测。

（2）大气环境监测

国家把 339 个地级城市的大气监测点列为国控点。浙江省将每个县不少于 2 个大气监测点列为省控点。一些重点城市如浙江省 11 个设区市还在每个乡镇（集镇所在地）设立了大气监测点，所有大气监测均采用全自动监测设施并实时联网。

（3）土壤监测

国家在各地设有土壤监测基础点和背景点（浙江省 599 个基础点、69 个背景点），要求每 3～5 年完成一轮监测，以评价土壤环境状况及变化趋势。结合土壤风险管控需求，各地设置有许多土壤风险监控点（浙江省 486 个，根据 2018 年农用地调查确定），这些风险监控点每 2～3 年完成一轮监测（部分重点区域周边点位每年监测 1 次），以及时跟踪发现土壤污染问题。此外，"十四五"期间还需对土壤污染重点监管单位周边土壤环境至少完成一轮监测。

（4）海洋环境监测

海洋环境监测包括海水水质监测及沉积物质量监测。围绕环境热点问题，开展典型海洋生态系统健康状况监测、海洋垃圾监测、微塑料监测。部分省（区、市）还将开展海洋自然保护地生态状况试点监测、滨海湿地生态状况试点监测。

（5）声环境质量监测

主要开展区域环境噪声（将城市建成区划分成若干网格，每个网格内设一个监测点）、交通噪声（交通干线两侧）、功能区噪声（选择若干个有代表性的声环境功能区，设置相应的监测点）监测。前两者每年监测 1 次，功能区噪声每季度监测 1 次。杭州等城市已对功能区噪声实现在线自动监测。

（6）辐射环境监测

辐射环境监测包括陆域γ辐射和辐射环境质量监测、陆地水体辐射环境质量监测、土壤辐射环境质量监测、电磁辐射监测以及近岸海域辐射环境质量监测。

1）陆域γ辐射和辐射环境空气质量监测。全国有 500 个辐射环境空气自动监测站、328 个陆地γ辐射累积剂量监测点（点位设置到设区市一级）。监测项目包括γ辐射空气吸收剂量率、γ辐射累积剂量、气溶胶γ核素、^{90}Sr、^{131}I，空气中 ^3H（HTO），降水中 ^3H，沉积物中γ核素等。

2）陆地水体辐射环境质量监测。监测点位设置到设区市一级，地表水监测项目包括 U、Th、^{226}Ra、总 α、总 β、^{90}Sr、^{137}Cs 等。饮用水水源监测项目包括总 α、总 β、^{90}Sr、^{137}Cs 等。

3）土壤辐射环境质量监测。全国现有 362 个监测点，监测项目为 γ 核数分析。

4）电磁辐射监测。多在高压线附近监测，监测项目包括功率密度、工频电场强度、工频磁感应强度。

5）近岸海域辐射环境质量监测。多布设在核设施周边区域，包括对海水和海洋生物的辐射监测。

2.生态质量监测

生态质量监测项目包括以下三类：

（1）宏观指标

包括有林地、灌木林等 26 项生态类型指标，海岸线及向海一侧 2 km 范围内填海造地、围海和构筑物用海面积，归一化差值植被指数，植被净初级生产力，地级及以上城市建成区、建成区绿地及建成区公园绿地面积。

（2）地面指标

包括群落监测、指示生物类群监测、重点保护生物的监测及数据收集。

（3）其他指标

主要指自然灾害面积和生态保护红线面积。

全国生态质量监测工作由生态环境部统一组织，国家负责遥感影像筛选、矫正、生态类型变化与动态提取等工作，开展省域生态质量评价及生态质量监测外部质控工作。各省（区、市）组织开展本区域生态类型数据解译、生态质量样地监测及内部质控工作，同时对省、市、县生态质量指数（EQI）进行评价。

除上述监测外，国家还开展对生态保护红线地面观测场（红线内选择的典型场地）的植被覆盖度、叶面积指数、光合有效辐射比例、地物波谱等进行遥感监测。国家卫星中心和省一级对生态保护红线范围开展遥感监测，以发现生态破坏问题线索，一般为每年 1 次。

一些地方前些年通过与其他部门合作已经开展了卫星遥感监测，如杭州市已在前几年借助自然资源部每 2 个月 1 次的卫星遥感监测开展了生态保护方面的监测监管工作。

3. 污染源监测

污染源监测包括污染源执法监测，排污单位自行监测，直排河、海污染源监测，工业园区专项监测。

（1）污染源执法监测

日常执法监测主要针对区域内重点污染源，一般 1 次/年，但发现有超标的污染源需增加监测频次；污水厂、垃圾焚烧厂、垃圾填埋场等按相应的排放标准规定的频次要求监测。

（2）排污单位自行监测及专项检查

已核发排污许可证的单位均应按规定开展自行监测，具体按照《排污单位自行监测技术指南　总则》（HJ 819—2017）和行业排污单位自行监测技术指南进行。地方生态环境部门应按要求对自行监测开展随机抽查。抽查比例不少于发证单位的 5%。

（3）直排河、海污染源监测

日排污水≥100 m^3 的直排河、海污染源每季度监测 1 次，监测项目应包括总氮、总磷。

（4）工业园区专项监测

国家要求"十四五"大气污染防治重点区域内的石化、化工、涂装、包装、彩印等涉VOCs 的产业集群和工业园区，以及氮氧化物排放量较大的产业集群和工业园区开展常规62 项大气监测和 VOCs 监测。浙江省要求 2023 年上述园区具备这些项目的大气自动监测能力。

（5）在线自动监测

按照《水污染防治法》《大气污染防治法》《排污许可管理条例》的相关规定，列入重点排污单位名录、实行排污许可重点管理的排污单位均应安装污染源排放自动监测设备，并与生态环境部门联网。

4. 温室气体监测

温室气体监测包括大气温室气体监测、排放源温室气体监测、陆地生态系统碳汇监测。

（1）大气温室气体监测

国家已在上海、杭州、宁波、丽水、深圳、江苏省等 14 个省（市）开展试点，监测项目包括高精度二氧化碳、高精度甲烷、高精度一氧化碳、高精度气象五参数（气温、湿度、气压、风向、风速），24 h 连续自动监测。同时，至少有 1 个点位开展碳同位素（$^{14}CO_2$）监测。浙江省要求其他 8 个市至少各建 1 个监测点。

（2）排放源温室气体监测

监测范围：纳入排放源温室气体监测试点范围的火电、钢铁、石油天然气开采、煤炭开采和废弃物处理企业。

监测项目：二氧化碳、甲烷、氧化亚氮的浓度和排放量。

（3）陆地生态系统碳汇监测

国家部署在典型陆域生态系统及重点生态功能区开展碳汇监测，杭州、丽水等试点市已开展了这方面的监测工作。

此外，生态环境部卫星中心还开展了对温室气体的遥感监测。

二、进一步提升环境监管能力

环境监管包括政府相关部门的依法监管和社会监督（包括媒体监督）。政府部门中负有环境监督管理职能的主要部门有生态环境、住建、城管（综合行政执法）、公安、交通、规划和自然资源、农业、水利、林草、市场监管、商务、卫健、发展改革、经信等，各部门具体监管职能可见各地《生态环境保护责任清单》，本章第一节对政府部门环境执法监管工作做了比较详细的阐述。做好社会监督的关键是要畅通参与渠道，公开相关信息。根据中共中央办公厅、国务院办公厅《关于构建现代环境治理体系的指导意见》，结合当前环境监管工作形势，为了进一步提高环境监管能力，促进生态文明和美丽中国建设，下一步还应在以下几方面进一步健全、完善。

1. 健全环境监管体制

• 理顺监管体制，全面落实生态环境保护综合行政执法。

• 监管执法力量逐步向基层倾斜，依托基层治理"四平台"[①]，健全乡镇（街道）生态环境网格化监管体系。

• 健全完善部门间分工明确、相互协同、齐抓共管的工作机制。此部分内容可详见本章第一节第三部分和第二节第二部分。

• 健全环境问题发现机制。依托在线监测、卫星遥感、无人机、视频监控（可同时利用公安、城管等部门视频监控系统）、大数据（如用水、用能数据）等智能化手段，推行非接触、智慧化监管。实施环境污染惩罚和举报有奖制度。同时，要建立健全问题线索排查与执法快速响应机制。

2. 严格督促企业落实环境治理责任

• 淘汰落后生产工艺，研究将污染物排放水平明显高于行业平均水平的工艺、装备纳入淘汰和限制类名单。全面推进重污染、高耗能企业强制性清洁生产改造，加大绿色原辅材料推广力度。对汽车产品、动力蓄电池、铅酸蓄电池等加快落实生产者责任延伸制度。

• 完善企业环境治理信息公开制度，排污企业应通过企业网站等途径依法公开主要污染物名称、排放方式、执行标准以及污染治理设施建设和运行情况，接受社会监督；通过设立企业开放日，向社会公众开放。

• 健全企业环境信用等级评价制度，评价结果纳入各级企业信用信息公示系统，加强企业环境信用信息应用，构建以环境信用评级为基础的分级分类差别化"双随机"监管模式。

3. 强化社会监督

畅通环境投诉、举报渠道，完善省、市、县、乡各级环境信访受理、查处体系。鼓励新闻媒体对各类环境违法行为、生态破坏问题进行曝光。引导具备资格的环保组织依法开展生态环境公益诉讼。

---

① "四平台"指平安法治、经济生态、党建引领、公共服务4个方面，生态环境、市场监管等执法下沉至乡镇一级为主，是浙江基层治理的总抓手，其他省（区、市）也有类似平台。

4. 加强环境治理市场建设和管理

一方面要构建开放的环境治理市场。引导各类资本参与环境治理投资、建设、运行；大力发展节能环保产业，培育一批专业化骨干企业和专特优精中小企业，推广一批创新样板与支持企业；创新环境治理模式，积极推行环境医院、环保管家和环境顾问服务；探索开展县域、小城镇环境综合治理托管服务模式改革。另一方面，要健全对"环评"、检测、咨询、治理等环境服务机构的监管，使环境治理市场有序、规范运行。

案例 8-2：杭州市建设智能化环境管控系统提高监管能力

近年来，杭州市持续不断地推进生态环境监管的数字化改革，先后开发了"空气卫士""秀水卫士""生态卫士""环保智管服"等应用场景，大大提高了环境监管的效率和精准性。

1. "空气卫士"

该场景借助全市 290 多个乡（镇）环境空气监测点可实时掌握全域空气状况。当某一区域空气污染预警后，系统根据气象条件和污染源数据库，自动关联上风向污染源（包括工业源、建筑工地等）在线数据和附近区域视频监控系统（从公安、城管等部门接入）进行溯源分析，发现问题后通过"浙政钉"直接派发任务到有关部门和属地乡镇处置。

图 8-5 "空气卫士"界面

2. "秀水卫士"

该场景通过 252 个地表水自动站监测预警、623 个污染源在线监测点、223 个水文站、189 个雨情站以及视频 AI 智能预警等多项自动预警，溯源分析，智能提出处置意见，最后平台指派任务给属地河长进行处置。

图 8-6 "秀水卫士"界面

3．"生态卫士"

该场景利用自然资源部的卫星遥感图斑数据，叠加生态红线等数据，每两个月动态解析环境法规禁止开发范围内的疑似问题，及时预警并生成生态破坏问题线索清单，智能推送至区（县、市）开展线下核查，大大提高了监管效率和精准性。

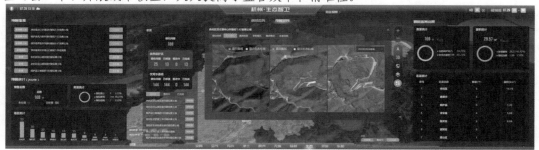

图 8-7　"生态卫士"界面

4．"环保智管服"

通过对各类污染源的监测数据（包括在线监测和人工采样监测）、监督执法数据、信访数据以及环境安全隐患排查数据的梳理分析，分别对各类污染源赋以绿码（环境信用良好）、黄码（环境信用一般）、红码（环境信用较差），对不同赋码企业实行不同的管理，"绿码"无事不扰、"黄码"加强监管、"红码"重点管控，提高监管的精准性和效能。

图 8-8　"环保智管服"界面

三、从业者的环境素养

这里的从业者主要指地方政府及相关职能部门分管生态环境保护工作的领导及职能处室成员，也包括地方生态环境保护系统成员。环境素养是指一个人在生态环境保护的思想、理论、知识等方面所应达到的要求。环境素养主要应包括以下内容。

1．牢固树立生态文明的思想、理念

党的十八大把生态文明建设纳入中国特色社会主义事业"五位一体"总体布局，并要求把生态文明建设融入经济、政治、社会、文化等各个方面的建设中。作为生态环境保护从业者更应在思想和工作实践中带头牢固树立生态文明的思想、理念。为此，要认真学习并深刻领会习近平生态文明思想，把握其精神实质。习近平生态文明思想内容十分丰富，其深刻回答了为什么建设生态文明，建设什么样的生态文明，怎样建设生态文明等重大理

论和实践问题。各级领导干部要系统学习习近平总书记关于生态文明建设的系列讲话（如《习近平生态文明思想学习纲要》等），领会其精神内涵，并在实践中切实贯彻落实。

2．了解、掌握生态环境保护的重要法律法规

生态环境保护的法律法规体系比较庞大，组成如下：

- 宪法中有关生态环境保护的规定（生态文明入宪）；
- 生态环境保护法律；
- 生态环境保护行政法规；
- 地方性生态环境保护法规；
- 生态环境保护规章：部门规章、政府规章；
- 生态环境保护标准；
- 国际条约和协定。

（1）生态环境保护法律

生态环境保护法律共有 10 多部，主要有：《环境保护法》（2014 年修订）、《水污染防治法》（2017 年修订）、《大气污染防治法》（2015 年修订、2018 年修订）、《固废法》（2020 年修订）、《土壤污染防治法》（2019 年出台）、《噪声污染防治法》（2021 年修订）、《海洋环境保护法》（2013 年、2016 年、2017 年修正）、《放射性污染防治法》（2003 年出台）、《环境影响评价法》（2016 年修正）、《清洁生产促进法》（2012 年修正）、《水土保持法》、《循环经济促进法》、《环境保护税法》（2018 年修正）等。

还有 10 多部自然资源保护类法律，主要的有：《水法》（2016 修正）、《森林法》（2019 修正）、《野生动物保护法》（2018 修正）、《土地管理法》（2004）、《草原法》（2013 修正）、《可再生能源法》（2009 修正）、《湿地保护法》（2021）等。

（2）国家行政法规

共有 30 多部，主要有：《建设项目环境保护管理条例》（2017 年修订）、《排污许可管理条例》（2020 年）、《医疗废物管理条例》（2011 修订）、《危险废物经营许可证管理办法》（2016 年修正）、《放射性同位素与射线装置安全和防护条例》（2014 修订）、《自然保护区条例》（2017 修订）、《放射性废物安全管理条例》（2011 年）、《规划环境影响评价条例》（2009 年）、《废弃电器电子产品回收处理管理条例》（2019 年修订）、《城镇排水与污水处理条例》、《畜禽养殖污染防治条例》等。

还有许多自然资源类行政法规，如《退耕还林条例》（2016 修订）、《野生植物保护条例》（2017 修正）、《城市绿化条例》（2017 修正）等。

（3）环境保护部委规章

共有 80 多部，主要的有：《环境行政处罚办法》（2010 年）、《建设项目环境影响评价分类管理名录》（2021 年版）、《国家危险废物名录》（2021 年版）、《污染地块土壤环境管理办法》（2016 年）、《碳排放权交易管理办法》（2020 年）、《环境保护主管部门实施按日连续处罚办法》（2014 年）、《环境保护主管部门实施查封、扣押办法》（2014 年）、《环境保护主管部门实施限制生产、停产整治办法》（2014 年）等。

（4）地方性法规、规章

各省、设区市根据当地生态环境保护工作的实际需要，制定、发布了许多地方性法规、

规章，如《浙江省生态环境保护条例》（2022 年）、《浙江省建设项目环境保护管理办法》（2021 年修订）等。

（5）环境标准

环境标准有环境质量标准、污染物排放标准、方法标准和基础标准等，环境管理中主要涉及前两类，可详见第一章第一节。

除上述法律法规外，还有许多行政规范性文件，如国务院《空气质量持续改善行动计划》、国家或地方的产业发展导向目录等，也都应贯彻执行好。

如上所述，生态环境保护的法律法规体系比较庞大，生态环境部门的专业人士，应系统、熟练掌握与专业工作相关的法律法规及规范性文件。非专业人士要完全掌握比较困难，但至少应全面掌握作为基本法的《环境保护法》的详细内容；了解、掌握重要的专项性生态环境保护法律法规的基本要求；了解、掌握生态环境保护的基本制度（详见本章第一节）。各专业部门还应充分了解掌握与本职工作密切相关的生态环境保护法规、政策等。

3. 心中有本明白"账"

心中有本明白"账"，就是要做到心中有"数"。这是对生态环境保护从业者的基本要求。地方党委、政府及其负有生态环境保护监管职责的部门对辖区或分管领域内生态环境保护的现状、存在的主要问题及其原因、解决问题所应采取的对策措施等都应明明白白。只有大家都明白了这个"账"，才能去谋划并抓好区域内整体的生态环境保护工作。这其实是从事任何一项工作的基本要求，也是衡量从业者治理能力的基础。只是不同行业、不同岗位有不同的内容、要求和特点。生态环境保护工作相对于其他行业，所要掌握的"账"的内容更多，如物理空间上包括整个生态系统，社会空间上涉及生产、生活、生态各个领域，专业性也更强。抓好生态环境保护工作要明白的主要是一本环境基础"账"和三本专项"账"。

（1）环境基础"账"

了解掌握下列环境基础"账"，是厘清其他专项"账"的基础。这本基础"账"有：

①各类重点污染源的排放、治理及分布情况；

②各类环境基础设施建设、分布及能力匹配情况；

③区域国土空间规划及重要生态资源分布情况；

④辖区内产业结构、能源结构、交通运输结构情况及相关规划；

⑤辖区内气象、水文情况、水资源情况及其规划。

（2）环境专项"账"

环境专项"账"包括水、大气、土壤等环境要素"账"、自然生态保护"账"和温室气体排放及碳达峰"账"。

1）环境要素"账"。

掌握区域内水、大气、土壤等环境质量的现状，存在的主要问题及其原因，改善环境质量所应采取的对策措施等。这是一本最基本的环境"账"，也是与群众身体健康、经济社会发展最密切相关的"账"。这里所说的"账"有两层含义：一是水、大气、土壤环境质量现状及存在的问题这本"现状账"；二是通过调查、分析，弄清产生问题的主要原因，并在此基础上，针对存在的问题，能提出针对性强又切实可行的解决方案——可称为对策

"账"。

2）自然生态保护"账"。

了解区域内森林、草原、湿地、珍贵野生动植物情况，重点要了解、掌握区域内各类自然保护地（国家公园、自然保护区、自然公园）分布及保护、利用状况。对照中共中央办公厅、国务院办公厅《关于建立以国家公园为主体的自然保护地体系的指导意见》，梳理分析存在的问题，弄清产生上述问题的原因，并能提出切实可行的整改措施，保障自然保护地的应有功能。

3）温室气体排放及碳达峰"账"。

了解、掌握区域内能源消费总量、结构及区域、行业分布情况；按照国家统一部署，结合本区域实际，谋划好"十四五"及 2030 年前实现区域碳达峰的主要规划措施，包括重点地区、重点行业的节能降耗措施以及发展新能源的规划、布局等，并能把减污降碳统筹谋划、协同实施。

各级政府分管领导与生态环境部门应能系统掌握上述各类"账"，其他职能部门应熟悉掌握职责范围内的"账"。只有厘清、掌握上述这几本"账"，真正做到心中有"数"，才能谋划好进而实践好区域内整体的生态环境保护工作。

第九章

区域美丽建设的谋划和实践

党的十八大提出，大力推进生态文明建设，努力建设美丽中国。党的十九大第一次把"美丽建设"纳入社会主义现代化强国的内容。党的二十大进一步强调了美丽中国建设在建成社会主义现代化强国中的战略地位。2023 年 12 月，中共中央、国务院发布《关于全面推进美丽中国建设的意见》（以下简称"美丽中国建设意见"），提出了 3 个时间节点的目标要求：2027 年，美丽中国建设成效显著；2035 年，美丽中国基本实现；21 世纪中叶，美丽中国全面建成。

对于一个区域（县、市乃至省）来说，如何根据国家的战略部署，谋划、落实好本区域美丽建设工作，这是生态文明时代地方党政领导、生态环境保护主管部门及其他相关职能部门应该深刻认识、把握的问题，也是社会各界普遍关心的问题。本章将系统阐述区域美丽建设的逻辑脉络，具体规划应遵循的原则、路线和重点内容，并以美丽中国样本（美丽杭州）的规划和实践（2013—2020 年）为例全方位展示这一过程。

第一节 区域美丽建设的逻辑梳理

美丽建设的最终目标是实现人与自然的和谐相处，对一个区域来说，到底应该通过怎样的路径、采取什么样的措施才能实现这一目标呢，下面分别从"三生空间"（生态空间、生产空间、生活空间）的相互关系和作用、从人们对美好生活的向往，以及从生态文明建设融入经济建设、政治建设、文化建设、社会建设等三个维度来简要阐述区域美丽建设的内在要求。

一、生态空间、生产空间、生活空间的相互关系和作用

1．生态空间、生产空间、生活空间相互间的空间关系

生态空间、生产空间、生活空间构成了一个区域的整体国土空间。

即国土空间=生态空间+生产空间+生活空间。

因此，三者相互间是此消彼长的关系。

2．生态、生产、生活空间各自的功能和作用

生态空间内存在的是生态系统，包括森林、草原、湿地、水域、农田、荒漠、海洋等，既有自然生态系统又有人工—自然复合生态系统。生态系统为人类生产生活提供各种生态产品——包括物质形态的食物、木材、燃料、淡水、药材等原材料，也包括非物质形态的服务，如气候调节、净化污染物（包括废气、废水、固体废物等）、水土保持、种子传播、

疾病防控、文化传承、休闲游憩等。生态系统提供上述产品的能力与其大小和质量密切相关，生态系统越大，质量（或功能）越高（越强），则其提供生态产品的能力越强，反之越小。但总体上，这种能力是有限的，其上限就是资源利用上限和环境容量。

生产空间主要进行生产、生活所需物品的生产，其在生产过程中需消耗大量原料（包括燃料），同时排放废气、废水、固体废物。上述原料取自自然界（生态空间），废气、废水、固体废物最终也排向自然界——周边生态系统。

生活空间内主要进行着消费活动——衣、食、住、行等日常消费活动和文化、体育、娱乐等，包括物质形态和精神层面两种类型。消费活动同样要消耗原料——经过生产加工的消费品，并排放污染物——废气、废水、固体废物，这些废物最终也由周边生态系统消纳。

从以上分析可知，生态空间（生态系统）、生产空间（生产活动）、生活空间（生活活动）三者之间具有以下几层关系：

①从空间上讲，生态空间、生产空间、生活空间三者之间是此消彼长的关系。

②生态空间（生态系统）为生产、生活活动提供各种资源，包括原辅材料和能源；生态空间越大，生态系统质量越高，功能越健全，其能提供的资源越丰富。但总体上，这种供应是有限的，其供给量应以生态系统正常功能不被破坏为前提，否则将不可持续。

③生产、生活活动排放的各类污染物排入生态空间（生态系统）并由其分解处理。分解处理能力大小与生态系统的大小、质量密切相关，其上限为环境容量。

④生态系统同时还有调节气候、涵养水源、水土保持等功能。一个良好的生态系统能为人类生产、生活提供了可靠、安全的生态保障。

实现人与自然和谐相处，就要使生产、生活与生态三者之间协调、可持续。为此，一方面，生产、生活活动向生态系统索取的资源应进行必要的控制，其索取量应以生态系统正常功能不受破坏、可持续为前提；同样，生产、生活活动排放的各类污染物要控制在生态系统的自净能力——环境容量之内。这就要求生产和消费活动尽可能转向绿色化、低碳化。另一方面，要努力提升生态系统的供给能力。而要提升这一能力，就要合理、科学调整好生态、生产、生活三大空间结构并不断提升生态系统的质量。"我们要认识到，在有限的空间内，建设空间大了，绿色空间就少了，自然系统自我循环和净化能力就会下降，区域生态环境和城市人居环境就会变差"[①]。那什么样的空间结构才是合理科学的呢？"按照促进生产空间集约高效、生活空间宜居适度、生态空间山清水秀的总体要求，形成生产、生活、生态空间的合理结构"[①]。生产空间要集约高效利用，即在一定生产能力下所用空间尽可能小，尽可能相对集中，提高单位空间的利用效率；生活空间虽不能过于小，但也不能过大，以宜居、舒适为要；尽可能把更多的空间留给自然生态系统。要提升生态系统质量，则必须加大对生态系统的保护和修复。

---

① 习近平总书记在中央城镇化工作会议上的讲话。

提升生态系统质量

生态系统的质量，主要是指生态系统的多样性[1]、稳定性[2]、持续性[3]。生态系统的多样性是生态系统稳定性、持续性的基本保障，生态系统的结构越复杂、生物多样性越丰富，生态系统的自动调节能力越强，生态系统的稳定性就越高，持续性就越能得到有效保障。而生态系统持续稳定保持动态平衡的健康状态，又有助于促进生态系统多样性。

提升生态系统质量的重要手段是加大生态系统的修复力度。我国从 2016 年以来，全国实施 5 批次 44 个山水林田湖草沙一体化保护和修复工程，整体提升了三区四带等重点生态地区和国家战略区域的生态系统质量。2020 年，《全国重要生态系统保护和修复重大工程总体规划（2021—2035 年）》正式印发实施，从全局角度统筹谋划生态系统保护与修复总体布局，实施全国重要生态系统保护和修复重大工程总体规划和 9 个专项规划，促进自然生态系统整体保护、系统修复。

此外，生态空间又可细分为自然生态系统（包括地形、地貌、生态格局、气候等自然背景与宏观格局条件）和环境要素系统（包括水、大气、土壤等环境要素与后天管理状况等）。而环境要素系统是保持整个生态系统生存和健康、良性发展的最基础条件。为此，保护好大气、水、土壤环境，使其质量始终处于良好状态是区域生态环境保护的重中之重。

二、人们对美好生活的向往是一切工作的出发点、落脚点

近年来，随着我国经济社会的快速发展，社会主要矛盾发生变化，尤其是全面建成小康社会后，无论是城市居民还是乡村农民，都希望生活在优美、舒适的宜居环境中。而过去一段时间，无论是城市还是乡村的居住环境，同人们的这一美好愿望相比还有不小差距。不同程度存在城市病——产业和人口密度大、空气污染、河道黑臭、交通拥堵、缺山少绿；农村病——各类基础设施落后、环境脏乱、水体污染、滥矿乱挖等。

人民群众的期盼是我们一切工作的出发点和落脚点。本着缺什么补什么、有什么问题解决什么问题的原则，应采取切实有力措施，解决上述"城市病"和"农村病"，为人民群众创造一个环境优良、景观优美、设施健全、风貌独特、整洁有序、历史人文得到有效挖掘和保护的宜居环境——美丽城市、美丽乡村。

---

[1] 多样性包括生态系统多样性和物种多样性。生态系统多样性是生态系统的多样化程度，包括生态系统的类型、结构、组成、功能和生态过程的多样性等，它是生物多样性的外在形式。任何生物都要生活在相对适宜的环境中，保护生物多样性，最有效的形式就是保护生物的栖息环境。

[2] 稳定性是生态系统面对环境干扰或胁迫后恢复初始状态的能力。没有干扰的情况下，生态系统在一定的范围内波动，呈相对稳定的状态；受到小的干扰也会通过其组织自身的能力进行调节，维持原有的系统结构和功能。

[3] 持续性则是生态系统健康生存和不断发展的能力，面对环境干扰或胁迫自发地改善和优化自身的结构与功能，并不断地发展进化，形成正向循环，持续提供优质生态产品。当干扰或胁迫超过阈值后会改变生态系统的结构和功能，削弱生态系统的稳定性和持续性，可能导致生态系统服务功能严重退化，由此引起水资源短缺、水土流失、土地沙化、生物多样性减少等一系列生态问题，威胁生态安全。

三、把生态文明建设融入经济建设、政治建设、文化建设和社会建设中

经济、政治、社会、文化活动是区域生态环境问题产生之源，同时也是解决之道，关键看生态文明的思想理念是否融入其中。党的十八大把生态文明建设纳入中国特色社会主义事业"五位一体"总体布局，并强调要把生态文明建设放在突出地位，融入经济建设、政治建设、文化建设、社会建设各方面和全过程。生态文明融入经济、政治、文化、社会建设的各方面和全过程，就是要在经济、政治、文化、社会的建设中体现生态文明的思想、理念，建设的全过程要有利于生态环境保护。

经济建设主要是物质资料的生产和消费。采用什么样的方式生产和消费将会对生态环境带来重大甚至是决定性的影响。把生态文明融入经济建设中，就是要加快形成节约资源、保护环境的产业结构、生产方式、生活方式，把经济活动、人的行为限制在自然资源和生态环境能够承受的范围内，给自然生态留下休养生息的时间和空间。其核心是采用资源消耗少、废弃物排放少的方式进行生产活动、消费活动——实现绿色、低碳发展和消费。把生态文明融入政治建设中有两层含义，一是把党中央、国务院制定的一系列包含习近平生态文明思想的路线、方针、政策坚决贯彻好，特别是要把习近平生态文明思想落实到实际行动中去；二是在地方党委、政府决策、实施工作中，建立健全有利于生态环境保护的制度、机制，把生态环境保护的要求融入地方立法，各类规划、计划的制定以及干部考核等各个方面。把生态文明融入文化建设中，是要通过各种宣传、教育、制度约束等，提高社会全体成员的生态环境保护意识，使之成为深入血液的一种文化自觉。把生态文明建设融入社会建设中去，是要构建有利于生态环境保护的治理体系和治理能力，包括领导责任体系、政府监管和服务体系、企业责任体系、全民参与体系、环境风险防范体系和能力支撑体系等。

四、区域美丽建设的重点内容

通过对前述三个维度的简要分析，进一步加以梳理归纳，解析出区域美丽建设的重点内容。

1）空间上，要合理科学调整生态、生产、生活空间，把尽可能多的空间留给生态空间。

2）要维护好并不断提升生态系统的质量，为此，要不断加大对生态系统的保护和修复。

3）要保持大气、水、土壤环境质量的优良状态，这是维持整个生态系统生存和健康的基础，也是人们对美好生活向往的一个重要方面。

4）生产活动要注意做到：节约资源（包括能源）；减少污染物（包括二氧化碳等温室气体）排放；生产空间要集约高效。

5）生活活动也要做到少消耗、少排放。

6）不断改善城乡居民生活环境，打造美丽城市、美丽乡村、美丽城镇。

7）提高全社会成员的生态文明意识，为美丽区域建设提供良好的文化环境。

8）要建立健全有利于区域美丽建设的一系列制度、机制。

上述1）、2）可合并成一条并简称生态美，其余6条可分别简称环境美、经济美（或产业美）、生活美、城乡美、文化美、制度美。

综上，通过对上述三个维度的分析、梳理，区域美丽建设的重点内容可归纳为"七美"（7个方面）。

"七美"与党的十八大、十九大、二十大关于美丽中国建设的要求相一致，也与《中共中央　国务院关于全面推进美丽中国建设的意见》中"到2035年，广泛形成绿色生产生活方式，碳排放达峰后稳中有降，生态环境根本好转，国土空间开发保护新格局全面形成，生态系统多样性、稳定性、持续性显著提升，国家生态安全更加稳固，生态环境治理体系和治理能力现代化基本实现，美丽中国目标基本实现"的目标要求相契合。

第二节　区域美丽建设规划

区域美丽建设的具体规划需要遵循一定的基本原则，策划好整体技术路线，并需根据新形势新要求，结合地方实际把握好实施的整体方向，统筹将上述 7 个方面贯穿落实到规划的具体措施中去。

一、规划的基本原则

1）全面贯彻落实国家和上级统一部署要求。总体思路上要践行习近平生态文明思想，秉承创新、协调、绿色、开放、共享的新发展理念，协同推进经济高质量发展和生态环境高水平保护。全面落实国家有关建设美丽中国、打好污染防治攻坚战和维护生态安全的各项决策部署。

2）既要有前瞻性又要有可操作性。要统筹考虑区域美丽建设的长远定位，高起点谋划，高标准定位。同时，又要立足区域和当前现实，坚持问题导向，突出重点，增强规划的针对性、科学性、可操作性。

3）突出区域特色。立足区域自然禀赋、发展阶段、区域美丽建设基础、重点问题，坚持区域特色，尊重客观规律，探索具有自身特色的美丽建设路径。

4）推进全社会共谋共建共享。加强上下联动，部门协同和公众参与。深入调查研究，广泛听取各方面意见、建议，将共谋、共建、共治、共享贯穿工作的全过程。

二、规划的技术路线及其内容

不同的区域所处的发展阶段和自然禀赋不同，区域美丽建设谋划的侧重点、阶段目标、对策措施等各不相同，但谋划的思路、技术路线是基本相同的，都需要以解决美丽建设工作中存在的重大问题、补齐突出短板为重点进行构建，总体可以分为以下几个方面。

（一）现状评估、问题诊断

首先要收集生态环境质量、生态空间维护、资源能源消耗、经济社会发展、生态保护制度、环境基础设施建设等方面的资料并作必要的整理和初步分析。同时开展必要的现状调查，通过研讨座谈、问卷调查、现场勘探等方式对美丽建设工作现状与需求进行调查。在完成上述调查基础上，对照现有相关标准、规范以及国内外先进地区情况、经验进行现状分析，梳理出不足和问题。

1．生态系统保护的分析评估

对区域内生态系统的质量与功能、生物多样性等进行评价；识别重要生态空间、重要物种分布；立足生态安全格局，梳理水土流失、土地沙化、森林退化、湿地退化、物种减少、外来物种入侵等生态问题并分析厘清其成因。

2．生态环境状况分析、诊断

参照现有环境质量标准规范和同类型地区的比较，评估分析大气、水、土壤等环境质量现状；根据相关标准规范，评估各类污染源及其排放情况；评估生态环境基础设施与实际需求之间的匹配情况；在前述分析评估的基础上，梳理明确区域内存在的主要环境问题。

3．整体经济发展及经济的生态化分析

通过对比国内外同类城市（根据本区域定位所确定）的经济发展状况、发展经验，评估区域经济总体发展水平的基础和不足；通过对能耗（单位 GDP 能耗）、水耗（单位 GDP 用水量）、温室气体（单位 GDP 二氧化碳排放量）及其他污染物排放、主要作物农药化肥利用率、秸秆及畜禽粪便的综合利用率等的对标分析、横纵向分析，结合区域功能定位及发展战略，评估区域产业结构、布局的合理性及存在的问题。

4．人居环境及生活方式绿色化水平分析

通过对城乡饮用水水源水质、城乡生活污水处理、生活垃圾分类减量、绿化美化、出行方式等的对标分析、纵横向分析，评估区域内城乡人居环境和绿色美好生活水平，明确存在的问题和不足。

5．其他方面现状评估与分析

对照法律法规和国家有关生态环境治理体系、治理能力现代化的要求，分析区域内生态环境保护制度体系的完整性，梳理出差距和问题；通过分析已收集的材料、问卷调查等，评估社会成员对区域美丽建设的参与度、满意度等，从中找出存在的不足和问题。

（二）形势（机遇）与压力分析

从国家的整体战略布局、部署，包括"五位一体"战略布局、实施高质量发展战略、确立创新、协调、绿色、开放、共享的新发展理念、中国式现代化建设中把人与自然和谐共生作为重要内涵之一、"双碳"目标规划的提出和实施等，从本区域在自然禀赋、已经部署或即将开展的一系列有利于生态文明建设的规划、行动等方面，分析、评估区域美丽建设的有利形势（机遇）；从降碳与减污的双重要求，城镇化和工业化的推进趋势（因此会带来资源消耗和污染物排放的进一步增加），产业结构、能源结构、交通运输结构的优化调整，空间、资源、环境的进一步约束，环境基础设施配套的进一步提升等方面，分析评估区域美丽建设所面临的压力。根据相关规划、计划，对诸如资源能源消耗、污染物排放、温室气体排放、基础设施需求、环境质量等作出定量、半定量的预测分析。值得关注的是，应对一些具有区域性、整体性影响的重大规划、计划，其实施过程中是否会产生对生态环境的影响进行分析评估。产生正面影响的归为"机遇"，产生负面影响的归为"压力"。对产生负面影响的规划、计划，应提出应对的措施，并纳入后续的美丽建设规划任务部分中。

（三）目标定位和指标体系

1．目标定位

各区域应结合国家和上级战略部署及区域自身发展条件等，从生态环境质量改善提升、绿色发展、国家及区域发展战略等不同层面，综合考虑示范性、前瞻性，研究提出生态文明建设的定位。如杭州市的目标定位是习近平总书记对杭州提出的"生态文明之都""美丽中国样本"。

2．指标体系

指标分析包含两方面内容，一是指标体系的设定，二是分阶段指标值的确定。

（1）指标体系的设定

总体上应按前述7个方面的内容分项设置。可参考"美丽中国建设评估指标体系""国家生态文明建设示范区指标体系"等设置区域指标体系，但同时应具有区域特色。如浙江省的"新时代美丽浙江建设"共设置了35项指标，其中15项指标来源于美丽中国建设评估指标体系；"新时代美丽杭州建设"共设置了44项指标，其中13项指标来源于"美丽中国建设评估指标体系"和国家生态文明示范区建设指标体系，20项指标来源于"新时代美丽浙江建设"指标体系，其余11项为杭州市特色指标。

（2）分阶段指标值的确定

在全面落实国家、上级层面已明确的目标要求的前提下，应根据各区域自身发展实际、自然禀赋和未来经济社会发展规划、区域生态文明建设定位，并按照"跳一跳够得着"的要求设定具体的指标值。

（四）提出对策措施

按照问题导向、目标导向、指标导向，在落实国家和区域有关部署的同时，针对前面分析评估和诊断发现的问题，面临的机遇和压力，科学、精准地提出上述七大方面相应的对策措施。这些措施能够量化的应尽可能量化，并应设定时间上的具体要求。

提出对策措施时应注意把握以下三点。

1．共谋共抓

一个区域的美丽建设涉及各个领域，在谋划区域美丽建设工作时，一般由生态环境部门总牵头，其他如发展改革、经信、建设、交通、林草、水利、农业农村等部门和下一级地方政府共同参与。涉及某个领域的工作时，无论是对这个领域问题的诊断还是下一步工作措施的提出，都应以这一领域的行业主管部门为主进行；涉及某一特定区域的，要与某一区域的地方政府充分沟通交流，共谋共商。这样才能谋得深、谋得实。生态环境部门也要积极主动参与这些领域的工作，推一推、促一促，使行业主管部门、地方政府提出的规划措施更加有利于区域生态环境保护工作，促进区域生态环境质量的改善。

2．规划衔接

所提对策措施既要全面贯彻落实上位规划中美丽建设的任务要求，又要充分衔接区域国民经济和社会发展规划、城市总体规划、土地利用总体规划、"三线一单"及各相关专项规划。

3．针对性、可操作性

措施是用来解决问题的，如果泛泛而谈或避重就轻，就起不到作用。如果脱离实际地提出过高要求，则无法落实。应坚持问题导向、目标导向，提出针对性、契合目标要求又切实可行的措施。一些长远性、根本性的措施，如产业、能源的结构调整，可根据实际提出分阶段实施的计划，逐步落实。

（五）重点工程设计

针对区域美丽建设中存在的主要问题和短板，规划要提出一批近远结合的重点工程项目。如生态保护修复方面包括自然保护地建设、水土流失治理、矿山整治、森林质量提升等；环境质量改善方面包括污水处理厂、垃圾处理、危险废物处理等环境基础设施，清洁能源项目，绿色交通项目；绿色经济方面包括传统产业提升改造（腾笼换鸟、清洁生产工艺等）、数字经济等新经济发展；美丽人居方面包括美丽城镇、美丽乡村、美丽河湖建设。

在谋划上述工程时，先要在收集（资料）、调查的基础上，对区域内正在实施、计划实施的项目进行梳理。如正在实施、计划实施的项目已涵盖上述谋划的重点工程项目内容的，则宜对这些正在实施、计划实施的工程是否符合谋划的目标要求进行审核，对不符合的地方进行优化、完善。而对谋划的重点工程项目内容未被现有工程涵盖的，则提出、设计相关工程。工程的投资概算可参考国家、所在省关于工程管理、经费概算方法或标的等规范。

按上述 5 个方面的技术路线和思路，分别进行 7 个方面（"七美"）各个单项的谋划。在单项谋划的基础上，对 7 个方面的指标体系、对策措施、重点工程项目等进行汇总，即可形成一份区域生态环境保护的规划方案。

三、成果形成和实施保障

规划方案的报批。区域美丽建设规划方案形成后，经过一定程序的论证（组织专家论证、部门和地方政府联合论证）和修改完善，应由生态环境主管部门牵头上报地方党委、政府，经常委会或政府常务会议审议通过后，颁布实施。

规划方案实施的保障。为了使谋划的规划方案能真正落实下去，从蓝图变为现实，需要在组织、资金、监督等方面给予足够的保障。

1．组织保障方面

考虑到区域美丽建设是一个庞大的系统工程，牵涉经济、社会、政治、文化等各个方面，应建立由地方党委、政府主要领导任组长的推进工作领导小组，各相关职能部门和下辖地方党政主要领导为成员，美丽建设的各项任务、工程应分解到各地各部门。领导小组应定期召开会议，听取工作进展情况汇报，研究解决推进工作中的重大问题。

2．资金保障方面

美丽建设重点工程所需资金可实行市场化和地方财政相结合的保障方式。能通过市场化筹措运作的尽量实行市场化路径，对难以实行市场化运作的部分项目，应纳入各级财政预算予以保障。

3．监督保障方面

区域美丽建设的规划、方案等应向社会全面公开。推进工作除了党委、政府的督促推动外，同时要接受媒体和全社会的监督，确保推进工作按计划实施到位。

第三节　美丽中国样本（美丽杭州）建设的谋划过程及主要内容

近年来，各地分别通过不同形式（美丽城市、生态文明建设示范区、"绿水青山就是金山银山"实践创新基地建设等）开展了美丽建设的探索和实践，并取得了明显成效。其中杭州市推进实施的美丽中国样本（美丽杭州）建设具有典型性和代表性。党的十八大以来，杭州市按照习近平总书记提出的"要努力打造美丽中国样本"的要求，进行了系统的规划和不懈的探索实践。经过 7～8 年的努力，美丽杭州建设取得显著成效，并得到生态环境部的充分肯定。生态环境部环境规划院对杭州市自 2013 年开始至 2020 年 8 年的美丽中国样本建设成效进行了专项评估，评估报告认为：（其间）杭州既保持了经济高质量发展，又保持了良好的自然生态本底，实现了环境质量持续改善，在协调推进经济高质量发展和生态环境高水平保护方面起到了很好的综合引领、示范标杆作用，为其他城市生态文明建设提供了重要借鉴。

本节将以杭州市美丽中国样本建设（2013—2020 年）为例，展示一个设区市是如何谋划和实施市域美丽建设工作的。

一、研究谋划过程

党的十八大提出了建设美丽中国的战略目标。2013 年年初，习近平总书记在听取杭州工作汇报时指出：杭州山川秀美，生态建设基础不错；要加强保护，尤其是水环境的保护，使绿水青山常在；希望你们更加扎实地推进生态文明建设，使杭州成为美丽中国建设的样本。根据习近平总书记的这一指示，杭州市委、市政府迅速行动，成立了以市委书记为组长的"美丽杭州"建设课题工作领导小组，同时成立了由市领导挂帅的"美丽杭州"建设课题工作组。课题工作组委托中国环境规划院开展"美丽杭州"建设战略研究。后续实际研究工作由课题工作组与中国环境规划院共同开展（以下合称课题组）。

课题组收集了辖区内自然生态系统保护、环境质量、经济产业生态、城乡人居面貌、居民绿色幸福生活、生态文化建设、环境保护制度机制建设等七大方面的基础资料。先后开展了较大规模的市内外（深圳、贵阳等城市）调研和咨询研讨活动。邀请中央财经领导小组办公室、环境保护部、国务院发展研究中心、中国科学院、中国工程院、清华大学、中国人民大学、浙江大学、中国美术学院等单位的领导和专家就"美丽杭州"的内涵、目标、任务、保障措施等进行了广泛深入的探讨和交流，环境保护部和中财办领导莅临指导多场研讨交流会。

通过上述一系列筹划和工作，课题组对美丽城市建设的背景意义、内涵特征、总体战略、实施路径等从理论到实践层面都作了系统的论证、分析，经逻辑梳理后提出了美丽城市建设的"六美"体系——自然美、环境美、人居美、产业美、人文美、生活美[①]，并在分析美丽杭州建设的现状、问题、挑战的基础上，提出了美丽杭州建设的战略目标和具体任

① 此"六美"与第一节梳理中得出来的 7 个方面内容相比，少了制度体系的内容，2013 年战略研究时把制度体系建设放在最后面的保障措施中。

务、保障措施等。

综合上述内容，最后形成了《美丽杭州建设战略研究报告》。

在战略研究的基础上，2013 年杭州市委召开了主题为"扎实推进生态文明建设　努力建成美丽中国先行区"的十一届五次全会。会议审议通过了《关于建设"美丽杭州"的决议》、《"美丽杭州"建设实施纲要（2013—2020 年）》（以下简称《纲要》）、《"美丽杭州"建设三年行动计划（2013—2015 年）》。由此，"美丽杭州"建设全面展开。"十三五"时期，根据《纲要》精神和战略研究报告，杭州市委、市政府每年制订实施生态环境保护和污染防治计划，持续推进美丽杭州建设。

二、美丽杭州的主要内容及基本框架

《"美丽杭州"战略研究报告》提出了美丽城市的内涵——"六美"体系：自然美、环境美、人居美、产业美、人文美、生活美。"六美"不同的功能与特征，共同支撑美丽城市体系框架。"六美"框架下设置 21 个领域（表 9-1）。各个领域下又设若干项代表性指标进行监测评价，构成美丽城市建设的指标体系（表 9-2）。"美丽杭州"建设按时间分为近期（2013—2015 年）、中期（到 2020 年）和远期（到 2030 年）。根据战略研究分析，并结合当时杭州的实际，提出了三个阶段的建设目标。

表 9-1　美丽城市体系及领域特征

体系	表现特征	领域要求	基本要求
秀美山川（自然美）	秀美	格局稳定	系统完整、协调平衡
		功能健全	共生共享、生生不息
		质量优良	类型多样、山水共生
健康环境（环境美）	健康	水系清洁	功能健全、水清鱼跃
		空气清新	蓝天白云、神清气爽
		土壤安全	风险可控、质量保障
美好人居（人居美）	宜居	风貌独特	今古协调、城景交融
		设施健全	配套完善、低碳环保
		社区和谐	便利可达、绿色和谐
		乡村优美	田园风光、整洁宜居
		建筑绿色	协调融合、节能低耗
活力经济（产业美）	活力	方式友好	布局优良、结构合理
		动力内生	自主创新、特色彰显
		过程高效	节能低碳、循环清洁
美丽人文（人文美）	文明	弘扬传统	底蕴深厚、传承光大
		文化生态	崇尚自然、天人和谐
		道德高尚	诚信尚义、奉献向善
幸福生活（生活美）	幸福	社会和谐	公平平等、开放包容
		身心健康	体健心悦、安乐长寿
		行为绿色	节能低碳、简约适度
		生活舒适	富庶安宁、舒心乐业

表 9-2　美丽杭州建设指标体系（2012—2020 年）

目标	重点指标	2012 年	2020 年目标
山清水秀的自然生态	1. 生态红线保护率/%	—	＞90
	2. 森林覆盖率/%	64.77	65
	3. 森林总蓄积量/万 m³	4 876.53	＞5 000
	4. 重要湿地受保护的面积比例/%	70（2011 年）	90
天蓝地净的健康环境	5. 城镇集中式饮用水水源地水质达标率/%	良好	100
	6. 农村生活饮用水达标人口覆盖率/%	—	99
	7. 城市水体（湖泊、内河、运河）达Ⅳ类水比例/%	＜40（2011 年）（2014 年市控以上断面水环境功能区达标率74.5%）	90
	8. 空气质量优于《环境空气质量标准》（GB 3095—2012）二级标准的天数/d	217（2013 年）	＞300
	9. PM₂.₅浓度年均值/（μg/m³）	70（2013 年）	＜35
	10. 受污染耕地安全利用率/%	—	90
绿色低碳的产业体系	11. 服务业增加值占地区生产总值比重/%	52.1	60
	12. 十大产业增加值的比重/%	45	＞55
	13. 全社会研发经费支出占地区生产总值比重/%	2.92	＞3.5
	14. 单位地区生产总值碳排放强度/（t/万元）	2.33（2009 年）	比 2005 年下降 50%以上
	15. 单位地区生产总值 COD 排放强度/（kg/万元）	1.3	＜1.5
	16. 单位地区生产总值 SO₂排放强度/（kg/万元）	1.1	＜1
宜居舒适的人居环境	17. 50 年以上建筑（房屋）受保护比例/%	—	应保尽保
	18. 公共交通机动化出行分担率/%	44	＞50
	19. 市级以上卫生乡镇（街道）比例/%	—	＞93
	20. 市级以上卫生村比例	80（2011 年）	＞80
	21. 绿色社区比例/%	20.85（2011 年）	＞50
	22. 美丽乡村（风情小镇、中心村、精品村）个数/个	71（2011 年）	550
	23. 节能建筑占新建建筑比例/%	—	＞75
道法自然的人文风尚	24. 物质文化遗产定期维护、保存完好率/%	—	＞95
	25. 生态文明宣传教育普及率/%	43（2009 年）	＞90
	26. 公共场所道德行为文明率/%	—	＞90
幸福和谐的品质生活	27. 劳动年龄人口受教育年限	10.1（2009 年）	＞13
	28. 城镇居民基尼系数	0.34（2011 年）	＜0.3
	29. 平均预期寿命/岁	80.96	82
	30. 城乡居民医疗保险覆盖率/%	97.74	100
	31. 绿色出行分担率/%	55（2009 年）	＞80

注：《纲要》中的个别指标在后续建设中有所调整，如第6项、第10项、第23项指标农村安全饮水达标率、农业用地土壤环境质量达标比例、节能建筑比例因与专业部门统计口径不一致而改用与专业部门统计口径一致且上级有考核要求的相似的指标——农村生活饮用水达标人口覆盖率、受污染耕地安全利用率、节能建筑占新建建筑比例。

近期（到 2015 年）。奠定基础，重点突破。基本构建起美丽杭州建设的空间布局、发展路径、政策机制，环境质量明显改善。

中期（到 2020 年）。纵深推进，初见成效。"美丽杭州"建设纵深推进，产业转型基本完成，环境质量全面改善。初步实现山川秀美、城乡宜居、环境健康、发展绿色、人文厚泽、生活幸福。

远期（到 2030 年）。完善提高，系统优化。城市外在形象上建成水净气洁、城乡辉映的秀美之城，城市内在品质上建成富庶安宁、绿色低碳的和美之城。

对指标体系中各项指标，根据近、中、远 3 个时期不同的目标，分别对应地赋予指标值。指标体系设置详见表 9-2。

第四节　"美丽杭州"建设——现状、问题、措施及成效

"六美"的实际建设内容非常丰富，表 9-2 中的 31 项指标体系难以完全覆盖。"美丽杭州"战略研究中，对"六美"的每一个"美"在当时的建设基础、面临的问题和压力作了详细的剖析，在此基础上，规划提出了建设每一个"美"的具体措施任务，在后续的工作中逐项得到落实，成效得以显现。为便于读者阅读，下面在介绍"六美"和制度体系的具体建设过程时，把每个"美"当时的建设基础、问题和挑战、规划措施及 8 年建设取得的成效合并在一起介绍，同时把制度建设的内容一并纳入。考虑到本章内容的完整性，这一节中后续部分内容（主要是关于"环境美""制度美"的部分内容）与本书第一、二、三、四、八章中讲到杭州的部分内容有少量重复。

一、守护与修复结合，保育自然生态

1. 基础现状

杭州自然禀赋较好，生态系统类型多样。西部的淳安、临安、建德、桐庐、富阳五县（市）均以山地为主，林木茂盛，构成自然生态屏障，2012 年全市森林覆盖率达 64.8%，在全国 15 个副省级城市中名列首位。境内水系为钱塘江水系和太湖水系。其中钱塘江水系覆盖了辖区内绝大多数区县，年径流量达 380 多亿 m^3（钱塘江闸口以上段）。其上游千岛湖水库库容 170 亿 m^3，是华东地区的重要战略水源；属太湖水系的苕溪水域年径流量 10 多亿 m^3，主要覆盖临安、余杭两区部分区域。杭州境内共有各类大小河道 4 216 条（山区按截雨面积 $\geq 1\ km^2$，平原按宽度 $\geq 5\ m$）。通过"三江两岸"（钱塘江、富春江、新安江）生态景观保护与修复工程、局部区域水土流失治理等，使生态系统局部得以恢复与保护。

由生物丰度指数、植被覆盖指数、水网密度指数、土地退化指数和污染负荷指数综合计算得出的全国生态环境质量评价结果显示，杭州市区及五县（市）的生态环境质量状况为良（主城区各区）或优〔西部五县（市）〕，在全国 2 348 个县（市）的总排序位次较为靠前。

2. 问题和挑战

一是森林质量不高。尽管杭州市森林覆盖率较高，但相当一部分为单一树种的速生用材林和防护林。树种结构单调，成熟林比重小，林地涵养水源、保持水土、调节径流、减少洪涝等多种生态功能不强。2009 年森林平均单位蓄积 3.44 m^3/亩（2012 年为 3.99 m^3/亩），低于全国

平均水平。2013 年阔叶林占乔木林面积比例为 42.3%。

二是城市建设与生态保护之间的矛盾。杭州市土地资源稀缺，八山半水分半田。随着城市化不断推进，城市建设用地扩张占用生态空间，城市用地的生态带和生态廊道遭到一定程度的侵占。

三是部分区域生态退化。西部山区部分区域植被破坏导致水土流失；辖区内矿山开发点多面广，造成局部区域的水土流失、粉尘污染等。

四是从发展阶段来看，后续较长一段时间内，杭州市将进一步推进城镇化和工业化，由此将对土地、生态资源等带来更严峻的挑战。

3．规划措施及取得的成效

（1）守住生态空间，确保生态安全

强化城市空间规划管控，构建"多中心、组团式、网格化、生态型、一体化"的城市空间格局，控制好生态环境保护红线、永久基本农田、城镇开发边界。2016 年组织编制、实施《杭州市生态环境功能区划》，按照全市自然生态本底和城镇规划情况，把全市 1.6 万多 km² 的市域面积划分为自然生态红线区、生态功能保障区、农产品安全保障区、人居环境保障区、环境优化准入区、环境重点准入区 6 个环境分区。其中前两个以保障生态功能为主的分区（自然生态红线区、生态功能保障区）面积达 11 061.38 km²，占全市土地总面积的 65.63%，为维护区域生态环境系统完整性、安全性、稳定性打下了坚实基础。2018 年全国统一部署划定的生态保护红线占全市土地总面积的 27.8%。2019 年开始按国家总体部署开展"三线一单"划定工作，全市共被划分为四大类（优先保护、一般管控、重点产业管控、重点城镇管控）329 个管控单元，分别按不同要求进行管控。按照此划分方案，全市优先保护类（以生态保护为主的区域）面积 9 158 km²，占全域面积的 54.34%。一般管控类面积 5 308 km²，占全域面积的 31.49%。以上两类合计占全域面积的 85.83%。以上空间划分、管控措施都是为了一个共同目标：科学统筹好生产、生活、生态空间，保障有一个良好的生态空间，为杭州市可持续发展打下良好基础。

（2）构建、保护好"一屏、六带、多廊、多点"生态格局

一是以西部山区为重点，建设西部生态安全屏障区。提高森林生态系统质量。以"五千万"行动为抓手，不断优化森林生态系统。大力实施"千万株适生乔木扩绿、千万亩森林氧吧康体、千万棵景观植物添彩、千万株珍贵树种藏富、千万方森林蓄积固碳"的"五千万"行动。至 2020 年，全市完成造林更新 67.57 万亩，新植珍贵树种 1 206 万株，建设珍贵彩色森林 121.4 万亩，850 万亩生态公益林得到有效保护。森林生态状况稳步改善，生态功能等级达到中等以上的面积比例由 86% 上升到 93.8%。综合反映森林状况的生态功能指数由 2013 年的 0.49 提升至 2020 年的 0.52，位居全省前列；森林平均单位蓄积量由 2012 年的 3.99 m³/亩提升至 2020 年的 5.1 m³/亩；阔叶林占乔木林面积比例由 2012 年的 42.3% 提高至 2020 年的 51.4%。在提高森林生态系统质量的同时，通过平原绿化、山地造林等，不断拓展森林面积。经过多年保护、建设，全市森林总蓄积量从 2012 年的 4876.53 万 m³ 增加到 2020 年的 6 890 万 m³，森林覆盖率由 2012 年的 64.8% 提高至 2020 年的 66.9%，连续多年位居全国省会城市、副省级城市首位，并成功创建国家森林城市。

二是开展千岛湖综合保护和整治。千岛湖是华东地区最大的水库，水域面积 580 km²，

蓄水量达 170 多亿 m³，多年平均径流量 90 多亿 m³。2019 年成为杭州市饮用水水源，水质保持Ⅰ~Ⅱ类。为保护好这一湖秀水，杭州市先后开展了水面网箱养鱼取缔、工业和生活污水治理等一系列整治（详见第一章第七节）。取缔 1 053 户渔民养殖的湖面网箱 2 728 亩，湖内所有船舶污水全部上岸处理。全县 23 个乡镇均建成了污水处理设施，农村生活污水治理设施全覆盖，建成 2 064 套分散式污水处理设施并均委托第三方运行。仅有的啤酒厂、食品饮料厂等 4 000 多 t/d 工业污水全部纳管送污水处理厂处理。针对临湖违建突出问题，2018 年下半年至 2019 年上半年开展了千岛湖临湖整治。关停了两个高尔夫球场，拆除了一批别墅、酒店等临湖违建，清退临湖 1 km 内的已出让土地 4 512 亩，大部分恢复为林地、绿地。除县政府所在城关镇区域及另外用于学校、医院等公建的 6.8 km² 区域外，其余 350 多 km 湖岸线周边 1 km 陆上区域均划为饮用水水源保护区，彻底控制临湖违建。为使千岛湖水体得到更加有效的保护，2019 年，经省政府批准，整个淳安县被划为特别生态功能区。

三是以主城区周边的自然生态系统为载体，保护好 6 条生态带。按照《杭州市总体规划（2001—2020 年）》，杭州城市按照一主（城）三副（城）六组团模式规划建设。在各组团之间、组团与中心城区之间利用自然山体、水体、绿地（农田）等把绿色伸展、镶嵌进城市空间，形成 6 条生态带，其总面积约 850 km²。2013 年以来，6 条生态带得到了较好的保护，详见图 9-1。

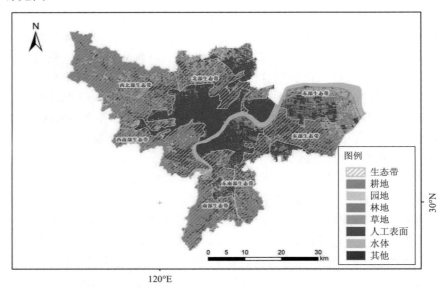

图 9-1 2020 年八区土地利用现状分类（6 条生态带）

四是以河流水系为蓝色廊道、交通干线为绿色廊道，构建多层次多体系生态廊道。持续实施"三江两岸"生态工程，以"钱塘江-富春江-新安江"良好的生态资源为依托，实现沿岸林相改造 8.37 万亩，修复岸线 192.4 km，建成生态景观带 588 km。大力推进以水清岸绿景美为主要内容的美丽河湖建设。至 2020 年建成美丽河道 111 个。其他 1 000 多条主要河流水质及两岸生态绿化等也均得到较大提升，形成了网络化的蓝色水生态廊道。以"四边三化"（公路边、铁路边、河边、山边等区域开展洁化、绿化、美化行动）等行动为依托,大力开展美丽绿道建设。全市 3 713 km 绿道结环成网,并累计创成 12 条省级精品示范道路、4 个省级精品示范入城口,构建了干道绿色生态廊道。

五是加强自然保护地保护,保育重要生态节点。近年来,杭州在切实加强已有各类保护地保育的同时,积极扩大保护地范围。2013—2020 年,新增世界文化遗产 1 个(良渚遗址 2019 年获准列入世界遗产名录)、省级森林公园 1 个、省级湿地公园 2 个、省级地质公园 1 个。截至 2020 年年底,杭州共有世界文化遗产 3 个(西湖、大运河、良渚)、省级以上风景名胜区 3 个(其中国家级 2 个)、森林公园 22 个(其中国家级 9 个)、湿地公园 4 个(其中国家级 1 个)、地质公园 1 个(省级)、自然保护区 3 个(其中国家级 2 个)和省级自然保护小区 29 个。上述 62 个保护地(不包括 3 个世界文化遗产)总面积 3 097 km²。特别值得一提的是,近年来,杭州积极开展湿地水城建设,在稳定湿地总量的同时,积极修复湿地功能。目前,全市 8 hm² 以上湿地 11.799 5 万 hm² 全面得到有效保护(占全市国土总面积的 7.0%)。以三江(钱塘江、富春江、新安江)、七湖(西湖、千岛湖、青山湖、南湖、湘湖、白马湖、三白潭)、一河(运河)、两溪(苕溪、西溪)为主体,近海滩湿地为补充的湿地分布格局保持稳定。余杭三白潭湿地、淳安千亩田湿地、富春江咕噜咕噜岛等先后被列入省级湿地名录。萧山区湘湖(三期)、富阳区阳陂湖、西湖区铜鉴湖、淳安县武强溪等湿地系统逐步得到修复。西溪国家湿地公园生态系统进一步得到恢复,并被列入《国际重要湿地名录》。2021 年杭州市编制发布了《杭州市湿地保护"十四五"规划》和《杭州市湿地保护三年行动计划(2021—2023 年)》,计划"十四五"期间完成国际湿地城市创建。

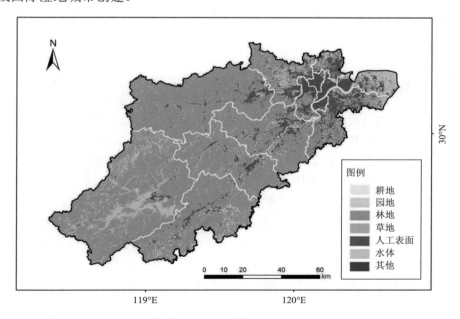

图 9-2　2020 年杭州市土地利用现状

六是加强生态系统"疤痕"修复。针对西部山区(主要是淳安、临安)部分水源头区植被破坏和水土流失严重问题,采取生物措施为主、人工措施为辅的方式,实施水土流失生态修复。2013—2020 年累计完成水土流失治理面积 553 km^2，水土流失治理率在浙江省领先。全面开展矿山开采整治。一方面，推行集约化开采。2011—2020 年全市关停各类矿山 171 个，对保留的 58 个矿山进行规范化管理，开采作业中全面落实水土流失防治、作业粉尘治理等措施。另一方面，对历年来关停废弃的所有矿山开展生态修复。2011—2020 年修复矿山 463 个，2021 年修复 11 个，剩余 59 个废弃矿山将在"十四五"期间全部修复完成。杭州市政府已明确，区域内今后不得新开设矿山。

（3）加大生物多样性保护

杭州市现有植物种类 190 科 899 属 2 066 种，其中国家一级保护野生植物 5 种，二级保护 14 种；陆生野生动物 506 种，隶属 4 纲 32 目 110 科，其中国家一级重点保护 25 种，二级重点保护 82 种。近 10 年来，杭州特有的珍稀濒危野生动植物种群得到很好的保护。以清凉峰国家级自然保护区为主的一级野生动物华南梅花鹿的种群数量从 150 多只增加到 200 多只。以天目山国家级自然保护区为主的保护树种一级天目铁木、二级羊角槭，通过就地保护和迁地保护，种群数量分别从 200 多棵增加到 3 500 多棵、30 多棵增加到 400 多棵。

二、预防与治理并重，打造健康环境

1．基础现状

多年来杭州市环境质量持续保持稳定。2013 年 PM$_{2.5}$ 年均值 70 μg/m^3，市区环境空气优良天数 217 d（优良率 60%）。全市大部分地区处在重酸雨区，降水 pH 年均值为 4.58，酸雨率 86.8%。2014 年地表水市控以上断面功能区达标率为 74.5%，优于Ⅲ类水比例 80.9%。

截至 2013 年，杭州市建成了七格污水处理厂一期、第一危险废物处置中心等一批环境基础设施。

2．问题与挑战

杭州市大气、水环境质量与国家标准、群众期盼相比有较大差距。复合型大气污染问题突出，灰霾天数多。2003—2013 年，杭州主城区灰霾天数多在 158~185 d，2013 年 PM$_{2.5}$ 达 70 μg/m^3；地表水质量虽逐步有所改善但总体达标率仍较低。城市建成区内河道水质更差，主城区内有 100 多条黑臭河，水质劣Ⅴ类河道占比达 60% 以上。全市饮用水水源风险隐患突出，包括主城区在内的市域内大部分区县均从钱塘江（上游为富春江、兰江和新安江）取水，钱塘江水质常年处于Ⅲ类，偶尔呈现Ⅳ类。钱塘江沿岸危险化学品生产、运输等造成的污染事故频发，对沿线饮用水水源造成严重威胁。2013 年因上游（杭州境外）化工企业生产造成的钱塘江水质异味一度造成较大的社会影响。土壤累积性污染日益显现，大量污染企业退役场地亟待修复。从治理能力来看，污水、污泥、危险废物、垃圾等环境基础设施处理能力不足，如主城区一旦遇到下雨天，七格污水处理厂就会超负荷运行；污水处理厂污泥主要通过混合（砾石）制砖、简易堆肥发酵等处理，生产工艺落后，恶臭污染较重。全市仅有一个年处理能力 3.24 万 t 的综合性危险废物处置中心，许多危险废物需委托市外处置。生活垃圾以填埋为主，且填埋场恶臭异味对周边居民影响较大，仅有的几个垃圾焚烧厂普遍规模偏小，且除个别厂外，焚烧工艺落后，影响周边环境。

与此同时，社会各界对大气、水环境问题的不满情绪日益增加，改善环境质量的呼声日益增强。

3. 规划措施及取得的成效

针对上述问题和挑战，规划提出了治水、治气、治土、清废等改善环境质量的各项措施。这些措施在后续几年中逐项得到落实并取得显著成效。

（1）打好治水攻坚战

为全面改善区域水环境质量，保障饮用水安全，开展了以下工作。

1）加强水源保护，确保饮水安全。一是严控钱塘江、东苕溪两大水源地上游重污染行业。开展了以"三江两岸"（钱塘江、富春江、新安江）为主的饮用水水源保护及生态景观建设专项行动，关停沿岸 300 多家污染严重、生产工艺落后的冶炼、化工、造纸企业；关停、搬迁畜禽养殖场 492 家；钱塘江、富春江、新安江全线禁止采砂活动，拆除采砂作业船 37 艘，采砂制砂厂 20 余家，取缔沿岸黄沙码头 244 个并全部完成生态恢复；建设船舶岸上污水处理设施和垃圾清运平台，船舶污水、垃圾一并上岸处置。二是启动杭州市第二水源建设工程，全市饮用水水源从原钱塘江、苕溪取水为主转向以 100 多 km 外的千岛湖为主。经过近 5 年的努力，2019 年 9 月千岛湖水引水入城工程全线贯通，主城区和钱塘江沿线大部分区县均喝上了优质的千岛湖水。

2）全面开展污水零直接排区建设。对全市城镇生活污水和工业污水全面推进污水纳管并集中处理。前期（2013—2016 年）主要实行截流为主，对所有排向附近水体的污水管（不管其有否雨污分流）全部在岸边截流纳管。2017 年开始实施 2.0 版污水零直排区建设。对生活小区、工业区全面实施雨污分流，包括对小区阳台污水一并纳管。至 2020 年，全市已有 80%以上小区和工业园区完成了雨污分流（至 2023 年年底全面完成）。

3）持续推进工业污水治理。除开展工业园区污水零直排区建设外，还开展了对铅酸蓄电池、电镀、印染、造纸、制革、化工等重污染行业的污染整治。关停 418 家（占总数的44.23%），造纸、印染企业全面推行中水回用，整治后上述行业污水排放量削减 38.7%，COD 和 NH_3-N 排放分别削减 45.11%和 42.27%。2018—2020 年又对富阳造纸行业实施了全面关停（详见第一章第二节）。2020 年全市工业污水排放量 14 221.55 万 t，较 2012 年减少28 502.45 万 t，削减率达 66.7%。

4）新建、扩建一批污水处理厂。2013—2020 年，新建日处理能力万吨以上污水处理厂20 座，新增污水处理能力 149.5 万 t/a，并对原有污水处理厂全面提升改造。至 2020 年年底，全市 50 座污水处理厂总处理能力达 320 万 t/d，全部达到 GB 18918 一级 A 标准，其中 21座达到浙江省地方排放标准（COD、NH_3-N 等指标比国家标准更严）。从 2020 年开始，全市所有新建污水处理厂全部采用地埋式建设（详见第一章第三节）。

5）全面开展畜禽养殖业整治。划定禁养区，把饮用水水源上游、村镇规划建设区等划为禁养区。对选址不当、污染治理不到位的 2 317 家畜禽养殖场实施关停。保留的 816 家规模化养殖场全面得到整治提升，粪便制肥，废水经处理后达标排放或达到纳管标准后进入污水处理厂处理。

6）全面推进农村生活污水治理。因地制宜，对农村生活污水分别推行纳管（进入城镇污水处理厂）、自建集中处理设施等方式进行处理。至 2020 年全市农村生活污水治理全覆盖，建成农村生活污水 9 159 套，其中 30 t/d 以上的 2 619 套治理设施全部采用有动力（曝气）设施。81.2%的污水出水达到《浙江省农村生活污水集中处理措施水污染物排放要求》

（未达标部分已纳入改造计划）。为确保农村生活污水处理正常运行，全市各区（县）、乡镇（街道）普遍推行了委托第三方运行的模式。

7）通过"截、清、修、引、绿"建设美丽河道。除在河岸边采取截污纳管措施外，定期（一般2～3年1次）开展河道清淤，建立专业保洁队伍，保持水面清洁。通过建设水面生态浮床，增设曝气设施适度曝气，修建生态护岸，打通"断头河"并适度引配水等措施，增加河道自净能力，不断改善水体质量。2018年开始，开展了以水清、岸绿、景美、设施完备为主要内容的美丽河湖建设。至2020年年底，杭州市共建成美丽河道111条、位列全省第一。图9-3是已建成的美丽河道。

图9-3　西湖区益乐河

通过上述措施，治水工作取得了显著成效。钱塘江、苕溪干流水质全线达到II类标准，全市1900多条主要河道水质普遍提高1～2个类别，西部五区（县）实现全域可游泳。全市市控以上断面水功能区达标率由2014年的74.5%提升至2020年的90.6%，I～III类水比例达98.1%。"钱塘碧水、鱼翔浅底"的目标基本实现。

（2）打赢蓝天保卫战

2013年以来，主要采取了以下措施。

1）推动能源结构优化，全面治理燃煤烟气。一是淘汰关停了杭州钢铁厂、两家小火电（4台13.5万kW火电机组）、400多家造纸、化工、印染等企业。二是通过煤改气、煤改电，淘汰4000多台燃煤小锅炉。通过以上措施，使全市用煤量从2012年的1338万t下降至2020年的929万t。三是在全国率先对原有99台热电锅炉进行超低排放改造，并达到火电厂超低排放标准（烟尘≤5 mg/m³，SO₂≤35 mg/m³，NOₓ≤50 mg/m³）。同时制定实施了地方排放标准——《杭州市锅炉大气污染物排放标准》（DB 3301/T 0250—2018）。

2）打造绿色交通网络，加强车船尾气治理。一是淘汰老旧重污染车辆。2015 年全面淘汰 22 万辆黄标车。2017 年在国内第一个出台国Ⅲ柴油车淘汰补助政策，2019 年 5 月开始对国Ⅲ柴油车限行，10 月进一步扩大限行范围至绕城高速（限行面积约 912 km²），各区县也陆续实施限行。至 2020 年全市共有 7 万多辆国Ⅲ柴油车被淘汰（全市 10.4 万辆国Ⅲ柴油车 2023 年 11 月全面淘汰完成），淘汰数占全省 60%，市区两级补助 11.4 亿元。2017 年开始在全国率先对新上牌柴油车全部安装 OBD 系统，至 2020 年年底已有 8.7 万辆车安装 OBD 系统。这一工作倒逼车企对进杭车辆提高柴油车质量。二是大力发展新能源车、清洁能源车。通过购置上牌倾斜（新能源车不限购）、道路通行倾斜（不限行）和购车补贴等措施推广新能源车。至 2020 年年底主城区 6 000 多辆公交车全部更换为新能源车，全市各区、县建成区运行的公交车也全部更换为新能源车。全市约 10 万辆网约车中，85% 为新能源车；全市 1.4 万辆巡游出租车也已开始逐步更新为新能源车（至 2023 年 11 月已完成油改电 6 177 辆）。三是大力发展地铁等公共交通。杭州主城区地铁里程从 2013 年的 48 km 快速增长至 2022 年的 516 km，日发送旅客 330 万人次，大大缓解了城市道路交通压力，减少了机动车尾气污染。

3）推动产业结构转型升级，深入治理工业废气。一是通过主城区半山北大桥（杭州原重化基地）区域整治，下沙经济技术开发区产业结构调整（关停 13 家化工、农药、香精香料等企业），六大重污染行业整治以及富阳造纸行业整体转型（详见第一章第二节）等，关停规模以上重污染企业 400 多家，同时还关停了一批小化工、小冶炼、小建材、小铸造等污染企业，大幅削减工业废气和用煤量。二是开展挥发性有机污染物深度治理。制定实施了 VOCs 排放地方标准《重点工业企业挥发性有机物排放标准》（DB 3301/T 0277—2018），完成 1 000 多家重点 VOCs 排放企业治理，削减 VOCs 排放量近 5 万 t/a。

4）落实精细化管理，强化扬尘治理。一是加强建筑施工扬尘管理。在全市所有建筑工地安装视频监控，在 5 000 m² 以上工地安装扬尘在线监测并与监管部门联网，一旦扬尘超过标准值自动预警并开启喷雾作业，并把扬尘防落措施落实情况与建筑工程招投标挂钩。二是开展道路扬尘监管。在全市 100 多条主要道路上安装了 298 套扬尘在线监测设施，并与城管部门联网。城管部门根据扬尘在线检测情况及时调整清扫、洒水作业。三是加强巡查。城管、交警、生态环境等部门经常联合开展对渣土运输等车辆带泥上路、抛撒滴漏等查处，遏制违法行为。各区（县）都委托第三方开展对建筑工地、道路扬尘、露天焚烧等的日常巡检，对发现的问题立即上报环境监管网络平台，属地街（镇）、社区（村）根据网络平台提供信息及时现场查处。

通过上述措施，杭州市大气环境质量得到显著改善。2013—2020 年，PM$_{2.5}$ 由 70 μg/m³ 降至 29.8 μg/m³，下降了 57.4%（仅次于北京的 57.5%）；空气优良比例由 59.5% 提升至 91.2%。

（3）打好净土清废攻坚战

1）做好污染土壤治理和监管。2013—2020 年，杭州市共对 63 个地块 4 314 亩土地按规定进行了修复，建设用地土壤安全利用率达到国家、省要求。至 2020 年，有 50 块 3 969 亩土地纳入污染地块风险名录。完成了对全市农用地和重点行业企业用地污染状况调查。

2）开展"五废共治"。"五废"是指危险废物、一般工业废物、生活垃圾、污泥和建筑垃圾。

一是新建、扩建了一批危险废物处置设施。先后建成第二、第三危险废物综合处置中心，新增工业危险废物处置能力 10.7 万 t/a，新增医废处理能力 4 万 t/a。新建 4 个水泥窑协同处置危险废物项目，合计处理能力 22 万 t/a。扩建重金属污泥综合利用处置项目 35 万 t/a。建成 4 个总处理能力 600 t/d 的垃圾焚烧飞灰"水洗脱氯-水泥窑协同处置"项目并于 2018 年投运，为全国垃圾焚烧飞灰处理探索出了一条切实可行的新路。至 2020 年年底，全市危险废物综合利用、处置能力达 170 万 t/a，总量上已超过本市实际产生量（70 余万 t/a），为浙江省危险废物处置工作作出了贡献。

二是强化一般工业固体废物的治理。积极推进工业固体废物减量化、资源化、无害化，建成两个各 500 t/d 处理能力的工业固体废物（焚烧）处理设施。一般工业固体废物生产量从 2013 年的 687.5 万 t 减少至 2020 年的 546.6 万 t，削减 20.5%；一般工业固体废物的综合利用率从 2013 年的 94.13%提高至 2020 年的 99.03%。

三是生活垃圾分类和处置水平大幅提升。推进垃圾分类。各类垃圾被分成可回收垃圾、有害垃圾、易腐垃圾和其他垃圾四类，分类收集、分类运输、分类处置工作覆盖全市所有行政村、社区及机关企事业单位。再生资源回收量从 2016 年的 96 万 t/a 提升至 2020 年的 257 万 t/a，增长至 168%。强化垃圾处置。2013 年以来，全市新建垃圾焚烧发电厂 5 家，新增处理能力 10 700 t/d；新建餐厨、厨余垃圾处置设施 12 座，新增处理能力 2 050 t/d。同时关停了乔司、老余杭等 2 个处置工艺落后的垃圾焚烧厂和天子岭垃圾填埋场等市、县、镇级垃圾填埋场数 10 个。至 2020 年年底全市有垃圾焚烧厂 10 家，焚烧能力 14 900 t/d；易腐垃圾处理设施 12 座，处理能力 2 050 t/d。垃圾处理能力超过了垃圾产生量（2020 年全市日均总垃圾清运量 12 410 t，高峰期日均 14 947 t），至 2020 年年底全市生活垃圾实现零填埋。九峰环境能源（3 000 t/d）、临江环境能源（5 200 t/d）两个垃圾焚烧发电厂的尾气处理工艺、尾气排放指标（排放指标均严于国家和欧盟标准）国内领先。

四是实现污泥规范化处理。2013 年以来，先后建成污泥深度脱水①—热电厂焚烧②、深度脱水—焚烧发电③等多个污泥规范化处理项目，新增处置能力近 5 000 t/d。其间关闭了几个处理不规范、处理过程恶臭污染严重的污泥处理项目。目前全市污泥规范化处置能力 5 565 t/d，已超过实际污泥产生量。

五是积极推进建筑垃圾治理。至 2020 年年底陆续建成并投运 6 个建筑垃圾资源化项目，总处理能力近 400 万 t/a，全市建筑垃圾基本得到有效的处置利用。

三、加快绿色转型，培育活力经济

1. 基础现状

杭州是长江三角洲南翼中心城市、国际重要的旅游休闲中心、电子商务中心和区域性金融服务中心。2012 年，杭州市人均 GDP 达 14 105.7 美元（2012 年全国平均 6 100 美元），

---

① 脱水至含水率≤50%。
② 采用普通流化床工艺，煤∶泥=6∶4。
③ 采用绝热型循环流化床工艺，煤∶泥=1∶9。

基本进入高收入水平行列。第一、第二、第三产业结构比例为 3.3∶46.5∶50.2。城镇化率达到 74.3%，城乡一体化水平达到 87.1%。

近年来杭州深入推进主城区工业企业"退二进三""退二优三"。实践城市有机更新理念，以减排倒逼污染行业转型升级。实施半山和北大桥地区的环境综合整治（详见第二章第四节案例），走出了一条中心城区工业集聚区转型升级和有机更新的新道路。

2．问题与挑战

产业发展中，高端、高新技术产业发展不快，占比较小，2013 年高新技术产业占规模以上工业的比重为 29.5%。杭州全市化工和医药行业、造纸及纸制品行业、化纤制造和纺织（印染）行业、水泥制造业、电力和热力生产及供应行业等污染比较严重的传统行业在全市工业中仍占较大比重，产业结构仍有待进一步优化。钱塘江流域分布了数百家化工、造纸、印染、电镀等重污染企业。建德化工、富阳造纸位于钱塘江饮用水水源上游。大江东区域（内有 90 家化工、印染、黏胶纤维等重污染企业）位于杭州城市上风向。杭州经济技术开发区内 13 家化工类企业与居住区、高教园区毗邻，老厂新居矛盾突出。2012 年杭州市单位 GDP 能耗为 0.54 t 标准煤/万元，虽优于全国平均水平（0.83 t 标准煤/万元），但与浙江省平均水平（0.55 t 标准煤/万元）基本持平，差于省内先进地区，与发达国家相比差距更大，杭州市仍处于能源依赖曲线的上升阶段。

3．规划措施及取得的成效

（1）强创新，促进产业向高端发展

不断加大科研投入，2020 年研究与实验发展经费（R&D）支出占地区生产总值的 3.5%，比 2012 年提升 0.58 个百分点。规模以上工业技术（研究）开发费用同比增长 13.5%。累计建成省级研发中心 1 447 家，是 2012 年的 4.5 倍。2021 年国家高新技术企业有效数达 10 222 家，民营企业 500 强数量连续 19 年蝉联全国第一。上市企业累计达 262 家，居全国第 4。以信息（智慧）经济为代表的"一号工程"实现硬发力、软支撑协同并进，2020 年数字经济核心产业增加值 4 290 亿元，占国民经济比重达 26.6%。高新技术产业、战略性新兴产业、装备制造业增加值分别占规模以上工业的 67.4%、38.9%、50.6%。"双创高地"建设加速推进。以科技创新和"互联网+"推进产业转型升级，先后印发实施了《关于加快杭州国家自主创新示范区建设的若干意见》等 13 个配套政策，打造具有全球影响力的创新高地。2019 年全国双创周活动在杭州举行，杭州未来科技城和阿里巴巴集团入选国家首批"双创示范基地"。

（2）优结构，现代服务业加速发展

杭州市多山少地，但人才资源相对丰富，2013 年以来，杭州市大力发展信息、电子商务、文化创意、数字物流、金融服务、旅游等现代服务业。至 2020 年，全市 16 207 亿元地区生产总值中，第三产业达 11 054 亿元，占总地区生产总值的 68.2%，较 2012 年提高了 16 个百分点。而第三产业中占比最大的是信息软件、科技和文化体育等产业。这些产业土地等资源占用消耗少且基本无污染，从而大幅提升了杭州产业的绿色、清洁化水平。

（3）促转型，传统产业加速"腾笼换鸟"

制订实施《杭州市全面改造提升传统制造业实施方案（2017—2020 年）》等，推进传统行业转型升级。萧山化纤、富阳造纸、建德化工等行业被列入省级试点，此外还有 5 个市级试点和 10 个区县级试点。各级试点工作取得了显著成效，如富阳造纸行业整体转型[①]及小化工行业整体关停，腾退出的空间与相邻的滨江区（国家级高新技术开发区）合作引入高新产业；杭州经济技术开发区关停搬迁了全部化工类企业（农药、化工、香精、香料等）；大江东区域[②]内化工、印染、黏胶纤维等污染企业从 90 家关停转型至 43 家，剩余企业得到有效治理和提升；建德化工企业进行了全面整治提升，化工企业数从整治前的 39 家压缩至 15 家。借 G20 峰会召开前夕环境大整治契机，关停了全市唯一的一家钢铁企业——年产 300 万 t 钢的杭钢集团和仅有的两家位于城区的小型燃煤发电厂（4 台 13.5 万 W 机组）。与此同时，开展了全市电镀、化工、印染等重污染行业整治。上述整治措施的实施，使全市产业结构不断得到优化，如全市八大高耗能、重污染行业［纺织印染、造纸、化学原料和化学制品制造、化学纤维制造、非金属矿物质制品业（水泥为主）、黑色金属冶炼、电力生产和供应（热电厂为主）、石油煤炭及其他燃料加工业］规模以上工业总产值占全市规模以上工业总产值的比重由 2012 年的 38.4%下降至 2020 年的 27.1%；2020 年全市万元 GDP 能耗降至 0.25 t 标准煤/万元，下降了 54%（2020 年全省平均万元 GDP 能耗为 0.38 t 标准煤/万元，全国为 0.49t 标准煤/万元）。

　　在实施"腾笼换鸟"的同时，持续推进清洁生产。《纲要》实施以来，杭州市全面推行清洁生产审核，推进绿色企业创建。至 2020 年，全市清洁生产审核验收合格企业合计 1 158 家。

　　通过上述措施，全市工业排污量大幅下降（表 9-3）。2020 年单位地区生产总值碳排放强度、单位地区生产总值 COD 排放强度、单位地区生产总值 SO_2 排放强度实际完成值大大好于规划设定的目标要求。

表 9-3　2012 年、2020 年工业污染物排放情况表

年份	工业废水排放量/万 t	化学需氧量排放量/t	氨氮排放量/t	二氧化硫排放量/t	氮氧化物排放量/t	颗粒物排放量/t	VOCs排放量/t
2012	42 723.67	36 039.64	1 556.87	86 181.1	74 532.04	33 014.57	—
2020	14 221.55	6 049.79	131.28	3 973.00	16 055.79	10 411.02	14 416.46
削减率/%	66.7	83.2	91.6	95.4	78.5	68.5	累计削减约 5 万 t/a

　　2020 年，杭州以占全省 12.6%的大气等标污染负荷（SO_2、NO_x 计，不含机动车）和 10.1%的水等标污染负荷（COD、NH_3-N 计），贡献了全省 25.0%的 GDP 和 28.9%的一般公共预算收入。

[①] 富阳造纸产能达 800 多万 t/a。
[②] 现为钱塘区。

四、城、镇、村联动，打造美丽城乡

1. 基础现状

杭州市是著名的风景旅游城市，又是历史文化名城。杭州集江、河、湖、海、溪于一体，西湖、钱塘江、运河构成了杭州的水脉，繁密的水网川泽连接水边的纵横丘陵，构成杭州特有的城市环境和山水文化，素有"人间天堂"之美誉。

随着城市化进程的发展，杭州市确立了"城市东扩、旅游西进，沿江开发、跨江发展"的空间布局，将以西湖为中心的团块空间转变为以钱塘江为轴线的分散组团形态。由"三面云山一面城"的空间格局，逐步发展成为"一主三副六组团"的开放式格局（图9-4）。

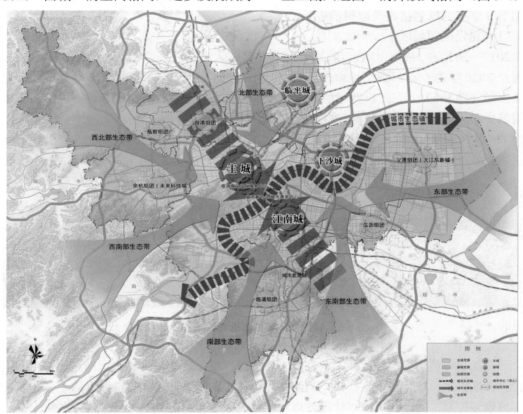

图9-4　杭州城区发展空间布局

2. 问题与挑战

从城市方面来看，一是特殊历史资源保护力度有待进一步加大。西湖、大运河、良渚古城遗址是杭州特有的历史资源，但后两者的开发、挖掘和保护还有待进一步深化。此外，古村落、历史建筑的挖掘、保护也有所不足。二是城中村、背街小巷以及公路边、铁路边、河边等区域公建配套不足，城市管理薄弱，环境脏乱差问题不同程度地存在。三是主城区人口、产业密度过高，生态绿化空间不足。四是城区内河水质达标率低、$PM_{2.5}$年均值等严重超标。五是交通拥堵出行难，据"高德交通"发布的全国50个主要城市拥堵指数排名，杭州 2014 年拥堵指数位列第 3。

从乡村方面来看，乡村基础设施建设不完善，乡村建设特色不突出。城乡二元结构仍制约着乡村经济社会发展，导致乡村基础设施建设力度薄弱。农村污水治理、垃圾收集清运体系和处置设施不完善，致使较大比例的支小河流水体超标甚至发黑发臭，农村环境卫生面貌堪忧。乡村公路、互联网等基础设施建设滞后。乡村的田园风光、乡土气息、自然生态等特色表现不够。

3．规划措施及取得的成效

从宏观空间上讲，人居美应包括区域自然生态系统的美（自然美）和城市美、乡村美、城镇美，规划措施也应从这 4 个方面入手。"自然美"已在前文作了专门阐述，这里分别介绍后 3 个美的规划措施及取得的成效。

（1）建设美丽城区

2013—2020 年，杭州市城市建设大力推进，建成区面积不断扩大，从 2012 年的 452.6 km^2 扩展至 2020 年的 666.2 km^2。城市也从西湖时代迈向了钱塘江时代，钱江新城和钱江世纪城隔江而峙（图 9-5），在建设新城的同时，对原有的老城区进行有机更新——拆除违章建筑并对城中村、老旧小区、旧厂房进行改造提升，使之更加舒适、宜居。

图 9-5　钱江新城和钱江世纪城隔江而峙

一是加强特色资源保护。西湖、临安古城遗址、良渚历史遗址、古运河两岸等得到有效保护。长期以来，杭州市一直严格控制西湖周边建筑，西湖景区内建筑按照拆 1 建 0.8 的原则实施规划控制，西湖东岸城市建设严格控制"天际线"。对西湖风景区内存在的 9 个景中村进行了以洁化、序化、美化及公建配套为主要内容的提升改造。不仅保留了原住居民正常的生产生活，而且使西湖风景区增添了许多游客憩息的好地方——游茶园、赏"农家乐"、体会山村自然风光等。通过在湖底种植水生植物等措施使西湖水生态系统得到修复，进而使西湖水质进一步提升，总氮指标提升一个类别。大运河 2014 年申遗成功，其境内约 110 km 两侧 45～245 m 范围划为保护区严格保护。良渚古城遗址 2019 年申遗成功，其周边 110 km^2 区域得到有效保护。杭州 8 000 间 50 年以上的老房子、老建筑也均得到良好保护。

二是梳理、美化城市肌理。通过"三改一拆"[①]、背街小巷庭院整治等梳理、美化城市

---

① "三改一拆"。"三改"指对旧住宅区、旧厂区和城中村的改造，"一拆"指拆除违法建筑。

肌理。2013 年启动"三改一拆"行动，至 2020 年年底累计拆除违章建筑 1.49 亿 m^2，实施"三改"1.75 亿 m^2；截至 2019 年年底，改造完成 365 个城中村，征迁 26 万住户和 6 000 余家企业。

通过上述行动，使过去在城市内大量存在的"伤疤"得到治理，不健康的功能得到恢复。图 9-6 和图 9-7 是钱塘区金沙湖、上城区馒头山两区块拆迁、改造前后的对照图，图 9-8 是桐庐（全国最美县城）。

（a）拆违前

（b）拆后利用

图 9-6　金沙湖区块拆违前后对比

（a）改造前

（b）改造后

图 9-7　馒头山区块改造前后对比

图 9-8　桐庐（全国最美县城）

三是不断增绿、美化。通过实施"四边三化"等环境提升工程和各类公园建设等不断增绿扩绿。2013—2020 年，建成区扩绿 8 728.6 hm²。2020 年，建成区绿化覆盖率、绿地率分别达到 40.29%、36.70%，开创性地实施高架道路绿化（挂箱）。2017 年杭州成为全国首个副省级以上城市中获得"国家生态园林城市"称号的城市。至 2020 年杭州主城区公园服务半径覆盖率达 90%以上，全国领先。至 2020 年，建成国家森林城市 3 个［杭州市（五个老城区）、临安区、桐庐县］、省级森林城市 6 个（余杭区、萧山区、富阳区、建德市、淳安县），实现省级以上森林城市全覆盖。

四是建设美丽河湖。通过五水共治、"三改一拆"、绿化美化，建设水清、岸绿、景美的美丽河湖。经过 7 年努力，钱塘江、运河等主城区和各县（市、区）城区河道水质普遍提高 1～2 个类别，95%以上达到Ⅲ类水质。每条城市河道两侧成为市民休闲活动重要场所（详见第一章第六节）。

五是建设"四位一体"的绿色公交体系。主城区构建地铁、公交、水上巴士以及公共自行车相衔接的"四位一体"公共交通体系。借 G20 峰会召开和迎接 2022 年亚运会之机，杭州地铁建设大幅加快。至 2021 年年底已建成地铁运行里程 400 km，至 2022 年 6 月底，建成并投运 516 km。2020 年全市建成区 6 000 多辆公交全部更换为新能源车。在全国率先试行城市公交自行车系统，全市投放公交自行车 4 977 处 11.83 万辆，日均租用 25 万余次，最高日租为 47.3 万人次。"政府主导、公益定位（1 h 内租用免费）、市场操作"的杭州公交自行车模式已在全国 200 多个城市推广应用。该项目作为住建部市政公用科技示范项目获国家华夏二等奖、国际"艾希顿"可持续交通项目奖及"全球 8 个提供最棒的公共自行车服务"等奖项。"高德交通"发布的 50 个主要城市交通拥堵指数，杭州从 2014 年的第 3 名下降至第 34 名，交通出行大幅改善。

（2）美丽乡村建设

留得住绿水青山，记得住乡愁。杭州市持续 15 年不断推进深化"百村示范、千村整治"（浙江全省"千村示范、万村整治"）。每 5 年出台一个实施意见或行动计划，每年召开现场推进会，坚持试点先行、以点带面。由试点到全域推广，由环境综合整治到美丽乡村建设，久久为功，取得显著成效。

深入推进农村污水治理，农村生活污水治理实现全覆盖。农村河道水质普遍达到Ⅲ类及以上，西部五县（市）实现全域可游泳。

逐步推进农村生活垃圾分类收集，覆盖面达 100%，回收利用率 47.1%，并做到村收集、镇中转、县处理。至 2020 年年底，全市农村生活垃圾实现零填埋。

全面推进厕所革命，完成农村公厕改造 4 566 座，累计投入 3.98 亿元，基本实现行政村全覆盖。

持续推进拆违、治危，深化农户庭院、农村各类杆线等整治；加强农村住宅建设规划控制，政府为建房户无偿提供不同风格的农居房标准图。实施古村落保护，全市 178 个列入名录的古村落已保护和开发 151 个，投入财政资金 2.45 亿元。启动并完成 23 个杭派民居示范点建设，建成农村文化礼堂 1 789 个。

建设农村"四好公路"。2018 年杭州市政府出台了《杭州市建设高品质"四好农村路"的实施意见》，提出把农村道路打造成畅、安、舒、美、绿的自然风景线，至 2020 年年底，全市 3 713 km 绿道结环成网，成为美丽风景线。与此同时，村庄道路做到"硬化、绿化、美化、亮化"。

　　经过多年建设，全市农村面貌、人居环境得到了极大提升。至 2020 年年底，全市 1 771 个涉农行政村中，共建成市、县级美丽乡村 1 122 个，美丽乡村覆盖面已达 63%，远远领先于全省其他地区水平。

　　图 9-9、图 9-10 分别为淳安县下姜村和富阳区东梓关村景观。

图 9-9　淳安下姜村

图 9-10　富阳区东梓关村

随着美丽乡村建设的推进，成功创建省级 3A 级村落景区 253 个，吸引了越来越多的省内外游客到乡村旅游，促进了农村经济的发展，实现了绿水青山转化为金山银山。全市农村基本形成了农家乐、乡村旅游、现代民宿、运动休闲、养老养生、农村电子商务、农村文创七大新型经济业态。形成了包括淳安环湖运动休闲产业带、桐庐（芦茨）乡村慢生活体验区、建德大慈岩古村文化旅游板块、临安白牛村农产品电子商务产业板块等一批特色产业。2020 年，仅农家乐休闲旅游接待游客 7 153 万人次，实现经营收入 65 亿元。

（3）美丽城镇建设

小城镇，一头连着城市，另一头连着乡村。是实施新型城镇化的战略节点，是城乡统筹发展的重要支点。但 2013 年前杭州市的一些小城镇与全国其他地区一样，存在"道乱占、车乱开、线乱拉"等"集镇病"；也存在垃圾乱扔、污水乱排、杂物乱摆的"农村病"；还有交通拥堵、环境污染等"城市病"。这些成为美丽杭州建设的一个短板。针对小城镇规划不合理、（配套）设施建设滞后、特色缺失、环境脏乱、管理薄弱等问题，2016 年开始，杭州市开展了以全市 149 个乡镇为整治对象，以整治城镇秩序、整治乡容乡貌为主要内容的小城镇环境综合整治。为此，杭州市委、市政府专门印发了《2016—2019 年杭州市小城镇环境综合整治行动实施方案的通知》。经过 3 年多的整治，全市 149 个小城镇环境综合整治全面完成，其中 69 个成为省级样本。主要做法有：

1）清违腾空间，以拆顺机理。以拆除违章建筑和整治蓝色屋面（铁皮屋面）为突破口，将小城镇整治和无违建创建工作紧密结合，腾出空间，理顺机理。

2）规划引领，补齐短板。实行驻镇规划师制度，强化规划设计龙头作用。坚持民生导向，把农贸市场、停车场、公厕等人民群众最需要的基础设施和公共服务设施优先实施。

3）要素保障，产镇融合。市级财政补助 3.75 亿元，平均每个镇给予补助 250 万元。市规划与自然资源局编制小城镇土地整理指导意见，经信部门牵头抓好"低散乱"企业的治理，持续培育小城镇"自我造血"的能力。

4）因地制宜整理街巷，彰显特色。以老百姓生活的背街小巷、门前屋后为环境整治重点，全面提高小城镇序化、洁化、绿化水平。深入挖掘小城镇的文化基因，用好本地乡土材料，讲好街巷故事，重塑小镇乡愁。

5）建名录塑风貌，传承历史文脉。重新梳理村镇历史文化遗存，建立保护名录，强化传统民居和历史建筑保护。充分发掘和保护历史遗迹、文化遗存，弘扬优秀传统文化，加强传统村镇保护，改善传统村镇人文环境。

6）建立健全长效管理机制。落实长效管理机制，出台小城镇长效管理的标准和指导意见，巩固整治成效。依托乡镇"四个平台"建设，结合移动互联技术，推进智慧化管理，构建"政府引导、全民共管，市民自治"新模式。

3 年整治取得明显成效：

1）乡镇脏乱差基本消除。通过整治，实现全市省级卫生乡镇（街道）全覆盖、驻镇规划师（工程师）全覆盖、街（路）长制全覆盖、乡镇交通数字化管理全覆盖。全市小城镇治理"六乱"整治点近 3 万个，清除垃圾 63 万 t，拆除违建 1 400 万 m²，完成强弱电"上改下" 1 300 km，整治沿街立面 757 万 m²，整治"赤膊墙" 154 万 m²，整治蓝色屋面 162 万 m²，拆除违法广告牌近 3 万个，基本消除了乡镇建成区的"脏、乱、差"现象。

　　2）公共服务设施得到弥补。打通乡镇"断头路""卡脖子路"85 条，新增停车位 44 510 个，新建改造垃圾中转站 176 个，新建改造农贸市场 164 个，新建改造公厕 1 347 个，新增绿化面积 246 万 m^2，新建改造公园 74 万 m^2，新建改造绿道 312 km，大幅弥补了乡镇（街道）基础设施和公共服务设施的短板。

　　3）乡镇产业转型发展提速。整治低散乱企业，改造升级 2 094 家，关停淘汰 3 436 家。打造了一批由美丽环境向美丽经济升级的美丽城镇，如淳安县的中药材名镇临岐镇、运动小镇石林镇、摄影小镇金峰乡，西湖区的中国茶镇龙坞等，生动践行了绿水青山就是金山银山的理念。

　　经过 3 年整治，全市 149 个小城镇环境综合整治全面完成，其中 69 个成为省级样本。杭州小城镇整治得到了上级领导、社会各界和广大市民的高度肯定和评价，新华网、人民网、搜狐网等 20 余家中央和省市媒体广泛宣传报道。

　　2019 年年底开始，杭州又实施了第二轮（2.0 版）美丽城镇建设。通过 3 年建设，累计完成美丽城镇五大类（环境综合提升、功能服务提质、生活品质提高、产业统筹提效、镇域治理提能）建设项目 4 174 个，投资 1 564 亿元。全市所有 119 个建制镇（不含城关镇）、乡、独立于城区的街道基本完成以"十个一"①为标志的美丽城镇建设基本要求。初步构建以小城镇政府（街道办事处）驻地为中心，宜居宜业、舒适便捷的镇村生活圈。创建省级美丽城镇样板 55 个（占全省 14%），市级样板 99 个。

图 9-11　建德梅城镇

---

① "十个一"即一条快速便捷的对外交通通道、一条串珠成链的美丽生态绿道、一张健全的雨污分流收集处理网、一张完善的垃圾分类收集处置网、一个功能复合的商贸场所、一个开放多元的文体场所、一个优质均衡的学前教育和义务教育体系、一个覆盖城乡的医疗卫生和养老服务体系、一个高品质的镇村生活圈体系和一个现代化的基层社会治理体系。

五、在传承中发展，建设美丽人文

1．现状基础

杭州市山水资源丰富，隽永的西湖，诗意的富春山居，潮起潮落的钱塘江，秀美的千岛湖、西溪湿地（两者均为国家 5A 级景区），以及天目山、清凉峰国家级自然保护区等，各种山水资源遍布全域。杭州市又是一座历史文化名城，中国"七大古都"之一。在悠久的历史长河中，先后形成了跨湖桥、良渚文化、吴越文化、南宋文化等。优美的山水自然风景与丰厚的历史文化底蕴的完美结合，构成了杭州生态文化建设的坚实基础。进入 21 世纪后，杭州市委、市政府就确立了环境立市战略，在浙江省内率先开展了生态示范区和国家环境保护模范城市创建（2001 年创建成功）。2002 年开始启动编制《杭州生态市建设规划》，2004 年年初，杭州市委、市政府出台《关于加快推进杭州生态市建设的若干意见》，市人大通过《关于推进杭州生态市建设的决议》。杭州市还率先开展了生态补偿工作，市委、市政府出台《关于建立健全生态补偿机制的若干意见》，对水源涵养区及生态保护工作做得好的地区进行生态补偿。至 2012 年，杭州市先后获得国家环保模范城市、国际花园城市、联合国最佳人居环境奖、全国文明城市、国家森林城市、中国最佳旅游城市等多项荣誉，"杭州西湖文化景观"被列入世界遗产名录。

2．问题与挑战

无论是物质形态还是精神形态方面，杭州市在生态文化的建设上还存在不少遗憾和不足。

（1）在历史文化的传承上还有不足

如在大运河保护，良渚遗址的开发、挖掘，富春山居风貌的传承保护方面还有不足。运河两岸、良渚遗址和富春山居周边环境整治和保护力度不够，局部区域环境脏乱。

（2）全社会生态文明意识还不够强

公众绿色生活、绿色消费观还有欠缺，积极主动的参与少。部分企业经营者缺乏生态环保的社会责任意识。部分干部对生态环境保护与经济发展如何实现有机统一的理解有偏差。

3．规划措施及其取得的成效

（1）更好传承历史文化并发扬光大

杭州之美，美在山水，美在文化。在人与自然和谐相处方面，杭州市有其独有的历史传统，西湖、京杭大运河、良渚文化遗址（建有世界上最早的水利工程，2019 年申遗成功），三大世界文化遗产都是先辈们追求人与自然和谐相处的典范（图 9-12～图 9-14）。

图 9-12　西湖

图 9-13　京杭大运河遗址

图 9-14　良渚文化遗址

　　无论是 2013 年前申遗成功的西湖还是后来申遗成功的大运河、良渚文化遗址，对它们的保护、传承、发展均在持续进行中。西湖开展了湖底水生态修复——水底森林建设（恢复湖底水生植物及贝类等底栖动物），水质进一步提升。运河杭州境内 39 km 河道及两岸各宽 1 000 m 范围内 78 km² 区域持续开展截污、清淤、驳嵌、绿化、配水、保护、造景、管理"八位一体"的综保工程，水体质量从劣 V 类提升至 Ⅲ 类。运河主城区段 21 km 游步道、景观带全线贯通，29 万 m² 历史文脉点得到有效保护和合理利用。良渚遗址 114 km² 遗产区和缓冲区的挖掘、保护不断深化，为保护遗址，关停石矿、搬迁工业企业共约 150 家，对保护区内建设实施严格的规划控制。遗址区内 8 个村的 2.8 万亩永久基本农田得到有效保护；投资 1.65 亿元建设美丽乡村。

　　除积极保护上述三大遗产外，对南宋皇城大遗址等文化遗产也进行了全方位保护。至

2020 年，杭州市共有全国重点文物保护单位 48 处，省级重点文物保护单位 93 处。有世界级非遗名录 4 项，国家级 44 项，省级 184 项，市级 368 项，实现了应保尽保。

2018 年 9 月 27 日，浙江省"千村示范、万村整治"工程荣获联合国最高环境荣誉"2018 地球卫士——行动与激励奖"。2018 年 11 月初，时任联合国副秘书长兼环境规划署执行主任埃里克·索尔海姆在考察了杭州、浦江等地后表示，他期待浙江的治理经验走出国门、走向世界。2019 年 6 月 5 日，世界环境日全球主场活动在杭州市召开。联合国环境规划署相关官员、专家在考察了杭州和安吉等地后，对浙江、杭州的生态环境保护工作给予了高度评价。

2019 年 9 月 19 日，中国移动支付平台支付宝（其总部位于杭州市）推出的"蚂蚁森林"项目获得"地球卫士奖"。"蚂蚁森林"项目成功将 5 亿人的环保善举转化为种植在荒漠化地区的 1.22 亿棵树。

（2）开展形式多样的生态文明宣传活动

通过电视、广播、报纸及新媒体，持续开展生态环保宣传。如从 2018 年下半年开始，作为杭州电视台新闻 60 分的子栏目——美丽杭州专栏每周 4 个晚上在 18:00—19:00 播出，其内容主要围绕三大污染防治攻坚战和美丽杭州建设题材。至 2020 年年底，共播出 106 期节目，获得较好反响。杭州电视台品牌栏目——我们的圆桌会，经常邀请市民和专家学者、主管部门代表，就市民关心的生态环境话题展开讨论交流，解疑释惑，不断提高广大市民的生态环保意识。

（3）引导促进全民参与各类生态环保活动

在"五水共治"工作中，实施政、企、民联动，发动 2 659 名河长、685 名警长、800 名民间河长、5 500 名巡河志愿者、5 800 名河道保洁信息员等共同参与治水。开发"智慧河长"App 平台，群众可在此平台及时反映、投诉附近河道水质及整治工作问题，责任"河长"要限时回应。组织人大代表、政协委员、志愿者参加环保公众开放日等公益活动，让公众了解、督促污水处理、垃圾处理等环境基础设施运行情况和水、大气、固体废物重点污染源的污染治理情况。至 2020 年年底，已组织 269 319 人次参加活动。这不仅提升了参与者的环保意识，同时促进了企业经营者的守法意识。2013 年以来，还组织开展了环保志愿者活动 596 场。

（4）多层面创建，提升公众参与感、获得感

2013 年以来先后组织开展并成功创建了国家生态市（杭州市 2016 年获得该命名）、国家生态园林城市（2017 年）、国家节能减排财政政策综合示范试点城市①。其间，还成功创建了 8 个国家级生态县（区）、119 个国家生态乡镇、135 个省级生态乡镇。与此同时，开展了"多绿"创建活动。在全市中小学均设置《人、自然、社会》《我与杭州》等环境教育课程，先后创建市级以上绿色学校 792 所、区级绿色学校 1 346 所、绿色医院 153 家、市级以上环保教育基地 90 家。

（5）述职述评，提升干部做好生态环境保护工作的自觉性

2013 年以来，市、县两级人大每年都组织市、县两级人大代表对政府及其职能部门履行生态环境保护工作职责进行面对面问政和现场检查。市、县两级政府及其职能部门要当

---

① 杭州 2011 年被列为全国首批 8 个试点示范城市，2015 年 7 月，杭州通过考核并成为 8 个试点城市中仅有的两个考核"优秀"城市之一，提前一年完成"十二五"节能减排任务。

场述职并接受代表的问询，履职不到位的要及时整改并把整改结果反馈给两级人大常委会。市委、市政府每年还组织两代表一委员（党代表、人大代表、政协委员）和市民群众开展公述民评电视直播问政。市直部门和各区、县政府现场接受两代表一委员及市民群众的问询，对现场曝光的问题及其他工作不到位的问题要作出限期整改的承诺。问政结束后，参加代表、委员还要根据各部门、各区（县）政府的表现进行评议打分，评议结果当场公布，并纳入市委、市政府对各部门和区（县）的综合考评中。2013 年以来，治水、治气等生态环境保护工作多次被作为问政的主题。通过上述措施，使各区（县）和相关职能部门自觉履行生态环境保护工作的积极性、主动性进一步提升。

六、共建、共治、共享，创造美好生活

1．现状基础

低碳绿色理念逐步融入居民生活。公共交通逐步完善。开通了 5 条快速公交（BRT）线路，长度达 188 km。建立了公共自行车系统并将其纳入公交领域，服务点 2 416 个，自行车 6.06 万辆。已构建了较为完善的社会服务网络，城乡居民参加各类养老保险（保障）、医疗保险的参保率分别达到 91.9%、97.74%。预期寿命 80.96 岁，远高于全国同期水平，与北京、纽约等世界知名城市不相上下。社会治安环境良好，被新华社《瞭望东方周刊》评为中国治安最好的城市。2013 年全市城镇和农村居民可支配收入分别达 40 925 元（是全国平均水平的 1.55 倍）和 21 208 元（是全国平均水平的 2.25 倍），杭州连续多年蝉联中国最具幸福感城市。

2．问题与挑战

1）绿色生活、绿色消费等还未成为一种全民自觉。

2）政府治理能力方面，相较于深圳和国际上的一些发达经济体，在营商环境、便企、便民等方面还有不足。

3．规划措施及其取得的成效

2013 年以来，杭州市坚持共建、共治、共享，在创造美好生活方面取得明显进步。

（1）积极践行绿色生活（共建）

保护环境，从我做起。垃圾分类、绿色出行、绿色消费是每个社会成员践行美丽建设的重要内容。杭州作为全国首批生活垃圾分类收集试点城市之一，通过不断完善生活垃圾分类处理的法规政策体系和日积月累的强化宣传，使垃圾分类工作走在了全国前列。截至 2020 年年底，全市 4 700 个居住小区、1 951 个建制村以及公共机构、企业实现垃圾分类全覆盖。创建省示范小区 1 993 个，占小区总数的 42.4%。通过垃圾分类回收和综合利用，控制了垃圾增量，2020 年，在常住人口同比增加 35 万人的情况下，全市日均垃圾清运处置量 12 378.6 t，同比下降 5.15%。绿色出行不断提升。加快轨道线网建设，至 2021 年年底已通车 400 km，至 2022 年 6 月达 516 km。优化完善地面公交网，新设地铁接驳线 166 条，创新发展专线公交网络——学生上学接送的求知专线 402 条，大型企业园区定制的心动专线 333 条。实施机动车限购（小客车新增量控制在 10 万辆/a，使小客车增速从 10%降至 4%）、限行（每天早晚高峰两个尾号的车辆禁止通行）。与此同时，大力发展公共自行车系统。通过上述措施，公共交通机动化出行分担率从 2012 年的 44%提升至 2020 年的 52%，绿色

出行分担率 2020 年达到 80%（交通运输部要求大中城市 2020 年达到 70%，2022 年达到 75%），全国领先。杭州还被列为交通运输部绿色出行示范创建城市（2022 年通过验收）。为减少农药、化肥污染，保障群众食品安全，积极组织开展有机食品、绿色食品生产，2022 年全市有机食品达 389 个，绿色食品 506 个，分别较 2010 年增长 54%和 229%。

（2）建设智慧城市（共治）

为方便企业和群众办事，杭州市先后开展了"最多跑一次"（浙江全省推行）、营商环境和数字化（城市大脑）等多轮改革，使政府治理能力有了较大提升。2018 年提出打造全国数字治理第一城，实施全市所有政务数据归集共享，推出了"亲清在线"（政府-企业间平台）、"先离场后付费"（汽车驶离停车场后再付费，可使汽车快速离场）、"便捷泊车"（方便车主在附近找停车位）、"舒心就医"（先看病后付费，且只付一次）、"10 秒找旅店"、"便民车检"等便企、便民的 48 个应用场景等 300 多项与民生、企业经营有关的事项。群众可以在手机端直接办理所需事项，大大方便企业、老百姓办事和看病、停车、旅游等生产生活。如通过在 2020 年新冠疫情期间开通的"亲清在线"，把给企业、职工的各类补助款直接由市或区财政拨付到企业或职工手上，一秒直达，大幅压缩了各个审核环节①。至 2021 年年底，已兑付政策 336 条，兑付资金 92.36 亿元，惠及企业 31.8 万家、职工 83.7 万人。"亲清在线"还可办理企业高频事项 100 个，累计已办理 173 万件。通过"舒心就医"场景，患者在医院先看病后付费，就诊结束后可以在医院内一次性自助付费，也可以回家后通过手机支付。新冠疫情期间，杭州市首先推出的健康码已在全国推广，为防疫工作作出了重要贡献。这些应用场景的推出，极大地方便了群众生活和企业办事，得到社会各界普遍好评。在 2020 年 8 月发布的《中国城市数字治理报告（2020）》中，杭州数字治理指数位列全国第一。2020 年全国政府和重点城市网上政务服务能力评估中，杭州市位列全国第二，仅次于深圳市。习近平总书记在 2020 年 3 月 31 日考察了杭州城市大脑运行中心，并指出"从数字化到智能化再到智慧化，让城市更聪明一些、更智慧一些，是推动城市治理体系和治理能力现代化的必由之路，前景广阔"。

（3）群众幸福生活获得感不断增强（共享）

良好的生态环境是最普惠的民生福祉。随着前述生态美、环境美、产业美、人居美、人文美等工作的深入开展，水清了，空气清新了，人的舒适性增加了，身体也更加健康了。杭州市人均预期寿命从 2012 年的 80.96 岁增加至 2020 年的 83.12 岁。据对全市呼吸系统发病率的统计，2012 年以来，全市呼吸系统疾病死亡率呈明显下降趋势，2020 年较 2012 年下降 46.78%。2020 年杭州市创建市级以上卫生乡镇（街道）比例达 100%，市级以上卫生村比例达 97.81%。优美的城乡环境，也更好地吸引了中外游客到杭州尤其是到杭州农村旅游。2019 年全市接待中外游客 20 813.7 万人次，其中农村旅游 9 803.86 人次，入境428.7 万人次。上述 3 组游客数据分别较 2013 年的 9 725.15 人次、142.97 人次、316.01 人次提高 114%、598.8%、35.7%。优美的城乡环境和创新活力的经济还更好地吸引了全国各地的各类人才到杭州投资、创业、生活。杭州市常住人口逐年增加，从 2013 年的 980.4 万人增加至 2020 年的 1 196.5 万人。仅 2020 年新引进 35 岁以下大学生 43.6 万人，引入 B 类（国

---

① 企业先在线上提供申请资料并承诺即可，线上先补助，补助后再抽查，不需要经过层层审核、签字。

家级领军人才）以上高层次人才 212 名。在 2020 年《全球人才竞争力指数报告》①中，杭州名列第 67 位，在国内城市中位列第五（前四位分别是香港、北京、上海、台北）。近年来，杭州人才净流入率保持全国第一。2020 年，杭州城镇和农村居民人均可支配收入分别达到 68 666 元（是全国的 1.57 倍）、38 700 元（是全国平均水平的 2.26 倍），分别较 2012 年增长 68%、82%。2020 年杭州市基本养老保险参保率和医疗参保率达到 98.95%、99.59%，分别较 2012 年提高 7.05 个和 1.85 个百分点。职工医保门诊报销比例高于北京、上海、广州、深圳、南京等同类城市。至 2020 年，杭州连续 14 年获得最具幸福感城市称号，2019 年并获得幸福示范标杆城市。

七、健全体制机制，提升治理能力

2013 年进行美丽杭州战略研究时，美丽杭州建设内容中提出"六美"，并未把"制度美"纳入其中。当时把美丽杭州"制度"建设放在了保障体系中。但在后来的实际建设中，"制度"建设的重要性日益突出并在实际工作中不断得到加强。2020 年新的"美丽杭州再出发"的课题研究中增加了"制度美"的内容。鉴于此，这里专门把"制度美"添加了进来。2013—2020 年，美丽杭州体制机制建设的亮点很多，择要讲几点。

1. 完善组织领导机制

市、县两级建立以书记、市长为双组长的美丽杭州建设领导小组，每半年听取一次以上工作汇报，研究决策美丽杭州建设中的重大问题。领导小组下设生态办、治水办、大气和土固办 4 个办公室。其中生态办设在市生态环境局内，治水办、大气办和土固办独立设置并实体化运作，抽调建设、城管、林水、农业、城投集团等单位 40 多名人员集中办公，牵头制订工作计划，督促工作落实，定期协调解决工作中的困难和问题，并负责年度考评。

2. 健全考核评价和责任体系

一是把各县（市、区）和市直各部门年度任务（年初以目标责任书形式下达治水、治气、治土清废和生态保护等任务）完成情况作为一项重要内容，纳入市委、市政府组织的综合考评中，考核结果与各单位和领导干部个人考核相挂钩。此外，按照浙江省委、省政府的统一要求，"五水共治"每年单列考评，由省、市、县三级党委、政府进行表彰、奖励。二是进一步厘清各级各部门的生态环境保护工作职责，按照"管发展、管行业、管生产必须管环保"的要求，进一步厘清各部门的工作职责，印发实施《杭州市市直有关部门生态环境保护工作职责》。市、县两级政府及其职能部门每年向市人大常委会报告生态环境保护工作完成情况并接受人大代表的问询、评议，2017 年开始，此项工作拓展至全市所有乡镇，进一步推动乡镇（街道）及村生态环保责任制，压实了基层职责。

3. 完善生态环境保护综合决策机制

杭州市确立了环境立市的战略，把生态环境保护工作融入经济、政治、文化、社会各项工作中去。在产业发展，城乡规划建设，区域、行业整治等全市重点工作中，均把生态环境保护放在重要位置，有的作为一票否决项纳入综合决策。如在制定《杭州市产业发展导向目录》时，首先由市生态环境部门根据生态环境功能区划、环境安全等要求，提出哪

---

① 由全球最大的人力资源服务企业德科集团与欧洲工商管理学院及谷歌联合发布。

些地方适宜发展什么产业，哪些地方不能发展什么产业，并在最终的目录制定中加以吸收、确认。城市空间规划中，一方面从城市总体规划到区域控制性详规、行业专业规划编制等，均需由生态环境部门参与并提出意见；另一方面通过生态环境部门牵头制定环境功能区划、划定生态红线、"三线一单"等，对国土空间规划进行约束规制。在一些区域行业整治发展工作中，市委、市政府都会充分听取生态环境部门意见，甚至把一些区域性、行业性整治工作直接交由生态环境部门牵头抓总，如"三江两岸"综合整治和电镀、化工、印染、造纸等重污染行业的整治等均由生态环境部门牵头，协同地方政府和市直相关部门共同制订整治方案，协调实施推进。上述整治工作都取得了显著成效，倒逼了一些重点区域重点行业转型升级，有力促进了杭州经济的高质量发展。

4．加强环境法治建设，规范社会行为

先后制定实施了《杭州市生态文明促进条例》《杭州市大气污染防治规定》《杭州市生活垃圾管理条例》等生态环保地方性法规 24 个、规章 14 个。制定实施了《杭州市锅炉大气污染物排放标准》《杭州市重点工业企业挥发性有机物排放标准》和全国首个《美丽河道评价标准》。上述地方性法规的制定、实施，不仅有力地推动了企事业单位的污染防治和环境保护工作，同时促进、提升了社会各界的生态文明意识和行为规范。

得益于美丽杭州建设工作的不断推进，杭州连续多年获得美丽浙江考核优秀、五水共治大禹鼎，先后被命名为国家生态市、国家生态园林城市。2019 年世界环境日全球主场活动在杭州举行，美丽建设得到了国内外高度赞誉。至 2020 年，杭州连续 14 年获得最具幸福感城市称号，2019 年并获得幸福示范标杆城市（图 9-15）。

图 9-15　2019 年世界环境日全球主场活动（杭州）

2020 年，中国环境规划院对杭州市《纲要》进展情况进行全面评估，并顺利通过了以吴丰昌院士任组长的高层次专家论证会，评估成果得到专家组的一致肯定，评估结论摘要如下：

评估结果显示，2013 年以来，杭州市全面贯彻习近平总书记关于建设美丽中国样本的

重要指示精神，奋力书写美丽杭州建设的生动实践，《纲要》确定的"六美"建设目标任务圆满完成。一是自然生态更加山清水秀。森林覆盖率达到 66.85%，媲美北欧国家，处于国际领先水平。二是健康环境更加天蓝地净。2013—2020 年，市区 $PM_{2.5}$ 年均浓度由 70 $μg/m^3$ 下降至 29.8 $μg/m^3$；市控以上断面水质达到或优于Ⅲ类比例由 83%上升到 98.1%。三是产业体系更加绿色低碳。单位 GDP 主要污染物 COD、SO_2 排放强度好于发达国家人均 GDP 2 万美元左右时的同期水平。四是人居环境更加宜居舒适。完成 149 个小城镇环境综合整治，建成 1 048 个美丽乡村，在全国率先实现"建成区 5 分钟步行可达绿道网"。五是人文风尚更加道法自然。继西湖之后，京杭大运河、良渚古城先后申遗成功。实施还湖、还山、还景于民，让城市有颜值、又有温度。六是品质生活更加幸福和谐。平均预期寿命 83.12 岁，达到国内领先水平，《纲要》确定的建设目标任务圆满完成。杭州在省会城市中率先建成"国家生态市""国家生态园林城市"，成为全国唯一的"幸福示范标杆城市"。成功举办 G20 杭州峰会、联合国世界环境日全球主场活动，美丽杭州建设成果得到国内外高度赞誉。

总体来看，在美丽杭州建设的实践探索中，杭州市坚定走生产发展、生活富裕、生态良好的文明发展道路，外在颜值、内在气质显著提升，"生态文明之都"的绿色底色和成色更加浓郁。杭州市既保持了经济高质量发展，又保持了良好的自然本底，实现了环境质量持续改善，在协调推进经济高质量发展和生态环境高水平保护方面起到了很好的综合引领、示范标杆作用，为其他城市生态文明建设提供了重要借鉴，美丽杭州建设形成的模型机制、有效做法为美丽中国建设提供了鲜活样本。

表 9-4 美丽杭州建设指标体系完成情况评估

目标	重点指标	2012 年	2020 年目标	2020 年实际值	目标完成度	目标达标情况
山清水秀的自然生态	1. 生态红线保护率/%	—	>90	100	1.11	超额完成
	2. 森林覆盖率/%	64.77	65	66.85	1.03	超额完成
	3. 森林总蓄积量达到/万 m^3	4 876.53	>5 000	6 890	1.38	超额完成
	4. 重要湿地受保护的面积比例/%	70（2011 年）	90	100	1.11	超额完成
天蓝地净的健康环境	5. 城镇集中式饮用水水源地水质达标率/%	良好	100	100	1.00	完成
	6. 农村生活饮用水达标人口覆盖率/%	—	99	99.7	1.00	完成
	7. 城市水体（湖泊、内河、运河）达Ⅳ类水比例/%	<40（2011 年）（2014 年市控以上断面水环境功能区达标率 74.5%）	90	100（2020 年市控以上断面水功能区达标率 100%）	1.11	超额完成
	8. 空气质量优于《环境空气质量标准》（GB 3095—2012）二级标准的天数/d	217（2013 年）	>300	333	1.11	超额完成
	9. $PM_{2.5}$ 浓度年均值/（$μg/m^3$）	70（2013 年）	<35	29.8	1.17	超额完成
	10. 受污染耕地安全利用率/%	—	90	95.49	1.06	超额完成

目标	重点指标	2012 年	2020 年目标	2020 年实际值	目标完成度	目标达标情况
绿色低碳的产业体系	11. 服务业增加值占地区生产总值比重/%	52.1	60	68.1	1.14	超额完成
	12. 十大产业增加值的比重/%	45	＞55	已不统计	不参评	不参评
	13. 全社会研发经费支出占地区生产总值比重/%	2.92	＞3.5	3.5（预计数）	1.00	完成
	14. 单位地区生产总值碳排放强度/（t/万元）	2.33（2009 年）	比 2005 年下降50%以上	0.53	2.22	超额完成
	15. 单位地区生产总值 COD 排放强度/（kg/万元）	1.3	＜1.5	0.31（2019）	4.84	超额完成
	16. 单位地区生产总值 SO_2 排放强度（kg/万元）	1.1	＜1	0.17（2019）	5.88	超额完成
宜居舒适的人居环境	17. 50 年以上建筑（房屋）受保护比例/%	—	应保尽保	应保尽保	1.00	完成
	18. 公共交通机动化出行分担率/%	44	＞50	52.4	1.05	超额完成
	19. 市级以上卫生乡镇（街道）比例/%	—	＞93	100	1.08	超额完成
	20. 市级以上卫生村比例/%	80（2011 年）	＞80	97.81	1.22	超额完成
	21. 绿色社区比例/%	20.85（2011 年）	＞50	—	后续已停止创建	不参评
	22. 美丽乡村（风情小镇、中心村、精品村）个数/个	71（2011 年）	550	1 122	2.04	超额完成
	23. 节能建筑占新建建筑比例/%	—	＞75	100	1.33	超额完成
道法自然的人文风尚	24. 物质文化遗产定期维护、保存完好率/%	—	＞95	应保尽保	1.00	完成
	25. 生态文明宣传教育普及率/%	43（2009 年）	＞90	定性	1.00	完成
	26. 公共场所道德行为文明率/%	—	＞90	定性	1.00	完成
幸福和谐的品质生活	27. 劳动年龄人口受教育年限	10.1（2009 年）	＞13	12.03（全国10.8、浙江10.73）	0.93	高于国家"十四五"预期，有先进性
	28. 城镇居民基尼系数	0.34（2011 年）	＜0.3	—	已不再统计	不参评
	29. 平均预期寿命/岁	80.96	82	83.12	1.01	超额完成
	30. 城乡居民医疗保险覆盖率/%	97.74	100	99.59	0.99	超额完成
	31. 绿色出行分担率/%	55（2009 年）78.7（2017 年）	＞80	80	1.0	完成

注：第 12 项指标"十大产业增加值的比重"，因 2016 年起，杭州市产业体系已由十大产业体系转为"1+6"产业体系，已不再统计十大产业；第 21 项指标"绿色社区比例"，因国家层面停止该项创建工作，2020 年无该项数据；第 28 项指标"城镇居民基尼系数"，统计部门已不再统计。因此，上述 3 项指标不再参与评估。

第五节　美丽杭州再出发

一、新时代新使命

2020 年是推进新时代美丽杭州建设再续新篇的新起点。2020 年 3 月 31 日，习近平总书记考察了杭州城市大脑建设运行情况和西溪国家湿地公园保护利用情况后指出，"要把保护好西湖和西溪湿地作为杭州城市发展和治理的鲜明导向，统筹好生产、生活、生态三大空间布局，在建设人与自然和谐相处、共生共荣的宜居城市方面创造更多经验"。

早在 2018 年开始，杭州市委、市政府就委托中国环境规划院，开展对新时代美丽杭州建设的战略规划研究。2020 年 3 月底习近平总书记考察杭州并作出重要指示后，杭州市委、市政府多次召开会议专题研究，并委托中国环境规划院作了进一步深化研究。按照"世界眼光、国际标准"的要求，分析了新时代美丽杭州建设的基础和综合优势。从国际、国内、省域和城市布局，对标纽约、巴黎、伦敦、东京等国际化名城以及我国部分一线城市，从城市功能品质、生态环境质量、城市特色塑造、城市治理能力、辐射影响等方面分析、比较存在的差距和不足，提出了新时代美丽杭州建设的**战略定位：新时代美丽中国建设先行示范区、人与自然和谐共生现代化综合引领区、习近平生态文明思想窗口展示区**。丰富、拓展了美丽建设的内涵，明确了新时代美丽杭州建设的主要任务：筑牢"生态美"，打造"山明水秀、晴好雨奇"的和谐共生之城；建设"环境美"，打造"繁星闪烁、碧水净土"的清新健康之城；培育"经济美"，打造"创新活力、数字低碳"的绿色发展之城；提升"城乡美"，打造"精致大气、智慧特色"的美好宜居之城；营造"人文美"，打造"文化炽盛、崇德尚俭"的生态文明之城；编织"生活美"，打造"富庶安宁、开放包容"的幸福和谐之城；完善"制度美"，打造"改革创新、群策群力"的综合实验之城。进一步深化了美丽建设的目标，确立了新时代美丽杭州建设近、中、远期的战略目标：近期（2025 年），攻坚短板，保障亚运（2023 年召开）。到 2025 年，西湖繁星闪烁、钱塘碧波荡漾、江南净土丰饶基本实现；中期（2030 年），巩固提升、系统优化。远期（2035 年），总体实现生态美、环境美、经济美、城乡美、人文美、生活美、制度美等目标，经济发展质量、生态环境质量、人民生活品质达到发达国家水平。同时，根据国家和浙江省有关美丽建设的目标要求，结合杭州实际，提出了新时代美丽杭州建设目标指标体系。共七大类44 项具体指标，详见表 9-5。

表 9-5　杭州市新时代美丽杭州建设指标体系（试行）

领域	序号	指标名称	指标出处	2020 年	2022 年	2025 年	2030 年	2035 年
空间管制	1	自然保护地面积占陆域国土面积比例/%	国家、省	15	不减少	不减少	不减少	不减少
	2	生态保护红线面积比例/%	省	27.85	不减少	不减少	不减少	不减少
	3	基本水面率/%	省	7.28	不减少	不减少	不减少	不减少
	4	森林覆盖率/%	国家、省	66.85	完成省下达目标	完成省下达目标	完成省下达目标	完成省下达目标

领域	序号	指标名称		指标出处	2020 年	2022 年	2025 年	2030 年	2035 年
绿色发展	5	研究和试验发展经费（R&D）支出占地区生产总值比重/%		市	3.5	3.8	4	稳步提升	稳步提升
	6	数字经济核心产业增加值占地区生产总值比重/%		省	26.6	28	30	稳步提升	稳步提升
	7	规模以上高新技术产业增加值占规模以上工业增加值比重		市	67.4	不减少	70	稳步提升	稳步提升
	8	单位地区生产总值能源消耗/（t 标准煤/万元）		省	0.26	稳步下降	0.23	稳步下降	稳步下降
	9	单位地区生产总值二氧化碳排放年均降低/%		市	2.2	3.2	3.2	完成省下达目标	完成省下达目标
	10	非化石能源占一次能源比例/%		省	15	17	20	25	29
	11	水资源节约	用水总量/亿 m³	省	29.76	完成省下达目标	32.85	完成省下达目标	完成省下达目标
			单位地区生产总值用水量/（m³/万元）	省	18.5	完成省下达目标	完成省下达目标	保持稳定略有下降	保持稳定略有下降
自然生态	12	生态质量指数		市	77.8	稳步提升	稳步提升	稳步提升	稳步提升
	13	生物多样性保护（重点生物物种种数保护）率/%		国家、省	100	100	100	100	100
	14	森林蓄积量/万 m³		市	6 890	完成省下达目标	完成省下达目标	稳步提升	稳步提升
	15	湿地保护率/%		国家、省	51.36	≥60	≥63	≥65	≥70
	16	水土保持率/%		省	94.09	高于全省平均水平	高于全省平均水平	保持稳定	保持稳定
环境质量	17	空气质量	环境空气质量优良率/%	国家、省	91.3	87.4	≥91.5	≥92	好于省下达目标
			细颗粒物（PM$_{2.5}$）浓度年均值/（μg/m³）	国家、省	30	30	≤28	≤25	好于省下达目标
			可吸入颗粒物（PM$_{10}$）浓度/（μg/m³）	省	55	51	45	40	35
	18	水环境质量	地表水水质优良（达到或好于Ⅲ类）比例/%	国家、省	98.1	100	100	100	100

领域	序号	指标名称		指标出处	2020 年	2022 年	2025 年	2030 年	2035 年
环境质量	19	饮用水水源地水质	县级以上城市集中式饮用水水源地水质达标率/%	国家、省	100	100	100	100	100
			"千吨万人"饮用水水源地达标率/%		—	完成省下达指标	完成省下达指标	完成省下达指标	完成省下达指标
	20	受污染耕地安全利用率/%		国家、省	95.47	＞93	94.5	96	＞96
	21	重点建设用地安全利用率/%		国家、省	—	95	96	98	稳步提高
	22	农业投入品使用	农膜回收率/%	国家、省	91.7	91.9	＞91.9	逐步提高	逐步提高
			化肥施用强度/(kg/亩)	国家、省	15.21	15.1	＜15.1	稳定下降	稳定下降
			农药折纯施用强度/(kg/亩)	国家、省	0.164	＜0.17	＜0.17	＜0.17	＜0.17
宜居城乡	23	城市公园绿地服务半径覆盖率/%		国家、省	85.12	≥87.5	≥90	稳步提升	稳步提升
	24	达到海绵城市目标要求面积占城市建成区面积比例/%		省	25	34	55	80	85
	25	每万人拥有绿道长度/km		省	1.8	3.5	3.2	3.2	3.2
	26	城乡公交一体化率/%		省	—	90	100	100	100
	27	具备建路条件的百人以上自然村等级硬化路覆盖率/%		省	100	100	100	100	100
	28	城镇生活污水集中收集率/%		国家、省	86.55	87.5	90	92	95
	29	农村生活污水处理设施	行政村覆盖率/%	省	81.73（2021 年）	85.68	100	100	100
			标准化运维率/%	省	100（＞30 t/d）	100	100	100	100
			达标排放率/%	省	83	86.88	95	稳步提高	稳步提高
	30	城乡垃圾分类处理	城市生活垃圾分类处理率/%	省	83	84	86	92	98
			农村生活垃圾分类建制村覆盖面/%	省	100	100	100	100	100
	31	农村卫生厕所普及率/%		国家	100	100	100	100	100
	32	居民收入	居民人均可支配收入平均增速/%	市	4.4	6.5	6	稳步增长	稳步增长
			城乡居民收入比	省	1.77	1.74	1.7 以下	逐步降低	1.6

领域	序号	指标名称	指标出处	2020 年	2022 年	2025 年	2030 年	2035 年
美丽人文	33	省级生态文明教育基地数量/个	省	25	27	30	35	40
	34	省级文化传承生态保护区建设数量/个	省	0	2	2	2	2
	35	城市公共交通占机动化出行比例/%	省	52.4	52.8	58.4	逐步提高	逐步提高
	36	城镇新建绿色建筑比例/%	市	>96	>96	逐步提高	逐步提高	逐步提高
	37	每万人拥有公共文化设施面积/m²	市	—	4 000	5 000	逐步提高	逐步提高
	38	人均预期寿命/岁	市	83.12	逐步提高	83.88	维持在较高水平	维持在较高水平
	39	生态文明宣传教育普及率/%	省	100	100	100	100	100
治理体系	40	生态文明考核体系覆盖率/%	市	100	100	100	100	100
	41	领导干部自然资源资产离任审计计划覆盖率/%	市	100	100	100	100	100
	42	环境信用评价中等以上企业占比/%	省	78.5	80	85	90	95
	43	县控以上地表水环境质量自动监测覆盖率/%	省	40	100	100	100	100
	44	生态环境公众满意度得分	省	82.09	83	85	持续提升	持续提升

为了更好地推进新时代美丽杭州建设，杭州市委、市政府印发了《新时代美丽杭州建设实施纲要（2020—2035 年）》和《新时代美丽杭州建设三年行动计划（2020—2022 年）》，召开了新时代美丽杭州建设推进会。杭州将认真贯彻落实习近平总书记提出的要求，"在建设人与自然和谐相处、共生共荣的宜居城市方面创造更多经验"。

二、新时代美丽杭州建设实施纲要（2020—2035 年）

（一）建设背景和重大意义

新时代美丽杭州建设是贯彻习近平生态文明思想、做精美丽中国样本的政治责任，是落实新发展理念、实现经济高质量发展和生态环境高水平保护的现实要求，是坚持以人民为中心、满足群众优美生态环境需要的历史使命。

（二）总体要求

1. 指导思想

深入贯彻习近平生态文明思想，坚定践行"绿水青山就是金山银山"理念，围绕建设美丽中国样本总要求，把保护好西湖和西溪湿地作为杭州城市发展和治理的鲜明导向，以生态美、生产美、生活美为主要内容，以美丽"提质"和"绿水青山就是金山银山"转化为重点，不断厚植生态文明之都特色优势，全面提升生态环境治理体系和治理能力现代化水平，加快建设人与自然和谐相处、共生共荣的宜居城市，努力打造新时代全面展示习近平生态文明思想的重要窗口。

2．基本原则

一是生态优先。二是绿色发展。三是改革创新。四是系统推进。五是共建共享。

3．发展目标

◆ 近期（2020—2025 年）。到 2025 年，生态环境质量持续好转，更好满足人民群众对优美生态环境的需要，"西湖繁星闪烁，钱塘碧波荡漾，江南净土丰饶"基本实现；$PM_{2.5}$ 浓度年均值低于 32 μg/m³（新时代美丽杭州建设实施纲要于 2020 年 6 月发布，杭州市 2020 年实际 $PM_{2.5}$ 已达 29.8 μg/m³），地表水水质优良比例达 96%（2020 年实际已达 98.1%），污染地块安全利用率达 94%。

◆ 中期（2026—2030 年）。美丽杭州建设成效持续提升，绿色生产和绿色生活方式总体形成，生态系统服务功能大幅增强，$PM_{2.5}$ 浓度年均值低于 25 μg/m³，地表水水质优良比例达 97%。

◆ 远期（2031—2035 年）。经济发展质量、生态环境质量、人民生活品质达到发达国家水平，全面实现治理体系和治理能力现代化，建成人与自然和谐共生的现代化美丽杭州。

（三）主要任务

限于篇幅，此部分内容仅列出各部分标题。

1．着力加强国土空间用途管制

（1）优化三生空间格局

2．创新推动绿色发展

（2）构建智慧产业体系

（3）进一步促进绿水青山向金山银山转化

（4）加速传统产业转型提升

3．优化提升自然生态品质

（5）加强西湖、西溪湿地和千岛湖保护

（6）系统实施生态保护与修复

（7）加强生物多样性保护

4．持续改善环境质量

（8）深化大气环境系统治理

（9）统筹流域水生态环境综合治理

（10）强化土壤和固体废物环境监管

5．精心打造宜居城乡

（11）匠心描绘韵味都市

（12）全面提升美丽城镇

（13）特色推进风情乡村

（14）精细雕琢未来社区

6. 传承发展美丽人文

（15）培育创新生态文化

（16）打造低碳健康社会环境

7. 建立健全生态文明制度体系

（17）严明生态环保责任制度

（18）实行最严格的生态环境保护制度

（19）健全资源高效利用制度

（20）建立现代化环境治理体系

三、新时代美丽杭州建设三年行动计划（2020—2022年）

美丽杭州建设三年行动计划共八大类任务、30大项、118个具体项目（略）（图9-16）。

西湖西溪千岛湖保护行动
1. 加强西湖、西溪湿地原生态保护
2. 推进淳安特别生态功能区建设
3. 强化湿地保护与修复

人居环境提升行动
15. 深化美丽城镇建设
16. 推进美丽小区建设
17. 打造美丽乡村升级版
18. 建设"幸福河湖"
19. 建设诗画幸福绿道

生态安全守护行动
4. 优化生态安全格局
5. 加强生物多样性保护
6. 推进森林城市建设
7. 高水平建设环境安全体系

美好生活提质行动
20. 推动数字治理智慧城市建设
21. 构建绿色交通体系
22. 推广绿色生产生活方式

环境质量改善行动
8. 高水平打赢蓝天保卫战
9. 高水平打好碧水保卫战
10. 高水平打好净土保卫战
11. 高水平打好清废攻坚战

生态人文营造行动
23. 创新和深化低碳行动
24. 传承和发扬传统文化
25. 培育和践行生态文化
26. 倡导和弘扬健康文化

绿色经济发展行动
12. 优化产业空间布局
13. 构建绿色美丽产业体系
14. 加快园区生态化改造

美丽制度完善行动
27. 严明新时代美丽杭州建设责任制度
28. 实行最严格的生态环境保护制度
29. 建立资源节约高效利用制度
30. 健全区域协同保护机制

图9-16　新时代美丽杭州建设主要任务（2020—2022年）

国家提出碳达峰碳中和目标后，杭州市积极行动，成为国家首批25个碳达峰试点城市和现代化国际大城市减污降碳协同创新试点。目前，两个试点的方案已印发实施。

新时代新征程，杭州市将在不断迎接新挑战的进程中取得美丽杭州建设的新成就。

主要参考资料

第一章

《水库型饮用水水源地保护理论与实践》尹炜、王超、辛小康、李建等著，科学出版社，2021 年 6 月；

《水处理生物学》顾夏声、胡洪营、文湘华、王慧等著，中国建筑工业出版社，2018 年 9 月；

《环境微生物学》郑平主编，浙江大学出版社，2022 年 7 月；

《实用注册环保工程师手册》张自杰、王有志、郭春明主编，化学工业出版社，2019 年 1 月；

《废水处理工程技术手册》潘涛、田刚主编，化学工业出版社，2021 年 3 月；

《水库蓝藻水华监测与管理》彭亮、胡韧、雷腊梅、韩博平等编著，中国环境科学出版社，2011 年 8 月；

《富营养化湖泊治理的理论与实践》秦伯强、许海、董百丽著，高等教育出版社，2011 年 1 月；

《农村生活污水治理优秀案例选编》浙江省住房和城乡建设厅编制；

《水产养殖尾水处理技术模式》全国水产技术推广总站组编著，中国农业出版社，2021 年 7 月；

《注册环保工程师专业考试复习教材—水污染防治工程技术与实践》全国勘察设计注册工程师环保专业管理委员会、中国环境保护产业协会编，中国环境出版集团，2019 年 11 月。

第二章

《大气污染控制工程》郝吉明、冯广大、王书肖主编，高等教育出版社，2022 年 3 月；

《废气处理工程技术手册》王纯、张殿印等主编，化学工业出版社，2021 年 2 月；

《挥发性有机物污染控制工程》李守信等主编，化学工业出版社，2021 年 2 月；

《挥发性有机物治理实用手册》（第二版） 生态环境部大气环境司、生态环境部环境规划院编著，中国环境出版集团，2021 年；

《注册环保工程师专业考试复习教材——大气污染防治工程技术与实践》全国勘察设计注册工程师环保专业管理委员会、中国环境保护产业协会编，中国环境出版社，2017 年 3 月；

《大气重污染成因与治理攻关项目研究报告》国家大气污染防治攻关联合中心主编，科学出版社，2021 年 6 月；

《实用注册环保工程师手册》张自杰、王有志、郭春明主编，化学工业出版社，2019 年 1 月。

第三章

《固体废物处理与资源化》赵由才、牛冬杰、柴晓利等编，化学工业出版社，2021 年 6 月；

《城镇污泥安全处理处置与资源化技术》戴晓虎主编，中国建筑工业出版社，2022 年 4 月；

《实用注册环保工程师手册》张自杰、王有志、郭春明等主编，化学工业出版社，2019 年 1 月；

《无废城市建设：模式探索与案例》生态环境部固体废物与化学品司主编，科学出版社，2022 年 1 月；

《污泥处理处置与资源综合利用技术》蒋自力、金宜英、张辉等编著，化学工业出版社，2022 年 4 月；

《注册环保工程师专业考试复习教材——固体废物处理处置工程技术与实践》全国勘察设计注册工程师环保专业管理委员会、中国环境保护产业协会编，中国环境出版社，2017 年 3 月。

第四章

《土壤污染风险管控与修复技术手册》生态环境部土壤生态环境司、生态环境部南京环境科学研究所编著，中国环境出版集团，2021 年 12 月；

《污染土壤修复技术与应用》熊敬超、宋自新、崔龙哲、李社锋主编，化学工业出版社，2021 年 1 月；

《地下水污染风险管控与修复技术手册》生态环境部土壤生态环境司、生态环境部土壤与农业农村生态环境监管技术中心、生态环境部南京环境科学研究编著，中国环境出版集团，2021 年 12 月。

第五章

《环境影响评价相关法律法规》生态环境部环境工程评估中心编，中国环境出版集团，2022 年 3 月；

《环境影响评价技术导则与标准》生态环境部环境工程评估中心编，中国环境出版集团，2022 年 3 月；

《环境影响评价技术方法》生态环境部环境工程评估中心编，中国环境出版集团，2022 年 3 月；

《环境影响评价》章丽萍、张春晖主编，化学工业出版社，2019 年 4 月；

《环境影响评价管理手册》生态环境部环境影响评价司编，中国环境出版社，2018 年 8 月；

《环境噪声影响评价与噪声控制实用技术》周兆驹编著，机械工业出版社，2016 年 11 月；

《辐射防护手册》李德平、潘自强主编，原子能出版社，1987 年。

第六章

《环境应急响应实用手册（修订版）》环境保护部环境应急指挥领导小组办公室编，中国环境出版社，2013 年 6 月；

《突发环境事件应急管理制度学习读本》环境保护部应急指挥领导小组办公室编，中国环境出版集团，2018 年 10 月；

《突发环境事件典型污染物应急处置手册》张志宏等著，科学出版社，2023 年 3 月；

《突发环境污染事件应急处置》冯辉主编，化学工业出版社，2020 年 8 月；

《城市供水系统应急净水技术指导手册》住房和城乡建设部城市建设司组织编写，张悦、张晓健、陈超、董红著，中国建筑工业出版社，2017 年 8 月；

《饮用水污染物短期暴露健康风险与应急处理技术》中国疾病预防控制中心环境与健康相关产品安全所组织编写，人民卫生出版社，2020 年 8 月；

《突发环境事件典型案例选编 第一辑》环境保护部环境应急指挥领导小组办公室编，中国环境科学出版社，2011 年 5 月；

《突发环境事件典型案例选编 第二辑》环境保护部环境应急指挥领导小组办公室编，中国环境科学出版社，2015 年 5 月。

第七章

《碳达峰碳中和导论》王金南、徐华清主编，中国科学技术出版社，2023 年 5 月；

《碳达峰碳中和：迈向新发展路径》王灿、张九天编著，中共中央党校出版社，2021 年 7 月；

《新型电力系统导论》舒印彪主编，康重庆执行主编，中国科学技术出版社，2022 年 11 月；

《中国碳达峰碳中和进展报告（2022）》国家电力投资集团有限公司、中国国际经济交流中心主编，社会科学文献出版社，2022 年 12 月；

《读懂碳中和 中国 2020—2050 年低碳发展行动路线图》中国长期低碳发展战略与转型路径研究课题组、清华大学气候变化与可持续发展研究院著，中信出版社，2022 年 7 月；

《碳达峰碳中和理论与实践》徐锭明、李金良、盛春光主编，中国环境出版集团，2022 年 9 月；

《碳达峰碳中和干部读本》碳达峰碳中和工作领导小组办公室、全国干部培训教材编审指导委员会办公室组织编写，党建读物出版社，2022 年 7 月。

第八章

《环境规划学》王金南、蒋洪强等著，中国环境出版社，2014 年 11 月。

第九章

《环境规划学》王金南、蒋洪强等编著，中国环境出版社，2014 年 11 月；

《美丽杭州建设战略研究报告》，生态环境部环境规划研究院编，2013 年；

《美丽杭州建设战略研究技术报告》，生态环境部环境规划研究院编，2013 年；

《美丽杭州建设实施纲要（2013—2020 年）进展报告》生态环境部环境规划院编，2020 年；

《新时代美丽杭州建设战略研究》生态环境部环境规划院编，2020 年；

《新时代美丽浙江规划研究》生态环境部环境规划院等编，2020 年 7 月；

《新时代美丽浙江建设总体战略研究》王夏辉、虞选凌、刘桂环、林泉军著，中国环境出版集团，2021 年 11 月；

《深圳生态文明建设之路》车秀珍、邢诒、陈晓丹主编，中国社会科学出版社，2018 年 11 月。